M. M. WAINBERG und W. A. TRENOGIN

THEORIE DER LÖSUNGSVERZWEIGUNG BEI NICHTLINEAREN GLEICHUNGEN

MATHEMATISCHE LEHRBÜCHER UND MONOGRAPHIEN

HERAUSGEGEBEN VON DER
AKADEMIE DER WISSENSCHAFTEN DER DDR
ZENTRALINSTITUT FÜR MATHEMATIK UND MECHANIK

II. ABTEILUNG
MATHEMATISCHE MONOGRAPHIEN

BAND 32

THEORIE DER LÖSUNGSVERZWEIGUNG BEI NICHTLINEAREN GLEICHUNGEN

VON

M. M. WAINBERG und W. A. TRENOGIN

AKADEMIE-VERLAG · BERLIN
1973

M. M. WAINBERG und W. A. TRENOGIN

THEORIE DER LÖSUNGSVERZWEIGUNG BEI NICHTLINEAREN GLEICHUNGEN

In deutscher Sprache herausgegeben von

Prof. Dr. sc. nat. REINHARD KLUGE

Mit 19 Abbildungen

THEORIA CUM PRAXI

AKADEMIE-VERLAG · BERLIN

1973

М. М. Вайнберг и В. А. Треногин
Теория ветвления решений нелинейных уравнений

Erschienen im Verlag „Nauka", Moskau

Deutsche Übersetzung: Dr. rer. nat. Rolf Hünlich

Erschienen im Akademie-Verlag, 108 Berlin, Leipziger Str. 3—4

Lizenznummer: 202 · 100/413/73
Gesamtherstellung: VEB Druckerei „Thomas Müntzer", 582 Bad Langensalza
EDV-Nr. 761 584 6 (59 30) · LSV 1065
Printed in GDR
EVP 54,—

VORWORT

Seit dem Erscheinen der Monographie von L. LICHTENSTEIN [1] über die Lösungsverzweigung bei gewissen Klassen von analytischen nichtlinearen Integral- und Integrodifferentialgleichungen sind mehr als 35 Jahre vergangen.

In dieser Zeit hat sich die Verzweigungstheorie stark entwickelt und wichtige neue Ergebnisse erbracht, so daß man heute die Theorie der Lösungsverzweigung bei nichtlinearen Gleichungen mit analytischen Operatoren in gewissem Sinn als abgeschlossen betrachten kann. Die Ergebnisse dieser Theorie, an denen auch die Autoren des vorliegenden Buches teilhaben, sind aber sowohl bei uns als auch im Ausland nur in kurzen Artikeln wissenschaftlicher Zeitschriften veröffentlicht worden. Dieser Umstand hat die Autoren angeregt, die Theorie der Lösungsverzweigung bei nichtlinearen Gleichungen mit analytischen Operatoren im vorliegenden Buch systematisch darzulegen.

Wir halten dabei am Prinzip fest, von einfachen Dingen zu komplizierteren fortzuschreiten, um das Buch einem größeren Kreis von Lesern zugänglich zu machen. Deshalb behandeln wir zunächst das klassische Problem der impliziten Funktion, dann Integral-, Differential- sowie Integrodifferentialgleichungen, und erst anschließend Gleichungen in BANACH-Räumen und damit zusammenhängende Probleme der Störungstheorie.

Einzelne Teile des Buches sind auf mathematischen Kongressen vorgetragen worden, so auf dem Mathematischen Allunionskongreß in Leningrad, im Rahmen der Moskauer Mathematischen Gesellschaft und in Seminaren an der Moskauer Universität. Allen Personen, die sich an den Diskussionen beteiligt haben, möchten die Autoren an dieser Stelle danken.

Zu besonderem Dank sind die Autoren L. A. LJUSTERNIK und W. W. NEMYZKI verpflichtet; Gespräche, die sie mit ihnen über einzelne Teile des Buches führten, haben in vielen zu einer Verbesserung des Inhalts beigetragen. Die einzelnen Paragraphen des Buches stammen aus der Feder von M. M. WAINBERG (§ 1—§ 19, § 25), W. A. TRENOGIN (§ 21—§ 24, § 26—§ 36), P. G. AISENGENDLER (§ 20) und JA. I. SEKERSH-SENKOWITSCH (§ 37). M. A. NAIMARK und D. P. SHELOBENKO haben das Manuskript gelesen und durch viele wertvolle Bemerkungen ergänzt, wofür ihnen die Autoren recht herzlich danken.

Schließlich sind die Autoren P. G. AISENGENDLER zu tiefem Dank verpflichtet, der als Redakteur des Buches einen großen Beitrag zum Gelingen des Werkes geleistet hat.

Die Autoren

INHALTSVERZEICHNIS

EINLEITUNG

Zu Beginn unseres Jahrhunderts erschienen die Arbeiten von A. M. LJAPUNOW [1] und E. SCHMIDT [1], die die Theorie der Lösungsverzweigung bei Funktionalgleichungen begründeten. In diesen Arbeiten wurde gezeigt, daß das Problem der Lösungsverzweigung bei nichtlinearen Integralgleichungen mit analytischen Operatoren auf das Problem der Lösungsverzweigung bei Systemen analytischer impliziter Funktionen zurückgeführt werden kann.

Die LJAPUNOWschen Untersuchungen gingen von der bekannten Fragestellung nach den Gleichgewichtsfiguren rotierender Flüssigkeiten aus; später wurden sie (und ebenso die Untersuchungen von SCHMIDT) auch in anderen Gebieten angewendet, insbesondere in der Theorie der nichtlinearen Schwingungen.

In der letzten Zeit entwickelte sich die Verzweigungstheorie, angeregt durch verschiedene Fragestellungen aus der Mechanik und Physik, sehr schnell. Viele Probleme wurden einer Lösung zugeführt, insbesondere eins der schwierigsten, nämlich die Lösungsverzweigung bei nichtlinearen Gleichungen mit analytischen Operatoren im mehrdimensionalen Verzweigungsfall.

Das vorliegende Buch behandelt verschiedene Probleme der Lösungsverzweigung bei nichtlinearen Gleichungen mit analytischen Operatoren.

Mathematisch kann das Verzweigungsproblem folgendermaßen formuliert werden:

Der nichtlineare Operator $G(u, v)$ sei auf der direkten Summe (dem topologischen Produkt) der linearen topologischen Räume E und E_2 definiert ($u \in E$, $v \in E_2$), sein Wertebereich liege im linearen Raum E_1. Für $v = v_0$ besitze die Gleichung

$$G(u, v_0) = 0$$

die Lösung $u = u_0$, es sei also $G(u_0, v_0) = 0$. Gesucht sind die Lösungen der Gleichung

$$G(u, v) = 0\,,$$

die von u_0 abzweigen (eine genauere Fassung dieses Begriffes geben wir weiter unten), wenn der Funktional- oder Zahlenparameter v Werte in einer gewissen Umgebung von v_0 annimmt. Durch die Transformation

$$u = u_0 + x\,, \qquad v = v_0 + y$$

und

$$G(x + u_0, \quad y + v_0) = F(x, y)$$

erreichen wir, daß $F(0, 0) = 0$ wird. Das Problem reduziert sich dann darauf, diejenigen Lösungen der Gleichung

$$F(x, y) = 0 \tag{0.1}$$

zu finden, die von der trivialen Lösung abzweigen, wenn y in einer Umgebung des Nullelements von E_2 liegt.

Derartige Fragestellungen entstanden schon vor längerer Zeit. Hierzu gehört zum Beispiel das klassische Problem der impliziten Funktion, wenn die partielle Ableitung oder die Funktionaldeterminante im entsprechenden Punkt verschwinden.

Schon NEWTON [1] hat sich mit dem Problem beschäftigt, alle Lösungen der Gleichung

$$f(x, y) = 0 \tag{0.2}$$

zu finden, die für $x \to x_0$ gegen y_0 streben, wenn $f(x, y)$ in eine Reihe nach positiven ganzen Potenzen von $(x - x_0)$ und $(y - y_0)$ entwickelt werden kann und wenn $f'_y(x_0, y_0) = 0$ ist. Dazu machte er den Reihenansatz

$$y = y_0 + a_1 (x - x_0)^{\varepsilon_1} + a_2 (x - x_0)^{\varepsilon_2} + \cdots, \tag{0.3}$$

wobei die $\varepsilon_1, \varepsilon_2, \varepsilon_3, \ldots$ eine wachsende Folge von rationalen Zahlen bilden. Zur Bestimmung der möglichen Werte für $a_1, \varepsilon_1, a_2, \varepsilon_2, \ldots$ benutzte NEWTON ein geometrisches Verfahren, das die Bezeichnung NEWTONsches Diagramm erhielt.

Weitere Untersuchungen von LAGRANGE, PUISEUX [1] und anderen Autoren haben gezeigt (vergleiche hierzu die Arbeit von N. G. TSCHEBOTAREW [1], in dem die Entwicklung der Fragestellung beleuchtet wird), daß die gebrochenen Exponenten jeder einzelnen Reihe (0.3) einen gemeinsamen endlichen Nenner haben, und daß diese Reihen in einer gewissen Umgebung des Punktes x_0 konvergieren.

Das gleiche Problem taucht bei Systemen impliziter Funktionen auf. Es seien $x, y_1, y_2, \ldots, y_n$ reelle oder komplexe Veränderliche und $F_i(y_1, y_2, \ldots, y_n; x)$, $i = 1, 2, \ldots, n$, reelle bzw. komplexwertige Funktionen, die im Koordinatenursprung analytisch sind und der Bedingung

$$F_i(0, 0, \ldots, 0; 0) = 0$$

genügen. Wir setzen

$$B = -\left\| \frac{\partial F_i(0, \ldots, 0, 0)}{\partial y_j} \right\|, \qquad i, j = 1, 2, \ldots, n,$$

und $y = (y_1, y_2, \ldots, y_n)$; A sei der Vektor mit den Komponenten $\dfrac{\partial F_i(0, 0, \ldots, 0; 0)}{\partial x}$. Dann nimmt das Gleichungssystem

$$F_i(y_1, y_2, \ldots, y_n; x) = 0, \qquad i = 1, 2, \ldots, n,$$

die Form

$$B\,y = A\,x + \varphi(x, y) \tag{0.4}$$

an, wobei die Vektorfunktion $\varphi(x, y)$ der Bedingung $\varphi(x, y) = o\,(||x|| + ||y||)$ für $x, y \to 0$ genügt ($||\cdot||$ sei irgendeine Norm des endlichdimensionalen Raumes).

Die Matrix B sei umkehrbar. Aus dem bekannten Satz über implizite Funktionen folgt dann, daß die Gleichung (0.4) in einer gewissen Umgebung des Punktes $x = 0$, $y = 0$ eine eindeutig bestimmte Lösung $y = y(x)$ besitzt, die eine analytische Funktion von x ist und für $x \to 0$ nach Null strebt.

Wenn die Matrix B nicht umkehrbar ist, kann eine Verzweigung stattfinden; die Gleichung (0.4) kann also in der Menge der stetigen Funktionen mehr als eine Lösung besitzen, von denen jede der Bedingung $y(0) = 0$ genügt. Wir sagen dann, daß die Lösungszweige im Punkt $x = 0$, $y = 0$ entstehen oder daß der Punkt $x = 0$, $y = 0$ ein Verzweigungspunkt der Gleichung (0.4) ist.

Bei reellen x, y und F_i sind auch solche Verzweigungserscheinungen möglich, daß die Gleichung (0.4) jeweils für $x < 0$ bzw. für $x > 0$ eine bestimmte Anzahl von Lösungen besitzt.

Ist also die Matrix B nicht umkehrbar, so tauchen die Fragen auf, wieviel stetige Lösungen $y(x)$, die der Bedingung $y(0) = 0$ genügen, die Gleichung (0.4) besitzt, welche Form diese Lösungen haben und wie diese Lösungen konstruiert werden können.

Auch in der Theorie der Integral- und Differentialgleichungen gibt es solche Fragestellungen. Dazu wollen wir zwei Beispiele anführen.

$K(s, t)$, $B_{mn}(s, t)$ und $f(s)$ seien als stetige Funktionen auf dem Einheitsquadrat ($0 \leqq s, t \leqq 1$) bzw. dem Intervall $[0, 1]$ vorgegeben, $u(s)$ sei eine auf $[0, 1]$ stetige unbekannte Funktion und λ ein Zahlenparameter. Wir betrachten die nichtlineare Integralgleichung

$$u(s) - A\,u = \lambda f(s) + \sum_{m+n \geqq 2} \lambda^n \int_0^1 B_{mn}(s, t)\, u^m(t)\, dt \tag{0.5}$$

mit

$$A\,u = \int_0^1 K(s, t)\, u(t)\, dt\,.$$

Wenn 1 kein Eigenwert des Operators A ist, besitzt der Operator $B = I - A$ ein beschränktes Inverses B^{-1}. Wenden wir auf beide Seiten von (0.5) den Operator B^{-1} an, so erhalten wir die Gleichung $u = T(u, \lambda)$, die der Gleichung (0.5) äquivalent ist. Bei hinreichend kleinem $|\lambda|$ und $|u(s)|$ ist der Operator $T(u, \lambda)$ bezüglich u ein Kontraktionsoperator. Deshalb besitzt die Gleichung (0.5) bei hinreichend kleinem $|\lambda|$ eine eindeutig bestimmte Lösung $u_\lambda(s)$, die vom Parameter λ stetig abhängt und für $\lambda = 0$ verschwindet.

Wenn 1 ein Eigenwert des Operators A ist, besitzt der Operator B kein Inverses. Dann ist wie beim Problem der impliziten Funktion eine Verzweigung möglich. Im Verzweigungsfall stellt jeder Lösungszweig $u_\lambda(s)$ eine Funktionenschar dar, die stetig vom Parameter λ abhängt und für $\lambda \to 0$ nach Null strebt. Für jedes fixierte λ ist die Funktion $u_\lambda(s)$ auf [0, 1] stetig und genügt der Gleichung (0.5).

Zu den Verzweigungserscheinungen kann man hier auch den Fall zählen, daß die Gleichung (0.5) in einer gewissen Umgebung des Punktes $\lambda = 0$, $u(s) \equiv 0$ (als Punkt eines Funktionalraumes) überhaupt keine Lösungen besitzt.

Schließlich wollen wir noch das Poincarésche Problem betrachten. Ausgangspunkt ist das Differentialgleichungssystem

$$\frac{dx}{dt} = f(t, x) + \lambda\, g(t, x, \lambda)\,, \tag{0.6}$$

in dem x, f und g n-dimensionale Vektoren und λ ein Zahlenparameter sind. Wir setzen voraus, daß die Funktionen f und g in x und λ analytisch, in allen Argumenten stetig und in t ω-periodisch sind.

Nehmen wir an, das Differentialgleichungssystem (0.6) besitze für $\lambda = 0$ die ω-periodische Lösung $\varphi(t)$. Wir fragen dann, ob das Differentialgleichungssystem bei hinreichend kleinem $|\lambda|$ stetige und ω-periodische Lösungen $\psi(t, \lambda)$ besitzt, die der Bedingung $\psi(t, 0) = \varphi(t)$ genügen. Wir werden später sehen (Kapitel VI), daß dieses Problem eindeutig lösbar ist, sofern eine bestimmte Matrix B umkehrbar ist, daß aber wie beim klassischen Problem der impliziten Funktion eine Verzweigung stattfinden kann, sofern diese Matrix entartet.

Diese und andere Beispiele führen uns zur Formulierung des folgenden abstrakten Problems (A):

E und E_1 seien lineare topologische Räume (speziell Banach-Räume), λ sei ein Zahlenparameter, $x \in E$, $F(x, \lambda)$ sei ein im Punkt $x = 0, \lambda = 0$ analytischer Operator, sein Wertebereich liege in E_1, ferner sei $F(0, 0) = 0$. Wir betrachten die Gleichung $F(x, \lambda) = 0$, die wir, da F analytisch ist (siehe z. B. Hille und Phillips [1]), folgendermaßen schreiben können:

$$B\,x = F_{01}\,\lambda + \sum_{i+k \geqq 2} \frac{1}{i!\,k!} F_{ik}\, x^i \lambda^k\,. \tag{0.7}$$

Hierbei ist $-F_{10} = B$ ein linearer Operator von E in E_1 und F_{01} ein Element von E_1; die F_{ik} sind die partiellen Fréchetschen Ableitungen i-ter Ordnung in x und k-ter Ordnung in λ von $F(x, \lambda)$ im Punkt $x = 0, \lambda = 0$. Wie in den bisherigen Beispielen suchen wir alle Lösungen der Gleichung (0.7), die stetig vom Parameter λ abhängen und für $\lambda \to 0$ nach Null streben.

Der Operator B sei umkehrbar. Dann besitzt die Gleichung (0.7) bei hinreichend kleinem $|\lambda|$ eine eindeutig bestimmte Lösung, die stetig von λ abhängt, für $\lambda \to 0$ nach Null strebt und durch eine konvergente Reihe

$$x = \sum_{m=1}^{\infty} b_m\, \lambda^m \tag{0.8}$$

dargestellt werden kann.

Ist der Operator B aber nicht umkehrbar, so kann eine Verzweigung stattfinden.

Im Verzweigungsfall kann die Gleichung (0.7) bei hinreichend kleinem $|\lambda|$ unendlich oder endlich viele Lösungen haben, die stetig von λ abhängen und der Bedingung $x(0) = 0$ genügen. Ist die Anzahl der Lösungen endlich, so läßt sich jede von ihnen in der Form

$$x = \sum_{m=1}^{\infty} b_m \lambda^{m/s} \tag{0.9}$$

darstellen, wobei s eine natürliche Zahl ist (die für jede Lösung verschieden sein kann).

Eine weitere Untersuchung dieses Problems muß die Fragen beantworten, wieviel Lösungen existieren, welche Form diese Lösungen haben und welche Wege zu ihrer Konstruktion beschritten werden können.

Wir wollen nun die grundlegenden Methoden beschreiben, die in der Verzweigungstheorie Verwendung finden.

Wie wir schon erwähnt haben, besitzt die Gleichung (0.7) in dem Fall, daß der Operator B umkehrbar ist, eine eindeutig bestimmte Lösung $x(\lambda)$, die stetig von λ abhängt, der Bedingung $x(0) = 0$ genügt und in der Form (0.8) dargestellt werden kann. Diese Lösung läßt sich nach der Methode der unbestimmten Koeffizienten konstruieren. Dazu setzen wir (0.8) in beide Seiten der Gleichung (0.7) ein und vergleichen die Koeffizienten bei gleichen Potenzen von λ. Dadurch erhalten wir ein rekursives Gleichungssystem zur Bestimmung der unbekannten Koeffizienten b_m. Dieses Gleichungssystem ist eindeutig lösbar, weil die Gleichung (0.7) genau eine Lösung der Form (0.8) besitzt.

Es sei darauf hingewiesen, daß bereits Lagrange [1, 2] ein solches Lösungsverfahren benutzt und damit die Methode des kleinen Parameters in die Mathematik eingeführt hat.

Diese Methode, Lösungen durch eine Reihenentwicklung nach einem kleinen Parameter zu konstruieren, wird in vielen Problemen der Mechanik und Physik benutzt (siehe z. B. die Methoden von Poincaré und Ljapunow in der Theorie der nichtlinearen Schwingungen sowie die Arbeiten von N. N. Bogoljubow und seinen Schülern auf Gebieten der theoretischen Physik). Ist der Operator B aber nicht umkehrbar, so führt die Anwendung dieser Methode ohne eine zusätzliche Information über die Lösungen des betrachteten Problems in gewissen Fällen auf fast unüberwindliche Schwierigkeiten, und zwar aus folgenden Gründen.

Erstens können in diesem Fall die Lösungen der Gleichung (0.7), die für $\lambda = 0$ verschwinden, sowohl nach ganzen als auch nach gebrochenen Potenzen von λ entwickelt sein. Wenn wir dann eine Lösung der Gleichung (0.7) in der Form (0.9), d. h. als Reihe nach Potenzen von $\lambda^{1/s}$, suchen, ohne s zu kennen, kann sich das rekursive Gleichungssystem zur Bestimmung der unbekannten Koeffizienten b_m als unlösbar erweisen. Dabei kann es vorkommen, daß die erste unlösbare Gleichung in diesem Gleichungssystem erst sehr spät auftritt.

Zweitens kann die Gleichung (0.7), wenn der Operator B nicht umkehrbar ist, Lösungen haben, die von einem oder mehreren willkürlichen Parametern abhängen. In diesem Fall können die Reihen (0.8) und (0.9), obwohl sie formal der Gleichung (0.7) genügen, für jedes $\lambda \neq 0$ divergieren. Aus diesem Grunde gab es bis in die letzte Zeit hinein keine allgemeinen Aussagen über die Konvergenz der Reihen (0.9), die die Lösungen der Gleichung (0.7) darstellen; in jedem einzelnen konkreten Problem wurden zum Beweis der Konvergenz dieser Reihen Majoranten konstruiert.

Im vorliegenden Buch wählen wir eine umfangreiche Klasse von sogenannten quasiregulären Gleichungen der Form (0.7) aus, für die sich alle Lösungen, die stetig von λ abhängen und in $\lambda = 0$ verschwinden, bei hinreichend kleinem $|\lambda|$ durch konvergente Reihen der Form (0.8) und (0.9) darstellen lassen. Gleichzeitig geben wir ein Verfahren zur Bestimmung aller gebrochenen Potenzen in (0.9) an. Ferner zeigen wir, daß für diese Klasse von Gleichungen die Methode der unbestimmten Koeffizienten (unter Berücksichtigung einer vorhergehenden Information über die gebrochenen Potenzen) auf ein lösbares rekursives Gleichungssystem führt, und daß die auf diese Weise konstruierten Reihen bei hinreichend kleinem $|\lambda|$ konvergieren.

Gehört also die Gleichung (0.7) zur Klasse der quasiregulären Gleichungen, so ist jede Lösung der Form (0.8) oder (0.9), die man nach der Methode der unbestimmten Koeffizienten erhält, bei hinreichend kleinem $|\lambda|$ konvergent.

Wenn die Gleichung (0.7) nicht zu dieser Klasse gehört, besitzt sie unendlich viele Lösungen der Form (0.8) und (0.9), die bei hinreichend kleinem $|\lambda|$ konvergieren, ferner unendlich viele Lösungen der Form (0.8) und (0.9), die für jedes $\lambda \neq 0$ divergieren, und schließlich unendlich viele Lösungen, die sich nicht durch Reihen darstellen lassen.

Zur Auswahl der quasiregulären Gleichungen und zum Beweis der genannten Behauptungen benutzen wir eine Methode von Ljapunow und Schmidt sowie neuere Untersuchungen, die mit einer weiteren Entwicklung dieser Methode zusammenhängen. A. M. Ljapunow [1—3] und E. Schmidt [1] betrachten nichtlineare Integralgleichungen[1]) der Form (0.7) unter der Voraussetzung, daß der Wertebereich des linearen Operators B abgeschlossen ist, und daß die Nullräume der Operatoren B und B^* ein und dieselbe endliche Dimension $r \geqq 1$ haben. Dann führen sie das Problem (A), alle stetig von λ abhängenden und in $\lambda = 0$ verschwindenden Lösungen der Gleichung (0.7) zu bestimmen, auf ein analoges Problem in einem endlichdimensionalen Raum zurück.

Es wird gezeigt, daß die Formel

$$x = \sum_{k_1+\cdots+k_r+k \geqq 1} a_{k_1 \cdots k_r k} \xi_1^{k_1} \cdots \xi_r^{k_r} \lambda^k \tag{0.10}$$

alle Lösungen des Problems (A) liefert, wenn die $\xi_i = \xi_i(\lambda)$ die stetigen Lösungen des Gleichungssystems

$$\sum_{k_1+\cdots+k_r \geqq 2} L^{(i)}_{k_1 \cdots k_r 0} \xi_1^{k_1} \cdots \xi_r^{k_r} + \sum_{k_1+\cdots+k_r \geqq 0} \xi_1^{k_1} \cdots \xi_r^{k_r} \sum_{k \geqq 1} L^{(i)}_{k_1 \cdots k_r k} \lambda^k = 0 \tag{0.11}$$

[1]) In der Arbeit von E. Schmidt [1] kann der Parameter λ auch ein Funktionalparameter sein.

sind, die der Bedingung $\xi_i(0) = 0$ genügen. Und zwar läßt sich eine umkehrbar eindeutige Zuordnung zwischen der Menge aller Lösungen des Problems (A) und der Menge aller stetigen Lösungen des Gleichungssystems (0.11), die der Bedingung $\xi_i(0) = 0$ genügen, herstellen. Solche Lösungen von (0.11) heißen kleine Lösungen. Wegen dieser umkehrbar eindeutigen Zuordnung und wegen Formel (0.10) reduziert sich das Problem (A) auf die Bestimmung aller kleinen Lösungen der Gleichung (0.11), die die zum Problem (A) gehörige Verzweigungsgleichung genannt wird. Eine Untersuchung dieser Verzweigungsgleichung liefert uns unter Berücksichtigung von (0.10) Informationen über die Anzahl und die Form aller Lösungen von Problem (A). Haben die Lösungen die Form (0.8) oder (0.9), so können diese Informationen dazu benutzt werden, die Lösungen nach der Methode der unbestimmten Koeffizienten zu konstruieren.

Bei der Lösung verschiedener Probleme der Verzweigungstheorie vereint sich also die Methode von Ljapunow und Schmidt mit der Methode der unbestimmten Koeffizienten.

Das Buch besteht aus 10 Kapiteln.

Kapitel I und II bilden die Grundlage für das gesamte Buch. Wir untersuchen zunächst das Problem der impliziten Funktion für den Fall, daß die Funktionaldeterminante im entsprechenden Punkt verschwindet. Der Defekt der in die Gleichung (0.4) eingehenden Matrix B sei r; die Bestimmung aller stetigen Lösungen der Gleichung (0.4), die für $x \to 0$ nach Null streben, reduziert sich dann auf die Bestimmung aller kleinen Lösungen der Verzweigungsgleichung (0.11). Deshalb sind die §§ 2—6 der Kapitel I und II einer ausführlichen Untersuchung der Verzweigungsgleichung gewidmet; diese Verzweigungsgleichung spielt in allen weiteren Kapiteln des Buches eine große Rolle. Wir beginnen mit dem eindimensionalen Verzweigungsfall ($r = 1$), wobei wir als Hilfsmittel das Newtonsche Diagramm benutzen. Wir erläutern und begründen dieses Verfahren und zeigen dann an konkreten Beispielen, wie es zur Beschreibung und zur Konstruktion aller kleinen Lösungen der Verzweigungsgleichung benutzt werden kann.

In den §§ 3 und 4 betrachten wir einige Fragen aus der Theorie der Funktionen mehrerer komplexer Veränderlicher und aus der Algebra, die zur Untersuchung der Verzweigungsgleichung im mehrdimensionalen Verzweigungsfall nötig sind. Wichtig ist vor allem das Teilbarkeitsproblem in einem speziellen Ring von Pseudopolynomen; diesen Ring benutzen wir in § 5 sowie in § 6 bei der Behandlung einer gewissen Modifikation der Kroneckerschen Eliminationsmethode. Wir gewinnen in den §§ 5 und 6 Ergebnisse, die es in der letzten Zeit ermöglichten, den schwierigsten Teil der Verzweigungstheorie weiter zu entwickeln. Diese Ergebnisse werden in den folgenden Kapiteln häufig benutzt.

In den Kapiteln III und IV werden nichtlineare Integral- und Integrodifferentialgleichungen behandelt und die grundlegenden Tatsachen der entsprechenden Verzweigungstheorie erörtert. In § 7 definieren wir Integralpotenzreihen und den Ljapunow-Schmidtschen Operator; wir untersuchen ihre Eigenschaften und wenden verschiedene Lösungsmethoden auf eine einfache nichtlineare LJAPUNOW-SCHMIDTsche Integralgleichung an.

In § 8 untersuchen wir die allgemeine nichtlineare LJAPUNOW-SCHMIDTsche Integralgleichung. Zunächst behandeln wir den regulären Fall, anschließend unter Benutzung des SCHMIDTschen Lemmas den Verzweigungsfall. Sowohl für den eindimensionalen als auch für den mehrdimensionalen Verzweigungsfall wird die Verzweigungsgleichung hergeleitet.

In § 9 betrachten wir Systeme von LJAPUNOW-SCHMIDTschen Integralgleichungen, nichtlineare Integrodifferentialgleichungen mit Integralpotenzreihen sowie andere Typen von Integrodifferentialgleichungen und leiten die entsprechenden Verzweigungsgleichungen her.

In § 10 behandeln wir die allgemeine Integralgleichung und die HAMMERSTEINsche Integralgleichung mit analytischen rechten Seiten unter der Voraussetzung, daß diese Gleichungen bei gewissen Parameterwerten lösbar sind, und formulieren das entsprechende Verzweigungsproblem. Durch eine geeignete Transformation werden diese Gleichungen auf die Form

$$u(s) - \int_B K(s, t)\, u(t)\, dt = \lambda f(s) + \sum_{m+n\geq 2} \lambda^n \int_B B_{mn}(s, t)\, u^m(t)\, dt$$

bzw.

$$u(s) - \int_B K(s, t)\, u(t)\, dt = \lambda f(s) + \lambda \sum_{m=1}^{\infty} \int_B B_m(s, t)\, u^m(t)\, dt + \sum_{m=2}^{\infty} \int_B C_m(s, t)\, u^m(t)\, dt$$

gebracht, für die im Raum der komplexwertigen Funktionen, die auf einer beschränkten abgeschlossenen Menge B des endlichdimensionalen euklidischen Raumes stetig sind, das Verzweigungsproblem im Punkt $\lambda = 0$ untersucht wird. Wir leiten die dazu gehörigen Verzweigungsgleichungen her und berechnen die Koeffizienten der Reihen, die die in $\lambda = 0$ verschwindenden Lösungen dieser Gleichungen darstellen. Ferner berechnen wir in § 11 die Koeffizienten der Verzweigungsgleichung für den eindimensionalen und den zweidimensionalen Verzweigungsfall.

In Kapitel V erläutern wir Methoden, die zur Beschreibung und Konstruktion der Lösungen der in § 10 betrachteten Gleichungen geeignet sind. Außerdem untersuchen wir singuläre Lösungen nichtlinearer Integralgleichungen.

In § 12 führt die Untersuchung der Verzweigungsgleichung auf eine Beschreibung aller kleinen Lösungen nichtlinearer Integralgleichungen im eindimensionalen, zweidimensionalen und mehrdimensionalen Verzweigungsfall sowie im Fall einer Bifurkation. Auch die Verzweigung einer isolierten Lösung wird untersucht. In § 13 zeigen wir, wie durch ein Zusammenwirken der Methoden der Verzweigungstheorie mit der Methode der unbestimmten Koeffizienten die Lösungen konstruiert werden können. Als Beispiele betrachten wir ein Randwertproblem für eine quasilineare elliptische Differentialgleichung und das NEKRASSOWsche Problem der stationären Wellen.

In § 14 beschreiben wir singuläre Lösungen nichtlinearer Integralgleichungen und zeigen, wie diese konstruiert werden können. Dabei benutzen wir die gleichen Methoden wie in den beiden vorhergehenden Paragraphen.

Kapitel VI ist den periodischen Lösungen des POINCARÉschen Problems gewidmet. Mit diesem Problem haben sich viele Autoren beschräftigt (siehe z. B. L. CESARI [1]), die sich aber in ihren Untersuchungen auf einzelne Spezialfälle beschränkt haben. In diesem Kapitel zeigen wir nun, daß das POINCARÉsche Problem in seiner allgemeinsten Formulierung mit den Methoden der Verzweigungstheorie gelöst werden kann.

In den §§ 15 und 16 betrachten wir Differentialgleichungssysteme der Form (0.6) und

$$\frac{dx}{dt} = A\,x + F(t) + \lambda\,g(t, x, \lambda)\,. \tag{22}$$

Nachdem wir das Problem formuliert und die Methode von POINCARÉ erläutert haben, geben wir einige Hilfssätze an. Dann leiten wir die dazu gehörige Verzweigungsgleichung her, aus der sich Schlußfolgerungen über die Anzahl der Lösungen des betrachteten Problems sowie über die Form jeder einzelnen Lösung ziehen lassen.

In der gleichen Weise untersuchen wir in § 17 das POINCARÉsche Problem für autonome Differentialgleichungssysteme. Hierbei taucht die zusätzliche Schwierigkeit auf, daß auch die Periode der gesuchten Lösungszweige unbekannt ist. In § 18 zeigen wir, wie die Lösungen des betrachteten Problems für autonome und nichtautonome Differentialgleichungssysteme konstruiert werden können.

In § 19 führen wir die Frage nach gewissen singulären periodischen Lösungen auf das in § 16 behandelte Problem zurück. Außerdem betrachten wir in diesem Paragraphen das POINCARÉsche Problem für abstrakte Differentialgleichungen in einem BANACH-Raum.

Im letzten Paragraphen dieses Kapitels untersuchen wir die Stabilität der periodischen Lösungen des POINCARÉschen Problems. Diese Frage ist von großem theoretischen und praktischen Interesse. Die Methoden der Verzweigungstheorie geben uns die Möglichkeit, die Stabilität der von einem kleinen Parameter abhängigen periodischen Lösungen umfassender zu untersuchen und wichtige neue Ergebnisse herzuleiten.

Bisher haben wir algebraische Gleichungssysteme, Integral- und Integrodifferentialgleichungen sowie periodische Lösungen von Differentialgleichungssystemen betrachtet. Der Kreis der Probleme, auf die sich die Verzweigungstheorie anwenden läßt, wird aber immer größer. Deshalb ist es sinnvoll, eine allgemeine abstrakte Theorie darzulegen, die möglichst viele konkrete Fragestellungen umfaßt.

Solch eine Theorie entwickeln wir in Kapitel VII für Gleichungen in BANACH-Räumen, deren Linearteil ein FREDHOLMscher Operator ist.

§ 21 enthält Hilfssätze über normal lösbare lineare beschränkte Operatoren in BANACH-Räumen. Wenn der FREDHOLMsche Operator B nicht umkehrbar ist, kann man zur Untersuchung der Gleichung $B x = h$ zwei Wege beschreiten. Entweder betrachtet man eine Einschränkung $\hat{B}$ des Operators B, die ein beschränktes Inverses $\hat{B}^{-1}$ besitzt, oder man konstruiert einen umkehrbaren Operator $\tilde{B}$, der auf dem ganzen Raum definiert ist (verallgemeinertes SCHMIDTsches Lemma). Im gleichen Paragraphen zitieren wir einen bekannten Satz von S. M. NIKOLSKI und weisen auf den Zusammenhang mit dem adjungierten Operator B^* hin.

In § 22 führen wir bekannte Tatsachen aus der nichtlinearen Funktionalanalysis an, die sich auf analytische Operatoren beziehen. Wir bringen Sätze über analytische und nichtanalytische implizite Operatoren, dabei betrachten wir auch unbeschränkte Operatoren. Der wesentliche Inhalt des Kapitels VII ist in den §§ 23—25 enthalten. Dort werden das Verzweigungsproblem für den analytischen Fall gelöst und weitere Ergebnisse bewiesen.

In § 23 zeigen wir, daß die Bestimmung aller kleinen Lösungen der Gleichung $\Phi(x, y) = 0$, in der Φ ein hinreichend glatter Operator mit $\Phi(0, 0) = 0$ und $B = -\Phi_x(0, 0)$ ein FREDHOLMscher Operator mit der Nullzahl $n \geqq 1$ ist, der Bestimmung aller kleinen Lösungen eines von dem Parameter y abhängigen algebraischen Gleichungssystems von n Gleichungen mit n Unbekannten äquivalent ist. Dieses Gleichungssystem, die sogenannte Verzweigungsgleichung, ist im allgemeinen nicht eindeutig lösbar. Zur Herleitung der Verzweigungsgleichung benutzen wir sowohl den Operator $\hat{B}$ als auch das verallgemeinerte SCHMIDTsche Lemma. Dadurch erhalten wir zwei äquivalente Formulierungen der Verzweigungsgleichung, von denen jede bei der Betrachtung konkreter Probleme ihre Vorteile besitzt.

In den §§ 24 und 25 untersuchen wir im wesentlichen Gleichungen der Form (0.7), in denen der Operator B die Nullzahl n hat. Die Verzweigungsgleichung hat die Form (0.11). Für $n=1$ und $n=2$ berechnen wir die ersten Koeffizienten der Verzweigungsgleichung, anschließend leiten wir unter Benutzung der entsprechenden Ergebnisse von Kapitel I und II verschiedene Aussagen über die Anzahl und die Form der Lösungen von (0.7) ab.

In Kapitel VIII betrachten wir den allgemeineren Fall, in dem der Linearteil B des Operators Φ ein NOETHERscher Operator ist.

§ 26 enthält Hilfssätze aus der linearen Theorie, § 27 ist der Lösungsverzweigung gewidmet.

n sei die Nullzahl des Operators B und m die Nullzahl des Operators B^*. Für $n > 0$, $m > 0$ führt die Bestimmung aller kleinen Lösungen der Gleichung (0.7) wieder auf eine Verzweigungsgleichung, die ein von einem Parameter abhängiges algebraisches Gleichungssystem von m Gleichungen mit n Unbekannten darstellt, und die mit den in den §§ 5 und 6 behandelten Methoden untersucht werden kann. Für $n = 0$, $m > 0$ ist die Gleichung (0.7) überbestimmt; sie besitzt dann nicht mehr als eine Lösung. Wir betrachten auch den Fall $n > 0$, $m = 0$, in dem die Gleichung (0.7) unterbestimmt ist und eine von n willkürlichen Parametern abhängige Lösungsschar besitzt.

In § 28 weisen wir nach, daß die bisherigen Ergebnisse auf nichtlineare singuläre Integralgleichungen mit CAUCHYschen Kernen in Räumen HÖLDERstetiger Funktionen sowie auf nichtlineare singuläre Integralgleichungen mit HILBERTschen Kernen in Räumen summierbarer Funktionen anwendbar sind.

In den letzten Jahren haben verschiedene Autoren gezeigt, daß gewisse Operatoren, die durch Randwertprobleme für elliptische Differential- und Integrodifferentialgleichungen erzeugt werden, NOETHERsche oder FREDHOLMsche Operatoren sind. Jedes dieser Ergebnisse gestattet es, die in den Kapiteln VII und VIII entwickelte abstrakte Theorie auf das entsprechende nichtlineare Problem anzuwenden. Je nachdem, welche Probleme und in welchen Räumen diese Probleme betrachtet werden, ergeben sich dabei die verschiedensten Methoden und Resultate. In § 29 behandeln wir drei Klassen von Randwertproblemen für nichtlineare elliptische Differentialgleichungen, die unserer Meinung nach die vorhandenen Möglichkeiten ausführlich genug aufzeigen.

Viele Probleme der Störungstheorie hängen eng mit der Verzweigungstheorie zusammen. Einige dieser Probleme wollen wir in Kapitel IX betrachten.

In § 30 stellen wir im wesentlichen bekannte Aussagen über die JORDANschen Ketten und JORDANschen Sätze eines FREDHOLMschen Operators zusammen, die Ergebnissen von M. W. KELDYSCH, A. S. MARKUS und anderen ähnlich sind. In § 31 untersuchen wir die Störung einer linearen Gleichung durch kleine lineare Glieder. Mit diesem Problem haben sich viele Autoren beschäftigt, am umfassendsten M. I. WISCHIK und L. A. LJUSTERNIK. Es zeigt sich, daß durch die Methoden der Verzweigungstheorie einige bekannte Ergebnisse präzisiert werden können.

In § 32 bestimmen wir die Eigenwerte und Eigenelemente linearer Operatoren. Diesem Problem ist eine umfangreiche Literatur gewidmet; eine gute Übersicht über derartige Arbeiten enthält das Buch von DUNFORD und SCHWARTZ. Unser Zugang unterscheidet sich von dem allgemein üblichen nur dadurch, daß wir systematisch die für nichtlineare Probleme entwickelten Methoden der Verzweigungstheorie anwenden. Dadurch können wir nicht nur bekannte Ergebnisse relativ einfach gewinnen, sondern auch mehrere neue Resultate herleiten. Einige Aussagen von § 32 stellen eine genauere Fassung oder eine Verallgemeinerung der Ergebnisse von M. I. WISCHIK und L. A. LJUSTERNIK dar.

In § 33 verallgemeinern wir das in § 31 behandelte Problem auf den nichtlinearen Fall. Der Begriff der JORDANschen Kette wird auf den nichtlinearen Fall übertragen. Dadurch lassen sich unter Benutzung der Methoden von Kapitel VII alle beschränkten oder singulären Lösungen mit einer vorgegebenen Wachstumsgeschwindigkeit bestimmen. Ein ähnliches Problem haben wir bereits in § 14 untersucht.

Erwähnt sei noch, daß die in § 33 entwickelten Methoden auch auf andere nichtlineare Probleme (z. B. auf das Problem der „einsamen" Welle) anwendbar sind.

Im zehnten und letzten Kapitel des Buches werden einige konkrete Beispiele aus der Mechanik mit den Methoden der Verzweigungstheorie untersucht.

KAPITEL I

DIE KLASSISCHE THEORIE DER LÖSUNGSVERZWEIGUNG BEI SYSTEMEN IMPLIZITER FUNKTIONEN

§ 1. Implizite Funktionen

1.1. Klassische Sätze über implizite Funktionen. Wir beginnen mit der Formulierung bekannter Sätze über implizite Funktionen, deren Beweis verschiedenen Lehrbüchern der Analysis entnommen werden kann (siehe z. B. VALLÉE-POUSSIN [1], GOURSAT [1, 2], FICHTENHOLZ [1], NEMYZKI, SLUDSKAJA [1]).

Satz 1.1. *Die stetigen reellen Funktionen* $F_i(y_1, y_2, \ldots, y_p; x_1, x_2, \ldots, x_s)$, $i = 1, 2, \ldots, p$, *der reellen Veränderlichen* $y_1, y_2, \ldots, y_p, x_1, x_2, \ldots, x_s$ *mögen im Punkt* $M(y_1^0, y_2^0, \ldots, y_p^0; x_1^0, x_2^0 \ldots, x_s^0)$ *verschwinden und in einer gewissen Umgebung* U *von* M *partielle Ableitungen nach* $y_1, y_2, \ldots, y_p$ *besitzen, die im Punkt* M *stetig seien. Die Funktionaldeterminante*

$$I = \frac{D(F_1, F_2, \ldots, F_p)}{D(y_1, y_2, \ldots, y_p)}$$

sei im Punkt M *von Null verschieden. Dann besitzt das Gleichungssystem*

$$F_i(y_1, y_2, \ldots, y_p; x_1, x_2, \ldots, x_s) = 0\,, \quad i = 1, 2, \ldots, p\,,$$

in einer gewissen Umgebung des Punktes $(x_1^0, x_2^0, \ldots, x_s^0)$ *eine eindeutig bestimmte stetige Lösung*

$$y_i = \varphi_i\,(x_1, x_2, \ldots, x_s)\,, \quad i = 1, 2, \ldots, p\,,$$

die der Bedingung

$$\varphi_i\,(x_1^0, x_2^0, \ldots, x_s^0) = y_i^0$$

genügt.

Wenn zusätzlich vorausgesetzt wird, daß die Funktionen F_i in U stetige partielle Ableitungen nach jedem Argument y_i, x_k haben, besitzen die Funktionen φ_i in einer gewissen Umgebung U_1 des Punktes $(x_1^0, x_2^0, \ldots, x_s^0)$ stetige partielle Ableitungen nach x_k. Sind ganz allgemein die Funktionen F_i in U hinreichend glatt, so besitzen die Funktionen φ_i in U_1 dieselben Glattheitseigenschaften. Darüber hinaus gilt folgender Satz:

Satz 1.2. *Die Funktionen* F_i *seien in einer gewissen Kugel mit dem Mittelpunkt in* M *in konvergente Reihen nach Potenzen von* $(y_i - y_i^0)$ *und* $(x_k - x_k^0)$, $i = 1, 2, \ldots, p$; $k = 1, 2, \ldots, s$, *entwickelbar, wobei die Reihen keine freien Glieder enthalten. Die Funktionaldeterminante*

$$I = \frac{D(F_1, F_2, \ldots, F_p)}{D(y_1, y_2, \ldots, y_p)}$$

sei im Punkt M von Null verschieden. Dann besitzt das Gleichungssystem

$$F_i(y_1, y_2, \ldots, y_p; x_1, x_2, \ldots, x_s) = 0\,, \quad i = 1, 2, \ldots, p\,,$$

eine eindeutig bestimmte Lösung

$$y_i = \varphi_i(x_1, x_2, \ldots, x_s)\,, \quad i = 1, 2, \ldots, p\,,$$

wobei die Funktionen φ_i in einer gewissen Kugel mit dem Mittelpunkt in $(x_1^0, x_2^0, \ldots, x_s^0)$ in konvergente Reihen nach Potenzen von $(x_k - x_k^0)$, $k = 1, 2, \ldots, s$, entwickelt werden können und der Bedingung

$$\varphi_i\,(x_1^0, x_2^0, \ldots, x_s^0) = y_i^0$$

genügen.

Satz 1.2 gilt auch dann, wenn die F_i komplexwertige Funktionen komplexer Veränderlicher sind.

1.2. Allgemeinere Sätze über implizite Funktionen. Die Funktionen $F_i(y_1, y_2, \ldots, y_q; x_1, x_2, \ldots, x_s)$, $i = 1, 2, \ldots, p$, seien in einer gewissen Umgebung des Punktes $M(y_1^0, y_2^0, \ldots, y_q^0; x_1^0, x_2^0, \ldots, x_s^0)$ definiert und hinreichend glatt. Ohne Beschränkung der Allgemeinheit können wir

$$x_1^0 = x_2^0 = \cdots = x_s^0 = y_1^0 = y_2^0 = \cdots = y_q^0 = 0$$

annehmen, da sich der allgemeinere Fall durch die Transformation $y_i = y_i^0 + Y_i$ und $x_k = x_k^0 + X_k$ auf diesen Fall zurückführen läßt. Ferner sei $F_i(0, 0, \ldots, 0; 0, 0, \ldots, 0) = 0$, $i = 1, 2, \ldots, p$. Wir betrachten das Gleichungssystem

$$F_i(y_1, y_2, \ldots, y_q; x_1, x_2, \ldots, x_s) = 0\,, \quad i = 1, 2, \ldots, p\,, \tag{1.1}$$

und fragen nach allen Lösungen

$$y_j = \varphi_j(x_1, x_2, \ldots, x_s)\,, \quad j = 1, 2, \ldots, q\,,$$

dieses Gleichungssystems, die in einer gewissen Umgebung des Koordinatenursprungs $x_1 = x_2 = \cdots = x_s = 0$ oder aber in einem Gebiet, für das der Koordinatenursprung ein Häufungspunkt ist, definiert und stetig sind sowie der Bedingung

$$\varphi_j(0, 0, \ldots, 0) = 0\,, \quad j = 1, 2, \ldots, q\,, \tag{1.2}$$

genügen. Solche Lösungen wollen wir kleine Lösungen nennen.

Das Problem (1.1), (1.2) sei (möglicherweise nur lokal) eindeutig lösbar; wir sagen dann, daß die triviale Lösung von (1.1) im Koordinatenursprung fortgesetzt werden kann. Wenn dagegen das Gleichungssystem (1.1) keine kleinen Lösungen oder mehr als eine kleine Lösung besitzt, sprechen wir von einer Verzweigung der trivialen Lösung (oder von einer Verzweigung kleiner Lösungen).

Wir gehen nun zu der allgemeinen Untersuchung der Problems (1.1), (1.2) über[1]).

---

[1]) Auf andere Weise ist dieses Problem von N. P. Jerugin [1, 2] untersucht worden.

Dazu berücksichtigen wir die Glattheit der Funktionen F_i und schreiben das Gleichungssystem (1.1) der Kürze halber in der Form

$$B\,y = A\,x + L(x, y); \tag{1.3}$$

hierbei ist

$$B = \|b_{ij}\| = -\left\| \frac{\partial F_i(0, 0, \ldots, 0; 0, 0, \ldots, 0)}{\partial y_j} \right\| \tag{1.4}$$

eine rechteckige Matrix mit p Zeilen und q Spalten,

$$A = \|a_{ik}\| = \left\| \frac{\partial F_i(0, 0, \ldots, 0; 0, 0, \ldots, 0)}{\partial x_k} \right\|$$

eine rechteckige Matrix mit p Zeilen und s Spalten;

$$y = \left\| \begin{matrix} y_1 \\ y_2 \\ \vdots \\ y_q \end{matrix} \right\|, \qquad x = \left\| \begin{matrix} x_1 \\ x_2 \\ \vdots \\ x_s \end{matrix} \right\|, \qquad L(x, y) = \left\| \begin{matrix} l_1(x, y) \\ l_2(x, y) \\ \vdots \\ l_p(x, y) \end{matrix} \right\|$$

sind Spaltenmatrizen, und es ist $L(x, y) = O\,(|x| + |y|)$ für $x \to 0$, $y \to 0$ ($|\cdot|$ bezeichne irgendeine Norm des endlichdimensionalen Raumes).

Der Rang der Matrix B sei r; wir setzen $r \geqq 1$ voraus, sofern $p > 1$ ist. Offensichtlich gilt $r \leqq \min(p, q)$. Ohne Beschränkung der Allgemeinheit können wir im folgenden stets annehmen, daß der von Null verschiedene Minor r-ter Ordnung in der linken oberen Ecke der Matrix B steht.

Nun müssen drei Fälle unterschieden werden.

Erster Fall. $r = p < q$.

In diesem Fall hat das Gleichungssystem (1.1) die Form

$$\sum_{j=1}^{q} b_{ij}\,y_j = \sum_{k=1}^{s} a_{ik}\,x_k + l_i(x, y)\,, \quad i = 1, 2, \ldots, p\,. \tag{1.5}$$

Wir bringen die Glieder mit $y_{p+1}, \ldots, y_q$ auf die rechte Seite und erhalten

$$\sum_{j=1}^{p} b_{ij}\,y_j = -\sum_{j=p+1}^{q} b_{ij}\,y_j + \sum_{k=1}^{s} a_{ik}\,x_k + l_i(x, y)\,, \qquad i = 1, 2, \ldots, p\,.$$

Die quadratische Matrix $\|b_{ij}\|$, $i, j = 1, 2, \ldots, p$, ist nach Voraussetzung umkehrbar; fassen wir deshalb $p_{p+1}, \ldots, y_q$ als kleine Parameter auf und bedenken wir, daß x eine kleine Größe ist, so führt der Satz über implizite Funktionen (Satz 1.1) auf

$$y_\nu = \psi_\nu(y_{p+1}, \ldots, y_q; x_1, \ldots, x_s)\,, \quad \nu = 1, 2, \ldots, p\,.$$

Als Parameter $y_{p+1}, \ldots, y_q$ können beliebige stetige Funktionen von $x_1, x_2, \ldots, x_s$, die in $x_1 = x_2 = \cdots = x_s = 0$ verschwinden, gewählt werden. Damit haben wir folgenden Satz bewiesen:

Satz 1.3. *Für den Rang r der Matrix B gelte* $r = p < q$. *Dann besitzt das Problem* (1.1), (1.2) *eine Lösung, die von* $q-p$ *willkürlichen stetigen Funktionen der Veränderlichen* $x_1, x_2, \ldots, x_s$, *die in* $x_1 = x_2 = \cdots = x_s = 0$ *verschwinden, abhängt.*

Zweiter Fall. $r = q < p$.

Auch in diesem Fall hat das Gleichungssystem (1.1) die Form (1.5). Nehmen wir zuerst die ersten q Gleichungen von (1.5). Die quadratische Matrix $\|b_{ij}\|$, $i, j = 1, 2, \ldots, q$, ist nach Voraussetzung umkehrbar; mit dem Satz über implizite Funktionen (Satz 1.1) erhalten wir aus diesen ersten q Gleichungen

$$y_\nu = \psi_\nu(x_1, x_2, \ldots, x_s)\,,$$
$$\nu = 1, 2, \ldots, q\,.$$

Die so bestimmten Werte für y_ν müssen auch den letzten $p-q$ Gleichungen von (1.5) genügen,

$$\sum_{j=1}^{q} b_{ij}\,\psi_j(x_1, x_2, \ldots, x_s) =$$
$$= \sum_{k=1}^{s} a_{ik}\, x_k + l_i\big(x_1, x_2, \ldots, x_s; \psi_1(x_1, \ldots, x_s), \ldots, \psi_q(x_1, \ldots, x_s)\big) \quad (1.6)$$
$$(i = q+1, \ldots, p)\,.$$

Die Beziehung (1.6) legt die Menge derjenigen $(x_1, x_2, \ldots, x_s)$ fest, auf der die lokale Lösung $(y_1, y_2, \ldots, y_q)$ definiert ist. Es kann sein, daß diese Menge nur aus dem Punkt $(0, 0, \ldots, 0)$ besteht. Wir kommen also zu folgendem Ergebnis:

Satz 1.4. *Für den Rang der Matrix B gelte* $r = q < p$. *Dann ist die lokale Lösung des Problems* (1.1), (1.2) *eindeutig bestimmt. Ihr Definitionsbereich ist durch die Beziehung* (1.6) *gegeben.*

Dritter Fall. $r < \min(p, q)$.

In diesem Fall hat das Gleichungssystem (1.1) ebenfalls die Form (1.5). Da die Matrix $B_{rr} = \|b_{ij}\|$, $i, j = 1, 2, \ldots, r$, nach Voraussetzung umkehrbar ist, die $y_{r+1}, \ldots, y_q$ als kleine Parameter aufgefaßt werden können und x eine kleine Größe darstellt, erhalten wir durch Anwendung des Satzes über implizite Funktionen (Satz 1.1) auf die ersten r Gleichungen von (1.5)

$$y_\nu = \psi_\nu(y_{r+1}, \ldots, y_q; x_1, \ldots, x_s)\,, \quad \nu = 1, 2, \ldots, r\,.$$

Anschließend setzen wir diese Lösungen in die letzten $p-r$ Gleichungen von (1.5) ein; dadurch erhalten wir ein Gleichungssystem von $p-r$ Gleichungen zur Bestimmung von $y_{r+1}, \ldots, y_q$,

$$\sum_{j=1}^{r} b_{ij}\,\psi_j(y_{r+1}, \ldots, y_q; x_1, x_2, \ldots, x_s) + \sum_{j=r+1}^{q} b_{ij}\, y_j - \sum_{k=1}^{s} a_{ik}\, x_k -$$
$$- l_i\big(x_1, x_2, \ldots, x_s; \psi_1(y_{r+1}, \ldots, y_q; x_1, \ldots, x_s), \ldots \quad (1.7)$$
$$\ldots, \psi_r(y_{r+1}, \ldots, y_q; x_1, \ldots, x_s), y_{r+1}, \ldots, y_q\big) = 0$$
$$(i = r+1, \ldots, p)\,.$$

Aus Gründen, die wir gleich nennen werden, wollen wir das Gleichungssystem (1.7) Verzweigungsgleichung nennen. Aussagen über dieses Gleichungssystem macht das folgende Lemma.

Lemma 1.1. *Das Gleichungssystem* (1.7) *enthält keine Glieder erster Ordnung mit* $y_{r+1}, \ldots, y_q$ *sowie keine Glieder nullter Ordnung, mit anderen Worten, die Funktionaldeterminante des Gleichungssystems* (1.7) *verschwindet im Punkt* $y_{r+1} = \cdots = y_q = x_1 = x_2 = \cdots = x_s = 0$.

Beweis. Mit den Bezeichnungen

$$B_{11} = \|b_{ij}\|_{i,j=1,2,\ldots,r}, \qquad B_{12} = \|b_{ij}\|_{i=1,\ldots,r;\, j=r+1,\ldots,q},$$

$$B_{21} = \|b_{ij}\|_{\substack{i=r+1,\ldots,p \\ j=1,2,\ldots,r}}, \qquad B_{22} = \|b_{ij}\|_{\substack{i=r+1,\ldots,p \\ j=r+1,\ldots,q}}$$

$$\eta_1 = \begin{Vmatrix} y_1 \\ \vdots \\ y_r \end{Vmatrix}, \quad \eta_2 = \begin{Vmatrix} y_{r+1} \\ \vdots \\ y_q \end{Vmatrix}, \quad L_1 = \begin{Vmatrix} l_1 \\ \vdots \\ l_r \end{Vmatrix}, \quad L_2 = \begin{Vmatrix} l_{r+1} \\ \vdots \\ l_p \end{Vmatrix},$$

$$A_1 x = \begin{Vmatrix} \sum_{k=1}^{s} a_{1k} x_k \\ \cdots\cdots \\ \cdots\cdots \\ \cdots\cdots \\ \sum_{k=1}^{s} a_{rk} x_k \end{Vmatrix}, \qquad A_2 x = \begin{Vmatrix} \sum_{k=1}^{s} a_{(r+1)k} x_k \\ \cdots\cdots \\ \cdots\cdots \\ \cdots\cdots \\ \sum_{k=1}^{s} a_{pk} x_k \end{Vmatrix}$$

nimmt das Gleichungssystem (1.5) folgende Form an:

$$B_{11}\eta_1 + B_{12}\eta_2 = A_1 x + L_1(x, y), \tag{1.8}$$

$$B_{21}\eta_1 + B_{22}\eta_2 = A_2 x + L_2(x, y). \tag{1.9}$$

Aus (1.8) bestimmen wir η_1,

$$\eta_1 = -B_{11}^{-1} B_{12}\eta_2 + B_{11}^{-1} A_1 x + o(|x| + |y|),$$

das setzen wir in (1.9) ein,

$$[-B_{21} B_{11}^{-1} B_{12} + B_{22}]\eta_2 = O(|x|) + o(|x| + |y|).$$

Nun schreiben wir die Matrix B in der Form

$$B = \begin{pmatrix} B_{11} & B_{12} \\ B_{21} & B_{22} \end{pmatrix}.$$

Nach Voraussetzung ist

$$\operatorname{rang} B = \operatorname{rang} B_{11} = r.$$

Wir multiplizieren die erste Block-Zeile dieser Matrix von links mit $B_{21} B_{11}^{-1}$ und subtrahieren sie von der zweiten Zeile. Dabei ändert sich der Rang nicht,

$$\operatorname{rang} B = \operatorname{rang}\begin{pmatrix} B_{11} & B_{12} \\ 0 & B_{22} - B_{21} B_{11}^{-1} B_{12} \end{pmatrix}.$$

Durch elementare Umformungen der letzten Matrix erhalten wir

$$\operatorname{rang} B = \operatorname{rang}\begin{pmatrix} E_r & 0 \\ 0 & B_{22} - B_{21} B_{11}^{-1} B_{12} \end{pmatrix} = r ,$$

wobei E_r die Einheitsmatrix r-ter Ordnung bezeichnet. Hieraus folgt $B_{22} - B_{21} B_{11}^{-1} B_{12} = 0$. Das Gleichungssystem (1.5) hat also die Form

$$O(|x|) + o(|x| + |y|) = 0 ,$$

so daß das Gleichungssystem (1.7) auf der linken Seite keine freien und keine linearen Glieder mit $y_{r+1}, \ldots, y_q$ enthält. Damit ist das Lemma bewiesen.

Aus diesem Lemma folgt, daß das Gleichungssystem (1.7) im allgemeinen nicht eindeutig nach $y_{r+1}, \ldots, y_q$ auflösbar ist. Gerade deshalb haben wir dieses Gleichungssystem Verzweigungsgleichung genannt. Wir fassen das Ergebnis zusammen.

Satz 1.5. *Für den Rang der Matrix B gelte* $1 \leqq r < \min(p, q)$. *Dann stimmt die Anzahl der kleinen Lösungen des Problems* (1.1), (1.2) *mit der Anzahl der kleinen Lösungen der Verzweigungsgleichung* (1.7) *überein. Der Definitionsbereich dieser Lösungen ist ebenfalls durch* (1.7) *gegeben.*

1.3. Analytische implizite Funktionen. Zusätzlich zu den Voraussetzungen des vorigen Punktes seien die Funktionen

$$F_i(y_1, y_2, \ldots, y_q; x_1, x_2, \ldots, x_s), \quad i = 1, 2, \ldots, p ,$$

in allen Argumenten im Koordinatenursprung analytisch, für den Rang der Matrix B gelte $1 \leqq r < \min(p, q)$.

Wir führen die Bezeichnungen $m = q - r$, $n = p - r$ und

$$y_{r+1} = \xi_1, y_{r+2} = \xi_2, \ldots, y_q = \xi_m$$

ein. Mit den Funktionen F_i sind auch die in das Gleichungssystem (1.5) eingehenden Funktionen $l_i(x, y)$ analytisch. Wegen Satz 1.2 sind dann auch die beim Beweis von Satz 1.5 eingeführten Funktionen

$$\psi_\nu(y_{r+1}, y_{r+2}, \ldots, y_q; x_1, x_2, \ldots, x_s), \quad \nu = 1, 2, \ldots, r ,$$

analytisch. Deshalb kann die Verzweigungsgleichung (1.7) in der Form

$$\Phi_i(\xi_1, \xi_2, \ldots, \xi_m; x_1, x_2, \ldots, x_s) = 0, \quad i = 1, 2, \ldots, n , \tag{1.10}$$

geschrieben werden, wobei die Φ_i im Koordinatenursprung analytische Funktionen in $m + s$ Veränderlichen sind, den Bedingungen $\Phi_i(0, 0, \ldots, 0; 0,0, \ldots, 0) = 0$ genügen und keine linearen Glieder mit $\xi_1, \xi_2, \ldots, \xi_m$ enthalten.

Handelt es sich speziell um ein System von impliziten Funktionen in einer unabhängigen Veränderlichen $x_1 = \lambda$ und ist $p = q$, so lautet die Verzweigungsgleichung

$$\Phi_i(\xi_1, \xi_2, \ldots, \xi_n, \lambda) = 0\,, \quad i = 1, 2, \ldots, n\,. \tag{1.11}$$

Um das Problem (1.1), (1.2) im analytischen Fall vollständig zu lösen, müssen aus der Verzweigungsgleichung (1.10) $\xi_1, \xi_2, \ldots, \xi_m$ als stetige Funktionen von $x_1, x_2, \ldots, x_s$, die im Nullpunkt verschwinden, bestimmt werden. Damit können die Funktionen $y_{r+1}, y_{r+2}, \ldots, y_q$ und unter Benutzung der Formeln

$$y_\nu = \psi_\nu(y_{r+1}, \ldots, y_q; x_1, \ldots, x_s), \quad \nu = 1, 2, \ldots, r\,,$$

auch die übrigen Funktionen $y_1, y_2, \ldots, y_r$ berechnet werden.

Deshalb ist eine Untersuchung der Verzweigungsgleichung in der Theorie der impliziten Funktionen von großem Interesse. Ebenso interessant ist eine Untersuchung der Verzweigungsgleichung in der Theorie der kleinen Lösungen nichtlinearer Gleichungen in verschiedenen Funktionalräumen. In zu Beginn unseres Jahrhunderts erschienenen Arbeiten haben M. A. Ljapunow [1—3] und E. Schmidt [1] nachgewiesen, daß das Problem, kleine Lösungen nichtlinearer Integralgleichungen zu finden (siehe Punkt 8.4 und 8.5), auf die Untersuchung einer zu diesen Integralgleichungen gehörigen Verzweigungsgleichung zurückgeführt werden kann. Aus diesem Grunde wird das Gleichungssystem (1.10) bzw. (1.11) Ljapunow-Schmidtsche Verzweigungsgleichung genannt.

Einer Untersuchung der Verzweigungsgleichung sind die übrigen Paragraphen dieses und des folgenden Kapitels gewidmet. Wir beginnen in § 2 mit dem eindimensionalen Verzweigungsfall ($n = 1$), behandeln dann in § 5 den zweidimensionalen ($n = 2$) und schließlich in § 6 den mehrdimensionalen Verzweigungsfall. Zur Untersuchung des mehrdimensionalen Verzweigungsfalls benötigen wir einige Ergebnisse aus der Theorie der Funktionen mehrerer komplexer Veränderlicher und aus der Teilbarkeitstheorie, die wir in den §§ 3 und 4 zusammenfassen.

§ 2. Der eindimensionale Verzweigungsfall. Das Newtonsche Diagramm

In diesem Paragraphen untersuchen wir die Verzweigungsgleichung (1.11) für $n = 1$; sie lautet dann

$$\sum_{k=2}^{\infty} L_{k0}\,\xi^k + \sum_{k=0}^{\infty} \xi^k \sum_{\nu=1}^{\infty} L_{k\nu}\,\lambda^\nu = 0\,. \tag{2.1}$$

Die Zahlen $L_{k\nu}$ heißen Koeffizienten der Verzweigungsgleichung. Auf solch eine Verzweigungsgleichung kommen wir, wenn im Problem (1.1), (1.2) die Funktionen F_i analytisch und die Bedingungen $p = q \geqq 1$, $r = p - 1$, $s = 1$ erfüllt sind.

Bei der Untersuchung der Gleichung (2.1) benutzen wir das NEWTONsche Diagramm.

NEWTON hat wohl als erster das Problem der impliziten Funktion für den Fall untersucht, daß die partielle Ableitung Null werden kann. In einer seiner Arbeiten (NEWTON [1]) betrachtet er die Gleichung

$$F(x, y) = 0 \tag{2.2}$$

unter den Voraussetzungen, daß die Veränderlichen x und y reell sind, daß $F(x_0, y_0) = 0$ ist, daß $F(x, y)$ in eine Reihe nach positiven ganzen Potenzen von $(x-x_0)$ und $(y-y_0)$ entwickelt werden kann und daß die Bedingung $F'_y(x_0, y_0) \neq 0$ nicht unbedingt erfüllt ist. Zur Lösung der Gleichung (2.2) macht er den Reihenansatz

$$y = y_0 + \alpha\,(x - x_0)^{\varepsilon} + \alpha'\,(x - x_0)^{\varepsilon'} + \dots,$$

wobei die $\varepsilon, \varepsilon', \dots$ eine wachsende Folge von rationalen Zahlen bilden. Die möglichen Werte für $\varepsilon, \alpha, \varepsilon', \alpha', \dots$ bestimmt NEWTON mit einem geometrischen Verfahren, das die Bezeichnung NEWTONsches Diagramm (NEWTONsches Vieleck, NEWTONsches Parallelogramm) erhielt. Die weitere Entwicklung der NEWTONschen Methode und ihre Bedeutung für die Entwicklung der modernen Mathematik ist ausführlich in der Arbeit von N. G. TSCHEBOTAREW [1] behandelt worden. Die NEWTONschen Ergebnisse wurden auf Gleichungen der Form (2.2) übertragen, in denen x, y und $F(x, y)$ komplex sind. Es zeigte sich, daß außer den von NEWTON angegebenen Lösungen keine weiteren Lösungen existieren (A. I. MARKUSCHEWITSCH [1]).

Wir interessieren uns im folgenden nur für kleine Lösungen der Gleichung (2.1), d. h. für stetige Lösungen $\xi = \xi(\lambda)$, die der Bedingung $\xi(0) = 0$ genügen.

2.1. Das NEWTONsche Diagramm[1]). Wir behandeln zunächst den Fall, daß $F(\xi, \lambda)$ ein Pseudopolynom in ξ ist,

$$F(\xi, \lambda) = \sum_{s=0}^{n} F_s(\lambda)\,\xi^s\,, \qquad F_s(\lambda) = \lambda^{\varrho_s} \sum_{r=0}^{\infty} F_{rs} \lambda^{r/q}\,,$$

die F_{rs} sind vorgegebene komplexe Zahlen, ξ und λ komplexe Veränderliche, ϱ_s nichtnegative rationale Zahlen, q ist eine beliebige natürliche Zahl, $F_n(\lambda) \not\equiv 0$ und $F_0(\lambda) \not\equiv 0$. Aus der angegebenen Darstellung für die Funktion $F_s(\lambda)$ folgt, daß wir $F_{0s} \neq 0$ annehmen dürfen, sofern $F_s(\lambda) \not\equiv 0$ ist. Ohne Beschränkung der Allgemeinheit können wir also $F_{00} \neq 0$ und $F_{0n} \neq 0$ voraussetzen.

Wir wollen die Gleichung

$$F(\xi, \lambda) = 0 \tag{2.3}$$

[1]) Zum NEWTONschen Diagramm siehe auch N. G. TSCHEBOTAREW [2], B. A. FUKS und A. I. LEWIN [1].

nach ξ auflösen; dazu machen wir den Reihenansatz

$$\xi = \xi_\varepsilon \lambda^\varepsilon + \xi_{\varepsilon'} \lambda^{\varepsilon'} + \xi_{\varepsilon''} \lambda^{\varepsilon''} + \dots \tag{2.4}$$

mit $\varepsilon < \varepsilon' < \varepsilon'' < \dots, \xi_\varepsilon \neq 0$, oder kurz geschrieben,

$$\xi = \xi_\varepsilon \lambda^\varepsilon + V \tag{2.5}$$

mit $V = o(\lambda^\varepsilon)$ für $\lambda \to 0$.

Zur Bestimmung der möglichen Werte für ε und ξ_ε setzen wir (2.5) in (2.3) ein; dann sammeln wir die Glieder mit gleichen Potenzen von λ und setzen die Koeffizienten bei diesen Potenzen Null. Wir wollen mit den Gliedern niedrigster Ordnung beginnen. Solange aber ε nicht bekannt ist, wissen wir nicht, welche Glieder von niedrigster Ordnung sind. Wir können nur behaupten, daß die Glieder niedrigster Ordnung unter den Gliedern

$$F_{00} \lambda^{\varrho_0}, F_{01} \xi_\varepsilon \lambda^{\varrho_1 + \varepsilon}, \quad F_{02} \xi_\varepsilon^2 \lambda^{\varrho_2 + 2\varepsilon}, \dots, \quad F_{0n} \xi_\varepsilon^n \lambda^{\varrho_n + n\varepsilon}$$

zu suchen sind, sofern $F_{0i} \neq 0$ für alle $i = 1, 2, \dots, n$ ist, oder unter den Gliedern

$$F_{00} \lambda^{\varrho_0}, \quad F_{0k} \xi_\varepsilon^k \lambda^{\varrho_k + k\varepsilon}, \quad F_{0n} \xi_\varepsilon^n \lambda^{\varrho_n + n\varepsilon}, \tag{2.6}$$

wenn k diejenigen Werte von $1, 2, \dots, n-1$ annimmt, für die $F_k(\lambda) \not\equiv 0$ ist. In (2.6) gilt für alle Koeffizienten $F_{0s} \neq 0$; damit sich die Glieder niedrigster Ordnung aufheben, müssen deshalb mindestens zwei der Exponenten

$$\varrho_0, \varrho_k + k\,\varepsilon, \varrho_n + n\,\varepsilon \tag{2.7}$$

übereinstimmen, und die übrigen Exponenten dürfen nicht kleiner als diese sein. Durch Gleichsetzen der Exponenten bestimmen wir alle möglichen Werte für ε; anschließend wählen wir ξ_ε so, daß die Summe der Koeffizienten bei den Gliedern von (2.6), die gleiche Exponenten haben, Null wird. ε muß also Wurzel einer der folgenden linearen Gleichungen sein,

$$\varrho_s + s\,\varepsilon = \varrho_i + i\,\varepsilon \left(s \neq i, \quad F_s(\lambda) \not\equiv 0, \quad F_i(\lambda) \not\equiv 0\right),$$

wobei von allen Wurzeln dieser Gleichungen nur diejenigen das Problem lösen, für die die übrigen Ausdrücke in (2.7) Werte annehmen, die nicht kleiner als $\varrho_s + s\,\varepsilon$ sind.

Zur Bestimmung der möglichen Werte für ε benutzen wir das folgende geometrische Verfahren, das auf NEWTON zurückgeht und die Bezeichnung NEWTONsches Diagramm trägt.

Wir wählen ein ebenes rechtwinkliges Koordinatensystem und tragen in dieses Koordinatensystem die Punkte $(0, \varrho_0)$, (k, ξ_k), (n, ϱ_n) ein, wobei k dieselben Werte wie in (2.6) durchläuft.

Dann ziehen wir durch den Punkt $(0, \varrho_0)$ eine Gerade, die mit der Ordinatenachse zusammenfällt, und drehen diese Gerade um den Punkt $(0, \varrho_0)$ im positiven Sinn solange, bis sie durch irgendeinen anderen konstruierten Punkt, etwa durch

(l, ϱ_l), hindurchgeht. Der Tangens des Winkels, den die durch die Punkte $(0, \varrho_0)$ und (l, ϱ_l) verlaufende Gerade L mit der negativen Abszissenrichtung bildet, liefert einen möglichen Wert für ε. Erstens ist nämlich für dieses ε $\varrho_k - \varrho_l = l\,\varepsilon$, also $\varrho_0 = \varrho_l + l\,\varepsilon$. Wenn wir zweitens durch die Punkte (k, ϱ_l), die nicht auf der Geraden L liegen (nach Konstruktion liegen sie über diesen Geraden), zu L parallele Geraden ziehen, so schneiden diese Geraden die Ordinatenachse in dem Punkt mit der Ordinate $k\,\varepsilon + \varrho_k$, und deshalb ist

$$\varrho_k + k\,\varepsilon > \varrho_l + l\,\varepsilon = \varrho_0 .$$

Es ist möglich, daß auf der Geraden L mehrere konstruierte Punkte liegen. (s, ϱ_s) sei der Punkt auf L mit der größten Abszisse. Wir drehen nun die Gerade L um den Punkt (s, ϱ_s) im positiven Sinn solange, bis sie durch einen weiteren Punkt, sagen wir (t, ϱ_t), hindurchgeht, dessen Abszisse t größer als s ist, $t > s$. Die durch die Punkte (s, ϱ_s) und (t, ϱ_t) verlaufende Gerade bezeichnen wir mit L'. Die gleichen Überlegungen wie oben führen zu dem Schluß, daß der Tangens des Winkels, den die Gerade L' mit der negativen Abszissenrichtung bildet, einen weiteren möglichen Wert für ε ergibt. (u, ϱ_u) sei der Punkt auf L' mit der größten Abszisse. Wir drehen L' um diesen Punkt und setzen das beschriebene Verfahren fort. Dadurch erhalten wir einen konvexen Polygonzug, der die Punkte $(0, \varrho_0)$, (s_s, ϱ_s), $(u, \varrho_u) \ldots$ verbindet. Dieser Polygonzug heißt NEWTONsches Diagramm (Abb. 1).

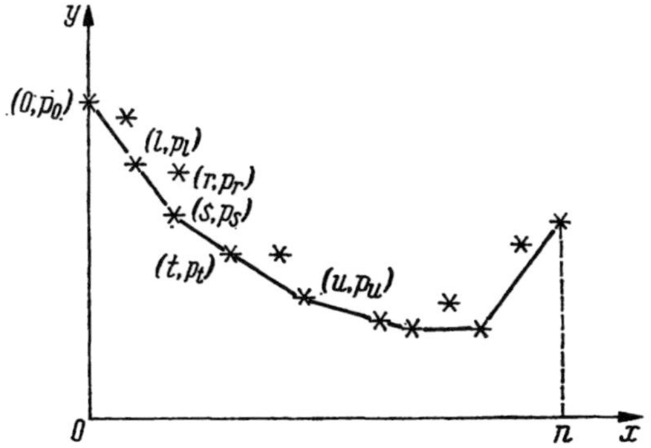

Abb. 1

Wir kommen nun zur Bestimmung der Koeffizienten ξ_s. (i, ϱ_i) und (j, ϱ_j) seien die Endpunkte eines beliebigen Abschnitts des Diagramms, der einen möglichen Wert für ε definiert. Für alle Punkte (k, ϱ_k), die auf diesem Abschnitt liegen, ist $\varrho_k + k\,\varepsilon = \sigma = \text{const}$. Damit sich nach dem Einsetzen von (2.5) in (2.3) die Glieder niedrigster Ordnung aufheben, muß die Summe der Koeffizienten bei λ^σ verschwinden,

$$\sum_{k=i}^{j}{}' F_{0k}\,\xi_s^k = 0 . \qquad (*)$$

Der Strich am Summenzeichen bedeutet, daß sich die Summation nur über die k, für die $\varrho_k + k\,\varepsilon = \sigma$ ist, erstreckt. Diese Gleichung besitzt $j-i$ von Null verschiedene Wurzeln, die voneinander verschieden sind oder teilweise übereinstimmen. Die Anzahl der Wurzeln ist also gleich der Länge der Projektion des gewählten Abschnitts auf die Abszissenachse. Nach dieser Methode lassen sich offensichtlich alle n Werte für den Hauptteil $\xi_\varepsilon \lambda^\varepsilon$ der Entwicklung (2.5) bestimmen.

Um das folgende Glied der Entwicklung für ξ zu finden, müssen wir (2.5) in (2.3) einsetzen und nach der gleichen Methode das Glied niedrigster Ordnung in der Entwicklung für V bestimmen. Setzen wir dieses Verfahren fort, so erhalten wir gerade die Entwicklung (2.4) für jede der n Lösungen der Gleichung (2.3).

2.2. Die Eigenschaften der Lösungen. Wir wollen einige Eigenschaften der mit dem NEWTONschen Diagramm konstruierten Lösungen angeben.

Satz 2.1. *Die mit dem* NEWTON*schen Diagramm konstruierte Reihenentwicklung* (2.4) *ist nach wachsenden Potenzen von* λ *geordnet; es ist also* $\varepsilon < \varepsilon' < \varepsilon'' < \ldots$.

Beweis. Es genügt zu zeigen, daß $\varepsilon < \varepsilon'$ ist, da sich die anderen Ungleichungen analog beweisen lassen. Wir nehmen die Lösung von (2.4), für die ε am größten ist. In diesem Fall gilt

$$\varepsilon = \max_{(i)} \frac{\varrho_0 - \varrho_i}{i},$$

wobei $\varrho_i = \operatorname{ord} F_i(\lambda)$ die Ordnung der Funktion $F_i(\lambda)$ im Punkt $\lambda = 0$ bezeichnet, d. h. den Exponenten der niedrigsten Potenz in der Entwicklung für $F_i(\lambda)$, ebenso ist $\varrho_0 = \operatorname{ord} F_0(\lambda)$.

Wir führen t als Veränderliche ein und schreiben unter Benutzung von (2.5)

$$F(\xi_\varepsilon \lambda^\varepsilon + V, \lambda) = A_0(\lambda) + A_1(\lambda)\, V + \cdots + A_n(\lambda)\, V^n, \tag{2.8}$$

hierbei ist

$$A_\nu(\lambda) = \frac{1}{\nu!}\left(\frac{\partial^\nu F(t\,\lambda^\varepsilon, \lambda)}{\partial t^\nu}\right)_{t=\xi_\varepsilon}, \qquad \nu = 0, 1, \ldots, n,$$

oder

$$A_\nu(\lambda) = \lambda^{-\nu\varepsilon}\frac{1}{\nu!}\left(\frac{\partial^\nu F(t\,\lambda^\varepsilon, \lambda)}{\partial t^\nu}\right)_{t=\xi_\varepsilon}, \qquad \nu = 0, 1, \ldots, n, \tag{2.9}$$

und

$$F(t\,\lambda^\varepsilon, \lambda) = \varphi(t)\,\lambda^\sigma + \varphi_1(t)\,\lambda^{\sigma_1} + \ldots \tag{2.10}$$

mit $\sigma < \sigma_1 < \ldots$.

Nach dem bisherigen ist $t = \xi_\varepsilon$ eine Wurzel des Polynoms $\varphi(t)$, k sei die Vielfachheit dieser Wurzel. Wir setzen

$$R_i = \operatorname{ord} A_i(\lambda) \quad (i = 0, 1, \ldots, n).$$

Wegen $\varphi(\xi_\varepsilon) = 0$ folgt aus (2.8) und (2.10)

$$R_0 \geqq \sigma_1 > \sigma .$$

Unter Beachtung von

$$\frac{\partial^k F(t\lambda^\varepsilon, \lambda)}{\partial t^k} = \varphi^{(k)}(t)\,\lambda^\sigma + \varphi_1^{(k)}(t)\,\lambda^{\sigma_1} + \cdots,$$

(2.9) und $\varphi^{(k)}(\xi_\varepsilon) \neq 0$ erhalten wir weiter

$$R_k = \sigma - k\,\varepsilon . \tag{2.11}$$

Ist $u \neq k$, so kann $\varphi^{(u)}(\xi_\varepsilon) = 0$ und damit

$$\operatorname{ord}\left(\frac{\partial^u F(t\lambda^\varepsilon, \lambda)}{\partial t^u}\right)_{t=\xi_\varepsilon} \geqq \sigma$$

sein; deshalb gilt dann

$$R_u \geqq \sigma - u\,\varepsilon . \tag{2.12}$$

Die Zahlen R_i haben bei der Bestimmung des Hauptteils der Entwicklung für V, d. h. bei der Bestimmung von ε', dieselbe Bedeutung wie die Zahlen ϱ_i bei der Bestimmung von ε. Deshalb ist

$$\varepsilon' = \max_{(i)} \frac{R_0 - R_i}{i} \geqq \frac{R_0 - R_k}{k} .$$

Mit (2.11) und der Ungleichung $R_0 \geqq \sigma_i > \sigma$ erhalten wir schließlich

$$\frac{R_0 - R_k}{k} \geqq \frac{\sigma_1 - \sigma + k\,\varepsilon}{k} = \varepsilon + \frac{\sigma_1 - \sigma}{k} > \varepsilon ,$$

also $\varepsilon' > \varepsilon$, was zu beweisen war.

Bemerkung 2.1. $\xi_{\varepsilon'}$ sei eine Wurzel des Polynoms $\varphi_1(t)$. Wir wollen zeigen, daß der Grad dieses Polynoms nicht größer ist als die Vielfachheit k der Wurzel ξ_ε des Polynoms $\varphi(t)$. Der Grad des Polynoms $\varphi_1(t)$ stimmt nämlich mit der größten Zahl u überein, für die

$$\frac{R_0 - R_u}{u} = \varepsilon'$$

gilt. Sei $u > k$; wegen (2.12) und (2.11) erhalten wir

$$\frac{R_0 - R_u}{u} \leqq \frac{R_0 - s + u\,\varepsilon}{u} = \frac{R_0 - s}{u} + \varepsilon < \frac{R_0 - s}{k} + \varepsilon = \frac{R_0 - (s - k\,\varepsilon)}{k} =$$

$$= \frac{R_0 - R_k}{k} \leqq \varepsilon' ,$$

also $\varepsilon < \varepsilon'$ im Widerspruch zu Satz 2.1. Damit ist die Behauptung bewiesen.

Satz 2.1 zeigt, daß das Verhalten der Lösung (2.4) für $\lambda \to 0$ durch das erste Glied (den Hauptteil) $\xi_\varepsilon \lambda^\varepsilon$ bestimmt wird. Uns werden nur die Lösungen interessieren, für die $\varepsilon > 0$ ist, da bei solchen Lösungen der Hauptteil für $\lambda \to 0$ nach Null strebt.

Das NEWTONsche Diagramm kann aus drei Teilen bestehen, aus einem fallenden, einem horizontal verlaufenden und aus einem ansteigenden Teil.

Der fallende Teil führt auf kleine Lösungen, die also für $\lambda \to 0$ nach Null streben. Nur mit solchen Lösungen wollen wir uns im folgenden beschäftigen. Dem horizontalen Teil entsprechen Lösungen $\xi(\lambda)$ mit $\xi(0) = \xi_\varepsilon$, dem ansteigenden Teil Lösungen $\xi(\lambda)$ mit $\lim_{\lambda \to 0} \xi(\lambda) = \infty$.

Weitere Eigenschaften der mit dem NEWTONschen Diagramm konstruierten Lösungen fassen wir in den folgenden Sätzen zusammen (siehe z. B. N. G. TSCHEBOTAREW [2])[1]).

Satz 2.2. *Die Exponenten $\varepsilon, \varepsilon', \varepsilon'', \ldots$ der mit dem* NEWTON*schen Diagramm konstruierten Reihen* (2.4) *sind Brüche mit einem endlichen gemeinsamen Nenner.*

Satz 2.3 (PUISEUX [1]). *Die mit dem* NEWTON*schen Diagramm konstruierten Reihen* (2.4) *konvergieren in einer gewissen Umgebung des Punktes $\lambda = 0$ (den Punkt $\lambda = 0$ ausgenommen), sofern $\varepsilon < 0$ ist.*

Diese Behauptungen werden wir in den Punkten 2.4 und 2.5 speziell für die Verzweigungsgleichung (2.1) beweisen.

Auch dann, wenn in Gleichung (2.3)

$$F(\xi, \lambda) = \sum_{s=0}^{\infty} F_s(\lambda)\, \xi^s$$

ist, können Lösungen der Form (2.4) mit dem NEWTONschen Diagramm konstruiert werden. In diesem Fall kann das Diagramm aus abzählbar vielen Abschnitten bestehen. Wenn wir uns aber nur für kleine Lösungen interessieren, brauchen wir nur den fallenden Teil des Diagramms berücksichtigen, der für die Reihenentwicklung (2.4) positive Exponenten ε liefert. Dieser fallende Teil des Diagramms besteht aber immer aus endlich vielen Abschnitten.

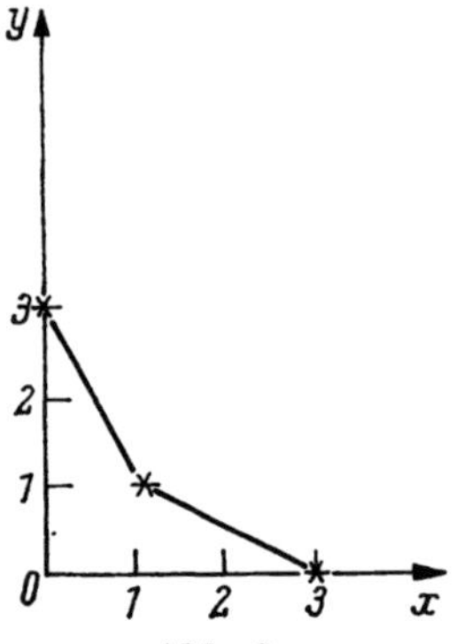

Abb. 2

2.3. Beispiele. Beispiel 2.1. Es sei

$$F(\xi, \lambda) \equiv \lambda^3 - 3\lambda\xi + \xi^3 \equiv F_0(\lambda) + \\ + F_1(\lambda)\,\xi + F_3(\lambda)\,\xi^3 = 0\,.$$

Dann ist

$$F_0(\lambda) = \lambda^3 \quad (\varrho_0 = 3)\,,$$
$$F_1(\lambda) = -3\lambda\,(\varrho_1 = 1)\,,$$
$$F_2(\lambda) \equiv 0\,,$$
$$F_3(\lambda) = 1 \quad (\varrho_3 = 0)\,.$$

[1]) Unter λ^ε verstehen wir den Hauptwert dieser mehrdeutigen Funktion, unter einer gewissen Umgebung des Punktes $\lambda = 0$ eine Umgebung geeigneter Größe.

Zur Konstruktion des Diagramms zeichnen wir die Punkte (0,3), (1,1) und (3,0) (siehe Abb. 2).

Dem Diagramm entnehmen wir

$$\varepsilon_1 = 2\,, \quad \varepsilon_2 = \frac{1}{2}\,.$$

Zur Bestimmung von ξ_{ε_1} und ξ_{ε_2} (siehe (*) in Punkt 2.1) erhalten wir die Gleichungen

$$1 - 3\,\xi_2 = 0\,, \quad -3\,\xi_{1/2} + \xi_{1/2}^3 = 0\,,$$

deren Lösungen

$$\xi_2 = \frac{1}{3}\,, \quad \xi_{1/2} = \pm\sqrt{3}$$

lauten. (2.5) ergibt dann

$$\xi = \frac{1}{3}\lambda^2 + o(\lambda^2)\,, \quad \xi = \pm\sqrt{3}\,\lambda^{1/2} + o(\lambda^{1/2})$$

für die Hauptteile der Lösungen. Zur Bestimmung des zweiten Gliedes der Entwicklung (2.4) setzen wir jede der gefundenen Lösungen in die Ausgangsgleichung ein. Beginnen wir mit der ersten Lösung. Wir schreiben $\xi = \frac{1}{3}\lambda^2 + V$, setzen diesen Ausdruck in die Ausgangsgleichung ein und erhalten

$$\frac{1}{27}\lambda^6 + \left(-3\lambda + \frac{1}{3}\lambda^4\right) V + \lambda^2 V^2 + V^3 = 0\,.$$

Auf diese Gleichung wenden wir wieder das NEWTONsche Diagramm an. Wir zeichnen die Punkte (0,6), (1,1), (2,2), (3,0) und konstruieren das Diagramm (siehe Abb. 3); wir finden

$$\varepsilon_1' = 5\,, \quad \varepsilon_2' = \frac{1}{2}\,.$$

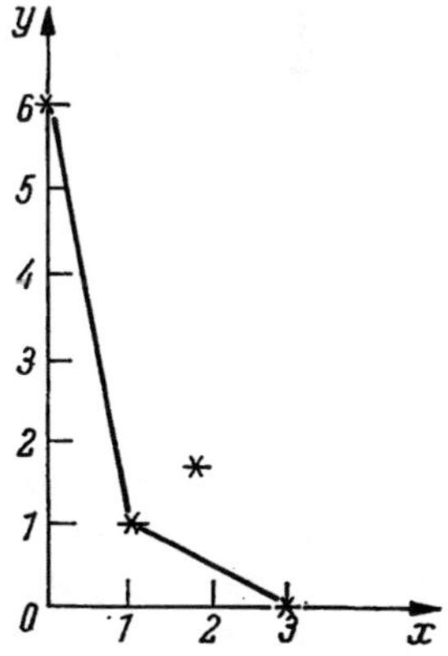

Abb. 3

In der Entwicklung (2.4) muß $\varepsilon' > \varepsilon$ sein, wir dürfen also ε_2' nicht weiter verwenden. V_5 bestimmt sich aus der Gleichung $\frac{1}{27} - 3\,V_5 = 0$, so daß schließlich

$$\xi = \frac{1}{3}\lambda^2 + \frac{1}{81}\lambda^5 + o(\lambda^5)$$

wird. Auf die gleiche Weise bestimmen wir das zweite Glied der Entwicklung (2.4) für die andere Lösung. Dazu setzen wir in die Ausgangsgleichung $\xi = \pm\sqrt{3}\,\lambda^{1/2} + V$ ein,

$$\lambda^3 + 6\lambda\,V \pm 3\sqrt{3}\,\lambda^{1/2}\,V^2 + V^3 = 0\,.$$

Mit den Punkten (0,3), (1,1), (2, 1/2), (3,0) konstruieren wir das NEWTONsche Diagramm (siehe Abb. 4) und finden $\varepsilon_1' = 2$, $\varepsilon_2' = 1/2$.

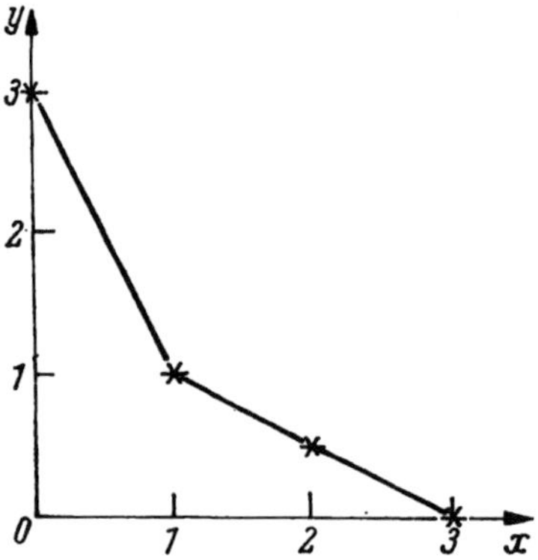

Abb. 4

Der zweite Wert ε_2' ist ungeeignet, da $\varepsilon' > \varepsilon$ sein muß. Nun berechnen wir V_2 aus der Gleichung $1 + 6\,V_2 = 0$ und erhalten

$$\xi = \pm \sqrt{3}\,\lambda^{1/2} - \frac{1}{6}\lambda^2 + o(\lambda^2)\,.$$

Genauso können die weiteren Näherungen, d. h. die weiteren Glieder der Entwicklung (2.4), berechnet werden.

Beispiel 2.2. Wir betrachten die Gleichung

$$-\lambda + \xi - \xi^2 - \lambda^3\,\xi^3 + 2\,\lambda^2\,\xi^7 - \lambda^4\,\xi^{12} = 0\,.$$

Dem Newtonschen Diagramm (siehe Abb. 5) entnehmen wir folgende Werte für ε: $\varepsilon_1 = 1$, $\varepsilon_2 = 0$, $\varepsilon_3 = -2/5$. Die Gleichungen zur Bestimmung von ξ_1, ξ_0 und $\xi_{-2/5}$ lauten $\xi_1 - 1 = 0$, $\xi_0 - \xi_0^2 = 0$ und $-\xi_{\varepsilon_3}^2 + 2\,\xi_{\varepsilon_3}^7 - \xi_{\varepsilon_3}^{12} = 0$; hieraus ergibt sich $\xi_1 = 1$, $\xi_0 = 1$ und die zweifache Wurzel $\xi_{\varepsilon_3}^5 = 1$, so daß

$$\xi_{\varepsilon_3}^{(1)} = 1\,, \quad \xi_{\varepsilon_3}^{(2)} = e^{\frac{2\pi i}{5}}\,, \quad \xi_{\varepsilon_3}^{(3)} = e^{\frac{4\pi i}{5}}\,, \quad \xi_{\varepsilon_3}^{(4)} = e^{\frac{6\pi i}{5}}\,, \quad \xi_{\varepsilon_3}^{(5)} = e^{\frac{8\pi i}{5}}$$

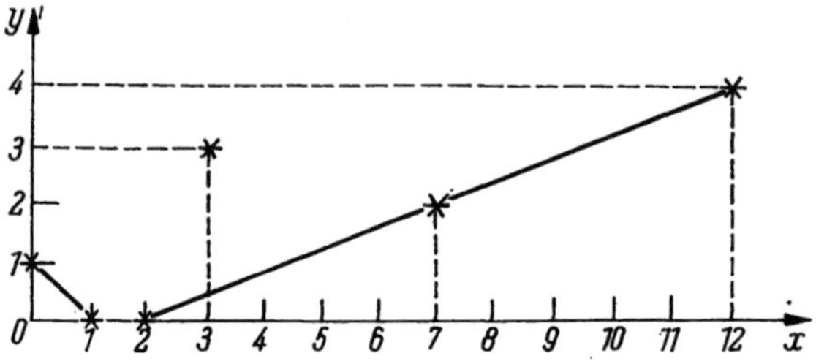

Abb. 5

wird. Die reellen Lösungen lauten also

$$\xi = \lambda + o(\lambda)\,, \qquad \xi = 1 + o(1)\,, \qquad \xi = \lambda^{-2/5} + o(\lambda^{-2/5})\,.$$

2.4. Die Untersuchung der Verzweigungsgleichung. Einfache Wurzeln der Bestimmungsgleichung. In diesem und dem nächsten Punkt wollen wir zeigen, wie man mit dem Newtonschen Diagramm alle kleinen Lösungen der Verzweigungsgleichung

$$\Phi(\xi, \lambda) \equiv \sum_{k=2}^{\infty} L_{k0}\,\xi^k + \sum_{k=0}^{\infty} \xi^k \sum_{\nu=1}^{\infty} L_{k\nu}\,\lambda^\nu = 0 \qquad (2.1)$$

konstruieren kann, d. h. alle stetigen Lösungen $\xi = \xi(\lambda)$ dieser Gleichung, die in $\lambda = 0$ oder aber identisch verschwinden. Dabei schließen wir den trivialen

Fall[1]) aus, in dem für alle Koeffizienten $L_{k\nu} = 0$ gilt; denn in diesem Fall hat die Gleichung (2.1) unendlich viele kleinen Lösungen, da jede beliebige Funktion $\xi(\lambda)$, speziell auch jede stetige Funktion mit $\xi(0) = 0$, dieser Gleichung genügt.

Wir haben schon erwähnt, daß die kleinen Lösungen der Verzweigungsgleichung (2.1) durch den fallenden Teil des NEWTONschen Diagramms erzeugt werden. Es sei

$$\operatorname{ord} \Phi(\xi, 0) = m\,, \quad \operatorname{ord} \Phi(0, \lambda) = n\,,$$

dann ist $(0, n)$ Anfangspunkt und $(m, 0)$ Endpunkt dieses fallenden Teils (siehe Abb. 6).

Da uns nur kleine Lösungen interessieren, die in einer gewissen Umgebung oder Halbumgebung des Punkts $\lambda = 0$ definiert sind, können wir zunächst die linke Seite der Gleichung (2.1), d. h. die Funktion $\Phi(\xi, \lambda)$, durch die größtmögliche Potenz von λ kürzen. Wir wollen im folgenden annehmen, daß dies geschehen und nach dem Kürzen $\Phi(0,0) = 0$ ist; wenn $\Phi(0, 0) \neq 0$ wäre, hätte die Gleichung $\Phi(\xi, \lambda) = 0$ keine kleinen Lösungen.

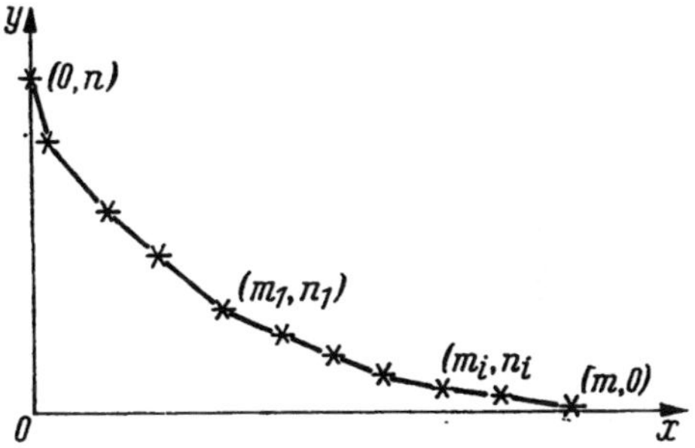

Abb. 6

Es sei $\operatorname{ord} \Phi(\xi, 0) = m \geqq 1$. Nach dem WEIERSTRASSschen Vorbereitungssatz (siehe BOCHNER und MARTIN [1] sowie Satz 3.3) gilt dann in einer gewissen Umgebung des Koordinatenursprungs

$$\Phi(\xi, \lambda) = G(\xi, \lambda)\, Q(\xi, \lambda)\,, \tag{2.13}$$

wobei $Q(\xi, \lambda)$ eine im Koordinatenursprung analytische Funktion mit $Q(0, 0) \neq 0$ und $G(\xi, \lambda)$ ein ausgezeichnetes Polynom vom Grad m ist,

$$G(\xi, \lambda) = \xi^m + H_{m-1}(\lambda)\, \xi^{m-1} + \cdots + H_1(\lambda)\, \xi + H_0(\lambda)\,.$$

Die Funktionen $H_i(\lambda)$ sind in $\lambda = 0$ analytisch und genügen der Bedingung

$$H_i(0) = 0\,, \quad i = 0, 1, 2, \ldots, m-1\,.$$

Wegen $Q(0, 0) \neq 0$ folgt aus (2.13), daß die kleinen Lösungen der Verzweigungsgleichung (2.1) mit den kleinen Lösungen der Gleichung

$$G(\xi, \lambda) \equiv \xi^m + H_{m-1}(\lambda) \xi^{m-1} + \cdots + H_0(\lambda) = 0 \tag{2.14}$$

übereinstimmen. Ist $H_0(\lambda) \not\equiv 0$, so hat das für $G(\xi, \lambda)$ konstruierte NEWTONsche Diagramm die in Abb. 6 angegebene Form. Mit ihm konstruieren wir alle kleinen Lösungen der Gleichung (2.14), deren Anzahl gerade m ist. Diese Lösungen sind entweder voneinander verschieden oder stimmen teilweise überein.

[1]) Den nichttrivialen Fall werden wir quasiregulär nennen.

Das Polynom $G(\xi, \lambda)$ ist durch den WEIERSTRASSschen Vorbereitungssatz eindeutig bestimmt; trotzdem braucht man es nicht unbedingt zu kennen. Zur Bestimmung der kleinen Lösungen von (2.14) kann man nämlich den fallenden Teil des für die Gleichung (2.1) konstruierten Diagramms benutzen, weil die kleinen Lösungen von (2.1) und (2.14) übereinstimmen.

Wir wollen nun die Glieder der Reihenentwicklung (2.4) bestimmen. Dazu konstruieren wir den fallenden Teil des NEWTONschen Diagramms, der positive ε-Werte liefert. ε sei durch den Abschnitt (m_1, n_1) (m_i, n_i) gegeben. Um ξ_ε zu bestimmen, schreiben wir (2.1) in der Form

$$L_{m_1 n_1} \xi^{m_1} \lambda^{n_1} + L_{m_2 n_2} \xi^{m_2} \lambda^{n_2} + \cdots + L_{m_i n_i} \xi^{m_i} \lambda^{n_i} + \sum_{\nu} \sum_{\mu} L_{\mu\nu} \xi^{\mu} \lambda^{\nu} = 0 , \quad (2.15)$$

wobei (m_2, n_2), (m_3, n_3), ... weitere Punkte des NEWTONschen Diagramms sind, die auf dem betrachteten Abschnitt liegen. Nach Konstruktion gilt $n_1 - n_i = (m_i - m_1)\,\varepsilon$. q sei der größte gemeinsame Teiler der natürlichen Zahlen $n_1 - n_i$ und $m_i - m_1$, dann ist $m_i - m_1 = s\,q$, $n_1 - n_i = r\,q$ und $\varepsilon = r\,s^{-1}$. Aus der Definition von ε folgt (siehe Punkt 2.1)

$$m_1 r + n_1 s = m_2 r + n_2 s = \cdots = m_i r + n_i s < \mu r + \nu s . \quad (2.16)$$

Wir substituieren in (2.15)

$$\xi = x^r \eta , \quad \lambda = x^s \quad (2.5')$$

und erhalten

$$(L_{m_1 n_1} \eta^{m_1} + L_{m_2 n_2} \eta^{m_2} + \cdots + L_{m_i n_i} \eta^{m_i})\, x^{m_1 r + n_1 s} + \sum_{\nu} \sum_{\mu} L_{\mu\nu}\, x^{\mu r + \nu s} \eta^{\mu} = 0$$

oder

$$\Psi(\eta, x) = L_{m_1 n_1} \eta^{m_1} + L_{m_2 n_2} \eta^{m_2} + \cdots + L_{m_i n_i} \eta^{m_i} + \sum_{\nu} \sum_{\mu} L_{\mu\nu} \eta^{\mu} x^{p} = 0 , \quad (2.17)$$

wobei wegen (2.16) $p = (\mu r + \nu s) - (m_1 r + n_1 s) > 0$ ist. Nun setzen wir $x = 0$ und kürzen durch η^{m_1},

$$L_{m_1 n_1} + L_{m_2 n_2} \eta^{m_2 - m_1} + \cdots + L_{m_i n_i} \eta^{m_i - m_1} = 0 . \quad (2.18)$$

Diese Gleichung wollen wir die zu dem gewählten Abschnitt des NEWTONschen Diagramms gehörige Bestimmungsgleichung nennen. Nehmen wir an, diese Gleichung besitze die einfachen Wurzeln $\eta_1, \eta_2, \ldots, \eta_\sigma, \ldots, \eta_{sq}$. Dann lautet die Gleichung (2.17)

$$\Psi(\eta, x) \equiv L_{m_i n_i} \eta^{m_1} (\eta - \eta_1) \cdots (\eta - \eta_\sigma) \cdots (\eta - \eta_{sq}) + \sum_{\nu} \sum_{\mu} L_{\mu\nu} \eta^{\mu} x^{p} = 0 ,$$

und es ist $\Psi(\eta_\sigma, 0) = 0$, $\Psi'_\eta(\eta_\sigma, 0) \neq 0$. Deshalb können wir den Satz über implizite Funktionen (Satz 1.2) anwenden; wir erhalten

$$\eta = \eta_\sigma + \sum_{i=1}^{\infty} a_{\sigma i}\, x^i , \quad \sigma = 1, 2, \ldots, s\,q ,$$

damit wird

$$\xi = \eta_\sigma x^r + \sum_{i=1}^{\infty} a_{\sigma i} x^{r+i}$$

oder

$$\xi = \eta_\sigma \lambda^{\frac{r}{s}} + \sum_{i=1}^{\infty} a_{\sigma i} \lambda^{\frac{r+i}{s}}, \qquad \sigma = 1, 2, \ldots, s\,q\,. \tag{2.19}$$

Hat also die Bestimmungsgleichung (2.18) nur einfache Wurzeln, so sind durch (2.19) $m_i - m_1$ voneinander verschiedene kleine Lösungen der Verzweigungsgleichung gegeben; ihre Anzahl stimmt mit der Länge der Projektion des gewählten Abschnitts auf die Abszissenachse überein. Die diese Lösungen darstellenden Reihen sind nach wachsenden positiven gebrochenen Potenzen von λ geordnet, und jede dieser Reihen konvergiert in einer gewissen Umgebung des Punktes $\lambda = 0$.

Damit haben wir für den Fall, daß die Bestimmungsgleichung nur einfache Wurzeln besitzt, die Aussagen der Sätze 2.2 und 2.3 bewiesen.

Wenn die Bestimmungsgleichungen, die zu allen Abschnitten des fallenden Teils des NEWTONschen Diagramms gehören, nur einfache Wurzeln haben, ist das Problem vollständig gelöst. Wir finden auf die beschriebene Weise alle m kleinen Lösungen der Verzweigungsgleichung (2.1).

Erwähnt sei noch, daß die in den Reihen (2.19) vorkommenden Koeffizienten $a_{\sigma i}$ nach der Methode der unbestimmten Koeffizienten berechnet werden können. Dazu setzt man (2.19) in (2.1) ein, sammelt die Glieder mit gleichen Potenzen von λ und setzt die Koeffizienten bei diesen Gliedern Null. Dann läßt sich jeder Koeffizient $a_{\sigma i}$ durch einen Ausdruck darstellen, in dem die Wurzeln η_σ, die Koeffizienten $L_{k\nu}$ mit $k + \nu \leqq i$ und die vorhergehenden Koeffizienten a_{σ_1}, $a_{\sigma_2}, \ldots, a_{\sigma_{i-1}}$ nur durch die vier arithmetischen Grundrechenarten miteinander verknüpft sind (siehe z. B. GOURSAT [2]).

2.5. Mehrfache Wurzeln der Bestimmungsgleichung[1]**.** η_σ sei eine mehrfache Wurzel der Bestimmungsgleichung (2.18); dann ist $\Psi'_\eta(\eta_\sigma, 0) = 0$, so daß Satz 1.2 nicht angewendet werden kann. In diesem Fall haben die entsprechenden Reihenentwicklungen (2.4) gleiche Hauptteile. Um die folgenden Glieder der Entwicklung (2.4) zu finden, müssen wir nacheinander Ansätze der Form (2.5) benutzen. Um gleichzeitig die Exponenten ganzzahlig zu machen, führen wir in der Verzweigungsgleichung (2.1) die Substitution

$$\xi = \eta_\sigma x^r + \eta\,, \qquad \lambda = x^s$$

(statt (2.5′)) durch. Unter Benutzung des NEWTONschen Diagramms bestimmen wir die Entwicklung von $\eta = \eta(x)$ in einer Umgebung des Punktes $x = 0$ genauso, wie wir in Punkt 2.3 die Entwicklung von V bestimmt haben.

---

[1]) Wir benutzen hier Überlegungen von P. G. AISENGENDLER. Eine ausführliche Begründung folgt aus den Ergebnissen von § 4.

Wiederholen wir die Überlegungen von Punkt 2.3, so erhalten wir

$$\xi(\lambda) = \eta_\sigma \lambda^{r/s} + \eta_{\sigma_1} \lambda^{r_1/s_1} + \cdots + \eta_{\sigma_i} \lambda^{r_i/s_i} + o(\lambda^{r_i/s_i}) . \tag{2.20}$$

Nach Bemerkung 2.1 von Punkt 2.2 sind die Vielfachheiten der Wurzeln η_σ, $\eta_{\sigma_1}, \ldots$ der entsprechenden Bestimmungsgleichungen nicht wachsend. Deshalb können nur zwei Fälle auftreten. Entweder gibt es ein i, so daß η_{σ_i} eine einfache Wurzel der entsprechenden Bestimmungsgleichung ist, oder die Wurzeln η_{σ_i}, $\eta_{\sigma_{i+1}}, \eta_{\sigma_{i+2}}, \ldots$ der entsprechenden Bestimmungsgleichungen haben ein und dieselbe Vielfachheit q, und die Wurzeln $\eta_{\sigma_1}, \eta_{\sigma_2}, \ldots, \eta_{\sigma_{i-1}}$ der entsprechenden Bestimmungsgleichungen haben Vielfachheiten, die nicht kleiner als q sind.

Im ersten Fall führt (2.20) auf

$$\xi(\lambda) = \eta_\sigma \lambda^{\frac{r}{s}} + \eta_{\sigma_1} \lambda^{\frac{r_1}{s_1}} + \cdots + \eta_{\sigma_i} \lambda^{\frac{r_i}{s_i}} + \sum_{k=1}^{\infty} a_{\sigma_i k} \lambda^{\frac{r_i+k}{s_i}} . \tag{2.21}$$

Im zweiten Fall ist $\xi(\lambda)$ eine q-fache kleine Lösung sowohl der Verzweigungsgleichung (2.1) als auch der Gleichung (2.14). Wir stellen die linke Seite der Gleichung (2.14), d. h. das ausgezeichnete Polynom $G(\xi, \lambda)$, als Produkt von Potenzen ausgezeichneter irreduzibler Polynome dar (siehe Def. 3.2 und Satz 3.2), und zwar schreiben wir

$$G(\xi, \lambda) \equiv g_1^{\nu_1}(\xi, \lambda)\, g_2^{\nu_2}(\xi, \lambda) \cdots g_e^{\nu_e}(\xi, \lambda) , \tag{2.22}$$

wobei die $g_1(\xi, \lambda), g_2(\xi, \lambda), \ldots, g_e(\xi, \lambda)$ irreduzible ausgezeichnete Polynome sind. Nun betrachten wir diejenigen Polynome $g_k(\xi, \lambda)$, die in die rechte Seite von (2.22) mit dem gleichen Exponenten eingehen. Sei etwa $\nu_i = \nu_j = \cdots = \nu_\tau = \mu$; μ ist offensichtlich irgendeine natürliche Zahl. Wir definieren

$$G_\mu(\xi, \lambda) = g_i(\xi, \lambda)\, g_j(\xi, \lambda) \cdots g_\tau(\xi, \lambda) ,$$

und die Gleichung (2.22) nimmt die Form

$$G(\xi, \lambda) = G_1(\xi, \lambda)\, G_2^2(\xi, \lambda) \cdots G_r^r(\xi, \lambda) \cdots G_p^p(\xi, \lambda) \tag{2.23}$$

an. Diese Schreibweise ist so zu verstehen, daß $G_r(\xi, \lambda) = 1$ zu setzen ist, wenn r unter den Zahlen ν_i nicht vorkommt, wenn also auf der rechten Seite von (2.23) der Faktor $G_r^r(\xi, \lambda)$ fehlt. Die Gleichung (2.23) zeigt nun, daß $\xi(\lambda)$ eine einfache Lösung der Gleichung

$$G_q(\xi, \lambda) = 0 \tag{2.23'}$$

ist, sofern $\xi(\lambda)$ eine q-fache Lösung der Gleichung $G(\xi, \lambda) = 0$ ist. Wenden wir auf die Gleichung (2.23′) die bisherigen Überlegungen an, so erhalten wir unter Benutzung des Newtonschen Diagramms für $\xi(\lambda)$ eine Entwicklung in Form der konvergenten Reihe (2.21).

Damit haben wir auch für den Fall, daß die Bestimmungsgleichung mehrfache Wurzeln besitzt, die Aussagen der Sätze 2.2 und 2.3 bewiesen.

Erwähnt sei noch, daß sich die in (2.22) eingehenden Polynome und damit auch die Polynome $G_1(\xi, \lambda)$, $G_2(\xi, \lambda), \ldots, G_p(\xi, \lambda)$ nach einem Algorithmus berechnen lassen, den wir in § 4 behandeln werden.

Bemerkung 2.2. Für die Verzweigungsgleichung (2.1) läßt sich die Aussage von Satz 2.1 mit den in diesem und dem letzten Punkt angestellten Überlegungen auch anders beweisen.

η_σ sei eine k-fache Wurzel der Bestimmungsgleichung (2.18), $k \geqq 1$. Der Hauptteil der Entwicklung (2.4) lautet dann $\eta_\sigma x^r$ und für (2.5) ergibt sich

$$\xi = \eta_\sigma x^r + V .$$

Mit der Substitution $\xi = x^r \eta$, $\lambda = x^s$ erhalten wir

$$\eta \equiv \xi x^{-r} = \eta_\sigma + V x^{-r} .$$

Setzen wir noch $\gamma = V x^{-r}$, so wird

$$\eta = \eta_\sigma + \gamma .$$

Mit diesem Ausdruck für η gehen wir in (2.17) bzw. in den Ausdruck für $\Psi(\eta, x)$ ein; es folgt

$$L_{m_i n_i} (\eta_\sigma + \gamma)^{m_1} (\eta_\sigma - \eta_1 + \gamma) \cdots \gamma^k \cdots (\eta_\sigma - \eta_{s\varrho}) + \sum_\nu \sum_\mu L_{\mu\nu} (\eta_\sigma + \gamma)^\mu x^p = 0$$

oder

$$L_{m_i n_i} [A_0 \gamma^k + A_1 \gamma^{k+1} + \cdots] + \sum_\nu \sum_\mu B_{\mu\nu} \gamma^\mu x^p = 0 . \qquad (2.17')$$

Wenden wir auf diese Gleichung das NEWTONsche Diagramm an, so erhalten wir

$$\gamma = V_1 x^{r_1/s_1} + P \qquad \left(\frac{r_1}{s_2} > 0\right).$$

Deshalb ist

$$\eta = \eta_\sigma + V_1 x^{r_1/s_1} + P$$

und schließlich

$$\xi = x^r \eta = \eta_\sigma x^r + V_1 x^{r + \frac{r_1}{s_1}} + P x^r .$$

Setzen wir dieses Verfahren fort, so erhalten wir (wegen $x = \lambda^{1/s}$) eine Entwicklung nach wachsenden Potenzen von λ.

2.6. Die Auswahl reeller Lösungen. Wenn in der Verzweigungsgleichung (2.1) die Koeffizienten $L_{k\nu}$ und der Parameter λ reell sind und dann reelle kleine Lösungen dieser Gleichung gesucht werden, tauchen sowohl bei der Bestimmung reeller Lösungen der Bestimmungsgleichung (2.18) als auch bei der Festlegung des Definitionsbereichs der Lösungen von (2.1) zusätzliche Schwierigkeiten auf.

Ist η_σ eine einfache reelle Wurzel von (2.18), so sind auch die Koeffizienten $a_{\sigma k}$ der Reihe (2.19) reell, weil sich diese Koeffizienten unter Benutzung der vier

Grundrechenarten durch η_σ und $L_{k\nu}$ ausdrücken lassen. Aus dem gleichen Grund sind die Koeffizienten $a_{\sigma_i k}$ der Reihe (2.21) reell, sofern die Wurzeln η_σ, $\eta_{\sigma_1}, \ldots, \eta_{\sigma_i}$ reell sind.

Die Koeffizienten der Reihe (2.21) seien reell. Sind die Zahlen $s, s_1, s_2, \ldots, s_i$ ungerade, so ist die Lösung (2.21) in einer gewissen Umgebung des Punktes $\lambda = 0$ definiert (und dort konvergent). Ist aber wenigstens eine der Zahlen s, $s_1, s_2, \ldots, s_i$ gerade, so ist die reelle Lösung (2.21) nur für $\lambda \geqq 0$ definiert.

Um die reellen Lösungen der Verzweigungsgleichung (2.1) für $\lambda < 0$ zu finden, ersetzen wir in dieser Gleichung λ durch $-\lambda$; auf die so umgeformte Gleichung

$$\sum_{k=2}^{\infty} L'_{k0}\,\xi^k + \sum_{k=0}^{\infty} \xi^k \sum_{\nu=1}^{\infty} L'_{k\nu}\,\lambda^\nu = 0 \tag{2.1'}$$

mit

$$L'_{k\nu} = (-1)^\nu L_{k\nu} \tag{2.24}$$

wenden wir die bisherigen Überlegungen an. Dadurch kommen wir wieder auf eine Lösung der Form (2.21). Diese Bemerkung werden wir im folgenden bei der Auswahl reeller Lösungen der Verzweigungsgleichung stets berücksichtigen.

Als Beispiel betrachten wir die Gleichung (2.1) unter der Voraussetzung, daß die Koeffizienten $L_{k\nu}$ reell sind und daß

$$L_{01} = 0\,, \quad L_{02} \neq 0\,, \quad L_{11} \neq 0\,, \quad L_{20} = 0\,, \quad L_{30} \neq 0$$

gilt. Der fallende Teil des Newtonschen Diagramms ist in Abb. 7 dargestellt. Der Abschnitt AB erzeugt eine reelle kleine Lösung

$$\xi = \sum_{i=1}^{\infty} a_i \lambda^i\,,$$

die in einer gewissen Umgebung des Punktes $\lambda = 0$ definiert ist.

Der Abschnitt BC hat den Anstieg $\varepsilon \triangleq 1/2$. Wir stellen die dazu gehörige Bestimmungsgleichung auf,

$$L_{30}\,\eta^2 + L_{11} = 0\,. \tag{2.25}$$

Da $s = 2$ ist, stellen wir unter Benutzung von (2.24) auch die andere Bestimmungsgleichung auf,

$$L_{30}\,\eta^2 - L_{11} = 0\,, \tag{2.25'}$$

die zur Konstruktion der Lösungen für $\lambda < 0$ benutzt werden muß. Die Wurzeln der Gleichungen (2.25) und (2.25') sind einfach, deshalb haben die Lösungen die Form

$$\xi(\lambda) = \sum_{i=1}^{\infty} a_i \lambda^{i/2}\,.$$

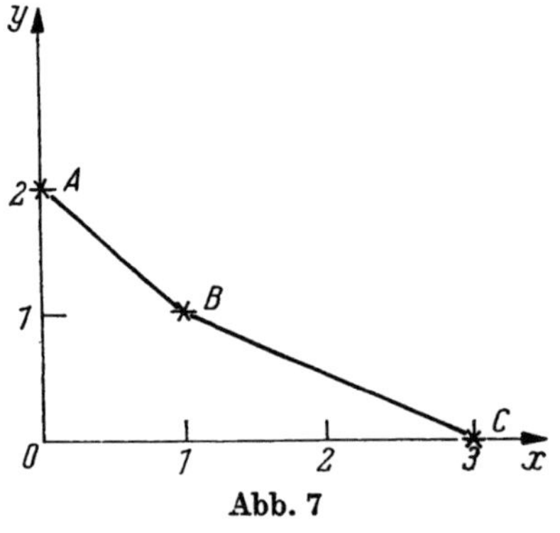

Abb. 7

Für sign $L_{30} = -$ sign L_{11} sind die Wurzeln von (2.25) reell und die Wurzeln von (2.25′) imaginär; für sign $L_{30} =$ sign L_{11} gilt die umgekehrte Behauptung. Im ersten Fall besitzt die Gleichung (2.1) zwei dem Abschnitt BC entsprechende reelle kleine Lösungen, die für $\lambda \geqq 0$ definiert sind, im zweiten Fall zwei reelle kleine Lösungen, die nur für $\lambda \leqq 0$ definiert sind.

2.7. Einige spezielle NEWTONsche Diagramme. In diesem Punkt behandeln wir einige einfache Spezialfälle der Verzweigungsgleichung. Da wir uns nur für kleine Lösungen dieser Gleichung interessieren, werden wir nur den fallenden Teil des NEWTONschen Diagramms berücksichtigen, der auf positive ε-Werte führt. Deshalb wollen wir im folgenden unter dem NEWTONschen Diagramm immer den fallenden Teil dieses Diagramms und unter Lösungen der Verzweigungsgleichung immer kleine Lösungen verstehen, also stetige Lösungen $\xi(\lambda)$, die der Bedingung $\xi(0) = 0$ genügen oder aber identisch verschwinden.

Wenden wir uns nun den Spezialfällen zu.

I. Es sei $L_{20} \neq 0$; die Verzweigungsgleichung (2.1) besitzt dann höchstens zwei kleine Lösungen. Der fallende Teil des NEWTONschen Diagramms besteht aus höchstens zwei Abschnitten, so daß je nach den möglichen Voraussetzungen über die Koeffizienten $L_{k\nu}$ nur die folgenden fünf Fälle auftreten können (siehe Abb. 8).

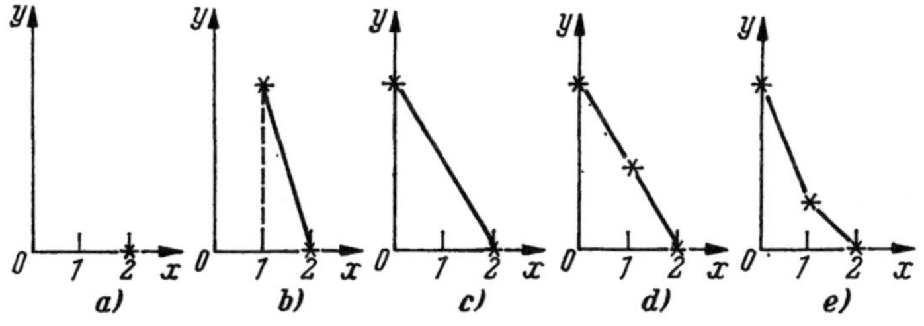

Abb. 8

Wir wollen jeden einzelnen Fall genauer untersuchen.

I.1. Im Fall a) ist $L_{0i} = L_{1i} = 0$ $(i = 1, 2, \ldots)$, so daß der fallende Teil des Diagramms fehlt und die Gleichung (2.1) außer der trivialen Lösung $\xi = 0$ keine kleinen Lösungen besitzt. Die triviale Lösung ist eine zweifache Wurzel der Gleichung (2.1).

I.2. Im Fall b) ist $L_{0i} = 0$ $(i = 1, 2, \ldots)$, $L_{11} = L_{12} = \cdots = L_{1(n-1)} = 0$, $L_{1n} \neq 0$, so daß der einzige Abschnitt des fallenden Teils des Diagramms auf $\varepsilon = n$ führt. Die Gleichung (2.1) besitzt neben der trivialen Lösung $\xi = 0$ eine Lösung der Form

$$\xi = \xi_n \lambda^n + o(\lambda^n) .$$

Zur Bestimmung von ξ_n lösen wir die Gleichung

$$L_{1n}\,\xi_n + L_{20}\,\xi_n^2 = 0\,,$$

die zwei einfache Wurzeln hat, und zwar die Wurzel $\xi_n = 0$, die der trivialen Lösung entspricht, sowie die von Null verschiedene Wurzel

$$\xi_n = -\,L_{1n}\,L_{20}^{-1}\,.$$

Gleichung (2.1) besitzt folglich genau eine nichttriviale kleine Lösung, die sich wegen (2.19) in die Reihe

$$\xi = -\,L_{1n}\,L_{20}^{-1}\,\lambda^n + \sum_{i=1}^{\infty} a_i\,\lambda^{n+i}$$

entwickeln läßt. Die Koeffizienten a_i können nach der Methode der unbestimmten Koeffizienten berechnet werden.

I.3. Im Fall c) ist $L_{0i} = 0$ $(i = 1, 2, \ldots, n-1)$, $L_{0n} \neq 0$, $L_{1\nu} = 0$ $\big(\nu = 1, 2, \ldots, E(n/2)$; $E(x)$ bezeichne den ganzen Teil der Zahl $x\big)$, so daß der einzige Abschnitt des fallenden Teils des Diagramms $\varepsilon = n/2$ ergibt. Die Verzweigungsgleichung besitzt Lösungen der Form

$$\xi = \xi_0\,\lambda^{n/2} + o(\lambda^{n/2})\,,$$

wobei ξ_0 eine Wurzel der Gleichung

$$L_{20}\,\xi_0^2 + L_{0n} = 0$$

ist, d. h.

$$\xi_0 = \pm\sqrt{-\,L_{0n}\,L_{20}^{-1}}\,.$$

Diese Wurzeln sind einfach, deshalb erhalten wir mit (2.19)

$$\xi = \pm\sqrt{-\,L_{0n}\,L_{20}^{-1}}\,\lambda^{\frac{n}{2}} + \sum_{i=1}^{\infty} a_{\sigma i}\,\lambda^{\frac{n+i}{2}}\,, \qquad \sigma = 1, 2\,,$$

für ungerades n und

$$\xi = \pm\sqrt{-\,L_{0n}\,L_{20}^{-1}}\,\lambda^{\frac{n}{2}} + \sum_{i=1}^{\infty} a_{\sigma i}\,\lambda^{\frac{n}{2}+i}\,, \qquad \sigma = 1, 2\,,$$

für gerades n. Die Koeffizienten $a_{\sigma i}$ lassen sich wieder nach der Methode der unbestimmten Koeffizienten berechnen.

Die Koeffizienten $L_{k\nu}$ der Verzweigungsgleichung (2.1) seien reell; um dann reelle Lösungen dieser Gleichung auszuwählen, müssen wir noch untersuchen, ob die Wurzeln ξ_0 reell sind. Im betrachteten Fall kommen wir zu folgendem Ergebnis. Bei geradem n besitzt die Verzweigungsgleichung für $\operatorname{sign} L_{0n} = \operatorname{sign} L_{20}$ keine reellen Lösungen, für $\operatorname{sign} L_{0n} = -\operatorname{sign} L_{20}$ zwei nichttriviale reelle Lösungen, die in einer gewissen Umgebung von $\lambda = 0$ definiert sind. Bei ungeradem n besitzt die Verzweigungsgleichung wegen (2.24) zwei nichttriviale reelle Lösungen, die im ersten Fall für $\lambda \leqq 0$ und im zweiten Fall für $\lambda \geqq 0$ definiert sind.

I.4. Im Fall d) ist $L_{0i} = 0$ $(i = 1, 2, \ldots, 2n - 1)$, $L_{02n} \neq 0$, $L_{1k} = 0$ $(k = 1, 2, \ldots, n - 1)$, $L_{1n} \neq 0$, so daß

$$\varepsilon = n\,, \quad \xi = \xi_n \lambda^n + o(\lambda^n)$$

wird. ξ_n ist eine Wurzel der Gleichung

$$L_{02n} + L_{1n}\,\xi_n + L_{20}\,\xi_n^2 = 0\,,$$

d. h.

$$\xi_n = \left(-L_{1n} \pm \sqrt{L_{1n}^2 - 4\,L_{02n}\,L_{20}}\right)(2\,L_{20})^{-1}\,.$$

Ist $\Delta = L_{1n}^2 - 4\,L_{02n}\,L_{20} \neq 0$, so besitzt die Verzweigungsgleichung im komplexen Fall die beiden Lösungen

$$\xi = \xi_n^{(\sigma)}\,\lambda^n + \sum_{i=1}^{\infty} a_{\sigma i}\,\lambda^{n+i}\,, \qquad \sigma = 1, 2\,. \tag{2.26}$$

Ist $\Delta = 0$, so müssen wir, wie wir früher gesehen haben, in die Gleichung (2.1)

$$\xi = -\,L_{1n}\,(2\,L_{20})^{-1}\,\lambda^n + \eta \tag{2.27}$$

einsetzen und anschließend η bestimmen.

Damit bei reellen Koeffizienten $L_{k\nu}$ reelle Lösungen existieren, muß $\Delta \geqq 0$ sein; für $\Delta > 0$ erhalten wir dabei wegen (2.24) zwei reelle Lösungen der Form (2.26), die in einer gewissen Umgebung von $\lambda = 0$ definiert sind. Für $\Delta = 0$ müssen wir die Substitution (2.27) benutzen und die Untersuchung fortsetzen, weil die Hauptteile beider Lösungen übereinstimmen.

I.5. Im Fall e) ist $L_{0i} = 0$ $(i = 1, 2, \ldots, n - 1)$, $L_{0n} \neq 0$, $L_{1k} = 0$ $(k = 1, 2, \ldots, \nu - 1)$, $L_{1\nu} \neq 0$ $(2\nu < n)$; damit ergeben sich für ε die beiden Werte $\varepsilon_1 = \nu$ und $\varepsilon_2 = n - \nu$. Hieraus folgt

$$\xi = \xi_{\varepsilon_i}\lambda^{\varepsilon_i} + o(\lambda^{\varepsilon_i}) \qquad (i = 1, 2)\,,$$

wobei die ξ_{ε_i} Wurzeln der Gleichungen

$$L_{0n} + L_{1\nu}\,\xi_{\varepsilon_2} = 0 \qquad \text{bzw.} \qquad L_{1\nu}\,\xi_{\varepsilon_1} + L_{20}\,\xi_{\varepsilon_1}^2 = 0$$

sind. Da diese Gleichungen einfache Wurzeln haben, erhalten wir mit (2.19) folgende Lösungen:

$$\xi = -\,L_{0n}\,L_{1\nu}^{-1}\,\lambda^{n-\nu} + \lambda^{n-\nu}\sum_{i=1}^{\infty} a_i\,\lambda^i\,,$$

$$\xi = -\,L_{1\nu}\,L_{20}^{-1}\,\lambda^{\nu} + \lambda^{\nu}\sum_{i=1}^{\infty} b_i\,\lambda^i\,.$$

In der gleichen Weise können wir auch den Fall $L_{k0} = 0$ $(k = 2, 3, \ldots, m - 1)$, $L_{m0} \neq 0$ behandeln. Es sei aber erwähnt, daß wir bereits bei $L_{20} = 0$,

$L_{30} \neq 0$ zwölf verschiedene Möglichkeiten für den fallenden Teil des NEWTONschen Diagramms erhalten. Deshalb wollen wir im Fall $L_{k0} = 0$ $(2 \leqq k < m)$, $L_{m0} \neq 0$ nur die beiden Spezialfälle untersuchen, in denen $L_{01} \neq 0$ oder $L_{02} \neq 0$ ist, wobei wir im zweiten Fall noch verschiedene Annahmen über die L_{i1} machen werden.

II. Es sei $L_{k0} = 0$ $(k = 2, 3, \ldots, m-1)$, $L_{m0} \neq 0$ und $L_{01} \neq 0$ (siehe A. Ė. STAPAN [1]). Aus dem NEWTONschen Diagramm (siehe Abb. 9) folgt dann

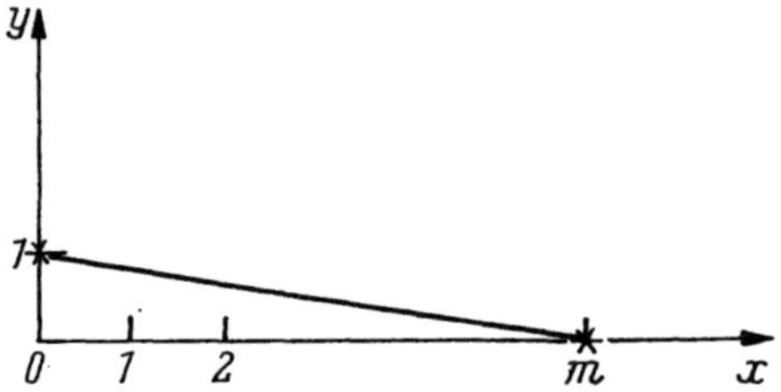

Abb. 9

$\varepsilon = 1/m$; die Projektion des Diagramms auf die x-Achse hat die Länge m. Deshalb gibt es im komplexen Fall m Lösungen der Form

$$\xi = \xi_\sigma \lambda^{1/m} + o(\lambda^{1/m}), \qquad \sigma = 1, 2, \ldots, m,$$

wobei die ξ_σ Wurzeln der Gleichung

$$L_{01} + L_{m0}\, \xi_\sigma^m = 0$$

sind. Diese Wurzeln sind einfach, so daß die Verzweigungsgleichung wegen (2.19) die Lösungen

$$\xi = \xi_\sigma \lambda^{\frac{1}{m}} + \sum_{i=1}^{\infty} a_{\sigma i} \lambda^{\frac{1+i}{m}}, \qquad \sigma = 1, 2, \ldots, m,$$

besitzt. Im reellen Fall (siehe Punkt 2.6) erhalten wir bei geradem m zwei reelle Lösungen, die für $\lambda \geqq 0$ bzw. für $\lambda \leqq 0$ definiert sind, sofern $\operatorname{sign} L_{01} = -\operatorname{sign} L_{m0}$ bzw. $\operatorname{sign} L_{01} = \operatorname{sign} L_{m0}$ ist. Ist m ungerade, so besitzt die Verzweigungsgleichung nur eine reelle Lösung, die in einer gewissen Umgebung von $\lambda = 0$ definiert ist.

III. Es sei $L_{i0} = 0$ $(2 \leqq i < m)$, $L_{m0} \neq 0$, $L_{01} = 0$, $L_{02} \neq 0$, $L_{k1} = 0$ $(1 \leqq k < n)$ und $L_{n1} \neq 0$ mit $n < E(m/2)$. Aus dem Diagramm (siehe Abb. 10) ergeben sich zwei positive Werte für ε, und zwar

$$\varepsilon_1 = \frac{1}{n}, \qquad \varepsilon_2 = \frac{1}{m-n},$$

so daß

$$\xi = \xi_{\varepsilon_i} \lambda^{\varepsilon_i} + o(\lambda^{\varepsilon_i}), \qquad i = 1, 2,$$

wird; die ξ_{ε_i} bestimmen sich aus den Gleichungen

$$L_{02} + L_{n1}\,\xi_{\varepsilon_1}^n = 0 \quad \text{bzw.} \quad L_{n1}\,\xi_{\varepsilon_2}^n + L_{m0}\,\xi_{\varepsilon_2}^m = 0\,,$$

wobei wir die zweite Gleichung in der Form

$$L_{n1} + L_{m0}\,\xi_{\varepsilon_2}^{m-n} = 0$$

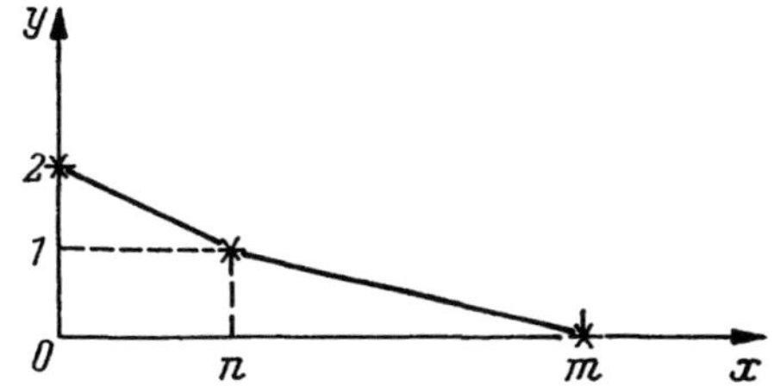

Abb. 10

schreiben können. Beide Gleichungen haben einfache Wurzeln; wegen (2.19) besitzt die Verzweigungsgleichung im komplexen Fall die Lösungen

$$\xi = \xi_\sigma \lambda^{\frac{1}{n}} + \sum_{i=1}^{\infty} a_{\sigma i} \lambda^{\frac{1+i}{n}}, \qquad \sigma = 1, 2, \ldots, n\,,$$

und

$$\xi = \xi_\nu \lambda^{\frac{1}{m-n}} + \sum_{i=1}^{\infty} a_{\nu_i} \lambda^{\frac{1+i}{m-n}}, \qquad \nu = 1, 2, \ldots, m - n\,,$$

insgesamt also m Lösungen. Im reellen Fall wenden wir die gleichen Überlegungen wie im Fall II an und kommen zu folgendem Ergebnis. Sind m und n gerade, so besitzt die Verzweigungsgleichung vier reelle Lösungen; jede dieser Lösungen ist in einer gewissen Halbumgebung des Nullpunktes definiert. Sind m und n ungerade oder aber n gerade und m ungerade, so gibt es drei reelle Lösungen; eine Lösung ist in einer gewissen Umgebung des Nullpunktes definiert, die beiden anderen in einer Halbumgebung. Ist n ungerade und m gerade, so gibt es zwei reelle Lösungen, die jeweils in einer gewissen Umgebung des Nullpunktes definiert sind. Für $n = 1$ erhalten wir einen von BARTLE [1] behandelten Spezialfall.

IV. Es sei $L_{i0} = 0$ $(2 \leqq i < m)$, $L_{m0} \neq 0$, $L_{01} = 0$, $L_{02} \neq 0$ und $L_{k1} = 0$ $\big(k = 1, 2, \ldots, E(m/2)\big)$. Der fallende Teil des NEWTONschen Diagramms besteht dann aus einem Abschnitt mit den Endpunkten (0, 2) und $(m, 0)$, auf dem keine anderen Punkte liegen. Hieraus folgt

$$\varepsilon = \frac{2}{m}, \qquad \xi = \xi_\sigma \lambda^{2/m} + o(\lambda^{2/m})\,, \qquad \sigma = 1, 2, \ldots, m\,,$$

wobei die ξ_σ Wurzeln der Gleichung

$$L_{02} + L_{m0}\,\xi^m = 0$$

sind. Diese Gleichung hat einfache Wurzeln; deshalb besitzt die Verzweigungsgleichung bei ungeradem m die Lösungen

$$\xi = \xi_\sigma \lambda^{\frac{2}{m}} + \sum_{i=1}^{\infty} a_{\sigma i} \lambda^{\frac{2+i}{m}}, \qquad \sigma = 1, 2, \ldots, m,$$

und bei geradem m die Lösungen

$$\xi = \xi_\sigma \lambda^{\frac{2}{m}} + \sum_{i=1}^{\infty} a_{\sigma i} \lambda^{\frac{2(1+i)}{m}}, \qquad \sigma = 1, 2, \ldots, m.$$

Im reellen Fall (siehe Punkt 2.6) gibt es bei geradem m zwei reelle Lösungen, die für $\lambda \geqq 0$ bzw. $\lambda \leqq 0$ definiert sind, sofern sign $L_{02} L_{m0} = -1$ bzw. sign $L_{02} L_{m0} = +1$ ist. Bei ungeradem m besitzt die Verzweigungsgleichung nur eine reelle Lösung, die in einer gewissen Umgebung des Nullpunktes definiert ist.

V. Es sei $L_{i0} = 0$ $(2 \leqq i < m = 2k)$, $L_{m0} \neq 0$, $L_{01} = 0$, $L_{02} \neq 0$, $L_{i1} = 0$ $(i = 1, 2, \ldots, k-1)$ und $L_{k1} \neq 0$ für $k = m/2$. Der fallende Teil des NEWTONschen Diagramms besteht aus einem einzigen Abschnitt mit den Endpunkten $(0, 2)$ und $(m, 0)$, wobei noch der Punkt $(k, 1)$ auf diesem Abschnitt liegt. Deshalb ist

$$\varepsilon = \frac{2}{m} = \frac{1}{k}, \qquad \xi = \xi_\sigma \lambda^{1/k} + o(\lambda^{1/k}), \qquad \sigma = 1, 2, \ldots, m,$$

die ξ_σ sind Wurzeln der Gleichung

$$L_{02} + L_{k1} \xi^k + L_{m0} \xi^{2k} = 0,$$

d. h.

$$\xi_{1/k}^k = \left(-L_{k1} \pm \sqrt{L_{k1}^2 - 4 L_{02} L_{m0}}\right) (2 L_{m0})^{-1} = d_\pm.$$

Für

$$\Delta = L_{k1}^2 - 4 L_{02} L_{m0} \neq 0$$

besitzt die Verzweigungsgleichung im komplexen Fall die Lösungen

$$\xi = \xi_{1/k}^{(\sigma)} \lambda^{1/k} + \sum_{i=2}^{\infty} a_{\sigma i} \lambda^{i/k}, \quad \sigma = 1, 2, \ldots, m = 2k.$$

Für $\Delta = 0$ sind weitere Untersuchungen nötig (vgl. die Substitution (2.27)), die wir in Punkt 12.2, Fall 12.2.5 durchführen werden. Im reellen Fall erhalten wir für $\Delta > 0$ und bei ungeradem k zwei reelle Lösungen, die in einer gewissen Umgebung von $\lambda = 0$ definiert sind. Bei geradem k gibt es zwei reelle Lösungen, wenn eine der Zahlen d_+, d_- positiv ist; vier reelle Lösungen, wenn beide Zahlen d_+, d_- positiv sind; und schließlich keine einzige reelle Lösung, wenn d_+ und d_- negativ sind. Für $\Delta < 0$ gibt es keine reellen Lösungen. Der Fall $\Delta = 0$ erfordert hier ebenfalls zusätzliche Überlegungen.

Zum Abschluß dieses Punktes wollen wir auf das zurückkommen, was wir zu Beginn von Punkt 2.4 erwähnt haben. Es sei $L_{k0} = 0$ für alle k; dann nimmt die Verzweigungsgleichung (2.1) nach Kürzen durch λ die Form

$$\sum_{k=0}^{\infty} \xi^k \sum_{\nu=1}^{\infty} L_{k\nu} \lambda^{\nu-1} = 0$$

an. Ist nun $L_{01} \neq 0$, so hat die Verzweigungsgleichung keine kleinen Lösungen. Wenn $L_{01} = 0$ und $L_{11} \neq 0$ ist, besitzt die Verzweigungsgleichung nach dem Satz über implizite Funktionen (Satz 1.2.) genau eine kleine Lösung $\xi(\lambda)$, die in eine Reihe nach ganzen Potenzen von λ entwickelt werden kann. Wenn schließlich $L_{k0} = 0$ $(k = 2, 3, \ldots)$, $L_{01} = L_{11} = 0$ ist und nicht alle L_{k1} $(k = 2, 3, \ldots)$ verschwinden, erhalten wir eine zu (2.1) analoge Gleichung, auf die die bisherigen Überlegungen angewendet werden können.

KAPITEL II

DIE UNTERSUCHUNG DER MEHRDIMENSIONALEN VERZWEIGUNGSGLEICHUNG

§ 3. Die Transformation der Verzweigungsgleichung[1])

Wir untersuchen jetzt den mehrdimensionalen Verzweigungsfall, für den im Gleichungssystem (1.11) $n > 1$ ist. Dazu ersetzen wir die Verzweigungsgleichung durch eine einfachere Gleichung, die ihr bezüglich kleiner Lösungen äquivalent ist.

3.1. Die Transformation auf reguläre Form. Wir betrachten das System von komplexen, im Koordinatenursprung analytischen Funktionen

$$\Phi_i(\xi_1, \xi_2, \ldots, \xi_n, \lambda) \equiv \sum_{j=s_i}^{\infty} \Phi_j^{(i)}(\xi_1, \ldots, \xi_n) + \varphi_i(\xi_1, \ldots, \xi_n, \lambda), \qquad (3.1)$$

wobei $\Phi_j^{(i)}$ eine Form vom Grad j $(j \geqq s_i \geqq 1)$ mit

$$\Phi_{s_i}^{(i)}(\xi_1, \xi_2, \ldots, \xi_n) \not\equiv 0, \qquad i = 1, 2, \ldots, m,$$

bezeichnet und

$$\varphi_i(\xi_1, \xi_2, \ldots, \xi_n, 0) \equiv 0, \qquad i = 1, 2, \ldots, m,$$

ist. Für die Formen schreiben wir wie üblich

$$\Phi_j^{(i)} = \sum_{\nu_{1i}+\cdots+\nu_{ni}=j} a^{(i)}_{\nu_{1i},\ldots,\nu_{ni}} \xi_1^{\nu_{1i}} \xi_2^{\nu_{2i}} \cdots \xi_n^{\nu_{ni}}, \qquad j \geqq s_i.$$

Definition 3.1. Das Funktionensystem (3.1) heißt regulär in ξ_1, wenn die Bedingung

$$a_{s_i, 0, \ldots, 0} \neq 0, \qquad i = 1, 2, \ldots, m,$$

erfüllt ist.

In analoger Weise werden in anderen Veränderlichen ξ_j reguläre Funktionensysteme definiert.

Wir wollen nun zeigen, daß ein in ξ_j nicht reguläres System durch eine nicht ausgeartete lineare Transformation auf ein in der entsprechenden Veränderlichen reguläres System zurückgeführt werden kann. Dazu wählen wir eine lineare Transformation der Veränderlichen $\xi_1, \xi_2, \ldots, \xi_n$,

$$\xi_k = \sum_{\mu=1}^{n} b_{k\mu} u_\mu, \qquad k = 1, 2, \ldots, n. \qquad (3.2)$$

[1]) In den §§ 3 und 4 bringen wir Ergebnisse von P. G. Aisengendler [4].

Wenn wir diese ξ_k in (3.1) einsetzen und die Ausdrücke für $\Phi_j^{(i)}$ berücksichtigen, erhalten wir

$$f_i(u_1, u_2, \ldots, u_n, \lambda) = L_{s_i}^{(i)} u_1^{s_i} + \psi_i(u_1, u_2, \ldots, u_n, \lambda), \quad i = 1, 2, \ldots, m,$$

mit

$$L_{s_i}^{(i)} = \sum_{\nu_{1i}+\cdots+\nu_{ni}=s_i} a_{\nu_{1i},\ldots,\nu_{ni}}^{(i)} b_{11}^{\nu_{1i}} b_{21}^{\nu_{2i}} \cdots b_{n1}^{\nu_{ni}}. \tag{3.3}$$

Die Gleichungen

$$\sum_{\nu_{1i}+\cdots+\nu_{ni}=s_i} a_{\nu_{1i},\ldots,\nu_{ni}}^{(1)} z_1^{\nu_{1i}} z_2^{\nu_{2i}} \cdots z_n^{\nu_{ni}} = 0, \quad i = 1, 2, \ldots, m,$$

definieren im komplexen n-dimensionalen Raum E_n ein System von Hyperflächen. Nach Voraussetzung ist $\Phi_{s_i}^{(i)} \not\equiv 0$; deshalb muß für jedes $i = 1, 2, \ldots, m$ mindestens ein Koeffizient $a_{\nu_{1i},\ldots,\nu_{ni}}^{(i)}$ von Null verschieden sein, so daß keine einzige Hyperfläche den ganzen Raum E_n aufspannt. Wir finden dann einen Punkt mit von Null verschiedenen Koordinaten $(z_1^0, z_2^0, \ldots, z_n^0)$, der auf keiner der angegebenen Hyperflächen liegt. Setzen wir jetzt

$$b_{k1} = z_k^0, \quad k = 1, 2, \ldots, n,$$

so folgt aus (3.3), daß für alle $i = 1, 2, \ldots, m$

$$L_{s_i}^{(i)} \neq 0$$

gilt, daß das transformierte System $f_i(u_1, u_2, \ldots, u_n, \lambda)$ also in u_1 regulär ist. Setzen wir ferner $b_{1k} = 0$ für $k = 2, 3, \ldots, n$ sowie

$$b_{k\mu} = \begin{cases} 1 & \text{für} \quad k = \mu, \\ 0 & \text{für} \quad k \neq \mu \end{cases}, \quad k, \mu = 2, 3, \ldots, n,$$

so ist die Determinante der Transformationsmatrix (3.2) von Null verschieden. Damit haben wir folgenden Satz bewiesen.

S a t z 3.1. *Es gibt eine nicht ausgeartete lineare Transformation der Veränderlichen* $\xi_1, \xi_2, \ldots, \xi_n$, *die das Funktionensystem* (3.1) *auf reguläre Form transformiert.*

Im folgenden benutzen wir diesen Satz, um das Gleichungssystem (1.11) auf reguläre Form zu transformieren. Dabei wollen wir voraussetzen, daß

$$\Phi_i(\xi_1, \ldots, \xi_n, \lambda) \not\equiv 0, \quad i = 1, \ldots, k; \quad 1 \leqq k \leqq n,$$

ist; der Einfachheit halber sei $k = n$. Ferner können wir ohne Beschränkung der Allgemeinheit annehmen, daß $s_i < \infty$ ist $\big(s_i = \operatorname{ord} \Phi_i(\xi_1, \ldots, \xi_n, 0)\big)$; anderenfalls kürzen wir das Gleichungssystem (1.11) durch die größtmögliche Potenz von λ.

Betrachten wir ein Beispiel. Es sei

$$\Phi_1(\xi_1, \xi_2, \lambda) \equiv 2\,\xi_1^2 + \xi_2^2 + \frac{8}{3\sqrt{2\pi}}(4\,\xi_1^2\,\xi_2 - \xi_2^3) + o_3(\xi_1, \xi_2) +$$
$$+ \lambda\,[\pi\,\lambda + 2\sqrt{2\pi}\,\xi_1 + o_2(\xi_1, \xi_2, \lambda)] = 0\,,$$
$$\Phi_2(\xi_1, \xi_2, \lambda) \equiv -2\,\xi_1\,\xi_2 + \frac{16}{3\sqrt{2\pi}}(\xi_1^3 - \xi_1\,\xi_2^2) + o_3(\xi_1, \xi_2) +$$
$$+ \lambda\left[-\frac{3}{4}\pi - \sqrt{2\pi}\,\xi_2 + o_2(\xi_1, \xi_2, \lambda)\right] = 0$$

mit ord $o_3(\xi_1, \xi_2) > 3$ und ord $o_2(\xi_1, \xi_2, \lambda) > 2$. Da dieses Gleichungssystem nicht regulär ist, wollen wir es auf reguläre Form transformieren.

Die Transformation (3.2) lautet

$$\xi_1 = b_{11}\,u_1 + b_{12}\,u_2; \qquad \xi_2 = b_{21}\,u_1 + b_{22}\,u_2\,.$$

In diesem Beispiel ist $s_1 = s_2 = 2$; zur Bestimmung der $b_{k\mu}$ genügt es also, die Ausdrücke für ξ_1 und ξ_2 in die Glieder zweiten Grades in ξ_1 und ξ_2 einzusetzen. Dann erhalten wir

$$2\,\xi_1^2 + \xi_2^2 = (2\,b_{11}^2 + b_{21}^2)\,u_1^2 + \cdots, \quad -2\,\xi_1\,\xi_2 = -2\,b_{11}\,b_{21}\,u_1^2 + \cdots.$$

Wählen wir nun $b_{11} = b_{21} = 1$, so sehen wir, daß das transformierte System regulär ist. Setzen wir noch $b_{12} = 0$ und $b_{22} = 1$, so wird

$$\xi_1 = u_1\,, \qquad \xi_2 = u_1 + u_2\,.$$

Diese Ausdrücke setzen wir in das ursprüngliche Gleichungssystem ein, anschließend kürzen wir die erste Gleichung durch 3 und die zweite durch -2; dadurch erhalten wir

$$f_1(u_1, u_2, \lambda) \equiv u_1^2 + \frac{2}{3}\,u_1\,u_2 + \frac{1}{3}\,u_2^2 +$$
$$+ \frac{1}{3\sqrt{2\pi}}\left(\frac{23}{3}\,u_1^3 + \frac{8}{3}\,u_1^2\,u_2 - 8\,u_1\,u_2^2 - \frac{8}{3}\,u_2^3\right) +$$
$$+ o_3(u_1, u_2) + \lambda\left[\frac{\pi}{3}\lambda + \frac{2}{3}\sqrt{2\pi}\,u_1 + o_2(u_1, u_2, \lambda)\right] = 0\,,$$
$$f_2(u_1, u_2, \lambda) \equiv u_1^2 + u_1\,u_2 + \frac{8}{3\sqrt{2\pi}}(2\,u_1^2\,u_2 + u_1\,u_2^2) + o_3(u_1, u_2) +$$
$$+ \lambda\left[\frac{3}{8}\pi + \sqrt{\frac{\pi}{2}}\,u_1 + \sqrt{\frac{\pi}{2}}\,u_2 + o_2(u_1, u_2, \lambda)\right] = 0$$

mit ord $o_3(u_1, u_2) > 3$ und ord $o_2(u_1, u_2, \lambda) > 2$. Auf dieses Beispiel werden wir bei der Behandlung nichtlinearer Integralgleichungen zurückkommen.[1])

[1]) Dieses Beispiel und die entsprechenden Berechnungen stammen von P. G. Aisengendler.

3.2. Die Transformation auf Normalform. Wir betrachten ein Pseudopolynom in ξ_1,

$$G(\xi_1, \xi_2, \ldots, \xi_n, \lambda) = \xi_1^s + H_{s-1}\,\xi_1^{s-1} + \cdots + H_1\,\xi_1 + H_0\,,$$

wobei $s \geqq 1$ und die Funktionen

$$H_i = H_i(\xi_2, \xi_3, \ldots, \xi_n, \lambda)\,, \qquad i = 0, 1, 2, \ldots, s-1$$

im Koordinatenursprung analytisch sind.

Definition 3.2 (Bochner und Martin [1]). Das Pseudopolynom $G(\xi_1, \xi_2, \ldots, \xi_n, \lambda)$ heißt ausgezeichnetes Polynom in ξ_1 vom Grad s, wenn die Bedingung

$$H_i(0, 0, \ldots, 0) = 0\,, \qquad i = 0, 1, 2, \ldots, s-1\,,$$

erfüllt ist.

In der gleichen Weise definieren wir ausgezeichnete Polynome in ξ_j. Es gilt folgender Satz.

Satz 3.2. *Das Produkt der Pseudopolynome*

$$f(\xi_1, \xi_2, \ldots, \xi_n, \lambda) = \xi_1^p + a_{p-1}\,\xi_1^{p-1} + \cdots + a_1\,\xi_1 + a_0$$

und

$$g(\xi_1, \xi_2, \ldots, \xi_n, \lambda) = \xi_1^q + b_{q-1}\,\xi_1^{q-1} + \cdots + b_1\,\xi_1 + b_0$$

sei ein ausgezeichnetes Polynom in ξ_1. Dann sind f und g ausgezeichnete Polynome in ξ_1.

Beweis. Nach Voraussetzung sind die Funktionen

$$a_k = a_k(\xi_2, \xi_3, \ldots, \xi_n, \lambda) \qquad \text{und} \qquad b_m = b_m(\xi_2, \xi_3, \ldots, \xi_n, \lambda)$$

im Koordinatenursprung analytisch. Mit a_i und b_j bezeichnen wir die ersten Koeffizienten, für die

$$a_i(0, 0, \ldots, 0, 0) \neq 0\,, \qquad b_j(0, 0, \ldots, 0, 0) \neq 0$$

gilt. Im Produkt $f\,g$ steht bei ξ_1^{i+j} der Koeffizient c_{i+j}; es ist

$$c_{i+j} = \cdots a_{i-1}\,b_{j+1} + a_i\,b_j + a_{i+1}\,b_{j-1} + \cdots.$$

Hieraus folgt

$$c_{i+j}(0, 0, \ldots, 0, 0) = a_i(0, 0, \ldots, 0, 0)\,b_j(0, 0, \ldots, 0, 0) \neq 0\,,$$

was der Voraussetzung widerspricht. f und g sind also ausgezeichnete Polynome.

Die Funktionen $F(\xi_1, \xi_2, \ldots, \xi_n, \lambda)$, $f(\xi_1, \xi_2, \ldots, \xi_n, \lambda)$ und $g(\xi_1, \xi_2, \ldots, \xi_n, \lambda)$ seien im Koordinatenursprung analytisch.

Definition 3.3 (Bochner und Martin [1]). Die Funktionen F und f heißen äquivalent, wenn $F = f\,g$ und

$$F(0, 0, \ldots, 0, 0) = 0\,, \quad f(0, 0, \ldots, 0, 0) = 0\,, \quad g(0, 0, \ldots 0, 0) \neq 0$$

ist.

Die Verzweigungsgleichung (1.11) sei bereits auf reguläre Form transformiert,

$$f_i(u_1, u_2, \ldots, u_n, \lambda) = 0\,, \quad i = 1, 2, \ldots, n\,. \tag{3.4}$$

Definition 3.4. Die Gleichungssysteme

$$G_i(u_1, u_2, \ldots, u_n, \lambda) = 0\,, \quad i = 1, 2, \ldots, n\,, \tag{3.5}$$

und (3.4) heißen äquivalent, wenn die Funktionen f_i und G_i für jedes $i = 1, 2, \ldots, n$ äquivalent sind.

Offensichtlich ist dann jede kleine Lösung des Gleichungssystems (3.4) bzw. (1.11) eine kleine Lösung des Gleichungssystems (3.5) und umgekehrt, so daß äquivalente Gleichungssysteme auch bezüglich kleiner Lösungen äquivalent sind.

Definition 3.5. Wenn im Gleichungssystem (3.5) alle Funktionen G_i ausgezeichnete Polynome in ein und derselben Veränderlichen ξ_j sind, so sagen wir, daß die Verzweigungsgleichung (3.4) bzw. (1.11) auf Normalform transformiert ist. Das Gleichungssystem (3.5) heißt also Verzweigungsgleichung in Normalform, wenn alle G_i ausgezeichnete Polynome sind.

Zur Transformation des Gleichungssystems (3.4) auf Normalform benutzen wir den Weierstrassschen Vorbereitungssatz (siehe Bochner und Martin [1]).

Satz 3.3 (Weierstrassscher Vorbereitungssatz). *Die Funktion $F(z_1, z_2, \ldots, z_n, \lambda)$ sei im Koordinatenursprung analytisch, ferner sei*

$$F(0, 0, \ldots, 0, 0) = 0\,, \quad F(z_1, 0, \ldots, 0, 0) \neq 0\,.$$

Dann gilt in einer gewissen Umgebung des Koordinatenursprungs

$$F \equiv (z_1^s + H_{s-1}\, z_1^{s-1} + \cdots + H_1\, z_1 + H_0)\, \Omega(z_1, z_2, \ldots, z_n, \lambda)\,.$$

Dabei ist

$$G(z_1, z_2, \ldots, z_n, \lambda) = z_1^s + H_{s-1}\, z_1^{s-1} + \cdots + H_1\, z_1 + H_0$$

ein ausgezeichnetes Polynom und Ω eine im Koordinatenursprung analytische Funktion, die der Bedingung

$$\Omega(0, 0, \ldots, 0, 0) \neq 0$$

genügt.

Die Funktionen Ω, $H_0, H_1, \ldots, H_{s-1}$ sind durch die Voraussetzungen des Satzes eindeutig bestimmt (siehe Bochner und Martin [1]); sie können nach dem folgenden Rekursionsverfahren berechnet werden.

Es sei

$$F = \sum_{m=0}^{\infty} F_m(z_2, z_3, \ldots, z_n, \lambda)\, z_1^m .$$

Wegen $\Omega(0, 0, \ldots, 0, 0) \neq 0$ ist die Funktion $Q = 1/\Omega$ im Koordinatenursprung analytisch. Wir schreiben

$$Q = \sum_{m=0}^{\infty} Q_m(z_2, z_3, \ldots, z_n, \lambda)\, z_1^m ,$$

$$F_m = \sum_{\nu=0}^{\infty} F_{m\nu}, \qquad Q_m = \sum_{\nu=0}^{\infty} q_{m\nu}, \qquad H_i = \sum_{\nu=1}^{\infty} h_{i\nu},$$

wobei die $F_{m\nu}$, $q_{m\nu}$, und $h_{i\nu}$ homogene Polynome vom Grad ν in den Veränderlichen $z_2, \ldots, z_n, \lambda$ sind. Nach Voraussetzung ist

$$\operatorname{ord} F(z_1, 0, \ldots, 0, 0) = s \geqq 1$$

und

$$F_{s0} = \Omega(0, 0, \ldots, 0, 0) = L_s \neq 0 ,$$

so daß $F_{k0} = 0$ für $k < s$ wird.

Als erstes bestimmen wir die Formen $q_{m\nu}$; dazu benutzen wir Rekursionsformeln (siehe BOCHNER und MARTIN [1]), die hier folgende Form annehmen,

$$q_{00} = L_s; \qquad q_{m0} \equiv \sum_{\mu=0}^{m-1} q_{\mu 0}\, F_{m+s-\mu,\,0}, \quad m \geqq 1 , \tag{3.6}$$

$$q_{m\nu} \equiv - \sum_{\mu=0}^{m+s} \sum_{i=0}^{\nu-1} q_{\mu i}\, F_{m+s-\mu,\,\nu-i} + \sum_{\mu=0}^{m-1} q_{\mu\nu}\, F_{m+s-\mu,\,0} . \tag{3.7}$$

Mit (3.6) können nacheinander alle q_{m0} berechnet werden, anschließend müssen die Beziehungen (3.7) benutzt werden. Wir setzen in (3.7) $\nu = 1$ und erhalten

$$\left.\begin{aligned} q_{01} &= - \sum_{\mu=0}^{s} q_{\mu 0}\, F_{s-\mu,\,1} , \\ &\cdots\cdots\cdots\cdots\cdots\cdots \\ q_{m1} &= - \sum_{\mu=0}^{m+s} q_{\mu 0}\, F_{m+s-\mu,\,1} + \sum_{\mu=0}^{m-1} q_{\mu,1}\, F_{m+s-\mu,\,0} \end{aligned}\right\} \tag{3.8}$$

Die Formen q_{m1} lassen sich also sukzessive durch die Formen

$$q_{00}, q_{10}, \ldots \text{ und } q_{01}, q_{11}, \ldots, q_{m-1,1}$$

ausdrücken. Nun setzen wir in (3,7) $\nu = k$ $(k > 1)$ und erhalten

$$\left.\begin{aligned} q_{0k} &= - \sum_{\mu=0}^{s} \sum_{i=0}^{k-1} q_{\mu i}\, F_{s-\mu,\,k-i} , \\ &\cdots\cdots\cdots\cdots\cdots\cdots \\ q_{mk} &= - \sum_{\mu=0}^{m+s} \sum_{i=0}^{k-1} q_{\mu i} F_{m+s-\mu,\,k-i} + \sum_{\mu=0}^{m-1} q_{\mu k}\, F_{m+s-\mu,\,0} . \end{aligned}\right\} \tag{3.9}$$

Auf diese Weise können also alle Formen $q_{m\nu}$ nacheinander eindeutig bestimmt werden.

Wir wollen nun die Formen $h_{i\nu}$ berechnen. Wir setzen die Ausdrücke für G, F, Q, F_m, Q_m, H_i in die Gleichung $G = Q\,F$ ein und vergleichen die Koeffizienten bei gleichen Potenzen von z_1; hieraus folgt

$$H_i = \sum_{k=1}^{\infty} h_{ik} = \sum_{\alpha+\beta=i} F_\alpha Q_\beta = \sum_{\alpha+\beta=i} \left(\sum_{\mu=1}^{\infty} F_{\alpha\mu} \sum_{\nu=0}^{\infty} q_{\beta\nu} \right) = \sum_{\alpha+\beta=i} \sum_{k=1}^{\infty} \sum_{\mu+\nu=k} F_{\alpha\mu}\, q_{\beta\nu} \tag{3.10}$$

und schließlich

$$h_{ik} = \sum_{\alpha+\beta=i} \sum_{\mu+\nu=k} F_{\alpha\mu}\, q_{\beta\nu}\,. \tag{3.11}$$

§ 4. Einige Probleme der Teilbarkeitstheorie

Bevor wir die Untersuchung des mehrdimensionalen Verzweigungsfalles beginnen, müssen wir den Ring der Polynome über einem beliebigen Integritätsbereich mit Einselement und eindeutiger Primelementzerlegung einführen. Außerdem behandeln wir einen Algorithmus zur Bestimmung des größten gemeinsamen Teilers von Polynomen aus diesem Ring. Wir halten uns dabei an die Terminologie, die in den Monographien von Zariski, Samuel [1, 2] und Bochner, Martin [1] verwendet wird.

4.1. Der Potenzreihenring. Es seien $z_1, z_2, \ldots, z_n$ komplexe Veränderliche, $a_{m_1, m_2 \ldots, m_n}$ komplexe Zahlen und $m_1, m_2, \ldots, m_n$ nichtnegative ganze Zahlen. Wir betrachten die Menge der im Koordinatenursprung analytischen Funktionen

$$f(z_1, z_2, \ldots, z_n) = \sum_{m_1+\cdots+m_n \geqq 0} a_{m_1, m_2, \ldots, m_n} z_1^{m_1} z_2^{m_2} \cdots z_n^{m_n}\,.$$

Jede dieser Funktionen habe ihr eigenes Konvergenzgebiet.

Bezüglich der wie üblich erklärten Addition und Multiplikation bildet die genannte Menge einen kommutativen Ring, den Potenzreihenring in den Unbestimmten $z_1, z_2, \ldots, z_n$ über dem Körper der komplexen Zahlen K, den wir mit $I_n = K\,[[z_1, z_2, \ldots, z_n]]$ bezeichnen. Als Null- bzw. Einselement dienen die Funktionen, die identisch gleich 0 bzw. gleich 1 sind.

f und g seien zwei Elemente von I_n. Da die Gleichung $f\,g = 0$ nur dann erfüllt sein kann, wenn mindestens einer der Faktoren gleich dem Nullelement ist, enthält der betrachtete Ring keine eigentlichen Nullteiler. Einheiten des Ringes (d. h. Elemente des Ringes, zu denen ein Inverses bezüglich der Multiplikation existiert) sind allein die Funktionen $f \in I_n$, für die $f(0, 0, \ldots, 0) \neq 0$, also $\operatorname{ord} f = 0$ ist.

I_n ist somit ein kommutativer nullteilerfreier Ring mit Einselement, d. h. ein Integritätsbereich (mit Einselement).

Jedes Element von I_n kann in eine Reihe nach Potenzen jeder einzelnen Unbestimmten z_i entwickelt werden, wobei die Koeffizienten dieser Reihen im Koordinatenursprung analytische Funktionen der anderen Unbestimmten sind. Setzen wir zum Beispiel $z_n = z$, so gilt für jedes $f \in I_n$

$$f(z_1, z_2, \ldots, z_{n-1}, z) = a_0 + a_1 z + a_2 z^2 + \cdots$$

mit $a_i \in I_{n-1}$. Wir sprechen dann vom Potenzreihenring in der einen Unbestimmten z über dem Ring $I_{n-1} = K[[z_1, z_2, \ldots, z_{n-1}]]$ und schreiben $I_{n-1}[[z]]$ oder $K[[z_1, z_2, \ldots, z_{n-1}]]\,[[z]]$. Offensichtlich sind die Ringe $K[[z_1, z_2, \ldots, z_{n-1}, z]]$ und $K[[z_1, z_2, \ldots, z_{n-1}]]\,[[z]]$ isomorph.

Die Pseudopolynome in z, d. h. Polynome in z mit Koeffizienten aus I_{n-1}, bilden einen Teilring von $I_{n-1}[[z]]$, den wir mit $I_{n-1}[z]$ oder mit $K[[z_1, z_2, \ldots, z_{n-1}]]\,[z]$ bezeichnen.

Wir bringen nun einige Definitionen, die wir im folgenden benutzen werden. R sei ein kommutativer Ring mit Einselement.

Definition 4.1. Zwei vom Nullelement verschiedene Elemente $a, b \in R$ heißen zueinander assoziiert (in Zeichen $a \sim b$), wenn $a = b\,c$ und c eine Einheit von R ist.

Gemäß dieser Definition bedeutet die Schreibweise $f \sim 1$ für ein $f \in I_n$, daß $\operatorname{ord} f = 0$, d. h. $f(0, 0, \ldots, 0) \neq 0$ ist.

Die Schreibweise $b|a$ bedeutet, daß b a teilt (oder a durch b teilbar ist), daß also ein Element $c \in R$ mit $a = b\,c$ existiert.

Eine Einheit $\varepsilon \in R$ teilt wegen $a = \varepsilon \cdot \varepsilon^{-1}\, a$ jedes Element $a \in R$. Deshalb nennen wir ein Element b einen uneigentlichen Teiler des Elementes a, wenn b eine Einheit oder zu a assoziiert ist.

Definition 4.2. Ein Element $a \in R$ heißt in R zerlegbar (reduzibel), wenn $a = b\,c$ mit $b, c \in R$ ist und b und c keine Einheiten von R sind. Ein Element $a \in R$ heißt in R unzerlegbar (irreduzibel, Primelement), wenn a nicht in der genannten Weise dargestellt werden kann.

Definition 4.3. Ein Integritätsbereich R mit Einselement heißt Ring mit eindeutiger Primelementzerlegung (kurz ZPE-Ring), wenn folgende Bedingungen erfüllt sind. 1. Jede Nichteinheit $a \in R$ kann als Produkt von endlich vielen Primelementen dargestellt werden. 2. Aus den Darstellungen $a = p_1 p_2 \cdots p_m = q_1 q_2 \cdots q_n$ mit unzerlegbaren Elementen p_i, q_j folgt $m = n$, und nach geeigneter Umnummerierung gilt $p_i \sim q_i$ für $i = 1, 2, \ldots, n$.

Ein einfaches Beispiel für einen ZPE-Ring ist der Ring der ganzen Zahlen. Ferner gilt folgender Satz (siehe Zariski, Samuel [2]):

Satz 4.1. *Der Potenzreihenring $I_n = K[[z_1, z_2, \ldots, z_n]]$ sowie der Ring der Pseudopolynome $I_{n-1}[z]$ sind ZPE-Ringe.*

In einem ZPE-Ring besitzen je zwei Elemente a und b einen größten gemeinsamen Teiler d (kurz GGT), d teilt also a und b, und wenn c ebenfalls a und b teilt, so ist c ein Teiler von d. Den GGT von a und b bezeichnen wir mit $d = (a, b)$.

Der GGT ist bis auf eine beliebige Einheit als Faktor eindeutig bestimmt. Die Elemente a und b heißen teilerfremd, wenn $(a, b) = 1$ ist.

Für ausgezeichnete Polynome gilt folgender Satz:

Satz 4.1′. *Der GGT zweier ausgezeichneter Polynome $f(z)$ und $g(z)$ ist wieder ein ausgezeichnetes Polynom.*

Beweis. Es sei

$$d(z) = c_s z^s + c_{s-1} z^{s-1} + \cdots + c_0$$

der GGT der Polynome

$$f(z) = z^m + a_{m-1} z^{m-1} + \cdots + a_0$$

und

$$g(z) = z^n + b_{n-1} z^{n-1} + \cdots + b_0 .$$

Da $d(z)$ ein Teiler von $f(z)$ ist, gibt es in $I_{n-1}[z]$ ein Polynom

$$q(z) = e_{m-s} z^{m-s} + \cdots + e_1 z + e_0$$

mit

$$f(z) = d(z)\, q(z) .$$

Ein Vergleich der Koeffizienten ergibt

$$c_s e_{m-s} = 1 ,$$

so daß c_s und e_{m-s} Einheiten von I_{n-1} sind. Da der GGT nur bis auf eine Einheit als Faktor bestimmt ist, können wir

$$d(z) = z^s + c'_{s-1} z^{s-1} + \cdots + c'_0$$

und

$$q(z) = z^{m-s} + e'_{m-s-1} z^{m-s-1} + \cdots + e'_0$$

schreiben; dabei ist

$$c'_i = \frac{c_i}{c_s}, \quad e'_j = \frac{e_j}{e_{m-s}}, \quad i = 0, 1, \ldots, s-1; \quad j = 0, 1, \ldots, m-s-1 .$$

Hieraus und aus Satz 3.2 folgt die Behauptung des Satzes.

4.2. Der größte gemeinsame Teiler. Der Euklidische Algorithmus. R sei ein ZPE-Ring und $R[z]$ der Polynomring in der Unbestimmten z über R; $R[z]$ ist ebenfalls ein ZPE-Ring (siehe ZARISKI, SAMUEL [1]).

Definition 4.4. Ein Polynom $f(z) \in R[z]$ heißt primitiv, wenn seine Koeffizienten außer Einheiten keine gemeinsamen Teiler haben.

Jedes vom Nullelement verschiedene Polynom $f(z) \in R[z]$ kann in der Form

$$f(z) = c\, f_1(z)$$

geschrieben werden, wobei c der GGT der Koeffizienten von $f(z)$ und $f_1(z)$ ein primitives Polynom ist. Der Faktor c ist bis auf eine Einheit bestimmt, wird Inhalt des Polynoms genannt und mit $c(f)$ bezeichnet.

Lemma 4.1 (ZARISKI, SAMUEL [1]). *$g(z) \in R[z]$ sei primitiv und teile $b\,f(z)$ mit $b \in R, f(z) \in R[z]$. Dann teilt $g(z)$ auch $f(z)$.*

Lemma 4.2 (Hilfssatz von GAUSS; siehe ZARISKI, SAMUEL [1]). *Für $f(z)$, $g(z) \in R[z]$ gilt $c(f\,g) = c(f)\,c(g)$. Insbesondere ist das Produkt zweier primitiver Polynome wieder primitiv.*

Lemma 4.3. *Das vom Nullelement verschiedene Polynom $d(z)$ sei ein gemeinsamer Teiler der Polynome $f(z), g(z) \in R[z], f(z)$ sei primitiv. Dann ist $d(z)$ primitiv.*

Zum Beweis muß man die Koeffizienten in der Gleichung $f(z) = d(z)\,q(z)$ vergleichen.

Satz 4.2 (Divisionsalgorithmus; siehe ZARISKI, SAMUEL [1]). *Es sei $f(z)$, $g(z) \in R[z]$, der Grad von f sei nicht kleiner als der von g und der Grad von g nicht kleiner als 1. Dann gibt es zwei Polynome $q(z), r(z) \in R[z]$ und ein Element $\varrho \in R$ derart, daß*

$$\varrho f(z) = q(z)\,g(z) + r(z) \tag{4.1}$$

wird, wobei $r(z)$ entweder das Nullpolynom ist oder aber einen kleineren Grad als $g(z)$ hat.

Wir wollen den Beweis so führen, daß gleichzeitig die Polynome $q(z)$, $r(z)$ und das Element ϱ angegeben werden können. Es sei

$$f(z) = a_0 z^n + \cdots + a_n, \quad g(z) = b_0 z^m + \cdots + b_m$$

mit

$$a_0 \neq 0\,, \quad b_0 \neq 0\,, \quad n \geqq m > 0\,.$$

Wir setzen

$$b_0^n f - a_0 b_0^{n-1} g\, z^{n-m} = b_0^{n-1} f_1 \tag{4.2$_1$}$$

und bezeichnen mit n_1 den Grad und mit a_{10} den höchsten Koeffizienten des Polynoms $f_1(z)$. Offensichtlich ist $n_1 < n$. Für $n_1 < m$ ist der Satz bewiesen, und dann gilt

$$\varrho = b_0\,, \quad q(z) = a_0 z^{n-m}, \quad r(z) = f_1(z)\,.$$

Sei nun $n_1 \geqq m$. Wir setzen

$$b_0^{n-1} f_1 - a_{10} b_0^{n-2} g\, z^{n_1-m} = b_0^{n-2} f_2 \tag{4.2$_2$}$$

und bezeichnen mit n_2 bzw. a_{20} den Grad bzw. den höchsten Koeffizienten des Polynoms $f_2(z)$. Der Grad von f_2 ist kleiner als der von f_1. Durch Wiederholung der bisherigen Überlegungen kommen wir auf die Gleichung

$$b_0^{n-(s-1)} f_{s-1} - a_{s-1,0}\, b_0^{n-s} z^{n_{s-1}-m} g = b_0^{n-s} f_s\,, \tag{4.2$_s$}$$

wobei das Polynom f_s den Grad $n_s < m$ hat.

Nun addieren wir die Beziehungen (4.2_1) bis (4.2_s),

$$b_0^n f - (a_0 b_0^{n-1} z^{n-m} + a_{10} b_0^{n-2} z^{n_1-m} + \cdots + a_{s-1,0} b_0^{n-s} z^{n_s-1-m})\, g = b_0^{n-s} f_s\,.$$

Da beim Übergang von f_i zu f_{i+1} ($i = 0, 1, 2, \ldots; f_0 = f$) der Grad von f_i um mindestens 1 kleiner wird, ist $s \leqq n - m + 1$, also $n - s \geqq m - 1$, so daß wir die letzte Gleichung durch b_0^{m-1} kürzen können. Dadurch erhalten wir gerade die Gleichung (4.1), und es ist

$$\varrho = b_0^{n-m+1} \tag{4.3}$$

und

$$\left.\begin{aligned} q(z) &= a_0 b_0^{n-m} z^{n-m} + \cdots + a_{s-1,0}\, b_0^{n-m-s+1} z^{n_s-1-m}\,, \\ r(z) &= b_0^{n-m-s+1} f_s(z)\,. \end{aligned}\right\} \tag{4.4}$$

Der Fall $r(z) = 0$ ergibt sich, wenn $f(z)$ durch $g(z)$ teilbar ist. Damit haben wir den Satz bewiesen.

Bemerkung 4.1. Wenn ϱ gemäß (4.3) gewählt wird, sind die Polynome $q(z)$ und $r(z)$ durch die Formeln (4.4) eindeutig bestimmt. Deshalb wollen wir im folgenden stets annehmen, daß ϱ auf diese Weise gewählt wurde.

Nach Satz 4.2 können wir

$$\varrho f(z) = q(z)\, g(z) + r_1(z), \quad \deg(r_1) < m\,, \tag{4.5_1}$$

schreiben, wobei $\deg(r_1)$ den Grad des Polynoms $r_1(z)$ bezeichnet. Wir wenden nun den Divisionsalgorithmus nacheinander auf die Polynome $g(z)$ und $r_1(z)$, $r_1(z)$ und $r_2(z)$ und so weiter an und beachten, daß der Grad der Polynome $r_i(z)$ stets kleiner wird. Dadurch kommen wir auf die Gleichungen

$$\varrho_1\, g(z) = q_1(z)\, r_1(z) + r_2(z)\,, \tag{4.5_2}$$

$$\cdots\cdots\cdots\cdots\cdots\cdots$$

$$\varrho_{k-1}\, r_{k-2}(z) = q_{k-1}(z)\, r_{k-1}(z) + r_k(z)\,, \tag{4.5_k}$$

$$\varrho_k\, r_{k-1}(z) = q_k(z)\, r_k(z) + r_{k+1} \tag{4.5_{k+1}}$$

mit $r_{k+1} \in R$.

Satz 4.3. *Dafür, daß der gemeinsame Teiler $d(z)$ der Polynome $f(z), g(z) \in R[z]$ von positivem Grad ist, ist notwendig und hinreichend, daß $r_{k+1} = 0$ gilt.*

Beweis der Notwendigkeit. Es sei $d(z)$ ein Teiler von $f(z)$ und $g(z)$, und es sei $\deg(d) > 0$. Dann folgt aus (4.5_1) $d(z)|r_1(z)$, aus (4.5_2) $d(z)|r_2(z)$ usw., aus (4.5_{k+1}) schließlich $d(z)|r_{k+1}$. Wegen $\deg(r_{k+1}) = 0$ erhalten wir $r_{k+1} = 0$.

Beweis der Hinlänglichkeit. Es sei $r_{k+1} = 0$. Da r_{k+1} der erste im Ring R liegende Rest ist und da der Grad der Reste $r_1(z), r_2(z), r_3(z), \ldots$ immer kleiner wird, muß $\deg(r_k) > 0$ sein. Wir schreiben

$$r_k(z) = c(r_k)\, u(z), \quad \deg(u) \geqq 1\,, \tag{4.6}$$

wobei $c(r_k)$ der Inhalt des Polynoms $r_k(z)$ und $u(z)$ ein primitives Polynom ist. Wir wollen zeigen, daß $u(z) = d(z)$ ein gemeinsamer Teiler der Polynome $f(z)$ und $g(z)$ ist. Aus (4.6) und (4.5_{k+1}) folgt

$$\varrho_k\, r_{k-1}(z) = q_k(z)\, r_k(z) = \bar{q}_k(z)\, u(z)\,.$$

Mit Lemma 4.1 ergibt sich $u(z) | r_{k-1}(z)$, also

$$r_{k-1}(z) = \varphi(z)\, u(z) \tag{4.7}$$

mit $\varphi(z) \in R[z]$. Aus (4.6), (4.7) und (4.5_k) folgt

$$\varrho_{k-1}\, r_{k-2}(z) = \big(q_{k-1}(z)\,\varphi(z) + c(r_k)\big)\, u(z)\,.$$

Mit Lemma 4.1 erhalten wir $u(z) | r_{k-2}(z)$. Setzen wir diese Überlegungen fort, so finden wir, daß $u(z)$ alle Reste $r_{k-3}(z), \ldots, r_1(z)$ teilt und folglich ein gemeinsamer Teiler von $f(z)$ und $g(z)$ ist. Damit ist der Satz bewiesen.

Wir wollen noch erwähnen, daß die Bedingung $r_{k+1} = 0$ von Satz 4.3 durch die Bedingung

$$R(f, g) = 0 \tag{4.8}$$

ersetzt werden kann, wenn $R(f, g)$ die Resultante der Polynome $f(z)$ und $g(z)$ bezeichnet,

$$R(f,g) = \begin{vmatrix} a_0 & a_1 & \ldots & a_n & 0 & \ldots & \ldots & 0 \\ 0 & a_0 & a_1 & \ldots & a_n & 0 & \ldots & 0 \\ 0 & 0 & a_0 & a_1 & \ldots & a_n & 0 \ldots & 0 \\ \ldots & \ldots & \ldots & \ldots & \ldots & \ldots & \ldots & \ldots \\ 0 & \ldots & \ldots & a_0 & a_1 & \ldots & \ldots & a_n \\ 0 & 0 & \ldots & \ldots & 0 & b_0 & b_1 \ldots & b_m \\ \ldots & \ldots & \ldots & 0 & b_0 & b_1 & \ldots b_m & 0 \\ \ldots & \ldots & \ldots & \ldots & \ldots & \ldots & \ldots & \ldots \\ b_0 & b_1 & \ldots & b_m & \ldots & \ldots & \ldots & 0 \end{vmatrix} \tag{4.9}$$

Es gilt nämlich folgender Satz (siehe z. B. VAN DER WAERDEN [1]).

Satz 4.4. *Die Polynome $f(z)$, $g(z) \in R[z]$ mit von Null verschiedenen höchsten Koeffizienten* ($a_0 \neq 0$, $b_0 \neq 0$)[1]) *haben dann und nur dann einen gemeinsamen Teiler von positivem Grad, wenn die durch* (4.9) *definierte Resultante verschwindet.*

Beim Beweis von Satz 4.3 haben wir festgestellt, daß der gemeinsame Teiler $d(z)$ ein primitives Polynom ist. Das berechtigt uns zu folgender Definition:

Definition 4.5. Ein gemeinsamer Teiler der Polynome $f(z)$ und $g(z)$, der ein primitives Polynom ist, heißt primitiver gemeinsamer Teiler; ein primitiver gemeinsamer Teiler, der durch jeden anderen primitiven gemeinsamen Teiler teilbar ist, heißt primitiver GGT.

---

[1]) Der Satz gilt auch dann, wenn einer der höchsten Koeffizienten Null wird.

Satz 4.5. *Der beim Beweis von Satz 4.3 konstruierte gemeinsame Teiler $d(z)$ der Polynome $f(z)$ und $g(z)$ ist ein primitiver GGT dieser Polynome.*

Beweis. Nach Satz 4.3 ist $d(z)$ ein primitiver gemeinsamer Teiler der Polynome $f(z)$ und $g(z)$. Nun sei $\delta(z)$ ein anderer primitiver gemeinsamer Teiler dieser Polynome. Wie bei Satz 4.3 kann gezeigt werden, daß dann $\delta(z)$ alle Reste $r_i(z)$ teilt. Mit (4.6) und Lemma 4.1 erhalten wir $\delta(z)|d(z)$, was zu beweisen war.

4.3. Der primitive größte gemeinsame Teiler. Wir wollen jetzt den Grad und die Gestalt des primitiven GGT zweier Polynome bestimmen. Es sei $f(z)$, $g(z) \in R[z]$, $\deg(f) = n$, $\deg(g) = m$, $n \geqq m > 0$ und

$$d(z) = \alpha_0 z^\sigma + \alpha_1 z^{\sigma-1} + \cdots + \alpha_\sigma, \quad \alpha_0 \neq 0 \tag{4.10}$$

ihr primitiver GGT. Offensichtlich ist $\sigma \leqq m$. $\sigma = m$ ergibt sofort

$$g(z) = c(g)\, d(z)\,,$$

wobei $c(g)$ den Inhalt des Polynoms $g(z)$ bezeichnet. Deshalb wollen wir $\sigma < m$ voraussetzen.

Da $d(z)$ ein primitiver GGT von $f(z)$ und $g(z)$ ist, gibt es zwei Elemente $f_\sigma(z)$, $g_\sigma(z) \in R[z]$ mit

$$f(z) = d(z) f_\sigma(z)\,, \quad g(z) = d(z)\, g_\sigma(z)\,, \tag{4.11}$$

und nach Satz 4.4 gilt

$$R(f_\sigma, g_\sigma) \neq 0\,. \tag{4.12}$$

Aus Satz 4.4 folgt auch die umgekehrte Behauptung. Wenn die Polynome $f_\sigma(z)$, $g_\sigma(z) \in R[z]$ $\big(c(f_\sigma) = c(f)$, $\deg(f_\sigma) = n - \sigma$, $c(g_\sigma) = c(g)$, $\deg(g_\sigma) = m - \sigma\big)$ den Beziehungen (4.11) und (4.12) genügen, so ist $d(z)$ ein primitiver GGT dieser Polynome und hat den Grad σ.

Um den Grad σ des Polynoms $d(z)$ zu bestimmen, führen wir den Begriff der Subresultante ein.

Definition 4.6. Werden in der Resultante $R(f, g)$ der beiden Polynome $f(z)$, $g(z) \in R[z]$ die ersten und letzten i Zeilen und Spalten gestrichen, so entsteht eine Determinante $R_i(f, g)$, die i-te Subresultante der beiden Polynome genannt wird.

Zum Beispiel ist für $\deg(f) = 5$ und $\deg(g) = 4$ die Determinante $R_0 = R(f, g)$ eine Determinante 9. Ordnung, R_1 eine Determinante 6. Ordnung usw. (siehe Abb. 11).

Lemma 4.4. *Es gilt die Gleichung*

$$R_\sigma(f, g) = \alpha_0^{n+m-2\sigma} R(f_\sigma, g_\sigma)\,. \tag{4.13}$$

Beweis. Wir setzen die Polynome

$$\left.\begin{aligned} f_\sigma(z) &= A_0 z^{n-\sigma} + \cdots + A_{n-\sigma}\,, \\ g_\sigma(z) &= B_0 z^{m-\sigma} + \cdots + B_{m-\sigma}\,, \end{aligned}\right\} \tag{4.14}$$

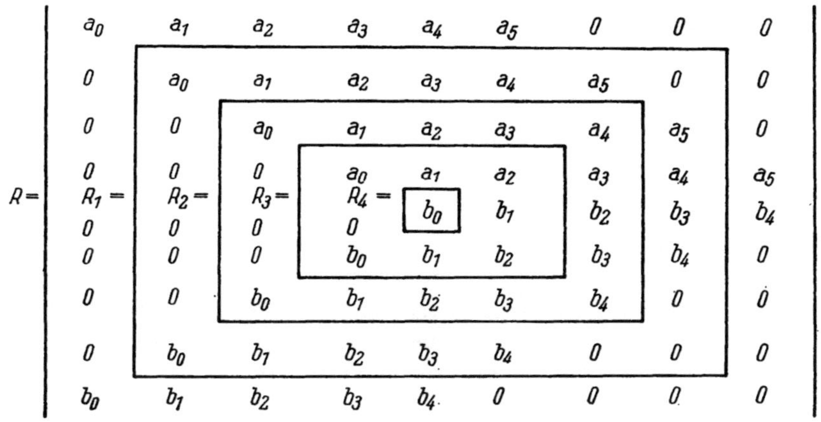

Abb. 11

und das Polynom (4.10) in (4.11) ein und vergleichen die Koeffizienten,

$$\left.\begin{aligned} a_0 &= \alpha_0 A_0 , \\ a_1 &= \alpha_0 A_1 + \alpha_1 A_0 , \\ &\cdots\cdots\cdots\cdots \\ a_n &= \alpha_\sigma A_{n-\sigma} \end{aligned}\right\} \tag{4.15}$$

$$\left.\begin{aligned} b_0 &= \alpha_0 B_0 , \\ b_1 &= \alpha_0 B_1 + \alpha_1 B_0 , \\ &\cdots\cdots\cdots\cdots \\ b_m &= \alpha_\sigma B_{m-\sigma} . \end{aligned}\right\} \tag{4.16}$$

Diese Werte für a_i und b_i setzen wir in die Determinante $R_\sigma(f, g)$ ein und formen diese folgendermaßen um: Wir klammern aus der ersten Spalte α_0 aus, dann subtrahieren wir von der zweiten Spalte die mit α_1 multiplizierte erste Spalte. Anschließend klammern wir aus der zweiten Spalte α_0 aus und subtrahieren von der dritten Spalte die Summe der mit α_2 multiplizierten ersten und der mit α_1 multiplizierten zweiten Spalte. Danach klammern wir aus der dritten Spalte α_0 aus und so fort. Auf diese Weise erhalten wir die Gleichung (4.13), die wir beweisen wollten.

Wegen Lemma 4.4 kann die Bedingung (4.12) durch die Forderung $R_\sigma(f, g) \neq 0$ ersetzt werden. Deshalb bilden wir alle möglichen Subresultanten

$$R_0 = R(f, g) , \qquad R_1, R_2, \ldots, R_s \tag{4.17}$$

mit $s = 1/2\,(m + n) - 1$ bei geradem $(m + n)$ und $s = E\big(1/2\,(m + n)\big)$ bei ungeradem $(m + n)$ $\big(E(x)$ bezeichne wieder den ganzen Teil der Zahl $x\big)$. Dann können wir folgendes Ergebnis formulieren.

Satz 4.6. *Der Grad des primitiven GGT der Polynome $f(z)$ und $g(z)$ ist gleich dem Index der ersten von Null verschiedenen Subresultante in* (4.17).

Bemerkung 4.2. Alle Subresultanten in (4.17) seien gleich Null. Das ist nur für $n = m$ möglich, da für $n > m$

$$R_j = (-1)^{n+m-2j}\, b_0^{n+m-2j} \neq 0\,, \quad j = m, m+1, \ldots, s\,,$$

gilt. In diesem Fall wird $s = 1/2\ (m + n) - 1 = m - 1$, nach Voraussetzung gilt außerdem $R_s = R_{m-1} = 0$. Hieraus und aus Satz 4.6 folgt $\deg(d) > s = m-1$. Wegen $\deg(g) = m$ ist aber $\deg(d) \leqq m$. Folglich gilt dann $\deg(d) = m$.

Wir wollen jetzt zeigen, wie sich der primitive GGT $d(z)$ der Polynome $f(z)$ und $g(z)$ aus der Subresultante $R_\sigma(f, g)$ bestimmen läßt. Das letzte Element der letzten von den Koeffizienten des Polynoms $f(z)$ gebildeten Zeile ersetzen wir durch das Polynom $f(z)$, das unmittelbar über ihm stehende Element durch das Polynom $z f(z)$, das darüberstehende durch $z^2 f(z)$ usw. Ebenso ersetzen wir das letzte Element der ersten von den Koeffizienten des Polynoms $g(z)$ gebildeten Zeile durch das Polynom $g(z)$ und die darunterstehenden Elemente der letzten Spalte von R_σ nacheinander durch die Polynome $z\, g(z)$, $z^2\, g(z)$, ... Dadurch erhalten wir eine neue Determinante $D(z)$; offensichtlich ist $D(z) \in R[z]$.

In dem oben angegebenen Beispiel (siehe Abb. 11) sieht $D(z)$ für $\sigma = 2$ folgendermaßen aus,

$$D(z) = \begin{vmatrix} a_0 & a_1 & a_2 & a_3 & z\,f(z) \\ 0 & a_0 & a_1 & a_2 & f(z) \\ 0 & 0 & b_0 & b_1 & g(z) \\ 0 & b_0 & b_1 & b_2 & z\,g(z) \\ b_0 & b_1 & b_2 & b_3 & z^2\,g(z) \end{vmatrix}.$$

Satz 4.7. *Es gilt die Gleichung*

$$\alpha_0\, D(z) = R_\sigma\, d(z)\,. \tag{4.18}$$

Beweis. Wir setzen in die Determinante $D(z)$ die Ausdrücke (4.15) und (4.16) für a_i und b_i ein und machen mit allen Spalten außer der letzten das gleiche wie beim Beweis von Lemma 4.4. Dann können wir wegen $d(z)|f(z)$ und $d(z)|g(z)$ aus der letzten Spalte $d(z)$ ausklammern. Die so gewonnene Determinante formen wir weiter um. Wir subtrahieren von der letzten Spalte die mit $z^{n+m-2\sigma-1}$ multiplizierte erste Spalte, die mit $z^{n+m-2\sigma-2}$ multiplizierte zweite Spalte usw., und schließlich die mit z multiplizierte vorletzte Spalte. Dadurch erhalten wir

$$D(z) = \alpha_0^{n+m-2\sigma-1}\, R(f_\sigma, g_\sigma)\, d(z)\,.$$

Nun multiplizieren wir diese Gleichung mit α_0, und wegen (4.13) kommen wir gerade auf (4.18), was zu beweisen war.

Erwähnt sei noch, daß für $a_0 \sim b_0 \sim 1$ der primitive GGT mit dem GGT übereinstimmt und (4.18) die Form

$$D(z) = R_\sigma\, d(z) \tag{4.19}$$

annimmt.

4.4. Die Anwendung auf ausgezeichnete Polynome. Da der Ring $I_n = K[[z_1, z_2, \ldots, z_n]]$ ein ZPE-Ring ist, gelten alle Aussagen der Punkte 4.2 und 4.3 im Polynomring $I_n[\lambda]$. In diesem Fall sind die Resultante $R(f, g)$ und alle Subresultanten Potenzreihen in $z_1, z_2, \ldots, z_n$ und im Koordinatenursprung analytische Funtionen. Deshalb bedeutet die Schreibweise $R(f, g) = 0$ bzw. $R_i = 0$

$$R\big(f(z_1, z_2, \ldots, z_n)\,,\quad g(z_1, z_2, \ldots, z_n)\big) \equiv 0 \quad \text{bzw.} \quad R_i \equiv 0\,.$$

Satz 4.6 lautet dann folgendermaßen: Der Grad des primitiven GGT der Polynome $f(\lambda), g(\lambda) \in I_n[\lambda]$ ist gleich dem Index der ersten nicht identisch verschwindenden Subresultante in (4.17).

Bei ausgezeichneten Polynomen sind die höchsten Koeffizienten zum Einselement assoziiert, ihre primitiver GGT stimmt also mit dem GGT überein und ist durch (4.19) gegeben; für $\sigma = m$ gilt überdies

$$d(\lambda) = g(\lambda)\,. \tag{4.20}$$

§ 5. Der zweidimensionale Verzweigungsfall[1]

In diesem Paragraphen befassen wir uns mit den kleinen Lösungen des Gleichungssystems (1.11) unter der Voraussetzung $n = 2$. Die Verzweigungsgleichung lautet also

$$\Phi_i(\xi_1, \xi_2, \lambda) = 0\,, \qquad i = 1, 2\,, \tag{5.1}$$

wobei die Funktionen Φ_i im Koordinatenursprung analytisch sind und der Bedingung ord $\Phi_i(\xi_1, \xi_2, 0) \geqq 2$ genügen. Den Fall $\Phi_i(\xi_1, \xi_2, \lambda) \equiv 0$ für $i = 1, 2$ wollen wir ausschließen, weil dann beliebige Funktionen $\xi_1(\lambda)$ und $\xi_2(\lambda)$ dem Gleichungssystem (5.1) genügen.

Wir haben in § 3 gesehen, daß das Gleichungssystem (5.1) durch eine nicht ausgeartete lineare Transformation

$$(\xi_1, \xi_2) = T(z_1, z_2)$$

unter Benutzung des Weierstrassschen Vorbereitungssatzes auf ein äquivalentes Gleichungssystem (siehe Definition 3.4) in Normalform

$$G_i(z_1, z_2, \lambda) \equiv L_{s_i}^{(i)} z_1^{s_i} + \sum_{j=1}^{s_i} z_1^{s_i - j} H_{s_i - j}^{(i)}(z_2, \lambda) = 0\,, \qquad i = 1, 2\,, \tag{5.2}$$

zurückgeführt werden kann. Hierbei ist $s_i =$ ord $\Phi_i(\xi_1, \xi_2, 0) \geqq 2$ und $L_{s_i}^{(i)} \neq 0$; die G_i sind ausgezeichnete Polynome in z_1, die $H_{s_i-j}^{(i)}$ also im Koordinatenursprung analytische Funktionen mit $H_{s_i-j}^{(i)}(0, 0) = 0$. Wir wissen ferner (siehe § 3), daß die Gleichungssysteme (5.1) und (5.2) auch bezüglich kleiner Lösungen äquivalent sind.

---

[1]) Siehe P. G. Aisengendler [1].

5.1. Kleine Lösungen der Verzweigungsgleichung. Die Funktionen $G_i(z_1, z_2, \lambda)$ sind Polynome in z_1 über dem Ring $I_2 = K[[z_1, \lambda]]$; dieser Ring ist ein ZPE-Ring (siehe § 4). Wir bilden die Resultante der Polynome G_1 und G_2,

$$R(G_1, G_2) = \begin{vmatrix} L_{s_1}^{(1)} & H_{s_1-1}^{(1)} & . & . & . & H_0^{(1)} & 0 & . & . & . & . & . & . & 0 \\ 0 & L_{s_1}^{(1)} & H_{s_1-1}^{(1)} & . & . & H_0^{(1)} & 0 & . & . & . & . & 0 \\ . & . & . & . & . & . & . & . & . & . & . & . \\ 0 & 0 & 0 & . & . & . & 0 & L_{s_1}^{(1)} & H_{s_1-1}^{(1)} & . & H_0^{(1)} \\ 0 & 0 & 0 & L_{s_2}^{(2)} & H_{s_2-1}^{(2)} & . & . & . & . & . & H_0^{(2)} \\ . & . & . & . & . & . & . & . & . & . & . & . \\ L_{s_2}^{(2)} & H_{s_2-1}^{(2)} & . & . & H_0^{(2)} & 0 & 0 & . & . & . & . & 0 \end{vmatrix} .$$

Diese Resultante ist eine im Koordinatenursprung analytische Funktion $\Psi(z_2, \lambda)$; sie genügt der Bedingung $\Psi(0, 0) = 0$, weil die letzte Spalte der Determinante $R(G_1, G_2)$ für $z_2 = \lambda = 0$ verschwindet.

Wir beginnen unsere Untersuchung mit dem Fall $\Psi(z_2, \lambda) \not\equiv 0$. Die Polynome G_1 und G_2 haben dann nach Satz 4.4 keinen gemeinsamen Teiler positiven Grades, so daß ihr GGT zum Einselement assoziiert ist. Deshalb bestimmen wir alle kleinen Lösungen z_2 der Gleichung

$$\Psi(z_2, \lambda) = 0 . \tag{5.3}$$

Diese Lösungen lassen sich in konvergente Reihen nach Potenzen von $\lambda^{1/p}$ mit einer natürlichen Zahl p entwickeln und verschwinden in $\lambda = 0$. Setzen wir anschließend jede dieser Lösungen z_2 in (5.2) ein und ersetzen wir $\lambda^{1/p}$ durch t, so erhalten wir ein Gleichungssystem mit zwei Polynomen $\tilde{G}_i$ über dem Ring $I_1 = K[[t]]$, deren Resultante identisch verschwindet. Die Polynome $\tilde{G}_i$ haben dann nach Satz 4.4 einen GGT positiven Grades $\tilde{d}(z_1, t)$, und aus der Gleichung $\tilde{d}(z_1, t) = 0$ läßt sich z_1 als Funktion von $t = \lambda^{1/p}$ bestimmen. Aufgrund dieser Überlegungen schreiben wir

$$\Psi(z_2, \lambda) = \tilde{\lambda}^{\sigma} \tilde{R}(z_2, \lambda), \qquad \sigma \geqq 0 ,$$

$$\tilde{R}(z_2, \lambda) = \sum_{m=m_0}^{\infty} B_{m0}\, z_2^m + \sum_{m=0}^{\infty} z_2^m \sum_{k=1}^{\infty} B_{mk} \lambda^k ,$$

wobei σ den größtmöglichen Exponenten bedeutet.

Zunächst sei $\tilde{R}(0, 0) = 0$. Bezüglich kleiner Lösungen $z_2 = \varphi(\lambda)$ ist die Gleichung (5.3) der Gleichung

$$\tilde{R}(z_2, \lambda) = 0 \tag{5.4}$$

äquivalent. Zur Bestimmung aller kleinen Lösungen dieser Gleichung benutzen wir das NEWTONsche Diagramm (siehe § 2). Unter den genannten Voraussetzungen besitzt die Gleichung (5.4) endlich viele kleine Lösungen; diese lassen sich in einer gewissen Umgebung des Nullpunktes in konvergente Reihen entwickeln,

$$z_2^{(\mu)} = \sum_{i=1}^{\infty} a_{\mu i} t^i , \tag{5.5}$$

hierbei ist $t = \lambda^{1/p_\mu}$, p_μ eine natürliche Zahl und $\mu = 1, 2, \ldots, q$. Nun setzen wir jede einzelne Lösung in das Gleichungssystem (5.2) ein,

$$g_{i\mu}(z_1, t) = G_i(z_1, z_2^{(\mu)}, t^{p_\mu}) = 0 , \qquad i = 1, 2 . \tag{5.6}$$

Die Resultante dieses Gleichungssystems ist das Nullelement von I_1, so daß das Gleichungssystem (5.6) nach Satz 4.4 einen GGT von positivem Grad in z_1 besitzt,

$$d_\mu = (g_{1\mu}, g_{2\mu}) .$$

Da $g_{1\mu}$ und $g_{2\mu}$ ausgezeichnete Polynome in z_1 sind, ist auch d_μ ein ausgezeichnetes Polynom in z_1 (siehe Satz 3.2); d_μ kann durch die in Punkt 4.3 behandelten Verfahren berechnet werden (siehe Satz 4.6 und 4.7). Schließlich konstruieren wir mit dem NEWTONschen Diagramm alle kleinen Lösungen der Gleichung

$$d_\mu(z_1, t) = 0$$

und erhalten

$$z_{1\mu}^{(\nu)} = \sum_{i=1}^{\infty} b_{\nu i}^{(\mu)} t^{i/r_\nu} , \tag{5.7}$$

hierbei ist r_ν eine natürliche Zahl und $\nu = 1, 2, \ldots, \gamma_\mu$.

Die Beziehungen (5.5) und (5.7) zeigen, daß das Gleichungssystem (5.2) im betrachteten Fall endlich viele kleine Lösungen $(z_{1\mu}^{(\nu)}, z_{2\nu\mu}^{(\nu)})$ besitzt.

Bisher haben wir $\Psi(z_2, \lambda) \not\equiv 0$ und $R(0, 0) = 0$ vorausgesetzt. Wir wollen nun untersuchen, was geschieht, wenn diese Bedingungen nicht erfüllt sind.

Es sei $\Psi(z_2, \lambda) \not\equiv 0$ und $\tilde{R}(0, 0) \neq 0$. Wie wir in § 2 gesehen haben, besitzt dann die Gleichung (5.4) keine kleinen Lösungen; damit hat auch das Gleichungssystem (5.2) keine kleinen Lösungen.

Nun sei $\Psi(z_2, \lambda) \equiv 0$, so daß $\Psi(z_2, \lambda)$ das Nullelement von $K[[z_2, \lambda]]$ ist. Dann ist der GGT

$$d(z_1, z_2, \lambda) = (G_1, G_2)$$

ein ausgezeichnetes Polynom in z_1 von positivem Grad (siehe Satz 3.2 und 4.4). Wir schreiben

$$G_1 = d\overline{G}_1 , \quad G_2 = d\overline{G}_2 .$$

Das Gleichungssystem (5.2) zerfällt in die Gleichung

$$d(z_1, z_2, \lambda) = 0 \tag{5.8}$$

und in das Gleichungssystem

$$\overline{G}_i(z_1, z_2, \lambda) = 0 , \qquad i = 1, 2, \tag{5.9}$$

für dessen Resultante $R(\overline{G}_1, \overline{G}_2) \not\equiv 0$ gilt; $\overline{G}_1$ und $\overline{G}_2$ sind ausgezeichnete Polynome.

Wir lösen zuerst die Gleichung (5.8). Wir setzen $z_2 = \zeta\,\lambda$ mit ζ als Parameter,

$$d(z_1, \zeta\,\lambda, \lambda) = 0 .$$

Mit dem NEWTONschen Diagramm erhalten wir eine oder mehrere Scharen kleiner Lösungen $z_1 = \varphi(\zeta, \lambda)$, die von dem Parameter ζ abhängen; und die sich nach ganzen oder gebrochenen Potenzen von λ entwickeln lassen. Die Gleichung (5.8) besitzt also unendlich viele kleine Lösungen

$$z_1 = \varphi_i(\zeta, \lambda),\ z_2 = \zeta\,\lambda\,, \qquad i = 1, 2, \ldots, p\,.$$

Der Parameter ζ kann natürlich auf verschiedene Weise gewählt werden, etwa in der Form $\zeta = f(\lambda)$ mit $f(0) = 0$, wobei $f(\lambda)$ insbesondere auch eine Reihe nach ganzen oder gebrochenen Potenzen von λ sein kann.

Wenden wir uns nun dem Gleichungssystem (5.9) zu. Wegen $R(\overline{G}_1, \overline{G}_2) \not\equiv 0$ können wir dieses Gleichungssystem genauso behandeln wie das Gleichungssystem (5.2) im Fall $R(G_1, G_2) \not\equiv 0$ (d. h. $\Psi(z_2, \lambda) \not\equiv 0$) und deshalb behaupten, daß das Gleichungssystem (5.9) l kleine Lösungen besitzt (l endlich; ferner ist $l > 0$, sofern die entsprechende Bedingung $\tilde{R}(0, 0) = 0$ erfüllt ist). Jede dieser Lösungen läßt sich in einer gewissen Umgebung des Nullpunktes $\lambda = 0$ in eine konvergente Reihe nach ganzen oder gebrochenen Potenzen von λ entwickeln. Damit haben wir folgenden Satz bewiesen:

Satz 5.1. *Die Bedingung*

$$\tilde{R}(z_2, \lambda) \not\equiv 0$$

ist notwendig und hinreichend dafür, daß die zweidimensionale Verzweigungsgleichung (5.2) *l kleine Lösungen besitzt* (*l endlich*). *Für $\tilde{R}(0, 0) = 0$ ist $l > 0$, und die Komponenten $z_1(\lambda)$ und $Z_2(\lambda)$ aller kleinen Lösungen lassen sich durch die konvergenten Reihen* (5.5) *und* (5.7) *darstellen.*

Für $\tilde{R}(z_2, \lambda) = 0$ besitzt die Verzweigungsgleichung (1.2) *eine oder mehrere durch* (5.8) *gegebene einparametrige Scharen kleiner Lösungen, sowie endlich viele durch* (5.9) *gegebene kleine Lösungen. Die Komponenten der letzten Lösungen lassen sich in konvergente Reihen nach ganzen oder gebrochenen Potenzen von λ entwickeln.*

5.2. Die Indexe der zweidimensionalen Verzweigungsgleichung. Um die kleinen Lösungen der Gleichung (5.4) zu finden, müssen wir für diese Gleichung den fallenden Teil des NEWTONschen Diagramms konstruieren. Manchmal genügt es, die Endpunkte $(0, n_0)$ und $(m_0, 0)$ ($m_0 = \operatorname{ord} R(z_2, 0)$, $n_0 = \operatorname{ord} R(0, \lambda)$) des fallenden Teils zu kennen, da dann Aussagen über alle möglichen Lagen des fallenden Teils des Diagramms gemacht werden können. In diesem Zusammenhang wollen wir die Zahlen m_0 und n_0 Indexe der zweidimensionalen Verzweigungsgleichung nennen.

Wir zeigen nun, wie sich die Indexe m_0 und n_0 bestimmen lassen, ohne die Resultante $R(G_1, G_2)$ zu konstruieren.

Da der Ring $K[[z_2, \lambda]]$ ein ZPE-Ring ist, läßt sich die Resultante $R(G_1, G_2)$ bis auf das Vorzeichen auch in der Form

$$L_{s_1}^{(1)s_2} \prod_{j=1}^{s_1} G_2(x_j) \tag{5.10}$$

darstellen, wenn mit x_j die Wurzeln des ausgezeichneten Polynoms $G_1(z_1, z_2, \lambda)$ bezeichnet werden (siehe VAN DER WAERDEN [1]). Diese Formel gilt natürlich auch dann, wenn vorher in (5.2) $\lambda = 0$ oder $z_2 = 0$ gesetzt wird. Diese Bemerkung werden wir bei der Berechnung von $m_0 = \operatorname{ord} R(z_2, 0)$ und $n_0 = \operatorname{ord} R(0, \lambda)$ berücksichtigen.

Wir setzen in (5.2) $\lambda = 0$,

$$G_i(z_1, z_2, 0) = 0\,, \qquad i = 1, 2\,. \tag{5.11}$$

Auf die erste Gleichung dieses Gleichungssystems wenden wir das NEWTONsche Diagramm an; dadurch finden wir alle kleinen Lösungen dieser Gleichung,

$$x_j = \alpha_j z_2^{\varepsilon_j} + o(z_2^{\varepsilon_j})\,, \qquad j = 1, 2, \ldots, s_1\,. \tag{5.12}$$

(Für $x_j \equiv 0$ ist $\varepsilon_j = \infty$ zu setzen). Die Resultante des Gleichungssystems (5.11) schreiben wir in der Form (5.10), dann setzen wir (5.12) ein,

$$R(z_2, 0) = L_{s_1}^{(1)s_j} \prod_{j=1}^{s_1} G_2\left(\alpha_j z_2^{\varepsilon_j} + o(z_2^{\varepsilon_j}), z_2, 0\right)\,. \tag{5.13}$$

Mit μ_j bezeichnen wir die niedrigste Potenz, mit der z_2 in die Entwicklung der Funktion $G_2\left(\alpha_j z_2^{\varepsilon_j} + o(z_2^{\varepsilon_j})\right), z_2, 0)$ eingeht. Dann gilt

$$m_0 = \operatorname{ord} R(z_2, 0) = \sum_{j=1}^{s_1} \mu_j\,. \tag{5.14}$$

Analog läßt sich $n_0 = \operatorname{ord} R(0, \lambda)$ berechnen.

Bemerkung 5.1. Auch dann, wenn die zweidimensionale Verzweigungsgleichung in regulärer Form vorliegt, kann man das beschriebene Verfahren zur Berechnung der Indexe m_0 und n_0 anwenden, ohne die Verzweigungsgleichung erst auf Normalform zu transformieren. Die Verzweigungsgleichung in regulärer Form und die enstprechende Verzweigungsgleichung in Normalform führen nämlich auf dieselben kleinen Lösungen (5.12), und die Formeln zur Berechnung von μ_j stimmen ebenfalls überein. Diese Aussagen folgen aus dem WEIERSTRASSschen Vorbereitungssatz.

Betrachten wir ein Beispiel.

Beispiel 5.1. Für das am Ende von Punkt 3.1 behandelte Beispiel wollen wir m_0 und n_0 berechnen. Setzen wir dort $\lambda = 0$, so erhalten wir

$$\left.\begin{aligned} f_1(u_1, u_2, 0) &= u_1^2 + \frac{2}{3} u_1 u_2 + \frac{1}{3} u_2^2 + o(u_1, u_2) = 0\,, \\ f_2(u_1, u_2, 0) &= u_1^2 + u_1 u_2 + 0 \cdot u_2^2 + o(u_1, u_2) = 0\,, \end{aligned}\right\} \tag{5.15}$$

$o(u_1, u_2)$ sind Glieder höherer Ordnung. Auf die erste Gleichung wenden wir das NEWTONsche Diagramm an (siehe Abb. 12); wir finden $\varepsilon_1 = \varepsilon_2 = 1$ und

$$u_1 = \alpha_i u_2 + o(u_2), \quad i = 1, 2,$$

mit

$$\alpha_1 = -\frac{1}{3} + \frac{i\sqrt{3}}{3}, \quad \alpha_2 = -\frac{1}{3} - \frac{i\sqrt{3}}{3}.$$

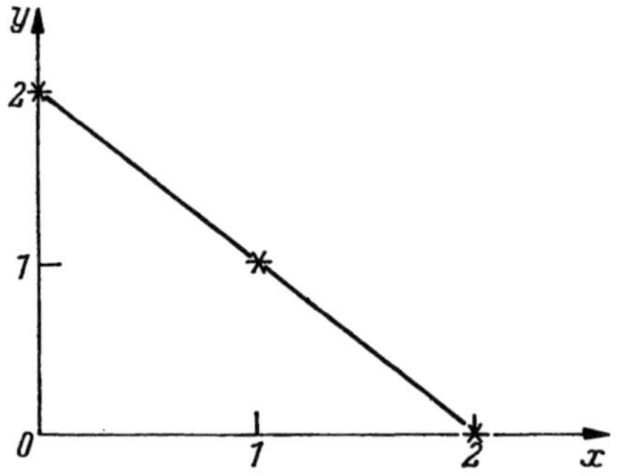

Abb. 12

Jede einzelne Lösung setzen wir in die zweite Gleichung von (5.15) ein und erhalten

$$\mu_1 = \operatorname{ord} f_2\left(\alpha_1 u_2 + o(u_2), u_2, 0\right) = 2,$$
$$\mu_2 = \operatorname{ord} f_2\left(\alpha_2 u_2 + o(u_2), u_2, 0\right) = 2.$$

Aus (5.14) folgt dann $m_0 = 4$.

Zur Bestimmung von n_0 müssen wir $u_2 = 0$ setzen,

$$\left.\begin{aligned} f_1(u_1, 0, \lambda) &= u_1^2 + \frac{2}{3}\sqrt{2\pi}\, u_1 \lambda + \frac{\pi}{3}\lambda^2 + o(u_1, \lambda), \\ f_2(u_1, 0, \lambda) &= u_1^2 + \sqrt{\frac{\pi}{2}}\, u_1 \lambda + \frac{3}{8}\pi \lambda + o(u_1, \lambda), \end{aligned}\right\} \tag{5.16}$$

$o(u_1, \lambda)$ sind Glieder höherer Ordnung. Auf die erste Gleichung wenden wir wieder das NEWTONsche Diagramm an; wir erhalten $\varepsilon_1 = \varepsilon_2 = 1$, also

$$u_1^{(i)} = \beta_i \lambda + o(\lambda), \quad i = 1, 2,$$

mit

$$\beta_1 = -\frac{2}{3}\sqrt{\frac{\pi}{2}} + \frac{i\sqrt{\pi}}{3}, \quad \beta_2 = -\frac{2}{3}\sqrt{\frac{\pi}{2}} - \frac{i\sqrt{\pi}}{3}.$$

Nun setzen wir jede Lösung in die zweite Gleichung von (5.16) ein und finden

$$\mu_1 = \operatorname{ord} f_2\left(\beta_1 \lambda + o(\lambda), 0, \lambda\right) = 1,$$
$$\mu_2 = \operatorname{ord} f_2\left(\beta_2 \lambda + o(\lambda), 0, \lambda\right) = 1,$$

so daß $n_0 = 2$ wird.

5.3. Spezialfälle. Die in regulärer Form vorgegebene Verzweigungsgleichung

$$f_i(z_1, z_2, \lambda) = \sum_{m+k\geqq 2} L^{(i)}_{mk0}\, z_1^m z_2^k + \sum_{m+k\geqq 0} z_1^m z_2^k \sum_{n=1}^{\infty} L^{(i)}_{mkn} \lambda^n = 0$$

$$(L^{(i)}_{200} = 1; \quad i = 1, 2)$$

transformieren wir zunächst auf Normalform,

$$G_i(z_1, z_2, \lambda) = z_1^2 + H_1^{(i)}(z_2, \lambda)\, z_1 + H_0^{(i)}(z_2, \lambda) = 0\,, \qquad i = 1, 2\,. \tag{5.17}$$

Dann eliminieren wir aus diesem Gleichungssystem z_1 und erhalten

$$R(z_2, \lambda) \equiv [H_0^{(2)} - H_0^{(1)}]^2 + [H_1^{(2)} - H_0^{(1)}]\,[H_1^2 H_0^{(1)} - H_1^{(1)} H_0^{(2)}] \tag{5.18}$$

oder

$$R(z_2, \lambda) \equiv \sum_{m=m_0}^{\infty} B_{m0}\, z_2^m + \sum_{m=0}^{\infty} z_2^m \sum_{n=1}^{\infty} B_{mn} \lambda^n = 0\,. \tag{5.19}$$

Wir wollen voraussetzen, daß $m_0 = 4$ und $n_0 < \infty$ ist. Da die Funktionen $H_0^{(i)}$ und $H_1^{(i)}$ im Koordinatenursprung analytisch sind und dort verschwinden, gilt $B_{01} = 0$ und $B_{11} = 0$ (siehe (5.18)). Deshalb muß $n_0 \geqq 2$ sein. Im folgenden untersuchen wir die Gleichung (5.19) für die beiden Fälle $n_0 = 2$ und $n_0 = 3$.

Endpunkte des fallenden Teils des Newtonschen Diagramms sind im ersten Fall die Punkte (0, 2) und (4, 0), im zweiten Fall die Punkte (0, 3) und (4, 0). Da der fallende Teil des Newtonschen Diagramms nicht über dem Abschnitt liegt, der seine Endpunkte verbindet, können wir in beiden Fällen den fallenden Teil des Diagramms konstruieren und damit die kleinen Lösungen bestimmen, sobald wir die Koeffizienten

$$B_{40},\ B_{21},\ B_{12},\ B_{11},\ B_{02},\ B_{03}$$

kennen.

Zunächst ist $B_{11} = 0$. Mit $L^{(i)}_{mkn}$ haben wir die Koeffizienten der regulären Verzweigungsgleichung bezeichnet, deshalb ergibt sich aus (3.11) und (5.18) für die weiteren Koeffizienten

$$B_{40} = (L^{(2)}_{020} - L^{(1)}_{020})^2 + (L^{(2)}_{110} - L^{(1)}_{110})\,(L^{(1)}_{020} L^{(2)}_{110} - L^{(2)}_{020} L^{(1)}_{110})\,, \tag{5.20}$$

$$B_{02} = (L^{(2)}_{001} - L^{(1)}_{001})^2\,, \tag{5.21}$$

$$\begin{aligned} B_{03} = 2\,(L^{(2)}_{001} - L^{(1)}_{001})\,\{&(L^{(2)}_{002} - L^{(1)}_{002}) - (L^{(2)}_{001} L^{(2)}_{201} - L^{(1)}_{001} L^{(1)}_{201}) - \\ &- (L^{(2)}_{001} L^{(2)}_{300} L^{(2)}_{101} - L^{(1)}_{001} L^{(1)}_{300} L^{(1)}_{101}) - (L^{(2)2}_{001} L^{(2)}_{400} - L^{(1)2}_{001} L^{(1)}_{400}) - \\ &- [(L^{(2)}_{001} L^{(2)}_{300})^2 - (L^{(1)}_{001} L^{(1)}_{300})^2]\} + [L^{(2)}_{101} + L^{(2)}_{300} L^{(2)}_{001} - L^{(1)}_{101} - \\ &- L^{(1)}_{300} L^{(1)}_{001}]\,[L^{(1)}_{001} (L^{(2)}_{101} + L^{(2)}_{300} L^{(2)}_{001}) - L^{(2)}_{001} (L^{(1)}_{101} + L^{(1)}_{300} L^{(1)}_{001})]\,, \end{aligned} \tag{5.22}$$

$$\begin{aligned} B_{12} = 2\,(L^{(2)}_{001} - L^{(1)}_{001})\,[&(L^{(2)}_{011} - L^{(1)}_{011}) - (L^{(2)}_{001} L^{(2)}_{210} - L^{(1)}_{001} L^{(1)}_{210}) - \\ &- (L^{(2)}_{001} L^{(2)}_{300} L^{(2)}_{110} - L^{(1)}_{001} L^{(1)}_{300} L^{(1)}_{110})] + (L^{(2)}_{110} - L^{(1)}_{110})\,[L^{(1)}_{001} (L^{(2)}_{101} + \\ &+ L^{(2)}_{300} L^{(2)}_{001}) - L^{(2)}_{001} (L^{(1)}_{101} + L^{(1)}_{300} L^{(1)}_{001})] + (L^{(2)}_{101} + L^{(2)}_{300} L^{(2)}_{001} - \\ &- L^{(1)}_{101} - L^{(1)}_{300} L^{(1)}_{001})\,(L^{(2)}_{110} L^{(1)}_{001} - L^{(1)}_{110} L^{(2)}_{001})\,, \end{aligned} \tag{5.23}$$

$$B_{21} = 2\,(L_{001}^{(2)} - L_{001}^{(1)})\,(L_{020}^{(2)} - L_{020}^{(1)}) + (L_{110}^{(2)} - L_{110}^{(1)})\,(L_{110}^{(2)}\,L_{001}^{(1)} - L_{110}^{(1)}\,L_{001}^{(2)})\,. \tag{5.24}$$

Zur Bestimmung reeller Lösungen ist es zweckmäßig, in der Verzweigungsgleichung λ durch $-\lambda$ zu ersetzen (siehe Punkt 2.6). Dabei wird wegen $L_{mkn}^{(i)} = (-1)^n\, L_{mkn}^{(i)}$

$$R'(z_2, \lambda) \equiv \sum_{m=4}^{\infty} B'_{m0}\, z_2^m + \sum_{m=0}^{\infty} z_2^m \sum_{n=1}^{\infty} B'_{mn}\,\lambda^n = 0 \tag{5.25}$$

mit

$$B'_{mn} = (-1)^n\, B_{mn}\,. \tag{5.26}$$

Für die Koeffizienten $B'_{11}, B'_{40}, B'_{02}, B'_{03}, B'_{12}, B'_{22}$ folgt die letzte Formel unmittelbar aus (5.20) — (5.24).

Wir beginnen mit dem Fall $n_0 = 2$. Nach Voraussetzung ist $m_0 = 4$, so daß der fallende Teil des Newtonschen Diagramms nur so wie in den Abbildungen 13 und 14 aussehen kann.

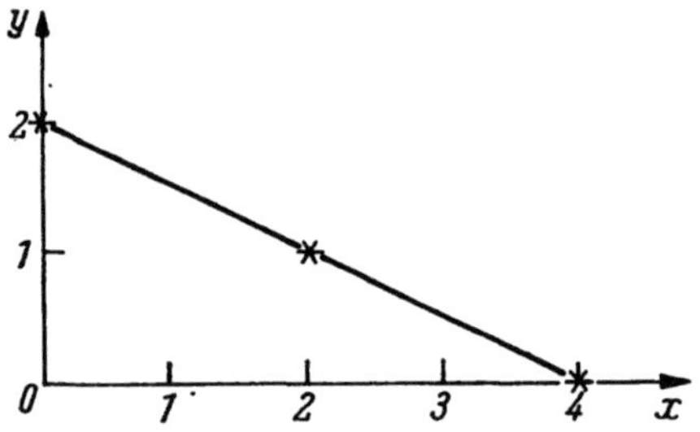

Abb. 13

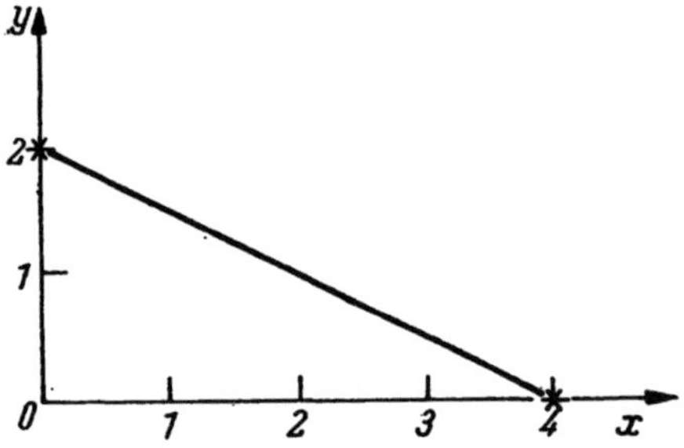

Abb. 14

In dem der Abb. 13 entsprechenden Fall gilt $B_{21} \neq 0$ und $\varepsilon = 1/2$. Deshalb besitzt die Gleichung (5.19) im komplexen Fall vier kleine Lösungen der Form

$$z_2 = \eta_\sigma\,\lambda^{1/2} + o(\lambda^{1/2})\,, \tag{5.27}$$

wobei die η_σ Wurzeln der Bestimmungsgleichung

$$B_{40}\,\eta^4 + B_{21}\,\eta^2 + B_{02} = 0 \tag{5.28}$$

sind. Ist $\Delta = B_{21}^2 - 4\,B_{40}\,B_{02} \neq 0$, so sind die Wurzeln dieser Gleichung einfach, und wegen (2.19) lauten die Lösungen

$$z_2 = \eta_\sigma\,\lambda^{1/2} + \sum_{i=1}^{\infty} a_{\sigma i}\,\lambda^{\frac{1+i}{2}}\,. \tag{5.29}$$

Für $\Delta = 0$ besitzt die Gleichung (5.28) nur mehrfache Wurzeln. Um die weiteren Glieder der Entwicklung (5.27) zu finden, müssen wir in der Gleichung (5.19) $z_2 = \eta_\sigma\,\gamma + \eta$ (mit $\gamma = \lambda^{1/2}$) setzen und anschließend η bestimmen (siehe Punkt 2.5).

Betrachten wir nun den reellen Fall, in dem die Koeffizienten $L^{(i)}_{mkn}$ und der Parameter λ reell sind (siehe Punkt 2.6). Zur Bestimmung der für $\lambda \geqq 0$ definierten reellen Lösungen erhalten wir die Bestimmungsgleichung

$$B_{40}\,\eta^4 + B_{21}\,\eta^2 + B_{02} = 0\,, \tag{5.28}$$

die Bestimmungsgleichung der für $\lambda \leqq 0$ definierten reellen Lösungen lautet (siehe (5.26))

$$B_{40}\,\eta^4 - B_{21}\,\eta^2 + B_{02} = 0\,. \tag{5.28'}$$

Ist $\Delta > 0$, so stimmt die Anzahl der reellen kleinen Lösungen von (5.19), die in einer gewissen rechten bzw. linken Halbumgebung des Punktes $\lambda = 0$ (also für $\lambda \geqq 0$ bzw. für $\lambda \leqq 0$) definiert sind, mit der Anzahl der reellen Wurzeln der Gleichungen (5.28) bzw. (5.28′) überein. Für $\Delta < 0$ besitzen die Gleichungen (5.28) und (5.28′) keine reellen Wurzeln, so daß die Gleichung (5.19) ebenfalls keine reellen kleinen Lösungen hat. Der Fall $\Delta = 0$ schließlich erfordert zusätzliche Überlegungen, weil die Gleichungen (5.28) und (5.28′) mehrfache Wurzeln besitzen.

In dem der Abb. 14 entsprechenden Fall gilt $B_{21} = 0$ und $\varepsilon = 1/2$. Deshalb besitzt die Gleichung (5.19) vier kleine Lösungen der Form (5.27), wobei die η_σ Wurzeln der Gleichung

$$B_{40}\,\eta^4 + B_{02} = 0 \tag{5.30}$$

sind. Da diese Gleichung nur einfache Wurzeln hat, nimmt jede der vier Lösungen die Form (5.29) an (siehe (2.19)).

Nun seien die Koeffizienten $K^{(i)}_{mkn}$ und der Parameter λ reell; wir suchen wieder reelle Lösungen. Wegen $B_{21} = 0$ stimmen die Gleichungen (5.28) und (5.28′) überein; deshalb ist jede reelle Lösung in einer gewissen Umgebung des Punktes $\lambda = 0$ definiert. Weiter folgt aus (5.12) $B_{02} \geqq 0$. Nach Voraussetzung ist aber $n_0 = 2$, so daß $B_{02} > 0$ sein muß. Ist nun $B_{40} < 0$, so besitzt die Gleichung (5.19) zwei reelle kleine Lösungen, die in einer gewissen Umgebung des Punktes $\lambda = 0$ definiert sind. Für $B_{40} > 0$ besitzt die Gleichung (5.19) keine reellen kleinen Lösungen. Der Fall $B_{40} = 0$ ist unmöglich, da wir $m_0 = 4$ vorausgesetzt haben.

Jetzt untersuchen wir den Fall $n_0 = 3$. Dann ist $B_{02} = 0$, d. h. $(L^{(2)}_{001} - L^{(1)}_{001})^2 = 0$ bzw. $L^{(1)}_{001} = L^{(2)}_{001} = L_{001}$ (siehe (5.21)). Dadurch vereinfachen sich die Formeln für die Koeffizienten B_{03}, B_{12} und B_{21},

$$B_{03} = L_{001}\,I^2\,, \tag{5.22'}$$

$$B_{12} = 2\,(L^{(2)}_{110} - L^{(1)}_{110})\,L_{001}\,I \tag{5.23'}$$

mit

$$I = L^{(2)}_{101} - L^{(1)}_{101} + L_{001}\,(L^{(2)}_{300} - L^{(1)}_{300})\,,$$

$$B_{21} = (L^{(2)}_{110} - L^{(1)}_{110})^2\,L_{001}\,. \tag{5.24'}$$

Nach Voraussetzung ist $n_0 = 3$, also $B_{03} \neq 0$, so daß $L_{001} \neq 0$ und $I \neq 0$ wird. Deshalb sind B_{12} und B_{21} von Null verschieden, wenn $L_{110}^{(1)} \neq L_{110}^{(2)}$ ist; gilt aber $L_{110}^{(1)} = L_{110}^{(2)}$, so wird $B_{12} = B_{21} = 0$. Der fallende Teil des NEWTONschen Diagramms kann nur folgendes Aussehen haben. Entweder ist $B_{12} \neq 0$ und $B_{21} \neq 0$, so daß der fallende Teil des Diagramms aus zwei Abschnitten besteht (siehe Abb. 15), oder es ist $B_{12} = B_{21} = 0$ und der fallende Teil des Diagramms besteht aus einem einzigen Abschnitt (siehe Abb. 16).

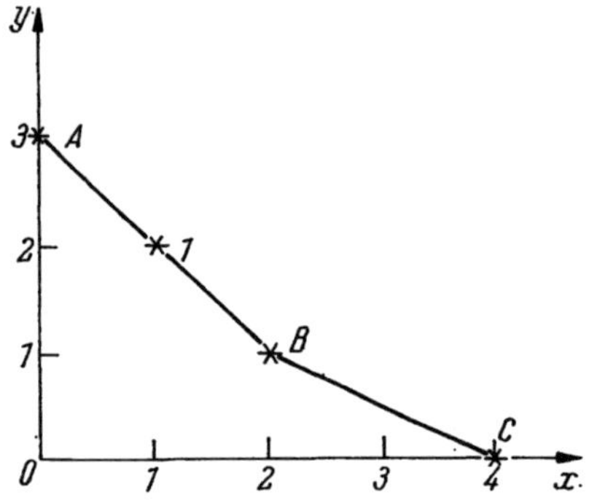

Abb. 15

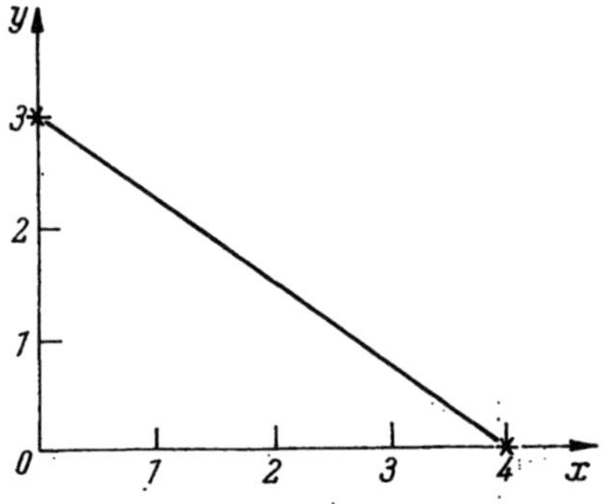

Abb. 16

Im ersten Fall ($B_{12} B_{21} \neq 0$) liefert das Diagramm $\varepsilon_1 = 1$ (für den ersten Abschnitt AB) und $\varepsilon_2 = 1/2$ (für den zweiten Abschnitt BC). Wir zeigen, daß die Abschnitte AB und BC jeweils zwei kleine Lösungen erzeugen.

Dem Abschnitt AB entsprechen zwei Lösungen der Gleichung (5.19), nämlich

$$z_2 = \eta_\sigma \lambda + o(\lambda), \quad \sigma = 1, 2, \tag{5.31}$$

wobei die η_σ Wurzeln der Bestimmungsgleichung

$$B_{21} \eta^2 + B_{12} \eta + B_{03} = 0$$

sind. Für $\Delta = B_{12}^2 - 4 B_{21} B_{03} \neq 0$ sind die Wurzeln dieser Gleichung einfach, und die Lösungen (5.31) lauten

$$z_2 = \eta_\sigma \lambda + \sum_{i=2}^{\infty} a_{\sigma i} \lambda^i . \tag{5.32}$$

Sind die Koeffizienten $L_{mkn}^{(i)}$ reell, so sind beide Lösungen reell und in einer gewissen Umgebung des Punktes $\lambda = 0$ definiert, sofern $\Delta > 0$ ist. Für $\Delta < 0$ besitzt die Gleichung (5.19) keine reellen kleinen Lösungen, die durch den Abschnitt AB erzeugt werden. Der Fall $\Delta = 0$ erfordert zusätzliche Überlegungen.

Dem Abschnitt BC entsprechen folgende Lösungen der Gleichung (5.19):

$$z_2 = \eta_\sigma \lambda^{1/2} + o(\lambda^{1/2}), \quad \sigma = 1, 2, \tag{5.33}$$

die η_σ sind Wurzeln der Bestimmungsgleichung

$$B_{40} \eta^2 + B_{21} = 0 .$$

Da beide Wurzeln dieser Gleichung einfach sind, lauten die Lösungen (5.33)

$$z_2 = \eta_\sigma \lambda^{1/2} + \sum_{i=2}^{\infty} a_{\sigma i} \lambda^{i/2} . \tag{5.34}$$

Sind die Koeffizienten $L^{(i)}_{mkn}$ reell, so sind beide Lösungen reell und in einer gewissen rechten (linken) Halbumgebung des Punktes $\lambda = 0$ definiert, sofern

$$\operatorname{sign} B_{40} B_{21} = -1 \qquad (\operatorname{sign} B_{40} B_{21} = +1)$$

ist.

In dem der Abbildung 16 entsprechenden Fall ($B_{12} = B_{21} = 0$) ergibt das Diagramm $\varepsilon = 3/4$, so daß die Gleichung (5.19) vier kleine Lösungen der Form

$$z_2 = \eta_\sigma \lambda^{3/4} + \sum_{i=1}^{\infty} a_{\sigma i} \lambda^{\frac{i+3}{4}} , \qquad \sigma = 1, 2, 3, 4, \tag{5.35}$$

besitzt; die η_σ sind die (einfachen) Wurzeln der Bestimmungsgleichung

$$B_{40} \eta^4 + B_{03} = 0 .$$

Sind die Koeffizienten $L^{(i)}_{mkn}$ reell, so sind zwei der Lösungen (5.35) reell und für $\lambda \geqq 0$ bzw. für $\lambda \leqq 0$ definiert, sofern $\operatorname{sign} B_{40} B_{03} = -1$ bzw. $\operatorname{sign} B_{40} B_{03} = +1$ ist (vergleiche (5.25) und (5.26)).

Als nächstes müssen wir die Komponente $z_1(\lambda)$ der kleinen Lösungen des Gleichungssystems (5.17) bestimmen.

Wir haben gesehen, daß sich alle kleinen Lösungen $z_2 = z_2(\lambda)$ der Gleichung (5.19) in konvergente Reihen nach ganzen oder gebrochenen Potenzen von λ entwickeln lassen. p sei der gemeinsame Nenner der Exponenten dieser Reihen. Wir setzen dann $\lambda = t^p$ und $z_2 = z_2(\lambda) = z_2(t^p)$ in (5.17) ein und erhalten

$$\tilde{G}_i(z_1, t) = 0 , \qquad i = 1, 2 .$$

Unter Benutzung der Sätze 4.6 und 4.7 bilden wir den GGT dieser beiden Pseudopolynome,

$$\tilde{d}(z_1, t) = \left(\tilde{G}_1(z_1, t) , \ \tilde{G}_2(z_1, t)\right) .$$

Die Bestimmung der Komponente $z_1 = z_1(\lambda)$ reduziert sich dann auf die Bestimmung aller kleinen Lösungen der Gleichung

$$\tilde{d}(z_1, t) = 0 . \tag{5.36}$$

Um $\tilde{d}(z_1, t)$ zu finden, können wir die Formel (4.19) benutzen. Die Resultante lautet hier

$$R = \begin{vmatrix} 1 & H_1^{(1)} & H_0^{(1)} & 0 \\ 0 & 1 & H_1^{(1)} & H_0^{(1)} \\ 0 & 1 & H_1^{(2)} & H_0^{(2)} \\ 1 & H_1^{(2)} & H_0^{(2)} & 0 \end{vmatrix} .$$

Nach Satz 4.4 muß diese Resultante Null werden, damit das Polynom $\tilde{d}(z_1, t)$ einen positiven Grad hat. Wir bilden die erste Subresultante

$$R_1 = \begin{vmatrix} 1 & H_1^{(1)}\left(z_2(t^p), t^p\right) \\ 1 & H_1^{(2)}\left(z_2(t^p), t^p\right) \end{vmatrix}.$$

Andere Subresultanten gibt es offensichtlich nicht. Nun können zwei Fälle auftreten: entweder ist $R_1 \not\equiv 0$, oder es gilt $R_1 \equiv 0$.

Zunächst untersuchen wir den ersten Fall, es sei also

$$R_1 \equiv H_1^{(2)}\left(z_2(t^p), t^p\right) - H_1^{(1)}\left(z_2(t^p), t^p\right) \not\equiv 0\,. \tag{5.37}$$

Dann lautet die Formel (4.19)

$$\tilde{D}(z_1, t) = R_1\, \tilde{d}(z_1, t)$$

mit

$$\tilde{D}(z_1, t) = \begin{vmatrix} 1 & \tilde{G}_1(z_1, t)\,. \\ 1 & \tilde{G}_2(z_1, t)\,. \end{vmatrix}.$$

Wegen $R_1 \not\equiv 0$ ist die Gleichung (5.36) der Gleichung

$$\tilde{D}(z_1, t) = 0\,,$$

d. h. der Gleichung

$$[H_1^{(2)}\left(z_2(t^p), t^p\right) - H_1^{(1)}\left(z_2(t^p), t^p\right)]\, z_1 + [H_0^{(2)}\left(z_2(t^p), t^p\right) - H_0^{(1)}\left(z_2(t^p), t^p\right)] = 0 \tag{5.38}$$

äquivalent. Unter Benutzung der Formeln (3.10) und (3.11) formen wir den Ausdruck (5.37) und die Gleichung (5.38) folgendermaßen um:

$$R_1 \equiv [L_{110}^{(2)} - L_{110}^{(1)}]\, z_2(t^p) + [L_{101}^{(2)} + L_{300}^{(2)}\, L_{001}^{(2)} - L_{101}^{(1)} - L_{300}^{(1)}\, L_{001}^{(1)}]\, t^p + r_1\left(z_2(t^p), t^p\right) \tag{5.37'}$$

$$R_1\, z_1 + \theta = 0 \tag{5.38'}$$

mit

$$\theta = (L_{001}^{(2)} - L_{001}^{(1)})\, t^p + (L_{020}^{(2)} - L_{020}^{(1)})\, z_2^2(t^p) + C_1\, z_2(t^p)\, t^p + C_2\, t^{2p} + r_2\left(z_2(t^p), t^p\right),$$

$$C_1 = (L_{011}^{(2)} - L_{011}^{(1)}) - (L_{001}^{(2)}\, L_{210}^{(2)} - L_{001}^{(1)}\, L_{210}^{(1)}) - (L_{001}^{(2)}\, L_{300}^{(2)}\, L_{110}^{(2)} - L_{001}^{(1)}\, L_{300}^{(1)}\, L_{110}^{(1)}),$$

$$\begin{aligned} C_2 = (L_{002}^{(2)} - L_{002}^{(1)}) - (L_{001}^{(2)}\, L_{201}^{(2)} - L_{001}^{(1)}\, L_{201}^{(1)}) - (L_{001}^{(2)}\, L_{300}^{(2)}\, L_{101}^{(2)} - \\ - L_{001}^{(1)}\, L_{300}^{(1)}\, L_{101}^{(1)}) - (L_{001}^{(2)2}\, L_{400}^{(2)} - L_{001}^{(1)2}\, L_{400}^{(1)}) - (L_{001}^{(2)2}\, L_{300}^{(2)2} - L_{001}^{(1)2}\, L_{300}^{(1)2})\,, \end{aligned}$$

$$\operatorname{ord} r_1(\xi, \eta) \geqq 2\,, \qquad \operatorname{ord} r_2(\xi, \eta) \geqq 3\,.$$

Setzen wir nun die oben gewonnenen Ausdrücke für $z_2(t^p)$ in (5.37′) und (5.38′) ein, so können wir Aussagen über die Komponente z_1 der kleinen Lösungen von (5.17) ableiten.

Nun betrachten wir den zweiten Fall $R_1 \equiv 0$. Nach Bemerkung 4.2 ist $\deg\big(\tilde{d}(z_1, t)\big) = 2$; weil aber die Pseudopolynome $\tilde{G}_1(z_1, t)$ und $\tilde{G}_2(z_1, t)$ vom Grad 2 sind, nimmt die Gleichung (5.36) die Form $\tilde{G}_1(z_1, t) = 0$ an.

Wir untersuchen jetzt die vier Spezialfälle, die den Abbildungen 13—16 entsprechen. Wir beginnen mit dem in Abbildung 13 dargestellten Fall und setzen $\Delta \neq 0$ voraus. Dann muß $L_{110}^{(2)} \neq L_{110}^{(1)}$ sein. Wenn nämlich $L_{110}^{(2)} = L_{110}^{(1)}$ wäre, würde aus (5.20), (5.21) und (5.24)

$$\Delta = B_{21}^2 - 4\, B_{40}\, B_{02} = 0$$

folgen, was unserer Voraussetzung $\Delta \neq 0$ widerspricht. Setzen wir in (5.29) $\lambda = t^2$ und anschließend $z_2(t^2)$ in (5.37′) ein, so erhalten wir

$$R_1 = [L_{110}^{(2)} - L_{110}^{(1)}]\, \eta_\sigma\, t + o(t) \not\equiv 0\,.$$

Hieraus und aus (5.38′) folgt

$$[(L_{110}^{(2)} - L_{110}^{(1)})\, \eta_\sigma\, t + o(t)]\, z_1 = [L_{001}^{(1)} - L_{001}^{(2)} + (L_{020}^{(1)} - L_{020}^{(2)})\, \eta_\sigma^2]\, t^2 + o(t^2)\,,$$

also

$$z_1 = z_1(t) = \sum_{k=1}^{\infty} \gamma_k\, t^k$$

und unter Berücksichtigung von $t = \lambda^{1/2}$

$$z_1(\lambda) = \sum_{k=1}^{\infty} \gamma_k\, \lambda^{k/2}\,. \tag{5.39}$$

Zu jeder einzelnen durch (5.29) gegebenen Lösung $z_2(\lambda)$ gehört also genau eine Lösung $z_1(\lambda)$ der Form (5.39). Reellen Lösungen $z_2(\lambda)$ entsprechen dabei reelle Lösungen $z_1(\lambda)$, die für die gleichen Werte von λ definiert sind.

In dem in Abbildung 14 dargestellten Fall ($B_{21} = 0$) ist $L_{110}^{(2)} \neq L_{110}^{(1)}$; denn die Annahme $L_{110}^{(2)} = L_{110}^{(1)}$ führt wie oben auf $B_{21}^2 - 4\, B_{40}\, B_{02} = 0$, woraus $B_{21} = 2\sqrt{B_{40}\, B_{02}} \neq 0$ im Widerspruch zur Voraussetzung $B_{21} = 0$ folgen würde. Deshalb kommen wir zu den gleichen Ergebnissen wie im vorigen Fall.

Nun betrachten wir den in Abbildung 15 dargestellten Fall. Wir fordern $\Delta \neq 0$ und setzen die Lösungen (5.32), die dem Abschnitt AB entsprechen, in (5.37′) ein,

$$R_1 = [(L_{110}^{(2)} - L_{110}^{(1)})\, \eta_\sigma + I]\, \lambda + o(\lambda) \not\equiv 0\,,$$

für die Wurzeln η_σ der Bestimmungsgleichung erhalten wir

$$\eta_\sigma = \frac{-B_{12} \pm \sqrt{\Delta}}{2\, B_{21}}\,.$$

Hieraus sowie aus (5.23′) und (5.24′) folgt

$$\eta_\sigma = \frac{-2\,(L_{110}^{(2)} - L_{110}^{(1)})\, I \pm \sqrt{\Delta}}{2\,(L_{110}^{(2)} - L_{110}^{(1)})^2\, L_{001}}\,.$$

Deshalb ist

$$(L_{110}^{(2)} - L_{110}^{(1)})\,\eta_\sigma + I = \frac{\pm\sqrt{\Delta}}{2\,(L_{110}^{(2)} - L_{110}^{(1)})\,L_{001}} \neq 0$$

und (5.38′) führt auf eine lineare Gleichung zur Bestimmung von z_1,

$$[((L_{110}^{(2)} - L_{110}^{(1)})\,\eta_\sigma + I)\,\lambda + o(\lambda)]\,z_1 = c\,\lambda^2 + o(\lambda^2) \tag{5.40}$$

mit

$$\begin{aligned} c = {} & (L_{020}^{(1)} - L_{020}^{(2)})\,\eta_\sigma^2 + [L_{011}^{(1)} - L_{011}^{(2)} - L_{001}\,(L_{210}^{(1)} - L_{210}^{(2)}) - \\ & - L_{001}\,(L_{300}^{(1)}\,L_{110}^{(1)} - L_{300}^{(2)}\,L_{110}^{(2)})]\,\eta_\sigma + L_{002}^{(1)} - L_{002}^{(2)} - \\ & - L_{001}\,(L_{201}^{(1)} - L_{201}^{(1)}) - L_{001}\,(L_{300}^{(1)}\,L_{101}^{(1)} - L_{300}^{(2)}\,L_{101}^{(2)}) - \\ & - L_{001}^2\,(L_{400}^{(1)} - L_{400}^{(2)}) - L_{001}^2\,(L_{300}^{(1)2} - L_{300}^{(2)2})\,. \end{aligned}$$

(5.40) ergibt schließlich

$$z_1(\lambda) = \sum_{k=1}^{\infty} \gamma_k\,\lambda^k\,,$$

so daß zu jeder Lösung (5.32) genau eine Lösung $z_1(\lambda)$ gehört; reellen Lösungen $z_2(\lambda)$ entsprechen reelle Lösungen $z_1(\lambda)$. Nun nehmen wir die Lösungen (5.34), die durch den Abschnitt BC (siehe Abb. 15) erzeugt werden. Setzen wir $\lambda = t^2$ und anschließend $z_2(t^2)$ in (5.37′) ein, so erhalten wir

$$R_1 = (L_{110}^{(2)} - L_{110}^{(1)})\,\eta_\sigma\,t + o(t) \neq 0\,,$$

weil jetzt $L_{110}^{(2)} \neq L_{110}^{(1)}$ ist. Wegen $L_{001}^{(2)} = L_{001}^{(1)}$ lautet die Gleichung (5.38′)

$$[(L_{110}^{(2)} - L_{110}^{(1)})\,\eta_\sigma\,t + o(t)]\,z_1 = (L_{020}^{(1)} - L_{020}^{(2)})\,\eta_\sigma^2\,t^2 + o(t^2)\,,$$

so daß

$$z_1 = \sum_{k=1}^{\infty} \gamma_k\,t^k = \sum_{k=1}^{\infty} \gamma_k\,\lambda^{k/2}$$

wird. Zu jeder durch (5.34) gegebenen Lösung $z_2(\lambda)$ gehört also genau eine Lösung $z_1(\lambda)$; ist $z_2(\lambda)$ reell, so ist auch $z_1(\lambda)$ reell.

Schließlich betrachten wir den in Abb. 16 dargestellten Fall ($B_{12} = B_{21} = 0$, $B_{02} = 0$, $B_{03} \neq 0$, $B_{40} \neq 0$). Wie wir gesehen haben, gilt in diesem Fall $L_{110}^{(1)} = L_{110}^{(2)}$, $L_{001}^{(1)} = L_{001}^{(2)}$, aber $L_{020}^{(1)} \neq L_{020}^{(2)}$ (siehe (5.20)) sowie $I \neq 0$ (siehe (5.22′)). Wir substituieren in (5.35) $\lambda = t^4$ und setzen $z_2(t^4)$ in (5.37′) ein,

$$R_1 = I\,t^4 + o(t^4) \neq 0\,.$$

Mit (5.38′) erhalten wir

$$[I\,t^4 + o(t^4)]\,z_1 = (L_{020}^{(1)} - L_{020}^{(2)})\,\eta_\sigma^2\,t^6 + o(t^6)\,.$$

Folglich ist

$$z_1 = \sum_{k=2}^{\infty} \gamma_k\,t^k = \sum_{k=2}^{\infty} \gamma_k\,\lambda^{k/4}\,,$$

wobei reellen Komponenten $z_2(\lambda)$ auch reelle Komponenten $z_1(\lambda)$ entsprechen.

Wir wollen noch alle kleinen Lösungen des in Beispiel 5.1 behandelten Gleichungssystems bestimmen. In diesem Beispiel ist $m_0 = 4$ und $n_0 = 2$. Unter Benutzung der Formeln (5.20), (5.24) und (5.21) finden wir

$$B_{40} = \frac{2}{9}, \quad B_{21} = -\frac{\pi}{3}, \quad B_{02} = \frac{9}{64}\pi^2$$

und

$$\Delta = B_{21}^2 - 4\, B_{40}\, B_{02} = -\frac{\pi^2}{72} < 0,$$

so daß der Fall vorliegt, der in Abb. 13 dargestellt ist. Folglich besitzt das Gleichungssystem (5.15) vier kleine Lösungen, und alle Lösungen sind komplex. Auf das Gleichungssystem (5.15) waren wir am Schluß von Punkt 3.1 gestoßen, als wir ein anderes Gleichungssystem auf reguläre Form transformierten. Deshalb können wir auch sagen, daß dieses andere Gleichungssystem vier kleine Lösungen besitzt; diese Lösungen lauten

$$\left.\begin{aligned} \xi_1^{(j)} &= \alpha_j \lambda^{1/2} + \sum_{k=2}^{\infty} \alpha_{kj} \lambda^{k/2}, \\ \xi_2^{(j)} &= \beta_j \lambda^{1/2} + \sum_{k=2}^{\infty} \beta_{kj} \lambda^{k/2}, \end{aligned}\right\} \quad j = 1, 2, 3, 4, \tag{5.41}$$

mit

$$\alpha_j = \frac{\sqrt{3\pi\sqrt{2}}}{4\sqrt{2}} (\mp i \pm 1), \quad \beta_j = \frac{\sqrt{3\pi\sqrt{2}}}{4} (\mp i \mp 1), \quad i = \sqrt{-1}.$$

§ 6. Der mehrdimensionale Verzweigungsfall

Der mehrdimensionale Verzweigungsfall ist in vielen Arbeiten behandelt worden (siehe z. B. LOBATSCHEW [1], GRAVES [1], LEFSCHETZ [1], WAINBERG und TRENOGIN [1, 3], sowie die Übersichtsartikel von WAINBERG und AISENGENDLER [1] und IGLISCH [1]). Wir wollen uns hier an die Arbeiten von AISENGENDLER und WAINBERG [1] und AISENGENDLER [4] halten.

6.1. Die KRONECKERsche Eliminationsmethode. Wir betrachten ein System

$$G_i(z_1, z_2, \ldots, z_n, \lambda), \quad i = 1, 2, \ldots, n_1; \quad n \geqq 2, \quad n_1 \geqq 2,$$

von ausgezeichneten Polynomen über dem Ring $I_n = K[[z_2, z_3, \ldots, z_n, \lambda]]$. Zur Bestimmung aller kleinen Lösungen des Gleichungssystems

$$G_i(z_1, z_2, z_3, \ldots, z_n, \lambda) = 0, \quad i = 1, 2, \ldots, n_1, \tag{6.1}$$

ziehen wir die KRONECKERsche Eliminationsmethode heran (siehe z. B. VAN DER WAERDEN [2]).

Mit willkürlichen komplexen Zahlen v_i bilden wir eine Linearkombination der Polynome G_i,

$$G_v = \sum_{i=2}^{n_1} v_i \, G_i(z_1, z_2, \ldots, z_n, \lambda) \, .$$

Ein gemeinsamer Teiler der Polynome G_1 und G_v hängt nicht von $v = (v_2, v_3, \ldots, v_{n_1})$ ab, weil v in G_1 nicht vorkommt. Deshalb muß ein gemeinsamer Teiler der Polynome G_1 und G_v ein gemeinsamer Teiler aller Polynome G_1, G_2, $G_3, \ldots, G_{n_1}$ sein. Offensichtlich gilt auch die umgekehrte Behauptung: ein gemeinsamer Teiler der Polynome $G_1, G_2, \ldots, G_{n_1}$ ist ein Teiler der Polynome G_1 und G_v.

Mit $d(z_1, z_2, \ldots, z_n, \lambda)$ bezeichnen wir den GGT der Polynome G_1 und G_v. $d(z_1, z_2, \ldots, z_n, \lambda)$ hat als Polynom in z_1 dann und nur dann einen positiven Grad (siehe Satz 4.4), wenn für die Resultante $G(G_1, G_v)$ der Polynome G_1 und G_v

$$R(G_1, G_v) \equiv 0$$

gilt. Wir entwickeln die Resultante (siehe (4.9)),

$$R(G_1, G_v) = \sum_{i=1}^{n_2} W_i(v) \, F_i(z_2, z_3, \ldots, z_n, \lambda) \, , \tag{6.2}$$

hierbei ist $W_i(v) \equiv W_i(v_2, v_3, \ldots, v_{n_1})$ ein Monom der Form $v_{i_1}, v_{i_2} \cdots v_{i_k}$ und F_i ein Produkt aus den Koeffizienten der Polynome $G_1, G_2, \ldots, G_{n_1}$, d. h. eine im Koordinatenursprung analytische Funktion, die der Bedingung $F_i(0, 0, \ldots, 0) = 0$ genügt, da die letzte Spalte der Determinante $R(G_1, G_v)$ im Nullpunkt verschwindet (siehe (4.9)). Diese Entwicklung zeigt, daß die Resultante für beliebige Vektoren $v = (v_2, v_3, \ldots, v_{n_1})$ nur dann verschwinden kann, wenn

$$F_i(z_2, z_3, \ldots, z_n, \lambda) = 0 \, , \qquad i = 1, 2, \ldots, n_2 \, , \tag{6.3}$$

ist.

Unsere weiteren Überlegungen gleichen denen von Punkt 5.1. Zunächst sei $R(G_1, G_v) \equiv 0$. Dann sind die Gleichungen (6.3) identisch erfüllt, und nach Satz 4.4 ist der GGT

$$d(z_1, z_2, \ldots, z_n, \lambda) = (G_1, G_v) = (G_1, G_2, \ldots, G_{n_1})$$

in z_1 von positivem Grad. Wir schreiben

$$G_i = d\overline{G}_i \, , \qquad i = 1, 2, \ldots, n_1 \, ,$$

so daß sich das Gleichungssystem in die Gleichung

$$d(z_1, z_2, \ldots, z_n, \lambda) = 0 \tag{6.4}$$

und in das Gleichungssystem

$$\overline{G}_i(z_1, z_2, \ldots, z_n, \lambda) = 0 \tag{6.1'}$$

aufspaltet.

Nach Satz 3.2 ist $d(z_1, \ldots, z_n, \lambda)$ ein ausgezeichnetes Polynom in z_1. Wir substituieren in (6.4)

$$z_i = \zeta_i \lambda, \quad i = 2, 3, \ldots, n,$$

mit ζ_i als Parametern und erhalten

$$d(z_1, \zeta_2 \lambda, \zeta_3 \lambda, \ldots, \zeta_n \lambda, \lambda) = 0.$$

Wenden wir auf diese Gleichung das Newtonsche Diagramm an, so finden wir eine oder mehrere Scharen von kleinen Lösungen

$$z_1 = \varphi(\lambda, \zeta_2, \zeta_3, \ldots, \zeta_n),$$

die sich nach ganzen oder gebrochenen Potenzen von λ entwickeln lassen und von den willkürlichen Parametern $\zeta_2, \zeta_3, \ldots, \zeta_n$ abhängen.

Das Gleichungssystem (6.1′) wird genauso behandelt wie das Gleichungssystem (6.1) für den Fall, daß die Resultante (6.2) nicht identisch verschwindet. Diesem Fall wollen wir uns jetzt zuwenden.

Es sei also

$$R(G_1, G_v) \not\equiv 0.$$

Dann ist der GGT der Polynome G_1 und G_v und damit auch der GGT aller Polynome $G_1, G_2, \ldots, G_{n_1}$ zum Einselement assoziiert (siehe Satz 4.4). Nehmen wir an, daß Gleichungssystem (6.3) besitze die Lösungen

$$z_i = \varphi_i(\lambda), \quad i = 2, 3, \ldots, n.$$

Diese Lösungen setzen wir in die ausgezeichneten Polynome G_i ein; dadurch erhalten wir ein System von Polynomen

$$\tilde{G}_i \equiv G_i(z_1, \varphi_2(\lambda), \ldots, \varphi_n(\lambda), \lambda), \quad i = 1, 2, \ldots, n_1,$$

für dessen Resultante $R(\tilde{G}_1, \tilde{G}_v) \equiv 0$ gilt, weil die Funktionen $\varphi_i(\lambda)$ dem Gleichungssystem (6.3) genügen. Aus Satz 4.4 folgt, daß die Polynome $\tilde{G}_1$ und $\tilde{G}_v$, und damit auch die Polynome $\tilde{G}_1, \tilde{G}_2, \ldots, \tilde{G}_{n_1}$, einen GGT $d(z_1, \lambda)$ von positivem Grad in z_1 haben. Es ist

$$\tilde{G}_i = d(z_1, \lambda)\, g_i(z_1, \lambda).$$

Nun ermitteln wir die Lösungen $z_1 = \varphi_1(\lambda)$ der Gleichung

$$d(z_1, \lambda) = 0.$$

Auf diese Weise kommen wir zu dem Ergebnis, daß die Funktionen $z_i = \varphi_i(\lambda)$, $i = 1, 2, \ldots, n$, dem Gleichungssystem (6.1) genügen. Wenn darüber hinaus $\varphi_i(\lambda)$ für jedes $i = 2, 3, \ldots, n$ in einer gewissen Umgebung des Punktes $\lambda = 0$ durch eine konvergente Reihe nach ganzen oder gebrochenen Potenzen von λ darstellbar ist, so läßt sich auch $\varphi_1(\lambda)$ in einer gewissen Umgebung des Punktes $\lambda = 0$ in eine konvergente Reihe nach ganzen oder gebrochenen Potenzen von λ entwickeln.

Wir fassen das Ergebnis in folgender Aussage zusammen.

Lemma 6.1. *Das Gleichungssystem* (6.1) *ist dann und nur dann lösbar, wenn das Gleichungssystem* (6.3) *lösbar ist, wobei die Funktionen F_i im Koordinatenursprung analytisch sind und der Bedingung*

$$F_i(0, 0, \ldots, 0, 0) = 0\,, \qquad i = 1, 2, \ldots, n_2\,,$$

genügen.

In das Gleichungssystem (6.3) geht die Unbekannte z_1 nicht ein. Transformieren wir dieses Gleichungssystem auf Normalform, so können wir das beschriebene Eliminationsverfahren fortsetzen (vergleiche Lemma 6.1).

Die KRONECKERsche Eliminationsmethode ist auch dann anwendbar, wenn das System von Polynomen nicht in Normalform vorliegt. Dazu betrachten wir das folgende Beispiel:

$$\Phi_1(z_1, z_2, z_3, \lambda) \equiv z_1^2 - 4\lambda^2 z_3^2 = 0\,,$$

$$\Phi_2(z_1, z_2, z_3, \lambda) \equiv (z_1 - 2\lambda z_2)(z_3 - \lambda z_2) = 0\,,$$

$$\Phi_3(z_1, z_2, z_3, \lambda) \equiv z_3^2 - \lambda^2 z_2^2 = 0\,.$$

Auf dieses Gleichungssystem soll die KRONECKERsche Eliminationsmethode angewendet werden. Wir bilden eine Linearkombination der Polynome Φ_2 und Φ_3:

$$\Phi_v = v_2\,\Phi_2 + v_3\,\Phi_3 = v_2\,z_1(z_3 - \lambda z_2) + [v_3(z_3 + \lambda z_2) - 2\,v_2\lambda z_2]\,(z_3 - \lambda z_2)\,.$$

Wir fassen Φ_1 und Φ_v als Polynome in z_1 auf und bilden ihre Resultante,

$$R(\Phi_1, \Phi_v) = \begin{vmatrix} 1 & 0 & -4\lambda^2 z_2^2 \\ v_2 b & (v_3 a - 2\,v_2\lambda z_2)\,b & 0 \\ 0 & v_2 b & (v_3 a - 2\,v_2 \lambda z_2)\,b \end{vmatrix} =$$

$$= b^2 a\,(v_3^2 a - 4\,v_2 v_3 \lambda z_2)$$

mit

$$a = z_3 + \lambda z_2\,, \qquad b = z_3 - \lambda z_2\,.$$

Nach Lemma 6.1 gilt dann

$$F_1 \equiv (z_3 - \lambda z_2)^2 (z_3 + \lambda z_2)^2 = 0\,,$$

$$F_2 \equiv \lambda z_2 (z_3 - \lambda z_2)^2 (z_3 + \lambda z_2) = 0\,.$$

Dieses Gleichungssystem enthält einen gemeinsamen Faktor. Setzen wir diesen Null, so ergibt sich $z_3 = \pm\lambda z_2$. Hieraus sowie aus der Gleichung $\Phi_1 = 0$ folgt, daß das ursprüngliche Gleichungssystem vier einparametrige Lösungsscharen besitzt,

$$z = (2\lambda z_2, z_2, \lambda z_2)\,,$$
$$z = (-2\lambda z_2, z_2, \lambda z_2)\,,$$
$$z = (2\lambda z_2, z_2, -\lambda z_2)\,,$$
$$z = (-2\lambda z_2, z_2, -\lambda z_2)\,.$$

Der Parameter ist z_2.

6.2. Kleine Lösungen der Verzweigungsgleichung. Die Elimination der Unbekannten. Wir kommen nun zur Untersuchung der Verzweigungsgleichung (1.11) für $n \geqq 2$. Den trivialen Fall, in dem $\Phi_i(\xi_1, \xi_2, \ldots, \xi_n, \lambda) \equiv 0$ für alle $i = 1, 2, \ldots, n$ ist, wollen wir ausschließen; denn in diesem Fall besitzt das Gleichungssystem (1.11) unendlich viele kleinen Lösungen, weil beliebige Funktionen $\xi_i(\lambda)$ $(i = 1, 2, \ldots, n)$, speziell auch stetige Funktionen $\xi_i(\lambda)$ mit $\xi_i(0) = 0$, dem Gleichungssystem genügen. Wir fordern also

$$\Phi_i(\xi_1, \xi_2, \ldots, \xi_n, \lambda) \not\equiv 0$$

für $i = 1, 2, \ldots, n_1 \leqq n$, $n_1 \geqq 2$ und betrachten das Gleichungssystem

$$\Phi_i(\xi_1, \xi_2, \ldots, \xi_n, \lambda) = 0\,, \qquad i = 1, 2, \ldots, n_1\,. \tag{6.5}$$

Aus der Tatsache, daß (6.5) Verzweigungsgleichung ist, folgt

$$\operatorname{ord} \Phi_i(\xi_1, \xi_2, \ldots, \xi_n, 0) \geqq 2\,, \qquad \operatorname{ord} \Phi_i(0, 0, \ldots, 0, \lambda) \geqq 1$$

für $i = 1, 2, \ldots, n_1$. Unter Benutzung der nicht ausgearteten linearen Transformation (siehe Punkt 3.1)

$$(\xi_1, \xi_2, \ldots, \xi_n) = (T)\,(\xi_1^{(1)}, \xi^{(1)}, \ldots, \xi_n^{(1)}) \tag{6.6}$$

und des WEIERSTRASSschen Vorbereitungssatzes bringen wir das Gleichungssystem (6.5) auf Normalform in bezug auf $\xi_1^{(1)}$ (siehe Punkt 3.2),

$$G_i^{(1)}(\xi_1^{(1)}, \xi_2^{(1)}, \ldots, \xi_n^{(1)}, \lambda) = 0\,, \qquad i = 1, 2, \ldots, n_1\,. \tag{6.5$_1$}$$

Die Gleichungssysteme (6.5) und (6.5$_1$) sind bezüglich kleiner Lösungen äquivalent, d. h. jede kleine Lösung des Gleichungssystems (6.5$_1$) führt unter Beachtung der Transformation (6.6) auf eine kleine Lösung des Gleichungssystems (6.5) und umgekehrt.

Die kleinen Lösungen des Gleichungssystems (6.5$_1$) bestimmen wir durch eine Elimination der Unbekannten. Mit d_1 bezeichnen wir den GGT der Polynome $G_i^{(1)}(\xi_1^{(1)}, \xi_2^{(1)}, \ldots, \xi_n^{(1)}, \lambda)$, so daß

$$G_i^{(1)} = d_1\, g_i^{(1)}$$

wird. Nach der KRONECKERschen Eliminationsmethode schließen wir aus dem Gleichungssystem

$$g_i^{(1)}(\xi_1^{(1)}, \xi_2^{(1)}, \ldots, \xi_n^{(1)}, \lambda) = 0\,, \qquad i = 1, 2, \ldots, n_1$$

die Unbekannte $\xi_1^{(1)}$ aus. Dadurch erhalten wir, wie wir im letzten Punkt gesehen haben, ein Gleichungssystem der Form

$$\Phi_i^{(1)}(\xi_2^{(1)}, \xi_3^{(1)}, \ldots, \xi_n^{(1)}, \lambda) = 0\,, \qquad i = 1, 2, \ldots, n_2\,,$$

wobei die Funktionen $\Phi_i^{(1)}$ im Koordinatenursprung analytisch sind und dort verschwinden. Da uns nur kleine Lösungen dieses Gleichungssystems interessieren, kürzen wir jede Gleichung dieses Systems durch die größtmögliche Potenz von λ, so daß wir das neue Gleichungssystem

$$\Phi_i^{(2)}(\xi_2^{(1)}, \xi_3^{(1)}, \ldots, \xi_n^{(1)}, \lambda) = 0\,, \qquad i = 1, 2, \ldots, n_2\,, \tag{6.7}$$

erhalten. Nehmen wir an, daß alle Funktionen $\Phi_i^{(2)}$ im Koordinatenursprung verschwinden. Dann können wir wieder eine nicht ausgeartete lineare Variablentransformation

$$(\xi_2^{(1)}, \xi_3^{(1)}, \ldots, \xi_n^{(1)}) = (T_1)\,(\xi_2^{(2)}, \xi_3^{(2)}, \ldots, \xi_n^{(2)}\,,$$

und den WEIERSTRASSschen Vorbereitungssatz heranziehen, um das Gleichungssystem (6.7) auf das bezügliche kleiner Lösungen äquivalente Gleichungssystem

$$G_i^{(2)}(\xi_2^{(2)}, \xi_3^{(2)}, \ldots, \xi_n^{(2)}, \lambda) = 0\,, \qquad i = 1, 2, \ldots, n_2 \tag{6.5$_2$}$$

zu reduzieren, wobei die $G_i^{(2)}$ ausgezeichnete Polynome in $\xi_2^{(2)}$ sind. Mit d_2 bezeichnen wir den GGT der Polynome $G_i^{(2)}(\xi_2^{(2)}, \xi_3^{(2)}, \ldots, \xi_n^{(2)}, \lambda)$; dann setzen wir das beschriebene Verfahren fort.

Bemerkung 6.1. Wenn mindestens eine Funktion $\Phi_i^{(2)}$ im Koordinatenursprung von Null verschieden ist, besitzt das Gleichungssystem (6.7) keine kleinen Lösungen, so daß nach Lemma 6.1 auch das Gleichungssystem (6.5) keine kleinen Lösungen hat, sofern $d_1 \sim 1$ ist. Um in diesem Fall das beschriebene Verfahren fortsetzen zu können, führen wir ausgezeichnete Polynome nullten Grades ein. Unter der Voraussetzung, daß das Polynom $G_{i_0}^{(2)}$ im Koordinatenursprung nicht verschwindet (daß also $G_{i_0}^{(2)} \sim 1$ ist), besitzt das Gleichungssystem (6.5$_2$) keine kleinen Lösungen, und der GGT d_2 der Polynome $G_i^{(2)}$ ist ebenfalls zum Einselement assoziiert. Besitzt also das Gleichungssystem (6.7) keine kleinen Lösungen, so besitzt auch das Gleichungssystem (6.5$_2$) keine kleinen Lösungen, und es ist $d_2 \sim 1$. Setzen wir in diesem Fall die hier beschriebene Eliminationsmethode[1]) fort (die sich von der KRONECKERschen Eliminationsmethode dadurch unterscheidet, daß wir in jedem Schritt unter Benutzung einer nicht ausgearteten linearen Transformation zu neuen Unbekannten übergehen und anschließend den WEIERSTRASSschen Vorbereitungssatz anwenden), so werden wir neue Gleichungssysteme der Form (6.5$_i$) erhalten, die keine kleinen Lösungen besitzen, und außerdem wird $d_i \sim 1$ sein (für alle $i \geqq 2$). Aus diesem Grunde ist es, wie wir im folgenden sehen werden, letzten Endes unnötig, die beiden Fälle, daß alle Funktionen $\Phi_i^{(2)}$ im Koordinaten-

[1]) Siehe S. LEFSCHETZ [1].

ursprung verschwinden oder daß mindestens eine dieser Funktionen im Koordinatenursprung von Null verschieden ist, zu unterscheiden.

Wenn wir diese Bemerkung berücksichtigen und die Eliminationsmethode fortsetzen, erhalten wir die Gleichungssysteme

$$G_i^{(r)}(\xi_r^{(r)}, \xi_{r+1}^{(r)}, \ldots, \xi_n^{(r)}, \lambda) = 0\,, \tag{6.5$_r$}$$

$$\left.\begin{aligned} &i = 1, 2, \ldots, n_r; \qquad r = 3, \ldots, n-1\,,\\ &G_i^{(n)}(\xi_n^{(n-1)}, \lambda) = 0\,, \qquad i = 1, 2, \ldots, n_n\,, \end{aligned}\right\} \tag{6.5$_n$}$$

in denen die $G_i^{(r)}$ ausgezeichnete Polynome positiven oder nullten Grades im ersten Argument sind, sowie die Polynome

$$d_1, d_2, \ldots, d_k \qquad (k \leqq n)\,,$$

wobei jedes dieser Polynome entweder ein ausgezeichnetes Polynom oder zum Einselement assoziiert ist. Die Unbekannten ξ sind durch die Beziehung

$$(\xi_r^{(r-1)}, \xi_{r+1}^{(r-1)}, \ldots, \xi_n^{(r-1)}) = (T_{r-1})\,(\xi_r^{(r)}, \xi_{r+1}^{(r)}, \ldots, \xi_n^{(r)}) \tag{6.8}$$

miteinander verknüpft; (T_{r-1}) bezeichnet dabei eine nicht ausgeartete lineare Transformation. Die Polynome d_i können nach dem in Punkt 4.3 beschriebenen Algorithmus berechnet werden.

6.3. Der quasireguläre Verzweigungsfall. Definition 6.1. Der mehrdimensionale Verzweigungsfall heißt quasiregulär (oder nicht entartet), wenn die Bedingung

$$d_i \sim 1\,, \qquad i = 1, 2, \ldots, n-1\,, \tag{6.9}$$

erfüllt ist.

Im quasiregulären Verzweigungsfall gilt folgende Aussage:

Satz 6.1. *Es liege der quasireguläre Verzweigungsfall vor, es sei also $d_i \sim 1$ für $i = 1, 2, \ldots, n-1$. Ist d_n nicht zum Einselement assoziiert, so besitzt die Verzweigungsgleichung* (6.5) *mindestens eine und darüber hinaus endlich viele kleine Lösungen. Die Komponenten jeder kleinen Lösung lassen sich in einer gewissen Umgebung des Punktes $\lambda = 0$ in konvergente Reihen nach ganzen oder gebrochenen Potenzen von λ entwickeln. Ist d_n zum Einselement assoziiert, so besitzt die Verzweigungsgleichung* (6.5) *keine kleinen Lösungen.*

Beweis. Das ausgezeichnete Polynom $d_n = d_n(\xi_n^{(n-1)}, \lambda)$ sei nicht zum Einselement assoziiert. Dann bestimmen sich alle kleinen Lösungen des Gleichungssystems (6.5$_n$) aus der Gleichung

$$d_n(\xi_n^{(n-1)}, \lambda) = 0\,, \tag{6.10}$$

die (unter Berücksichtigung der Vielfachheit) genau $\deg\big(d_n(\xi_n^{(n-1)}, 0)\big) \geqq 1$ Lösungen, also mindestens eine Lösung, besitzt. Unter Benutzung des NEWTONschen Diagramms läßt sich zeigen, daß jede kleine Lösung von (6.10) in einer gewissen

Umgebung des Punktes $\lambda = 0$ durch eine konvergente Reihe der Form

$$\xi_n^{(n-1)} = \sum_{k=1}^{\infty}{}' \alpha_k t^k , \qquad t = \lambda^{1/p} , \tag{6.11}$$

darstellbar ist; p und die Koeffizienten α_k können nach den in § 2 behandelten Methoden ermittelt werden.

Nun setzen wir jede Lösung (6.11) in das Gleichungssystem (6.5_{n-1}) ein; mit der Substitution $\lambda = t^p$ erhalten wir

$$\tilde{G}_i(\xi_{n-1}^{(n-1)}, t) = 0 , \qquad i = 1, 2, \ldots , n_{n-1} , \tag{$6.5'_{n-1}$}$$

wobei die $\tilde{G}_i$ ausgezeichnete Polynome in $\xi_{n-1}^{(n-1)}$ sind, deren Grad nicht kleiner als 1 ist (siehe Bemerkung 6.1). Nach Lemma 6.1 besitzt das Gleichungssystem ($6.5'_{n-1}$) kleine Lösungen, die sich sämtlich aus der Gleichung

$$\tilde{d}_{n-1}(\xi_{n-1}^{(n-1)}, t) = 0 \tag{6.12}$$

bestimmen (siehe Punkt 6.1 und Satz 4.4), wenn $\tilde{d}_{n-1}(\xi_{n-1}^{(n-1)}, t) = (\tilde{G}_1, \tilde{G}_2, \ldots , \tilde{G}_{n_{n-1}})$ den GGT der Polynome $\tilde{G}_i$ bezeichnet. Das Newtonsche Diagramm liefert uns alle kleinen Lösungen dieser Gleichung. Machen wir das mit allen Lösungen (6.11), so erhalten wir zunächst alle kleinen Lösungen $\left(\xi_{n-1}^{(n-1)}(\lambda), \xi_n^{(n-1)}(\lambda)\right)$ des Gleichungssystems (6.5_{n-1}) und unter Benutzung der Transformation (6.8) schließlich $\left(\xi_{n-1}^{(n-2)}(\lambda), \xi_n^{(n-2)}(\lambda)\right)$. Offensichtlich lassen sich $\xi_{n-1}^{(n-2)}(\lambda)$ und $\xi_n^{(n-2)}(\lambda)$ in einer gewissen Umgebung des Punktes $\lambda = 0$ in konvergente Reihen nach Potenzen von $\lambda^{1/q}$ entwickeln, wobei q eine natürliche Zahl ist.

Jeder Lösung $\left(\xi_{n-1}^{(n-2)}(\lambda), \xi_n^{(n-2)}(\lambda)\right)$ wird nun in das Gleichungssystem (6.5_{n-2}) eingesetzt, das nach der Substitution $\lambda^{1/q} = t$ die Form

$$\tilde{G}_i(\xi_{n-2}^{(n-2)}, t) = 0 , \qquad i = 1, 2, \ldots , n_{n-2} , \tag{$6.5'_{n-2}$}$$

annimmt. Mit diesem Gleichungssystem verfahren wir genauso wie mit dem Gleichungssystem ($6.5'_{n-1}$); dann gehen wir wieder zu den ursprünglichen Unbekannten über usw. Auf diese Weise erhalten wir alle kleinen Lösungen des Gleichungssystems (6.5). Wir sehen, daß die Anzahl dieser kleinen Lösungen endlich und von Null verschieden ist, und daß sich die Komponenten jeder kleinen Lösung in einer gewissen Umgebung des Punktes $\lambda = 0$ in konvergente Reihen nach ganzen oder gebrochenen Potenzen von λ entwickeln lassen. Damit haben wir die erste Behauptung des Satzes bewiesen.

Zum Beweis der zweiten Behauptung genügt es zu bemerken, daß das Gleichungssystem (6.5_n) unter der Voraussetzung $d_n \sim 1$ keine kleinen Lösungen besitzt, und daß dann auch die vorhergehenden Gleichungssysteme (6.5_r) keine kleinen Lösungen besitzen (siehe Lemma 6.1 und Bemerkung 6.1).

6.4. Der entartete Verzweigungsfall. Definition 6.2. Der mehrdimensionale Verzweigungsfall heißt entartet, wenn für ein gewisses $i \leqq n - 1$ das Element d_i nicht zum Einselement assoziiert ist.

Satz 6.2. *Im entarteten Verzweigungsfall besitzt die Verzweigungsgleichung unendlich viele kleine Lösungen.*

Beweis. Es liege der entartete Verzweigungsfall vor, für ein gewisses i_0 $(1 \leqq i_0 \leqq n-1)$ sei also d_{i_0} nicht zum Einselement assoziiert. Dann besitzt das Gleichungssystem (6.5_{i_0}) Lösungen, die sich aus der Gleichung

$$d_{i_0}(\xi_{i_0}^{(i_0)}, \ldots, \xi_n^{(i_0)}, \lambda) = 0 \tag{6.13}$$

bestimmen, wobei d_{i_0} ein ausgezeichnetes Polynom in $\xi_{i_0}^{(i_0)}$ ist. Wir machen einen Ansatz

$$\xi_i^{(i_0)} = \zeta_{i-i_0} \sum_{k=1}^{\infty} \alpha_k^{(i)} \lambda^k, \qquad i = i_0 + 1, \ldots, n,$$

mit willkürlichen Parametern ζ_{i-i_0}; die Koeffizienten $\alpha_k^{(i)}$ seien so gewählt, daß die angegebenen Reihen in einem gewissen Kreis um den Punkt $\lambda = 0$ konvergieren. Mit diesen Werten für $\xi_i^{(i_0)}$ gehen wir in die Gleichung (6.13) ein,

$$\tilde{d}_{i_0}(\xi_{i_0}^{(i_0)}, \zeta_1, \ldots, \zeta_{n-i_0}, \lambda) = 0; \tag{6.14}$$

auch $\tilde{d}_{i_0}$ ist ein ausgezeichnetes Polynom in $\xi_{i_0}^{(i_0)}$. Wir fixieren nun die Parameter $\zeta_1, \ldots, \zeta_{n-i_0}$ und wenden auf die Gleichung (6.14) das NEWTONsche Diagramm an. Dadurch erhalten wir von den Parametern $\zeta_1, \ldots, \zeta_{n-i_0}$ abhängige Scharen kleiner Lösungen der Verzweigungsgleichung (6.5), die sich in konvergente Reihen nach ganzen oder gebrochenen Potenzen von λ entwickeln lassen. Offensichtlich gibt es unendlich viele Lösungen dieser Art. Damit ist der Satz bewiesen.

Aus den Sätzen 6.1 und 6.2 resultiert

Folgerung 6.1. *Die Anzahl der kleinen Lösungen der Verzweigungsgleichung* (6.5) *ist dann und nur dann endlich und von Null verschieden, wenn die Bedingung*

$$d_i \sim 1, \quad i = 1, 2, \ldots, n-1, \quad d_n \text{ nicht } \sim 1 \tag{6.15}$$

erfüllt ist.

Wenn wir mit M_i die Gesamtheit aller kleinen Lösungen der Gleichung $d_i = 0$ bezeichnen, so ist die Gesamtheit aller kleinen Lösungen der Verzweigungsgleichung (6.5) durch

$$M = \bigcup_{i=1}^{n} M_i$$

gegeben.

6.5. Isolierte triviale Lösungen. Neben dem Gleichungssystem (6.5) betrachten wir das Gleichungssystem

$$\Phi_i(\xi_1, \xi_2, \ldots, \xi_n, 0) = 0, \quad i = 1, 2, \ldots, n_1 \leqq n. \tag{6.16}$$

Wegen ord $\Phi_i(\xi_1, \xi_2, \ldots, \xi_n, 0) \geqq 2$ für alle i besitzt dieses Gleichungssystem die triviale Lösung. Im folgenden werden wir sehen (siehe Punkt 12.6), daß es manchmal wichtig ist zu entscheiden, ob die triviale Lösung von (6.16) isoliert ist. Dazu ziehen wir die in den letzten Punkten behandelte Methode heran. Wir verfahren mit dem Gleichungssystem (6.16) genauso wie mit dem Gleichungssystem (6.5) und konstruieren die Polynome

$$d'_1, d'_2, \ldots, d'_k, \quad k \leqq n-1 .$$

Die bisherigen Überlegungen führen dann auf folgende Aussage:

Satz 6.3. *Die triviale Lösung des Gleichungssystems* (6.16) *ist dann und nur dann isoliert, wenn die Bedingung*

$$d'_i \sim 1 , \quad i = 1, 2, \ldots, n-1 ,$$

erfüllt ist.

KAPITEL III

DIE VERZWEIGUNGSGLEICHUNG FÜR NICHTLINEARE INTEGRAL- UND INTEGRODIFFERENTIALGLEICHUNGEN

§ 7. Eine einfache Ljapunow-Schmidtsche Integralgleichung

7.1. Integralpotenzreihen einer Argumentfunktion. B sei eine beschränkte abgeschlossene Menge des endlichdimensionalen euklidischen Raumes und $K(s, t_1, t_2, \ldots, t_i)$ eine in allen Argumenten $s, t_1, t_2, \ldots, t_i \in B$ stetige reelle oder komplexwertige Funktion. Die $\alpha_0, \alpha_1, \ldots, \alpha_i$ seien nichtnegative ganze Zahlen mit $\alpha_0 + \alpha_1 + \cdots + \alpha_i = m$. Ein Ausdruck der Form

$$u^{\alpha_0}(s) \int\limits_B \int\limits_B \cdots \int\limits_B K(s, t_1, \ldots, t_i)\, u^{\alpha_1}(t_1) \cdots u^{\alpha_i}(t_i)\, dt_1 \cdots dt_i$$

heißt Integralpotenzglied vom Grad m in u. Ohne Beschränkung der Allgemeinheit können wir annehmen, daß

$$\alpha_1 \geqq \alpha_2 \geqq \cdots \geqq \alpha_i$$

ist; ferner setzen wir der Einfachheit halber mes $B = 1$ voraus.

Wir sagen, daß zwei Integralpotenzglieder zum gleichen Typ gehören, wenn sie sich nur durch ihre Kerne $K(s, t_1, \ldots, t_i)$ unterscheiden. Die Anzahl der verschiedenen Typen von Integralpotenzgliedern vom Grad m stimmt mit der Anzahl der Lösungen der diophantischen Gleichung

$$\alpha_0 + \alpha_1 + \cdots + \alpha_i = m\,, \quad \alpha_k \geqq 0\,,\ k = 0, 1, \ldots, i\,,$$

überein.

Integralpotenzglieder vom Grad m bezeichnen wir mit

$$W_m[s, u] \quad \text{oder} \quad V_m[s, u] \quad \text{oder} \quad P_m[s, u]\,.$$

Nach Definition ist

$$W_m[s, u]\ V_n[s, u] = P_{m+n}[s, u]\,, \tag{7.1}$$

$$V_m[s, W_n[s, v]] = P_{mn}[s, v]\,. \tag{7.2}$$

Eine Summe von endlich vielen Integralpotenzgliedern vom Grad m, die zu verschiedenen Typen gehören, heißt Integralpotenzform vom Grad m in u und wird mit

$$W_m\binom{s}{u} \quad \text{oder} \quad V_m\binom{s}{u} \quad \text{oder} \quad P_m\binom{s}{u}$$

bezeichnet. Wir geben noch einige einfache Eigenschaften von Integralpotenzformen an. Für sie gelten (7.1) und (7.2). Ist $p = \text{const}$, so wird

$$W_m\begin{pmatrix} s \\ pu \end{pmatrix} = p^m\, W_m\begin{pmatrix} s \\ u \end{pmatrix}.$$

Mit $|W|_m\begin{pmatrix} s \\ u \end{pmatrix}$ bezeichnen wir die Integralpotenzform, in der alle Kerne K durch $|K|$ ersetzt sind, ferner sei $\tilde{u} = \sup\,|u(t)|$ und $\tilde{W}_m = \sup\,|W|_m\begin{pmatrix} s \\ 1 \end{pmatrix}$. Dann gelten die Ungleichungen

$$\left|W_m\begin{pmatrix} s \\ u \end{pmatrix}\right| \leqq |W|_m\begin{pmatrix} s \\ |u| \end{pmatrix} \leqq |W|_m\begin{pmatrix} s \\ \tilde{u} \end{pmatrix} = |W|_m\begin{pmatrix} s \\ 1 \end{pmatrix}\tilde{u}^m \leqq |\tilde{W}|_m\,\tilde{u}^m.$$

Ein Ausdruck der Form

$$W_0\begin{pmatrix} s \\ u \end{pmatrix} + W_1\begin{pmatrix} s \\ u \end{pmatrix} + W_2\begin{pmatrix} s \\ u \end{pmatrix} + \cdots \tag{7.3}$$

wird Integralpotenzreihe einer Argumentfunktion genannt. Die Integralpotenzreihe (7.3) heißt für eine gewisse Funktion $u(t)$ regulär konvergent, wenn die Reihe

$$\tilde{W}_0 + \tilde{W}_1\,\tilde{u} + \tilde{W}_2\,\tilde{u}^2 + \tilde{W}_3\,\tilde{u}^3 + \cdots \tag{7.4}$$

konvergiert. Ist die Reihe (7.3) für eine gewisse Funktion $u(t)$ regulär konvergent, so konvergiert sie offensichtlich absolut und gleichmäßig; ist $u(t)$ darüber hinaus auf B stetig, so ist auch die Summe der Reihe (7.3) eine auf B stetige Funktion.

7.2. Integralpotenzreihen mehrerer Argumentfunktionen. Integralpotenzglieder und Integralpotenzformen von zwei oder mehreren Argumentfunktionen werden analog zu Integralpotenzgliedern und Integralpotenzformen einer Argumentfunktion definiert. Zum Beispiel ist

$$u^{\alpha_0}(s)\, v^{\beta_0}(s) \int_B \cdots \int_B K(s, t_1, t_2, \ldots, t_i)\, u^{\alpha_1}(t_1)\, v^{\beta_1}(t_1) \cdots u^{\alpha_i}(t_i)\, v^{\beta_i}(t_i)\, dt_1 \cdots dt_i$$

ein Integralpotenzglied vom Grad m $(m = \alpha_0 + a_1 + \cdots + \alpha_i)$ in u und vom Grad n $(n = \beta_0 + \beta_1 + \cdots + \beta_i)$ in v, wobei die α_k und $\beta_k (k = 0, 1, \ldots, i)$ nichtnegative ganze Zahlen sind. Durch eine geeignete Numerierung können wir erreichen, daß entweder $\alpha_1 \geqq \alpha_2 \geqq \cdots \geqq \alpha_i$ oder $\beta_1 \geqq \beta_2 \geqq \cdots \geqq \beta_i$ wird. Wie oben setzen wir zur Vereinfachung mes $B = 1$ voraus. Auch der Begriff des Typs und der Form wird wie in Punkt 7.1 eingeführt.

Mit $U_{mn}\begin{pmatrix} s \\ u,\, v \end{pmatrix}$ bezeichnen wir eine Integralpotenzform vom Grad m in u und vom Grad n in v. Für $p = \text{const}$ und $q = \text{const}$ gilt

$$U_{mn}\begin{pmatrix} s \\ p\,u,\, q\,v \end{pmatrix} = p^m\, q^n\, U\begin{pmatrix} s \\ u,\, v \end{pmatrix}.$$

Analog zu Punkt 7.1 führen wir den Ausdruck $|U|_{mn}\begin{pmatrix} s \\ u, v \end{pmatrix}$ ein, ferner setzen wir $\tilde{u} = \sup |u(t)|$, $\tilde{v} = \sup |v(t)|$ und $\tilde{U}_{mn} = \sup |U|_{mn}\begin{pmatrix} s \\ 1, 1 \end{pmatrix}$. Dann erhalten wir

$$U_{mn}\begin{pmatrix} s \\ u, v \end{pmatrix}\Bigg| \leqq |U|_{mn}\begin{pmatrix} s \\ |u|, |v| \end{pmatrix} \leqq |U|_{mn}\begin{pmatrix} s \\ \tilde{u}, \tilde{v} \end{pmatrix} = |U|_{mn}\begin{pmatrix} s \\ 1, 1 \end{pmatrix}\tilde{u}^m \tilde{v}^n \leqq \tilde{U}_{mn}\tilde{u}^m \tilde{v}^n .$$

Ein Ausdruck der Form

$$\sum_{m+n=0}^{\infty} U_{mn}\begin{pmatrix} s \\ u, v \end{pmatrix} \tag{7.5}$$

wird Integralpotenzreihe von zwei Argumentfunktionen genannt. Die Reihe (7.5) heißt für gewisse Funktionen $u(t)$ und $v(t)$ regulär konvergent, wenn die Reihe

$$\sum_{m+n\geqq 0} \tilde{U}_{mn}\tilde{u}^m \tilde{v}^n \tag{7.6}$$

konvergiert. Eine regulär konvergente Reihe (7.5) konvergiert absolut und gleichmäßig; für stetige Funktionen $u(t)$ und $v(t)$ ist dann auch die Summe dieser Reihe eine stetige Funktion. Konvergiert die Reihe (7.5) für die Funktionen $u_0(t)$ und $v_0(t)$ regulär, so konvergiert sie auch für alle anderen Funktionen (ut) und $v(t)$ regulär, die den Ungleichungen $|u(t)| \leqq |u_0(t)|$ und $|v(t)| \leqq |v_0(t)|$ genügen.

7.3. Integralpotenzreihen von Integralpotenzreihen. Die Reihe

$$W(s) = W_0(s) + W_1\begin{pmatrix} s \\ u \end{pmatrix} + W_2\begin{pmatrix} s \\ u \end{pmatrix} + \cdots + W_m\begin{pmatrix} s \\ u \end{pmatrix} + \cdots$$

sei für $\tilde{u} \leqq h$ regulär konvergent. Setzen wir für u die Summe der Reihe

$$u(s) = V_1\begin{pmatrix} s \\ v \end{pmatrix} + V_2\begin{pmatrix} s \\ v \end{pmatrix} + \cdots + V_n\begin{pmatrix} s \\ v \end{pmatrix} + \cdots$$

ein, so erhalten wir eine neue Integralpotenzreihe, die für alle v mit

$$\tilde{V}_1 \tilde{v} + \tilde{V}_2 \tilde{v}^2 + \cdots + \tilde{V}_n \tilde{v}^n + \cdots \leqq h$$

regulär konvergiert. Diese Behauptung, die sich unmittelbar aus den bisherigen Überlegungen ergibt, läßt sich zu folgender Aussage verallgemeinern (E. SCHMIDT [1]).

S a t z 7.1. *Die Integralpotenzreihe* (7.5) *sei für* $\tilde{u} \leqq h$ *und* $\tilde{v} \leqq k$ *regulär konvergent. Setzen wir für u bzw. v die Summen der Reihen*

$$u(s) = \sum_{m+n+p=1}^{\infty} W_{mnp}\begin{pmatrix} s \\ w_1, w_2, w_3 \end{pmatrix}$$

bzw.

$$v(s) = \sum_{m+n+p=1}^{\infty} V_{mnp}\begin{pmatrix} s \\ w_1, w_2, w_3 \end{pmatrix}$$

ein, so erhalten wir eine Integralpotenzreihe der Argumentfunktionen w_1, w_2, w_3, *die für*

$$\sum_{m+n+p=1}^{\infty} \tilde{W}_{mnp}\, \tilde{w}_1^m\, \tilde{w}_2^n\, \tilde{w}_3^p \leqq h\,, \qquad \sum_{m+n+p=1}^{\infty} \tilde{V}_{mnp}\, \tilde{w}_1^m\, \tilde{w}_2^n\, \tilde{w}_3^p \leqq k$$

regulär konvergiert.

7.4. Der Ljapunow-Schmidtsche Operator als Kontraktionsoperator. Wir betrachten den Ljapunow-Schmidtschen Operator

$$F(u, v) = \sum_{m+n\geqq 2} U_{mn}\begin{pmatrix} s \\ u, v \end{pmatrix}$$

unter der Voraussetzung, daß die auf der rechten Seite stehende Integralpotenzreihe für $\tilde{u} \leqq d$ und $\tilde{v} \leqq d_1$ regulär konvergiert.

Es sei $|u(t)| \leqq \omega \leqq h < d$ und $|v(t)| \leqq \omega_1 \leqq h_1 < d_1$. Dann wird

$$F(u, v)\,| \leqq \sum_{m+n\geqq 2} \left| U_{mn}\begin{pmatrix} s \\ u, v \end{pmatrix}\right| \leqq \sum_{m+n\geqq 2} \tilde{U}_{mn}\, \omega^m\, \omega_1^n = \Phi(\omega, \omega_1)\,.$$

Die Funktion $\Phi(\omega, \omega_1)$ ist für $\omega \in [0, h]$ und $\omega_1 \in [0, h_1]$ stetig und stetig partiell differenzierbar, ferner ist

$$\Phi(0, 0) = 0\,, \quad \frac{\partial}{\partial \omega}\, \Phi(0, 0) = \frac{\partial}{\partial \omega_1}\, \Phi(0, 0) = 0\,.$$

Aus der Taylorschen Formel folgt dann

$$\Phi(\omega, \omega_1) = \frac{1}{2}\, \omega^2\, \Phi_{\omega\omega}\,(\theta\, \omega, \theta\, \omega_1) + \omega\, \omega_1\, \Phi_{\omega\, \omega_1}(\theta\, \omega, \theta\, \omega_1) + \\ + \frac{1}{2}\, \omega_1^2\, \Phi_{\omega_1 \omega_1}(\theta\, \omega, \theta\, \omega_1)$$

(mit $0 < \theta < 1$) oder

$$|F(u, v)| \leqq \Phi(\omega, \omega_1) \leqq A\,(\omega^2 + \omega\, \omega_1 + \omega_1^2) \qquad (A = \text{const}). \tag{7.7}$$

Genauso erhalten wir für $|u_1(t)| \leqq \omega \leqq h < d$

$$|F(u_1, v)| \leqq \Phi(\omega, \omega_1) \leqq A\,(\omega^2 + \omega\, \omega_1 + \omega_1^2)\,. \tag{7.7'}$$

Wir schreiben nun

$$|U_{mn}(u, v) - U_{mn}(u_1, v)| \\ \leqq \sum_{\nu} \int_B \cdots \int_B |K_{mn}^{(\nu)}(s, t_1, t_2, \ldots, t_i)|\, |u^{\alpha_0}(s)\, u^{\alpha_1}(t_1) \cdots u^{\alpha_i}(t_i) - \\ - u_1^{\alpha_0}(s)\, u_1^{\alpha_1}(t_1) \cdots u_1^{\alpha_i}(t_i)|\, |v^{\beta_0}(s)\, v^{\beta_1}(t_1) \cdots v^{\beta_i}(t_i)|\, dt_1 \cdots dt_i\,,$$

($\nu = \nu_1, \nu_2, \ldots, \nu_l$; wir können annehmen, daß l nicht größer ist als die Anzahl der verschiedenen Typen von Integralpotenzgliedern vom Grad m in u und vom Grad n in v) und

$$\sum_{\nu} \sup \int_B \cdots \int_B |K^{(\nu)}(s, t_1, \ldots, t_i)|\, dt_1 \cdots dt_i = \tilde{U}_{mn} .$$

Wegen

$$u^{\alpha_0}(s)\, u^{\alpha_1}(t_1) \cdots u^{\alpha_i}(t_i) - u_1^{\alpha_0}(s)\, u_1^{\alpha_1}(t_1) \cdots u_1^{\alpha_i}(t_i) =$$
$$= \left(u^{\alpha_0}(s) - u_1^{\alpha_0}(s)\right) u^{\alpha_1}(t_1) \cdots u^{\alpha_i}(t_i) + u_1^{\alpha_0}(s) \left(u^{\alpha_1}(t_1) - u_1^{\alpha_1}(t_1)\right) u^{\alpha_2}(t_2) \cdots u^{\alpha_i}(t_i) + \cdots$$
$$\cdots + u_1^{\alpha_0}(s)\, u_1^{\alpha_1}(t_1) \cdots u_1^{\alpha_{i-1}}(t_{i-1}) \left(u^{\alpha_i}(t_i) - u_1^{\alpha_i}(t_i)\right)$$

und

$$u^\alpha - u_1^\alpha = (u - u_1)\,(u^{\alpha-1} + u^{\alpha-2}\, u_1 + \cdots + u_1^{\alpha-1})$$

wird

$$|u^{\alpha_0}(s)\, u^{\alpha_1}(t_1) \cdots u^{\alpha_i}(t_i) - u_1^{\alpha_0}(s)\, u_1^{\alpha_1}(t_1) \cdots u_1^{\alpha_i}(t_i)| \leqq m\, \omega^{m-1} \sup |u(s) - u_1(s)| .$$

Insgesamt erhalten wir

$$|U_{mn}(u, v) - U_{mn}(u_1, v)| \leqq m\, \tilde{U}_{mn}\, \omega^{m-1}\, \omega_1^n \sup |u(s) - u_1(s)| ,$$

also

$$|F(u, v) - F(u_1, v)| \leqq \Big(\sum_{m+n\geqq 2} m\, \hat{U}_{mn}\, \omega^{m-1}\, \omega_1^n\Big) \sup |u(s) - u_1(s)|$$

oder

$$|F(u, v) - F(u_1, v)| \leqq \Phi_\omega(\omega, \omega_1) \sup |u(s) - u_1(s)| .$$

Wegen $\Phi_\omega(0, 0) = 0$ führt die LAGRANGEsche Formel auf

$$\Phi_\omega(\omega, \omega_1) = \omega\, \Phi_{\omega\omega}(\theta\, \omega, \theta\, \omega_1) + \omega_1\, \Phi_{\omega\omega_1}(\theta\, \omega, \theta\, \omega_1) \leqq M(\omega + \omega_1)$$

(mit $0 < \theta < 1$, $0 < M = \text{const}$). Hieraus folgt schließlich

$$|F(u, v) - F(u_1, v)| \leqq M\, (\omega + \omega_1) \sup |u(s) - u_1(s)| . \tag{7.8}$$

Die Ungleichungen (7.7) und (7.8) lassen folgenden Schluß zu:

Satz 7.2. *Es gibt eine positive Zahl*

$$\delta \leqq \min\,(h, h_1)$$

mit der Eigenschaft, daß der LJAPUNOW-SCHMIDT*sche Operator für* $|u(t)| \leqq \omega \leqq \delta$ *und* $|v(t)| \leqq \omega_1 \leqq \delta$ *den Ungleichungen*

$$\begin{aligned} |F(u, v)| &\leqq a\, \delta; \\ |F(u, v) - F(u_1, v)| &\leqq q \sup |u(s) - u_1(s)| \end{aligned} \tag{7.9}$$

mit $0 < a \leqq 1$ *und* $q < 1$ *genügt, daß also der Operator* $F(u, v)$ *bei hinreichend kleinem* $|v|$ *die Kugel* $D = \left(u(s)\colon ||u|| \leqq \delta\right)$ *des Raumes der beschränkten meßbaren Funktionen (oder des Raumes der stetigen Funktionen) in sich abbildet und auf dieser Kugel ein Kontraktionsoperator ist.*

Im folgenden werden wir auf das Prinzip der kontrahierenden Abbildung zurückgreifen.

Satz 7.3.[1]) *Der Operator $F(x)$ sei auf der Kugel $D = (x: \|x - x_0\| \leqq r)$ eines* Banach-*Raumes erklärt, bilde diese Kugel in sich ab und genüge der Bedingung*

$$\|F(x) - F(y)\| \leqq q\,\|x - y\| \qquad (x, y \in D,\ q < 1)\,.$$

Dann besitzt die Gleichung

$$x = F(x)$$

in D eine eindeutig bestimmte Lösung x^*. Diese Lösung ist Grenzwert des Iterationsverfahrens

$$x_{n+1} = F(x_n)\,, \qquad n = 1, 2, 3, \ldots,$$

mit einem beliebigen Anfangswert $x_1 \in D$, und es gilt die Fehlerabschätzung

$$\|x_n - x^*\| \leqq \frac{q^n}{1-q}\,\|x_2 - x_1\|\,.$$

7.5. Eine einfache Ljapunow-Schmidtsche Integralgleichung. Wir beginnen unsere Untersuchung der Ljapunow-Schmidtschen Integralgleichungen mit einem einfachen Spezialfall. Die Funktionen $K_0(s)$, $K_{01}(s, t)$ und $v(t)$ seien als stetige Funktionen vorgegeben, $u(s)$ sei eine unbekannte stetige Funktion. Wir betrachten die Integralgleichung

$$u(s) = U_{01}\begin{pmatrix} s \\ v \end{pmatrix} + \sum_{m+n \geqq 2} U_{mn}\begin{pmatrix} s \\ u, v \end{pmatrix} = U_{01}\begin{pmatrix} s \\ v \end{pmatrix} + F(u, v) \tag{7.10}$$

mit

$$U_{01}\begin{pmatrix} s \\ v \end{pmatrix} = K_0(s)\, v(s) + \int_B K_{01}(s, t)\, v(t)\, dt\,.$$

Dabei setzen wir voraus, daß in den Ungleichungen (7.9) $a = 1/2$ ist und daß ω_1 so gewählt wurde, daß für $|v(t)| \leqq \omega_1$ die Ungleichung $\left|U_{01}\begin{pmatrix} s \\ v \end{pmatrix}\right| \leqq \frac{1}{2}\delta$ erfüllt ist. Dann genügt die rechte Seite von (7.10) nach Satz 7.2 den Voraussetzungen von Satz 7.3, so daß die Integralgleichung (7.10) eine eindeutig bestimmte stetige Lösung $u_0(s)$ mit $|u_0(s)| \leqq \delta \leqq h < d$ besitzt.

Wir zeigen nun, daß sich die Lösung $u_0(s)$ in der Form

$$u_0(s) = \sum_{k=1}^{\infty} V_k\begin{pmatrix} s \\ v \end{pmatrix}, \quad V_1\begin{pmatrix} s \\ v \end{pmatrix} = U_{01}\begin{pmatrix} s \\ v \end{pmatrix} \tag{7.11}$$

darstellen läßt. Es sei $\alpha > 1$ ($\alpha - 1$ möglicherweise hinreichend klein) und λ eine beliebige komplexe Zahl mit $|\lambda| < \alpha$. Dann besitzt die nichtlineare Integralgleichung

$$u_\lambda(s) = U_{01}\begin{pmatrix} s \\ \lambda v \end{pmatrix} + F(u_\lambda, \lambda v) \equiv \lambda\, U_{01}\begin{pmatrix} s \\ v \end{pmatrix} + \sum_{m+n \geqq 2} \lambda^n\, U_{mn}\begin{pmatrix} s \\ u_\lambda, v \end{pmatrix} \tag{7.12}$$

---

[1]) Zum Beweis siehe z. B. W. W. Nemyzki [1] oder G. E. Schilow [1].

für $|\lambda\, v(t)| \leqq h_2 \leqq \omega_1$ und $|u_\lambda(t)| \leqq \omega$ eine eindeutig bestimmte stetige Lösung $u_\lambda(s)$, die mit dem Iterationsverfahren

$$u_\lambda^{(1)} = \lambda\, U_{01}\begin{pmatrix} s \\ v \end{pmatrix}, \quad u_\lambda^{(k)} = \lambda\, U_{01}\begin{pmatrix} s \\ v \end{pmatrix} + \sum_{m+n\geqq 2} U_{mn}\begin{pmatrix} s \\ u_\lambda^{(k-1)},\, \lambda\, v \end{pmatrix}, \quad k = 2, 3, \ldots,$$

konstruiert werden kann; es gilt

$$\lim_{k\to\infty} u_\lambda^{(k)} = u_\lambda$$

gleichmäßig bezüglich λ für alle λ mit $|\lambda| \leqq \alpha$. Jede Näherungslösung $u_\lambda^{(k)}$ ist als Funktion von λ im Kreis $|\lambda| \leqq \alpha$ holomorph, und die Folge $\{u_\lambda^{(k)}\}$ konvergiert gleichmäßig gegen u_λ. Nach einem bekannten Satz von WEIERSTRASS (siehe z. B. A. I. MARKUSCHEWITSCH [1]) ist dann auch die Lösung u_λ als Funktion von λ im Kreis $|\lambda| < \alpha$ holomorph, so daß

$$u_\lambda = u_1 \lambda + u_2 \lambda^2 + \cdots + u_k \lambda^k + \cdots \tag{7.13}$$

wird. Da die Gleichung (7.10) für $v = 0$ nur die Lösung $u \equiv 0$ besitzt, gilt $u_\lambda \to 0$ für $\lambda \to 0$, so daß die Reihe (7.13) kein freies Glied enthalten darf. Speziell für $\lambda = 1$ erhalten wir

$$u_0(s) = u_1 + u_2 + \cdots + u_k + \cdots. \tag{7.14}$$

Die Koeffizienten $u_1, u_2, u_3, \ldots$ der Reihe (7.13) können wir dadurch berechnen, daß wir diese Reihe in (7.12) einsetzen und anschließend die Koeffizienten bei gleichen Potenzen von λ vergleichen. Auf diese Weise erhalten wir

$$u_1 = U_{01}\begin{pmatrix} s \\ v \end{pmatrix};$$

u_2 ergibt sich aus $U_{01}, U_{20}, U_{11}, U_{02}$; u_3 hängt außerdem noch von $U_{30}, U_{21}, U_{12}, U_{03}$ ab. Durch vollständige Induktion kann gezeigt werden, daß sich der Koeffizient u_k durch U_{01} sowie durch alle U_{mn} mit $2 \leqq m + n \leqq k$ ausdrücken läßt. Berücksichtigen wir schließlich (7.14), so erhalten wir gerade die Darstellung (7.11) mit

$$V_k\begin{pmatrix} s \\ v \end{pmatrix} = \sum_{\nu} \int_B \cdots \int_B N_k^{(\nu)}(s, t_1, t_2, \ldots, t_i)\, v^{\beta_0}(s)\, v^{\beta_1}(t_1) \cdots v^{\beta_i}(t_i)\, dt_1 \cdots dt_i,$$

wobei ν endlich viele Werte durchläuft und $\beta_0 + \beta_1 + \cdots + \beta_i = k$ ist.

7.6. Das LICHTENSTEINsche Näherungsverfahren. Im letzten Punkt haben wir die Existenz einer Lösung der Gleichung (7.10) mit dem Prinzip der kontrahierenden Abbildung nachgewiesen; wir haben im Raum C der stetigen Funktionen eine Kugel $D(\delta)$ um den Nullpunkt mit dem Radius δ ausgewählt und gezeigt, daß in dieser Kugel genau eine Lösung existiert und daß diese Lösung in der Form (7.11) dargestellt werden kann. Dabei haben wir gefordert, daß nicht nur die Argumentfunktion $v(s)$, sondern auch der Radius der Kugel, in der die Lösung gesucht wird, hinreichend klein ist. Im Unterschied dazu hat L. LICHTENSTEIN [1] die Existenz einer Lösung von (7.10) mit einem Näherungsverfahren nachgewiesen, bei dem nur $|v(s)|$ als hinreichend klein vorausgesetzt wird. Dann taucht natürlich die Frage auf, welcher Zusammenhang zwischen den beiden Lösungen besteht, die man mit dem Prinzip der kontrahierenden Abbildung bzw. dem LICHTENSTEINschen Näherungsverfahren findet. Zuerst wollen wir aber das LICHTENSTEINsche Näherungsverfahren behandeln, das auch für sich allein von Interesse ist.

Die LICHTENSTEINschen Näherungen $z_1(s)$, $z_2(s)$, $z_3(s)$, ... werden folgendermaßen gebildet:

$$\left.\begin{aligned} z_1(s) &= U_{01}\begin{pmatrix} s \\ v \end{pmatrix}, \\ z_2(s) &= U_{01}\begin{pmatrix} s \\ v \end{pmatrix} + \sum_{m+n\geqq 2} U_{mn}\begin{pmatrix} s \\ z_1, v \end{pmatrix}, \\ &\cdots\cdots\cdots\cdots\cdots \\ z_k(s) &= U_{01}\begin{pmatrix} s \\ v \end{pmatrix} + \sum_{m+n\geqq 2} U_{mn}\begin{pmatrix} s \\ z_{k-1}, v \end{pmatrix}. \\ &\cdots\cdots\cdots\cdots\cdots \end{aligned}\right\} \tag{7.15}$$

Damit alle hier auftretenden Reihen konvergieren, muß nach Voraussetzung nicht nur $|v(s)| \leqq h_1$, sondern auch $|z_k(s)| \leqq h$ sein. Wir wollen zeigen, daß diese Ungleichungen erfüllt sind. Dazu setzen wir

$$\max(|v|, |U_{01}|) = U_* . \tag{7.16}$$

Dann betrachten wir die quadratische Gleichung

$$x = U_* + A\,(x^2 + x\,U_* + U_*^2)\,, \tag{7.17}$$

deren Wurzeln bei hinreichend kleinem U_* positiv sind. Die kleinere Wurzel

$$\begin{aligned} x &= \frac{1}{2A} - \frac{U_*}{2} - \sqrt{\left(\frac{1}{2A} - \frac{U_*}{2}\right)^2 - U_*\left(\frac{1}{A} + U_*\right)} = \\ &= U_*(A^{-1} + U_*)\left[\frac{1}{2A} - \frac{U_*}{2} + \sqrt{\left(\frac{1}{2A} - \frac{U_*}{2}\right)^2 - U_*\left(\frac{1}{A} + U_*\right)}\right]^{-1} \end{aligned}$$

strebt mit U_* nach Null. Deshalb gibt es eine positive Zahl h_2 derart, daß $x \leqq h$ wird, sofern $|v(s)| \leqq h_2 \leqq h$ ist. Die Beziehungen (7.7), (7.15)–(7.17) führen dann auf die Ungleichungen

$$\begin{aligned} |z_1(s)| &\leqq U_* < x\,, \\ |z_2(s)| &< U_* + A\,(x^2 + x\,U^* + U_*^2) = x\,, \\ &\cdots\cdots\cdots\cdots\cdots \\ |z_k(s)| &< U_* + A\,(x^2 + x\,U_* + U_*^2) = x\,, \\ &\cdots\cdots\cdots\cdots\cdots \end{aligned}$$

so daß

$$|z_k(s)| < x \leqq h\,, \qquad k = 1, 2, \ldots, \tag{7.18}$$

wird

Aus den Ungleichungen (7.18) und (7.8) folgt für $k > 2$

$$|z_k(s) - z_{k-1}(s)| = \left| \sum_{m+n\geqq 2} U_{mn}\begin{pmatrix} s \\ z_{k-1},\ v\end{pmatrix} - \sum_{m+n\geqq 2} U_{mn}\begin{pmatrix} s \\ z_{k-2},\ v\end{pmatrix}\right| \leqq$$

$$\leqq M\,(x + U_*)\,\max |z_{k-1}(s) - z_{k-2}(s)|\,.$$

Wir fordern

$$M\,(x + U_*) \leqq q < 1 \tag{..19}$$

und erhalten

$$\max |z_k(s) = z_{k-1}(s)| \leqq q \max |z_{k-1}(s) - z_{k-2}(s)|\,,$$

so daß die Reihe

$$z_1(s) + \big(z_2(s) - z_1(s)\big) + \big(z_3(s) - z_2(s)\big) + \cdots$$

absolut und gleichmäßig konvergiert. Ihr Grenzwert

$$z(s) = \lim_{k\to\infty} z_k(s)$$

ist wegen der Stetigkeit des Operators $F(u, v)$ eine Lösung der Gleichung (7.10). (7.18) ergibt

$$|z(s)| \leqq x \leqq h\,.$$

Darüber hinaus folgt aus (7.16) und (7.19), daß die Lösung $z(s)$ in der Kugel $D(\delta)$ liegt und somit in $D(\delta)$ die einzige Lösung ist.

Die mit dem Prinzip der kontrahierenden Abbildung und die mit dem LICHTENSTEINschen Näherungsverfahren gefundenen Lösungen stimmen also überein.

7.7. Die Majorantenmethode[1]). In diesem Punkt wollen wir die Existenz einer Lösung von (7.10) und ihre Darstellbarkeit als Integralpotenzreihe der Argumentfunktion $v(s)$ mit einer Majorontenmethode nachweisen (siehe E. SCHMIDT [1]). Zunächst setzen wir

$$V_1\begin{pmatrix} s \\ v\end{pmatrix} = U_{01}\begin{pmatrix} s \\ v\end{pmatrix}.$$

$V_2\begin{pmatrix} s \\ v\end{pmatrix}$ erhalten wir dadurch, daß wir in die Gleichung (7.10) für $u(s)$ das Integralpotenzglied $V_1\begin{pmatrix} s \\ v\end{pmatrix}$ einsetzen und anschließend alle Integralpotenz-

---

[1]) Wir behandeln hier auch die Majorantenmethode, weil sie in den Anwendungen häufig anzutreffen ist. Außerdem lassen sich unter Benutzung dieser Methode leicht Abschätzungen für das Konvergenzgebiet der Reihen herleiten, die die Lösungen darstellen.

glieder zweiten Grades zusammenfassen. Nun nehmen wir an, daß $V_i\begin{pmatrix} s \\ v \end{pmatrix}$ für $i = 1, 2, \ldots, m-1$ schon bestimmt ist. Wir setzen in die rechte Seite der Gleichung (7.10) für $u(s)$ die Summe

$$\sum_{i=1}^{m-1} V_i\begin{pmatrix} s \\ v \end{pmatrix}$$

ein und sammeln alle Integralpotenzglieder vom Grad m in v; ihre Summe liefert uns $V_m\begin{pmatrix} s \\ v \end{pmatrix}$. Die auf diese Weise konstruierte Integralpotenzreihe (7.11) genügt formal der Gleichung (7.10). Es sei erwähnt, daß dieses Verfahren dem Verfahren gleicht, nach dem eine implizite Funktion in einer Veränderlichen aus der Gleichung

$$y = a_{10}\,x + a_{20}\,x^2 + a_{11}\,x\,y + a_{02}\,y^2 + \cdots$$

bestimmt wird (siehe E. Goursat [2]).

Wir wollen jetzt zeigen, daß es eine positive Zahl k_1 mit der Eigenschaft gibt, daß die Reihe (7.11) für $|v(s)| \leqq k_1$ regulär konvergiert. Dazu wenden wir auf die Gleichung

$$\varphi(s) = |U|_{01}\begin{pmatrix} s \\ |v| \end{pmatrix} + \sum_{m+n\geqq 2} |U|_{mn}\begin{pmatrix} s \\ \varphi,\ |v| \end{pmatrix} \tag{7.20}$$

das oben beschriebene Verfahren an; wir erhalten die formale Lösung

$$\varphi(s) = \sum_{m=1}^{\infty} V'_m\begin{pmatrix} s \\ |v| \end{pmatrix}. \tag{7.21}$$

Die Kerne der Integralpotenzglieder $V'_m\begin{pmatrix} s \\ |v| \end{pmatrix}$ sind reell, nichtnegativ und Majoranten für die entsprechenden Kerne der Integralpotenzglieder von (7.11), so daß

$$\tilde{V}'_m \geqq \tilde{V}_m, \quad m = 1, 2, 3, \ldots, \tag{7.22}$$

wird. Wenn wir in (7.21) die Funktion $|v(s)|$ durch die positive Konstante q ersetzen, erhalten wir die Reihe

$$\sum_{m=1}^{\infty} V'_m\begin{pmatrix} s \\ 1 \end{pmatrix} q^m, \tag{7.23}$$

die formal der Gleichung

$$\varphi(s) = |U|_{01}\begin{pmatrix} s \\ 1 \end{pmatrix} q + \sum_{m+n\geqq 2} |U|_{mn}\begin{pmatrix} s \\ \varphi,\ 1 \end{pmatrix} q^n \tag{7.24}$$

genügt. Wie oben gilt

$$V'_1\begin{pmatrix} s \\ 1 \end{pmatrix} = |U|_{01}\begin{pmatrix} s \\ 1 \end{pmatrix};$$

setzen wir in die rechte Seite der Gleichung (7.24) für $\varphi(s)$ die Summe

$$\sum_{i=1}^{m-1} V_i'\binom{s}{1} q^i \tag{7.25}$$

ein, so finden wir $V_m'\binom{s}{1}$ als Koeffizienten bei q^m.

Wir betrachten jetzt die Gleichung

$$p = \tilde{U} q + \sum_{m+n \geqq 2} \tilde{U}_{mn} p^m q^n , \tag{7.26}$$

deren rechte Seite für $p < d$ und $q < d_1$ konvergiert, da der Operator $F(u, v)$ als regulär konvergent (siehe Punkt 7.4) vorausgesetzt wurde. Nach einem bekannten Satz über die Existenz der impliziten Funktion (siehe E. GOURSAT [2] besitzt diese Gleichung die Lösung

$$p = \sum_{m=1}^{\infty} A_m q^m , \tag{7.27}$$

wobei die Reihe (7.27) für $q \leqq k_1$ konvergiert; k_1 ist eine geeignete positive Zahl.

Um die reguläre Konvergenz der Integralpotenzreihe (7.11) zu beweisen, genügt es wegen (7.22) zu zeigen, daß

$$\tilde{V}_m' \leqq A_m , \quad m = 1, 2, \ldots ,$$

ist. Zunächst folgt aus (7.26) und (7.27) wegen $V_1'\binom{s}{1} = |U|\binom{s}{1}$

$$A_1 = \tilde{U}(1) = \tilde{V}_1' .$$

Nehmen wir nun an, es sei

$$\tilde{V}_i' \leqq A_i , \quad i = 1, 2, \ldots , m-1 . \tag{7.28}$$

Wir erinnern uns an das oben beschriebene Verfahren zur Bestimmung von $V_m'\binom{s}{1}$ aus der Gleichung (7.24); wenn wir jetzt in die Gleichung (7.24) für $\varphi(s)$ nicht die Summe (7.25), sondern die Summe

$$\sum_{i=1}^{m-1} A_i q^i = S_{m-1} \tag{7.29}$$

einsetzen und (7.28) berücksichtigen, so wird der entsprechende Koeffizient bei q^m nicht kleiner als das Integralpotenzglied $V_m'\binom{s}{1}$ sein (für alle s). Weiterhin folgt aus den Beziehungen

$$|U|_{\mu\nu}\binom{s}{S_{m-1},\ 1} q^\nu = |U|_{\mu\nu}\binom{s}{1,\ 1} S_{m-1}^{\mu} q^\nu ,$$

$$|U|_{\mu\nu}\binom{s}{1,\ 1} \leqq \tilde{U}_{\mu\nu} ,$$

daß der Koeffizient bei q^m nicht kleiner wird, wenn wir die Summe (7.29) nicht in die rechte Seite von (7.24) für $\varphi(s)$, sondern in die rechte Seite von (7.26) für p einsetzen. Bei einer solchen Bestimmung des Koeffizienten von q^m erhalten wir aber gerade A_m, folglich ist

$$\tilde{V}'_m \leqq A_m .$$

Die Reihe (7.27) ist also eine Majorante für die Reihe (7.11), so daß die Reihe (7.11) für $|v(s)| \leqq k_1$ regulär konvergiert und formal der Gleichung (7.10) genügt. Die rechte Seite dieser Gleichung ist für $\tilde{u} \leqq d$ und $\tilde{v} \leqq d_1$ regulär konvergent; wählen wir deshalb eine positive Zahl k_2 derart, daß

$$k_2 \leqq k_1, \quad k_2 \leqq d_1$$

und

$$\sum_{m=1}^{\infty} \tilde{V}_m k_2^m \leqq d$$

wird, so liefert uns die Reihe (7.11) tatsächlich eine Lösung der Gleichung (7.10).

Mit der Majorantenmethode kann auch die Existenz einer positiven Zahl $d' \leqq d$ nachgewiesen werden, so daß die Gleichung (7.10) für

$$\tilde{u} \leqq d', \quad \tilde{v} \leqq d'$$

genau eine Lösung besitzt, die in der Form (7.11) dargestellt werden kann.

Außer der Lösung (7.11) existiere noch die Lösung $u_0(s) + w(s)$, es sei also

$$u_0(s) = U_{01}\begin{pmatrix} s \\ v \end{pmatrix} + \sum_{m+n\geqq 2} U_{mn}\begin{pmatrix} s \\ u_0,\ v \end{pmatrix},$$

$$u_0(s) + w(s) = U_{01}\begin{pmatrix} s \\ v \end{pmatrix} + \sum_{m+n\geqq 2} U_{mn}\begin{pmatrix} s \\ u_0 + w,\ v \end{pmatrix}.$$

Wir subtrahieren beide Gleichungen und schätzen ab,

$$|w(s)| \leqq \tilde{w} \sum_{m+n\geqq 2} \tilde{U}_{mn}\, m\, (\tilde{u}_0 + \tilde{w})^{m-1}\, \tilde{v}^n ; \tag{7.30}$$

Die rechte Seite dieser Ungleichung ist für $\tilde{u}_0 + \tilde{w} \leqq d$ und $\tilde{v} \leqq d_1$ konvergent, da die rechte Seite von (7.10) regulär konvergiert. (7.30) ergibt

$$\tilde{w} \leqq \tilde{w} \sum_{m+n\geqq 2} \tilde{U}_{mn}\, m\, (\tilde{u}_0 + \tilde{w})^{m-1}\, \tilde{v}^n ;$$

für $\tilde{w} \neq 0$ wird also

$$1 \leqq \sum_{m+n\geqq 2} \tilde{U}_{mn}\, m\, (\tilde{u}_0 + \tilde{w})^{m-1}\, \tilde{v}^n . \tag{7.31}$$

Da die rechte Seite dieser Ungleichung für $\tilde{u}_0 + \tilde{w} = 0$, $\tilde{v} = 0$ Null wird, gibt es eine Zahl $d' \leqq d$, so daß die Ungleichung (7.31) für $\tilde{u}_0 + \tilde{w} \leqq d'$, $\tilde{u}_0 \leqq d'$ und $\tilde{v} \leqq d'$ nicht erfüllt sein kann. Damit haben wir die Einzigkeit bewiesen.

Es sei aber betont, daß wir mit der Majorantenmethode die Einzigkeit der Lösung von (7.10) in der Menge der Funktionen nachgewiesen haben, die sich als Integralpotenzreihen darstellen lassen; mit dem Prinzip der kontrahierenden Abbildung erhielten wir dagegen die Einzigkeit der Lösung von (7.10) in der Menge der stetigen Funktionen.

Fassen wir das Ergebnis zusammen.

Satz 7.4. *Es gibt eine positive Zahl δ mit der Eigenschaft, daß die Gleichung* (7.10) *in der Menge der stetigen Funktionen für*

$$|u(s)| \leqq \omega \leqq \delta\,, \quad |v(s)| \leqq \omega_1 \leqq \delta$$

eine eindeutig bestimmte Lösung besitzt. Diese Lösung läßt sich durch die Integralpotenzreihe (7.11) *darstellen.*

Die Aussagen dieses Satzes bleiben auch für Gleichungen der Form

$$u(s) = U(v_1, v_2, \ldots, v_k) + \sum_{m+n_1+\cdots+n_k \geqq 2} U_{m n_1 \cdots n_k}\begin{pmatrix} s \\ u, v_1, v_2, \ldots, v_k \end{pmatrix} \tag{7.32}$$

erhalten, wobei $U(v_1, \ldots, v_k)$ ein Integralpotenzglied ersten Grades in v, v_2, $\ldots$, v_k ist. Die (in der Menge der stetigen Funktionen) eindeutig bestimmte Lösung dieser Gleichung läßt sich bei hinreichend kleinem $|v_i|$ in der Form

$$u(s) = \sum_{n_1+\cdots+n_k \geqq 1} V_{n_1 n_2 \cdots n_k}(v_1, v_2, \ldots, v_k) \tag{7.33}$$

mit

$$\sum_{n_1+\cdots+n_k = 1} V_{n_1 n_2 \ldots n_k}(v_1, \ldots, v_k) = U(v_1, v_2, \ldots, v_k)$$

darstellen. Speziell können einige oder alle Argumentfunktionen v_i Zahlenparameter sein. Sind alle v_i Zahlenparameter, so läßt sich die Lösung in eine Potenzreihe nach diesen Parametern entwickeln, deren Ordnung nicht kleiner als 1 ist.

7.8. Die gleichmäßige Konvergenz des Näherungsverfahrens. In Punkt 7.5 haben wir vorausgesetzt, daß die rechte Seite der einfachen LJAPUNOW-SCHMIDTschen Integralgleichung (7.10) regulär konvergiert. Nun wollen wir den Fall untersuchen, daß die rechte Seite der Gleichung (7.10) gleichmäßig konvergiert. Auch dann besitzt die Gleichung (7.10) bei hinreichend kleinem $|v(s)|$ in der Menge der stetigen Funktionen eine eindeutig bestimmte kleine Lösung, die sich durch die Integralpotenzreihe (7.11) darstellen läßt. Jetzt kann aber nur die gleichmäßige Konvergenz dieser Reihe garantiert werden.

Wir betrachten wieder den LJAPUNOW-SCHMIDTschen Operator

$$F(u, v) = \sum_{m+n \geqq 2} U_{mn}\begin{pmatrix} s \\ u, v \end{pmatrix}$$

und setzen voraus, daß die Reihe auf der rechten Seite für alle stetigen, reellen oder komplexwertigen Funktionen $u(s)$ und $v(s)$, die den Bedingungen

$$|u(s)| \leqq \omega \leqq h \leqq d\,, \quad |v(s)| \leqq \omega_1 \leqq h_1 \leqq d_1$$

genügen, gleichmäßig konvergiert. Aus der gleichmäßigen Konvergenz folgt, daß $F(u, v)$ für $|u| \leqq d$, $|v| \leqq d_1$ gleichmäßig beschränkt ist, $|F(u, v)| \leqq M_1$. Weiterhin ist bei fixiertem $u(s)$ und $v(s)$ die Funktion

$$f(\varepsilon, \lambda) = \sum_{m+n\geqq 2} \varepsilon^m \lambda^n U_{mn}\begin{pmatrix} s \\ u, v\end{pmatrix}$$

als Funktion von (ε, λ) für $|\varepsilon| < d/\omega$, $|\lambda| < d_1/\omega_1$ holomorph und für $|\varepsilon| \leqq d/\omega$, $|\lambda| \leqq d_1/\omega_1$ stetig. Wegen

$$\max |f(\varepsilon, \lambda)| \leqq M_1 \left(|\varepsilon| = \frac{d}{\omega}\,, \quad |\lambda| = \frac{d_1}{\omega_1}\right)$$

erhalten wir mit den CAUCHYschen Ungleichungen für die Koeffizienten einer Potenzreihe (siehe z. B. B. A. FUKS [1])

$$\left|U_{mn}\begin{pmatrix} s \\ u, v\end{pmatrix}\right| \leqq M_1 : \left(\frac{d}{\omega}\right)^m \left(\frac{d_1}{\omega_1}\right)^n = \frac{M_1}{d^m d_1^n}\, \omega^m \omega_1^n = C_{mn}\, \omega^m \omega_1^n\,,$$

so daß

$$\sum_{m+n\geqq 2} \left|U_{mn}\begin{pmatrix} s \\ u, v\end{pmatrix}\right| \leqq \sum_{m+n\geqq 2} C_{mn}\, \omega^m \omega_1^n = \Psi(\omega, \omega_1)$$

wird. $\Psi(\omega, \omega_1)$ ist die Summe einer zweifachen Potenzreihe, die für $\omega \leqq d$, $\omega_1 \leqq d_1$ konvergiert; dabei gilt

$$\Psi(0, 0) = 0\,, \quad \frac{\partial}{\partial \omega} \Psi(0, 0) = \frac{\partial}{\partial \omega_1} \Psi(0, 0) = 0\,.$$

Die Funktion $\Psi(\omega, \omega_1)$ besitzt also die gleichen Eigenschaften wie die Funktion $\Phi(\omega, \omega_1)$ in Punkt 7.4, so daß auch in diesem Fall die Ungleichung (7.7) gilt.

Wir wollen nun eine Ungleichung der Form (7.8) beweisen. Zunächst zeigen wir, daß der Operator $F(u, v)$ bezüglich u das lineare GÂTEAUXsche Differential besitzt (siehe z. B. M. M. WAINBERG [1]). C sei der Raum der auf B stetigen Funktionen, $u(s)$ sei ein beliebig fixiertes Element aus C mit $|u(s)| \leqq h \leqq d$, $\varphi(s)$ sei ein beliebiger Einheitsvektor aus C ($\max |\varphi(s)| = 1$) und τ eine beliebige reelle Zahl mit $|u(s) + \tau\, \varphi(s)| \leqq h$. Da die Reihe für $F(u, v)$ gleichmäßig konvergiert, gilt

$$\lim_{\tau\to 0} \frac{F(u + \tau\,\varphi, v) - F(u, v)}{\tau} =$$

$$= \sum_{m+n\geqq 2} \lim_{\tau\to 0} \frac{U_{mn}\begin{pmatrix} s \\ u + \tau\,\varphi, v\end{pmatrix} - U_{mn}\begin{pmatrix} s \\ u, v\end{pmatrix}}{\tau} = \sum_{m+n\geqq 2} U'_{mn}\begin{pmatrix} s \\ u, v\end{pmatrix} \varphi\,,$$

wobei die Operatoren

$$U'_{mn}\begin{pmatrix} s \\ u, v\end{pmatrix}\varphi = \sum_{\nu} \int_B \cdots \int_B K^{(\nu)}(s, t_1, \ldots, t_i)$$
$$\times \left(\sum_{k=0}^{i} u^{\alpha_0}(s)\, u^{\alpha_1}(t_1) \cdots \alpha_k\, u^{\alpha_k - 1}(t_k)\, \varphi(t_k)\, u^{\alpha_k+1}(t_{k+1}) \cdots u^{\alpha_i}(t_i)\right)$$
$$\times\, v^{\beta_0}(s)\, v^{\beta_1}(t_1) \cdots v^{\beta_i}(t_i)\, dt_1 \cdots dt_i\,,$$
$$\alpha_0 + \alpha_1 + \cdots + \alpha_i = m\,, \quad \beta_0 + \beta_1 + \cdots + \beta_i = n\,,$$

als Summen von endlich vielen linearen beschränkten Operatoren wieder linear und beschränkt sind; darüber hinaus ist die Norm von $U'_{mn}\begin{pmatrix} s \\ u, v\end{pmatrix}$ bezüglich $u(s)$ und $v(s)$ gleichmäßig beschränkt, sofern $|u(s)| \leqq h$ und $|v(s)| \leqq h_1$ ist. Wir benutzen jetzt bekannte Sätze über die Konvergenz von Folgen linearer Operatoren (siehe z. B. L. W. KANTOROWITSCH und G. P. AKILOW [1]), aus denen

$$\sum_{m+n\geqq 2} U'_{mn}\begin{pmatrix} s \\ u, v\end{pmatrix}\varphi = F'_u(u, v)\,\varphi$$

folgt, wobei $F'_u(u, v)$ ein linearer beschränkter Operator ist; für $|u(s)| \leqq \omega \leqq h < d$, $|v(s)| \leqq \omega_1 \leqq h_1 < d_1$ gilt außerdem

$$\sup \|F'_u(u, v)\| = A(\omega, \omega_1) < +\infty\,.$$

Die Funktion $A(\omega, \omega_1)$ ist im Nullpunkt stetig, $A(0, 0) = 0$. Hieraus folgt nach einem bekannten Satz (M. M. WAINBERG [1], Lemma 3.3)

$$\|F(u, v) - F(u_1, v)\| \leqq A(\omega, \omega_1)\| u - u_1\|\,. \tag{7.8'}$$

Einen anderen Beweis für die Ungleichung (7.8′) kann man im Buch von L. LICHTENSTEIN [1] finden.

Aus diesen Überlegungen folgt, daß die Aussagen von Satz 7.2 auch in dem Fall, daß die rechte Seite der Gleichung (7.10) nur gleichmäßig konvergiert, erhalten bleiben. Wiederholen wir die Überlegungen von Punkt 7.5, so sehen wir, daß auch die Aussagen von Satz 7.4 erhalten bleiben. Die eindeutig bestimmte Lösung der Gleichung (7.10) läßt sich jetzt durch eine gleichmäßig konvergente Integralpotenzreihe der Form (7.11) darstellen.

§ 8. Die allgemeine Ljapunow-Schmidtsche Integralgleichung

In diesem Paragraphen behandeln wir die nichtlineare LJAPUNOW-SCHMIDTsche Integralgleichung

$$u(s) - \int_B K(s, t)\, u(t)\, dt = U_{01}\begin{pmatrix} s \\ v\end{pmatrix} + F(u, v) \tag{8.1}$$

mit

$$U_{01}\begin{pmatrix} s \\ v \end{pmatrix} = K_0(s)\, v(s) + \int_B K_1(s, t)\, v(t)\, dt, \quad s, t \in B\,,$$

$$F(u, v) = \sum_{m+n \geqq 2} U_{mn}\begin{pmatrix} s \\ u, v \end{pmatrix}, \tag{8.2}$$

$$U_{mn}\begin{pmatrix} s \\ u, v \end{pmatrix} = \sum_{\nu} \int_B \cdots \int_B K^{(\nu)}(s, t_1, \ldots, t_i)\, u^{\alpha_0}(s)\, u^{\alpha_1}(t_1) \cdots u^{\alpha_i}(t_i)\, v^{\beta_0}(s) \cdots$$

$$\ldots v^{\beta_i}(t_i)\, dt_1 \cdots dt_i\,,$$

$$\alpha_0 + \alpha_1 + \cdots + \alpha_i = m, \ \beta_0 + \beta_1 + \cdots + \beta_i = n, \ \nu = 1, 2, \ldots, n_i\,.$$

$u(s)$, $v(s)$ und die Kerne $K^{(\nu)}$ seien stetige (reelle oder komplexwertige) Funktionen. Der allgemeinere Fall, in dem auf der linken Seite der Gleichung (8.1) $\gamma(s)\, u(s)$ statt $u(s)$ steht (die Funktion $\gamma(s)$ sei stetig und von Null verschieden, ihr Betrag also nach unten durch eine positive Zahl beschränkt), läßt sich dadurch auf (8.1) zurückführen, daß wir die Gleichung durch $\gamma(s)$ dividieren.

Der Operator

$$A\, u = \int_B K(s, t)\, u(t)\, dt \tag{8.3}$$

ist im Raum der stetigen Funktionen $C(B) = C$ linear und beschränkt. Die beiden folgenden Fälle sollen untersucht werden.

1. Der reguläre Fall (1 ist kein Eigenwert des Operators A). In diesem Fall läßt sich die Gleichung (8.1) auf eine Gleichung der Form (7.10) zurückführen; sie besitzt also (siehe Punkt 7.6) bei hinreichend kleinem $|v(s)|$ im Raum der stetigen Funktionen eine eindeutig bestimmte kleine Lösung, die durch eine regulär (oder gleichmäßig) konvergente Integralpotenzreihe dargestellt werden kann.

2. Der Verzweigungsfall (1 ist ein Eigenwert des Operators A). In diesem Fall kann eine Verzweigung der trivialen Lösung von (8.1) stattfinden. Wir sprechen vom eindimensionalen bzw. mehrdimensionalen Verzweigungsfall, wenn 1 ein einfacher Eigenwert bzw. ein Eigenwert der Vielfachheit n ($n > 1$) ist. Im ersten Fall erhalten wir eine eindimensionale Verzweigungsgleichung (siehe § 1), im zweiten Fall stellt die Verzweigungsgleichung ein System von n Gleichungen dar.

8.1. Der reguläre Fall. 1 sei kein Eigenwert des Operators A (siehe (8.3)). Dann besitzt die Integralgleichung [1])

$$u(s) = \int_B K(s, t)\, u(t)\, dt + f(s)$$

[1]) Die Theorie der linearen Integralgleichungen wird z. B. in folgenden Büchern behandelt: E. Goursat [4], S. G. Michlin [1], I. G. Petrowski [1], F. Riesz und B. Sz.-Nagy [1].

für jede stetige Funktion $f(s)$ genau eine stetige Lösung, die durch die Formel

$$u(s) = f(s) + \int_B \Gamma(s, t) f(t) \, dt \tag{8.4}$$

gegeben ist; $\Gamma(s, t)$ bezeichnet die FREDHOLMsche Resolvente des Kerns $K(s, t)$. Für $f(s)$ setzen wir die rechte Seite der Gleichung (8.1) ein, wir erhalten

$$u(s) = U_{01}\binom{s}{v} + \int_B \Gamma(s, t) \, U_{01}\binom{t}{v} dt +$$

$$+ \sum_{m+n \geqq 2} \left[U_{mn}\binom{s}{u, v} + \int_B \Gamma(s, t) \, U_{mn}\binom{t}{u, v} dt \right].$$

Führen wir die Bezeichnungen

$$U_{01}\binom{s}{v} + \int_B \Gamma(s, t) \, U_{01}\binom{t}{v} dt = P_{01}\binom{s}{v},$$

$$U_{mn}\binom{s}{u, v} + \int_B \Gamma(s, t) \, U_{mn}\binom{t}{u, v} dt = P_{mn}\binom{s}{u, v}$$

ein, so nimmt die Gleichung (8.1) folgende Form an:

$$u(s) = P_{01}\binom{s}{v} + \sum_{m+n \geqq 2} P_{mn}\binom{s}{u, v}. \tag{8.5}$$

Im Prinzip unterscheidet sich diese Gleichung nicht von der Gleichung (7.10), so daß sie, und damit auch die Gleichung (8.1), bei hinreichend kleinem $|v(s)|$ eine eindeutig bestimmte stetige kleine Lösung besitzt (siehe Punkt 7.5 und 7.6). Diese Lösung ist durch eine gleichmäßig (bzw. regulär) konvergente Integralpotenzreihe der Form (7.11) darstellbar, sofern die rechte Seite der Gleichung (8.1) gleichmäßig (bzw. regulär) konvergiert.

Erwähnt sei noch, daß für die in Satz 7.4 genannte Zahl δ eine Abschätzung gefunden werden kann.

8.2. Der reguläre Fall bei mehreren Argumentfunktionen. Bevor wir auf den Verzweigungsfall eingehen, in dem also 1 ein Eigenwert des Integraloperators (8.3) ist, wollen wir noch die nichtlineare Integralgleichung

$$u(s) - A\,u = U\binom{s}{v_1, v_2, \ldots, v_k} + \sum_{m + n_1 + \cdots + n_k \geqq 2} U_{m n_1 \cdots n_k}\binom{s}{u, v_1, \ldots, v_k} \tag{8.6}$$

untersuchen. A sei ein linearer Integraloperator mit dem Kern $K(s, t)$, ferner sei

$$U\binom{s}{v_1, \ldots, v_k} = \sum_{i=1}^{k} \left[K_i(s) \, v_i(s) + \int_B K_{1\,i}(s, t_i) \, v(t_i) \, dt_i \right].$$

Wir setzen voraus, daß K, K , K_{1i} sowie alle Kerne der Integralpotenzformen stetige (reelle oder komplexwertige) Funktionen sind, und daß die Reihe auf der rechten Seite von (8.6) gleichmäßig oder regulär konvergiert.

1 sei kein Eigenwert des Operators A. Wie im letzten Punkt kommen wir dann auf die zu (8.6) äquivalente Gleichung

$$u(s) = P\begin{pmatrix} & s & \\ v_1, v_2, & \ldots, & v_n \end{pmatrix} + \sum_{m+n_1+\cdots+n_k \geq 2} P_{m n_1 \cdots n_k}\begin{pmatrix} & s & \\ u, v_1, & \ldots, & v_k \end{pmatrix} \tag{8.7}$$

mit

$$P\begin{pmatrix} & s & \\ v_1, & \ldots, & v_k \end{pmatrix} = U\begin{pmatrix} & s & \\ v_1, & \ldots, & v_k \end{pmatrix} + \int_B \Gamma(s, t)\, U\begin{pmatrix} & t & \\ v_1, & \ldots, & v_k \end{pmatrix} dt\,,$$

$$P_{m n_1 \cdots n_k}\begin{pmatrix} & s & \\ u, v_1, & \ldots, & v_k \end{pmatrix} = U_{m n_1 \cdots n_k}\begin{pmatrix} & s & \\ u, v_1, & \ldots, & v_k \end{pmatrix} +$$

$$+ \int_B \Gamma(s, t)\, U_{m n_1 \cdots n_k}\begin{pmatrix} & t & \\ u, v_1, & \ldots, & v_k \end{pmatrix} dt\,.$$

$\Gamma(s, t)$ bezeichnet wieder die FREDHOLMsche Resolvente des Kerns $K(s, t)$. Diese Gleichung unterscheidet sich im Prinzip nicht von der Gleichung (7.32), die die einzige Lösung (7.33) besitzt. Deshalb können wir folgende Aussage formulieren:

Satz 8.1. *Bei hinreichend kleinem* $|v_1|, |v_2|, \ldots, |v_k|$ *besitzt die Gleichung* (8.6) *in der Menge der stetigen Funktionen genau eine Lösung der Form*

$$u(s) = P\begin{pmatrix} & s & \\ v_1, v_2, & \ldots, & v_n \end{pmatrix} + \sum_{n_1+n_2+\cdots+n_k \geq 2} V_{n_1 n_2 \cdots n_k}\begin{pmatrix} & s & \\ v_1, v_2, & \ldots, & v_k \end{pmatrix}.$$

Diese Reihe konvergiert gleichmäßig bzw. regulär, wenn die rechte Seite der Gleichung (8.6) *gleichmäßig bzw. regulär konvergiert.*

Bemerkung 8.1. Die Aussagen von Satz 8.1 bleiben natürlich erhalten, wenn entweder einige v_i oder aber alle v_i Zahlenparameter sind. Im zweiten Fall ist die rechte Seite der Lösung eine Potenzreihe, deren Ordnung nicht kleiner als 1 ist.

8.3. Das SCHMIDTsche Lemma. 1 sei ein n-facher Eigenwert des Operators A (siehe 8.3)); mit $\varphi_1(s), \varphi_2(s), \ldots, \varphi_n(s)$ bezeichnen wir die orthonormierten Eigenfunktionen von A, die zu diesem Eigenwert gehören. In der Theorie der linearen Integralgleichungen wird gezeigt, daß bei stetigem Kern $K(s, t)$ auch der adjungierte Operator A^*,

$$A^* v = \int_B \overline{K(t, s)}\, v(t)\, dt\,, \tag{8.3'}$$

1 als n-fachen Eigenwert besitzt; $\psi_1(s), \psi_2(s), \ldots, \psi_n(s)$ seien die zu diesem Eigenwert gehörigen orthonormierten Eigenfunktionen von A^*. Wir definieren jetzt den Operator $\tilde{A}$,

$$\tilde{A}\, u = \int_B E(s, t)\, u(t)\, dt\,,$$

mit

$$E(s, t) = K(s, t) - \sum_{i=1}^{n} \psi_i(s)\, \overline{\varphi}_i(t) \tag{8.8}$$

($\overline{\alpha}$ bezeichne die zu α konjugiert komplexe Zahl). Über diesen Operator $\tilde{A}$ kann folgendes ausgesagt werden:

Lemma 8.1 (SCHMIDTsches Lemma). *1 ist kein Eigenwert des Operators* $\tilde{A}$.

Zum Beweis nehmen wir das Gegenteil an. $\alpha(s)$ sei eine Eigenfunktion von $\tilde{A}$ zum Eigenwert 1, es sei also

$$\alpha(s) = \int_B E(s, t)\, \alpha(t)\, dt\,.$$

Wir setzen $E(s, t)$ ein,

$$\alpha(s) - \int_B K(s, t)\, \alpha(t)\, dt = - \sum_{i=1}^{n} \psi_i(s) \int_B \overline{\varphi}_i(t)\, \alpha(t)\, dt\,. \tag{8.9}$$

Da 1 ein n-facher Eigenwert von A ist, muß die rechte Seite der letzten Gleichung zu allen Funktionen $\psi_k(s)$, $k = 1, 2, \ldots, n$, orthogonal sein,

$$\sum_{i=1}^{n} \int_B \psi_i(s)\, \overline{\psi}_k(s)\, ds \int_B \overline{\varphi}_i(t)\, \alpha(t)\, dt = 0\,, \qquad k = 1, 2, \ldots, n\,.$$

Wegen der Orthogonalität der Funktionen $\psi_i(s)$ folgt hieraus

$$\int_B \overline{\varphi}_i(t)\, \alpha(t)\, dt = 0\,, \qquad i = 1, 2, \ldots, n\,, \tag{8.10}$$

und die Gleichung (8.9) nimmt die Form

$$\alpha(s) = \int_B K(s, t)\, \alpha(t)\, dt$$

an. Diese Gleichung zeigt, daß $\alpha(s)$ eine Eigenfunktion von A ist, so daß

$$\alpha(s) = \sum_{i=1}^{n} c_i\, \varphi_i(s) \qquad (c_i = \text{const})$$

sein muß. Wir multiplizieren beide Seiten dieser Gleichung mit $\overline{\varphi}_k(s)$ und erhalten wegen (8.10) $c_k = 0$, $k = 1, 2, \ldots, n$, also $\alpha(s) \equiv 0$ im Widerspruch zur Voraussetzung. Damit ist das Lemma bewiesen.

8.4. Der eindimensionale Verzweigungsfall. 1 sei ein einfacher Eigenwert des Operators A, $\varphi_1(s)$ bzw. $\psi_1(s)$ seien die entsprechenden normierten Eigenfunktionen von A bzw. A^* (siehe (8.3) bzw. (8.3′)). Wir bilden den Kern $E(s, t) = K(s, t) - \psi_1(s)\,\bar{\varphi}_1(t)$ und setzen $K(s, t) = E(s, t) + \psi_1(s)\,\bar{\varphi}_1(t)$ in die Gleichung (8.1) ein,

$$u(s) - \int\limits_B E(s, t)\, u(t)\, dt = \psi_1(s) \int\limits_B \bar{\varphi}_1(t)\, u(t)\, dt + U_{01}\begin{pmatrix} s \\ v \end{pmatrix} + F(u, v)\,.$$

Mit der Substitution

$$\int\limits_B \bar{\varphi}_1(t)\, u(t)\, dt = \xi \tag{8.11}$$

erhalten wir

$$u(s) - \int\limits_B E(s, t)\, u(t)\, dt = \xi\, \psi_1(s) + U_{01}\begin{pmatrix} s \\ v \end{pmatrix} + F(u, v)\,. \tag{8.12}$$

Aus dem SCHMIDTschen Lemma folgt, daß 1 kein Eigenwert des Operators

$$\tilde{A}\, v = \int\limits_B E(s, t)\, v(t)\, dt$$

ist. Deshalb existiert die FREDHOLMsche Resolvente $\Gamma(s, t)$ des Kerns $E(s, t)$, so daß die Gleichung (8.12) in folgender Form geschrieben werden kann:

$$u(s) = \xi\, \psi_1(s) + U_{01}\begin{pmatrix} s \\ v \end{pmatrix} + F(u, v) + \int\limits_B \left[\xi\, \psi_1(t) + U_{01}\begin{pmatrix} t \\ v \end{pmatrix} + F(u, v)\right] \Gamma(s, t)\, dt\,,$$

oder

$$u(s) = P\begin{pmatrix} s \\ \xi, v \end{pmatrix} + \sum_{m+n \geqq 2} P_{mn}\begin{pmatrix} s \\ u, v \end{pmatrix}. \tag{8.13}$$

Wegen (8.2) gilt

$$P\begin{pmatrix} s \\ \xi, v \end{pmatrix} = \left[\psi_1(s) + \int\limits_B \Gamma(s, t)\, \psi_1(t)\, dt\right] \xi + U_{01}\begin{pmatrix} s \\ v \end{pmatrix} + \int\limits_B \Gamma(s, t)\, U_{01}\begin{pmatrix} t \\ v \end{pmatrix} dt\,,$$

$$P_{mn}\begin{pmatrix} s \\ u, v \end{pmatrix} = U_{mn}\begin{pmatrix} s \\ u, v \end{pmatrix} + \int\limits_B \Gamma(s, t)\, U_{mn}\begin{pmatrix} t \\ u, v \end{pmatrix} dt\,.$$

Im eindimensionalen Verzweigungsfall läßt sich also die Gleichung (8.1) auf die äquivalente Gleichung (8.13) zurückführen, die wir in Punkt 7.5 behandelt haben. Bei hinreichend kleinem $|u(s)|$ wird auch der absolute Betrag des durch (8.11) definierten Parameters ξ hinreichend klein sein; deshalb kommen wir unter Beachtung der in Punkt 7.7 erzielten Ergebnisse (siehe Satz 7.4 und die Bemerkung am Ende von Punkt 7.7) zu folgender Aussage. Bei hinreichend kleinem $|v|$ und $|\xi|$ besitzt die Gleichung (8.13) in der Menge der stetigen Funktionen eine eindeutig bestimmte Lösung der Form

$$u(s) = P\begin{pmatrix} s \\ \xi, v \end{pmatrix} + \sum_{m+n \geqq 2} V_{mn}\begin{pmatrix} s \\ \xi, v \end{pmatrix}$$

bzw.

$$u(s) = P\begin{pmatrix} s \\ \xi, v \end{pmatrix} + \sum_{m+n \geqq 2} \xi^m V_n^m \begin{pmatrix} s \\ v \end{pmatrix}. \tag{8.14}$$

Die möglichen Werte für ξ bestimmen wir nun dadurch, daß wir die Lösung $u(s)$ (siehe (8.14)) in die Formel (8.11) einsetzen,

$$\xi = \int_B P\begin{pmatrix} t \\ \xi, v \end{pmatrix} \overline{\varphi}_1(t)\, dt + \sum_{m+n \geqq 2} \xi^m \int_B V_n^m \begin{pmatrix} t \\ v \end{pmatrix} \overline{\varphi}_1(t)\, dt\,. \tag{8.15}$$

Mit

$$L_{m0} = \int_B V_0^m \begin{pmatrix} t \\ v \end{pmatrix} \overline{\varphi}_1(t)\, dt\,, \quad m = 2, 3, 4, \ldots, \tag{8.16}$$

und dem oben angegebenen Ausdruck für $P\begin{pmatrix} s \\ \xi, v \end{pmatrix}$ erhalten wir

$$\xi = \left[\int_B \psi_1(t)\, \overline{\varphi}_1(t)\, dt + \int_B \int_B \Gamma(s, t)\, \psi_1(t)\, \overline{\varphi}_1(s)\, ds\, dt\right] \xi + \sum_{m \geqq 2} L_{m0}\, \xi^m +$$

$$+ \int_B \left[U_{01}\begin{pmatrix} s \\ v \end{pmatrix} + \int_B \Gamma(s, t)\, U_{01}\begin{pmatrix} t \\ v \end{pmatrix} dt\right] \overline{\varphi}_1(s)\, ds + \sum_{m=0}^{\infty} \xi^m \sum_{n=1}^{\infty} \int_B V_n^m \begin{pmatrix} t \\ v \end{pmatrix} \overline{\varphi}_1(t)\, dt\,,$$

wobei in der letzten Summe $m + n \geqq 2$ ist.

Den ersten Summanden auf der rechten Seite dieser Gleichung formen wir um,

$$J = \int_B \psi_1(t)\, \overline{\varphi}_1(t)\, dt + \int_B \int_B \Gamma(s, t)\, \psi_1(t)\, \overline{\varphi}_1(s)\, ds\, dt =$$

$$= \int_B \left[\psi_1(s) + \int_B \Gamma(s, t)\, \psi_1(t)\, dt\right] \overline{\varphi}_1(s)\, ds\,. \tag{8.17}$$

Nun ist aber

$$\varphi_1(s) = \int_B K(s, t)\, \varphi_1(t)\, dt$$

oder

$$\varphi_1(s) = \int_B [E(s, t) + \psi_1(s)\, \overline{\varphi}_1(t)]\, (t)\, dt\,.$$

Wegen

$$\int_B \overline{\varphi}_1(t)\, \varphi_1(t)\, dt = 1$$

erhalten wir

$$\varphi_1(s) = \int_B E(s, t)\, \varphi_1(t)\, dt + \psi_1(s)\,. \tag{8.18}$$

Aus (8.4) und (8.18) folgt

$$\varphi_1(s) = \psi_1(s) + \int_B \Gamma(s, t)\, \psi_1(t)\, dt\,,$$

so daß (8.17) $J = 1$ ergibt. Die Gleichung (8.15) lautet dann

$$\sum_{m=2}^{\infty} L_{m0}\, \xi^m + \sum_{m=0}^{\infty} \xi^m \sum_{n=1}^{\infty} \int\limits_B V_n^m \binom{t}{v} \overline{\varphi}_1(t)\, dt = 0 \tag{8.19}$$

mit

$$V_1^0 \binom{s}{v} = U_{01} \binom{s}{v} + \int\limits_B \Gamma(s, t)\, U_{01} \binom{t}{v} dt\,.$$

Die möglichen Werte für ξ, die in die Lösung (8.14) der betrachteten Gleichung (8.1) eingehen, müssen also aus der Gleichung (8.19) bestimmt werden. Diese Gleichung enthält keine linearen Glieder mit ξ und wird Ljapunow-Schmidtsche Verzweigungsgleichung genannt.

$v_0(s)$ sei eine fest vorgegebene Funktion; wir setzen in (8.1)

$$v(s) = \lambda\, v_0(s)\,.$$

Die Ljapunow-Schmidtsche Verzweigungsgleichung lautet dann

$$\sum_{m=2}^{\infty} L_{m0}\, \xi^m + \sum_{m=0}^{\infty} \xi^m \sum_{n=1}^{\infty} L_{mn} \lambda^n = 0 \tag{8.20}$$

mit

$$L_{mn} = \int\limits_B V_n^m \binom{t}{v_0} \overline{\varphi}_1(t)\, dt\,. \tag{8.21}$$

Methoden zur Untersuchung der Gleichung (8.20) haben wir in § 2 kennengelernt.

8.5. Der mehrdimensionale Verzweigungsfall. 1 sei ein n-facher Eigenwert des Operators A, $\varphi_1(s), \varphi_2(s), \ldots, \varphi_n(s)$ bzw. $\psi_1(s), \psi_2(s), \ldots, \psi_n(s)$ seien die entsprechenden orthonormierten Eigenfunktionen von A bzw. A^* (siehe (8.3) bzw. (8.3′)). Wir setzen den aus (8.8) folgenden Ausdruck für $K(s, t)$ in die Gleichung (8.1) ein,

$$u(s) - \int\limits_B E(s, t)\, u(t)\, dt = \sum_{i=1}^{n} \psi_i(s) \int\limits_B u(t)\, \overline{\varphi}_i(t)\, dt + U_{01} \binom{s}{v} + F(u, v)\,.$$

Mit der Substitution

$$\xi_i = \int\limits_B u(t)\, \overline{\varphi}_i(t)\, dt \tag{8.22}$$

erhalten wir

$$u(s) - \int\limits_B E(s, t)\, u(t)\, dt = \sum_{i=1}^{n} \xi_i\, \psi_i(s) + U_{01} \binom{s}{v} + F(u, v)\,. \tag{8.23}$$

Aus dem Schmidtschen Lemma folgt, daß 1 kein Eigenwert des Operators

$$\tilde{A}\, v = \int\limits_B E(s, t)\, v(t)\, dt$$

ist, so daß die FREDHOLMsche Resolvente $\Gamma(s, t)$ des Kerns $E(s, t)$ existiert und die Gleichung (8.23) in

$$u(s) = \sum_{i=1}^{n} \xi_i \psi_i(s) + U_{01}\binom{s}{v} + F(u, v) +$$

$$+ \int_B \left[\sum_{i=1}^{n} \xi_i \psi_i(t) + U_{01}\binom{t}{v} + F(u, v)\right] \Gamma(s, t)\, dt$$

übergeht. Berücksichtigen wir den Ausdruck für $F(u, v)$ (siehe (8.2)), so sehen wir, daß diese Gleichung der Gleichung entspricht, die wir in Punkt 7.5 behandelt haben. Sie besitzt deshalb bei hinreichend kleinem $|v|$, $|\xi_1|, \ldots, |\xi_n|$ (siehe Satz 7.4 und die Bemerkung am Ende von Punkt 7.7) in der Menge der stetigen Funktionen eine eindeutig bestimmte Lösung der Form

$$u(s) = \sum_{i=1}^{n} \left[\psi_i(s) + \int_B \Gamma(s, t)\, \psi_i(t)\, dt\right] \xi_i + U_{01}\binom{s}{v} + \int_B \Gamma(s, t)\, U_{01}\binom{t}{v} dt +$$

$$+ \sum_{m_1 + \cdots + m_n + m \geqq 2} \xi_1^{m_1} \xi_2^{m_2} \ldots \xi_n^{m_n} V_m^{m_1 \cdots m_n}\binom{s}{v}, \tag{8.24}$$

wobei wir

$$V_{m\, m_1 m_2 \cdots m_n}\binom{s}{v, \xi_1, \xi_2, \ldots, \xi_n} \equiv \xi_1^{m_1} \xi_2^{m_2} \ldots \xi_n^{m_n} V_{m \cdots m_n}\binom{s}{v, 1, 1, \ldots, 1} =$$

$$= \xi_1^{m_1} \xi_2^{m_2} \ldots \xi_n^{m_n} V_m^{m_1 \cdots m_n}\binom{s}{v}$$

gesetzt haben.

Die möglichen Werte für die in (8.24) eingehenden Parameter ξ_i bestimmen wir wieder dadurch, daß wir die Lösung $u(s)$ (siehe (8.24)) in die Formeln (8.22) einsetzen,

$$\xi_i = \int_B \left\{\sum_{k=1}^{n} \left[\psi_k(s) + \int_B \Gamma(s, t)\, \psi_k(t)\, dt\right] \xi_k\right\} \overline{\varphi}_i(s)\, ds +$$

$$+ \int_B \left[U_{01}\binom{s}{v} + \int_B \Gamma(s, t)\, U_{01}\binom{t}{v} dt\right] \overline{\varphi}_i(s)\, ds +$$

$$+ \sum_{m + m_1 + \cdots + m_n \geqq 2} \xi_1^{m_1} \xi_2^{m_2} \ldots \xi_n^{m_n} \int_B V_m^{m_1 m_2 \cdots m_n}\binom{s}{v} \overline{\varphi}_i(s)\, ds, \tag{8.25}$$

$$i = 1, 2, \ldots, n\,.$$

Wir formen dieses Gleichungssystem um. Erstens sind die $\varphi_k(s)$ Eigenfunktionen des Operators A,

$$\varphi_k(s) = \int_B K(s, t)\, \varphi_k(t)\, dt\,,$$

so daß wir mit (8.8)

$$\varphi_k(s) = \int_B E(s, t)\, \varphi_k(t)\, dt + \sum_{i=1}^{n} \psi_i(s) \int_B \overline{\varphi}_i(t)\, \varphi_k(t)\, dt$$

erhalten. Die Funktionen $\varphi_i(s)$ sind orthonormiert,

$$\int_B \varphi_k(t)\, \overline{\varphi}_i(t)\, dt = \begin{cases} 0, & i \neq k, \\ 1, & i = k. \end{cases} \tag{8.26}$$

Deshalb wird

$$\varphi_k(s) = \int_B E(s, t)\, \varphi_k(t)\, dt + \psi_k(s).$$

Da $\Gamma(s, t)$ die FREDHOLMsche Resolvente des Kerns $E(s, t)$ ist, ergibt sich mit (8.4) schließlich

$$\varphi_k(s) = \psi_k(s) + \int_B \Gamma(s, t)\, \varphi_k(t)\, dt. \tag{8.27}$$

Zweitens führen wir folgende Bezeichnungen ein:

$$L^{(i)}_{m_1 \cdots m_n 0} = \int_B V_0^{m_1 m_2 \cdots m_n}\begin{pmatrix} s \\ v \end{pmatrix} \overline{\varphi}_i(s)\, ds, \tag{8.28}$$

$$U_{01}\begin{pmatrix} s \\ v \end{pmatrix} + \int_B \Gamma(s, t)\, U_{01}\begin{pmatrix} t \\ v \end{pmatrix} dt = V_1^{0 0 \cdots 0}\begin{pmatrix} s \\ t \end{pmatrix}, \tag{8.29}$$

$$L^{(i)}_{m_1 m_2 \cdots m_n m} = \int_B V_m^{m_1 \cdots m_n}\begin{pmatrix} s \\ v_0 \end{pmatrix} \overline{\varphi}_i(s)\, ds, \tag{8.30}$$

wobei $v_0(s)$ eine fixierte stetige Funktion ist. Mit (8.26)—(8.29) nimmt das Gleichungssystem (8.25) die Form

$$\sum_{m_1 + m_2 + \cdots + m_n \geq 2} L^{(i)}_{m_1 m_2 \cdots m_n 0}\, \xi_1^{m_1} \xi_2^{m_2} \cdots \xi_n^{m_n} +$$

$$+ \sum_{m_1 + m_2 + \cdots + m_n \geq 0} \xi_1^{m_1} \cdots \xi_n^{m_n} \sum_{m \geq 1} \int_B V_m^{m_1 \cdots m_n}\begin{pmatrix} s \\ v \end{pmatrix} \overline{\varphi}_i(s)\, ds = 0, \tag{8.31}$$

$$i = 1, 2, \ldots, n,$$

an. Auch dieses Gleichungssystem heißt LJAPUNOW-SCHMIDTsche Verzweigungsgleichung.

Substituieren wir in der Gleichung (8.1)

$$v(s) = \lambda\, v_0(s),$$

wobei $v_0(s)$ eine fixierte stetige Funktion ist, so lautet die Verzweigungsgleichung (8.31) (vergleiche (8.30))

$$\sum_{m_1 + \cdots + m_n \geq 2} L^{(i)}_{m_1 \cdots m_n 0}\, \xi_1^{m_1} \xi_2^{m_2} \cdots \xi_n^{m_n} + \sum_{m_1 + \cdots + m_n \geq 0} \xi_1^{m_1} \cdots \xi_n^{m_n} \sum_{m \geq 1} L^{(i)}_{m_1 \cdots m_n m}\, \lambda^m = 0, \tag{8.32}$$

$$i = 1, 2, \ldots, n.$$

Methoden zur Untersuchung des Gleichungssystems (8.32) haben wir in den §§ 5 und 6 behandelt.

8.6. Mögliche Verallgemeinerungen. Bisher haben wir in § 7 und § 8 vorausgesetzt, daß der Kern $K(s, t)$ sowie die Kerne der Integralpotenzformen $U_{mn}\begin{pmatrix} s \\ u, v \end{pmatrix}$ und $U_{m n_1 n_2 \cdots n_k}\begin{pmatrix} s \\ u, v_1, v_2, \ldots, v_k \end{pmatrix}$ stetig sind. Diese Forderung kann man fallenlassen und durch die ersetzen, daß die durch die genannten Kerne erzeugten Integraloperatoren im Raum der stetigen Funktionen $C(B)$ stetig sind. Insbesondere können die genannten Kerne (im Sinne der Theorie der linearen Integralgleichungen) zulässige Unstetigkeitsstellen aufweisen. Dabei bleiben alle Aussagen über die Existenz und die Darstellbarkeit der Lösungen der Gleichungen (7.10) bzw. (8.1) erhalten. Sind die rechten Seiten der Gleichungen (7.10) bzw. (8.1) gleichmäßig (regulär) konvergente Integralpotenzreihen, so lassen sich die Lösungen im regulären Fall durch gleichmäßig (regulär) konvergente Integralpotenzreihen darstellen. Im Verzweigungsfall enthalten die Integralpotenzreihen für die Lösungen noch die Parameter ξ_i, die sich aus der Ljapunow-Schmidtschen Verzweigungsgleichung bestimmen lassen.

Ferner haben wir zur Vereinfachung mes $B = 1$ gesetzt. Statt dessen können wir sowohl mes $B < \infty$ als auch mes $B = \infty$ fordern. Ist zum Beispiel in Gleichung (7.10)

$$U_{mn}\begin{pmatrix} s \\ u, v \end{pmatrix} = \sum_{\nu} \int_B \cdots \int_B K^{(\nu)}(s, t_1, \ldots, t_i)\, u^{\alpha_0}(s) \cdots u^{\alpha_i}(t_i)\, v^{\beta_0}(s) \cdots v^{\beta_i}(t_i)\, dt_1 \cdots dt_i$$

und mes $B = \infty$, $|u(s)| \leqq h < d$, $|v(s)| \leqq h_1 < d_1$, so genügt es,

$$\sup \sum_{\nu} \int_B \cdots \int_B |K^{(\nu)}(s, t_1, \ldots, t_i)|\, dt_1 \cdots dt_i = C_{mn} < +\infty$$

und

$$\sum_{m+n \geqq 1} C_{mn}\, d^m\, d_1^n < +\infty .$$

vorauszusetzen.

Schließlich kann die ganze Theorie auf Räume beschränkter meßbarer Funktionen ausgedehnt werden.

§ 9. Systeme von Ljapunow-Schmidtschen Integralgleichungen. Integrodifferentialgleichungen

Wir beschränken uns hier auf Systeme von zwei Gleichungen, da Systeme von mehr als zwei Gleichungen keine zusätzlichen Schwierigkeiten bringen, den Schreibaufwand aber beträchtlich erhöhen.

9.1. Systeme von zwei Ljapunow-Schmidtschen Integralgleichungen[1]**.** Wir betrachten ein System von zwei Ljapunow-Schmidtschen Integralgleichungen

$$\left.\begin{aligned} &u(s) - \int_B K_{11}(s,t)\,u(t)\,dt - \int_B K_{12}(s,t)\,w(t)\,dt = \\ &= U_{01}^{(1)}\binom{s}{v} + \sum_{m+n+p\geqq 2} U_{mnp}^{(1)}\begin{pmatrix} s \\ u,\ w,\ v\end{pmatrix}, \\ &w(s) - \int_B K_{21}(s,t)\,u(t)\,dt - \int_B K_{22}(s,t)\,w(t)\,dt = \\ &= U_{01}^{(2)}\binom{s}{v} + \sum_{m+n+p\geqq 2} U_{mnp}^{(2)}\begin{pmatrix} s \\ u,\ w,\ v\end{pmatrix}. \end{aligned}\right\} \tag{9.1}$$

B sei eine beschränkte abgeschlossene Menge des endlichdimensionalen euklidischen Raumes, ferner sei

$$U_{mnp}^{(k)}\begin{pmatrix} s \\ u, w, v\end{pmatrix} = \sum_\nu \int_B \cdots \int_B K_\nu^{(k)}(s, t_1, t_2, \ldots, t_i)\, u^{\alpha_0}(s)\, u^{\alpha_1}(t_1) \cdots u^{\alpha_i}(t_i)\, w^{\beta_0}(s) \times$$
$$\times\, w^{\beta_1}(t_1) \cdots w^{\beta_i}(t_i)\, v^{\gamma_0}(s) \cdots v^{\gamma_i}(t_i)\, dt_1 \cdots dt_i,$$
$$k = 1,\ 2;\ \alpha_0 + \alpha_1 + \cdots + \alpha_i = m;\ \beta_0 + \beta_1 + \cdots + \beta_i = n;$$
$$\gamma_0 + \gamma_1 + \cdots + \gamma_i = p;\ \nu = 1, 2, \ldots, n_i.$$

Die Kerne der linearen Integraloperatoren und der Integralpotenzformen $U_{mnp}^{(k)}$, $U_{01}^{(k)}$ seien in allen Argumenten stetige, reelle oder komplexwertige Funktionen. Die Funktion $v(s)$ ist vorgegeben, die Funktionen $u(s)$ und $w(s)$ sind die Unbekannten; es sei

$$|u(s)| \leqq h < d, \quad |w(s)| \leqq h < d, \quad |v(s)| \leqq h_1 < d_1.$$

Wir setzen voraus, daß die rechten Seiten des Gleichungssystems (9.1) regulär konvergieren, genauer

$$\sum_{m+n+p\geqq 2} C_{mnp}\, d^{m+n}\, d_1^p < +\infty$$

mit (siehe Punkt 7.1)

$$C_{mnp} = \max\left(\tilde{U}_{mnp}^{(1)}, \tilde{U}_{mnp}^{(2)}\right).$$

Zu dem Fall, daß die rechten Seiten des Gleichungssystems (9.1) gleichmäßig konvergieren, wollen wir nur einige allgemeine Bemerkungen machen.

Zunächst wenden wir uns dem Gleichungssystem

$$\left.\begin{aligned} u(s) &= \int_B K_{11}(s,t)\,u(t)\,dt + \int_B K_{12}(s,t)\,w(t)\,dt + f(s), \\ w(s) &= \int_B K_{21}(s,t)\,u(t)\,dt + \int_B K_{22}(s,t)\,w(t)\,dt + g(s) \end{aligned}\right\} \tag{9.2}$$

---

[1]) In diesem Punkt halten wir uns an die Arbeit von L. Lichtenstein [1], in der solche Integralgleichungen untersucht werden.

zu, das nach dem üblichen Verfahren auf eine einzige lineare Integralgleichung zurückgeführt werden kann. Mit B_1 bezeichnen wir die Menge, die durch eine Verschiebung der Menge B um den Vektor r entsteht, so daß der Durchschnitt $B \cap B_1$ leer ist; dann setzen wir

$$G = B \cup B_1 .$$

Als Vereinigung der abgeschlossenen Mengen B und B_1 ist G wieder abgeschlossen. Ferner definieren wir

$$z(s) = \begin{cases} u(s), & s \in B, \\ w(s - r), & s \in B_1, \end{cases}$$

$$F(s) = \begin{cases} f(s), & s \in B, \\ g(s - r), & s \in B_1, \end{cases}$$

$$M(s, t) = \begin{cases} K_{11}(s, t), & \text{wenn } s \in B, \quad t \in B, \\ K_{12}(s, t), & \text{wenn } s \in B, \quad t \in B_1, \\ K_{21}(s, t), & \text{wenn } s \in B_1, \quad t \in B, \\ K_{22}(s, t), & \text{wenn } s \in B_1, \quad t \in B_1. \end{cases}$$

Damit läßt sich das Gleichungssystem (9.2) zu einer einzigen Gleichung zusammenfassen,

$$z(s) - \int_G M(s, t)\, z(t)\, dt = F(s), \qquad s \in G. \tag{9.3}$$

Eine Untersuchung dieser Gleichung führt uns auf verschiedene Aussagen über die Lösungen des Gleichungssystems (9.1).

Auch hier müssen wir den regulären Fall, in dem 1 kein Eigenwert des Operators T

$$T x = \int_G M(s, t)\, x(t)\, dt, \tag{9.3'}$$

ist, vom Verzweigungsfall, in dem 1 ein Eigenwert dieses Operators ist, unterscheiden. Beide Fälle sollen im einzelnen untersucht werden, vorher sei aber folgendes bemerkt.

Das allgemeinere Gleichungssystem

$$a_{11}(s)\, u(s) + a_{12}(s)\, w(s) - \int_B K_{11}(s, t)\, u(t)\, dt - \int_B K_{12}(s, t)\, w(t)\, dt =$$

$$= U_{01}^{(1)}\begin{pmatrix} s \\ v \end{pmatrix} + \sum_{m+n+p \geqq 2} U_{mnp}^{(1)}\begin{pmatrix} & s & \\ u, & w, & v \end{pmatrix},$$

$$a_{21}(s)\, u(s) + a_{22}(s)\, w(s) - \int_B K_{21}(s, t)\, u(t)\, dt - \int_B K_{22}(s, t)\, w(t)\, dt =$$

$$= U_{01}^{(2)}\begin{pmatrix} s \\ v \end{pmatrix} + \sum_{m+n+p \geqq 2} U_{mnp}^{(2)}\begin{pmatrix} & s & \\ u, & w, & v \end{pmatrix},$$

oder kurz geschrieben,

$$a_{11}(s)\,u(s) + a_{12}(s)\,w(s) = b_1(s)\,, \qquad a_{21}(s)\,u(s) + a_{22}(s)\,w(s) = b_2(s)\,, \quad (9.4)$$

läßt sich auf das Gleichungssystem (9.1) zurückführen, wenn für alle $s \in B$

$$a_{11}(s)\,a_{22}(s) - a_{12}(s)\,a_{21}(s) \neq 0$$

gilt; dann kann nämlich das Gleichungssystem (9.4) nach $u(s)$ und $w(s)$ aufgelöst werden.

9.2. Der reguläre Fall. 1 sei kein Eigenwert des Operators T. Dann existiert die FREDHOLMsche Resolvente $H(s, t)$ des Kerns $M(s, t)$, und die Gleichung (9.3) besitzt eine eindeutig bestimmte Lösung, die sich nach (8.4) in der Form

$$z(s) = F(s) + \int_G H(s, t)\,F(t)\,dt \qquad (s \in G)$$

darstellen läßt. Berücksichtigen wir die Ausdrücke für G, $z(s)$ und $F(t)$, so können wir diese Gleichung wieder als System schreiben,

$$u(s) = f(s) + \int_B H(s, t)\,f(t)\,dt + \int_B H(s, t + r)\,g(t)\,dt\,,$$
$$w(s) = g(s) + \int_B H(s + r, t)\,f(t)\,dt + \int_B H(s + r, t + r)\,g(t)\,dt\,, \quad s \in B\,.$$

Setzen wir hier für $f(s)$ und $g(s)$ die rechten Seiten des Gleichungssystems (9.1) ein, so nimmt dieses Gleichungssystem die einfache Form

$$\left.\begin{aligned} u(s) &= P^{(1)}_{01}\begin{pmatrix} s \\ v \end{pmatrix} + \sum_{m+n+p\geqq 2} P^{(1)}_{mnp}\begin{pmatrix} & s & \\ u, & w, & v \end{pmatrix}, \\ w(s) &= P^{(2)}_{01}\begin{pmatrix} s \\ v \end{pmatrix} + \sum_{m+n+p\geqq 2} P^{(2)}_{mnp}\begin{pmatrix} & s & \\ u, & w, & v \end{pmatrix} \end{aligned}\right\} \quad (9.5)$$

an, die wir in Punkt 7.5 behandelt haben. Die Integralpotenzformen $P^{(i)}_{mnp}\begin{pmatrix} & s & \\ u, & w, & v \end{pmatrix}$ und $U^{(i)}_{mnp}\begin{pmatrix} & s & \\ u, & w, & v \end{pmatrix}$ sind vom selben Typ, $P^{(i)}_{01}\begin{pmatrix} s \\ v \end{pmatrix}$ ist in v linear. Wie in Punkt 7.4 setzen wir

$$|u|\,, \quad |w| \leqq \omega \leqq h < d\,, \quad |v| \leqq \omega_1 \leqq h_1 < d_1\,,$$

$$F_k(u, w, v) = \sum_{m+n+p\geqq 2} P^{(k)}_{mnp}\begin{pmatrix} & s & \\ u, & w, & v \end{pmatrix}, \qquad k = 1, 2\,,$$

und erhalten

$$|F_k(u, w, v)| \leqq \sum_{m+n+p\geqq 2} \left| P^{(k)}_{mnp}\begin{pmatrix} & s & \\ u, & w, & v \end{pmatrix} \right| \leqq a\,(\omega^2 + \omega\,\omega_1 + \omega_1^2)\,, \quad (9.6)$$

$$a = \text{const}, \; k = 1, 2\,,$$

$$|F_k(u, w, v) - F_k(u_0, w_0, v)| \leqq$$
$$\leqq b(\omega + \omega_1) \left(\sup |u(s) - u_0(s)| + \sup |w(s) - w_0(s)|\right), \tag{9.7}$$
$$b = \text{const}, \; k = 1, 2 .$$

Von diesen Ungleichungen ausgehend konstruieren wir wie in Punkt 7.6 die LICHTENSTEINsche Näherungsfolge (L. LICHTENSTEIN [1]),

$$\left.\begin{aligned}
&u_1 = P_{01}^{(1)}\begin{pmatrix} s \\ v \end{pmatrix}, \qquad w_1 = P_{01}^{(2)}\begin{pmatrix} s \\ v \end{pmatrix}, \\
&\cdots\cdots\cdots\cdots\cdots \\
&u_k = P_{01}^{(1)}\begin{pmatrix} s \\ v \end{pmatrix} + \sum_{m+n+p \geqq 2} P_{mnp}^{(1)}\begin{pmatrix} & s & \\ u_{k-1}, & w_{k-1}, & v \end{pmatrix}, \\
&w_k = P_{01}^{(2)}\begin{pmatrix} s \\ v \end{pmatrix} + \sum_{m+n+p \geqq 2} P_{mnp}^{(2)}\begin{pmatrix} & s & \\ u_{k-1}, & w_{k-1}, & v \end{pmatrix}, \\
&\cdots\cdots\cdots\cdots\cdots
\end{aligned}\right\} \tag{9.8}$$

Wir führen die Bezeichnung

$$\max(|v|, |P_{01}^{(1)}|, |P_{01}^{(2)}|) = U_*$$

ein und bestimmen aus der quadratischen Gleichung

$$x = U_* + a(x^2 + x\,U_* + U_*^2)$$

die Wurzel x, die mit U_* nach Null strebt. Bei hinreichend kleinem $|v(s)|$ ist dann die Ungleichung $x \leqq h$ erfüllt, so daß für alle $k = 1, 2, 3, \ldots$

$$|u_k| \leqq x \leqq h, \quad |w_k| \leqq x \leqq h$$

wird. Schließlich gilt bei hinreichend kleinem $|v(s)|$

$$2b(x + U_*) \leqq q < 1, \tag{9.9}$$

woraus die Konvergenz der Folge (9.8) gegen eine stetige Lösung $u(s)$, $w(s)$ des Gleichungssystems (9.5) bzw. (9.1) folgt; dabei ist

$$|u(s)| \leqq x \leqq h, \quad |w(s)| \leqq x \leqq h .$$

Wir wiederholen jetzt die Überlegungen von Punkt 7.5 und erhalten für diese Lösungen die Darstellungen

$$u(s) = \sum_{k \geqq 1} V_k^{(1)}\begin{pmatrix} s \\ v \end{pmatrix}, \qquad w(s) = \sum_{k \geqq 1} V_k^{(2)}\begin{pmatrix} s \\ v \end{pmatrix}$$

mit

$$V_1^{(i)}\begin{pmatrix} s \\ v \end{pmatrix} = P_{01}^{(i)}\begin{pmatrix} s \\ v \end{pmatrix}, \qquad i = 1, 2 .$$

Unter Benutzung der Ungleichungen (9.6), (9.7) und (9.8) läßt sich auch die Einzigkeit dieser Lösungen nachweisen, sofern $|v(s)|$ hinreichend klein ist.

Faßt man die Operatoren $F_1(u, v, w)$ und $F_2(u, v, w)$ als einen Operator im topologischen Produkt des Raumes der stetigen Funktionen $C(B)$ mit sich selbst auf (die Norm sei durch $\max |u(s)| + \max |w(s)|$ gegeben), so kann unter Benutzung der Ungleichungen (9.6) und (9.7) gezeigt werden, daß dieser neue Operator im Produktraum ein Kontraktionsoperator ist. Wie in Punkt 7.5 folgt damit, daß das Gleichungssystem (9.5) bzw. (9.1) bei hinreichend kleinem $|v(s)|$ in der Menge der stetigen Funktionen genau eine Lösung besitzt. Diese Lösung strebt für $v(s) \to 0$ nach Null, und sie läßt sich durch eine regulär konvergente Integralpotenzreihe darstellen.

Sind die rechten Seiten des Gleichungssystems (9.1) nicht regulär, sondern nur gleichmäßig konvergent (siehe Punkt 7.8), so ist die eindeutig bestimmte Lösung durch eine gleichmäßig konvergente Integralpotenzreihe darstellbar.

9.3. Der Verzweigungsfall. 1 sei jetzt ein n-facher Eigenwert des Operators T (siehe (9.3′)); mit $\varphi_1(s), \varphi_2(s), \ldots, \varphi_n(s)$ bezeichnen wir die dazu gehörigen orthonormierten Eigenfunktionen von T, mit $\psi_1(s), \psi_2(s), \ldots, \psi_n(s)$ die zum Eigenwert 1 gehörigen orthonormierten Eigenfunktionen des adjungierten Operators

$$T^* x = \int_G \overline{M(t, s)}\, x(t)\, dt\,. \tag{9.3''}$$

Wir definieren den neuen Operator

$$\tilde{T}(x) = \int_G E(s, t)\, x(t)\, dt \tag{9.10}$$

mit

$$E(s, t) = M(s, t) - \sum_{i=1}^{n} \psi_i(s)\, \overline{\varphi}_i(t)\,. \tag{9.11}$$

Aus dem Schmidtschen Lemma folgt, daß 1 kein Eigenwert des Operators $\tilde{T}$ ist; unter Benutzung von (9.11) können wir deshalb die Gleichung (9.3) in der Form

$$z(s) = \int_G E(s, t)\, z(t)\, dt + \sum_{i=1}^{n} \psi_i(s) \int_G z(t)\, \overline{\varphi}_i(t)\, dt + F(s)$$

schreiben. Setzen wir noch

$$\xi_i = \int_G z(t)\, \overline{\varphi_i(t)}\, dt\,, \tag{9.12}$$

so erhalten wir

$$z(s) - \int_G E(s, t)\, z(t)\, dt = \sum_{i=1}^{n} \xi_i\, \psi_i(s) + F(s)\,, \qquad s \in G\,,$$

oder

$$z(s) = \sum_{i=1}^{n} \xi_i\, \psi_i(s) + F(s) + \int_G \left[\sum_{i=1}^{n} \xi_i\, \psi_i(t) + F(t)\right] \overset{\bullet}{H}(s, t)\, dt\,, \qquad s \in G\,,$$

wenn $H(s, t)$ die FREDHOLMsche Resolvente des Kerns $E(s, t)$ bezeichnet. Diese Gleichung läßt sich unter Berücksichtigung der Ausdrücke für G, $z(s)$ und $F(s)$ als Gleichungssystem schreiben,

$$u(s) = \sum_{i=1}^{n} \xi_i \psi_i(s) + f(s) + \int_B \left[\sum_{i=1}^{n} \xi_i \psi_i(t) + f(t)\right] H(s, t)\, dt + $$
$$+ \int_B \left[\sum_{i=1}^{n} \xi_i \psi_i(t + r) + g(t)\right] H(s, t + r)\, dt,$$

$$w(s) = \sum_{i=1}^{n} \xi_i \psi_i(s + r) + g(s) + \int_B \left[\sum_{i=1}^{n} \xi_i \psi_i(t) + f(t)\right] H(s + r, t)\, dt + $$
$$+ \int_B \left[\sum_{i=1}^{n} \xi_i \psi_i(t + r) + g(t)\right] H(s + r, t + r)\, dt,$$

wobei jetzt $s \in B$ ist. Für $f(s)$ und $g(s)$ setzen wir wieder die rechten Seiten von (9.1) ein,

$$u(s) = \sum_{i=1}^{n} \xi_i \psi_i(s) + U_{01}^{(1)}\binom{s}{v} + \sum_{m+n+p \geq 2} U_{mnp}^{(1)}\begin{pmatrix} & s & \\ u, & w, & v\end{pmatrix} +$$
$$+ \int_B \left[\sum_{i=1}^{n} \xi_i \psi_i(t) + U_{01}^{(1)}\binom{t}{v} + \sum_{m+n+p \geq 2} U_{mnp}^{(1)}\begin{pmatrix} & t & \\ u, & w, & v\end{pmatrix}\right] H(s, t)\, dt +$$
$$+ \int_B \left[\sum_{i=1}^{n} \xi_i \psi_i(t + r) + U_{01}^{(2)}\binom{t}{v} + \sum_{m+n+p \geq 2} U_{mnp}^{(2)}\begin{pmatrix} & t & \\ u, & w, & v\end{pmatrix}\right] H(s, t + r)\, dt,$$

$$w(s) = \sum_{i=1}^{n} \xi_i \psi_i(s + r) + U_{01}^{(2)}\binom{s}{v} + \sum_{m+n+p \geq 2} U_{mnp}^{(2)}\begin{pmatrix} & s & \\ u, & w, & v\end{pmatrix} +$$
$$+ \int_B \left[\sum_{i=1}^{n} \xi_i \psi_i(t) + U_{01}^{(1)}\binom{t}{v} + \sum_{m+n+p \geq 2} U_{mnp}^{(1)}\begin{pmatrix} & t & \\ u, & w, & v\end{pmatrix}\right] H(s + r, t)\, dt +$$
$$+ \int_B \left[\sum_{i=1}^{n} \xi_i \psi_i(t + r) + U_{01}^{(2)}\binom{t}{v} + \sum_{m+n+p \geq 2} U_{mnp}^{(2)}\begin{pmatrix} & t & \\ u, & w, & v\end{pmatrix}\right] H(s + r, t + r)\, dt.$$

Dieses Gleichungssystem hat dieselbe Form wie das Gleichungssystem (9.5) und unterscheidet sich von ihm nur dadurch, daß jetzt außer der Argumentfunktion $v(s)$ noch die Parameter $\xi_1, \xi_2, \ldots, \xi_n$ vorkommen. Deshalb können wir wie im letzten Punkt behaupten, daß das betrachtete Gleichungssystem bei hinreichend kleinem $|v(s)|, |\xi_1|, |\xi_2|, \ldots, |\xi_n|$ in der Menge der stetigen Funktionen genau eine Lösung besitzt, und zwar

$$\left.\begin{aligned}
u(s) &= \sum_{i=1}^{n}\left[\psi_i(s) + \int_G \psi_i(t)\, H(s,t)\, dt\right]\xi_i + U_{01}^{(1)}\binom{s}{v} + \\
&\quad + \int_B \left[U_{01}^{(1)}\binom{t}{v} H(s,t) + U_{01}^{(2)}\binom{t}{v} H(s,t+r)\right] dt + \\
&\quad + \sum_{m+m_1+\cdots+m_n \geq 2} \xi_1^{m_1}\xi_2^{m_2}\cdots\xi_n^{m_n} V_m^{(1),\, m_1\cdots m_n}\binom{s}{v}, \\
w(s) &= \sum_{i=1}^{n}\left[\psi_i(s+r) + \int_G \psi_i(t)\, H(s+r,t)\, dt\right]\xi_i + U_{01}^{(2)}\binom{s}{v} + \\
&\quad + \int_B \left[U_{01}^{(1)}\binom{t}{v} H(s+r,t) + U_{01}^{(2)}\binom{t}{v} H(s+r,t+r)\right] dt + \\
&\quad + \sum_{m+m_1+\cdots+m_n \geq 2} \xi_1^{m_1}\xi_2^{m_2}\cdots\xi_n^{m_n} V_m^{(2),\, m_1\cdots m_n}\binom{s}{v}
\end{aligned}\right\} \quad (9.13)$$

mit $s \in B$. Dabei haben wir die Bezeichnungen

$$V_{m m_1\cdots m_n}^{(i)}\begin{pmatrix} & s & \\ v, 1, 1, \ldots, 1\end{pmatrix} = V_m^{(i),\, m_1\cdots m_n}\binom{s}{v}, \qquad i = 1, 2,$$

benutzt, so daß wir für die Integralpotenzformen

$$V_{m m_1\cdots m_n}^{(i)}\begin{pmatrix} & s & \\ v, \xi_1, \ldots, \xi_n\end{pmatrix} = \xi_1^{m_1}\cdots\xi_n^{m_n}\, V_{m m_1\cdots m_n}^{(i)}\begin{pmatrix} & s & \\ v, 1, \ldots, 1\end{pmatrix} =$$

$$= \xi_1^{m_1}\cdots\xi_n^{m_n}\, V_m^{(i),\, m_1\cdots m_n}\binom{s}{v}, \qquad i = 1, 2,$$

erhalten.

In die Lösungsformeln (9.13) gehen die Parameter $\xi_1, \xi_2, \ldots, \xi_n$ ein, deren Werte wir dadurch bestimmen, daß wir die durch (9.13) gegebenen Ausdrücke für $u(s)$ und $w(s)$ in die Formeln (9.12) einsetzen. Zunächst führt (9.12) auf

$$\xi_i = \int_G z(s)\,\overline{\varphi_i(s)}\, ds = \int_B u(s)\,\overline{\varphi_i(s)}\, ds + \int_B w(s)\,\varphi_i(s+r)\, ds .$$

Nun setzen wir $u(s)$ und $w(s)$ ein, nach einigen Umformungen erhalten wir

$$\xi_i = \sum_{k=1}^{n}\left\{\int_G\left[\psi_k(s) + \int_G \psi_k(t)\, H(s,t)\, dt\right]\overline{\varphi_i(s)}\, ds\right\}\xi_k +$$

$$+ \int_G \overline{\varphi_i(s)}\, ds \int_B \left[U_{01}^{(1)}\binom{t}{v} H(s,t) + U_{01}^{(2)}\binom{t}{v} H(s,t+r)\right] dt +$$

$$+ \sum_{m+m_1+\cdots+m_n \geq 2} \xi_1^{m_1}\cdots\xi_n^{m_n} \int_B \left[V_m^{(1),\, m_1\cdots m_n}\binom{s}{v}\overline{\varphi_i(s)} + V_m^{(2),\, m_1\cdots m_n}\binom{s}{v}\overline{\varphi_i(s+r)}\right] ds,$$

$$i = 1, 2, \ldots, n . \qquad (9.14)$$

Diesen Ausdruck formen wir weiter um. Wie in Punkt 8.5 gilt

$$\psi_k(s) + \int_G \psi_k(t)\, H(s, t)\, dt = \varphi_k(s)\,, \qquad s \in G\,.$$

Nun setzen wir

$$\int_B \left[U_{01}^{(1)}\binom{t}{v} H(s, t) + U_{01}^{(2)}\binom{t}{v} H(s, t + r)\right] dt = V_1^{(1),\,0\cdots 0}\binom{s}{v},$$

$$\int_B \left[U_{01}^{(1)}\binom{t}{v} H(s + r, t) + U_{01}^{(2)}\binom{t}{v} H(s + r, t + r)\right] dt = V_1^{(2),\,0\cdots 0}\binom{s}{v}.$$

Dann berücksichtigen wir

$$\sum_{k=1}^{n} \int_G \varphi_k(s)\, \overline{\varphi_i(s)}\, ds = 1\,,$$

und aus (9.14) ergibt sich schließlich

$$\sum_{m+m_1+\cdots+m_n \geqq 1} \xi_1^{m_1} \cdots \xi_n^{m_n} \int_B \left[V_m^{(1),\,m_1\cdots m_n}\binom{s}{v} \overline{\varphi_i(s)} + V_m^{(2),\,m_1\cdots m_n}\binom{s}{v} \overline{\varphi_i(s + r)}\right] ds = 0\,,$$

$$i = 1, 2, \ldots, n\,. \tag{9.15}$$

Die in diesem Gleichungssystem vorkommenden Glieder ersten Grades enthalten keine ersten Potenzen der Parameter $\xi_1, \xi_2, \ldots, \xi_n$, so daß das Gleichungssystem (9.15) gerade die LJAPUNOW-SCHMIDTsche Verzweigungsgleichung darstellt, die zu dem Integralgleichungssystem (9.1) gehört.

Setzen wir im Gleichungssystem (9.1) $v(s) = \lambda\, v_0(s)$, wobei $v_0(s)$ eine fixierte Funktion und λ ein Zahlenparameter ist, so ergibt sich für die entsprechende Verzweigungsgleichung

$$\sum_{m_1+\cdots+m_n \geqq 2} L_{m_1\cdots m_n 0}^{(i)}\, \xi_1^{m_1} \cdots \xi_n^{m_n} + \sum_{m_1+\cdots+m_n \geqq 0} \xi_1^{m_1} \cdots \xi_n^{m_n} \sum_{m \geqq 1} L_{m_1\cdots m_n,\, m}^{(i)}\, \lambda^m = 0\,, \tag{9.16}$$

$$i = 1, 2, \ldots, n\,,$$

wobei wir die Bezeichnungen

$$L_{m_1\cdots m_n,\, m}^{(i)} = \int_B \left[V_m^{(1),\,m_1\cdots m_n}\binom{s}{v_0} \overline{\varphi_i(s)} + V_m^{(2),\,m_1\cdots m_n}\binom{s}{v_0} \overline{\varphi_i(s + r)}\right] ds$$

benutzt haben. Solche Gleichungssysteme haben wir in den §§ 2, 5 und 6 untersucht.

9.4. Nichtlineare Integrodifferentialgleichungen erster Ordnung. In diesem Punkt behandeln wir Integrodifferentialgleichungen, die sich auf Systeme von nichtlinearen LJAPUNOW-SCHMIDTschen Integralgleichungen zurückführen lassen.

$C^1 = C^1\,[0, 1]$ sei der Raum der stetig differenzierbaren Funktionen, $v(s) \in C^1\,[0, 1]$ sei vorgegeben, $u(s) \in C^1\,[0, 1]$ sei die Unbekannte. Wir setzen

$$D\,u(s) = \frac{du(s)}{ds} \tag{9.17}$$

und betrachten die Integrodifferentialgleichung

$$u(s) - \int_0^1 K_{11}(s, t)\,u(t)\,dt - \int_0^1 K_{12}(s, t)\,D\,u(t)\,dt =$$

$$= U_{01}^{(1)}\begin{pmatrix} s \\ v \end{pmatrix} + \sum_{m+n+p\geqq 2} U_{m\,n\,p}^{(1)}\begin{pmatrix} & s & \\ u, & D\,u, & v \end{pmatrix} \tag{9.18}$$

mit

$$U_{01}^{(1)}\begin{pmatrix} s \\ v \end{pmatrix} = K_0(s)\,v(s) + \int_0^1 K_{01}(s, t)\,v(t)\,dt\,,$$

$$U_{m\,n\,p}^{(1)}\begin{pmatrix} & s & \\ u, & D\,u, & v \end{pmatrix} = \sum_{\nu} \int_0^1 \cdots \int_0^1 K_\nu^{(1)}(s, t_1, \ldots, t_i)\,u^{\alpha_0}(s)\,u^{\alpha_1}(t_1) \cdots$$

$$\cdots u^{\alpha_i}(t_i)\,(D\,u(t_1))^{\beta_1} \cdots (D\,u(t_i))^{\beta_i}\,v^{\gamma_0}(s)\,v^{\gamma_1}(t_1) \cdots v^{\gamma_i}(t_i)\,dt_1\,dt_2 \cdots dt_i\,,$$

$$\alpha_0 + \alpha_1 + \cdots + \alpha_i = m,\ \beta_1 + \cdots + \beta_i = n,\ \gamma_0 + \gamma_1 + \cdots + \gamma_i = p,$$

$$\nu = 1, 2, \ldots, n_i\,.$$

Folgende Voraussetzungen seien erfüllt:

1. Die rechte Seite der Gleichung (9.18) ist für

$$|u(s)| \leqq h < d\,, \qquad |D\,u(s)| \leqq h < d\,, \qquad |v(s)| \leqq h_1 < d_1$$

und

$$\sum_{m+n+p\geqq 2} B_{m\,n\,p}\,d^{m+n}\,d_1^p < +\infty \tag{9.19}$$

mit $B_{m\,n\,p} = \tilde{U}_{m\,n\,p}^{(1)}$ (siehe Punkt 7.1) regulär konvergent.

2. Alle Kerne sind in ihren Argumenten stetig, die ersten partiellen Ableitungen nach s

$$\frac{\partial}{\partial s} K_{1j}(s, t) = K_{2j}(s, t)\,, \qquad j = 1, 2\,,$$

$$\frac{\partial}{\partial s} U_{01}^{(1)}\begin{pmatrix} s \\ v \end{pmatrix} = U_{01}^{(2)}\begin{pmatrix} s \\ v \end{pmatrix},$$

$$\frac{\partial}{\partial s} K_\nu^{(1)}(s, t_1, \ldots, t_i) = K_\nu^{(2)}(s, t_1, \ldots, t_i)$$

existieren und sind in allen Argumenten stetig.

3. Die Ungleichung

$$\sum_{m+n+p\geq 2} C_{m\,n\,p}\, d^{m+n}\, d_1^p < +\infty \tag{9.20}$$

mit

$$C_{m\,n\,p} = \max \sum_{\nu} \int_0^1 \cdots \int_0^1 K_\nu^{(2)}(s, t_1, \ldots, t_i)\, dt_1 \cdots dt_i$$

ist erfüllt.

Aus der Voraussetzung (9.19) folgt, daß die rechte Seite der Gleichung (9.18) gliedweise differenziert werden darf,

$$D\,u(s) - \int_0^1 K_{21}(s,t)\,u(t)\,dt - \int_0^1 K_{22}(s,t)\,D\,u(t)\,dt =$$

$$= U_{01}^{(2)}\begin{pmatrix} s \\ v \end{pmatrix} + \sum_{m+n+p\geq 2} U_{m\,n\,p}^{(2)}\begin{pmatrix} & s & \\ u, & D\,u, & v \end{pmatrix}; \tag{9.21}$$

hierbei ist

$$U_{m\,n\,p}^{(2)}\begin{pmatrix} & s & \\ u, & D\,u, & v \end{pmatrix} = \sum_{\nu} \int_0^1 \cdots \int_0^1 [K_\nu^{(2)}(s, t_1, \ldots, t_i)\, u^{\alpha_0}(s)\, v^{\gamma_0}(s) +$$

$$+ K_\nu^{(1)}(s, t_1, \ldots, t_i)\left(\alpha_0\, u^{\alpha_0 - 1}(s)\, D\,u(s)\, v^{\gamma_0}(s) + \gamma_0\, u^{\alpha_0}(s)\, v^{\gamma_0 - 1}(s)\, D\,v(s)\right)] \times$$

$$\times\, u^{\alpha_1}(t_1) \cdots u^{\alpha_i}(t_i)\left(D\,u(t_1)\right)^{\beta_1} \cdots \left(D\,u(t_i)\right)^{\beta_i} v^{\gamma_1}(t_1) \cdots v^{\gamma_i}(t_i)\, dt_1 \cdots dt_i\,.$$

Ebenfalls aus (9.19) folgt, daß die Reihe

$$\sum_{m+n+p\geq 2} (m+p)\, B_{m\,n\,p}\, r^{m+n}\, r_1^p$$

für $h < r < d$, $h_1 < r_1 < d_1$ konvergiert; wegen (9.20) ist dann die rechte Seite der Gleichung (9.21) regulär konvergent.

Wir betrachten nun das Gleichungssystem

$$\left.\begin{aligned} &u(s) - \int_0^1 K_{11}(s,t)\,u(t)\,dt - \int_0^1 K_{12}(s,t)\,w(t)\,dt = \\ &= U_{01}^{(1)}\begin{pmatrix} s \\ v \end{pmatrix} + \sum_{m+n+p\geq 2} U_{m\,n\,p}^{(1)}\begin{pmatrix} & s & \\ u, & w, & v \end{pmatrix}, \\ &w(s) - \int_0^1 K_{21}(s,t)\,u(t)\,dt - \int_0^1 K_{22}(s,t)\,w(t)\,dt = \\ &= U_{01}^{(2)}\begin{pmatrix} s \\ v \end{pmatrix} + \sum_{m+n+p\geq 2} U_{m\,n\,p}^{(2)}\begin{pmatrix} & s & \\ u, & w, & v \end{pmatrix}, \end{aligned}\right\} \tag{9.22}$$

das sich von den Gleichungen (9.18) und (9.21) nur dadurch unterscheidet, daß $D\,u$ durch w ersetzt wurde. Dieses Gleichungssystem hat dieselbe Form wie das Gleichungssystem (9.1); die erforderlichen Voraussetzungen sind erfüllt.

Deshalb können alle in den letzten Punkten erzielten Aussagen über das Gleichungssystem (9.1) auf das Gleichungssystem (9.22) übertragen werden.

Es seien $|v(s)|$ und $|D\,v(s)|$ hinreichend klein sowie $u(s)$ und $w(s)$ Lösungen des Gleichungssystems (9.22). Wir wollen zeigen, daß dann

$$w(s) = \frac{d}{ds}\,u(s)$$

gilt, so daß bei hinreichend kleinem $|v(s)|$ und $|D\,v(s)|$ dann $u(s)$ eine Lösung der Gleichung (9.18) ist. Dazu differenzieren wir die erste Gleichung von (9.22) nach s, dann setzen wir die Ausdrücke für

$$U_{01}^{(2)}\begin{pmatrix} s \\ v \end{pmatrix}, \qquad U_{mnp}^{(2)}\begin{pmatrix} & s & \\ u, & w, & s \end{pmatrix}$$

und

$$K_{i2}(s, t)\,, \qquad i = 1, 2\,,$$

ein und subtrahieren die zweite Gleichung des Systems (9.22) von diesem Ausdruck,

$$\frac{du(s)}{ds} - w(s) =$$

$$= \left(\frac{du(s)}{ds} - w(s)\right) \sum_{m+n+p\geqq 2} \left[\sum_{\nu} \int_0^1 \cdots \int_0^1 K_\nu^{(1)}(s, t_1, \ldots, t_i)\, \alpha_0\, u^{\alpha_0 - 1}(s)\, u^{\alpha_1}(t_1) \cdots \right.$$
$$\cdots u^{\alpha_i}(t_i)\, w^{\beta_1}(t_1) \cdots w^{\beta_i}(t_i)\, v^{\gamma_0}(s)\, v^{\gamma_1}(t_1) \cdots v^{\gamma_i}(t_i)\, dt_1 \cdots dt_i\,.$$

Bei hinreichend kleinem $|v|$ und $|D\,v|$ sind $|u|$ und $|w|$ so klein, daß der absolute Betrag der auf der rechten Seite dieser Gleichung stehenden Summe kleiner als 1 wird. Deshalb kann diese Gleichung nur dann erfüllt sein, wenn $\frac{du(s)}{ds} - w(s) \equiv 0$ ist. Damit ist die Behauptung bewiesen.

Der der Integrodifferentialgleichung (9.18) entsprechende reguläre Fall bzw. Verzweigungsfall läßt sich also auf den dem Integralgleichungssystem (9.1) entsprechenden regulären Fall (siehe Punkt 9.2) bzw. Verzweigungsfall (siehe Punkt 9.3) zurückführen.

Ist in der Gleichung (9.18) $K_{12}(s, t) \equiv 0$, so fehlen in beiden Gleichungen von (9.22) auf der linken Seite die letzten Summanden. In diesem Spezialfall läßt sich einfach entscheiden, ob der reguläre Fall oder der Verzweigungsfall vorliegt. Der reguläre Fall liegt vor, wenn 1 kein Eigenwert des Operators

$$T_1\, u = \int_0^1 K_{11}(s, t)\, u(t)\, dt$$

ist; eine Verzweigung findet statt, wenn 1 ein Eigenwert von T_1 ist.

9.5. Weitere Integrodifferentialgleichungen. In diesem Punkt wollen wir noch einige von (9.18) verschiedene Integrodifferentialgleichungen behandeln.

Wir beginnen mit einer Integrodifferentialgleichung zweiter Ordnung,

$$u(s) - \int_0^1 K_{11}(s, t)\, u(t)\, dt - \int_0^1 K_{12}(s, t)\, D\, u(t)\, dt - \int_0^1 K_{13}(s, t)\, D^2\, u(t)\, dt =$$

$$= U_{01}\binom{s}{v} + \sum_{m+n+p+q \geqq 2} U_{m\,n\,p\,q}\binom{s}{u,\ D\,u,\ D^2\,u,\ v};$$

hierbei ist

$$D\,u(s) = \frac{du(s)}{ds}, \qquad D^2\,u(s) = \frac{d^2u(s)}{ds^2}.$$

Die Kerne $K_{1\,i}(s,t)$ und die Kerne der Integralpotenzformen $U_{m\,n\,p\,q}\binom{s}{u,\, D u,\, D^2 u,\, v}$ seien in s zweimal stetig differenzierbar. Die Integralpotenzreihe auf der rechten Seite enthalte weder $D\,u(s)$ noch $D^2\,u(s)$, kann aber $D\,u(t_k)$ und $D^2\,u(t_k)$ enthalten, wenn wir mit t_k die Integrationsvariablen bezeichnen. Dann können wir wie bei Gleichung (9.18) vorgehen, sofern die entsprechenden Konvergenzbedingungen für die rechte Seite erfüllt sind. Wir differenzieren die Gleichung zweimal nach s und erhalten zur Bestimmung ihrer Lösungen ein System von drei Gleichungen der Form (9.1).

Die Gleichung der Form

$$D\,u(s) = U_{01}\binom{s}{v} + \sum_{m+n \geqq 2} U_{m\,n}\binom{s}{u,\ v}, \qquad u(0) = u_0$$

mit

$$U_{01}(s) = K_0(s)\, v(s) + \int_0^1 K_{01}(s, t)\, v(t)\, dt\,,$$

$$U_{m\,n}\binom{s}{u,\ v} = \sum_{\nu} \int_0^1 \cdots \int_0^1 K_\nu(s, t_1, \ldots, t_i)\, u^{\alpha_0}(s)\, u^{\alpha_1} \cdots u^{\alpha_i}(t_i)\, v^{\beta_0}(s)\, \times$$

$$\times\, v^{\beta_1}(t_1) \cdots v^{\beta_i}(t_i)\, dt_1 \cdots dt_i$$

geht durch Integration in die äquivalente Gleichung

$$u(s) = u(0) + \int_0^s U_{01}\binom{z}{v} dz + \sum_{m+n \geqq 2} \int_0^s U_{m\,n}\binom{z}{u,\ v} dz$$

über, die bei hinreichend kleinem $|u(0)|$, $|v(s)|$ genau eine Lösung besitzt.

Wir betrachten nun die allgemeinere Gleichung

$$D\,u(s) = a(s)\, u(s) + \int_0^1 K_{11}(s, t)\, u(t)\, dt + U_{01}\binom{s}{v} + \sum_{m+n \geqq 2} U_{m\,n}\binom{s}{u,\ v} \quad (9.23)$$

mit

$$U_{mn}\binom{s}{u,\,v} = \sum_{\nu} \int_0^1 \cdots \int_0^1 K_\nu(s, t_1, \ldots, t_i)\, u^{\alpha_0}(s) \cdots u^{\alpha_i}(t_i)\, v^{\beta_0}(s) \cdots v^{\beta_i}(t_i)\, dt_1 \cdots dt_i\,,$$

$$\alpha_0 + \alpha_1 + \cdots + \alpha_i = m, \quad \beta_0 + \beta_1 + \cdots + \beta_i = n, \quad \nu = 1, 2, \ldots, n_i\,.$$

Wir integrieren beide Seiten,

$$u(s) = u(0) + \int_0^s a(z)\, u(z)\, dz + \int_0^1 \left[\int_0^s K_{11}(z, t)\, dz\right] u(t)\, dt + \int_0^s U_{01}\binom{z}{v} dz +$$

$$+ \sum_{m+n \geqq 2} \sum_{\nu} \int_0^s \int_0^1 \cdots \int_0^1 K_\nu(z, t_1, \ldots, t_i) \times$$

$$\times\, u^{\alpha_0}(z)\, u^{\alpha_1}(t_1) \cdots u^{\alpha_i}(t_i)\, v^{\beta_0}(z)\, v^{\beta_1}(t_1) \cdots v^{\beta_i}(t_i)\, dz\, dt_1 \cdots dt_i\,. \tag{9.24}$$

Nun zeigen wir, daß 1 kein Eigenwert des Operators

$$T_1\, u = \int_0^s a(z)\, u(z)\, dz + \int_0^1 \left[\int_0^s K_{11}(z, t)\, dz\right] u(t)\, dt$$

ist. Nehmen wir an, $u_0(s)$ sei eine Lösung der Gleichung

$$u_0(s) = T_1\, u_0\,. \tag{9.25}$$

Mit

$$M = \max |u_0(s)|\,, \qquad N = \max\left(|a(s)| + \int_0^1 |K_{11}(z, t)|\, dt\right)$$

folgt aus (9.25)

$$|u_0(s)| \leqq N\, M\, s\,, \qquad |u_0(s)| \leqq N^2\, M \frac{s^2}{2}\,, \ldots, \quad |u_0(s)| \leqq N^k\, M \frac{s^k}{k!}\,, \ldots,$$

also $u_0(s) \equiv 0$, so daß 1 kein Eigenwert von T_1 ist. Deshalb besitzt die Gleichung (9.24) bzw. (9.23) bei hinreichend kleinem $|u(0)|$, $|v(s)|$ genau eine Lösung, die sich durch eine Integralpotenzreihe darstellen läßt. Diese Lösung hängt offensichtlich nicht nur von $v(s)$, sondern auch vom Parameter $u(0)$ ab.

Ein entsprechendes Ergebnis erhalten wir für die Gleichung

$$D^2\, u(s) = a(s)\, D\, u(s) + b(s)\, u(s) +$$

$$+ \int_0^1 K_{11}(s, t)\, u(t)\, dt + U_{01}\binom{s}{v} + \sum_{m+n \geqq 2} U_{mn}\binom{s}{u,\,v}. \tag{9.26}$$

Hier müssen wir beide Seiten der Gleichung zweimal integrieren. Dieselben Überlegungen wie bei Gleichung (9.23) zeigen, daß die Gleichung (9.26) bei hinreichend kleinem $|u(0)|$, $|D\, u(0)|$, $|v(s)|$ genau eine Lösung besitzt, die durch eine Integralpotenzreihe der Argumente $v(s)$, $u(0)$, $D\, u(0)$ dargestellt werden kann.

Abschließend untersuchen wir die Gleichung

$$D\,u(s) = \int_0^1 K_{11}(s,t)\,D\,u(t)\,dt + a(s)\,u(s) +$$
$$+ \int_0^1 K_{12}(s,t)\,u(t)\,dt + U_{01}\binom{s}{v} + \sum_{m+n+p\geq 2} U_{m\,n\,p}\begin{pmatrix} & s & \\ u, & D\,u, & v\end{pmatrix}, \quad (9.27)$$

wobei die Integralpotenzformen $U_{m\,n\,p}$ im Unterschied zur Gleichung (9.18) die Potenzen $\big(D\,u(s)\big)^{\beta_0}$ enthalten können. Wenn 1 kein Eigenwert des Operators T ist,

$$T\,w = \int_0^1 K_{11}(s,t)\,w(t)\,dt\,,$$

können wir die Gleichung (9.27) in der Form

$$D\,u(s) = \int_0^1 K_{11}(s,t)\,D\,u(t)\,dt + f(s)$$

schreiben. Mit $\Gamma(s,t)$ bezeichnen wir die FREDHOLMsche Resolvente des Kerns $K_{11}(s,t)$, unter Beachtung von (8.4) erhalten wir

$$D\,u(s) = f(s) + \int_0^1 \Gamma(s,t)\,f(t)\,dt\,.$$

Setzen wir hier den Ausdruck für $f(s)$ ein, so ergibt sich für $D\,u(s)$ die in Punkt 7.5 behandelte einfache Gleichung, die bei hinreichend kleinem $|v(s)|$, $|u(s)|$ genau eine Lösung besitzt. Diese Lösung hat die Form (9.23), so daß die Gleichung (9.27) auf die schon behandelte Gleichung (9.23) zurückgeführt ist.

Auch wenn 1 ein n-facher Eigenwert von T ist, kann die Gleichung (9.27) unter Benutzung des SCHMIDTschen Lemmas auf die Form (9.23) gebracht werden. Die rechte Seite dieser Gleichung hängt dann aber von den Parametern $\xi_1, \xi_2, \ldots, \xi_n$ ab, die sich aus der Verzweigungsgleichung bestimmen lassen (siehe Punkt 8.4 und 8.5).

9.6. Eine andere Methode zur Herleitung der Verzweigungsgleichung[1]**).** Im Raum der n mal stetig differenzierbaren Funktionen $C^n[a,b]$ betrachten wir die Gleichung

$$z(x) = \mu \int_a^b K(x,y)\,f\big(y, z(y), z'(y), \ldots, z^{(n)}(y)\big)\,dy + g(x)\,. \quad (9.28)$$

Für $\mu = \lambda_0$ besitze diese Gleichung die Lösung $z(x) = z_0(x)$, dabei sei

$$f\big(y, z_0(y) + v_0, z_0'(y) + v_1, \ldots, z_0^{(n)}(y) + v\big) =$$
$$= A_0(y) + \sum_{\alpha_0+\cdots+\alpha_n\geq 1} a_{\alpha_0\,\alpha_1\cdots\alpha_n}(y)\,v_0^{\alpha_0}\,v_1^{\alpha_1}\cdots v_n^{\alpha_n}\,,$$

[1]) Siehe M. M. WAINBERG [2].

die Funktionen

$$a_{\alpha_0\cdots\alpha_n}(y)\,,\qquad K_x^{(i)}(x,y)=\frac{\partial^i}{\partial x^i}K(x,y)\,,\qquad i=0,1,\ldots,n\,,$$

seien stetig. Wir substituieren

$$\mu=\lambda_0+\lambda\,,\qquad z(x)=z_0(x)+u(x)\,.$$

Unter Berücksichtigung von

$$A_0(y)=f\big(y,z_0(y),\,z_0'(y),\ldots,z_n^{(n)}(y)\big)$$

erhalten wir

$$u(x)-\lambda_0\int_a^b K(x,y)\,v(y)\,dy=\Phi(\lambda,u|x)\,, \tag{9.29}$$

wobei wir die Bezeichnungen

$$\left.\begin{aligned} v(y)=L_y[u]&=\sum_{i=0}^n a_i(y)\,u^{(i)}(y)\,,\\ \Phi(\lambda,u|x)&=\int_a^b K(x,y)\Big\{\lambda\,[A_0(y)+v(y)]+\\ +(\lambda+\lambda_0)&\sum_{\alpha_0+\alpha_1+\cdots+\alpha_n\ge 2} a_{\alpha_0\alpha_1\cdots\alpha_n}(y)\,\big(u(y)\big)^{\alpha_0}\big(u'(y)\big)^{\alpha_1}\cdots\big(u^{(n)}(y)\big)^{\alpha_n}\Big\}\,dy \end{aligned}\right\} \tag{9.30}$$

benutzt haben. Nun wenden wir auf beide Seiten der Gleichung (9.29) den Operator L_x an (siehe (9.30)); wir setzen

$$\lambda_0\,L_x[K(x,y)]=M(x,y)\,,\qquad L_x[\Phi(\lambda,u|x)]=F(\lambda,u|x)$$

und erhalten

$$v(x)-\int_a^b M(x,y)\,v(y)\,dy=F(\lambda,u|x)\,. \tag{9.31}$$

Aus dieser Transformation des Gleichungssystems (9.29), (9.30) auf die Gleichung (9.31) folgt sofort, daß jede Lösung von (9.29), (9.30) auch eine Lösung von (9.31) ist. Wenn umgekehrt die beiden Funktionen $u_0(x)$ und $v_0(x)$ der Gleichung (9.31) genügen, so genügt die Funktion

$$u_0(x)=\lambda_0\int_a^b K(x,y)\,v_0(y)\,dy+\Phi(\lambda,u_0|x) \tag{9.32}$$

dem Gleichungssystem (9.29), (9.30); denn es ist

$$u_0(x)\,\lambda_0 \int_a^b K(x, y)\, L_y[u_0(y)]\, dy =$$

$$= \Phi(\lambda, u_0|x) + \lambda_0 \int_a^b K(x, y)\, v_0(y)\, dy -$$

$$- \lambda_0 \int_a^b K(x, y) \left\{ L_y[\Phi(\lambda, u_0|y)] + \lambda_0 \int_a^b L_y[K(y, t)]\, v_0(t)\, dt \right\} dy =$$

$$= \Phi(\lambda, u_0|x) + \lambda_0 \int_a^b K(x, y) \left\{ v_0(y) - \int_a^b M(y,t)\, v_0(t)\, dt - F(\lambda, u_0|y) \right\} dy = \Phi(\lambda, u_0|x)\,.$$

Deshalb brauchen wir nur die Integralgleichung (9.31) zu untersuchen.

1 sei ein p-facher Eigenwert des Integraloperators

$$A\, v = \int_a^b M(x, y)\, v(y)\, dy\,;$$

mit $\varphi_1(x), \varphi_2(x), \ldots, \varphi_p(x)$ bezeichnen wir die normierten Eigenfunktionen des Operators A, mit $\psi_1(x), \psi_2(x), \ldots, \psi_p(x)$ die normierten Eigenfunktionen des adjungierten Operators A^*. Wie in Punkt 8.3 bilden wir den Kern

$$E(x, y) = M(x, y) - \sum_{i=1}^{p} \psi_i(x)\, \overline{\varphi}_i(y)\,,$$

setzen

$$\xi_i = \int_a^b v(y)\, \overline{\varphi_i(y)}\, dy\,, \qquad i = 1, 2, \ldots, p\,, \tag{9.33}$$

und bezeichnen mit $B(x, y)$ die FREDHOLMsche Resolvente des Kerns $E(x, y)$. Dann erhalten wir (vergleiche (10.19))

$$v(x) = \sum_{i=1}^{p} \xi_i\, \varphi_i(x) + F(\lambda, u|x) + \int_a^b R(x, y)\, F(\lambda, u|y)\, dy\,. \tag{9.34}$$

Nun setzen wir den Ausdruck (9.34) in (9.32) ein,

$$u(x) = \lambda_0 \sum_{i=1}^{p} \xi_i \int_a^b K(x, y)\, \varphi_i(y)\, dy + \lambda_0 \int_a^b K(x, y)\, F(\lambda, u|y)\, dy +$$

$$+ \int_a^b \int_a^b K(x, y)\, R(y, t)\, F(\lambda, u|t)\, dt\, dy + \Phi(\lambda, u|x)\,. \tag{9.35}$$

Diese Gleichung (siehe Punkt 8.5) besitzt bei hinreichend kleinem $|\lambda|$ und $|\xi_i|$ genau eine stetige Lösung, die sich durch die gleichmäßig konvergente Reihe

$$u(x) = \sum_{n_1+\cdots+n_p+k\geq 1} a_{n_1\cdots n_p k}(x)\, \xi_1^{n_1}\, \xi_2^{n_2} \cdots \xi_p^{n_p}\, \lambda^k \qquad (9.36)$$

mit stetigen Koeffizienten $a_{n_1 n_2\cdots n_p k}(x)$ darstellen läßt.

Setzen wir andererseits (9.34) in (9.33) ein, so erhalten wir die Verzweigungsgleichung in der Form (10.24), aus der sich die möglichen Werte für ξ_i bestimmen lassen. Die Koeffizienten der Lösung (9.36) und die Koeffizienten der Verzweigungsgleichung können hier genauso wie in den §§ 10 und 11 berechnet werden.

KAPITEL IV

DIE VERZWEIGUNGSGLEICHUNG FÜR DIE ALLGEMEINE NICHTLINEARE INTEGRALGLEICHUNG

§ 10. Die allgemeine nichtlineare Integralgleichung

10.1. Die Aufgabenstellung. Vorbereitende Bemerkungen. B sei eine beschränkte abgeschlossene Menge des endlichdimensionalen euklidischen Raumes, I und I_1 seien Intervalle der reellen Achse oder konvexe Gebiete der komplexen Ebene, $G(s, t, u, \mu)$ sei eine auf $B \times B \times I \times I_1$ definierte und in allen Argumenten stetige, reelle oder komplexwertige Funktion. Weitere Voraussetzungen über die Funktion $G(s, t, u, \mu)$ formulieren wir später.

Wir betrachten die allgemeine nichtlineare Integralgleichung[1])

$$x(s) = \int_B G(s, t, x(t), \mu)\, dt\,. \tag{10.1}$$

Wenn die Funktion $G'_u(s, t, u, \mu)$ in u monoton ist, heißt die Gleichung (10.1) URYSOHNsche Gleichung; diese Voraussetzung wollen wir aber nicht machen. Wenn

$$G(s, t, u, \mu) = C(s, t)\, f(t, u, \mu)$$

ist, so heißt die Gleichung (10.1) HAMMERSTEINsche Gleichung.

Wir formulieren nun das Problem, das wir im folgenden untersuchen wollen. Für ein gewisses $\mu = \mu_0$ habe die Gleichung (10.1) die stetige Lösung $x_0(s)$, es sei also

$$x_0(s) = \int_B G\big(s, t, x_0(s), \mu_0\big)\, dt\,. \tag{10.2}$$

Gesucht sind alle stetigen Lösungen $x_\mu(s)$ der Gleichung (10.1), die für benachbarte Werte von μ existieren und die der Bedingung

$$\max |x_\mu(s) - x_0(s)| \to 0 \quad \text{für} \quad \mu \to \mu_0$$

genügen.

Dieses Problem wollen wir unter der zusätzlichen Voraussetzung untersuchen, daß die Funktion $G(s, t, x_0(t) + u, \mu_0 + \lambda)$ darstellbar ist in der Form[2])

---

[1]) Die Lösungsverzweigung bei Gleichungen dieser Form ist von P. G. AISENGENDLER [3] untersucht worden.

[2]) In Kapitel VII werden wir zeigen, daß die Voraussetzung (10.3) in vielen Fällen durch die Forderung

$$G(s, t, x_0(t) + u, \mu_0 + \lambda) = \sum_{m+n=0}^{r} A_{mn}(s, t, \mu_0)\, u^m \lambda^n + \sum_{i+j=r} b_{ij}$$

mit $b_{ij} = o\,(|u|^i\, |\lambda|^j)$ für $u, \lambda \to 0$, $r \geqq 2$, ersetzt werden kann.

$$G(s, t, x_0(t) + u, \mu_0 + \lambda) = \sum_{m+n \geq 0} A_{mn}(s, t, \mu_0)\, u^m \lambda^n \tag{10.3}$$

wobei die Koeffizienten $A_{mn}(s, t, \mu_0) = B_{mn}(s, t)$ in (s, t) stetig sind und die Reihe (10.3) entweder gleichmäßig (für $|u| \leqq d$, $|\lambda| \leqq d_1$) konvergent oder aber regulär konvergent ist, was bedeutet, daß die Reihe

$$\sum_{m+n \geqq 0} b_{mn}\, u^m \lambda^n$$

mit $b_{mn} = \max |B_{mn}(s, t)|$ konvergiert. Aus der regulären Konvergenz folgt offensichtlich die gleichmäßige Konvergenz (siehe § 7).

Wir substituieren in der Gleichung (10.1)

$$x(s) = x_0(s) + u(s)\,, \qquad \mu = \mu_0 + \lambda;$$

wegen $B_{00}(s, t) = G(s, t, x_0(s), \mu_0)$ ergibt sich unter Berücksichtigung von (10.2) und (10.3)

$$u(s) = \sum_{m+n \geqq 1} \lambda^n \int_B B_{mn}(s, t)\, u^m(t)\, dt\,.$$

Setzen wir noch

$$B_{10}(s, t) = K(s, t)\,, \qquad \int_B B_{01}(s, t)\, dt = f(s)\,,$$

so erhalten wir schließlich

$$u(s) - \int_B K(s, t)\, u(t)\, dt = \lambda f(s) + \sum_{m+n \geqq 2} \lambda^n \int_B B_{mn}(s, t)\, u^m(t)\, dt\,. \tag{10.4}$$

Das oben formulierte Problem führt also auf die Bestimmung aller stetigen Lösungen $u(s)$ der Gleichung (10.4), die für $\lambda \to 0$ (in der Metrik des Raums der stetigen Funktionen $C(B)$) nach Null streben. Wie bei der Untersuchung der Ljapunow-Schmidtschen Integralgleichung werden wir im einzelnen den regulären Fall und den Verzweigungsfall behandeln. Eigentlich ist die Gleichung (10.4) nur ein Spezialfall der Gleichung (8.1).

Erwähnt sei noch, daß für

$$G(s, t, u, \mu) = \mu\, G(s, t, u) \tag{10.5}$$

in der Gleichung (10.4) $B_{mn}(s, t) \equiv 0$ für alle $n \geqq 2$ wird; n nimmt dann also nur die Werte 0 und 1 an.

10.2. Der reguläre Fall. 1 sei kein Eigenwert des linearen Integraloperators

$$T\,u = \int_B K(s, t)\, u(t)\, dt\,, \tag{10.6}$$

und $\Gamma(s, t)$ sei die Fredholmsche Resolvente des Kerns $K(s, t)$. Wir formen (10.4) mittels (8.4) um,

$$u(s) = \lambda \left[f(s) + \int_B \Gamma(s, \tau) f(\tau)\, d\tau \right] +$$

$$+ \sum_{m+n \geqq 2} \lambda^n \int_B \left[B_{mn}(s, t) + \int_B \Gamma(s, \tau)\, B_{mn}(\tau, t)\, d\tau \right] u^m(t)\, dt\,.$$

Mit den Bezeichnungen

$$\left.\begin{aligned} g(s) &= f(s) + \int_B \Gamma(s,\tau) f(\tau)\, d\tau\,, \\ g_{mn}(s,t) &= B_{mn}(s,t) + \int_B \Gamma(s,\tau)\, B_{mn}(\tau,t)\, d\tau \end{aligned}\right\} \tag{10.7}$$

erhalten wir

$$u(s) = \lambda\, g(s) + \sum_{m+n \geqq 2} \lambda^n \int_B g_{mn}(s,t)\, u^m(t)\, d\tau\,. \tag{10.8}$$

Eine Gleichung dieser Form haben wir in Punkt 7.5 untersucht (siehe Satz 7.4). Sie besitzt bei hinreichend kleinem $|\lambda|$ genau eine stetige Lösung, die sich in eine gleichmäßig konvergente Reihe entwickeln läßt,

$$u(s) = \lambda\, g(s) + \sum_{i=2}^{\infty} a_i(s)\, \lambda^i\,. \tag{10.9}$$

Die Funktionen $a_i(s)$ können nach der Methode der unbestimmten Koeffizienten berechnet werden. Dazu setzen wir (10.9) in (10.8) ein,

$$\sum_{i=2}^{\infty} a_i(s)\, \lambda^i = \sum_{m+n \geqq 2} \lambda^n \int_B g_{mn}(s,t) \left[\lambda\, g(t) + \sum_{i=2}^{\infty} a_i(t)\, \lambda^i\right]^m dt\,.$$

Dann vergleichen wir die Koeffizienten bei gleichen Potenzen von λ; dadurch erhalten wir Rekursionsformeln zur Berechnung der Funktionen $a_i(s)$. Die ersten Formeln haben folgendes Aussehen:

$$\left.\begin{aligned} a_2(s) &= \int_B g_{02}(s,t)\, dt + \int_B g_{11}(s,t)\, g(t)\, dt + \int_B g_{20}(s,t)\, g^2(t)\, dt\,, \\ a_3(s) &= \int_B g_{03}(s,t)\, dt + \int_B g_{11}(s,t)\, a_2(t)\, dt + \int_B g_{12}(s,t)\, g(t)\, dt + \\ &\quad + 2\int_B g_{20}(s,t)\, g(t)\, a_2(t)\, dt + \int_B g_{21}(s,t)\, g^2(t)\, dt + \int_B g_{30}(s,t)\, g^3(t)\, dt\,, \\ a_4(s) &= \int_B g_{04}(s,t)\, dt + \int_B g_{11}(s,t)\, a_3(t)\, dt + \int_B g_{12}(s,t)\, a_2(t)\, dt + \\ &\quad + \int_B g_{13}(s,t)\, g(t)\, dt + \int_B g_{20}(s,t)\, [a_2^2(t) + 2\, g(t)\, a_3(t)]\, dt + \\ &\quad + 2\int_B g_{21}(s,t)\, g(t)\, a_2(t)\, dt + \int_B g_{22}(s,t)\, g^2(t)\, dt + \\ &\quad + 3\int_B g_{30}(s,t)\, g^2(t)\, a_2(t)\, dt + \int_B g_{31}(s,t)\, g^3(t)\, dt + \int_B g_{40}(s,t)\, g^4(t)\, dt\,, \\ &\ldots\ldots\ldots\ldots\ldots\ldots\ldots\ldots \end{aligned}\right\} \tag{10.10}$$

Wir betrachten noch den Spezialfall (10.5); dann fehlen in diesen Rekursionsformeln alle Glieder, die $g_{mn}(s,t)$ $(n \geqq 2)$ enthalten. Ist nämlich (10.5) erfüllt und in der Entwicklung

$$G(s, t, x_0(s) + u) = G(s, t, x_0(s)) + \sum_{m=1}^{\infty} A_m(s, t)\, u^m$$

die Reihe gleichmäßig konvergent, so ergibt sich aus (10.2) und (10.3)

$$u(s) = \lambda \int_B G(s, t, x_0(t))dt + \mu_0 \sum_{m=1}^{\infty} \int_B A_m(s, t)\, u^m(t)\, dt + \lambda \sum_{m=1}^{\infty} \int_B A_m(s, t)\, u^m(t)\, dt\,.$$

Wir setzen

$$\mu_0\, A_m(s, t) = B_{m\,0}(s, t)\,, \qquad A_m(s, t) = B_{m\,1}(s, t)\,,$$

$$f(s) = \int_B G(s, t, x_0(t))\, dt\,, \qquad \mu_0\, A_1(s, t) \equiv B_{10}(s, t) = K(s, t)$$

und erhalten wieder die Gleichung (10.4), wobei jetzt aber $B_{m\,n}(s, t) \equiv 0$ für $n \geqq 2$ ist. Mit (10.7) folgt hieraus $g_{m\,n}(s, t) \equiv 0$ für $n \geqq 2$.

10.3. Der eindimensionale Verzweigungsfall. Jetzt sei 1 ein einfacher Eigenwert des Operators T (siehe (10.6)), $\varphi_1(s)$ bzw. $\psi_1(s)$ sei die entsprechende normierte Eigenfunktion des Operators T bzw. des adjungierten Operators T^*,

$$T^*\, u = \int_B \overline{K(t, s)}\, u(t)\, dt\,. \tag{10.6'}$$

Bilden wir analog zu Punkt 8.4 den Kern

$$E(s, t) = K(s, t) - \psi_1(s)\, \overline{\varphi_1(t)}$$

und setzen wir

$$\xi = \int_B \overline{\varphi}_1(t)\, u(t)\, dt\,, \tag{10.11}$$

so lautet die Gleichung (10.4)

$$u(s) - \int_B E(s, t)\, u(t)\, dt = \xi\, \psi_1(s) + \lambda f(s) + \sum_{m+n \geqq 2} \lambda^n \int_B B_{m\,n}(s, t)\, u^m(t)\, dt\,.$$

Aus dem Schmidtschen Lemma folgt die Existenz der Fredholmschen Resolvente $R(s, t)$ des Kerns $E(s, t)$, so daß wir die letzte Gleichung auf die Form (siehe (8.4))

$$u(s) = \left[\psi_1(s) + \int_B R(s, t)\, \psi_1(t)\, dt\right] \xi + \lambda \left[f(s) + \int_B R(s, t) f(t)\, dt\right] +$$

$$+ \sum_{m+n \geqq 2} \lambda^n \int_B \left[B_{m\,n}(s, t) + \int_B R(s, \tau)\, B_{m\,n}(\tau, t)\, d\tau\right] u^m(t)\, dt$$

bringen können. Nun ist aber (siehe Punkt 8.4)

$$\varphi_1(s) = \psi_1(s) + \int_B R(s, t)\, \psi_1(t)\, dt\,.$$

Deshalb erhalten wir schließlich

$$u(s) = \xi\, \varphi_1(s) + \lambda\, g(s) + \sum_{m+n\geqq 2} \lambda^n \int_B g_{mn}(s,t)\, u^m(t)\, dt \tag{10.12}$$

mit

$$\left.\begin{aligned} g(s) &= f(s) + \int_B R(s,t) f(t)\, dt\,, \\ g_{mn}(s,t) &= B_{mn}(s,t) + \int_B R(s,\tau)\, B_{mn}(\tau,t)\, d\tau\,. \end{aligned}\right\} \tag{10.13}$$

Wir wissen (siehe Punkt 8.4 und Gleichung (8.14)), daß die Gleichung (10.12) bei hinreichend kleinem $|\lambda|$ und $|\xi|$ genau eine stetige Lösung besitzt; diese läßt sich durch die gleichmäßig konvergente Reihe

$$u(s) = \xi\, \varphi_1(s) + \lambda\, g(s) + \sum_{i+k\geqq 2} a_{ik}(s)\, \xi^i \lambda^k \tag{10.14}$$

mit stetigen Koeffizienten $a_{ik}(s)$ darstellen.

Die Funktionen $a_{ik}(s)$ bestimmen wir wieder nach der Methode der unbestimmten Koeffizienten. Dazu setzen wir (10.14) in (10.12) ein,

$$\sum_{i+k\geqq 2} a_{ik}(s)\, \xi^i \lambda^k = \sum_{m+n\geqq 2} \lambda^n \int_B g_{mn}(s,t) \Big[\xi\, \varphi_1(t) + \lambda\, g(t) + \sum_{p+q\geqq 2} a_{pq}(t)\, \xi^p \lambda^q\Big]^m dt\,. \tag{10.15}$$

Durch Vergleich der Koeffizienten bei den Gliedern gleichen Grades in ξ und λ erhalten wir Rekursionsformeln zur Berechnung der Funktionen $a_{ik}(s)$:

$$\left.\begin{aligned}
a_{02}(s) &= \int_B g_{02}(s,t)\, dt + \int_B g_{11}(s,t)\, g(t)\, dt + \int_B g_{20}(s,t)\, g^2(t)\, dt\,, \\
a_{11}(s) &= \int_B g_{11}(s,t)\, \varphi_1(t)\, dt + 2\int_B g_{20}(s,t)\, g(t)\, \varphi_1(t)\, dt\,, \\
a_{20}(s) &= \int_B g_{20}(s,t)\, \varphi_1^2(t)\, dt\,, \\
a_{03}(s) &= \int_B g_{03}(s,t)\, dt + \int_B g_{11}(s,t)\, a_{02}(t)\, dt + \int_B g_{12}(s,t)\, g(t)\, dt + \\
&\quad + 2\int_B g_{20}(s,t)\, g(t)\, a_{02}(t)\, dt + \int_B g_{21}(s,t)\, g^2(t)\, dt + \int_B g_{30}(s,t)\, g^3(t)\, dt\,, \\
a_{12}(s) &= \int_B g_{11}(s,t)\, a_{11}(t)\, dt + \int_B g_{12}(s,t)\, \varphi_1(t)\, dt + \\
&\quad + 2\int_B g_{20}(s,t)\, [\varphi_1(t)\, a_{02}(t) + g(t)\, a_{11}(t)]\, dt + \\
&\quad + 2\int_B g_{21}(s,t)\, \varphi_1(t)\, g(t)\, dt + 3\int_B g_{30}(s,t)\, \varphi_1(t)\, g^2(t)\, dt\,, \\
a_{21}(s) &= \int_B g_{11}(s,t)\, a_{20}(t)\, dt + 2\int_B g_{20}(s,t)\, [g(t)\, a_{20}(t) + \varphi_1(t)\, a_{11}(t)]\, dt + \\
&\quad + \int_B g_{21}(s,t)\, \varphi_1^2(t)\, dt + 3\int_B g_{30}(s,t)\, \varphi_1^2(t)\, g(t)\, dt\,, \\
a_{30}(s) &= 2\int_B g_{20}(s,t)\, \varphi_1(t)\, a_{20}(t)\, dt + \int_B g_{30}(s,t)\, \varphi_1^3(t)\, dt\,,
\end{aligned}\right\} \tag{10.16}$$

$$\left.\begin{aligned}
a_{04}(s) = {} & \int_B g_{04}(s,t)\,dt + \int_B g_{11}(s,t)\,a_{03}(t)\,dt + \int_B g_{12}(s,t)\,a_{02}(t)\,dt + \\
& + \int_B g_{13}(s,t)\,g(t)\,dt + \int_B g_{20}(s,t)\,[a_{02}^2(t) + 2\,g(t)\,a_{03}(t)]\,dt + \\
& + 2\int_B g_{21}(s,t)\,g(t)\,a_{02}(t)\,dt + \int_B g_{22}(s,t)\,g^2(t)\,dt + \\
& + 3\int_B g_{30}(s,t)\,g^2(t)\,a_{02}(t)\,dt + \int_B g_{31}(s,t)\,g^3(t)\,dt + \int_B g_{40}(s,t)\,g^4(t)\,dt\,, \\[1ex]
a_{13}(s) = {} & \int_B g_{11}(s,t)\,a_{12}(t)\,dt + \int_B g_{12}(s,t)\,a_{11}(t)\,dt + \int_B g_{13}(s,t)\,\varphi_1(t)\,dt + \\
& + 2\int_B g_{20}(s,t)\,[\varphi_1(t)\,a_{03}(t) + g(t)\,a_{12}(t) + a_{11}(t)\,a_{02}(t)]\,dt + \\
& + 2\int_B g_{21}(s,t)\,[\varphi_1(t)\,a_{02}(t) + g(t)\,a_{11}(t)]\,dt + \\
& + 2\int_B g_{22}(s,t)\,\varphi_1(t)\,g(t)\,dt + \\
& + 3\int_B g_{30}(s,t)\,[g^2(t)\,a_{11}(t) + 2\,\varphi_1(t)\,g(t)\,a_{02}(t)]\,dt + \\
& + 3\int_B g_{31}(s,t)\,\varphi_1(t)\,g^2(t)\,dt + 4\int_B g_{40}(s,t)\,\varphi_1(t)\,g^3(t)\,dt\,, \\[1ex]
a_{31}(s) = {} & \int_B g_{11}(s,t)\,a_{30}(t)\,dt + \\
& + 2\int_B g_{20}(s,t)\,[\varphi_1(t)\,a_{21}(t) + g(t)\,a_{30}(t) + a_{20}(t)\,a_{11}(t)]\,dt + \\
& + 2\int_B g_{21}(s,t)\,\varphi_1(t)\,a_{20}(t)\,dt + \\
& + 3\int_B g_{30}(s,t)\,[\varphi_1^2(t)\,a_{11}(t) + 2\,\varphi_1(t)\,g(t)\,a_{20}(t)]\,dt + \\
& + \int_B g_{31}(s,t)\,\varphi_1^3(t)\,dt + 4\int_B g_{40}(s,t)\,\varphi_1^3(t)\,g(t)\,dt\,, \\[1ex]
a_{22}(s) = {} & \int_B g_{11}(s,t)\,a_{21}(t)\,dt + \int_B g_{12}(s,t)\,a_{20}(t)\,dt + \\
& + \int_B g_{20}(s,t)\,[a_{11}^2(t) + 2\,\varphi_1(t)\,a_{12}(t) + 2\,g(t)\,a_{21}(t) + 2\,a_{20}(t)\,a_{02}(t)]\,dt + \\
& + 2\int_B g_{21}(s,t)\,[\varphi_1(t)\,a_{11}(t) + g(t)\,a_{20}(t)]\,dt + \int_B g_{22}(s,t)\,\varphi_1^2(t)\,dt + \\
& + 3\int_B g_{30}(s,t)\,[g^2(t)\,a_{20}(t) + \varphi_1^2(t)\,a_{02}(t) + 2\,\varphi_1(t)\,g(t)\,a_{11}(t)]\,dt + \\
& + 3\int_B g_{31}(s,t)\,\varphi_1^2(t)\,g(t)\,dt + 6\int_B g_{40}(s,t)\,\varphi_1^2(t)\,g^2(t)\,dt\,, \\[1ex]
a_{40}(s) = {} & \int_B g_{20}(s,t)\,[a_{20}^2(t) + 2\,\varphi_1(t)\,a_{30}(t)]\,dt + 3\int_B g_{30}(s,t)\,\varphi_1^2(t)\,a_{20}(t)\,dt + \\
& + \int_B g_{40}(s,t)\,\varphi_1^4(t)\,dt\,.
\end{aligned}\right\}\quad(10.16)$$

Ganz allgemein gilt also

$$a_{ik}(s) = \Phi(g_{\mu\nu}, \varphi_1, g, a_{20}, a_{11}, a_{02}, \ldots, a_{i-1,k}, a_{i,k-1}),$$

wobei das Funktional Φ nur von den angegebenen Argumenten abhängt.

In die Lösung (10.14) der Gleichung (10.4) geht der Parameter ξ ein, den wir durch Einsetzen von (10.14) in (10.11) bestimmen können,

$$\xi = \xi \int_B \varphi_1(t)\, \overline{\varphi_1(t)}\, dt + \lambda \int_B g(t)\, \overline{\varphi_1(t)}\, dt + \sum_{i+k\geqq 2} \xi^i \lambda^k \int_B a_{ik}(t)\, \overline{\varphi_1(t)}\, dt .$$

Führen wir die Bezeichnungen

$$L_{mn} = \int_B a_{mn}(t)\, \overline{\varphi_1(t)}\, dt \quad (m+n \geqq 2), \qquad L_{01} = \int_B g(t)\, \overline{\varphi_1(t)}\, dt \tag{10.17}$$

ein und berücksichtigen wir

$$\int_B \varphi_1(t)\, \overline{\varphi_1(t)}\, dt = 1 ,$$

so erhalten wir die eindimensionale Verzweigungsgleichung

$$\sum_{m=2}^{\infty} L_{m0}\, \xi^m + \sum_{m=0}^{\infty} \xi^m \sum_{n=1}^{\infty} L_{mn} \lambda^n = 0 . \tag{10.18}$$

10.4. Der mehrdimensionale Verzweigungsfall. Wir behandeln jetzt den Fall, daß 1 ein p-facher Eigenwert des Operators T ist; mit $\varphi_1(s), \varphi_2(s), \ldots, \varphi_p(s)$ bzw. $\psi_1(s), \psi_2(s), \ldots, \psi_p(s)$ bezeichnen wir die entsprechenden orthonormierten Eigenfunktionen von T bzw. T^* (siehe (10.6) und (10.6′)). Unser weiteres Vorgehen gleicht dem von Punkt 8.5. Wir bilden den Kern

$$E(s,t) = K(s,t) - \sum_{i=1}^{p} \psi_i(s)\, \overline{\varphi_i(t)} \tag{8.8}$$

und führen die Parameter

$$\xi_i = \int_B u(t)\, \overline{\varphi_i(t)} \cdot dt \tag{8.22}$$

ein; die Gleichung (10.4) lautet dann

$$u(s) - \int_B E(s,t)\, u(t)\, dt + \sum_{i=1}^{p} \xi_i\, \psi_i(s) + \lambda f(s) + \sum_{m+n\geqq 2} \lambda^n \int_B B_{mn}(s,t)\, u^m(t)\, dt .$$

Aus dem SCHMIDTschen Lemma folgt die Existenz der FREDHOLMschen Resolvente $R(s,t)$ des Kerns $E(s,t)$, so daß wir die letzte Gleichung auch in der Form

$$u(s) = \sum_{i=1}^{p} \left[\psi_i(s) + \int_B R(s,t)\, \psi_i(t)\, dt\right] \xi_i + \lambda \left[f(s) + \int_B R(s,t)\, f(t)\, dt\right] +$$

$$+ \sum_{m+n\geqq 2} \lambda^n \int_B \left[B_{mn}(s,t) + \int_B R(s,\tau)\, B_{mn}(\tau,t)\, d\tau\right] u^m(t)\, dt$$

schreiben können. Mit (8.27) und (10.13) erhalten wir schließlich

$$u(s) = \sum_{i=1}^{p} \xi_i \varphi_i(s) + \lambda g(s) + \sum_{m+n \geq 2} \lambda^n \int_B g_{mn}(s, t) u^m(t) dt . \qquad (10.19)$$

Diese Gleichung besitzt bei hinreichend kleinem $|\lambda|$ und $|\xi_i|$ genau eine stetige Lösung, die in die gleichmäßig konvergente Reihe

$$u(s) = \sum_{\nu=1} \xi_\nu \varphi_\nu(s) + \lambda g(s) + \sum_{n_1+\cdots+n_p+k \geq 2} a_{n_1 n_2 \cdots n_p k}(s) \xi_1^{n_1} \cdots \xi_p^{n_p} \lambda^k \qquad (10.20)$$

mit stetigen Koeffizienten $a_{n_1 n_2 \cdots n_p k}(s)$ entwickelt werden kann.

Die Funktionen $a_{n_1 n_2 \cdots n_p k}(s)$ berechnen wir wieder nach der Methode der unbestimmten Koeffizienten, d. h. durch Einsetzen von (10.20) in (10.19) und anschließenden Vergleich der Koeffizienten bei den Gliedern gleichen Grades in $\xi_1, \xi_2, \ldots, \xi_p, \lambda$.

Als Beispiel wollen wir die ersten Koeffizienten der Lösung (10.20) für $p = 2$ berechnen. In diesem Fall hat (10.20) die Form

$$u(s) = \xi_1 \varphi_1(s) + \xi_2 \varphi_2(s) + \lambda g(s) + \sum_{i+k+l \geq 2} a_{ikl}(s) \xi_1^i \xi_2^k \lambda^l . \qquad (10.20')$$

Nach Einsetzen in (10.19) und Weglassen der linearen Glieder ergibt sich

$$\sum_{i+k+l \geq 2} a_{ikl}(s) \xi_1^i \xi_2^k \lambda^l =$$

$$= \sum_{m+n \geq 2} \lambda^n \int_B g_{mn}(s, t) \left[\xi_1 \varphi_1(t) + \xi_2 \varphi_2(t) + \lambda g(t) + \sum_{p+q+r \geq 2} a_{pqr}(t) \xi_1^p \xi_2^q \lambda^r \right]^m dt . \qquad (10.21)$$

Wir vergleichen nun die Koeffizienten bei den Gliedern gleichen Grades in ξ_1, ξ_2, λ und erhalten das folgende rekursive Gleichungssystem zur Berechnung der Funktionen $a_{ikl}(s)$:

$$\left.\begin{aligned}
a_{011}(s) &= \int_B \{g_{11}(s, t) \varphi_2(t) + 2 g_{20}(s, t) \varphi_2(t) g(t)\} dt , \\
a_{101}(s) &= \int_B \{g_{11}(s, t) \varphi_1(t) + 2 g_{20}(s, t) \varphi_1(t) g(t)\} dt , \\
a_{110}(s) &= 2 \int_B g_{20}(s, t) \varphi_1(t) \varphi_2(t) dt , \\
a_{200}(s) &= \int_B g_{20}(s, t) \varphi_1^2(t) dt , \\
a_{020}(s) &= \int_B g_{20}(s, t) \varphi_2^2(t) dt , \\
a_{002}(s) &= \int_B \{g_{02}(s, t) + g_{11}(s, t) g(t) + g_{20}(s, t) g^2(t)\} dt , \\
a_{111}(s) &= \int_B \{g_{11}(s, t) a_{110}(t) + 2 g_{12}(s, t) \varphi_1(t) \varphi_2(t) + 2 g_{20}(s, t) \varphi_1(t) a_{011}(t) + \\
&\quad + 2 g_{20}(s, t) \varphi_2(t) a_{101}(t) + 2 g_{20}(s, t) g(t) a_{110}(t) + \\
&\quad + 2 g_{21}(s, t) \varphi_1(t) \varphi_2(t) + 6 g_{30}(s, t) \varphi_1(t) \varphi_2(t) g(t)\} dt ,
\end{aligned}\right\} \qquad (10.22)$$

$$\left.\begin{aligned}
a_{120}(s) &= \int_B \{2\, g_{20}(s,t)\, \varphi_1(t)\, a_{020}(t) + 2\, g_{20}(s,t)\, \varphi_2(t)\, a_{110}(t) + \\
&\quad + 3\, g_{30}(s,t)\, \varphi_1(t)\, \varphi_2^2(t)\}\, dt\,, \\
a_{102}(s) &= \int_B \{g_{11}(s,t)\, a_{101}(t) + g_{12}(s,t)\, \varphi_1(t) + 2\, g_{20}(s,t)\, \varphi_1(t)\, a_{002}(t) + \\
&\quad + 2\, g_{20}(s,t)\, g(t)\, a_{101}(t) + 2\, g_{21}(s,t)\, \varphi_1(t)\, g(t) + 3\, g_{30}(s,t)\, \varphi_1(t)\, g^2(t)\}\, dt\,, \\
a_{012}(s) &= \int_B \{g_{11}(s,t)\, a_{011}(t) + g_{12}(s,t)\, \varphi_2(t) + \\
&\quad + 2\, g_{20}(s,t)\, [\varphi_2(t)\, a_{002}(t) + g(t)\, a_{011}(t)] + \\
&\quad + 2\, g_{21}(s,t)\, \varphi_2(t)\, g(t) + 3\, g_{30}(s,t)\, \varphi_2(t)\, g^2(t)\}\, dt\,, \\
a_{021}(s) &= \int_B \{g_{11}(s,t)\, a_{020}(t) + 2\, g_{20}(s,t)\, [\varphi_2(t)\, a_{011}(t) + g(t)\, a_{020}(t)] + \\
&\quad + g_{21}(s,t)\, \varphi_2^2(t) + 3\, g_{30}(s,t)\, \varphi_2^2(t)\, g(t)\}\, dt\,, \\
a_{201}(s) &= \int_B \{g_{11}(s,t)\, a_{200}(t) + 2\, g_{20}(s,t)\, [\varphi_1(t)\, a_{101}(t) + g(t)\, a_{200}(t)] + \\
&\quad + g_{21}(s,t)\, \varphi_1^2(t) + 3\, g_{30}(s,t)\, \varphi_1^2(t)\, g(t)\}\, dt\,, \\
a_{210}(s) &= \int_B \{2\, g_{20}(s,t)\, [\varphi_1(t)\, a_{110}(t) + \varphi_2(t)\, a_{200}(t)] + 3\, g_{30}(s,t)\, \varphi_1^2(t)\, \varphi_2(t)\}\, dt\,, \\
a_{300}(s) &= \int_B \{2\, g_{20}(s,t)\, \varphi_1(t)\, a_{200}(t) + g_{30}(s,t)\, \varphi_1^3(t)\}\, dt\,, \\
a_{030}(s) &= \int_B \{2\, g_{20}(s,t)\, \varphi_2(t)\, a_{020}(t) + g_{30}(s,t)\, \varphi_2^3(t)\}\, dt\,, \\
a_{003}(s) &= \int_B \{g_{03}(s,t) + g_{11}(s,t)\, a_{002}(t) + g_{12}(s,t)\, g(t) + \\
&\quad + 2\, g_{20}(s,t)\, g(t)\, a_{002}(t) + g_{21}(s,t)\, g^2(t) + g_{30}(s,t)\, g^3(t)\}\, dt\,, \\
a_{004}(s) &= \int_B \{g_{04}(s,t) + g_{11}(s,t)\, a_{003}(t) + g_{12}(s,t)\, a_{002}(t) + g_{13}(s,t)\, g(t) + \\
&\quad + g_{20}(s,t)\, [a_{002}^2(t) + 2\, g(t)\, a_{003}(t)] + 2\, g_{21}(s,t)\, g(t)\, a_{002}(t) + \\
&\quad + g_{22}(s,t)\, g^2(t) + 3\, g_{30}(s,t)\, g^2(t)\, a_{002}(t) + g_{31}(s,t)\, g^3(t) + \\
&\quad + g_{40}(s,t)\, g^4(t)\}\, dt\,, \\
a_{040}(s) &= \int_B \{g_{20}(s,t)\, [a_{020}^2(t) + 2\, \varphi_2(t)\, a_{030}(t)] + \\
&\quad + 3\, g_{30}(s,t)\, \varphi_2^2(t)\, a_{020}(t) + g_{40}(s,t)\, \varphi_2^4(t)\}\, dt\,, \\
a_{400}(s) &= \int_B \{g_{20}(s,t)\, [a_{200}^2(t) + 2\, \varphi_1(t)\, a_{300}(t)] + 3\, g_{30}(s,t)\, \varphi_1^2(t)\, a_{200}(t) + \\
&\quad + g_{40}(s,t)\, \varphi_1^4(t)\}\, dt\,,
\end{aligned}\right\} \quad (10.22)$$

$$
\left.
\begin{aligned}
a_{022}(s) = \int_B \{ & g_{11}(s,t)\, a_{021}(t) + g_{12}(s,t)\, a_{020}(t) + \\
& g_{20}(s,t)\, [a_{011}^2(t) + 2\, g(t)\, a_{021}(t) + 2\, \varphi_2(t)\, a_{012}(t) + 2\, a_{020}(t)\, a_{002}(t)] + \\
& + 2\, g_{21}(s,t)\, [\varphi_2(t)\, a_{011}(t) + g(t)\, a_{020}(t)] + g_{22}(s,t)\, \varphi_2^2(t) + \\
& + 3\, g_{30}(s,t)\, [\varphi_2^2(t)\, a_{002}(t) + g^2(t)\, a_{020}(t) + 2\, \varphi_2(t)\, g(t)\, a_{011}(t)] + \\
& + 3\, g_{31}(s,t)\, \varphi_2^2(t)\, g(t) + 6\, g_{40}(s,t)\, \varphi_2^2(t)\, g^2(t)\}\, dt\,, \\[1ex]
a_{202}(s) = \int_B \{ & g_{11}(s,t)\, a_{201}(t) + g_{12}(s,t)\, a_{200}(t) + \\
& + g_{20}(s,t)\, [a_{101}^2(t) + 2\, g(t)\, a_{201}(t) + 2\, \varphi_1(t)\, a_{102}(t) + 2\, a_{200}(t)\, a_{002}(t)] + \\
& + 2\, g_{21}(s,t)\, [\varphi_1(t)\, a_{101}(t) + g(t)\, a_{200}(t)] + g_{22}(s,t)\, \varphi_1^2(t) + \\
& + 3\, g_{30}(s,t)\, [\varphi_1^2(t)\, a_{002}(t) + g^2(t)\, a_{200}(t) + 2\, \varphi_1(t)\, g(t)\, a_{101}(t)] + \\
& + 3\, g_{31}(s,t)\, \varphi_1^2(t)\, g(t) + 6\, g_{40}(s,t)\, \varphi_1^2(t)\, g^2(t)\}\, dt\,, \\[1ex]
a_{220}(s) = \int_B \{ & 2\, g_{20}(s,t)\, [\varphi_1(t)\, a_{120}(t) + \varphi_2(t)\, a_{210}(t) + a_{200}(t)\, a_{020}(t)] + \\
& + g_{20}(s,t)\, a_{110}^2(t) + \\
& + 3\, g_{30}(s,t)\, [\varphi_1^2(t)\, a_{020}(t) + \varphi_2^2(t)\, a_{200}(t) + 2\, \varphi_1(t)\, \varphi_2(t)\, a_{110}(t)] + \\
& + 6\, g_{40}(s,t)\, \varphi_1^2(t)\, \varphi_2^2(t)\}\, dt\,, \\[1ex]
a_{112}(s) = \int_B \{ & g_{11}(s,t)\, a_{111}(t) + g_{12}(s,t)\, a_{110}(t) + \\
& + 2\, g_{20}(s,t)\, [\varphi_1(t)\, a_{012}(t) + \varphi_2(t)\, a_{102}(t) + g(t)\, a_{111}(t) + a_{101}(t)\, a_{011}(t) + \\
& + a_{110}(t)\, a_{002}(t)] + 2\, g_{21}(s,t)\, [\varphi_1(t)\, a_{011}(t) + \varphi_2(t)\, a_{101}(t) + g(t)\, a_{110}(t)] + \\
& + 2\, g_{22}(s,t)\, \varphi_1(t)\, \varphi_2(t) + 3\, g_{30}(s,t)\, [g^2(t)\, a_{110}(t) + \\
& + 2\, \varphi_1(t)\, \varphi_2(t)\, a_{002}(t) + 2\, \varphi_1(t)\, g(t)\, a_{011}(t) + 2\, \varphi_2(t)\, g(t)\, a_{101}(t)] + \\
& + 6\, g_{31}(s,t)\, \varphi_1(t)\, \varphi_2(t)\, g(t) + 12\, g_{40}(s,t)\, \varphi_1(t)\, \varphi_2(t)\, g^2(t)\}\, dt\,, \\[1ex]
a_{121}(s) = \int_B \{ & g_{11}(s,t)\, a_{120}(t) + 2\, g_{20}(s,t)\, [\varphi_1(t)\, a_{021}(t) + \varphi_2(t)\, a_{111}(t) + \\
& + g(t)\, a_{120}(t) + a_{110}(t)\, a_{011}(t) + a_{101}(t)\, a_{020}(t)] + \\
& + 2\, g_{21}(s,t)\, [\varphi_1(t)\, a_{020}(t) + \varphi_2(t)\, a_{110}(t)] + \\
& + 3\, g_{30}(s,t)\, [\varphi_2^2(t)\, a_{101}(t) + 2\, \varphi_1(t)\, \varphi_2(t)\, a_{011}(t) + 2\, \varphi_2(t)\, g(t)\, a_{110}(t) + \\
& + 2\, \varphi_1(t)\, g(t)\, a_{020}(t)] + 3\, g_{31}(s,t)\, \varphi_1(t)\, \varphi_2^2(t) + \\
& + 12\, g_{40}(s,t)\, \varphi_1(t)\, \varphi_2^2(t)\, g(t)\}\, dt\,,
\end{aligned}
\right\}
\qquad (10.22)
$$

$$\left.\begin{aligned}
a_{211}(s) = \int_B \{ & g_{11}(s, t)\, a_{210}(t) + 2\, g_{20}(s, t)\, [\varphi_1(t)\, a_{111}(t) + \varphi_2(t)\, a_{201}(t) + \\
& + g(t)\, a_{210}(t) + a_{110}(t)\, a_{101}(t) + a_{200}(t)\, a_{011}(t)] + \\
& + 2\, g_{21}(s, t)\, [\varphi_1(t)\, a_{110}(t) + \varphi_2(t)\, a_{200}(t)] + 3\, g_{30}(s, t)\, [\varphi_1^2(t)\, a_{011}(t) + \\
& + 2\, \varphi_1(t)\, \varphi_2(t)\, a_{101}(t) + 2\, \varphi_1(t)\, g(t)\, a_{110}(t) + 2\, \varphi_2(t)\, g(t)\, a_{200}(t)] + \\
& + 3\, g_{31}(s, t)\, \varphi_1^2(t)\, \varphi_2(t) + 12\, g_{40}(s, t)\, \varphi_1^2(t)\, \varphi_2(t)\, g(t)\}\, dt\,, \\
a_{013}(s) = \int_B \{ & g_{11}(s, t)\, a_{012}(t) + g_{12}(s, t)\, a_{011}(t) + g_{13}(s, t)\, \varphi_2(t) + \\
& + 2\, g_{20}(s, t)\, [\varphi_2(t)\, a_{003}(t) + g(t)\, a_{012}(t) + a_{011}(t)\, a_{002}(t)] + \\
& + 2\, g_{21}(s, t)\, [\varphi_2(t)\, a_{002}(t) + g(t)\, a_{011}(t)] + 2\, g_{22}(s, t)\, \varphi_2(t)\, g(t) + \\
& + 3\, g_{30}(s, t)\, [g^2(t)\, a_{011}(t) + 2\, \varphi_2(t)\, g(t)\, a_{002}(t)] + \\
& + 3\, g_{31}(s, t)\, \varphi_2(t)\, g^2(t) + 4\, g_{40}(s, t)\, \varphi_2(t)\, g^3(t)\}\, dt\,, \\
a_{031}(s) = \int_B \{ & g_{11}(s, t)\, a_{030}(t) + \\
& + 2\, g_{20}(s, t)\, [\varphi_2(t)\, a_{021}(t) + g(t)\, a_{030}(t) + a_{011}(t)\, a_{020}(t)] + \\
& + 2\, g_{21}(s, t)\, \varphi_2(t)\, a_{020}(t) + \\
& + 3\, g_{30}(s, t)\, [\varphi_2^2(t)\, a_{011}(t) + 2\, \varphi_2(t)\, g(t)\, a_{020}(t)] + \\
& + g_{31}(s, t)\, \varphi_2^3(t) + 4\, g_{40}(s, t)\, \varphi_2^3(t)\, g(t)\}\, dt\,, \\
a_{103}(s) = \int_B \{ & g_{11}(s, t)\, a_{102}(t) + g_{12}(s, t)\, a_{101}(t) + g_{13}(s, t)\, \varphi_1(t) + \\
& + 2\, g_{20}(s, t)\, [\varphi_1(t)\, a_{003}(t) + g(t)\, a_{102}(t) + a_{101}(t)\, a_{002}(t)] + \\
& + 2\, g_{21}(s, t)\, [\varphi_1(t)\, a_{002}(t) + g(t)\, a_{101}(t)] + 2\, g_{22}(s, t)\, \varphi_1(t)\, g(t) + \\
& + 3\, g_{30}(s, t)\, [g^2(t)\, a_{101}(t) + 2\, \varphi_1(t)\, g(t)\, a_{002}(t)] + \\
& + 3\, g_{31}(s, t)\, \varphi_1(t)\, g^2(t) + 4\, g_{40}(s, t)\, \varphi_1(t)\, g^3(t)\}\, dt\,, \\
a_{301}(s) = \int_B \{ & g_{11}(s, t)\, a_{300}(t) + \\
& + 2\, g_{20}(s, t)\, [\varphi_1(t)\, a_{201}(t) + g(t)\, a_{300}(t) + a_{101}(t)\, a_{200}(t)] + \\
& + 2\, g_{21}(s, t)\, \varphi_1(t)\, a_{200}(t) + \\
& + 3\, g_{30}(s, t)\, [\varphi_1^2(t)\, a_{101}(t) + 2\, \varphi_1(t)\, g(t)\, a_{200}(t)] + \\
& + g_{31}(s, t)\, \varphi_1^3(t) + 4\, g_{40}(s, t)\, \varphi_1^3(t)\, g(t)\}\, dt\,, \\
a_{130}(s) = \int_B \{ & 2\, g_{20}(s, t)\, [\varphi_1(t)\, a_{030}(t) + \varphi_2(t)\, a_{120}(t) + a_{110}(t)\, a_{020}(t)] + \\
& + 3\, g_{30}(s, t)\, [\varphi_2^2(t)\, a_{110}(t) + 2\, \varphi_1(t)\, \varphi_2(t)\, a_{020}(t)] + \\
& + 4\, g_{40}(s, t)\, \varphi_1(t)\, \varphi_2^3(t)\}\, dt\,, \\
a_{310}(s) = \int_B \{ & 2\, g_{20}(s, t)\, [\varphi_1(t)\, a_{210}(t) + \varphi_2(t)\, a_{300}(t) + a_{110}(t)\, a_{200}(t)] + \\
& + 3\, g_{30}(s, t)\, [\varphi_1^2(t)\, a_{110}(t) + 2\, \varphi_1(t)\, \varphi_2(t)\, a_{200}(t)] + \\
& + 4\, g_{40}(s, t)\, \varphi_1^3(t)\, \varphi_2(t)\}\, dt\,.
\end{aligned}\right\} \quad (10.22)$$

Wir haben noch die in die Lösung (10.20) eingehenden Parameter ξ_ν zu bestimmen; dazu setzen wir (10.20) in die Formeln (8.22) ein. Die Funktionen $\varphi_i(s)$ sind orthonormiert, so daß wir

$$0 = \lambda \int_B g(t)\, \overline{\varphi_i(t)}\, dt + \sum_{n_1+\cdots+n_p+k\geq 2} \xi_1^{n_1} \cdots \xi_p^{n_p} \lambda^k \int_B a_{n_1\cdots n_p k}(t)\, \overline{\varphi_i(t)}\, dt\,,$$

$$i = 1, 2, \ldots, p\,,$$

und unter Benutzung der Bezeichnungen

$$L^{(i)}_{n_1 n_2\cdots n_p k} = \int_B a_{n_1\cdots n_p k}(t)\, \overline{\varphi_i(t)}\, dt\,, \qquad L^{(i)}_{00\cdots 01} = \int_B g(t)\, \overline{\varphi_i(t)}\, dt \tag{10.23}$$

schließlich

$$\sum_{n_1+\cdots+n_p\geq 2} L^{(i)}_{n_1\cdots n_p 0}\, \xi_1^{n_1} \cdots \xi_p^{n_p} + \sum_{n_1+\cdots+n_p\geq 0} \xi_1^{n_1} \cdots \xi_p^{n_p} \sum_{k\geq 1} L^{(i)}_{n_1\cdots n_p k}\, \lambda^k = 0\,, \tag{10.24}$$

$$i = 1, 2, \ldots, p\,,$$

erhalten.

Dieses Gleichungssystem heißt, wie früher erwähnt, LJAPUNOW-SCHMIDTsche Verzweigungsgleichung. Die möglichen Werte für ξ_i, für die die Formel (10.20) Lösungen der Gleichungen (10.19) liefert, sind also kleine Lösungen des Gleichungssystems (10.24), sofern dieses Gleichungssystem überhaupt kleine Lösungen besitzt. Um zu entscheiden, ob das Gleichungssystem (10.24) überhaupt kleine Lösungen besitzt, und um alle kleinen Lösungen dieses Gleichungssystems zu finden, benutzen wir im folgenden die Ergebnisse von § 6. Auf diesem Wege läßt sich also für den Fall, daß 1 ein p-facher Eigenwert des Operators T ist, die Frage beantworten, wieviel kleine Lösungen die Gleichung (10.19) besitzt und welche Form alle kleinen Lösungen haben. Addieren wir zu jeder kleinen Lösung der Gleichung (10.19) die bekannte Lösung $x_0(s)$ (siehe Gleichung (10.2)), so erhalten wir die Gesamtheit aller Lösungen der Gleichung (10.1), die für $\mu \to \mu_0$ nach $x_0(s)$ streben. Diesen Fragen wollen wir uns im folgenden Kapitel zuwenden. Zunächst berechnen wir noch die Koeffizienten $a_{n_1 n_2\cdots n_p k}(s)$ für die wichtigsten Spezialfälle der Gleichung (10.1).

10.5. Der Spezialfall (10.5). In diesem Punkt berechnen wir die Koeffizienten der Lösungsformeln (10.14) und (10.20′) für den Spezialfall (10.5), in dem also

$$G(s, t, u, \mu) = \mu\, G(s, t, u) \tag{10.5}$$

ist. Die Gleichung (10.3) lautet dann

$$(\mu_0 + \lambda)\, G\big(s, t, x_0(t) + u\big) = (\mu_0 + \lambda) \sum_{m=0}^{\infty} A_m(s, t)\, u^m = \sum_{m+n\geq 0} \mu_0^{1-n} \lambda^n A_m(s, t)\, u^m =$$

$$= \sum_{m+n\geq 0} B_{mn}(s, t)\, u^m \lambda^n\,, \qquad n = 0, 1\,.$$

Folglich ist

$$\left.\begin{aligned} B_{mn}(s,t) &= \mu_0^{1-n} A_m(s,t)\,, \qquad n = 0, 1;\ m = 0, 1, 2, \ldots, \\ A_0(s,t) &= G\big(s,t,x_0(t)\big)\,, \quad K(s,t) = B_{10}(s,t) = \mu_0 A_1(s,t)\,, \\ f(s) &= \int_B G\big(s,t,x_0(t)\big)\,dt = \int_B A_0(s,t)\,dt\,, \\ B_{mn}(s,t) &\equiv 0 \quad \text{für} \quad n \geqq 2\,, \end{aligned}\right\} \tag{10.25}$$

und die Formeln (10.13) haben die Form

$$\left.\begin{aligned} g(s) &= f(s) + \int_B R(s,t) f(t)\,dt\,, \\ g_{mn}(s,t) &= \mu_0^{1-n}\Big[A_m(s,t) + \int_B R(s,\tau) A_m(\tau,t)\,d\tau\Big]\,, \\ & n = 0, 1;\ m + n = 2, 3, \ldots \end{aligned}\right\} \tag{10.26}$$

mit $g_{mn}(s,t) \equiv 0$ für $n \geqq 2$. Hieraus und aus (10.16) folgt

$$\left.\begin{aligned} a_{02}(s) &= \int_B \{g_{11}(s,t) + g_{20}(s,t)\,g(t)\}\,g(t)\,dt\,, \\ a_{11}(s) &= \int_B \{g_{11}(s,t) + 2\,g_{20}(s,t)\,g(t)\}\,\varphi_1(t)\,dt\,, \\ a_{20}(s) &= \int_B g_{20}(s,t)\,\varphi_1^2(t)\,dt\,, \\ a_{03}(s) &= \int_B \{g_{11}(s,t)\,a_{02}(t) + 2\,g_{20}(s,t)\,g(t)\,a_{02}(t) + g_{21}(s,t)\,g^2(t) + \\ &\quad + g_{30}(s,t)\,g^3(t)\}\,dt\,, \\ a_{12}(s) &= \int_B \{g_{11}(s,t)\,a_{11}(t) + 2\,g_{20}(s,t)\,[\varphi_1(t)\,a_{02}(t) + g(t)\,a_{11}(t)] + \\ &\quad + 2\,g_{21}(s,t)\,\varphi_1(t)\,g(t) + 3\,g_{30}(s,t)\,\varphi_1(t)\,g^2(t)\}\,dt\,, \\ a_{21}(s) &= \int_B \{g_{11}(s,t)\,a_{20}(t) + 2\,g_{20}(s,t)\,[g(t)\,a_{20}(t) + \varphi_1(t)\,a_{11}(t)] + \\ &\quad + g_{21}(s,t)\,\varphi_1^2(t) + 3\,g_{30}(s,t)\,\varphi_1^2(t)\,g(t)\}\,dt\,, \\ a_{30}(s) &= \int_B \{2\,g_{20}(s,t)\,a_{20}(t) + g_{30}(s,t)\,\varphi_1^2(t)\}\,\varphi_1(t)\,dt\,, \\ a_{04}(s) &= \int_B \{g_{11}(s,t)\,a_{03}(t) + g_{20}(s,t)\,[a_{02}^2(t) + 2\,g(t)\,a_{03}(t)] + \\ &\quad + 2\,g_{21}(s,t)\,g(t)\,a_{02}(t) + 3\,g_{30}(s,t)\,g^2(t)\,a_{02}(t) + g_{31}(s,t)\,g^3(t) + \\ &\quad + g_{40}(s,t)\,g^4(t)\}\,dt\,, \\ a_{13}(s) &= \int_B \{g_{11}(s,t)\,a_{12}(t) + 2\,g_{20}(s,t)\,[\varphi_1(t)\,a_{03}(t) + g(t)\,a_{12}(t) + a_{11}(t)\,a_{02}(t)] + \\ &\quad + 2\,g_{21}(s,t)\,[\varphi_1(t)\,a_{02}(t) + g(t)\,a_{11}(t)] + \\ &\quad + 3\,g_{30}(s,t)\,[g^2(t)\,a_{11}(t) + 2\,\varphi_1(t)\,g(t)\,a_{02}(t)] + \\ &\quad + 3\,g_{31}(s,t)\,\varphi_1(t)\,g^2(t) + 4\,g_{40}(s,t)\,\varphi_1(t)\,g^3(t)\}\,dt\,, \end{aligned}\right\} \tag{10.27}$$

$$\left.\begin{aligned}
a_{22}(s) = \int_B \{ & g_{11}(s,t)\, a_{21}(t) + \\
& + g_{20}(s,t)\,[a_{11}^2(t) + 2\,\varphi_1(t)\, a_{12}(t) + 2\, g(t)\, a_{21}(t) + 2\, a_{20}(t)\, a_{02}(t)] + \\
& + 2\, g_{21}(s,t)\,[\varphi_1(t)\, a_{11}(t) + g(t)\, a_{20}(t)] + \\
& + 3\, g_{30}(s,t)\,[g^2(t)\, a_{20}(t) + \varphi_1^2(t)\, a_{02}(t) + 2\,\varphi_1(t)\, g(t)\, a_{11}(t)] + \\
& + 3\, g_{31}(s,t)\,\varphi_1^2(t)\, g(t) + 6\, g_{40}(s,t)\,\varphi_1^2(t)\, g^2(t)\}\, dt\,, \\
a_{31}(s) = \int_B \{ & g_{11}(s,t)\, a_{30}(t) + \\
& + 2\, g_{20}(s,t)\,[\varphi_1(t)\, a_{21}(t) + g(t)\, a_{30}(t) + a_{20}(t)\, a_{11}(t)] + \\
& + 2\, g_{21}(s,t)\,\varphi_1(t)\, a_{20}(t) + 3\, g_{30}(s,t)\,[\varphi_1^2(t)\, a_{11}(t) + 2\,\varphi_1(t)\, g(t)\, a_{20}(t)] + \\
& + g_{31}(s,t)\,\varphi_1^3(t) + 4\, g_{40}(s,t)\,\varphi_1^3(t)\, g(t)\}\, dt\,, \\
a_{40}(s) = \int_B \{ & g_{20}(s,t)\,[a_{20}^2(t) + 2\,\varphi_1(t)\, a_{30}(t)] + 3\, g_{30}(s,t)\,\varphi_1^2(t)\, a_{20}(t) + \\
& + g_{40}(s,t)\,\varphi_1^4(t)\}\, dt\,.
\end{aligned}\right\} \quad (10.27)$$

Die Formeln (10.22) nehmen folgende Gestalt an:

$$\left.\begin{aligned}
a_{011}(s) &= \int_B \{g_{11}(s,t)\,\varphi_2(t) + 2\, g_{20}(s,t)\,\varphi_2(t)\, g(t)\}\, dt\,, \\
a_{101}(s) &= \int_B \{g_{11}(s,t) + 2\, g_{20}(s,t)\, g(t)\}\,\varphi_1(t)\, dt\,, \\
a_{110}(s) &= 2 \int_B g_{20}(s,t)\,\varphi_1(t)\,\varphi_2(t)\, dt\,, \\
a_{200}(s) &= \int_B g_{20}(s,t)\,\varphi_1^2(t)\, dt\,, \\
a_{020}(s) &= \int_B g_{20}(s,t)\,\varphi_2^2(t)\, dt\,, \\
a_{002}(s) &= \int_B \{g_{11}(s,t) + g_{20}(s,t)\, g(t)\}\, g(t)\, dt\,, \\
a_{111}(s) &= \int_B \{g_{11}(s,t)\, a_{110}(t) + \\
&\quad + 2\, g_{20}(s,t)\,[\varphi_1(t)\, a_{011}(t) + \varphi_2(t)\, a_{101}(t) + g(t)\, a_{110}(t)] + \\
&\quad + 2\, g_{21}(s,t)\,\varphi_1(t)\,\varphi_2(t) + 6\, g_{30}(s,t)\,\varphi_1(t)\,\varphi_2(t)\, g(t)\}\, dt\,, \\
a_{120}(s) &= \int_B \{2\, g_{20}(s,t)\,[\varphi_1(t)\, a_{020}(t) + \varphi_2(t)\, a_{110}(t)] + 3\, g_{30}(s,t)\,\varphi_1(t)\,\varphi_2^2(t)\}\, dt\,, \\
a_{102}(s) &= \int_B \{g_{11}(s,t)\, a_{101}(t) + 2\, g_{20}(s,t)\,[g(t)\, a_{101}(t) + \varphi_1(t)\, a_{002}(t)] + \\
&\quad + 2\, g_{21}(t)\,\varphi_1(t)\, g(t) + 3\, g_{30}(s,t)\,\varphi_1(t)\, g^2(t)\}\, dt\,, \\
a_{012}(s) &= \int_B \{g_{11}(s,t)\, a_{011}(t) + 2\, g_{20}(s,t)\,[\varphi_2(t)\, a_{002}(t) + g(t)\, a_{011}(t)] + \\
&\quad + 2\, g_{21}(s,t)\,\varphi_2(t)\, g(t) + 3\, g_{30}(s,t)\,\varphi_2(t)\, g^2(t)\}\, dt\,,
\end{aligned}\right\} \quad (10.28)$$

$$\left.\begin{aligned}
a_{021}(s) &= \int_B \{g_{11}(s,t)\, a_{020}(t) + 2\, g_{20}(s,t)\, [\varphi_2(t)\, a_{011}(t) + g(t)\, a_{020}(t)] + \\
&\quad + g_{21}(s,t)\, \varphi_2^2(t) + 3\, g_{30}(s,t)\, \varphi_2^2(t)\, g(t)\}\, dt\,, \\
a_{201}(s) &= \int_B \{g_{11}(s,t)\, a_{200}(t) + 2\, g_{20}(s,t)\, [\varphi_1(t)\, a_{101}(t) + g(t)\, a_{200}(t)] + \\
&\quad + g_{21}(s,t)\, \varphi_1^2(t) + 3\, g_{30}(s,t)\, \varphi_1^2(t)\, g(t)\}\, dt\,, \\
a_{210}(s) &= \int_B \{2\, g_{20}(s,t)\, [\varphi_1(t)\, a_{110}(t) + \varphi_2(t)\, a_{200}(t)] + 3\, g_{30}(s,t)\, \varphi_1^2(t)\, \varphi_2(t)\}\, dt\,, \\
a_{300}(s) &= \int_B \{2\, g_{20}(s,t)\, \varphi_1(t)\, a_{200}(t) + g_{30}(s,t)\, \varphi_1^3(t)\}\, dt\,, \\
a_{030}(s) &= \int_B \{2\, g_{20}(s,t)\, \varphi_2(t)\, a_{020}(t) + g_{30}(s,t)\, \varphi_2^3(t)\}\, dt\,, \\
a_{003}(s) &= \int_B \{g_{11}(s,t)\, a_{002}(t) + 2\, g_{20}(s,t)\, g(t)\, a_{002}(t) + g_{21}(s,t)\, g^2(t) + \\
&\quad + g_{30}(s,t)\, g^3(t)\}\, dt\,, \\
a_{004}(s) &= \int_B \{g_{11}(s,t)\, a_{003}(t) + g_{20}(s,t)\, [a_{002}^2(t) + 2\, g(t)\, a_{003}(t)] + \\
&\quad + 2\, g_{21}(s,t)\, g(t)\, a_{002}(t) + 3\, g_{30}(s,t)\, g^2(t)\, a_{002}(t) + g_{31}(s,t)\, g^3(t) + \\
&\quad + g_{40}(s,t)\, g^4(t)\}\, dt\,, \\
a_{040}(s) &= \int_B \{g_{20}(s,t)\, [a_{020}^2(t) + 2\, \varphi_2(t)\, a_{030}(t)] + \\
&\quad + 3\, g_{30}(s,t)\, \varphi_2^2(t)\, a_{020}(t) + g_{40}(s,t)\, \varphi_2^4(t)\}\, dt\,, \\
a_{400}(s) &= \int_B \{g_{20}(s,t)\, [a_{200}^2(t) + 2\, \varphi_1(t)\, a_{300}(t)] + 3\, g_{30}(s,t)\, \varphi_1^2(t)\, a_{200}(t) + \\
&\quad + g_{40}(s,t)\, \varphi_1^4(t)\}\, dt\,, \\
a_{022}(s) &= \int_B \{g_{11}(s,t)\, a_{021}(t) + \\
&\quad + g_{20}(s,t)\, [a_{011}^2(t) + 2\varphi_2(t)\, a_{012}(t) + 2\, g(t)\, a_{021}(t) + 2\, a_{020}(t)\, a_{202}(t)] + \\
&\quad + 2\, g_{21}(s,t)\, [\varphi_2(t)\, a_{011}(t) + g(t)\, a_{020}(t)] + \\
&\quad + 3\, g_{30}(s,t)\, [\varphi_2^2(t)\, a_{002}(t) + g^2(t)\, a_{020}(t) + 2\, \varphi_2(t)\, g(t)\, a_{011}(t)] + \\
&\quad + 3\, g_{31}(s,t)\, \varphi_2^2(t)\, g(t) + 6\, g_{40}(s,t)\, \varphi_2^2(t)\, g^2(t)\}\, dt\,, \\
a_{202}(s) &= \int_B \{g_{11}(s,t)\, a_{201}(t) + \\
&\quad + g_{20}(s,t)\, [a_{101}^2(t) + 2\varphi_1(t)\, a_{102}(t) + 2\, g(t)\, a_{201}(t) + 2\, a_{200}(t)\, a_{002}(t)] + \\
&\quad + 2\, g_{21}(s,t)\, [\varphi_1(t)\, a_{101}(t) + g(t)\, a_{200}(t)] + \\
&\quad + 3\, g_{30}(s,t)\, [\varphi_1^2(t)\, a_{002}(t) + g^2(t)\, a_{200}(t) + 2\, \varphi_1(t)\, g(t)\, a_{101}(t)] + \\
&\quad + 3\, g_{31}(s,t)\, \varphi_1^2(t)\, g(t) + 6\, g_{40}(s,t)\, \varphi_1^2(t)\, g^2(t)\}\, dt\,,
\end{aligned}\right\} \quad (10.28)$$

$$\left.\begin{aligned}
a_{220}(s) &= \int\limits_B \{g_{20}(s,t)\,[a_{110}^2 + 2\,\varphi_1(t)\,a_{120}(t) + 2\,\varphi_2(t)\,a_{210}(t) + 2\,a_{200}(t)\,a_{020}(t)] + \\
&\quad + 3\,g_{30}(s,t)\,[\varphi_1^2(t)\,a_{020}(t) + \varphi_2^2(t)\,a_{200}(t) + 2\,\varphi_1(t)\,\varphi_2(t)\,a_{110}(t)] + \\
&\quad + 6\,g_{40}(s,t)\,\varphi_1^2(t)\,\varphi_2^2(t)\}\,dt\,, \\
a_{112}(s) &= \int\limits_B \{g_{11}(s,t)\,a_{111}(t) + 2\,g_{20}(s,t)\,[\varphi_1(t)\,a_{012}(t) + \varphi_2(t)\,a_{102}(t) + \\
&\quad + g(t)\,a_{111}(t) + a_{101}(t)\,a_{011}(t) + a_{110}(t)\,a_{002}(t)] + \\
&\quad + 2\,g_{21}(s,t)\,[\varphi_1(t)\,a_{011}(t) + \varphi_2(t)\,a_{101}(t) + g(t)\,a_{110}(t)] + \\
&\quad + 3\,g_{30}(s,t)\,[g^2(t)\,a_{110}(t) + 2\,\varphi_1(t)\,\varphi_2(t)\,a_{002}(t) + \\
&\quad + 2\,\varphi_1(t)\,g(t)\,a_{011}(t) + 2\,\varphi_2(t)\,g(t)\,a_{101}(t)] + \\
&\quad + 6\,g_{31}(s,t)\,\varphi_1(t)\,\varphi_2(t)\,g(t) + 12\,g_{40}(s,t)\,\varphi_1(t)\,\varphi_2(t)\,g^2(t)\}\,dt\,, \\
a_{121}(s) &= \int\limits_B \{g_{11}(s,t)\,a_{120}(t) + 2\,g_{20}(s,t)\,[\varphi_1(t)\,a_{021}(t) + \varphi_2(t)\,a_{111}(t) + \\
&\quad + g(t)\,a_{120}(t) + a_{110}(t)\,a_{011}(t) + a_{101}(t)\,a_{020}(t)] + \\
&\quad + 2\,g_{21}(s,t)\,[\varphi_1(t)\,a_{020}(t) + \varphi_2(t)\,a_{110}(t)] + 3\,g_{30}(s,t)\,[\varphi_2^2(t)\,a_{101}(t) + \\
&\quad + 2\,\varphi_1(t)\,\varphi_2(t)\,a_{011}(t) + 2\,\varphi_2(t)\,g(t)\,a_{110}(t) + 2\,\varphi_1(t)\,g(t)\,a_{020}(t)] + \\
&\quad + 3\,g_{31}(s,t)\,\varphi_1(t)\,\varphi_2^2(t) + 12\,g_{40}(s,t)\,\varphi_1(t)\,\varphi_2^2(t)\,g(t)\}\,dt\,, \\
a_{211}(s) &= \int\limits_B \{g_{11}(s,t)\,a_{210}(t) + 2\,g_{20}(s,t)\,[\varphi_1(t)\,a_{111}(t) + \varphi_2(t)\,a_{201}(t) + \\
&\quad + g(t)\,a_{210}(t) + a_{110}(t)\,a_{101}(t) + a_{200}(t)\,a_{011}(t)] + \\
&\quad + 2\,g_{21}(s,t)\,[\varphi_1(t)\,a_{110}(t) + \varphi_2(t)\,a_{200}(t)] + \\
&\quad + 3\,g_{30}(s,t)\,[\varphi_1^2(t)\,a_{011}(t) + 2\,\varphi_1(t)\,\varphi_2(t)\,a_{101}(t) + \\
&\quad + 2\,\varphi_1(t)\,g(t)\,a_{110}(t) + 2\,\varphi_2(t)\,g(t)\,a_{200}(t)] + \\
&\quad + 3\,g_{31}(s,t)\,\varphi_1^2(t)\,\varphi_2(t) + 12\,g_{40}(s,t)\,\varphi_1^2(t)\,\varphi_2(t)\,g(t)\}\,dt\,, \\
a_{013}(s) &= \int\limits_B \{g_{11}(s,t)\,a_{012}(t) + \\
&\quad + 2\,g_{20}(s,t)\,[\varphi_2(t)\,a_{003}(t) + g(t)\,a_{012}(t) + a_{011}(t)\,a_{002}(t)] + \\
&\quad + 2\,g_{21}(s,t)\,[\varphi_2(t)\,a_{002}(t) + g(t)\,a_{011}(t)] + \\
&\quad + 3\,g_{30}(s,t)\,[g^2(t)\,a_{011}(t) + 2\,\varphi_2(t)\,g(t)\,a_{002}(t)] + \\
&\quad + 3\,g_{31}(s,t)\,\varphi_2(t)\,g^2(t) + 4\,g_{40}(s,t)\,\varphi_2(t)\,g^3(t)\}\,dt\,, \\
a_{031}(s) &= \int\limits_B \{g_{11}(s,t)\,a_{030}(t) + \\
&\quad + 2\,g_{20}(s,t)\,[\varphi_2(t)\,a_{021}(t) + g(t)\,a_{030}(t) + a_{011}(t)\,a_{020}(t)] + \\
&\quad + 2\,g_{21}(s,t)\,\varphi_2(t)\,a_{020}(t) + \\
&\quad + 3\,g_{30}(s,t)\,[\varphi_2^2(t)\,a_{011}(t) + 2\,\varphi_2(t)\,g(t)\,a_{020}(t)] + \\
&\quad + g_{31}(s,t)\,\varphi_2^3(t) + 4\,g_{40}(s,t)\,\varphi_2^3(t)\,g(t)\}\,dt\,,
\end{aligned}\right\}\quad (10.28)$$

$$\left.\begin{aligned}
a_{103}(s) = \int_B \{&g_{11}(s,t)\, a_{102}(t) + \\
&+ 2\, g_{20}(s,t)\, [\varphi_1(t)\, a_{003}(t) + g(t)\, a_{102}(t) + a_{101}(t)\, a_{002}(t)] + \\
&+ 2\, g_{21}(s,t)\, [\varphi_1(t)\, a_{002}(t) + g(t)\, a_{101}(t)] + \\
&+ 3\, g_{30}(s,t)\, [g^2(t)\, a_{101}(t) + 2\, \varphi_1(t)\, g(t)\, a_{002}(t)] + \\
&+ 3\, g_{31}(s,t)\, \varphi_1(t)\, g^2(t) + 4\, g_{40}(s,t)\, \varphi_1(t)\, g^3(t)\}\, dt\,, \\
a_{301}(s) = \int_B \{&g_{11}(s,t)\, a_{300}(t) + \\
&+ 2\, g_{20}(s,t)\, [\varphi_1(t)\, a_{201}(t) + g(t)\, a_{300}(t) + a_{101}(t)\, a_{200}(t)] + \\
&+ 2\, g_{21}(s,t)\, \varphi_1(t)\, a_{200}(t) + \\
&+ 3\, g_{30}(s,t)\, [\varphi_1^2(t)\, a_{101}(t) + 2\, \varphi_1(t)\, g(t)\, a_{200}(t)] + \\
&+ g_{31}(s,t)\, \varphi_1^3(t) + 4\, g_{30}(s,t)\, \varphi_1^3(t)\, g(t)\}\, dt\,, \\
a_{130}(s) = \int_B \{&2\, g_{20}(s,t)\, [\varphi_1(t)\, a_{030}(t) + \varphi_2(t)\, a_{120}(t) + a_{110}(t)\, a_{020}(t)] + \\
&+ 3\, g_{30}(s,t)\, [\varphi_2^2(t)\, a_{110}(t) + 2\, \varphi_1(t)\, \varphi_2(t)\, a_{200}(t)] + \\
&+ 4\, g_{40}(s,t)\, \varphi_1(t)\, \varphi_2^3(t)\}\, dt\,, \\
a_{310}(s) = \int_B \{&2\, g_{20}(s,t)\, [\varphi_1(t)\, a_{210}(t) + \varphi_2(t)\, a_{300}(t) + a_{110}(t)\, a_{200}(t)] + \\
&+ 3\, g_{30}(s,t)\, [\varphi_1^2(t)\, a_{110}(t) + 2\, \varphi_1(t)\, \varphi_2(t)\, a_{200}(t)] + \\
&+ 4\, g_{40}(s,t)\, \varphi_1^3(t)\, \varphi_2(t)\}\, dt\,.
\end{aligned}\right\} \quad (10.28)$$

10.6. Die Hammersteinsche Integralgleichung. Zum Abschluß berechnen wir die Koeffizienten der Lösungsformeln (10.14) und (10.20′) für nichtlineare Hammersteinsche Integralgleichungen.

Der wichtigste Spezialfall der Gleichung (10.1) ist die Hammersteinsche Gleichung

$$x(s) = \mu \int_B C(s,t)\, f\big(x(t), t\big)\, dt\,. \qquad (10.1')$$

Die Gleichungen (10.2) und (10.3) lautet jetzt

$$x_0(s) = \mu_0 \int_B C(s,t)\, f\big(x_0(t), t\big)\, dt\,, \qquad (10.2')$$

$$f\big(x_0(t) + u, t\big) = \sum_{m=0}^{\infty} A_m(t)\, u^m\,. \qquad (10.3')$$

Wie früher substituieren wir

$$x(s) = x_0(s) + u(s)\,, \qquad \mu = \mu_0 + \lambda$$

und erhalten

$$u(s) - \int_B K(s, t)\, u(t)\, dt = \lambda f(s) + \mu_0 \sum_{m=2}^{\infty} \int_B C(s, t)\, A_m(t)\, u^m(t)\, dt + \\ + \lambda \sum_{m=1}^{\infty} \int_B C(s, t)\, A_m(t)\, u^m(t)\, dt \tag{10.4'}$$

mit

$$\left.\begin{aligned} K(s, t) &= \mu_0\, C(s, t)\, A_1(t)\,, \qquad \mu_0 \int_B C(s, t)\, A_0(t)\, dt = x_0(s)\,, \\ f(s) &= \int_B C(s, t)\, A_0(t)\, dt = \frac{1}{\mu_0}\, x_0(s) \qquad \text{für} \quad \mu_0 \neq 0\,. \end{aligned}\right\} \tag{10.29}$$

Die Formeln (10.13) ergeben deshalb

$$\left.\begin{aligned} g(s) &= f(s) + \int_B R(s, t)\, f(t)\, dt\,, \\ g_{m\,n}(s, t) &= \mu_0^{1-n}\, g(s, t)\, A_m(t)\,, \qquad n = 0, 1\,, \\ g(s, t) &= C(s, t) + \int_B R(s, \tau)\, C(\tau, t)\, d\tau\,. \end{aligned}\right\} \tag{10.30}$$

Zur Berechnung der Koeffizienten $a_{i\,k}(s)$ erhalten wir jetzt aus (10.16) die Formeln

$$\left.\begin{aligned} a_{02}(s) &= \int_B g(s, t)\, \{A_1(t) + \mu_0\, A_2(t)\, g(t)\}\, g(t)\, dt\,, \\ a_{11}(s) &= \int_B g(s, t)\, \{A_1(t) + 2\, \mu_0\, A_2(t)\, g(t)\}\, \varphi_1(t)\, dt\,, \\ a_{20}(s) &= \mu_0 \int_B g(s, t)\, A_2(t)\, \varphi_1^2(t)\, dt\,, \\ a_{03}(s) &= \int_B g(s, t)\, \{A_1(t)\, a_{02}(t) + 2\, \mu_0\, A_2(t)\, g(t)\, a_{02}(t) + A_2(t)\, g^2(t) + \\ &\quad + \mu_0\, A_3(t)\, g^3(t)\}\, dt\,, \\ a_{12}(s) &= \int_B g(s, t)\, \{A_1(t)\, a_{11}(t) + 2\, \mu_0\, A_2(t)\, [\varphi_1(t)\, a_{02}(t) + g(t)\, a_{11}(t)] + \\ &\quad + 2\, A_2(t)\, \varphi_1(t)\, g(t) + 3\, \mu_0\, A_3(t)\, \varphi_1(t)\, g^2(t)\}\, dt\,, \\ a_{21}(s) &= \int_B g(s, t)\, \{A_1(t)\, a_{20}(t) + 2\, \mu_0\, A_2(t)\, [g(t)\, a_{20}(t) + \varphi_1(t)\, a_{11}(t)] + \\ &\quad + A_2(t)\, \varphi_1^2(t) + 3\, \mu_0\, A_3(t)\, \varphi_1^2(t)\, g(t)\}\, dt\,, \\ a_{30}(s) &= \mu_0 \int_B g(s, t)\, \{2\, A_2(t)\, a_{20}(t) + A_3(t)\, \varphi_1^2(t)\}\, \varphi_1(t)\, dt\,, \\ a_{04}(s) &= \int_B g(s, t)\, \{A_1(t)\, a_{03}(t) + \mu_0\, A_2(t)\, [a_{02}^2(t) + 2\, g(t)\, a_{03}(t)] + \\ &\quad + 2\, A_2(t)\, g(t)\, a_{02}(t) + 3\, \mu_0\, A_3(t)\, g^2(t)\, a_{02}(t) + \\ &\quad + A_3(t)\, g^3(t) + \mu_0\, A_4(t)\, g^4(t)\}\, dt\,, \end{aligned}\right\} \tag{10.31}$$

$$\left.\begin{aligned}
a_{13}(s) = {} & \int_B g(s,t)\,\{A_1(t)\,a_{12}(t) + \\
& + 2\,\mu_0\,A_2(t)\,[\varphi_1(t)\,a_{03}(t) + g(t)\,a_{12}(t) + a_{11}(t)\,a_{02}(t)] + \\
& + 2\,A_2(t)\,[\varphi_1(t)\,a_{02}(t) + g(t)\,a_{11}(t)] + \\
& + 3\,\mu_0\,A_3(t)\,[g^2(t)\,a_{11}(t) + 2\,\varphi_1(t)\,g(t)\,a_{02}(t)] + 3\,A_3(t)\,\varphi_1(t)\,g^2(t) + \\
& + 4\,\mu_0\,A_4(t)\,\varphi_1(t)\,g^3(t)\}\,dt\,, \\
a_{22}(s) = {} & \int_B g(s,t)\,\{A_1(t)\,a_{21}(t) + \\
& + \mu_0\,A_2(t)\,[a_{11}^2(t) + 2\,\varphi_1(t)\,a_{12}(t) + 2\,g(t)\,a_{21}(t) + 2\,a_{20}(t)\,a_{02}(t)] + \\
& + 2\,A_2(t)\,[\varphi_1(t)\,a_{11}(t) + g(t)\,a_{20}(t)] + \\
& + 3\,\mu_0\,A_3(t)\,[g^2(t)\,a_{20}(t) + \varphi_1^2(t)\,a_{02}(t) + 2\,\varphi_1(t)\,g(t)\,a_{11}(t)] + \\
& + 3\,A_3(t)\,\varphi_1^2(t)\,g(t) + 6\,\mu_0\,A_4(t)\,\varphi_1^2(t)\,g^2(t)\}\,dt\,, \\
a_{31}(s) = {} & \int_B g(s,t)\,\{A_1(t)\,a_{30}(t) + \\
& + 2\,\mu_0\,A_2(t)\,[\varphi_1(t)\,a_{21}(t) + g(t)\,a_{30}(t) + a_{20}(t)\,a_{11}(t)] + \\
& + 2\,A_2(t)\,\varphi_1(t)\,a_{20}(t) + 3\,\mu_0\,A_3(t)\,[\varphi_1^2(t)\,a_{11}(t) + 2\,\varphi_1(t)\,g(t)\,a_{20}(t)] + \\
& + A_3(t)\,\varphi_1^3(t) + 4\,\mu_0\,A_4(t)\,\varphi_1^3(t)\,g(t)\}\,dt\,, \\
a_{40}(s) = {} & \mu_0 \int_B g(s,t)\,\{A_2(t)\,[a_{20}^2(t) + 2\,\varphi_1(t)\,a_{30}(t)] + 3\,A_3(s,t)\,\varphi_1^2(t)\,a_{20}(t) + \\
& + A_4(t)\,\varphi_1^4(t)\}\,dt\,.
\end{aligned}\right\}\tag{10.31}$$

Die Formeln (10.22) nehmen in diesem Spezialfall folgende Gestalt an (siehe (10.30)):

$$\left.\begin{aligned}
a_{011}(s) &= \int_B g(s,t)\,\{A_1(t) + 2\,\mu_0\,A_2(t)\,g(t)\}\,\varphi_2(t)\,dt\,, \\
a_{101}(s) &= \int_B g(s,t)\,\{A_1(t) + 2\,\mu_0\,A_2(t)\,g(t)\}\,\varphi_1(t)\,dt\,, \\
a_{110}(s) &= 2\int_B \mu_0\,g(s,t)\,A_2(t)\,\varphi_1(t)\,\varphi_2(t)\,dt\,, \\
a_{200}(s) &= \mu_0 \int_B g(s,t)\,A_2(t)\,\varphi_1^2(t)\,dt\,, \\
a_{020}(s) &= \mu_0 \int_B g(s,t)\,A_2(t)\,\varphi_2^2(t)\,dt\,, \\
a_{002}(s) &= \int_B g(s,t)\,\{A_1(t) + \mu_0\,A_2(t)\,g(t)\}\,g(t)\,dt\,, \\
a_{111}(s) &= \int_B g(s,t)\,\{A_1(t)\,a_{110}(t) + \\
&\quad + 2\,\mu_0\,A_2(t)\,[\varphi_1(t)\,a_{011}(t) + \varphi_2(t)\,a_{101}(t) + g(t)\,a_{110}(t)] + \\
&\quad + 2\,A_2(t)\,\varphi_1(t)\,\varphi_2(t) + 6\,\mu_0\,A_3(t)\,\varphi_1(t)\,\varphi_2(t)\,g(t)\}\,dt\,,
\end{aligned}\right\}\tag{10.32}$$

$$
\left.
\begin{aligned}
a_{120}(s) &= \int_B g(s,t)\,\{2\,\mu_0\,A_2(t)\,[\varphi_1(t)\,a_{020}(t) + \varphi_2(t)\,a_{110}(t)] + \\
&\quad + 3\,\mu_0\,A_3(t)\,\varphi_1(t)\,\varphi_2^2(t)\}\,dt\,, \\
a_{102}(s) &= \int_B g(s,t)\,\{A_1(t)\,a_{101}(t) + 2\,\mu_0\,A_2(t)\,[\varphi_1(t)\;{}_{002}(t) + g(t)\,a_{101}(t)] + \\
&\quad + 2\,A_2(t)\,\varphi_1(t)\,g(t) + 3\,\mu_0\,A_3(t)\,\varphi_1(t)\,g^2(t)\}\,dt\,, \\
a_{012}(s) &= \int_B g(s,t)\,\{A_1(t)\,a_{011}(t) + 2\,\mu_0\,A_2(t)\,[\varphi_2(t)\,a_{002}(t) + g(t)\,a_{011}(t)] + \\
&\quad + 2\,A_2(t)\,\varphi_2(t)\,g(t) + 3\,\mu_0\,A_3(t)\,\varphi_2(t)\,g^2(t)\}\,dt\,, \\
a_{021}(s) &= \int_B g(s,t)\,\{A_1(t)\,a_{020}(t) + 2\,\mu_0\,A_2(t)\,[\varphi_2(t)\,a_{011}(t) + g(t)\,a_{020}(t)] + \\
&\quad + A_2(t)\,\varphi_2^2(t) + 3\,\mu_0\,A_3(t)\,\varphi_2^2(t)\,g(t)\}\,dt\,, \\
a_{201}(s) &= \int_B g(s,t)\,\{A_1(t)\,a_{200}(t) + 2\,\mu_0\,A_2(t)\,[\varphi_1(t)\,a_{101}(t) + g(t)\,a_{200}(t)] + \\
&\quad + A_2(t)\,\varphi_1^2(t) + 3\,\mu_0\,A_3(t)\,\varphi_1^2(t)\,g(t)\}\,dt\,, \\
a_{210}(s) &= \int_B g(s,t)\,\{2\,\mu_0\,A_2(t)\,[\varphi_1(t)\,a_{110}(t) + \varphi_2(t)\,a_{200}(t)] + \\
&\quad + 3\,\mu_0\,A_3(t)\,\varphi_1^2(t)\,\varphi_2(t)\}\,dt\,, \\
a_{300}(s) &= \mu_0 \int_B g(s,t)\,\{2\,A_2(t)\,a_{200}(t) + A_3(t)\,\varphi_1^2(t)\}\,\varphi_1(t)\,dt\,, \\
a_{030}(s) &= \mu_0 \int_B g(s,t)\,\{2\,A_2(t)\,\varphi_2(t)\,a_{020}(t) + A_3(t)\,\varphi_2^3(t)\}\,dt\,, \\
a_{003}(s) &= \int_B g(s,t)\,\{A_1(t)\,a_{002}(t) + 2\,\mu_0\,A_2(t)\,g(t)\,a_{002}(t) + A_2(t)\,g^2(t) + \\
&\quad + \mu_0\,A_3(t)\,g^3(t)\}\,dt\,, \\
a_{004}(s) &= \int_B g(s,t)\,\{A_1(t)\,a_{003}(t) + \mu_0\,A_2(t)\,[a_{002}^2(t) + 2\,g(t)\,a_{003}(t)] + \\
&\quad + 2\,A_2(t)\,g(t)\,a_{002}(t) + 3\,\mu_0\,A_3(t)\,g^2(t)\,a_{002}(t) + \\
&\quad + A_3(t)\,g^3(t) + \mu_0\,A_4(t)\,g^4(t)\}\,dt\,, \\
a_{040}(s) &= \mu_0 \int_B g(s,t)\,\{A_2(t)\,[a_{020}^2(t) + 2\,\varphi_2(t)\,a_{030}(t)] + \\
&\quad + 3\,A_3(t)\,\varphi_2^2(t)\,a_{020}(t) + A_4(t)\,\varphi_2^4(t)\}\,dt\,, \\
a_{400}(s) &= \mu_0 \int_B g(s,t)\,\{A_2(t)\,[a_{200}^2(t) + 2\,\varphi_1(t)\,a_{300}(t)] + \\
&\quad + 3\,A_3(t)\,\varphi_1^2(t)\,a_{200}(t) + A_4(t)\,\varphi_1^4(t)\}\,dt\,, \\
a_{022}(s) &= \int_B g(s,t)\,\{A_1(t)\,a_{021}(t) + \mu_0\,A_2(t)\,[a_{011}^2(t) + 2\,\varphi_2(t)\,a_{012}(t) + \\
&\quad + 2\,g(t)\,a_{021}(t) + 2\,a_{020}(t)\,a_{002}(t)] + \\
&\quad + 2\,A_2(t)\,[\varphi_2(t)\,a_{011}(t) + g(t)\,a_{020}(t)] + \\
&\quad + 3\,\mu_0\,A_3(t)\,[\varphi_2^2(t)\,a_{002}(t) + g^2(t)\,a_{020}(t) + 2\,\varphi_2(t)\,g(t)\,a_{011}(t)] + \\
&\quad + 3\,A_2(t)\,\varphi_2^2(t)\,g(t) + 6\,\mu_0\,A_4(t)\,\varphi_2^2(t)\,g^2(t)\}\,dt\,,
\end{aligned}
\right\}\quad (10.32)
$$

$$
\left.
\begin{aligned}
a_{202}(s) = \int_B g(s,t)\,\{&A_1(t)\,a_{201}(t) + \mu_0\,A_2(t)\,[a_{101}^2(t) + 2\,\varphi_1(t)\,a_{102}(t) + \\
&+ 2\,g(t)\,a_{201}(t) + 2\,a_{200}(t)\,a_{002}(t)] + \\
&+ 2\,A_2(t)\,[\varphi_1(t)\,a_{101}(t) + g(t)\,a_{200}(t)] + \\
&+ 3\,\mu_0\,A_3(t)\,[\varphi_1^2(t)\,a_{002}(t) + g^2(t)\,a_{200}(t) + 2\,\varphi_1(t)\,g(t)\,a_{101}(t)] + \\
&+ 3\,A_3(t)\,\varphi_1^2(t)\,g(t) + 6\,\mu_0\,A_4(t)\,\varphi_1^2(t)\,g^2(t)\}\,dt\,, \\[1ex]
a_{220}(s) = \mu_0 \int_B g(s,t)\,\{&A_2(t)\,[a_{110}^2(t) + 2\,\varphi_1(t)\,a_{120}(t) + 2\,\varphi_2(t)\,a_{210}(t) + \\
&+ 2\,a_{200}(t)\,a_{020}(t)] + \\
&+ 3\,A_3(t)\,[\varphi_1^2(t)\,a_{020}(t) + \varphi_2^2(t)\,a_{200}(t) + 2\,\varphi_1(t)\,\varphi_2(t)\,a_{110}(t)] + \\
&+ 6\,A_4(t)\,\varphi_1^2(t)\,\varphi_2^2(t)\}\,dt\,, \\[1ex]
a_{112}(s) = \int_B g(s,t)\,\{&A_1(t)\,a_{111}(t) + 2\,\mu_0\,A_2(t)\,[\varphi_1(t)\,a_{012}(t) + \varphi_2(t)\,a_{102}(t) + \\
&+ g(t)\,a_{111}(t) + a_{101}(t)\,a_{011}(t) + a_{110}(t)\,a_{002}(t)] + \\
&+ 2\,A_2(t)\,[\varphi_1(t)\,a_{011}(t) + \varphi_2(t)\,a_{101}(t) + g(t)\,a_{110}(t)] + \\
&+ 3\,\mu_0\,A_3(t)\,[g^2(t)\,a_{110}(t) + 2\,\varphi_1(t)\,\varphi_2(t)\,a_{002}(t) + 2\,\varphi_1(t)\,g(t)\,a_{011}(t) \\
&+ 2\,\varphi_2(t)\,g(t)\,a_{101}(t)] + 6\,A_3(t)\,\varphi_1(t)\,\varphi_2(t)\,g(t) + \\
&+ 12\,\mu_0\,A_4(t)\,\varphi_1(t)\,\varphi_2(t)\,g^2(t)\}\,dt\,, \\[1ex]
a_{121}(s) = \int_B g(s,t)\,\{&A_1(t)\,a_{120}(t) + 2\,\mu_0\,A_2(t)\,[\varphi_1(t)\,a_{021}(t) + \varphi_2(t)\,a_{111}(t) + \\
&+ g(t)\,a_{120}(t) + a_{110}(t)\,a_{011}(t) + a_{101}(t)\,a_{020}(t)] + \\
&+ 2\,A_2(t)\,[\varphi_1(t)\,a_{020}(t) + \varphi_2(t)\,a_{110}(t)] + \\
&+ 3\,\mu_0\,A_3(t)\,[\varphi_2^2(t)\,a_{101}(t) + 2\,\varphi_1(t)\,\varphi_2(t)\,a_{011}(t) + \\
&+ 2\,\varphi_2(t)\,g(t)\,a_{110}(t) + 2\,\varphi_1(t)\,g(t)\,a_{020}(t)] + \\
&+ 3\,A_3(t)\,\varphi_1(t)\,\varphi_2^2(t) + 12\,\mu_0\,A_4(t)\,\varphi_1(t)\,\varphi_2^2(t)\,g(t)\}\,dt\,, \\[1ex]
a_{211}(s) = \int_B g(s,t)\,\{&A_1(t)\,a_{210}(t) + 2\,\mu_0\,A_2(t)\,[\varphi_1(t)\,a_{111}(t) + \varphi_2(t)\,a_{201}(t) + \\
&+ g(t)\,a_{210}(t) + a_{110}(t)\,a_{101}(t) + a_{200}(t)\,a_{011}(t)] + \\
&+ 2\,A_2(t)\,[\varphi_1(t)\,a_{110}(t) + \varphi_2(t)\,a_{200}(t)] + 3\,\mu_0\,A_3(t)\,[\varphi_1^2(t)\,a_{011}(t) + \\
&+ 2\,\varphi_1(t)\,\varphi_2(t)\,a_{101}(t) + 2\,\varphi_1(t)\,g(t)\,a_{110}(t) + 2\,\varphi_2(t)\,g(t)\,a_{200}(t)] + \\
&+ 3\,A_3(t)\,\varphi_1^2(t)\,\varphi_2(t) + 12\,\mu_0\,A_4(t)\,\varphi_1^2(t)\,\varphi_2(t)\,g(t)\}\,dt\,, \\[1ex]
a_{013}(s) = \int_B g(s,t)\,\{&A_1(t)\,a_{012}(t) + \\
&+ 2\,\mu_0\,A_2(t)\,[\varphi_2(t)\,a_{003}(t) + g(t)a_{012}(t) + a_{011}(t)\,a_{002}(t)] + \\
&+ 2\,A_2(t)\,[\varphi_2(t)\,a_{002}(t) + g(t)\,a_{011}(t)] + \\
&+ 3\,\mu_0\,A_3(t)\,[g^2(t)\,a_{011}(t) + 2\,\varphi_2(t)\,g(t)\,a_{002}(t)] + \\
&+ 3\,A_3(t)\,\varphi_2(t)\,g^2(t) + 4\,\mu_0\,A_4(t)\,\varphi_2(t)\,g^3(t)\}\,dt\,,
\end{aligned}
\right\}
\qquad (10.32)
$$

$$\left.\begin{aligned}
a_{031}(s) &= \int_B g(s,t)\,\{A_1(t)\,a_{030}(t) + \\
&\quad + 2\,\mu_0\,A_2(t)\,[\varphi_2(t)\,a_{021}(t) + g(t)\,a_{030}(t) + a_{011}(t)\,a_{020}(t)] + \\
&\quad + 2\,A_2(t)\,\varphi_2(t)\,a_{020}(t) + \\
&\quad + 3\,\mu_0\,A_3(t)\,[\varphi_2^2(t)\,a_{011}(t) + 2\,\varphi_2(t)\,g(t)\,a_{020}(t)] + \\
&\quad + A_3(t)\,\varphi_2^3(t) + 4\,\mu_0\,A_4(t)\,\varphi_2^3(t)\,g(t)\}\,dt\,, \\
a_{103}(s) &= \int_B g(s,t)\,\{A_1(t)\,a_{102}(t) + \\
&\quad + 2\,\mu_0\,A_2(t)\,[\varphi_1(t)\,a_{003}(t) + g(t)\,a_{102}(t) + a_{101}(t)\,a_{002}(t)] + \\
&\quad + 2\,A_2(t)\,[\varphi_1(t)\,a_{002}(t) + g(t)\,a_{101}(t)] + \\
&\quad + 3\,\mu_0\,A_3(t)\,[g^2(t)\,a_{101}(t) + 2\,\varphi_1(t)\,g(t)\,a_{002}(t)] + \\
&\quad + 3\,A_3(t)\,\varphi_1(t)\,g^2(t) + 4\,\mu_0\,A_4(t)\,\varphi_1(t)\,g^3(t)\}\,dt\,, \\
a_{301}(s) &= \int_B g(s,t)\,\{A_1(t)\,a_{300}(t) + \\
&\quad + 2\,\mu_0\,A_2(t)\,[\varphi_1(t)\,a_{201}(t) + g(t)\,a_{300}(t) + a_{101}(t)\,a_{200}(t)] + \\
&\quad + 2\,A_2(t)\,\varphi_1(t)\,a_{200}(t) + \\
&\quad + 3\,\mu_0\,A_3(t)\,[\varphi_1^2(t)\,a_{101}(t) + 2\,\varphi_1(t)\,g(t)\,a_{200}(t)] + \\
&\quad + A_3(t)\,\varphi_1^3(t) + 4\,\mu_0\,A_4(t)\,\varphi_1^3(t)\,g(t)\}\,dt\,, \\
a_{130}(s) &= \mu_0 \int_B g(s,t)\,\{2\,A_2(t)\,[\varphi_1(t)\,a_{030}(t) + \varphi_2(t)\,a_{120}(t) + a_{110}(t)\,a_{020}(t)] + \\
&\quad + 3\,A_3(t)\,[\varphi_2^2(t)\,a_{110}(t) + 2\,\varphi_1(t)\,\varphi_2(t)\,a_{020}(t)] + \\
&\quad + 4\,A_4(t)\,\varphi_1(t)\,\varphi_2^3(t)\}\,dt\,, \\
a_{310}(s) &= \mu_0 \int_B g(s,t)\,\{2\,A_2(t)\,[\varphi_1(t)\,a_{210}(t) + \varphi_2(t)\,a_{300}(t) + a_{110}(t)\,a_{200}(t)] + \\
&\quad + 3\,A_3(t)\,[\varphi_1^2(t)\,a_{110}(t) + 2\,\varphi_1(t)\,\varphi_2(t)\,a_{200}(t)] + \\
&\quad + 4\,A_4(t)\,\varphi_1^3(t)\,\varphi_2(t)\}\,dt\,.
\end{aligned}\right\}\quad (10.32)$$

§ 11. Die Koeffizienten der Verzweigungsgleichung

Im vorigen Paragraphen haben wir gesehen, daß wir zur Bestimmung aller stetigen Lösungen der Gleichung (10.1), die für $\mu \to \mu_0$ gegen die bekannte Lösung $x_0(s)$ (siehe (10.2)) streben, sowohl die Koeffizienten der Reihen (10.14) bzw. (10.20) als auch alle kleinen Lösungen der Verzweigungsgleichungen (10.18) bzw. (10.24) finden müssen. Deshalb beschäftigen wir uns als nächstes mit der Berechnung der ersten Koeffizienten der Verzweigungsgleichung (10.18) bzw. der Verzweigungsgleichung (10.24) für $p = 2$. Sind diese Koeffizienten bekannt, können wir auch die Lösungen der Gleichung (10.1) und ihrer verschiedenen Spezialfälle konstruieren.

11.1. Die Koeffizienten der eindimensionalen Verzweigungsgleichung für die allgemeine nichtlineare Integralgleichung. In diesem Punkt wollen wir unter Benutzung von (10.17) und (10.16) Formeln für die ersten Koeffizienten L_{mn} der Verzweigungsgleichung (10.18) aufstellen. Zur Vereinfachung dieser Formeln leiten wir zunächst einige Beziehungen her.

Aus (10.13) folgt

$$g_{mn}(s, t) = B_{mn}(s, t) + \int_B R(s, \tau)\, B_{mn}(\tau, t)\, d\tau\,, \tag{11.1}$$

wobei $R(s, t)$ die FREDHOLMsche Resolvente des Kerns

$$E(s, t) = K(s, t) - \psi_1(s)\, \overline{\varphi_1(t)}$$

bezeichnet. Unter Benutzung von (8.4) erhalten wir für jedes fixierte t

$$g_{mn}(s, t) - \int_B E(s, \tau)\, g_{mn}(\tau, t)\, d\tau = B_{mn}(s, t)\,,$$

oder nach Einsetzen von $E(s, \tau)$,

$$g_{mn}(s, t) - \int_B [K(s, \tau) - \psi_1(s)\, \overline{\varphi_1(\tau)}]\, g_{mn}(\tau, t)\, d\tau = B_{mn}(s, t)$$

bzw.

$$g_{mn}(s, t) - \int_B K(s, \tau)\, g_{mn}(\tau, t)\, d\tau = B_{mn}(s, t) - \psi_1(s) \int_B g_{mn}(\tau, t)\, \overline{\varphi_1(\tau)}\, d\tau\,.$$

Diese Gleichung ist nach $g_{mn}(s, t)$ auflösbar; aus den FREDHOLMschen Sätzen folgt dann, daß ihre rechte Seite orthogonal zur Eigenfunktion $\psi_1(s)$ des Operators T^* (siehe (10.6′)) sein muß,

$$\int_B \left[B_{mn}(s, t) - \psi_1(s) \int_B g_{mn}(\tau, t)\, \overline{\varphi_1(\tau)}\, d\tau\right] \overline{\psi_1(s)}\, ds = 0\,.$$

Damit wird

$$\int_B g_{mn}(\tau, t)\, \overline{\varphi_1(\tau)}\, d\tau = \int_B B_{mn}(\tau, t)\, \overline{\psi_1(\tau)}\, d\tau\,. \tag{11.2}$$

Auf die gleiche Weise leiten wir die Formel

$$\int_B g(s)\, \overline{\varphi_1(s)}\, ds = \int_B f(s)\, \overline{\psi_1(s)}\, ds \tag{11.3}$$

her. Mit (11.2), (11.3) und (10.17), (10.16) erhalten wir für die Koeffizienten L_{mn} folgende Ausdrücke

$$\left.\begin{aligned}
L_{01} &= \int_B g(t)\,\overline{\varphi_1(t)}\,dt = \int_B f(t)\,\overline{\psi_1(t)}\,dt\,,\\
L_{20} &= \int_B \overline{\varphi_1(s)}\,ds \int_B g_{20}(s,t)\,\varphi_1^2(t)\,dt = \int_B\int_B B_{20}(s,t)\,\varphi_1^2(t)\,\overline{\psi_1(s)}\,ds\,dt\,,\\
L_{30} &= 2\int_B\int_B B_{20}(s,t)\,\varphi_1(t)\,a_{20}(t)\,\overline{\psi_1(s)}\,ds\,dt + \int_B\int_B B_{30}(s,t)\,\varphi_1^3(t)\,\overline{\psi_1(s)}\,ds\,dt\,,\\
L_{40} &= \int_B\int_B \{B_{20}(s,t)\,[a_{20}^2(t) + 2\,\varphi_1(t)\,a_{30}(t)] +\\
&\quad + 3\,B_{30}(s,t)\,\varphi_1^2(t)\,a_{20}(t) + B_{40}(s,t)\,\varphi_1^4(t)\}\,\overline{\psi_1(s)}\,ds\,dt\,,\\
L_{11} &= \int_B\int_B [B_{11}(s,t) + 2\,B_{20}(s,t)\,g(t)]\,\varphi_1(t)\,\overline{\psi_1(s)}\,ds\,dt\,,\\
L_{02} &= \int_B\int_B [B_{02}(s,t) + B_{11}(s,t)\,g(t) + B_{20}(s,t)\,g^2(t)]\,\overline{\psi_1(s)}\,ds\,dt\,,\\
L_{03} &= \int_B\int_B [B_{03}(s,t) + B_{11}(s,t)\,a_{02}(t) + B_{12}(s,t)\,g(t) + 2\,B_{20}(s,t)\,g(t)\,a_{02}(t) +\\
&\quad + B_{21}(s,t)\,g^2(t) + B_{30}(s,t)\,g^3(t)]\,\overline{\psi_1(s)}\,ds\,dt\,,\\
L_{12} &= \int_B\int_B \{B_{11}(s,t)\,a_{11}(t) + B_{12}(s,t)\,\varphi_1(t) +\\
&\quad + 2\,B_{20}(s,t)\,[g(t)\,a_{11}(t) + \varphi_1(t)\,a_{02}(t)] +\\
&\quad + 2\,B_{21}(s,t)\,\varphi_1(t)\,g(t) + 3\,B_{30}(s,t)\,\varphi_1(t)\,g^2(t)\}\,\overline{\psi_1(s)}\,ds\,dt\,,\\
L_{21} &= \int_B\int_B \{B_{11}(s,t)\,a_{20}(t) + 2\,B_{20}(s,t)\,[g(t)\,a_{20}(t) + \varphi_1(t)\,a_{11}(t)] +\\
&\quad + B_{21}(s,t)\,\varphi_1^2(t) + 2\,B_{30}(s,t)\,\varphi_1^2(t)\,g(t)\}\,\overline{\psi_1(s)}\,ds\,dt\,,\\
L_{04} &= \int_B\int_B \{B_{04}(s,t) + B_{11}(s,t)\,a_{03}(t) + B_{12}(s,t)\,a_{02}(t) + B_{13}(s,t)\,g(t) +\\
&\quad + B_{20}(s,t)\,[a_{02}^2(t) + 2\,g(t)\,a_{03}(t)] + 2\,B_{21}(s,t)\,g(t)\,a_{02}(t) +\\
&\quad + B_{22}(s,t)\,g^2(t) + 3\,B_{30}(s,t)\,g^2(t)\,a_{02}(t) + B_{31}(s,t)\,g^3(t) +\\
&\quad + B_{40}(s,t)\,g^4(t)\}\,\overline{\psi_1(s)}\,ds\,dt\,,\\
L_{13} &= \int_B\int_B \{B_{11}(s,t)\,a_{12}(t) + B_{12}(s,t)\,a_{11}(t) + B_{13}(s,t)\,\varphi_1(t) +\\
&\quad + 2\,B_{20}(s,t)\,[\varphi_1(t)\,a_{03}(t) + g(t)\,a_{12}(t) + a_{11}(t)\,a_{02}(t)] +\\
&\quad + 2\,B_{21}(s,t)\,[\varphi_1(t)\,a_{02}(t) + g(t)\,a_{11}(t)] + 2\,B_{22}(s,t)\,\varphi_1(t)\,g(t) +\\
&\quad + 3\,B_{30}(s,t)\,[g^2(t)\,a_{11}(t) + 2\,\varphi_1(t)\,g(t)\,a_{02}(t)] +\\
&\quad + 3\,B_{31}(s,t)\,\varphi_1(t)\,g^2(t) + 4\,B_{40}(s,t)\,\varphi_1(t)\,g^3(t)\}\,\overline{\psi_1(s)}\,ds\,dt\,,
\end{aligned}\right\}\quad (11.4)$$

$$\left.\begin{aligned}
L_{22} = \int_B \int_B \{&B_{11}(s,t)\, a_{21}(t) + B_{12}(s,t)\, a_{20}(t) + \\
&+ B_{20}(s,t)\,[a_{11}^2(t) + 2\,\varphi_1(t)\, a_{12}(t) + 2\, g(t)\, a_{21}(t) + 2\, a_{20}(t)\, a_{02}(t)] + \\
&+ 2\, B_{21}(s,t)\,[\varphi_1(t)\, a_{11}(t) + g(t)\, a_{20}(t)] + B_{22}(s,t)\,\varphi_1^2(t) + \\
&+ 3\, B_{30}(s,t)\,[g^2(t)\, a_{20}(t) + 2\,\varphi_1(t)\, g(t)\, a_{11}(t) + \varphi_1^2(t)\, a_{02}(t)] + \\
&+ 3\, B_{31}(s,t)\,\varphi_1^2(t)\, g(t) + 6\, B_{40}(s,t)\,\varphi_1^2(t)\, g^2(t)\}\, \overline{\psi_1(s)}\, ds\, dt\,, \\
L_{31} = \int_B \int_B \{&B_{11}(s,t)\, a_{30}(t) + \\
&+ 2\, B_{20}(s,t)\,[\varphi_1(t)\, a_{21}(t) + g(t)\, a_{30}(t) + a_{20}(t)\, a_{11}(t)] + \\
&+ 2\, B_{21}\,\varphi_1(t)\, a_{20}(t) + \\
&+ 3\, B_{30}(s,t)\,[\varphi_1^2(t)\, a_{11}(t) + 2\,\varphi_1(t)\, g(t)\, a_{20}(t)] + B_{31}(s,t)\,\varphi_1^3(t) + \\
&+ 4\, B_{40}(s,t)\,\varphi_1^3(t)\, g(t)\}\, \overline{\psi_1(s)}\, ds\, dt\,.
\end{aligned}\right\} \quad (11.4)$$

Im weiteren werden wir auf folgende Aussage zurückgreifen.

Lemma 11.1 (A. Ė. Stapan [1]). *Es sei* $B_{m0}(s,t) \equiv 0$ *für* $m = 2, 3, \ldots, k-1$. *Dann gilt*

$$L_{20} = L_{30} = \cdots = L_{k-1,0} = 0\,, \qquad L_{m0} = \int_B \int_B B_{m0}(s,t)\,\varphi_1^m(t)\,\overline{\psi_1(s)}\, ds\, dt$$

für $m = k, k+1, \ldots, 2k-2$ *sowie*

$$L_{2k-1,0} = \int_B \int_B \{B_{2k-1,0}(s,t)\,\varphi_1^{2k-1}(t) + k\, B_{k0}(s,t)\,\varphi_1^{k-1}(t)\, a_{k0}(t)\}\,\overline{\psi_1(s)}\, ds\, dt\,.$$

Beweis. Unter den Voraussetzungen des Lemmas gilt (siehe (10.13))

$$g_{m0}(s,t) \equiv 0\,, \quad m = 2, 3, \ldots, k-1\,.$$

Wir setzen in (10.15) $\lambda = 0$ und erhalten

$$\sum_{i=2}^{\infty} a_{i0}(s)\,\xi^i = \sum_{m=k}^{\infty} \int_B g_{m0}(s,t)\,\xi^m\,[\varphi_1(t) + a_{20}(t)\,\xi + a_{30}(t)\,\xi^2 + \cdots]^m\, dt\,.$$

Da die rechte Seite dieser Gleichung in ξ von höherer Ordnung als $k-1$ ist, muß auf der linken Seite dieser Gleichung $a_{20}(s) = a_{30}(s) = \cdots = a_{k-1,0}(s) \equiv 0$ sein. Deshalb nimmt die letzte Gleichung die Form

$$\sum_{i=k}^{\infty} a_{i0}(s)\,\xi^i = \sum_{m=k}^{\infty} \int_B g_{m0}(s,t)\,\xi^m\,[\varphi_1(t) + a_{k0}(t)\,\xi^{k-1} + a_{k+1,0}(t)\,\xi^k + \cdots]^m\, dt$$

an. Hieraus folgt

$$a_{i0}(s) = \int_B g_{i0}(s,t)\,\varphi_1^i(t)\, dt$$

für $i = k, k+1, \ldots, 2k-2$, sowie

$$a_{2k-1,0}(s) = \int_B [g_{2k-1,0}(s,t)\, \varphi_1^{2k-1}(t) + k\, g_{k0}(s,t)\, \varphi_1^{k-1}(t)\, a_{k0}(t)]\, dt\,.$$

Die Behauptungen des Lemmas folgen dann aus (10.17) und (11.2).

Unter den Voraussetzungen dieses Lemmas vereinfachen sich auch die anderen Formeln für die Koeffizienten L_{mn} und $a_{mn}(s)$. Sei etwa $B_{20}(s,t) = B_{30}(s,t) = B_{40}(s,t) \equiv 0$; dann gilt $a_{20}(s) = a_{30}(s) = a_{40}(s) \equiv 0$ und

$$\left.\begin{aligned}
L_{11} &= \int_B \int_B B_{11}(s,t)\, \varphi_1(t)\, \overline{\psi_1(s)}\, ds\, dt\,,\\
L_{02} &= \int_B \int_B [B_{02}(s,t) + B_{11}(s,t)\, g(t)]\, \overline{\psi_1(s)}\, ds\, dt\,,\\
L_{03} &= \int_B \int_B [B_{03}(s,t) + B_{11}(s,t)\, a_{02}(t) + B_{12}(s,t)\, g(t) + \\
&\quad + B_{21}(s,t)\, g^2(t)]\, \overline{\psi_1(s)}\, ds\, dt\,,\\
L_{12} &= \int_B \int_B [B_{11}(s,t)\, a_{11}(t) + B_{12}(s,t)\, \varphi_1(t) + 2\, B_{21}(s,t)\, \varphi_1(t)\, g(t)]\, \overline{\psi_1(s)}\, ds\, dt\,,\\
L_{21} &= \int_B \int_B [B_{21}(s,t)\, \varphi_1^2(t)]\, \overline{\psi_1(s)}\, ds\, dt\,,\\
L_{04} &= \int_B \int_B [B_{04}(s,t) + B_{11}(s,t)\, a_{03}(t) + B_{21}(s,t)\, a_{02}(t) + B_{13}(s,t)\, g(t) + \\
&\quad + 2\, B_{21}(s,t)\, g(t)\, a_{02}(t) + B_{22}(s,t)\, g^2(t) + B_{31}(s,t)\, g^3(t)]\, \overline{\psi_1(s)}\, ds\, dt\,,\\
L_{13} &= \int_B \int_B \{B_{11}(s,t)\, a_{12}(t) + B_{12}(s,t)\, a_{11}(t) + B_{13}(s,t)\, \varphi_1(t) + \\
&\quad + 2\, B_{21}(s,t)\, [\varphi_1(t)\, a_{02}(t) + g(t)\, a_{11}(t)] + 2\, B_{22}(s,t)\, \varphi_1(t)\, g(t) + \\
&\quad + 3\, B_{31}(s,t)\, \varphi_1(t)\, g^2(t)\}\, \overline{\psi_1(s)}\, ds\, dt\,,\\
L_{22} &= \int_B \int_B \{B_{11}(s,t)\, a_{21}(t) + 2\, B_{21}(s,t)\, \varphi_1(t)\, a_{11}(t) + B_{22}(s,t)\, \varphi_1^2(t) + \\
&\quad + 3\, B_{31}(s,t)\, \varphi_1^2(t)\, g(t)\}\, \overline{\psi_1(s)}\, ds\, dt\,,\\
L_{31} &= \int_B \int_B B_{31}(s,t)\, \varphi_1^3(t)\, \overline{\psi_1(s)}\, ds\, dt\,.
\end{aligned}\right\} \quad (11.5)$$

Als nächstes betrachten wir den Spezialfall (10.5). Mit (10.17), (11.2), (11.3), (10.25) und (10.27) erhalten wir in diesem Fall für die ersten Koeffizienten der Verzweigungsgleichung (10.18) die folgenden Formeln:

$$\left.\begin{aligned}
L_{20} &= \mu_0 \int_B \int_B A_2(s,t)\, \varphi_1^2(t)\, \overline{\psi_1(s)}\, ds\, dt\,,\\
L_{30} &= \mu_0 \int_B \int_B \{2\, A_2(s,t)\, a_{20}(t) + A_3(s,t)\, \varphi_1^2(t)\}\, \varphi_1(t)\, \overline{\psi_1(s)}\, ds\, dt\,,\\
L_{40} &= \mu_0 \int_B \int_B \{A_2(s,t)\, [a_{20}^2(t) + 2\, \varphi_1(t)\, a_{30}(t)] + 3\, A_3(s,t)\, \varphi_1^2(t)\, a_{20}(t) + \\
&\quad + A_4(s,t)\, \varphi_1^4(t)\}\, \overline{\psi_1(s)}\, ds\, dt\,,
\end{aligned}\right\} \quad (11.6)$$

$$\left.\begin{aligned}
L_{01} &= \int_B f(t)\,\overline{\psi_1(t)}\,dt\,,\\
L_{02} &= \int_B\int_B \{A_1(s,t) + \mu_0\,A_2(s,t)\,g(t)\}\,g(t)\,\overline{\psi_1(s)}\,ds\,dt\,,\\
L_{11} &= \int_B\int_B \{A_1(s,t) + 2\,\mu_0\,A_2(s,t)\,g(t)\}\,\varphi_1(t)\,\overline{\psi_1(s)}\,ds\,dt\,,\\
L_{03} &= \int_B\int_B \{A_1(s,t)\,a_{02}(t) + 2\,\mu_0\,A_2(s,t)\,g(t)\,a_{02}(t) + A_2(s,t)\,g^2(t) +\\
&\quad + \mu_0\,A_3(s,t)\,g^3(t)\}\,\overline{\psi_1(s)}\,ds\,dt\,,\\
L_{12} &= \int_B\int_B \{A_1(s,t)\,a_{11}(t) +\\
&\quad + 2\,\mu_0\,A_2(s,t)\,[\varphi_1(t)\,a_{02}(t) + g(t)\,a_{11}(t)] + 2\,A_2(s,t)\,\varphi_1(t)\,g(t) +\\
&\quad + 3\,\mu_0\,A_3(s,t)\,\varphi_1(t)\,g^2(t)\}\,\overline{\psi_1(s)}\,ds\,dt\,,\\
L_{21} &= \int_B\int_B \{A_1(s,t)\,a_{20}(t) +\\
&\quad + 2\,\mu_0\,A_2(s,t)\,[g(t)\,a_{20}(t) + \varphi_1(t)\,a_{11}(t)] + A_2(s,t)\,\varphi_1^2(t) +\\
&\quad + 3\,\mu_0\,A_3(s,t)\,\varphi_1^2(t)\,g(t)\}\,\overline{\psi_1(s)}\,ds\,dt\,,\\
L_{04} &= \int_B\int_B \{A_1(s,t)\,a_{03}(t) + \mu_0\,A_2(s,t)\,[a_{02}^2(t) + 2\,g(t)\,a_{03}(t)] +\\
&\quad + 2\,A_2(s,t)\,g(t)\,a_{02}(t) + 3\,\mu_0\,A_3(s,t)\,g^2(t)\,a_{02}(t) + A_3(s,t)\,g^3(t) +\\
&\quad + \mu_0\,A_4(s,t)\,g^4(t)\}\,\overline{\psi_1(s)}\,ds\,dt\,,\\
L_{13} &= \int_B\int_B \{A_1(s,t)\,a_{12}(t) +\\
&\quad + 2\,\mu_0\,A_2(s,t)\,[\varphi_1(t)\,a_{03}(t) + g(t)\,a_{12}(t) + a_{11}(t)\,a_{02}(t)] +\\
&\quad + 2\,A_2(s,t)\,[\varphi_1(t)\,a_{02}(t) + g(t)\,a_{11}(t)] +\\
&\quad + 3\,\mu_0\,A_3(s,t)\,[g^2(t)\,a_{11}(t) + 2\,\varphi_1(t)\,g(t)\,a_{02}(t)] +\\
&\quad + 3\,A_3(s,t)\,\varphi_1(t)\,g^2(t) + 4\,\mu_0\,A_4(s,t)\,\varphi_1(t)\,g^3(t)\}\,\overline{\psi_1(s)}\,ds\,dt\,,\\
L_{22} &= \int_B\int_B \{A_1(s,t)\,a_{21}(t) +\\
&\quad + \mu_0\,A_2(s,t)\,[a_{11}^2(t) + 2\,\varphi_1(t)\,a_{12}(t) + 2\,g(t)\,a_{21}(t) + 2\,a_{20}(t)\,a_{02}(t)] +\\
&\quad + 2\,A_2(s,t)\,[\varphi_1(t)\,a_{11}(t) + g(t)\,a_{20}(t)] +\\
&\quad + 3\,\mu_0\,A_3(s,t)\,[g^2(t)\,a_{20}(t) + \varphi_1^2(t)\,a_{02}(t) + 2\,\varphi_1(t)\,g(t)\,a_{11}(t)] +\\
&\quad + 3\,A_3(s,t)\,\varphi_1^2(t)\,g(t) + 6\,\mu_0\,A_4(s,t)\,\varphi_1^2(t)\,g^2(t)\}\,\overline{\psi_1(s)}\,ds\,dt\,,\\
L_{31} &= \int_B\int_B \{A_1(s,t)\,a_{30}(t) +\\
&\quad + 2\,\mu_0\,A_2(s,t)\,[\varphi_1(t)\,a_{21}(t) + g(t)\,a_{30}(t) + a_{20}(t)\,a_{11}(t)] +\\
&\quad + 2\,A_2(s,t)\,\varphi_1(t)\,a_{20}(t) + 3\,\mu_0\,A_3(s,t)\,[\varphi_1^2(t)\,a_{11}(t) + 2\,\varphi_1(t)\,g(t)\,a_{20}(t)] +\\
&\quad + A_3(s,t)\,\varphi_1^3(t) + 4\,\mu_0\,A_4(s,t)\,\varphi_1^3(t)\,g(t)\}\,\overline{\psi_1(s)}\,ds\,dt\,.
\end{aligned}\right\}\quad (11.6)$$

Auch folgende Aussage werden wir im weiteren benutzen:

Lemma 11.2 (A. È. STAPAN [1]). *Es sei*

$$G(s, t, u, \mu) = \mu\, G(s, t, u) \tag{10.5}$$

sowie $B_{01}(s, t) \equiv 0$ *oder* $f(s) \equiv 0$. *Dann gilt*

$$a_{0\,n}(s) \equiv 0\,, \qquad L_{0\,n} = 0$$

für $n = 1, 2, 3, \ldots$ (*wobei* $a_{01}(s) = g(s)$ *gesetzt wurde*).

Beweis. Zunächst bemerken wir, daß $B_{01}(s, t) \equiv 0$ $f(s) \equiv 0$ nach sich zieht; wegen (10.7) ist dann auch $g(s) \equiv 0$ (und damit $a_{01}(s) \equiv 0$). Wir setzen in (10.15) $\xi = 0$; da neben $g(t) \equiv 0$ auch $g_{m\,n}(s, t) \equiv 0$ für $n \geqq 2$ ist (es liegt der Spezialfall (10.5) vor), erhalten wir

$$\sum_{k=2}^{\infty} a_{0\,k}(s)\, \lambda^k = \sum_{m=2}^{\infty} \int_B g_{m\,0}(s, t)\, \lambda^{2m} [a_{02}(t) + a_{03}(t)\, \lambda + \cdots]^m\, dt + \\ + \sum_{m+1 \geqq 2} \int_B g_{m\,1}(s, t)\, \lambda^{2\,m+1} [a_{02}(t) + a_{03}(t)\, \lambda + \cdots]^m\, dt\,.$$

Die auf der rechten Seite dieser Gleichung stehende Reihe ist in λ von mindestens dritter Ordnung, so daß die linke Seite dieser Gleichung $a_{02}(s) \equiv 0$ ergibt. Deshalb nimmt die letzte Gleichung die Form

$$\sum_{k=3}^{\infty} a_{0\,k}(s)\, \lambda^k = \sum_{m=2}^{\infty} \int_B g_{m\,0}(s, t)\, \lambda^{3\,m} [a_{03}(t) + a_{04}(t)\, \lambda + \cdots]^m\, dt + \\ + \sum_{m=1}^{\infty} \int_B g_{m\,1}(s, t)\, \lambda^{3\,m+1} [a_{03}(t) + a_{04}(t)\, \lambda + \cdots]^m\, dt$$

an. Wiederholen wir diese Überlegungen, so erhalten wir nacheinander $a_{03}(s) \equiv 0$, $a_{04}(s) \equiv 0, \ldots$ Die Formeln (10.17) führen schließlich auf $L_{0\,n} = 0$ ($n = 1, 2, 3, \ldots$), womit das Lemma bewiesen ist.

Aus diesem Lemma folgt, daß sich für $g(t) \equiv 0$ auch andere Formeln von (11.6) vereinfachen lassen, und zwar gilt

$$\left.\begin{aligned} L_{11} &= \int_B \int_B A_1(s, t)\, \varphi_1(t)\, \overline{\psi_1(s)}\, ds\, dt = \frac{1}{\mu_0} \int_B \varphi_1(s)\, \overline{\psi_1(s)}\, ds\,^{1)}\,, \\ L_{12} &= \int_B \int_B A_1(s, t)\, a_{11}(t)\, \overline{\psi_1(s)}\, ds\, dt\,, \\ L_{21} &= \int_B \int_B [A_1(s, t)\, a_{20}(t) + 2\,\mu_0\, A_2(s, t)\, \varphi_1(t)\, a_{11}(t) + A_2(s, t)\, \varphi_1^2(t)]\, \overline{\psi_1(s)}\, ds\, dt\,, \\ L_{13} &= \int_B \int_B A_1(s, t)\, a_{12}(t)\, \overline{\psi_1(s)}\, ds\, dt\,, \\ L_{22} &= \int_B \int_B \{A_1(s, t)\, a_{21}(t) + A_2(s, t)\, [\mu_0\, a_{11}^2(t) + 2\,\mu_0\, \varphi_1(t)\, a_{12}(t) + \\ &\quad + 2\, \varphi_1(t)\, a_{11}(t)]\}\, \overline{\psi_1(s)}\, ds\, dt\,, \end{aligned}\right\} \tag{11.7}$$

---

[1]) Die letzte Gleichheit folgt aus $A_1(s, t) = \dfrac{1}{\mu_0} K(s, t)$ und $\varphi_1(s) = \int_B K(s, t)\, \varphi_1(t)\, dt$.

$$\left.\begin{aligned}L_{31} = \int_B \int_B \{A_1(s,t)\, a_{30}(t) + 2\,\mu_0\, A_2(s,t)\,[\varphi_1(t)\, a_{21}(t) + a_{20}(t)\, a_{11}(t)] + \\ + 2\, A_2(s,t)\,\varphi_1(t)\, a_{20}(t) + 3\,\mu_0\, A_3(s,t)\,\varphi_1^2(t)\, a_{11}(t) + \\ + A_3(s,t)\,\varphi_1^3(t)\}\,\overline{\psi_1(s)}\, ds\, dt\,, \\ L_{01} = L_{02} = L_{03} = L_{04} = 0\,.\end{aligned}\right\} \quad (11.7)$$

Die Formeln für die Koeffizienten L_{20}, L_{30}, L_{40} bleiben erhalten.

Erwähnt sei noch, daß die Formeln (11.6) auch unter den Voraussetzungen von Lemma 11.1 einfacher werden.

Lemma 11.3. *Es sei*

$$f(s) \equiv 0\,, \qquad B_{0\,n}(s,t) \equiv 0\,, \qquad n = 2, 3, 4, \ldots\,.$$

Dann gilt

$$a_{0\,n}(s) \equiv 0\,, \qquad L_{0\,n} = 0\,, \qquad n = 1, 2, 3, \ldots\,,$$

(*Es wurde wieder* $a_{01}(s) = g(s)$ *gesetzt.*)

Beweis. Aus den Voraussetzungen des Lemmas und aus (10.7) folgt $g(s) \equiv 0$ (also auch $a_{01}(s) \equiv 0$) sowie $g_{0\,n}(s,t) \equiv 0$ für $n = 2, 3, \ldots$. Wir setzen nun in (10.15) $\xi = 0$,

$$\sum_{k=2}^{\infty} a_{0\,k}(s)\,\lambda^k = \sum_{n=1}^{\infty} \sum_{m=2}^{\infty} \int_B g_{m\,n}(s,t)\,[a_{02}(t) + a_{03}(t)\,\lambda + a_{04}(t)\,\lambda^2 + \cdots]^m\,\lambda^{2\,m+n}\, dt\,.$$

Die rechts stehende Reihe ist in λ von mindestens dritter Ordnung, so daß die linke Seite der Gleichung $a_{02}(s) \equiv 0$ ergibt; die Gleichung lautet dann

$$\sum_{k=3}^{\infty} a_{0\,k}(s)\,\lambda^k = \sum_{n=1}^{\infty} \sum_{m=2}^{\infty} \int_B g_{m\,n}(s,t)\,[a_{03}(s) + \lambda\, a_{04}(s) + \lambda^2\, a_{05}(s) + \cdots]^m\,\lambda^{3\,m+n}\, dt\,.$$

Wiederholen wir diese Überlegungen, so finden wir zunächst $a_{03}(s) = 0$, dann $a_{04}(s) = 0$ usw., womit die erste Behauptung des Lemmas bewiesen ist. Die zweite Behauptung folgt dann aus (10.17).

Unter den Voraussetzungen dieses Lemmas vereinfachen sich noch andere Formeln von (11.6).

11.2. Die Koeffizienten der eindimensionalen Verzweigungsgleichung für die nichtlineare Hammersteinsche Integralgleichung. Im Punkt 10.6 haben wir die Hammersteinsche Integralgleichung (10.1′) betrachtet und die Formeln (10.30) hergeleitet. Mit diesen Formeln und mit (11.2) finden wir

$$\int_B g(\tau,t)\,\overline{\varphi_1(\tau)}\, d\tau = \int_B C(\tau,t)\,\overline{\psi_1(\tau)}\, d\tau\,.$$

Hieraus sowie aus (10.17) und (10.31) ergeben sich für die ersten Koeffizienten L_{mn} der Verzweigungsgleichung (10.18) folgende Ausdrücke:

$$\left.\begin{aligned}
L_{20} &= \mu_0 \int_B \int_B C(s,t)\, A_2(t)\, \varphi_1^2(t)\, \overline{\psi_1(s)}\, ds\, dt\,,\\
L_{30} &= \mu_0 \int_B \int_B C(s,t)\, \{2\, A_2(t)\, a_{20}(t) + A_3(t)\, \varphi_1^2(t)\}\, \varphi_1(t)\, \overline{\psi_1(s)}\, ds\, dt\,,\\
L_{40} &= \mu_0 \int_B \int_B C(s,t)\, \{A_2(t)\, [a_{20}^2(t) + 2\, \varphi_1(t)\, a_{30}(t)] + 3\, A_3(t)\, \varphi_1^2(t)\, a_{20}(t) +\\
&\quad + A_4(t)\, \varphi_1^4(t)\}\, \overline{\psi_1(s)}\, ds\, dt\,,\\
L_{01} &= \int_B f(t)\, \overline{\psi_1(s)}\, ds\, dt\,,\\
L_{02} &= \int_B \int_B C(s,t)\, \{A_1(t) + \mu_0\, A_2(t)\, g(t)\}\, g(t)\, \overline{\psi_1(s)}\, ds\, dt\,,\\
L_{11} &= \int_B \int_B C(s,t)\, \{A_1(t) + 2\, \mu_0\, A_2(t)\, g(t)\}\, \varphi_1(t)\, \overline{\psi_1(s)}\, ds\, dt\,,\\
L_{03} &= \int_B \int_B C(s,t)\, \{A_1(t)\, a_{02}(t) + 2\, \mu_0\, A_2(t)\, g(t)\, a_{02}(t) + A_2(t)\, g^2(t) +\\
&\quad + \mu_0\, A_3(t)\, g^3(t)\}\, \overline{\psi_1(s)}\, ds\, dt\,,\\
L_{12} &= \int_B \int_B C(s,t)\, \{A_1(t)\, a_{11}(t) + 2\, \mu_0\, A_2(t)\, [\varphi_1(t)\, a_{02}(t) + g(t)\, a_{11}(t)] +\\
&\quad + 2\, A_2(t)\, \varphi_1(t)\, g(t) + 3\, \mu_0\, A_3(t)\, \varphi_1(t)\, g^2(t)\}\, \overline{\psi_1(s)}\, ds\, dt\,,\\
L_{21} &= \int_B \int_B C(s,t)\, \{A_1(t)\, a_{20}(t) + 2\, \mu_0\, A_2(t)\, [g(t)\, a_{20}(t) + \varphi_1(t)\, a_{11}(t)] +\\
&\quad + A_2(t)\, \varphi_1^2(t) + 3\, \mu_0\, A_3(t)\, \varphi_1^2(t)\, g(t)\}\, \overline{\psi_1(s)}\, ds\, dt\,,\\
L_{04} &= \int_B \int_B C(s,t)\, \{A_1(t)\, a_{03}(t) + \mu_0\, A_2(t)\, [a_{02}^2(t) + 2\, g(t)\, a_{03}(t)] +\\
&\quad + 2\, A_2(t)\, g(t)\, a_{02}(t) + 3\, \mu_0\, A_3(t)\, g^2(t)\, a_{02}(t) +\\
&\quad + A_3(t)\, g^3(t) + \mu_0\, A_4(t)\, g^4(t)\}\, \overline{\psi_1(s)}\, ds\, dt\,,\\
L_{13} &= \int_B \int_B C(s,t)\, \{A_1(t)\, a_{12}(t) +\\
&\quad + 2\, \mu_0\, A_2(t)\, [\varphi_1(t)\, a_{03}(t) + g(t)\, a_{12}(t) + a_{11}(t)\, a_{02}(t)] +\\
&\quad + 2\, A_2(t)\, [\varphi_1(t)\, a_{02}(t) + g(t)\, a_{11}(t)] +\\
&\quad + 3\, \mu_0\, A_3(t)\, [g^2(t)\, a_{11}(t) + 2\, \varphi_1(t)\, g(t)\, a_{02}(t)] +\\
&\quad + 3\, A_3(t)\, \varphi_1(t)\, g^2(t) + 4\, \mu_0\, A_4(t)\, \varphi_1(t)\, g^3(t)\}\, \overline{\psi_1(s)}\, ds\, dt\,,\\
L_{22} &= \int_B \int_B C(s,t)\, \{A_1(t)\, a_{21}(t) +\\
&\quad + \mu_0\, A_2(t)\, [a_{11}^2(t) + 2\, \varphi_1(t)\, a_{12}(t) + 2\, g(t)\, a_{21}(t) + 2\, a_{20}(t)\, a_{02}(t)] +\\
&\quad + 2\, A_2(t)\, [\varphi_1(t)\, a_{11}(t) + g(t)\, a_{20}(t)] +\\
&\quad + 3\, \mu_0\, A_3(t)\, [g^2(t)\, a_{20}(t) + \varphi_1^2(t)\, a_{02}(t) + 2\, \varphi_1(t)\, g(t)\, a_{11}(t)] +\\
&\quad + 3\, A_3(t)\, \varphi_1^2(t)\, g(t) + 6\, \mu_0\, A_4(t)\, \varphi_1^2(t)\, g^2(t)\}\, \overline{\psi_1(s)}\, ds\, dt\,,
\end{aligned}\right\}\quad (11.8)$$

$$
\left.\begin{aligned}
L_{31} = \int_B \int_B C(s, t) \{ & A_1(t)\, a_{30}(t) + \\
& + 2\,\mu_0\, A_2(t)\, [\varphi_1(t)\, a_{21}(t) + g(t)\, a_{30}(t) + a_{20}(t)\, a_{11}(t)] + \\
& + 2\, A_2(t)\, \varphi_1(t)\, a_{20}(t) + 3\,\mu_0\, A_3(t)\, [\varphi_1^2(t)\, a_{11}(t) + 2\,\varphi_1(t)\, g(t)\, a_{20}(t)] + \\
& + A_3(t)\, \varphi_1^3(t) + 4\,\mu_0\, A_4(t)\, \varphi_1^3(t)\, g(t)\}\, \overline{\psi_1(s)}\, ds\, dt\,.
\end{aligned}\right\} \quad (11.8)
$$

Die Formeln (11.8) vereinfachen sich, wenn $g(t) \equiv 0$ ist oder wenn die Voraussetzungen von Lemma 11.1 erfüllt sind. Weitere Vereinfachungen ergeben sich, wenn der Kern $C(s, t)$ symmetrisch ist,

$$
\overline{C(t, s)} = C(s, t)\,.
$$

11.3. Die Koeffizienten der zweidimensionalen Verzweigungsgleichung für die allgemeine nichtlineare Integralgleichung. Zur Berechnung der Koeffizienten $L^{(i)}_{m\,n\,p}$ $(i = 1, 2)$ der zweidimensionalen Verzweigungsgleichung formen wir zunächst (10.23) um. Wie im eindimensionalen Verzweigungsfall betrachten wir die Gleichung (11.1), in der jetzt $R(s, t)$ die FREDHOLMsche Resolvente des Kerns

$$
E(s, t) = K(s, t) - \sum_{\nu=1}^{p} \psi_\nu(s)\, \overline{\varphi_\nu(t)}
$$

bezeichnet. Mit (8.4) finden wir

$$
g_{m\,n}(s, t) - \int_B E(s, \tau)\, g_{m\,n}(\tau, t)\, d\tau = B_{m\,n}(s, t)
$$

oder nach Einsetzen von $E(s, t)$

$$
g_{m\,n}(s, t) - \int_B \left[K(s, \tau) - \sum_{\nu=1}^{p} \psi_\nu(s)\, \overline{\varphi_\nu(\tau)}\right] g_{m\,n}(\tau, t)\, d\tau = B_{m\,n}(s, t)
$$

bzw.

$$
g_{m\,n}(s, t) - \int_B K(s, \tau)\, g_{m\,n}(\tau, t)\, d\tau = B_{m\,n}(s, t) - \sum_{\nu=1}^{p} \psi_\nu(s) \int_B g_{m\,n}(\tau, t)\, \overline{\varphi_\nu(\tau)}\, d\tau\,.
$$

Da $g_{m\,n}(s, t)$ eine Lösung dieser Gleichung ist, folgt aus den FREDHOLMschen Sätzen, daß die rechte Seite dieser Gleichung zu allen Eigenfunktionen $\psi_i(s)$ des Operators T^* (siehe (10.6′)) orthogonal sein muß; es sind also die Gleichungen

$$
\int_B \left[B_{m\,n}(s, t) - \sum_{\nu=1}^{p} \psi_\nu(s) \int_B g_{m\,n}(\tau, t)\, \overline{\varphi_\nu(\tau)}\, d\tau\right] \overline{\psi_i(s)}\, ds = 0\,,
$$

$$
i = 1, 2, \ldots, p\,,
$$

erfüllt. Da die Funktionen $\psi_i(s)$ orthonormiert sind, erhalten wir

$$
\int_B g_{m\,n}(\tau, t)\, \overline{\varphi_i(\tau)}\, d\tau = \int_B B_{m\,n}(\tau, t)\, \overline{\psi_i(\tau)}\, d\tau\,, \qquad (11.9)
$$

$$
i = 1, 2, 3, \ldots, p\,.
$$

Auf die gleiche Weise leiten wir die Formeln

$$\int_B g(\tau)\,\overline{\varphi_i(\tau)}\,d\tau = \int_B f(\tau)\,\overline{\psi_i(\tau)}\,d\tau\,, \qquad i = 1, 2, \ldots, p\,, \tag{11.10}$$

her. Mit diesen Formeln sowie mit (10.23) und (10.22) bekommen wir für die Koeffizienten der zweidimensionalen Verzweigungsgleichung folgende Ausdrücke ($i = 1, 2$):

$$\left.\begin{aligned}
L_{011}^{(i)} &= \int_B\int_B [B_{11}(s,t) + 2\,B_{20}(s,t)\,g(t)]\,\varphi_2(t)\,\overline{\psi_i(s)}\,ds\,dt\,,\\
L_{101}^{(i)} &= \int_B\int_B [B_{11}(s,t) + 2\,B_{20}(s,t)\,g(t)]\,\varphi_1(t)\,\overline{\psi_i(s)}\,ds\,dt\,,\\
L_{110}^{(i)} &= 2\int_B\int_B B_{20}(s,t)\,\varphi_1(t)\,\varphi_2(t)\,\overline{\psi_i(s)}\,ds\,dt\,,\\
L_{200}^{(i)} &= \int_B\int_B B_{20}(s,t)\,\varphi_1^2(t)\,\overline{\psi_i(s)}\,ds\,dt\,,\\
L_{020}^{(i)} &= \int_B\int_B B_{20}(s,t)\,\varphi_2^2(t)\,\overline{\psi_i(s)}\,ds\,dt\,,\\
L_{002}^{(i)} &= \int_B\int_B [B_{02}(s,t) + B_{11}(s,t)\,g(t) + B_{20}(s,t)\,g^2(t)]\,\overline{\psi_i(s)}\,ds\,dt\,,\\
L_{111}^{(i)} &= \int_B\int_B \{B_{11}(s,t)\,a_{110}(t) + 2\,B_{12}(s,t)\,\varphi_1(t)\,\varphi_2(t) +\\
&\quad + 2\,B_{20}(s,t)\,[\varphi_1(t)\,a_{011}(t) + \varphi_2(t)\,a_{101}(t) + g(t)\,a_{110}(t)] +\\
&\quad + 2\,B_{21}(s,t)\,\varphi_1(t)\,\varphi_2(t) + 6\,B_{30}(s,t)\,\varphi_1(t)\,\varphi_2(t)\,g(t)\}\,\overline{\psi_i(s)}\,ds\,dt\,,\\
L_{120}^{(i)} &= \int_B\int_B \{2\,B_{20}(s,t)\,[\varphi_1(t)\,a_{020}(t) + \varphi_2(t)\,a_{110}(t)] +\\
&\quad + 3\,B_{30}(s,t)\,\varphi_1(t)\,\varphi_2^2(t)\}\,\overline{\psi_i(s)}\,ds\,dt\,,\\
L_{102}^{(i)} &= \int_B\int_B \{B_{11}(s,t)\,a_{101}(t) + B_{12}(s,t)\,\varphi_1(t) +\\
&\quad + 2\,B_{20}(s,t)\,[\varphi_1(t)\,a_{002}(t) + g(t)\,a_{101}(t)] + 2\,B_{21}(s,t)\,\varphi_1(t)\,g(t) +\\
&\quad + 3\,B_{30}(s,t)\,\varphi_1(t)\,g^2(t)\}\,\overline{\psi_i(s)}\,ds\,dt\,,\\
L_{012}^{(i)} &= \int_B\int_B \{B_{11}(s,t)\,a_{011}(t) + B_{12}(s,t)\,\varphi_2(t) +\\
&\quad + 2\,B_{20}(s,t)\,[\varphi_2(t)\,a_{002}(t) + g(t)\,a_{011}(t)] + 2\,B_{21}(s,t)\,\varphi_2(t)\,g(t) +\\
&\quad + 3\,B_{30}(s,t)\,\varphi_2(t)\,g^2(t)\}\,\overline{\psi_i(s)}\,ds\,dt\,,\\
L_{021}^{(i)} &= \int_B\int_B \{B_{11}(s,t)\,a_{020}(t) + 2\,B_{20}(s,t)\,[\varphi_2(t)\,a_{011}(t) + g(t)\,a_{020}(t)] +\\
&\quad + B_{21}(s,t)\,\varphi_2^2(t) + 3\,B_{30}(s,t)\,\varphi_2^2(t)\,g(t)\}\,\overline{\psi_i(s)}\,ds\,dt\,,\\
L_{201}^{(i)} &= \int_B\int_B \{B_{11}(s,t)\,a_{200}(t) + 2\,B_{20}(s,t)\,[\varphi_1(t)\,a_{101}(t) + g(t)\,a_{200}(t)] +\\
&\quad + B_{21}(s,t)\,\varphi_1^2(t) + 3\,B_{30}(s,t)\,\varphi_1^2(t)\,g(t)\}\,\overline{\psi_i(s)}\,ds\,dt\,,
\end{aligned}\right\}\tag{11.11}$$

$$
\left.
\begin{aligned}
L_{210}^{(i)} &= \int_B \int_B \{2\, B_{20}(s,t)\, [\varphi_1(t)\, a_{110}(t) + \varphi_2(t)\, a_{200}(t)] + \\
&\quad + 3\, B_{30}(s,t)\, \varphi_1^2(t)\, \varphi_2(t)\}\, \overline{\psi_i(s)}\, ds\, dt\,, \\
L_{300}^{(i)} &= \int_B \int_B [2\, B_{20}(s,t)\, \varphi_1(t)\, a_{200}(t) + B_{30}(s,t)\, \varphi_1^3(t)]\, \overline{\psi_i(s)}\, ds\, dt\,, \\
L_{030}^{(i)} &= \int_B \int_B [2\, B_{20}(s,t)\, \varphi_2(t)\, a_{020}(t) + B_{30}(s,t)\, \varphi_2^3(t)]\, \overline{\psi_i(s)}\, ds\, dt\,, \\
L_{003}^{(i)} &= \int_B \int_B \{B_{03}(s,t) + B_{11}(s,t)\, a_{002}(t) + B_{12}(s,t)\, g(t) + 2\, B_{20}(s,t)\, g(t)\, a_{002}(t) + \\
&\quad + B_{21}(s,t)\, g^2(t) + B_{30}(s,t)\, g^3(t)\}\, \overline{\psi_i(s)}\, ds\, dt\,, \\
L_{004}^{(i)} &= \int_B \int_B \{B_{04}(s,t) + B_{11}(s,t)\, a_{003}(t) + B_{12}(s,t)\, a_{002}(t) + B_{13}(s,t)\, g(t) + \\
&\quad + B_{20}(s,t)\, [a_{002}^2(t) + 2\, g(t)\, a_{003}(t)] + 2\, B_{21}(s,t)\, g(t)\, a_{002}(t) + \\
&\quad + B_{12}(s,t)\, g^2(t) + 3\, B_{30}(s,t)\, g^2(t)\, a_{002}(t) + B_{31}(s,t)\, g^3(t) + \\
&\quad + B_{40}(s,t)\, g^4(t)\}\, \overline{\psi_i(s)}\, ds\, dt\,, \\
L_{040}^{(i)} &= \int_B \int_B \{B_{20}(s,t)\, [a_{020}^2(t) + 2\, \varphi_2(t)\, a_{030}(t)] + 3\, B_{30}(s,t)\, \varphi_2^2(t)\, a_{020}(t) + \\
&\quad + B_{40}(s,t)\, \varphi_2^4(t)\}\, \overline{\psi_i(s)}\, ds\, dt\,, \\
L_{400}^{(i)} &= \int_B \int_B \{B_{20}(s,t)\, [a_{200}^2(t) + 2\, \varphi_1(t)\, a_{300}(t)] + 3\, B_{30}(s,t)\, \varphi_1^2(t)\, a_{200}(t) + \\
&\quad + B_{40}(s,t)\, \varphi_1^4(t)\}\, \overline{\psi_i(s)}\, ds\, dt\,, \\
L_{022}^{(i)} &= \int_B \int_B \{B_{11}(s,t)\, a_{021}(t) + B_{12}(s,t)\, a_{020}(t) + \\
&\quad + B_{20}(s,t)\, [a_{011}^2(t) + 2\, g(t)\, a_{021}(t) + 2\, \varphi_2(t)\, a_{012}(t) + 2\, a_{002}(t)\, a_{020}(t)] + \\
&\quad + 2\, B_{21}(s,t)\, [\varphi_2(t)\, a_{011}(t) + g(t)\, a_{020}(t)] + B_{22}(s,t)\, \varphi_2^2(t) + \\
&\quad + 3\, B_{30}(s,t)\, [\varphi_2^2(t)\, a_{002}(t) + g^2(t)\, a_{020}(t) + 2\, \varphi_2(t)\, g(t)\, a_{011}(t)] + \\
&\quad + 3\, B_{31}(s,t)\, \varphi_2^2(t)\, g(t) + 6\, B_{40}(s,t)\, \varphi_2^2(t)\, g^2(t)\}\, \overline{\psi_i(s)}\, ds\, dt\,, \\
L_{202}^{(i)} &= \int_B \int_B \{B_{11}(s,t)\, a_{201}(t) + B_{12}(s,t)\, a_{200}(t) + \\
&\quad + B_{20}(s,t)\, [a_{101}^2(t) + 2\, g(t)\, a_{201}(t) + 2\, \varphi_1(t)\, a_{102}(t) + 2\, a_{002}(t)\, a_{200}(t)] + \\
&\quad + 2\, B_{21}(s,t)\, [\varphi_1(t)\, a_{101}(t) + g(t)\, a_{200}(t)] + B_{22}(s,t)\, \varphi_1^2(t) + \\
&\quad + 3\, B_{30}(s,t)\, [\varphi_1^2(t)\, a_{002}(t) + g^2(t)\, a_{200}(t) + 2\, \varphi_1(t)\, g(t)\, a_{101}(t)] + \\
&\quad + 3\, B_{21}(s,t)\, \varphi_1^2(t)\, g(t) + 6\, B_{40}(s,t)\, \varphi_1^2(t)\, g^2(t)\}\, \overline{\psi_i(s)}\, ds\, dt\,,
\end{aligned}
\right\} \qquad (11.11)
$$

$$\left.\begin{aligned}
L_{220}^{(i)} &= \int\limits_B \int\limits_B \{B_{20}(s,t)\,[a_{110}^2(t) + 2\,\varphi_1(t)\,a_{120}(t) + 2\,\varphi_2(t)\,a_{210}(t) + \\
&\quad + 2\,a_{200}(t)\,a_{020}(t)] + 3\,B_{30}(s,t)\,[\varphi_1^2(t)\,a_{020}(t) + \varphi_2^2(t)\,a_{200}(t) + \\
&\quad + 2\,\varphi_1(t)\,\varphi_2(t)\,a_{110}(t)] + 6\,B_{40}(s,t)\,\varphi_1^2(t)\,\varphi_2^2(t)\}\,\overline{\psi_i(s)}\,ds\,dt\,, \\
L_{112}^{(i)} &= \int\limits_B \int\limits_B \{B_{11}(s,t)\,a_{111}(t) + B_{12}(s,t)\,a_{110}(t) + 2\,B_{20}(s,t)\,[\varphi_1(t)\,a_{012}(t) + \\
&\quad + \varphi_2(t)\,a_{102}(t) + g(t)\,a_{111}(t) + a_{101}(t)\,a_{011}(t) + a_{110}(t)\,a_{002}(t)] + \\
&\quad + 2\,B_{21}(s,t)\,[\varphi_1(t)\,a_{011}(t) + \varphi_2(t)\,a_{101}(t) + g(t)\,a_{110}(t)] + \\
&\quad + 2\,B_{22}(s,t)\,\varphi_1(t)\,\varphi_2(t) + 3\,B_{30}(s,t)\,[g^2(t)\,a_{110}(t) + \\
&\quad + 2\,\varphi_1(t)\,\varphi_2(t)\,a_{002}(t) + 2\,\varphi_1(t)\,g(t)\,a_{011}(t) + 2\,\varphi_2(t)\,g(t)\,a_{101}(t)] + \\
&\quad + 6\,B_{31}(s,t)\,\varphi_1(t)\,\varphi_2(t)\,g(t) + \\
&\quad + 12\,B_{40}(s,t)\,\varphi_1(t)\,\varphi_2(t)\,g^2(t)\}\,\overline{\psi_i(s)}\,ds\,dt\,, \\
L_{121}^{(i)} &= \int\limits_B \int\limits_B \{B_{11}(s,t)\,a_{120}(t) + 2\,B_{20}(s,t)\,[\varphi_1(t)\,a_{021}(t) + \varphi_2(t)\,a_{111}(t) + \\
&\quad + g(t)\,a_{120}(t) + a_{110}(t)\,a_{011}(t) + a_{101}(t)\,a_{020}(t)] + \\
&\quad + 2\,B_{21}(s,t)\,[\varphi_1(t)\,a_{020}(t) + \varphi_2(t)\,a_{110}(t)] + 3\,B_{30}(s,t)\,[\varphi_2^2(t)\,a_{101}(t) + \\
&\quad + 2\,\varphi_1(t)\,\varphi_2(t)\,a_{011}(t) + 2\,\varphi_1(t)\,g(t)\,a_{020}(t) + 2\,\varphi_2(t)\,g(t)\,a_{110}(t)] + \\
&\quad + 3\,B_{31}(s,t)\,\varphi_1(t)\,\varphi_2^2(t) + 12\,B_{40}(s,t)\,\varphi_1(t)\,\varphi_2^2(t)\,g(t)\}\,\overline{\psi_i(s)}\,ds\,dt\,, \\
L_{211}^{(i)} &= \int\limits_B \int\limits_B \{B_{11}(s,t)\,a_{210}(t) + 2\,B_{20}(s,t)\,[\varphi_1(t)\,a_{111}(t) + \varphi_2(t)\,a_{201}(t) + \\
&\quad + g(t)\,a_{210}(t) + a_{110}(t)\,a_{101}(t) + a_{200}(t)\,a_{011}(t)] + \\
&\quad + 2\,B_{21}(s,t)\,[\varphi_1(t)\,a_{110}(t) + \varphi_2(t)\,a_{200}(t)] + \\
&\quad + 3\,B_{30}(s,t)\,[\varphi_1^2(t)\,a_{011}(t) + 2\,\varphi_1(t)\,\varphi_2(t)\,a_{101}(t) + \\
&\quad + 2\,\varphi_1(t)\,g(t)\,a_{110}(t) + 2\,\varphi_2(t)\,g(t)\,a_{200}(t)] + \\
&\quad + 3\,B_{31}(s,t)\,\varphi_1^2(t)\,\varphi_2(t) + 12\,B_{40}(s,t)\,\varphi_1^2(t)\,\varphi_2(t)\,g(t)\}\,\overline{\psi_i(s)}\,ds\,dt\,, \\
L_{013}^{(i)} &= \int\limits_B \int\limits_B \{B_{11}(s,t)\,a_{012}(t) + B_{12}(s,t)\,a_{011}(t) + B_{13}(s,t)\,\varphi_2(t) + \\
&\quad + 2\,B_{20}(s,t)\,[\varphi_2(t)\,a_{003}(t) + g(t)\,a_{012}(t) + a_{011}(t)\,a_{002}(t)] + \\
&\quad + 2\,B_{21}(s,t)\,[\varphi_2(t)\,a_{002}(t) + g(t)\,a_{011}(t)] + 2\,B_{22}(s,t)\,\varphi_2(t)\,g(t) + \\
&\quad + 3\,B_{30}(s,t)\,[g^2(t)\,a_{011}(t) + 2\,\varphi_2(t)\,g(t)\,a_{002}(t)] + \\
&\quad + 3\,B_{31}(s,t)\,\varphi_2(t)\,g^2(t) + 4\,B_{40}(s,t)\,\varphi_2(t)\,g^3(t)\}\,\overline{\psi_i(s)}\,ds\,dt\,,
\end{aligned}\right\}\quad (11.11)$$

$$\left.\begin{aligned}
L_{031}^{(i)} = \int_B\int_B \{&B_{11}(s,t)\, a_{030}(t) + 2\,B_{20}(s,t)\,[\varphi_2^2(t)\, a_{011}(t) + 2\,\varphi_2(t)\, g(t)\, a_{020}(t)] + \\
&+ 2\,B_{21}(s,t)\,\varphi_2(t)\, a_{020}(t) + \\
&+ 3\,B_{30}(s,t)\,[\varphi_2^2(t)\, a_{011}(t) + 2\,\varphi_2(t)\, g(t)\, a_{020}(t)] + \\
&+ B_{31}(s,t)\,\varphi_2^3(t) + 4\,B_{40}(s,t)\,\varphi_2^3(t)\, g(t)\}\,\overline{\psi_i(s)}\, ds\, dt\,, \\
L_{103}^{(i)} = \int_B\int_B \{&B_{11}(s,t)\, a_{102}(t) + B_{12}(s,t)\, a_{101}(t) + B_{13}(s,t)\,\varphi_1(t) + \\
&+ 2\,B_{20}(s,t)\,[\varphi_1(t)\, a_{003}(t) + g(t)\, a_{102}(t) + a_{101}(t)\, a_{002}(t)] + \\
&+ 2\,B_{21}(s,t)\,[\varphi_1(t)\, a_{002}(t) + g(t)\, a_{101}(t)] + 2\,B_{22}(s,t)\,\varphi_1(t)\, g(t) + \\
&+ 3\,B_{30}(s,t)\,[g^2(t)\, a_{101}(t) + 2\,\varphi_1(t)\, g(t)\, a_{002}(t)] + \\
&+ 3\,B_{31}(s,t)\,\varphi_1(t)\, g^2(t) + 4\,B_{40}(s,t)\,\varphi_1(t)\, g^3(t)\}\,\overline{\psi_i(s)}\, ds\, dt\,, \\
L_{301}^{(i)} = \int_B\int_B \{&B_{11}(s,t)\, a_{300}(t) + \\
&+ 2\,B_{20}(s,t)\,[\varphi_1(t)\, a_{201}(t) + g(t)\, a_{300}(t) + a_{101}(t)\, a_{200}(t)] + \\
&+ 2\,B_{21}(s,t)\,\varphi_1(t)\, a_{200}(t) + \\
&+ 3\,B_{30}(s,t)\,[\varphi_1^2(t)\, a_{101}(t) + 2\,\varphi_1(t)\, g(t)\, a_{200}(t)] + \\
&+ B_{31}(s,t)\,\varphi_1^3(t) + 4\,B_{40}(s,t)\,\varphi_1^3(t)\, g(t)\}\,\overline{\psi_i(s)}\, ds\, dt\,, \\
L_{130}^{(i)} = \int_B\int_B \{&2\,B_{20}(s,t)\,[\varphi_1(t)\, a_{030}(t) + \varphi_2(t)\, a_{120}(t) + a_{110}(t)\, a_{020}(t)] + \\
&+ 3\,B_{30}(s,t)\,[\varphi_2^2(t)\, a_{110}(t) + 2\,\varphi_1(t)\,\varphi_2(t)\, a_{020}(t)] + \\
&+ 4\,B_{40}(s,t)\,\varphi_1(t)\,\varphi_2^3(t)\}\,\overline{\psi_i(s)}\, ds\, dt\,, \\
L_{310}^{(i)} = \int_B\int_B \{&2\,B_{20}(s,t)\,[\varphi_1(t)\, a_{210}(t) + \varphi_2(t)\, a_{300}(t) + a_{110}(t)\, a_{200}(t)] + \\
&+ 3\,B_{30}(s,t)\,[\varphi_1^2(t)\, a_{110}(t) + 2\,\varphi_1(t)\,\varphi_2(t)\, a_{200}(t)] + \\
&+ 4\,B_{40}(s,t)\,\varphi_1^3(t)\,\varphi_2(t)\}\,\overline{\psi_i(s)}\, ds\, dt\,.
\end{aligned}\right\}\quad (11.11)$$

11.4. Die Koeffizienten der zweidimensionalen Verzweigungsgleichung für spezielle nichtlineare Integralgleichungen. Wir betrachten als erstes den Spezialfall (10.5). Wir wissen, daß dann die Gleichungen (10.25) und (10.26) mit $g_{mn}(s,t) \equiv 0$ für $n \geqq 0$ erfüllt sind. Außer diesen Gleichungen benutzen wir noch (11.9) und (11.10); mit (10.23) und (10.28) erhalten wir folgende Formeln ($i = 1, 2$):

$$\left.\begin{aligned}
L_{011}^{(i)} &= \int_B \int_B \{A_1(s,t) + 2\,\mu_0\,A_2(s,t)\,g(t)\}\,\varphi_2(t)\,\overline{\psi_i(s)}\,ds\,dt\,,\\
L_{101}^{(i)} &= \int_B \int_B \{A_1(s,t) + 2\,\mu_0\,A_2(s,t)\,g(t)\}\,\varphi_1(t)\,\overline{\psi_i(s)}\,ds\,dt\,,\\
L_{110}^{(i)} &= 2\,\mu_0 \int_B \int_B A_2(s,t)\,\varphi_1(t)\,\varphi_2(t)\,\overline{\psi_i(s)}\,ds\,dt\,,\\
L_{200}^{(i)} &= \mu_0 \int_B \int_B A_2(s,t)\,\varphi_1^2(t)\,\overline{\psi_i(s)}\,ds\,dt\,,\\
L_{020}^{(i)} &= \mu_0 \int_B \int_B A_2(s,t)\,\varphi_2^2(t)\,\overline{\psi_i(s)}\,ds\,dt\,,\\
L_{002}^{(i)} &= \int_B \int_B \{A_1(s,t) + \mu_0\,A_2(s,t)\,g(t)\}\,g(t)\,\overline{\psi_i(s)}\,ds\,dt\,,\\
L_{111}^{(i)} &= \int_B \int_B \{A_1(s,t)\,a_{110}(t) +\\
&\quad + 2\,\mu_0\,A_2(s,t)\,[\varphi_1(t)\,a_{011}(t) + \varphi_2(t)\,a_{101}(t) + g(t)\,a_{110}(t)] +\\
&\quad + 2\,A_2(s,t)\,\varphi_1(t)\,\varphi_2(t) + 6\,\mu_0\,A_3(s,t)\,\varphi_1(t)\,\varphi_2(t)\,g(t)\}\,\overline{\psi_i(s)}\,ds\,dt\,,\\
L_{120}^{(i)} &= \mu_0 \int_B \int_B \{2\,A_2(s,t)\,[\varphi_1(t)\,a_{020}(t) + \varphi_2(t)\,a_{110}(t)] +\\
&\quad + 3\,A_3(s,t)\,\varphi_1(t)\,\varphi_2^2(t)\}\,\overline{\psi_i(s)}\,ds\,dt\,,\\
L_{102}^{(i)} &= \int_B \int_B \{A_1(s,t)\,a_{101}(t) + 2\,\mu_0\,A_2(s,t)\,[g(t)\,a_{101}(t) + \varphi_1(t)\,a_{002}(t)] +\\
&\quad + 2\,A_2(s,t)\,\varphi_1(t)\,g(t) + 3\,\mu_0\,A_3(s,t)\,\varphi_1(t)\,g^2(t)\}\,\overline{\psi_i(s)}\,ds\,dt\,,\\
L_{012}^{(i)} &= \int_B \int_B \{A_1(s,t)\,a_{011}(t) + 2\,\mu_0\,A_2(s,t)\,[\varphi_2(t)\,a_{002}(t) + g(t)\,a_{011}(t)] +\\
&\quad + 2\,A_2(s,t)\,\varphi_2(t)\,g(t) + 3\,\mu_0\,A_3(s,t)\,\varphi_2(t)\,g^2(t)\}\,\overline{\psi_i(s)}\,ds\,dt\,,\\
L_{021}^{(i)} &= \int_B \int_B \{A_1(s,t)\,a_{020}(t) + 2\,\mu_0\,A_2(s,t)\,[\varphi_2(t)\,a_{011}(t) + g(t)\,a_{020}(t)] +\\
&\quad + A_2(s,t)\,\varphi_2^2(t) + 3\,\mu_0\,A_3(s,t)\,\varphi_2^2(t)\,g(t)\}\,\overline{\psi_i(s)}\,ds\,dt\,,\\
L_{201}^{(i)} &= \int_B \int_B \{A_1(s,t)\,a_{200}(t) + 2\,\mu_0\,A_2(s,t)\,[\varphi_1(t)\,a_{101}(t) + g(t)\,a_{200}(t)] +\\
&\quad + A_2(s,t)\,\varphi_1^2(t) + 3\,\mu_0\,A_3(s,t)\,\varphi_1^2(t)\,g(t)\}\,\overline{\psi_i(s)}\,ds\,dt\,,\\
L_{210}^{(i)} &= \mu_0 \int_B \int_B \{2\,A_2(s,t)\,[\varphi_1(t)\,a_{110}(t) + \varphi_2(t)\,a_{200}(t)] +\\
&\quad + 3\,A_3(s,t)\,\varphi_1^2(t)\,\varphi_2(t)\}\,\overline{\psi_i(s)}\,ds\,dt\,,\\
L_{300}^{(i)} &= \mu_0 \int_B \int_B \{2\,A_2(s,t)\,a_{200}(t) + A_3(s,t)\,\varphi_1^2(t)\}\,\varphi_1(t)\,\overline{\psi_i(s)}\,ds\,dt\,,\\
L_{030}^{(i)} &= \mu_0 \int_B \int_B \{2\,A_2(s,t)\,a_{020}(t) + A_3(s,t)\,\varphi_2^2(t)\}\,\varphi_2(t)\,\overline{\psi_i(s)}\,ds\,dt\,,
\end{aligned}\right\} \quad (11.12)$$

$$\left.\begin{aligned}
L_{003}^{(i)} &= \int_B \int_B \{A_1(s,t)\, a_{002}(t) + 2\,\mu_0\, A_2(s,t)\, g(t)\, a_{002}(t) + A_2(s,t)\, g^2(t) + \\
&\quad + \mu_0\, A_3(s,t)\, g^3(t)\}\, \overline{\psi_i(s)}\, ds\, dt\,, \\
L_{040}^{(i)} &= \mu_0 \int_B \int_B \{A_2(s,t)\, [a_{020}^2(t) + 2\,\varphi_2(t)\, a_{030}(t)] + \\
&\quad + 3\, A_3(s,t)\, \varphi_2^2(t)\, a_{020}(t) + A_4(s,t)\, \varphi_2^4(t)\}\, \overline{\psi_i(s)}\, ds\, dt\,, \\
L_{004}^{(i)} &= \int_B \int_B \{A_1(s,t)\, a_{003}(t) + \mu_0\, A_2(s,t)\, [a_{002}^2(t) + 2\, g(t)\, a_{003}(t)] + \\
&\quad + 2\, A_2(s,t)\, g(t)\, a_{002}(t) + 3\,\mu_0\, A_3(s,t)\, g^2(t)\, a_{002}(t) + \\
&\quad + A_3(s,t)\, g^3(t) + \mu_0\, A_4(s,t)\, g^4(t)\}\, \overline{\psi_i(s)}\, ds\, dt\,, \\
L_{400}^{(i)} &= \mu_0 \int_B \int_B \{A_2(s,t)\, [a_{200}^2(t) + 2\,\varphi_1(t)\, a_{300}(t)] + 3\, A_3(s,t)\, \varphi_1^2(t)\, a_{200}(t) + \\
&\quad + A_4(s,t)\, \varphi_1^4(t)\}\, \overline{\psi_i(s)}\, ds\, dt\,, \\
L_{022}^{(i)} &= \int_B \int_B \{A_1(s,t)\, a_{021}(t) + \mu_0\, A_2(s,t)\, [a_{011}^2(t) + 2\,\varphi_2(t)\, a_{012}(t) + \\
&\quad + 2\, g(t)\, a_{021}(t) + 2\, a_{020}(t)\, a_{002}(t)] + \\
&\quad + 2\, A_2(s,t)\, [\varphi_2(t)\, a_{011}(t) + g(t)\, a_{020}(t)] + \\
&\quad + 3\,\mu_0\, A_3(s,t)\, [\varphi_2^2(t)\, a_{002}(t) + g^2(t)\, a_{020}(t) + 2\,\varphi_2(t)\, g(t)\, a_{011}(t)] + \\
&\quad + 3\, A_3(s,t)\, \varphi_2^2(t)\, g(t) + 6\,\mu_0\, A_4(s,t)\, \varphi_2^2(t)\, g^2(t)\}\, \overline{\psi_i(s)}\, ds\, dt\,, \\
L_{202}^{(i)} &= \int_B \int_B \{A_1(s,t)\, s_{201}(t) + \mu_0\, A_2(s,t)\, [a_{101}^2(t) + 2\,\varphi_1(t)\, a_{102}(t) + \\
&\quad + 2\, g(t)\, a_{201}(t) + 2\, a_{002}(t)\, a_{200}(t)] + \\
&\quad + 2\, A_2(s,t)\, [\varphi_1(t)\, a_{101}(t) + g(t)\, a_{200}(t)] + \\
&\quad + 3\,\mu_0\, A_3(s,t)\, [\varphi_1^2(t)\, a_{002}(t) + g^2(t)\, a_{200}(t) + 2\,\varphi_1(t)\, g(t)\, a_{101}(t)] + \\
&\quad + 3\, A_3(s,t)\, \varphi_1^2(t)\, g(t) + 6\,\mu_0\, A_4(s,t)\, \varphi_1^2(t)\, g^2(t)\}\, \overline{\psi_i(s)}\, ds\, dt\,, \\
L_{220}^{(i)} &= \mu_0 \int_B \int_B \{A_2(s,t)\, [a_{110}^2(t) + 2\,\varphi_1(t)\, a_{120}(t) + \\
&\quad + 2\,\varphi_2(t)\, a_{210}(t) + 2\, a_{020}(t)\, a_{200}(t)] + \\
&\quad + 3\, A_3(s,t)\, [\varphi_1^2(t)\, a_{020}(t) + \varphi_2^2(t)\, a_{200}(t) + 2\,\varphi_1(t)\, \varphi_2(t)\, a_{110}(t)] + \\
&\quad + 6\, A_4(s,t)\, \varphi_1^2(t)\, \varphi_2^2(t)\}\, \overline{\psi_i(s)}\, ds\, dt\,,
\end{aligned}\right\} \quad (11.12)$$

$$\left.\begin{aligned}
L^{(i)}_{112} = \int_B \int_B \{ & A_1(s,t)\, a_{111}(t) + 2\,\mu_0\, A_2(s,t)\, [\varphi_1(t)\, a_{012}(t) + \varphi_2(t)\, a_{102}(t) + \\
& + g(t)\, a_{111}(t) + a_{011}(t)\, a_{101}(t) + a_{110}(t)\, a_{002}(t)] + \\
& + 2\, A_2(s,t)\, [\varphi_1(t)\, a_{011}(t) + \varphi_2(t)\, a_{101}(t) + g(t)\, a_{110}(t)] + \\
& + 3\,\mu_0\, A_3(s,t)\, [g^2(t)\, a_{110}(t) + 2\,\varphi_1(t)\,\varphi_2(t)\, a_{002}(t) + \\
& + 2\,\varphi_1(t)\, g(t)\, a_{011}(t) + 2\,\varphi_2(t)\, g(t)\, a_{101}(t)] + \\
& + 6\, A_3(s,t)\,\varphi_1(t)\,\varphi_2(t)\, g(t) + 12\,\mu_0\, A_4(s,t)\,\varphi_1(t)\,\varphi_2(t)\, g^2(t)\}\, \overline{\psi_i(s)}\, ds\, dt\,, \\[2ex]
L^{(i)}_{121} = \int_B \int_B \{ & A_1(s,t)\, a_{120}(t) + 2\,\mu_0\, A_2(s,t)\, [\varphi_1(t)\, a_{021}(t) + \varphi_2(t)\, a_{111}(t) + \\
& + g(t)\, a_{120}(t) + a_{110}(t)\, a_{011}(t) + a_{101}(t)\, a_{020}(t)] + \\
& + 2\, A_2(s,t)\, [\varphi_1(t)\, a_{020}(t) + \varphi_2(t)\, a_{110}(t)] + \\
& + 3\,\mu_0\, A_3(s,t)\, [\varphi_2^2(t)\, a_{101}(t) + 2\,\varphi_1(t)\,\varphi_2(t)\, a_{011}(t) + \\
& + 2\,\varphi_1(t)\, g(t)\, a_{020}(t) + 2\,\varphi_2(t)\, g(t)\, a_{110}(t)] + \\
& + 3\, A_3(s,t)\,\varphi_1(t)\,\varphi_2^2(t) + 12\,\mu_0\, A_4(s,t)\,\varphi_1(t)\,\varphi_2^2(t)\, g(t)\}\, \overline{\psi_i(s)}\, ds\, dt\,, \\[2ex]
L^{(i)}_{211} = \int_B \int_B \{ & A_1(s,t)\, a_{210}(t) + 2\,\mu_0\, A_2(s,t)\, [\varphi_1(t)\, a_{111}(t) + \varphi_2(t)\, a_{201}(t) + \\
& + g(t)\, a_{210}(t) + a_{110}(t)\, a_{101}(t) + a_{011}(t)\, a_{200}(t)] + \\
& + 2\, A_2(s,t)\, [\varphi_1(t)\, a_{110}(t) + \varphi_2(t)\, a_{200}(t)] + \\
& + 3\,\mu_0\, A_3(s,t)\, [\varphi_1^2(t)\, a_{011}(t) + 2\,\varphi_1(t)\,\varphi_2(t)\, a_{101}(t) + \\
& + 2\,\varphi_1(t)\, g(t)\, a_{110}(t) + 2\,\varphi_2(t)\, g(t)\, a_{200}(t)] + 3\, A_3(s,t)\,\varphi_1^2(t)\,\varphi_2(t) + \\
& + 12\,\mu_0\, A_4(s,t)\,\varphi_1^2(t)\,\varphi_2(t)\, g(t)\}\, \overline{\psi_i(s)}\, ds\, dt\,, \\[2ex]
L^{(i)}_{013} = \int_B \int_B \{ & A_1(s,t)\, a_{012}(t) + \\
& + 2\,\mu_0\, A_2(s,t)\, [\varphi_2(t)\, a_{003}(t) + g(t)\, a_{012}(t) + a_{011}(t)\, a_{002}(t)] + \\
& + 2\, A_2(s,t)\, [\varphi_2(t)\, a_{002}(t) + g(t)\, a_{011}(t)] + \\
& + 3\,\mu_0\, A_3(s,t)\, [g^2(t)\, a_{011}(t) + 2\,\varphi_2(t)\, g(t)\, a_{002}(t)] + \\
& + 3\, A_3(s,t)\,\varphi_2(t)\, g^2(t) + 4\,\mu_0\, A_4(s,t)\,\varphi_2(t)\, g^3(t)\}\, \overline{\psi_i(s)}\, ds\, dt\,, \\[2ex]
L^{(i)}_{031} = \int_B \int_B \{ & A_1(s,t)\, a_{030}(t) + \\
& + 2\,\mu_0\, A_2(s,t)\, [\varphi_2(t)\, a_{021}(t) + g(t)\, a_{030}(t) + a_{011}(t)\, a_{020}(t)] + \\
& + 2\, A_2(s,t)\,\varphi_2(t)\, a_{020}(t) + \\
& + 3\,\mu_0\, A_3(s,t)\, [\varphi_2^2(t)\, a_{011}(t) + 2\,\varphi_2(t)\, g(t)\, a_{020}(t)] + \\
& + A_3(s,t)\,\varphi_2^3(t) + 4\,\mu_4\, A_0(s,t)\,\varphi_2^3(t)\, g(t)\}\, \overline{\psi_i(s)}\, ds\, dt\,,
\end{aligned}\right\} \quad (11.12)$$

$$\left.\begin{aligned}
L_{103}^{(i)} = \int_B \int_B \{&A_1(s,t)\, a_{102}(t) + \\
&+ 2\,\mu_0\, A_2(s,t)\, [\varphi_1(t)\, a_{003}(t) + g(t)\, a_{102}(t) + a_{101}(t)\, a_{002}(t)] + \\
&+ 2\, A_2(s,t)\, [\varphi_1(t)\, a_{002}(t) + g(t)\, a_{101}(t)] + \\
&+ 3\,\mu_0\, A_3(s,t)\, [g^2(t)\, a_{101}(t) + 2\,\varphi_1(t)\, g(t)\, a_{002}(t)] + \\
&+ 3\, A_3(s,t)\, \varphi_1(t)\, g^2(t) + 4\,\mu_0\, A_4(s,t)\, \varphi_1(t)\, g^3(t)\}\, \overline{\psi_i(s)}\, ds\, dt\,, \\
L_{301}^{(i)} = \int_B \int_B \{&A_1(s,t)\, a_{300}(t) + \\
&+ 2\,\mu_0\, A_2(s,t)\, [\varphi_1(t)\, a_{201}(t) + g(t)\, a_{300}(t) + a_{101}(t)\, a_{200}(t)] + \\
&+ 2\, A_2(s,t)\, \varphi_1(t)\, a_{200}(t) + \\
&+ 3\,\mu_0\, A_3(s,t)\, [\varphi_1^2(t)\, a_{101}(t) + 2\,\varphi_1(t)\, g(t)\, a_{200}(t)] + \\
&+ A_3(s,t)\, \varphi_1^3(t) + 4\,\mu_0\, A_4(s,t)\, \varphi_1^3(t)\, g(t)\}\, \overline{\psi_i(s)}\, ds\, dt\,, \\
L_{130}^{(i)} = \mu_0 \int_B \int_B \{&2\, A_2(s,t)\, [\varphi_1(t)\, a_{030}(t) + \varphi_2(t)\, a_{120}(t) + a_{110}(t)\, a_{020}(t)] + \\
&+ 3\, A_3(s,t)\, [\varphi_2^2(t)\, a_{110}(t) + 2\,\varphi_1(t)\, \varphi_2(t)\, a_{020}(t)] + \\
&+ 4\, A_4(s,t)\, \varphi_1(t)\, \varphi_2^3(t)\}\, \overline{\psi_i(s)}\, ds\, dt\,, \\
L_{310}^{(i)} = \mu_0 \int_B \int_B \{&2\, A_2(s,t)\, [\varphi_1(t)\, a_{210}(t) + \varphi_2(t)\, a_{300}(t) + a_{110}(t)\, a_{200}(t)] + \\
&+ 3\, A_3(s,t)\, [\varphi_1^2(t)\, a_{110}(t) + 2\,\varphi_1(t)\, \varphi_2(t)\, a_{200}(t)] + \\
&+ 4\, A_2(s,t)\, \varphi_1^3(t)\, \varphi_2(t)\}\, \overline{\psi_i(s)}\, ds\, dt\,.
\end{aligned}\right\}\quad(11.12)$$

Schließlich berechnen wir noch die ersten Koeffizienten der zweidimensionalen Verzweigungsgleichung für die Hammersteinsche Integralgleichung (10.1′). In diesem Fall gelten die Formeln (10.30), und wie bei der Herleitung von (11.9) finden wir

$$\int_B g(\tau,t)\, \overline{\varphi_i(\tau)}\, d\tau = \int_B C(\tau,t)\, \overline{\psi_i(\tau)}\, d\tau\,, \qquad i = 1, 2, \ldots, p\,.$$

Mit (10.23) und (10.32) erhalten wir dann ($i = 1, 2$)

$$\left.\begin{aligned}
L_{011}^{(i)} &= \int_B \int_B C(s,t)\, \{A_1(t) + 2\,\mu_0\, A_2(t)\, g(t)\}\, \varphi_2(t)\, \overline{\psi_i(s)}\, ds\, dt\,, \\
L_{101}^{(i)} &= \int_B \int_B C(s,t)\, \{A_1(t) + 2\,\mu_0\, A_2(t)\, g(t)\}\, \varphi_1(t)\, \overline{\psi_i(s)}\, ds\, dt\,, \\
L_{110}^{(i)} &= 2\,\mu_0 \int_B \int_B C(s,t)\, A_2(t)\, \varphi_1(t)\, \varphi_2(t)\, \overline{\psi_i(s)}\, ds\, dt\,, \\
L_{200}^{(i)} &= \mu_0 \int_B \int_B C(s,t)\, A_2(t)\, \varphi_1^2(t)\, \overline{\psi_i(s)}\, ds\, dt\,,
\end{aligned}\right\}\quad(11.13)$$

$$\left.\begin{aligned}
L_{020}^{(i)} &= \mu_0 \int_B \int_B C(s,t)\, A_2(t)\, \varphi_2^2(t)\, \overline{\psi_i(s)}\, ds\, dt\,, \\
L_{002}^{(i)} &= \int_B \int_B C(s,t)\, \{A_1(t) + \mu_0 A_2(t)\, g(t)\}\, g(t)\, \overline{\varphi_i(s)}\, ds\, dt\,, \\
L_{111}^{(i)} &= \int_B \int_B C(s,t)\, \{A_1(t)\, a_{110}(t) + \\
&\quad + 2\mu_0 A_2(t)\, [\varphi_1(t)\, a_{011}(t) + \varphi_2(t)\, a_{101}(t) + g(t)\, a_{110}(t)] + \\
&\quad + 2 A_2(t)\, \varphi_1(t)\, \varphi_2(t) + 6\mu_0 A_3(t)\, \varphi_1(t)\, \varphi_2(t)\, g(t)\}\, \overline{\psi_i(s)}\, ds\, dt\,, \\
L_{120}^{(i)} &= \mu_0 \int_B \int_B C(s,t)\, \{2 A_2(t)\, [\varphi_1(t)\, a_{020}(t) + \varphi_2(t)\, a_{110}(t)] + \\
&\quad + 3\mu_0 A_3(t)\, \varphi_1(t)\, \varphi_2^2(t)\}\, \overline{\psi_i(s)}\, ds\, dt\,, \\
L_{102}^{(i)} &= \int_B \int_B C(s,t)\, \{A_1(t)\, a_{101}(t) + 2\mu_0 A_2(t)\, [\varphi_1(t)\, a_{002}(t) + g(t)\, a_{101}(t)] + \\
&\quad + 2 A_2(t)\, \varphi_1(t)\, g(t) + 3\mu_0 A_3(t)\, \varphi_1(t)\, g^2(t)\}\, \overline{\psi_i(s)}\, ds\, dt\,, \\
L_{012}^{(i)} &= \int_B \int_B C(s,t)\, \{A_1(t)\, a_{011}(t) + 2\mu_0 A_2(t)\, [\varphi_2(t)\, a_{002}(t) + g(t)\, a_{011}(t)] + \\
&\quad + 2 A_2(t)\, \varphi_2(t)\, g(t) + 3\mu_0 A_3(t)\, \varphi_2(t)\, g^2(t)\}\, \overline{\psi_i(s)}\, ds\, dt, \\
L_{021}^{(i)} &= \int_B \int_B C(s,t)\, \{A_1(t)\, a_{020}(t) + 2\mu_0 A_2(t)\, [\varphi_2(t)\, a_{011}(t) + g(t)\, a_{020}(t)] + \\
&\quad + 2 A_2(t)\, \varphi_2^2(t) + 3\mu_0 A_3(t)\, \varphi_2^2(t)\, g(t)\}\, \overline{\psi_i(s)}\, ds\, dt\,, \\
L_{201}^{(i)} &= \int_B \int_B C(s,t)\, \{A_1(t)\, a_{200}(t) + 2\mu_0 A_2(t)\, [\varphi_1(t)\, a_{101}(t) + g(t)\, a_{200}(t)] + \\
&\quad + A_2(t)\, \varphi_1^2(t) + 3\mu_0 A_2(t)\, \varphi_1^2(t)\, g(t)\} \cdot \overline{\psi_i(s)}\, ds\, dt\,, \\
L_{210}^{(i)} &= \mu_0 \int_B \int_B C(s,t)\, \{2 A_2(t)\, [\varphi_1(t)\, a_{110}(t) + \varphi_2(t)\, a_{200}(t)] + \\
&\quad + 3 A_3(t)\, \varphi_1^2(t)\, \varphi_2(t)\}\, \overline{\psi_i(s)}\, ds\, dt\,, \\
L_{300}^{(i)} &= \mu_0 \int_B \int_B C(s,t)\, \{2 A_2(t)\, a_{200}(t) + A_3(t)\, \varphi_1^2(t)\}\, \varphi_1(t)\, \overline{\psi_i(s)}\, ds\, dt\,, \\
L_{030}^{(i)} &= \mu_0 \int_B \int_B C(s,t)\, \{2 A_2(t)\, a_{020}(t) + A_3(t)\, \varphi_2^2(t)\}\, \varphi_2(t)\, \overline{\psi_i(s)}\, ds\, dt\,, \\
L_{003}^{(i)} &= \int_B \int_B C(s,t)\, \{A_1(t)\, a_{002}(t) + 2\mu_0 A_2(t)\, g(t)\, a_{002}(t) + A_2(t)\, g^2(t) + \\
&\quad + \mu_0 A_3(t)\, g^3(t)\}\, \overline{\psi_i(s)}\, ds\, dt\,, \\
L_{004}^{(i)} &= \int_B \int_B C(s,t)\, \{A_1(t)\, a_{003}(t) + \mu_0 A_2(t)\, [a_{002}^2(t) + 2 g(t)\, a_{003}(t)] + \\
&\quad + 2 A_2(t)\, g(t)\, a_{002}(t) + 3\mu_0 A_3(t)\, g^2(t)\, a_{002}(t) + \\
&\quad + A_3(t)\, g^3(t) + \mu_0 A_4(t)\, g^4(t)\}\, \overline{\psi_i(s)}\, ds\, dt\,,
\end{aligned}\right\} \quad (11.13)$$

$$
\left.
\begin{aligned}
L_{040}^{(i)} &= \mu_0 \int_B \int_B C(s,t)\,\{A_2(t)\,[a_{020}^2(t) + 2\,\varphi_2(t)\,a_{030}(t)] + \\
&\quad + 3\,A_3(t)\,\varphi_2^2(t)\,a_{020}(t) + A_4(t)\,\varphi_2^4(t)\}\,\overline{\psi_i(s)}\,ds\,dt\,, \\[1ex]
L_{400}^{(i)} &= \mu_0 \int_B \int_B C(s,t)\,\{A_2(t)\,[a_{200}^2(t) + 2\,\varphi_1(t)\,a_{300}(t)] + \\
&\quad + 3\,A_3(t)\,\varphi_1^2(t)\,a_{200}(t) + A_4(t)\,\varphi_1^4(t)\}\,\overline{\psi_i(s)}\,ds\,dt\,, \\[1ex]
L_{022}^{(i)} &= \int_B \int_B C(s,t)\,\{A_1(t)\,a_{021}(t) + \mu_0\,A_2(t)\,[a_{011}^2(t) + 2\,\varphi_2(t)\,a_{012}(t) + \\
&\quad + 2\,g(t)\,a_{021}(t) + 2\,a_{020}(t)\,a_{002}(t)] + \\
&\quad + 2\,A_2(t)\,[\varphi_2(t)\,a_{011}(t) + g(t)\,a_{020}(t)] + \\
&\quad + 3\,\mu_0\,A_3(t)\,[\varphi_2^2(t)\,a_{002}(t) + g^2(t)\,a_{020}(t) + 2\,\varphi_2(t)\,g(t)\,a_{011}(t)] + \\
&\quad + 3\,A_3(t)\,\varphi_2^2(t)\,g(t) + 6\,\mu_0\,A_4(t)\,\varphi_2^2(t)\,g^2(t)\}\,\overline{\psi_i(s)}\,ds\,dt\,, \\[1ex]
L_{202}^{(i)} &= \int_B \int_B C(s,t)\,\{A_1(t)\,a_{201}(t) + \\
&\quad + \mu_0\,A_2(t)\,[a_{101}^2(t) + 2\,\varphi_1(t)\,a_{102}(t) + 2\,g(t)\,a_{201}(t) + 2\,a_{200}(t)\,a_{002}(t)] + \\
&\quad + 2\,A_2(t)\,[\varphi_1(t)\,a_{101}(t) + g(t)\,a_{200}(t)] + \\
&\quad + 3\,\mu_0\,A_3(t)\,[\varphi_1^2(t)\,a_{002}(t) + g^2(t)\,a_{200}(t) + 2\,\varphi_1(t)\,g(t)\,a_{101}(t)] + \\
&\quad + 3\,A_3(t)\,\varphi_1^2(t)\,g(t) + 6\,\mu_0\,\varphi_1^2(t)\,g^2(t)\}\,\overline{\psi_i(s)}\,ds\,dt\,, \\[1ex]
L_{220}^{(i)} &= \mu_0 \int_B \int_B C(s,t)\,\{A_2(t)\,[a_{110}^2(t) + 2\,\varphi_1(t)\,a_{120}(t) + 2\,\varphi_2(t)\,a_{210}(t) + \\
&\quad + 2\,a_{200}(t)\,a_{020}(t)] + \\
&\quad + 3\,A_3(t)\,[\varphi_1^2(t)\,a_{020}(t) + \varphi_2^2(t)\,a_{200}(t) + 2\,\varphi_1(t)\,\varphi_2(t)\,a_{110}(t)] + \\
&\quad + 6\,A_4(t)\,\varphi_1^2(t)\,\varphi_2^2(t)\}\,\overline{\psi_i(s)}\,ds\,dt\,, \\[1ex]
L_{112}^{(i)} &= \int_B \int_B C(s,t)\,\{A_1(t)\,a_{111}(t) + 2\,\mu_0\,A_2(t)\,[\varphi_1(t)\,a_{012}(t) + \varphi_2(t)\,a_{102}(t) + \\
&\quad + g(t)\,a_{111}(t) + a_{101}(t)\,a_{011}(t) + a_{110}(t)\,a_{002}(t)] + \\
&\quad + 2\,A_2(t)\,[\varphi_1(t)\,a_{011}(t) + \varphi_2(t)\,a_{101}(t) + g(t)\,a_{110}(t)] + \\
&\quad + 3\,\mu_0\,A_3(t)\,[g^2(t)\,a_{110}(t) + 2\,\varphi_1(t)\,\varphi_2(t)\,a_{002}(t) + 2\,\varphi_1(t)\,g(t)\,a_{011}(t) + \\
&\quad + 2\,\varphi_2(t)\,g(t)\,a_{101}(t)] + 6\,A_3(t)\,\varphi_1(t)\,\varphi_2(t)\,g(t) + \\
&\quad + 12\,\mu_0\,A_4(t)\,\varphi_1(t)\,\varphi_2(t)\,g^2(t)\}\,\overline{\psi_i(s)}\,ds\,dt\,,
\end{aligned}
\right\}
\tag{11.13}
$$

$$\left.\begin{aligned}
L_{121}^{(i)} = \int_B\int_B C(s,t)\,\{&A_1(t)\,a_{120}(t) + 2\,\mu_0\,A_2(t)\,[\varphi_1(t)\,a_{021}(t) + \varphi_2(t)\,a_{111}(t) + \\
&+ g(t)\,a_{120}(t) + a_{110}(t)\,a_{011}(t) + a_{101}(t)\,a_{020}(t)] + \\
&+ 2\,A_2(t)\,[\varphi_1(t)\,a_{020}(t) + \varphi_2(t)\,a_{110}(t)] + 3\,\mu_0\,A_3(t)\,[\varphi_2^2(t)\,a_{101}(t) + \\
&+ 2\,\varphi_1(t)\,\varphi_2(t)\,a_{011}(t) + 2\,\varphi_1(t)\,g(t)\,a_{020}(t) + 2\,\varphi_2(t)\,g(t)\,a_{110}(t)] + \\
&+ 3\,A_3(t)\,\varphi_1(t)\,\varphi_2^2(t) + 12\,\mu_0\,A_4(t)\,\varphi_1(t)\,\varphi_2^2(t)\,g(t)\}\,\overline{\psi_i(s)}\,ds\,dt\,, \\
L_{211}^{(i)} = \int_B\int_B C(s,t)\,\{&A_1(t)\,a_{210}(t) + 2\,\mu_0\,A_2(t)\,[\varphi_1(t)\,a_{111}(t) + \varphi_2(t)\,a_{201}(t) + \\
&+ g(t)\,a_{210}(t) + a_{110}(t)\,a_{101}(t) + a_{200}(t)\,a_{011}(t)] + \\
&+ 2\,A_2(t)\,[\varphi_1(t)\,a_{110}(t)] + \varphi_2(t)\,a_{200}(t)] + 3\,\mu_0\,A_3(t)\,[\varphi_1^2(t)\,a_{011}(t) + \\
&+ 2\,\varphi_1(t)\,\varphi_2(t)\,a_{101}(t) + 2\,\varphi_1(t)\,g(t)\,a_{110}(t) + 2\,\varphi_2(t)\,g(t)\,a_{200}(t)] + \\
&+ 3\,A_3(t)\,\varphi_1^2(t)\,\varphi_2(t) + 12\,\mu_0\,A_4(t)\,\varphi_1^2(t)\,\varphi_2(t)\,g(t)\}\,\overline{\psi_i(s)}\,ds\,dt\,, \\
L_{013}^{(i)} = \int_B\int_B C(s,t)\,\{&A_1(t)\,a_{012}(t) + \\
&+ 2\,\mu_0\,A_2(t)\,[\varphi_2(t)\,a_{003}(t) + g(t)\,a_{012}(t) + a_{011}(t)\,a_{002}(t)] + \\
&+ 2\,A_2(t)\,[\varphi_2(t)\,a_{002}(t) + g(t)\,a_{011}(t)] + \\
&+ 3\,\mu_0\,A_3(t)\,[g^2(t)\,a_{011}(t) + 2\,\varphi_2(t)\,g(t)\,a_{002}(t)] + \\
&+ 3\,A_3(t)\,\varphi_2(t)\,g^2(t) + 4\,\mu_0\,A_4(t)\,\varphi_2(t)\,g^3(t)\}\,\overline{\psi_i(s)}\,ds\,dt\,, \\
L_{031}^{(i)} = \int_B\int_B C(s,t)\,\{&A_1(t)\,a_{030}(t) + \\
&+ 2\,\mu_0\,A_2(t)\,[\varphi_2(t)\,a_{021}(t) + g(t)\,a_{030}(t) + a_{011}(t)\,a_{020}(t)] + \\
&+ 2\,A_2(t)\,\varphi_2(t)\,a_{020}(t) + 3\,\mu_0\,A_3(t)\,[\varphi_2^2(t)\,a_{011}(t) + 2\,\varphi_2(t)\,g(t)\,a_{020}(t)] + \\
&+ A_3(t)\,\varphi_2^3(t) + 4\,\mu_0\,A_4(t)\,\varphi_2^3(t)\,g(t)\}\,\overline{\psi_i(s)}\,ds\,dt\,, \\
L_{103}^{(i)} = \int_B\int_B C(s,t)\,\{&A_1(t)\,a_{102}(t) + \\
&+ 2\,\mu_0\,A_2(t)\,[\varphi_1(t)\,a_{003}(t) + g(t)\,a_{102}(t) + a_{101}(t)\,a_{002}(t)] + \\
&+ 2\,A_2(t)\,[\varphi_1(t)\,a_{002}(t) + g(t)\,a_{101}(t)] + \\
&+ 3\,\mu_0\,A_3(t)\,[g^2(t)\,a_{101}(t) + 2\,\varphi_1(t)\,g(t)\,a_{002}(t)] + \\
&+ 3\,A_3(t)\,\varphi_1(t)\,g^2(t) + 4\,\mu_0\,A_4(t)\,\varphi_1(t)\,g^3(t)\}\,\overline{\psi_i(s)}\,ds\,dt\,, \\
L_{301}^{(i)} = \int_B\int_B C(s,t)\,\{&A_1(t)\,a_{300}(t) + \\
&+ 2\,\mu_0\,A_2(t)\,[\varphi_1(t)\,a_{201}(t) + g(t)\,a_{300}(t)\,a_{101}(t)\,a_{200}(t)] + \\
&+ 2\,A_2(t)\,\varphi_1(t)\,a_{200}(t) + 3\,\mu_0\,A_3(t)\,[\varphi_1^2(t)\,a_{101}(t) + 2\,\varphi_1(t)\,g(t)\,a_{200}(t)] + \\
&+ A_3(t)\,\varphi_1^3(t) + 4\,\mu_0\,A_4(t)\,\varphi_1^3(t)\,g(t)\}\,\overline{\psi_i(s)}\,ds\,dt\,,
\end{aligned}\right\}\quad (11.13)$$

$$\left.\begin{aligned}
L_{130}^{(i)} &= \mu_0 \int_B \int_B C(s,t)\,\{2\,A_2(t)\,[\varphi_1(t)\,a_{300}(t) + \varphi_2(t)\,a_{120}(t) + a_{110}(t)\,a_{020}(t)] + \\
&\quad + 3\,A_3(t)\,[\varphi_2^2(t)\,a_{110}(t) + 2\,\varphi_1(t)\,\varphi_2(t)\,a_{020}(t)] + \\
&\quad + 4\,A_4(t)\,\varphi_1(t)\,\varphi_2^3(t)\}\,\overline{\psi_i(s)}\,ds\,dt\,, \\
L_{310}^{(i)} &= \mu_0 \int_B \int_B C(s,t)\,\{2\,A_2(t)\,[\varphi_1(t)\,a_{210}(t) + \varphi_2(t)\,a_{300}(t) + a_{110}(t)\,a_{200}(t)] + \\
&\quad + 3\,A_3(t)\,[\varphi_1^2(t)\,a_{110}(t) + 2\,\varphi_1(t)\,\varphi_2(t)\,a_{200}(t)] + \\
&\quad + 4\,A_4(t)\,\varphi_1^3(t)\,\varphi_2(t)\}\,\overline{\psi_i(s)}\,ds\,dt\,.
\end{aligned}\right\} \quad (11.13)$$

11.5. Weitere Eigenschaften der Koeffizienten der Verzweigungsgleichung. Die in Lemma 11.1, 11.2, 11.3 formulierten Aussagen gelten auch für die Koeffizienten der mehrdimensionalen Verzweigungsgleichung. Der Einfachheit halber beschränken wir uns auf den zweidimensionalen Verzweigungsfall ($p = 2$).

Lemma 11.4. *Es sei $B_{m\,0}(s,t) \equiv 0$ für $m = 2, 3, \ldots, k-1$. Dann gilt*

$$L_{m\,n\,0}^{(i)} = 0\,; \qquad m + n = 2, 3, \ldots, k-1\,,$$

$$L_{m\,n\,0}^{(i)} = C_{m+n}^{m} \int_B \int_B B_{(m+n)\,0}(s,t)\,\varphi_1^m(t)\,\varphi_2^n(t)\,\overline{\psi_i(s)}\,ds\,dt\,,$$

$$m + n = k,\quad k+1, \ldots, 2\,k-2$$

sowie

$$L_{m\,n\,0}^{(i)} = C_{m+n}^{n} \int_B B_{(m+n)\,0}(s,t)\,\varphi_1^m(t)\,\varphi_2^n(t)\,\overline{\psi_i(s)}\,ds\,dt +$$

$$+ \sum_{\substack{\alpha+\beta=k-1\\ p+q=k}} k\,C_{\alpha+\beta}^{\alpha} \int_B B_{k\,0}(s,t)\,\varphi_1^{\alpha+p}(t)\,\varphi_2^{\beta+q}(t)\,a_{p\,q\,0}(t)\,\overline{\psi_i(s)}\,ds\,dt$$

für $m + n = 2\,k - 1$ (mit C_{m+n}^{m} bezeichnen wir die Binomialkoeffizienten).

Beweis: Die Gleichungen (10.13) führen unter den Voraussetzungen des Lemmas auf $g_{m\,0}(s,t) \equiv 0$ für $m = 2, 3, \ldots, k-1$. Wir setzen in (10.21) $\lambda = 0$,

$$\sum_{\mu+\nu=2}^{\infty} a_{\mu\,\nu\,0}(s)\,\xi_1^\mu\,\xi_2^\nu = \sum_{m=k}^{\infty} \int_B g_{m\,0}(s,t)\Big[\xi_1\,\varphi_1(t) + \xi_2\,\varphi_2(t) +$$

$$+ \sum_{i+j=2} a_{i\,j\,0}(s)\,\xi_1^i\,\xi_2^j + \sum_{i+j=3} a_{i\,j\,0}(s)\,\xi_1^i\,\xi_2^j + \cdots\Big]^m\,dt\,.$$

Die rechte Seite dieser Gleichung ist in ξ_1, ξ_2 von höherer Ordnung als $k-1$, so daß die linke Seite der Gleichung

$$a_{\mu\,\nu\,0}(s) \equiv 0$$

für

$$\mu + \nu \leqq k - 1$$

ergibt. Die letzte Gleichung lautet dann

$$\sum_{\mu+\nu=k}^{\infty} a_{\mu\nu 0}(s)\, \xi_1^\mu\, \xi_2^\nu = \sum_{m=k}^{\infty} \int_B g_{m\,0}(s,t) \left[\xi_1 \varphi_1(t) + \xi_2 \varphi_2(t) + \sum_{i+j=k}^{\infty} a_{ij\,0}(s)\, \xi_1^i\, \xi_2^j\right]^m dt\,. \tag{11.14}$$

Wir sehen, daß die Glieder der rechten Seite, deren Ordnung in ξ_1, ξ_2 kleiner als $2\,k - 1$ ist, nur in dem Ausdruck

$$\sum_{m=k}^{2k-2} \int_B g_{m\,0}(s,t)\, [\xi_1\, \varphi_1(t) + \xi_2\, \varphi_2(t)]^m\, dt$$

vorkommen. Vergleichen wir also auf beiden Seiten von (11.14) die Koeffizienzen bei den Gliedern gleichen Grades in $\xi_1\, \xi_2$, so erhalten wir

$$a_{\mu\nu 0}(s) = C_{\mu+\nu}^{\mu} \int_B g_{m\,0}(s,t)\, \varphi_1^\mu(t)\, \varphi_2^\nu(t)\, dt \tag{11.15}$$

mit

$$m \equiv \mu + \nu = k\,, \quad k+1, \ldots, 2\,k-2\,.$$

Weiterhin folgt aus (11.14) für $\mu + \nu = 2\,k - 1$

$$a_{\mu\nu 0}(s) = C_{\mu+\nu}^{\mu} \int_B g_{(2k-1)\,0}(s,t)\, \varphi_1^\mu(t)\, \varphi_2^\nu(t)\, dt + \\ + k \sum_{\substack{\alpha+\beta=k-1\\ p+q=k}} \int_B g_{k\,0}(s,t)\, \varphi_1^{\alpha+p}(t)\, \varphi_2^{\beta+q}(t)\, a_{pq\,0}(t)\, dt\,. \tag{11.16}$$

Aus den Gleichungen (11.15), (11.16) und (10.23), (11.9) folgen schließlich die Behauptungen des Lemmas.

Eine entsprechende Aussage gilt auch dann, wenn die Dimension p der Verzweigungsgleichung (10.24) größer als 2 ist.

Schließlich erwähnen wir noch, daß auch die Aussagen von Lemma 11.2 für die Koeffizienten der mehrdimensionalen Verzweigungsgleichung erhalten bleiben. Ist nämlich die Voraussetzung (10.5) erfüllt und außerdem $g(s) \equiv 0$, so gilt

$$a_{00\cdots 0n}(s) \equiv 0\,, \qquad L_{00\cdots 0n}^{(i)} = 0\,, \qquad n = 2, 3, 4, \ldots\,. \tag{11.17}$$

KAPITEL V

DIE BESCHREIBUNG UND DIE KONSTRUKTION DER LÖSUNGEN NICHTLINEARER INTEGRALGLEICHUNGEN

§ 12. Die Beschreibung der Lösungen nichtlinearer Integralgleichungen

12.1. Vorbereitende Bemerkungen. In den letzten Paragraphen haben wir verschiedene nichtlineare Integralgleichungen betrachtet, die sich entweder sofort oder aber nach einigen Umformungen in der Form

$$B x = F_{01} \lambda + \sum_{i+k \geqq 2} F_{ik} x^i \lambda^k \tag{12.1}$$

schreiben lassen, wobei B ein linearer Operator, x die unbekannte Funktion, λ ein Zahlen- oder Funktionalparameter und F_{ik} ein homogener Operator[1]) vom Grad i in x und vom Grad k in λ ist. Wir haben uns die Aufgabe gestellt, alle kleinen Lösungen solcher nichtlinearen Integralgleichungen zu bestimmen, d. h. alle in der betrachteten Metrik stetigen Lösungen x_λ, die für $\lambda \to 0$ nach Null streben. Wir haben ferner danach gefragt, wieviel kleine Lösungen existieren und welche Form jede einzelne kleine Lösung hat. Dabei haben wir den regulären Fall und den eindimensionalen oder mehrdimensionalen Verzweigungsfall unterschieden.

Im regulären Fall, in dem der lineare Operator B ein beschränktes Inverses besitzt, hat die Gleichung (12.1) genau eine kleine Lösung. Diese Lösung ist als Funktion von λ im Koordinatenursprung analytisch, es gilt also

$$x = \sum_{k=1}^{\infty} a_k \lambda^k, \tag{12.2}$$

wobei die Koeffizienten a_k stetige Funktionen bzw. k-lineare Operatoren sind, wenn λ ein Zahlen- bzw. Funktionalparameter ist. Diese Koeffizienten lassen sich nach der Methode der unbestimmten Koeffizienten berechnen; dazu setzt man (12.2) in (12.1) ein und vergleicht auf beiden Seiten der Gleichung die Koeffizienten bei den Gliedern gleichen Grades in λ.

Wir erinnern uns daran, daß der Operator B in Kapitel IV die Gestalt

$$B = I - A$$

hatte, wobei I der identische Operator und A ein linearer Integraloperator war.

Schwieriger ist der Fall zu behandeln, in dem der Nullraum des Operators B die Dimension $r \geqq 1$ hat, in dem also 1 ein r-facher Eigenwert des Operators A ist. In diesem Fall kann die Existenz einer eindeutig bestimmten kleinen Lösung

---

[1]) Homogene Operatoren werden in Punkt 22.1 behandelt.

der Gleichung (12.1) nicht mehr garantiert werden, da es möglich ist, daß die Gleichung (12.1) bei kleinem $|\lambda|$ überhaupt keine Lösung oder aber mehr als eine Lösung besitzt, daß also eine Verzweigung der trivialen Lösung der Gleichung (12.1) stattfindet. Gerade deshalb nennen wir diesen Fall Verzweigungsfall; bei $r = 1$ handelt es sich um den eindimensionalen Verzweigungsfall und bei $r > 1$ um den mehrdimensionalen Verzweigungsfall.

Wir haben gesehen, daß sich im nichttrivialen eindimensionalen Verzweigungsfall, in dem nicht alle Koeffizienten der Verzweigungsgleichung verschwinden, alle kleinen Lösungen der Gleichung (12.1) durch konvergente Reihen der Form

$$x = \xi \varphi + a_{01} \lambda + \sum_{i+k \geqq 2} a_{ik} \xi^i \lambda^k \tag{12.3}$$

darstellen lassen, wobei φ die zum Eigenwert 1 gehörige Eigenfunktion des Operators A und ξ ein zusätzlich auftretender Parameter ist. Die möglichen Werte für diesen Parameter müssen aus der Verzweigungsgleichung

$$\sum_{m=2}^{\infty} L_{m0} \xi^m + \sum_{m=0}^{\infty} \xi^m \sum_{n=1}^{\infty} L_{mn} \lambda^n = 0 \tag{12.4}$$

bestimmt werden.

Im mehrdimensionalen Verzweigungsfall lassen sich die kleinen Lösungen der Gleichung (12.1) in der Form

$$x = \sum_{i=1}^{r} \xi_i \varphi_i + a_{00\cdots01} \lambda + \sum_{n_1+\cdots+n_r+k \geqq 2} a_{n_1 n_2 \cdots n_r k} \xi_1^{n_1} \xi_2^{n_2} \cdots \xi_r^{n_r} \lambda^k \tag{12.5}$$

darstellen, wobei die $\varphi_1, \varphi_2, \ldots, \varphi_r$ die zum Eigenwert 1 gehörigen orthonormierten Eigenfunktionen des Operators A sind; die möglichen Werte für die zusätzlich auftretenden Parameter $\xi_1, \xi_2, \ldots, \xi_r$ müssen aus der Verzweigungsgleichung

$$\sum_{n_1+n_2+\cdots+n_r \geqq 2} L^{(i)}_{n_1 \cdots n_r 0} \xi_1^{n_1} \cdots \xi_r^{n_r} + \sum_{n_1+\cdots+n_r \geqq 0} \xi_1^{n_1} \cdots \xi_r^{n_r} \sum_{k \geqq 1} L^{(i)}_{n_1 \cdots n_r k} \lambda^k = 0\,, \tag{12.6}$$

$$i = 1, 2, \ldots, r\,,$$

bestimmt werden.

Die kleinen Lösungen der Gleichung (12.4) bzw. des Gleichungssystems (12.6) haben wir in den ersten beiden Kapiteln untersucht.

Mit den dort erzielten Ergebnissen kommen wir dann zu einer Beschreibung aller kleinen Lösungen der Gleichung (12.1) sowohl im eindimensionalen Verzweigungsfall (siehe (12.3)) als auch im mehrdimensionalen Verzweigungsfall (siehe (12.5)). Die kleinen Lösungen der Gleichung (12.1) lassen sich nämlich umkehrbar eindeutig den kleinen Lösungen der Verzweigungsgleichung, die zu dieser Gleichung gehört, zuordnen. Beim Beweis dieser Aussage wollen wir uns auf den Fall beschränken, daß λ ein Zahlenparameter ist. Die Aussage bleibt aber auch dann richtig, wenn es sich bei λ um einen Funktionalparameter handelt.

Lemma 12.1. *Die kleinen Lösungen der Gleichung* (12.1) *lassen sich umkehrbar eindeutig den kleinen Lösungen der Verzweigungsgleichung* (12.6) *zuordnen.*

Beweis. x_λ sei eine kleine Lösung der Gleichung (12.1); x_λ genügt dann nicht nur dieser, sondern auch der folgenden Gleichung (siehe z. B. (10.19)):

$$x = \sum_{i=1}^{r} \xi_i \varphi_i + G_{01} \lambda + \sum_{i+k \geq 2} G_{ik} x^i \lambda^k \tag{12.7}$$

mit (siehe z. B. (8.22))

$$\xi_i = (x, \varphi_i), \quad i = 1, 2, \ldots, r. \tag{12.8}$$

Hierbei bezeichnet (x, φ) das Skalarprodukt im Raum L^2, G_{ik} ist ein homogener Operator vom Grad i in x und vom Grad k in λ, die φ_i sind die Eigenfunktionen des Operators $A = I - B$ zum Eigenwert 1. Da x_λ eine kleine Lösung ist, wird bei hinreichend kleinem $|\lambda|$ auch $|\xi_i| = |(x_\lambda, \varphi_i)|$ hinreichend klein sein. Nun haben wir aber in den letzten Paragraphen gesehen, daß die Gleichung (12.7) bei hinreichend kleinem $|\lambda|$ und $|\xi_i|$ die eindeutig bestimmte kleine Lösung (12.5) besitzt. Deshalb muß (12.7), wenn wir dort ξ_i durch die Ausdrücke

$$\xi_i(\lambda) = (x_\lambda, \varphi_i), \quad i = 1, 2, \ldots, r, \tag{12.9}$$

ersetzen, mit der Lösung x_λ übereinstimmen. Schließlich haben wir die Verzweigungsgleichung (12.6) dadurch gewonnen, daß wir in das Gleichungssystem (12.8) für x den Ausdruck (12.5) eingesetzt haben. Deshalb können wir sagen, daß jede kleine Lösung x_λ der Gleichung (12.1) durch (12.9) eine kleine Lösung der Verzweigungsgleichung (12.6) erzeugt.

Sei nun umgekehrt $\xi_i(\lambda)$ eine beliebige kleine Lösung der Verzweigungsgleichung (12.6); dann ist bei hinreichend kleinem $|\lambda|$ auch $|\xi_i(\lambda)|$ hinreichend klein. Bei hinreichend kleinem $|\lambda|$ und $|\xi_i|$ besitzt aber die Gleichung (12.7) die eindeutig bestimmte kleine Lösung (12.5). Setzen wir jetzt in (12.5) für ξ_i die Ausdrücke $\xi_i(\lambda)$ ein, so erhalten wir

$$x = x_\lambda,$$

wobei die Funktionen x_λ und $\xi_i(\lambda)$ den Bedingungen (12.9) genügen, denn wir haben die Verzweigungsgleichung (12.6) aus (12.8) so hergeleitet, daß wir in (12.8) für x den Ausdruck (12.5) eingesetzt haben. Ersetzen wir also in (12.5) ξ_i durch die kleine Lösung $\xi_i(\lambda)$, $i = 1, 2, \ldots, r$, der Verzweigungsgleichung (12.6), so erhalten wir eine kleine Lösung x_λ der Gleichung (12.1), weil x_λ sowohl der Gleichung (12.7) als auch den Bedingungen (12.9) bzw. (12.8) genügt.

Da jede kleine Lösung $\xi_i(\lambda)$ des Gleichungssystems (12.6) und die ihr durch (12.5) zugeordnete kleine Lösung der Gleichung (12.1) (in (12.5) ist ξ_i durch $\xi_i(\lambda)$ zu ersetzen) den Bedingungen (12.9) genügen, entsprechen verschiedenen Lösungen $\xi(\lambda) = (\xi_1(\lambda), \xi_2(\lambda), \ldots \xi_r(\lambda))$ auch verschiedene Lösungen x_λ. Damit ist das Lemma bewiesen.

Im zweiten Kapitel haben wir gesehen, daß die Verzweigungsgleichung (12.6) im quasiregulären Verzweigungsfall endlich viele kleine Lösungen $\xi(\lambda) = (\xi_1(\lambda), \xi_2(\lambda), \ldots, \xi_r(\lambda))$ besitzt und daß sich jede kleine Lösung in eine konvergente Reihe nach ganzen oder gebrochenen Potenzen von λ entwickeln läßt. Solche Lösungen kann es natürlich auch im entarteten Verzweigungsfall geben. Jede durch eine konvergente Reihe nach ganzen oder gebrochenen Potenzen von λ darstellbare kleine Lösung der Verzweigungsgleichung (12.6) führt über (12.5) zu einer kleinen Lösung x_λ der Gleichung (12.1), die sich ebenfalls durch eine (in der betrachteten Metrik) konvergente Reihe nach ganzen oder gebrochenen Potenzen von λ darstellen läßt. Auch die Umkehrung dieser Aussage ist richtig.

Wir bezeichnen mit $\mathfrak{A}$ bzw. mit $\mathfrak{B}$ die Gesamtheit aller kleinen Lösungen der Gleichung (12.1) bzw. des Gleichungssystems (12.6), die sich in eine Reihe nach ganzen oder gebrochenden Potenzen von λ entwickeln lassen. Lemma 12.1 führt dann auf folgende Aussage:

Folgerung 12.1. *Die Menge $\mathfrak{A}$ läßt sich umkehrbar eindeutig der Menge $\mathfrak{B}$ zuordnen.*

In den letzten Paragraphen haben wir die Koeffizienten der Verzweigungsgleichung berechnet und festgestellt (siehe z. B. (10.23)), daß $L^{(i)}_{00\ldots0k} = 0$, $i = 1, 2, \ldots, r$, wird, sofern $a_{00\ldots0k}(s) \equiv 0$ ist. Ferner folgt aus Lemma 12.1, daß genau dann $\xi(\lambda) \equiv 0$ gilt, wenn $x_\lambda = 0$ ist. Damit erhalten wir folgende Aussage:

Lemma 12.2. *Es sei $L^{(i)}_{00\ldots0k} = 0$ für alle i und k; dann gilt $a_{00\ldots0k}(s) = 0$ für alle k.*

Beweis. Es sei $L^{(i)}_{00\ldots0k} = 0$ für alle i und k, dann ist $\xi(\lambda) = 0$ Lösung der Verzweigungsgleichung. Mit (12.5) erhalten wir

$$0 = \sum_{k=1}^{\infty} a_{0\ldots0k}\, \lambda^k .$$

Folglich ist $a_{00\ldots0k} \equiv 0$ für alle k, was wir zeigen wollten.

12.2. Die Beschreibung der Lösungen im eindimensionalen Verzweigungsfall. In diesem Punkt geben wir eine Beschreibung aller kleinen Lösungen der nichtlinearen, von dem Zahlenparameter λ abhängigen Integralgleichung (12.1) für den Fall, daß die Verzweigungsgleichung eindimensional ist und damit die Gestalt (12.4) hat.

Im trivialen Fall, in dem alle Koeffizienten L_{mn} der Verzweigungsgleichung verschwinden, ist die Lösung der Gleichung (12.1) durch die Formel (12.3) gegeben, in der jetzt ξ ein willkürlicher Parameter und $a_{0k} \equiv 0$ für alle k ist. In diesem Fall besitzt die Gleichung (12.1) also eine durch (12.3) gegebene einparametrige Schar kleiner Lösungen. Deshalb wollen wir im folgenden den trivialen Fall ausschließen.

Bei der Beschreibung der Lösungen im eindimensionalen Verzweigungsfall können wir entweder von den Koeffizienten der Verzweigungsgleichung oder aber von den Koeffizienten der rechten Seite der Gleichung (12.1) ausgehen. Wir benutzen das erste Verfahren und greifen dabei auf die Ergebnisse von § 2 zurück.

Im reellen Fall, in dem alle in der Gleichung (12.1) auftretenden Größen reell sind, wollen wir auch die reellen Lösungen auszuwählen versuchen.

Wir beginnen mit dem Fall $L_{20} \neq 0$ (siehe Punkt 2.7 und Abb. 8). Dann besitzt die Verzweigungsgleichung (12.4), und damit auch die Gleichung (12.1), nicht mehr als zwei kleine Lösungen, deren Eigenschaften von den Annahmen über die weiteren Koeffizienten der Verzweigungsgleichung abhängen.

12.2.1. Es sei $L_{0i} = L_{1i} = 0$ für $i = 1, 2, \ldots$ (siehe Punkt 2.7, Fall I.1). Dann ist $\xi(\lambda) \equiv 0$ eine zweifache Wurzel der Verzweigungsgleichung (12.4) und nach Lemma 12.1 $x_\lambda \equiv 0$ eine Lösung der Gleichung (12.1). Außer dieser trivialen Lösung besitzt die Gleichung (12.1) keine kleinen Lösungen.

12.2.2. Es sei $L_{0i} = 0$, $i = 1, 2, \ldots$, $L_{1k} = 0$, $k = 1, 2, \ldots, m-1$, und $L_{1m} \neq 0$ (siehe Punkt 2.7, Fall I.2). Dann besitzt die Verzweigungsgleichung (12.4) die triviale Lösung $\xi(\lambda) \equiv 0$ sowie die nichtriviale kleine Lösung

$$\xi(\lambda) = -L_{1m} L_{20}^{-1} \lambda^m + \sum_{i=1}^{\infty} c_i \lambda^{m+i}.$$

Die Gleichung (12.1) hat außer der trivialen Lösung $x_\lambda \equiv 0$ nur die nichttriviale Lösung (siehe (10.14) und Lemma 12.2)

$$x_\lambda = -L_{1m} L_{20}^{-1} \varphi_1(s) \lambda^m + \sum_{i=1}^{\infty} b_i(s) \lambda^{m+i}.$$

12.2.3. Es sei $L_{0i} = 0$, $i = 1, 2, \ldots, m-1$, $L_{0m} \neq 0$ und $L_{1k} = 0$, $k = 1, 2, \ldots, E(m/2)$; (hierbei bezeichne $E(x)$ den ganzen Teil der Zahl x; siehe Punkt 2.7, Fall I.3). Dann besitzt die Gleichung (12.4) zwei nichttriviale kleine Lösungen

$$\xi(\lambda) = \pm \sqrt{-L_{0m} L_{20}^{-1}}\, \lambda^{\frac{m}{2}} + \sum_{i=1}^{\infty} a_{\sigma i} \lambda^{\frac{m+ik}{2}}, \qquad \sigma = 1, 2$$

($k = 2$ bei geradem m, $k = 1$ bei ungeradem m). Hieraus und aus (12.3) folgt, daß die Gleichung (12.1) die beiden kleinen Lösungen

$$x_\lambda = \sum_{i=1}^{\infty} b_{\sigma i} \lambda^{\frac{ik}{2}}, \qquad \sigma = 1, 2,$$

besitzt, die wegen Lemma 12.1 voneinander verschieden sind ($k = 2$ bei geradem m, $k = 1$ bei ungeradem m). Im reellen Fall ergibt sich folgendes Bild (siehe Punkt 2.6 und Gleichung (2.24)). Bei geradem m besitzt die Gleichung (12.4) für $\operatorname{sign} L_{0m} L_{20}^{-1} = +1$ keine reellen kleinen Lösungen, für $\operatorname{sign} L_{0m} L_{20}^{-1} = -1$ aber zwei nichttriviale reelle Lösungen, die in einer gewissen Umgebung des Punktes $\lambda = 0$ definiert sind. Im zweiten Fall besitzt dann die Gleichung (12.1) zwei nichttriviale reelle Lösungen der angegebenen Gestalt, die in einer gewissen Umgebung des Punktes $\lambda = 0$ definiert sind. Bei ungeradem m hat die Gleichung (12.1) zwei reelle kleine Lösungen der angegebenen Gestalt, die aber nur für $\lambda \geqq 0$ bzw. für $\lambda \leqq 0$ definiert sind, wenn sign $L_{0m} L_{20}^{-1} = -1$ bzw. sign $L_{0m} L_{20}^{-1} = +1$ ist.

12.2.4. Es sei $L_{0k} = 0$, $k = 1, 2, \ldots, 2m-1$, $L_{0,2m} \neq 0$, $L_{1k} = 0$, $k = 1, 2, \ldots, m-1$, $L_{1m} \neq 0$ und $\Delta = L_{1m}^2 - 4 L_{0,2m} L_{20} \neq 0$ (siehe Punkt 2.7, Fall I.4). Wegen (2.26) besitzt die Gleichung (12.1) im komplexen Fall die beiden verschiedenen kleinen Lösungen

$$x_\lambda = \sum_{i=1}^{\infty} b_{\sigma i} \lambda^i, \qquad \sigma = 1, 2,$$

die in einer gewissen Umgebung des Punktes $\lambda = 0$ definiert sind. Im reellen Fall sind beide Lösungen für $\Delta > 0$ reell; für $\Delta < 0$ hat die Gleichung (12.1) keine reellen Lösungen.

12.2.5. Es sei $L_{0k} = 0$, $k = 1, 2, \ldots, 2m-1$, $L_{0,2m} \neq 0$, $L_{1k} = 0$, $k = 1, 2, \ldots, m-1$, $L_{1m} \neq 0$ und $\Delta = L_{1m}^2 - 4 L_{0,2m} L_{20} = 0$. Dann ist $\varepsilon = m$, und die Bestimmungsgleichung lautet

$$L_{20} \xi_m^2 + L_{1m} \xi_m + L_{0,2m} = 0,$$

so daß

$$\xi_m = -\frac{L_{1m}}{2 L_{20}}$$

wird. Wir erhalten also für den Hauptteil der Entwicklung (2.4) nur einen einzigen Wert. Deshalb setzen wir (siehe (2.27))

$$\xi = \xi_m \lambda^m + \eta$$

in die Verzweigungsgleichung (12.4) ein und erhalten

$$L_{20} \eta^2 + L'_{0,2m+1} \lambda^{2m+1} + \cdots = 0; \tag{12.10}$$

hierbei ist

$$L'_{03} = (L_{03} + \xi_m L_{12} + L_{21} \xi_m^2 + L_{30} \xi_m^3)$$

für $m = 1$ und

$$L'_{0,2m+1} = L_{0,2m+1} + \xi_m L_{1,m+1} + \xi_m^2 L_{21}$$

für $m > 1$. Nehmen wir an, es sei $L'_{0,2m+1} \neq 0$. Dann besteht der fallende Teil des zur Gleichung (12.10) gehörigen Newtonschen Diagramms aus einem Abschnitt mit den Endpunkten $(0, 2m+1)$ und $(2, 0)$, so daß

$$\eta = \pm \sqrt{\frac{-L'_{0,2m+1}}{L_{20}}} \lambda^{\frac{2m+1}{2}} + \sum_{i=1}^{\infty}{}' a_{\sigma i} \lambda^{\frac{2m+i}{2}}, \qquad \sigma = 1, 2,$$

wird. Hieraus folgt, daß die Gleichung (12.1) im komplexen Fall zwei kleine Lösungen der Form

$$x_\lambda = \sum_{i=0}^{\infty} b_{\sigma i} \lambda^{\frac{2m+i}{2}}$$

besitzt. Im reellen Fall (siehe Punkt 2.6) sind diese Lösungen reell und für $\lambda \geqq 0$ definiert, sofern sign $L_{20} L_{0,2m+1} = -1$ ist. Um die reellen Lösungen für $\lambda < 0$ zu finden, müssen wir auf die Überlegungen von Punkt 2.6 zurückgreifen.

12.2.6. Es sei $L_{0k} = 0$, $k = 1, 2, \ldots, m - 1$, $L_{0m} \neq 0$, $L_{1k} = 0$, $k = 1, 2, \ldots, \nu - 1$ und $L_{1\nu} \neq 0$ (siehe Punkt 2.7, Fall I.5). Dann besitzt die Gleichung (12.1) zwei kleine Lösungen x_λ, die sich in einer gewissen Umgebung des Punktes $\lambda = 0$ in eine Reihe nach ganzen Potenzen von λ entwickeln lassen. Im reellen Fall sind diese Lösungen reell.

Betrachten wir noch einige Beispiele, bei denen $L_{20} = 0$ ist.

12.2.7. Es sei $L_{01} = 0$, $L_{02} \neq 0$, $L_{11} \neq 0$, $L_{20} = 0$ und $L_{30} \neq 0$ (siehe das Beispiel von Punkt 2.6 und Abb. 7). Dann hat die Gleichung (12.1) drei kleine Lösungen. Eine Lösung $x_\lambda^{(1)}$ läßt sich nach ganzen Potenzen von λ entwickeln, die beiden anderen Lösungen $x_\lambda^{(2)}$ und $x_\lambda^{(3)}$ können nach Potenzen von $\lambda^{1/2}$ entwickelt werden. Im reellen Fall ist $x_\lambda^{(1)}$ in einer gewissen Umgebung des Punktes $\lambda = 0$ definiert, während $x_\lambda^{(2)}$ und $x_\lambda^{(3)}$ nur für $\lambda \geqq 0$ bzw. für $\lambda \leqq 0$ definiert sind, sofern sign $L_{11} L_{30} = -1$ bzw. sign $L_{11} L_{30} = +1$ ist.

12. 2 8. Es sei $L_{01} \neq 0$, $L_{k0} = 0$, $k = 2, 3, \ldots, n - 1$, und $L_{n0} \neq 0$ (siehe Punkt 2.7, Fall II). Dann besitzt die Gleichung (12.1) n kleine Lösungen, und jede dieser Lösungen läßt sich nach Potenzen von $\lambda^{1/n}$ entwickeln. Im reellen Fall ist bei ungeradem n nur eine Lösung reell und in einer gewissen Umgebung des Punktes $\lambda = 0$ definiert; bei geradem n gibt es zwei reelle Lösungen, die entweder für $\lambda \geqq 0$ oder für $\lambda \leqq 0$ definiert sind, je nachdem, ob sign $L_{01} L_{n0} = -1$ oder sign $L_{01} L_{n0} = +1$ ist.

12.2.9. Es sei $L_{01} = 0$, $L_{02} \neq 0$, $L_{k1} = 0$, $k = 1, 2, \ldots, m - 1$, $L_{m1} \neq 0$, $L_{k0} = 0$, $k = 2, 3, \ldots, n - 1$, $L_{n0} \neq 0$ und $1 < m < E(n/2)$ (siehe Punkt 2.7, Fall III). Dann hat die Gleichung (12.1) m Lösungen, die sich nach Potenzen von $\lambda^{1/m}$ entwickeln lassen, sowie $n - m$ Lösungen, die sich nach Potenzen von $\nu^{1/(n-m)}$ entwickeln lassen. Im reellen Fall kommen wir zu folgenden Aussagen: Sind n und m gerade, so gibt es vier reelle Lösungen (zwei lassen sich nach Potenzen von $\lambda^{1/m}$ entwickeln, die beiden anderen nach Potenzen von $\lambda^{1/(n-m)}$), die jeweils in einer gewissen Halbumgebung des Punktes $\lambda = 0$ definiert sind. Sind n und m ungerade oder aber m gerade und n ungerade (vergleiche Fall 12.2.8), so gibt es drei reelle Lösungen; eine ist in einer gewissen Umgebung, jede der beiden anderen in einer gewissen Halbumgebung des Punktes $\lambda = 0$ definiert. Ist schließlich m ungerade und n gerade, so gibt es nur zwei reelle Lösungen (eine läßt sich nach Potenzen von $\lambda^{1/m}$, die andere nach Potenzen von $\lambda^{1/(n-m)}$ entwickeln), die jeweils in einer gewissen Umgebung des Punktes $\lambda = 0$ definiert sind.

In der gleichen Weise können wir die kleinen Lösungen der Gleichung (12.1) beschreiben, wenn wir andere Voraussetzungen über die Koeffizienten der eindimensionalen Verzweigungsgleichung benutzen.

12.3. Bifurkationspunkte im eindimensionalen Verzweigungsfall[1]**).** Der Operator $G(u, v)$ bilde das topologische Produkt der linearen Räume E und E_2 in den linearen Raum E_1 ab, ferner sei $G(u_0, v_0) = 0$. Besitzt die Gleichung

$$G(u, v) = 0 \tag{12.11}$$

in einer gewissen Umgebung des Punktes (u_0, v_0) eine eindeutig bestimmte Lösung $u = \Phi(v)$ mit $u_0 = \Phi(v_0)$, so nennen wir den Punkt (u_0, v_0) regulären Punkt der Gleichung (12.11). Anderenfalls heißt der Punkt (u_0, v_0) Verzweigungspunkt der Gleichung (12.11). Wenn (u_0, v_0) ein regulärer Punkt der Gleichung (12.11) ist, so besitzt die Lösung u_0 in einer gewissen Umgebung von v_0 die eindeutig bestimmte stetige Fortsetzung $u = \Phi(v)$.

Ist für jedes $v \in E_2$ die Gleichung

$$G(0, v) = 0 \tag{12.12}$$

erfüllt, so heißt der Verzweigungspunkt $(0, v_0)$ (oder kurz der Punkt v_0) Bifurkationspunkt der Gleichung (12.11), sofern es mindestens eine nichttriviale kleine Lösung gibt.

Wir wollen uns mit den Bifurkationspunkten der Gleichung (12.1) ausführlicher beschäftigen. Offensichtlich ist die Bedingung $F_{0k} = 0$ für alle k notwendig und hinreichend dafür, daß die Gleichung (12.1) für jedes λ die Lösung $x = 0$ besitzt. Ist also diese Bedingung erfüllt, so kann der Punkt $\lambda = 0$ ein Bifurkationspunkt der Gleichung (12.1) sein. Wir wollen nun untersuchen, wann der Punkt $\lambda = 0$ wirklich ein Bifurkationspunkt der Gleichung (12.1) ist. Dazu setzen wir voraus, daß der eindimensionale Verzweigungsfall vorliegt.

Aus $F_{0k} = 0$ für alle k folgt nach Lemma 11.3 $L_{0n} = 0$ für alle n. Ist für die allgemeine Integralgleichung die Bedingung (10.5) erfüllt und außerdem in (10.4) $f(s) \equiv 0$, so führt Lemma 11.2 ebenfalls auf $L_{0n} = 0$ für alle n. Wenn umgekehrt $L_{0n} = 0$ für alle n ist, besitzt die Verzweigungsgleichung (12.4) für alle λ die Lösung $\xi(\lambda) \equiv 0$. Aus (12.3) und Lemma 12.2 folgt dann, daß die Gleichung (12.1) für alle λ die Lösung $x_\lambda \equiv 0$ besitzt.

Im Fall 12.2.2 kommen wir also zu folgendem Ergebnis:

Satz 12.1. *Es liege der eindimensionale Verzweigungsfall vor; ferner sei* $L_{20} \neq 0$, $L_{0k} = 0$, $k = 1, 2, \ldots$, $L_{1k} = 0$, $k = 1, 2, \ldots, m-1$, *und* $L_{1m} \neq 0$.

---

[1]) Siehe M. M. Wainberg [3].

Dann ist der Punkt $\lambda = 0$ *ein Bifurkationspunkt der Gleichung* (12.1). *Die Gleichung* (12.1) *besitzt außer der trivialen Lösung eine kleine Lösung der Form*

$$x_\lambda = - L_{1m} L_{20}^{-1} \varphi_1(s) \lambda^m + \sum_{i=1}^{\infty} b_i(s) \lambda^{m+i},$$

die im reellen Fall reell ist.

Wir weisen darauf hin, daß für $L_{20} \neq 0$ und $L_{0k} = L_{1k} = 0$ für alle k (siehe Fall 12.2.1) der Punkt $\lambda = 0$ kein Bifurkationspunkt der Gleichung (12.1) ist, obwohl diese Gleichung für alle λ die Lösung $x_\lambda \equiv 0$ besitzt.

Die bisherigen Überlegungen führen zu einer Reihe von Aussagen über die Existenz von Bifurkationspunkten, über die Anzahl der diesen Bifurkationspunkten entsprechenden nichttrivialen kleinen Lösungen und über die Form dieser kleinen Lösungen. Für $L_{0k} = 0$, $k = 1, 2, 3, \ldots$, $L_{20} = 0$ und $L_{30} \neq 0$ erhalten wir zum Beispiel sechs verschiedene Aussagen über den Bifurkationspunkt $\lambda = 0$ der Gleichung (12.1) (die den Fällen 12.2.1 bis 12.2.6 entsprechen). Eine dieser Aussagen wollen wir noch formulieren (vergleiche Fall 12.2.3).

Satz 12.2. *Es liege der eindimensionale Verzweigungsfall vor; ferner sei* $L_{0k} = 0$, $k = 1, 2, 3, \ldots$, $L_{1i} = 0$, $i = 1, 2, \ldots, m-1$, $L_{1m} \neq 0$, $L_{2n} = 0$, $n = 1, 2, \ldots, E(m/2)$, *und* $L_{30} \neq 0$. *Dann ist der Punkt* $\lambda = 0$ *ein Bifurkationspunkt der Gleichung* (12.1). *Diesem Bifurkationspunkt entsprechen die beiden nichttrivialen kleinen Lösungen*

$$x_\lambda = \sum_{i=1}^{\infty} b_{\sigma i} \lambda^{\frac{ir}{2}}, \qquad \sigma = 1, 2,$$

($r = 2$ *bei geradem* m, $r = 1$ *bei ungeradem* m). *Im reellen Fall sind beide Lösungen reell und in einer gewissen Umgebung des Punktes* $\lambda = 0$ *definiert, sofern* m *gerade und* sign $L_{1m} L_{30}^{-1} = +1$ *ist. Bei ungeradem* m *sind die Lösungen nur für* $\lambda \geqq 0$ *bzw. für* $\lambda \leqq 0$ *definiert, wenn* sign $L_{1m} L_{30}^{-1} = -1$ *bzw.* sign $L_{1m} L_{30}^{-1} = +1$ *ist.*

Sind im eindimensionalen Verzweigungsfall die Bedingungen $L_{0k} = 0$, $k = 1, 2, 3, \ldots$, $L_{20} = L_{30} = 0$, $L_{40} \neq 0$ erfüllt, so erhalten wir (sofern alle Wurzeln der entsprechenden Bestimmungsgleichungen (2.18) einfach sind) bereits zwölf verschieden Aussagen über den Bifurkationspunkt $\lambda = 0$ der Gleichung (12.1). Die Anzahl dieser Aussagen wächst weiter an, wenn in den Bedingungen $L_{0k} = 0$, $k = 1, 2, \ldots$, $L_{i0} = 0$ $(2 \leqq i < n)$, $L_{n0} \neq 0$ die Zahl n immer größer wird. Deshalb wollen wir nur noch zwei Aussagen formulieren.

Satz 12.3. *Es liege der eindimensionale Verzweigungsfall vor; ferner sei* $L_{0k} = 0$, $k = 1, 2, 3, \ldots$, $L_{11} \neq 0$, $L_{i0} = 0$, $i = 2, 3, \ldots, n-1$, *und* $L_{n0} \neq 0$ $(n > 3)$. *Dann ist der Punkt* $\lambda = 0$ *ein Bifurkationspunkt der Gleichung* (12.1). *Diesem Bifurkationspunkt entsprechen* $n - 1$ *nichttriviale kleine Lösungen der Form*

$$x_\lambda = \sum_{i=1}^{\infty} b_{\sigma i} \lambda^{\frac{i}{n-1}}, \qquad \sigma = 1, 2, \ldots, n-1.$$

Im reellen Fall und bei geradem n ist nur eine dieser Lösungen reell und in einer gewissen Umgebung des Punktes $\lambda = 0$ definiert. Bei ungeradem n gibt es zwei reelle Lösungen, die für $\lambda \geqq 0$ bzw. für $\lambda \leqq 0$ definiert sind, sofern sign $L_{11} L_{n0} = -1$ *bzw.* sign $L_{11} L_{n0} = +1$ *ist.*

Diese Aussage wird wie im Fall 12.2.8 bewiesen. Benutzen wir das Ergebnis von Fall 12.2.9, so erhalten wir folgenden Satz:

Satz 12.4. *Es liege der eindimensionale Verzweigungsfall vor; ferner sei* $L_{0k} = 0$, $k = 1, 2, 3, \ldots$, $L_{11} = 0$, $L_{12} \neq 0$, $L_{k1} = 0$, $k = 2, 3, \ldots, m-1$, $L_{m1} \neq 0$, $L_{i0} = 0$, $i = 2, 3, \ldots, n-1$, $L_{n0} \neq 0$ *und* $2 < m < (1+n)/2$. *Dann ist der Punkt* $\lambda = 0$ *ein Bifurkationspunkt der Gleichung* (12.1). *Diesem Bifurkationspunkt entsprechen* $n-1$ *nichttriviale kleine Lösungen der Form*

$$x_\lambda = \sum_{i=1}^{\infty} b_{\sigma i} \lambda^{\frac{i}{m-1}}, \qquad \sigma = 1, 2, \ldots, m-1,$$

$$x_\lambda = \sum_{i=1}^{\infty} c_{r i} \lambda^{\frac{i}{n-m}}, \qquad r = 1, \ldots, n-m.$$

Im reellen Fall lassen sich die reellen Lösungen genauso wie im Fall 12.2.9 *auswählen.*

12.4. Die Beschreibung der Lösungen im zweidimensionalen Verzweigungsfall[1]**.** In § 5 haben wir die Verzweigungsgleichung (12.6) für $r = 2$ untersucht. Diese Untersuchungen führen uns nun zu Aussagen über die kleinen Lösungen der Gleichung (12.1).

$\Psi(z_2, \lambda)$ sei die Resultante der Polynome G_1 und G_2 (siehe (5.2)), $\Psi(z_2, \lambda) = \lambda^\sigma \tilde{R}(z_2, \lambda)$ und λ^σ ($\sigma \geqq 0$) die größtmögliche Potenz von λ. Mit Satz 5.1 erhalten wir folgende Aussagen:

Satz 12.5. *Es liege der zweidimensionale Verzweigungsfall vor.*

I. Es *sei* $\tilde{R}(0, 0) \neq 0$. *Dann hat die Gleichung* (12.1) *keine kleinen Lösungen.*

II. *Die Gleichung* (12.1) *besitzt dann und nur dann l kleine Lösungen (l endlich), wenn* $\tilde{R}(z_2, \lambda) \not\equiv 0$ *ist. Für* $\tilde{R}(0, 0) = 0$ *wird* $l > 0$, *und jede kleine Lösung läßt sich dann in eine konvergente Reihe nach ganzen oder gebrochenen Potenzen von λ entwickeln.*

III. *Wenn* $\tilde{R}(z_2, \lambda) \equiv 0$ *ist oder aber alle Koeffizienten der Verzweigungsgleichung* (12.6) *verschwinden, besitzt die Gleichung* (12.1) *eine Schar von kleinen Lösungen, die von einem bzw. zwei Parametern abhängt.*

Das folgende Beispiel soll zeigen, daß die Gleichung (12.1) unter den Voraussetzungen III des letzten Satzes Lösungen in Form divergenter Potenzreihen, also formale Lösungen, haben kann.

---

[1]) Siehe P. G. Aisengendler [1, 3].

Beispiel 12.1. Wir betrachten die Gleichung

$$u(s) = \frac{1}{\pi} \int_0^{2\pi} \cos (s - t)\, u(t)\, dt + 3\lambda \int_0^{2\pi} \sin s \sin t\, u^2(t)\, dt\,.$$

Die Eigenfunktionen des symmetrischen Kerns $K(s, t) = \frac{1}{\pi} \cos (s - t)$ sind

$$\varphi_1(s) = \frac{1}{\sqrt{\pi}} \sin s,\ \varphi_2(s) = \frac{1}{\sqrt{\pi}} \cos s\,.$$

Wir setzen

$$\xi_1 = \frac{1}{\sqrt{\pi}} \int_0^{2\pi} u(t) \sin t\, dt\,, \qquad \xi_2 = \frac{1}{\sqrt{\pi}} \int_0^{2\pi} u(t) \cos t\, dt$$

und erhalten

$$u(s) = \xi_1\, \varphi_1(s) + \xi_2\, \varphi_2(s) + 3\lambda \int_0^{2\pi} \sin s \sin t\, u^2(t)\, dt\,.$$

Hieraus und aus (10.19) folgt $g(s) \equiv 0$, $g_{mn}(s, t) \equiv 0$ für alle m, n außer für $m = 2$, $n = 1$, $g_{21}(s, t) = 3 \sin s \sin t$. Die Formeln (10.22) führen auf $a_{00l}(s) \equiv 0$ für $l \geqq 1$ und $a_{ikl}(s) \equiv 0$ für $i + k + l \geqq 2$, so daß sich unter Benutzung von (10.20')

$$u(s) = \frac{1}{\sqrt{\pi}} (\xi_1 \sin s + \xi_2 \cos s)$$

ergibt. Aus (10.23) und aus $a_{ikl}(s) \equiv 0$ für $i + k + l \geqq 2$ folgt, daß alle Koeffizienten der Verzweigungsgleichung verschwinden. Deshalb können ξ_1 und ξ_2 beliebige Werte annehmen. Wir wählen

$$\xi_1 = \xi_2 = \sum_{n=1}^{m} n!\, \lambda^n$$

für ein beliebiges m; die Lösung nimmt dann die Form

$$u(s) = \sum_{n=1}^{m} n!\, \lambda^n (\sin s + \cos s)$$

an. Lassen wir m nach unendlich streben, so erhalten wir eine formale Lösung der betrachteten Gleichung.

12.5. Die Beschreibung der Lösungen im mehrdimensionalen Verzweigungsfall[2]). In § 6 haben wir die Verzweigungsgleichung (12.6) für den mehrdimensionalen Verzweigungsfall $r \geqq 2$ untersucht. Die entsprechenden Bezeichnungen, Definitionen und Aussagen werden wir im folgenden benutzen.

---

[1]) Siehe P. G. Aisengendler und M. M. Wainberg [1] sowie P. G. Aisengendler [3].

Satz 12.6. *Es liege der mehrdimensionale quasireguläre Verzweigungsfall vor (es sei also* $d_i \sim 1$ *für* $i = 1, 2, \ldots, r-1$). *Ist* d_r *nicht zum Einselement assoziiert, so ist die Anzahl der kleinen Lösungen der Gleichung* (12.1) *endlich und von Null verschieden. Jede kleine Lösung läßt sich in einer gewissen Umgebung des Punktes* $\lambda = 0$ *in eine konvergente Reihe nach ganzen oder gebrochenen Potenzen von* λ *entwickeln. Gilt aber* $d_r \sim 1$, *so besitzt die Gleichung* (12.1) *keine kleinen Lösungen.*

Der Beweis ergibt sich unmittelbar aus Satz 6.1 und Folgerung 12.1. Satz 6.2 und Lemma 12.1 führen zu folgendem Ergebnis:

Satz 12.7. *Im entarteten Verzweigungsfall (siehe Definition* 6.2) *besitzt die Gleichung* (12.1) *unendlich viele kleine Lösungen.*

Folgerung 12.2. *Die Anzahl der kleinen Lösungen der Gleichung* (12.1) *ist dann und nur dann endlich und von Null verschieden, wenn* $d_i \sim 1$, $i = 1, 2, \ldots, r-1$, *und* d_r *nicht* -1 *ist.*

Die Voraussetzungen von Satz 12.6 seien erfüllt. Findet man dann nach irgendeinem Verfahren eine Reihe nach ganzen oder gebrochenen Potenzen von λ als formale Lösung, so ist diese Reihe im komplexen Fall in einer gewissen Umgebung des Punktes $\lambda = 0$ sicher konvergent.

12.6. Die Verzweigung einer isolierten Lösung. Mit $F(x, \lambda)$ bezeichnen wir die rechte Seite der Gleichung (12.1). Wir setzen in (12.1) $\lambda = 0$ und erhalten

$$B\,x = F(x, 0)\,. \qquad (12.13)$$

Wegen $F(0, 0) = 0$ besitzt diese Gleichung die triviale Lösung $x = 0$. Mit U bezeichnen wir eine Nullumgebung des linearen Raumes, in dem die Lösungen der Gleichung (12.1) gesucht werden. Besitzt die Gleichung (12.13) in einer gewissen Nullumgebung U nur die triviale Lösung, so nennen wir $x = 0$ eine isolierte Lösung der Gleichung (12.13). Im folgenden wollen wir Bedingungen dafür angeben, daß die triviale Lösung von (12.13) isoliert ist. Außerdem befassen wir uns mit der Verzweigung der trivialen Lösung der Gleichung (12.1) für den Fall, daß $x = 0$ eine isolierte Lösung der Gleichung (12.13) ist.

Die linken Seiten der Verzweigungsgleichung (12.6) bezeichnen wir mit $\Phi_i(\xi_1, \xi_2, \ldots, \xi_r, \lambda)$. Wir setzen in (12.6) $\lambda = 0$ und erhalten

$$\Phi_i(\xi_1, \xi_2, \ldots, \xi_r, 0) = 0\,, \qquad i = 1, 2, \ldots, r\,. \qquad (12.14)$$

Ist der Operator B umkehrbar, so ist $x = 0$ offensichtlich eine isolierte Lösung der Gleichung (12.13).

Hat der Nullraum des Operators B die endliche Dimension $r \geqq 1$, so kommen wir auf die Verzweigungsgleichung (12.4) bzw. (12.6); in diesem Fall gilt folgende Aussage:

Lemma 12.3. *Die triviale Lösung der Gleichung* (12.13) *ist dann und nur dann isoliert, wenn* $\xi = (\xi_1, \xi_2, \ldots, \xi_r) = 0$ *eine isolierte Lösung des Gleichungssystems* (12.14) *ist.*

Der Beweis folgt unmittelbar aus Lemma 12.1, dessen Aussage auch dann gilt, wenn in den Gleichungen (12.1) und (12.6) $\lambda = 0$ gesetzt wird.

Im Verzweigungsfall reduziert sich also die Frage, ob die triviale Lösung der Gleichung (12.13) isoliert ist, auf die Frage, ob die triviale Lösung des Gleichungssystems (12.14) isoliert ist. Im eindimensionalen Verzweigungsfall ist die triviale Lösung dann und nur dann isoliert, wenn nicht alle Koeffizienten L_{k0} verschwinden. Im mehrdimensionalen Verzweigungsfall wird die Frage durch Satz 6.3 beantwortet; denn mit Lemma 12.3 erhalten wir folgende Aussage (siehe Punkt 6.5, in dem die Bezeichnungen d_i' eingeführt wurden).

Satz 12.8. *Die triviale Lösung der Gleichung* (12.13) *ist dann und nur dann isoliert, wenn die Bedingung* $d_i' \sim 1$, $i = 1, 2, \ldots, r-1$, *erfüllt ist.*

Ist diese Bedingung nicht erfüllt, ist also für mindestens ein $k < r$ d_k' nicht zum Einselement assoziiert, so zweigen von der trivialen Lösung der Gleichung (12.13) Lösungen ab, die von einem oder mehreren Parametern abhängen.

Wir beschäftigen uns nun mit der Verzweigung der trivialen Lösung der Gleichung (12.1), wenn $x = 0$ eine isolierte Lösung[1]) der Gleichung (12.13) ist. Hier gilt folgende Aussage:

Satz 12.9. $x = 0$ *sei eine isolierte Lösung der Gleichung* (12.13). *Dann besitzt die Gleichung* (12.1) *endlich viele kleine Lösungen, und jede kleine Lösung läßt sich in einer gewissen Umgebung des Punktes* $\lambda = 0$ *in eine konvergente Reihe nach ganzen oder gebrochenen Potenzen von* λ *entwickeln.*

Beweis. Nehmen wir an, die Aussage des Satzes sei falsch. Entweder gilt dann $\Phi_i(\xi_1, \xi_2, \ldots, \xi_r, \lambda) \equiv 0$ für alle i; oder wir finden wegen Folgerung 12.2 ein k $(1 \leqq k < r)$ mit der Eigenschaft, daß d_k nicht zum Einselement assoziiert ist.

Im ersten Fall setzen wir in (12.5) $\lambda = 0$ und erhalten

$$x = \sum_{i=1}^{r} \xi_i \varphi_i + \sum_{n_1 + \cdots + n_r \geqq 2} a_{n_1 n_2 \cdots n_r 0} \, \xi_1^{n_1} \xi_2^{n_2} \cdots \xi_r^{n_r}$$

als Lösung der Gleichung (12.13), wobei die ξ_i willkürliche Parameter sind. Die erste Summe verschwindet nicht identisch, weil die Funktionen φ_i linear unabhängig sind. Die zweite Summe enthält nur Glieder von zweiter und höherer Ordnung. Bei hinreichend kleinem $|\xi_i|$ ist deshalb $x \not\equiv 0$, und es gilt $x \to 0$ für $\xi \to 0$. Das widerspricht aber der Voraussetzung, daß $x = 0$ eine isolierte Lösung der Gleichung (12.13) ist.

Im zweiten Fall berücksichtigen wir, wie die d_i' aus (12.14) gebildet werden, und finden ein i $(1 \leqq i < r)$, für das d_i' nicht zum Einselement assoziiert ist.

---

[1]) Dieses Problem ist in mehreren Arbeiten untersucht worden, siehe z. B. J. Cronin [1], P. G. Aisengendler und M. M. Wainberg [1, 2], P. G. Aisengendler [3, 4], W. B. Melamed [1, 2]. Wir halten uns hier an die genannten Arbeiten von P. G. Aisengendler und M. M. Wainberg.

Mit Satz 12.8. ergibt sich ebenfalls ein Widerspruch zu der Voraussetzung, daß $x = 0$ eine isolierte Lösung der Gleichung (12.13) ist. Damit haben wir den Satz bewiesen.

Die folgenden Beispiele sollen zeigen, daß dieser Satz nicht umkehrbar ist.

Beispiel 12.2. Es liege der eindimensionale Verzweigungsfall vor, 1 sei also ein einfacher Eigenwert des Operators A. Ferner mögen die Koeffizienten der Verzweigungsgleichung (12.4) den Bedingungen $L_{m0} = 0$, $m = 2, 3, \ldots$, $L_{0n} = 0$, $n = 1, 2, 3, \ldots$, $L_{11} = 0$, $L_{21} = 0$, $L_{31} \neq 0$, $L_{22} = 0$, $L_{12} = 0$, $L_{13} \neq 0$ genügen. Wegen $L_{m0} = 0$ für alle m ist die triviale Lösung der Gleichung (12.14) ($r = 1$) nicht isoliert.

Wir wollen zeigen, daß die Verzweigungsgleichung endlich viele kleine Lösungen besitzt; wegen Lemma 12.1 hat dann auch die Gleichung (12.1) endlich viele kleine Lösungen.

Unter den angegebenen Voraussetzungen lautet die Gleichung (12.4)

$$\lambda \xi \left[\sum_{m=3}^{\infty} L_{m_1} \xi^{m-1} + \sum_{m=1}^{\infty} \xi^{m-1} \sum_{i=1}^{\infty} L_{m(i+1)} \lambda^i \right] = 0 .$$

Führen wir die Bezeichnungen

$$k = m - 1 , \quad L_{m1} = L_{k0}^* , \quad L_{(k+1)(i+1)} = L_{ki}^*$$

ein, so erhalten wir

$$\lambda \xi \left[\sum_{k=2}^{\infty} L_{k0}^* \xi^k + \sum_{k=0}^{\infty} \xi^k \sum_{i=1}^{\infty} L_{ki}^* \lambda^i \right] = 0 ,$$

dabei ist

$$L_{20}^* \neq 0 , \quad L_{11}^* = 0 , \quad L_{01}^* = 0 , \quad L_{02}^* \neq 0 .$$

Wir setzen die eckige Klammer Null und sehen, daß die Voraussetzungen von Fall 12.2.3 erfüllt sind (siehe Punkt 12.2). Die Verzweigungsgleichung (12.4) besitzt also drei kleine Lösungen, eine triviale sowie zwei nichttriviale. Wegen Lemma 12.1 hat dann auch die Gleichung (12.1) drei kleine Lösungen. Das Beispiel zeigt also, daß aus der Existenz von endlich vielen kleinen Lösungen der Gleichung (12.1) noch nicht folgt, daß die triviale Lösung der Gleichung (12.13) isoliert ist.

Beispiel 12.3. Wir betrachten die Gleichung

$$u(s) = \frac{2}{\pi} \int_0^{\pi} \cos(s - t)\, u(t)\, dt + \lambda^2 \int_0^{\pi} \frac{1}{\pi} (\sin s - \cos s)\, dt + 3\lambda \int_0^{\pi} \sin(s - t)\, u^2(t)\, dt .$$

Der symmetrische Kern

$$K(s, t) = \frac{2}{\pi} \cos(s - t)$$

hat die Eigenfunktionen

$$\varphi_1(s) = \sqrt{\frac{2}{\pi}} \sin s\,, \qquad \varphi_2(s) = \sqrt{\frac{2}{\pi}} \cos s\,.$$

Wir setzen

$$\xi_1 = \sqrt{\frac{2}{\pi}} \int_0^\pi u(t) \sin t\, dt\,, \qquad \xi_2 = \sqrt{\frac{2}{\pi}} \int_0^\pi u(t) \cos t\, dt$$

und bringen die betrachtete Gleichung auf die Form

$$u(s) = \xi_1\, \varphi_1(s) + \xi_2\, \varphi_2(s) + \lambda^2 \frac{1}{\pi} \int_0^\pi (\sin s - \cos s)\, dt + 3\,\lambda \int_0^\pi \sin(s-t)\, u^2(t)\, dt.$$

Ein Vergleich mit (10.19) ergibt

$$g(s) \equiv 0\,, \qquad g_{02}(s,t) = \frac{1}{\pi}(\sin s - \cos s)\,, \qquad g_{21}(s,t) = 3 \sin(s-t)\,,$$

$$g_{11}(s,t) \equiv 0\,, \qquad g_{20}(s,t) \equiv 0\,, \qquad g_{12}(s,t) \equiv 0$$

und

$$g_{mn}(s,t) \equiv 0 \qquad \text{für} \quad m+n > 3\,.$$

Wie bei (10.20′) schreiben wir

$$u(s) = \xi_1\, \varphi_1(s) + \xi_2\, \varphi_2(s) + \sum_{i+k+l \geqq 2} a_{ikl}(s)\, \xi_1^i\, \xi_2^k\, \lambda^l\,.$$

Die Koeffizienten $a_{ikl}(s)$ berechnen wir nach den Formeln (10.22):

$$a_{011}(s) \equiv 0\,, \quad a_{101}(s) \equiv 0\,, \quad a_{110}(s) \equiv 0\,, \quad a_{200}(s) \equiv 0\,, \quad a_{020}(s) \equiv 0\,,$$

$$a_{002}(s) = \sin s - \cos s\,, \qquad a_{111}(s) = \frac{8}{\pi} \sin s\,, \qquad a_{120}(s) \equiv 0\,,$$

$$a_{102}(s) \equiv 0\,, \quad a_{012}(s) \equiv 0\,, \quad a_{021}(s) = -\frac{4}{\pi} \cos s\,,$$

$$a_{201}(s) = -\frac{8}{\pi} \cos s\,, \qquad a_{210}(s) \equiv 0\,, \quad a_{030}(s) \equiv 0\,, \quad a_{300}(s) \equiv 0\,,$$

$$a_{003}(s) \equiv 0\,, \quad a_{004}(s) \equiv 0\,, \quad a_{040}(s) \equiv 0\,, \quad a_{400}(s) \equiv 0\,, \quad a_{022}(s) \equiv 0\,,$$

$$a_{202}(s) \equiv 0\,, \quad a_{220}(s) \equiv 0\,, \quad a_{121}(s) \equiv 0\,, \quad a_{112}(s) \equiv 0\,, \quad a_{211}(s) \equiv 0\,,$$

$$a_{013}(s) = 4 \sqrt{\frac{2}{\pi}} (\sin s + \cos s)\,, \qquad a_{031}(s) \equiv 0\,,$$

$$a_{103}(s) = -4 \sqrt{\frac{2}{\pi}} (\sin s + 2 \cos s)\,, \qquad a_{301}(s) \equiv 0\,,$$

$$a_{130}(s) \equiv 0\,, \quad a_{310}(s) \equiv 0\,.$$

Die Koeffizienten der Verzweigungsgleichung berechnen wir nach den Formeln (10.23):

1. $$L^{(i)}_{mn0} = 0, \quad m + n \geqq 2, \quad i = 1, 2.$$

Diese Gleichungen folgen übrigens aus (11.11), wenn man berücksichtigt, daß für dieses Beispiel $B_{m0}(s, t) = g_{m0}(s, t) \equiv 0$, $m = 1, 2, \ldots$, ist.

2. $$L^{(i)}_{011} = 0, \quad L^{(i)}_{101} = 0, \quad L^{(i)}_{001} = 0, \quad i = 1, 2,$$
$$L^{(1)}_{002} = \sqrt{\frac{\pi}{2}}, \qquad L^{(2)}_{002} = -\sqrt{\frac{\pi}{2}}.$$

3. $$L^{(1)}_{201} = 0, \quad L^{(2)}_{201} = -4\sqrt{\frac{2}{\pi}}, \quad L^{(1)}_{111} = 4\sqrt{\frac{2}{\pi}}, \quad L^{(2)}_{111} = 0,$$
$$L^{(1)}_{021} = 0, \quad L^{(2)}_{021} = -2\sqrt{\frac{2}{\pi}}, \quad L^{(i)}_{003} = 0.$$

4. $$L^{(i)}_{004} = 0, \quad L^{(i)}_{022} = 0, \quad L^{(i)}_{202} = 0, \quad L^{(i)}_{121} = 0, \quad L^{(i)}_{112} = 0,$$
$$L^{(i)}_{211} = 0, \quad L^{(i)}_{031} = 0, \quad L^{(i)}_{013} = 4, \quad L^{(1)}_{103} = -4,$$
$$L^{(2)}_{103} = -8, \qquad L^{(i)}_{301} = 0, \qquad i = 1, 2.$$

Die Verzweigungsgleichung lautet dann (nach Kürzen der ersten bzw. zweiten Gleichung durch $\sqrt{2/\pi}\,\lambda$ bzw. $-\sqrt{2/\pi}\,\lambda$)

$$\left.\begin{aligned} 0\cdot\xi_1^2 + 4\,\xi_1\,\xi_2 + 0\cdot\xi_2^2 + \frac{\pi}{2}\lambda - 4\sqrt{\frac{\pi}{2}}\,\xi_1\lambda^2 + 4\sqrt{\frac{\pi}{2}}\,\xi_2\lambda^2 + \cdots = 0,\\ 4\,\xi_1^2 + 0\cdot\xi_1\,\xi_2 + 2\,\xi_2^2 + \frac{\pi}{2}\lambda + 8\sqrt{\frac{\pi}{2}}\,\xi_1\lambda^2 - 4\sqrt{\frac{\pi}{2}}\,\xi_2\lambda^2 + \cdots = 0.\end{aligned}\right\}$$

Nun transformieren wir dieses Gleichungssystem auf reguläre Form (siehe Punkt 3.1); dazu benutzen wir die nicht ausgeartete lineare Transformation

$$\begin{pmatrix}\xi_1\\ \xi_2\end{pmatrix} = \begin{pmatrix}\frac{1}{2} & 0\\ \frac{1}{2} & \frac{1}{2}\end{pmatrix}\begin{pmatrix}u_1\\ u_2\end{pmatrix}$$

und erhalten

$$\left.\begin{aligned} u_1^2 + u_1\,u_2 + 0\cdot u_2^2 + \frac{\pi}{2}\lambda + \cdots = 0,\\ \frac{3}{2}u_1^2 + u_1\,u_2 + \frac{1}{2}u_2^2 + \frac{\pi}{2}\lambda + \cdots = 0,\end{aligned}\right\}$$

oder nach Multiplikation der zweiten Gleichung mit 2/3,

$$\left.\begin{aligned} f_1(u_1, u_2, \lambda) &\equiv u_1^2 + \frac{2}{3} u_1 u_2 + \frac{1}{3} u_2^2 + \frac{\pi}{3}\lambda + \cdots = 0\,, \\ f_2(u_1, u_2, \lambda) &\equiv u_1^2 + u_1 u_2 + \frac{\pi}{2}\lambda + \cdots = 0\,. \end{aligned}\right\}$$

Setzen wir in diesem Gleichungssystem $\lambda = 0$, so erhalten wir das in Beispiel 5.1 behandelte Gleichungssystem, für das $m_0 = 4$ war. Deshalb verschwindet die Resultante $R_{u_1}(f_1, f_2)$ nicht identisch (siehe Punkt 5.2 und Bemerkung 5.1). Schreiben wir die Gleichung $R_{u_1}(f_1, f_2) = 0$ in der Form

$$\sum_{k=4}^{\infty} M_{k0} u^k + \sum_{m=0}^{\infty} \xi^m \sum_{n=1}^{\infty} M_{mn} \lambda^n = 0\,,$$

so ergibt sich $M_{40} = 2/9$.

Da die Resultante nicht identisch verschwindet, besitzen sowohl die Verzweigungsgleichung als auch die betrachtete Integralgleichung endlich viele kleine Lösungen (siehe Satz 5.1). Wenn wir aber in der betrachteten Integralgleichung $\lambda = 0$ setzen, entsteht eine Integralgleichung, für die die triviale Lösung nicht isoliert ist.

12.7. Bifurkationspunkte im mehrdimensionalen Verzweigungsfall[1]**.** Zunächst erwähnen wir, daß die Aussage von Lemma 11.3 auch auf den mehrdimensionalen Verzweigungsfall übertragen werden kann (vergleiche die Bemerkung am Schluß von § 11). Ferner besitzt die Gleichung (12.1) dann und nur dann für jedes λ die triviale Lösung $x = 0$, wenn

$$F_{0k} = 0\,, \qquad k = 1, 2, 3, \ldots,$$

ist. Unter Benutzung von Lemma 12.2 können wir deshalb folgendes Ergebnis formulieren.

Lemma 12.4. *Die Gleichung* (12.1) *besitzt dann und nur dann für jedes λ die triviale Lösung $x = 0$, wenn eine der folgenden Bedingungen erfüllt ist:*

1. $F_{0k} \equiv 0\,, \qquad k = 1, 2, 3, \ldots,$
2. $a_{00\ldots0k} \equiv 0\,, \qquad k = 1, 2, 3, \ldots,$
3. $L^{(i)}_{00\ldots0k} = 0\,, \qquad i = 1, 2, \ldots, r;\; k = 1, 2, 3, \ldots.$

Mit Lemma 12.1 und Lemma 12.4 kommen wir zu folgender Aussage:

Lemma 12.5. *Die Verzweigungsgleichung* (12.6) *besitzt dann und nur dann für jedes λ die triviale Lösung $\xi = (\xi_1, \xi_2, \ldots, \xi_r) = 0$, wenn eine der in Lemma* 12.4 *genannten Bedingungen erfüllt ist.*

[1]) Siehe M. M. Wainberg [3].

Die Gleichung (12.1) besitze für jedes λ die Lösung $x = 0$. Wenn dann alle Koeffizienten der Verzweigungsgleichung (12.6) verschwinden, haben sowohl die Verzweigungsgleichung als auch die Gleichung (12.1) (siehe Lemma 12.1) unendlich viele nichttriviale kleine Lösungen; der Punkt $\lambda = 0$ ist also ein Bifurkationspunkt der Gleichung (12.1).

Wenn nicht alle Koeffizienten der Verzweigungsgleichung (12.6) verschwinden, können wir dieses Gleichungssystem in der Form

$$\xi_1^{\sigma_{1i}} \xi_2^{\sigma_{2i}} \cdots \xi_r^{\sigma_{ri}} \cdot \Phi_i^*(\xi_1, \xi_2, \ldots, \xi_r, \lambda) = 0\,, \qquad i = 1, 2, \ldots, r_1 \leqq r \qquad (12.15)$$

schreiben, wobei die $\xi_k^{\sigma_{ki}}$ die größtmöglichen Potenzen von ξ_k sind.

Definition 12.1. Die Verzweigungsgleichung (12.6) heißt *Bifurkationsgleichung*, wenn folgende Bedingungen erfüllt sind:

1. Für jedes λ besitzt das Gleichungssystem (12.6) die triviale Lösung
$$\xi = (\xi_1, \xi_2, \ldots, \xi_r) = 0\,.$$
2. Das Gleichungssystem (12.6), oder das entsprechende Gleichungssystem in regulärer Form, kann in der Form (12.15) geschrieben werden, wobei für mindestens einen Index i gilt $\Phi_i^*(0, 0, \ldots, 0, \lambda) \not\equiv 0$.

Wir wenden nun auf das Gleichungssystem

$$\Phi_i^*(\xi_1, \xi_2, \ldots, \xi_r, \lambda) = 0 \qquad (i = 1, 2, \ldots, r_1 \leqq r)$$

das in Punkt 6.2 behandelte Verfahren an und finden die Polynome

$$d_1^*, d_2^*, \ldots, d_k^* \qquad (k \leqq r)\,.$$

Mit Satz 6.1 und Satz 6.2 erhalten wir schließlich folgende Aussage:

Satz 12.10. *Es liege der mehrdimensionale Verzweigungsfall vor, die Verzweigungsgleichung* (12.6) *sei Bifurkationsgleichung. Für ein gewisses i ($i \leqq r$) sei d_i^* nicht zum Einselement assoziiert. Dann ist der Punkt $\lambda = 0$ ein Bifurkationspunkt der Gleichung* (12.1). *Ist speziell d_r^* nicht zum Einselement assoziiert und $d_i^* \sim 1$ für alle $i < r$, so entsprechen diesem Bifurkationspunkt*[1]) q ($1 \leqq q < \infty$) *nichttriviale kleine Lösungen der Gleichung* (12.1), *und jede dieser Lösungen läßt sich in eine konvergente Reihe nach ganzen oder gebrochenen Potenzen von λ entwickeln.*

§ 13. Die Konstruktion der Lösungen nichtlinearer Integralgleichungen

13.1. Verschiedene Konstruktionsverfahren. Wir betrachten wieder die nichtlineare Integralgleichung (12.1), in der $B = I - A$, I der identische Operator und A ein linearer Integraloperator ist.

---

[1]) Wir weisen darauf hin, daß dem Bifurkationspunkt auch nichttriviale kleine Lösungen entsprechen können, die durch die kleinen Lösungen des Gleichungssystems

$$\xi_1^{\sigma_{1i}} \xi_2^{\sigma_{2i}} \cdots \xi_r^{\sigma_{ri}} = 0\,, \qquad i = 1, 2, \ldots, r_1$$

erzeugt werden.

Wenn der Operator B ein beschränktes Inverses besitzt (regulärer Fall), hat die Gleichung (12.1) genau eine kleine Lösung, die in einer gewissen Umgebung des Punktes $\lambda = 0$ in eine konvergente Reihe nach ganzen Potenzen von λ entwickelt werden kann.

Das einfachste Verfahren zur Konstruktion dieser Lösung ist die Methode der unbestimmten Koeffizienten. Dazu setzen wir die Lösung als Potenzreihe mit unbekannten Koeffizienten an,

$$x_\lambda = \sum_{k=1}^{\infty} a_k \lambda^k . \tag{13.1}$$

Die unbekannten Koeffizienten a_k bestimmen wir dadurch, daß wir die Lösung (13.1) in die Gleichung (12.1) einsetzen und anschließend die Koeffizienten bei gleichen Potenzen von λ vergleichen. Auf diese Weise erhalten wir ein lösbares rekursives Gleichungssystem für die unbekannten Koeffizienten a_k.

Dieses Verfahren, die Lösung als Potenzreihe in λ zu konstruieren, ist schon lange bekannt[1]). Gewöhnlich wird es angewendet, ohne sich vorher darüber zu informieren, ob die Gleichung (12.1) eine eindeutig bestimmte kleine Lösung besitzt. Man erhält zwar durch Einsetzen von (13.1) in (12.1) ein rekursives Gleichungssystem für die Koeffizienten a_k. Besitzt aber der Operator B kein Inverses, so kann dieses Gleichungssystem unlösbar sein (auch wenn sich aus diesem System die ersten Koeffizienten bestimmen lassen) oder mehr als eine Lösung haben. Wenn das rekursive Gleichungssystem lösbar ist, so konstruiert man Majoranten für die Reihe (13.1), um deren Konvergenz zu beweisen. Findet man für die majorisierende Reihe einen bestimmten Konvergenzradius, so liefert dieser eine Abschätzung für den Konvergenzradius der Reihe (13.1).

Wenn der Operator B kein Inverses besitzt, wenn also 1 ein Eigenwert des Operators A ist, kann, wie wir gesehen haben, eine Verzweigung stattfinden. Dann ist es möglich, daß die Verzweigungsgleichung (12.4) bzw. (12.6) keine kleinen Lösungen oder aber kleine Lösungen hat, die sich nach gebrochenen Potenzen von λ entwickeln lassen. Im zweiten Fall besitzt die Gleichung (12.1) kleine Lösungen der Form

$$x_\lambda = \sum_{k=1}^{\infty} a_k \lambda^{\frac{p+k}{s}} \tag{13.2}$$

(p und s sind natürliche Zahlen). Ist also der Operator B nicht umkehrbar und wenden wir die Methode der unbestimmten Koeffizienten an, ohne uns vorher über die Anzahl und über die Form der kleinen Lösungen der Gleichung (12.1) zu informieren, so können wir auf unüberwindliche Schwierigkeiten stoßen.

Ein zweites Verfahren besteht nun darin, daß wir zunächst alle kleinen Lösungen der Verzweigungsgleichung (12.4) bzw. (12.6) bestimmen, sofern ihre Anzahl endlich ist (Bedingungen für die Existenz endlich vieler kleiner Lösungen haben wir in den Kapiteln I und II angegeben). Jede kleine Lösung der Verzweigungs-

[1]) Es wurde schon von J. L. Lagrange [1, 2] benutzt.

gleichung läßt sich dann in eine konvergente Reihe nach ganzen oder gebrochenen Potenzen von λ entwickeln. Die Koeffizienten dieser Reihen können nach der Methode der unbestimmten Koeffizienten berechnet werden (vergleiche die Bemerkung am Schluß von Punkt 2.4). Setzen wir dann jede kleine Lösung der Verzweigungsgleichung in (12.3) bzw. (12.5) ein, so erhalten wir jeweils eine kleine Lösung der Gleichung (12.1). Vorher müssen wir natürlich die Koeffizienten a_{ik} bzw. $a_{n_1 n_2 \ldots n_r k}$ berechnen (siehe z. B. § 10).

Wie wollen noch ein drittes Verfahren beschreiben. Mit den in Kapitel I und II behandelten Methoden verschaffen wir uns zunächst Informationen darüber, wieviel kleine Lösungen die Verzweigungsgleichung besitzt und welche Form jede dieser kleinen Lösungen (im quasiregulären Verzweigungsfall) hat, d. h. nach welchen ganzen oder gebrochenen Potenzen von λ sie entwickelt werden kann. Dadurch erhalten wir gleichzeitig Aussagen darüber, wieviel kleine Lösungen die Gleichung (12.1) besitzt und nach welchen ganzen oder gebrochenen Potenzen von λ jede dieser Lösungen entwickelt werden kann. Dann machen wir für jede kleine Lösung der Gleichung (12.1) den Ansatz (13.2), wobei die Reihen in einem gewissen Intervall konvergent sein werden. Die unbekannten Koeffizienten a_k berechnen wir nach der Methode der unbestimmten Koeffizienten, wir setzen also (13.2) in die Gleichung (12.1) ein, vergleichen die Koeffizienten bei gleichen Potenzen von λ und erhalten ein lösbares rekursives Gleichungssystem für die Koeffizienten a_k. Dabei konvergieren die Reihen. Auf diese Weise lassen sich die lokalen Lösungen der Gleichung (12.1) bestimmen. Nachdem wir die Lösung (13.2) konstruiert haben, können wir natürlich versuchen, den Konvergenzradius der Reihe oder eine Abschätzung für diesen Konvergenzradius zu finden.

13.2. Der eindimensionale Verzweigungsfall. Der Einfachheit halber betrachten wir hier die HAMMERSTEINsche Integralgleichung (10.1′) unter der Voraussetzung, daß die Funktionen $C(s, t)$, $f(x, t)$ und der Parameter λ reell sind; die Gleichung (10.1′) liege bereits in der Form (10.4′) vor. 1 sei ein einfachr Eigenwert des Operators A,

$$A\, u = \int_B K(s, t)\, u(t)\, dt \equiv \mu_0 \int_B C(s, t)\, A_1(t)\, u(t)\, dt\,.$$

Mit $\varphi_1(s) \equiv \varphi(s)$ bezeichnen wir die zum Eigenwert 1 gehörige normierte Eigenfunktion des Operators A, mit $\psi_1(s)$ die entsprechende normierte Eigenfunktion des adjungierten Operators A^*.

Nehmen wir an, die Koeffizienten der Verzweigungsgleichung genügen den Bedingungen von Fall 12.2.8, $L_{01} \neq 0$, $L_{k0} = 0$, $k = 2, 3, \ldots, n-1$, $L_{n0} \neq 0$. Dann besitzt die Gleichung (10.4′) n kleine Lösungen der Form

$$u(s) = \sum_{k=1}^{\infty} b_k(s)\, \lambda^{k/n}\,. \tag{13.3}$$

Die Koeffizienten $b_k(s)$ lassen sich nach der Methode der unbestimmten Koeffizienten berechnen.

Wir wollen zwei Beispiele betrachten. Zunächst sei $n = 2$. Wir setzen die Reihe (13.3) in die Gleichung (10.4′) ein und vergleichen die Koeffizienten bei gleichen Potenzen von λ; dadurch erhalten wir das Gleichungssystem

$$b_1(s) - A\, b_1 = 0\,,$$

$$b_2(s) - A\, b_2 = \int_B C(s, t)\,[A_0(t) + \mu_0\, A_2(t)\, b_1^2(t)]\, dt\,,$$

$$b_3(s) - A\, b_3 = \int_B C(s, t)\,[2\,\mu_0\, A_2(t)\, b_1(t)\, b_2(t) + B_1(b_1(t))]\, dt\,,$$

$$b_4(s) = A\, b_4 = \int_B C(s, t)\,[2\,\mu_0\, A_2(t)\, b_1(t)\, b_3(t) + B_2(b_1(t), b_2(t))]\, dt\,,$$

. . . .

$$b_n(s) - A\, b_n = \int_B C(s, t)\,[2\,\mu_0\, A_2(t)\, b_1(t)\, b_{n-1}(t) + B_{n-2}(b_1(t), \ldots, b_{n-2}(t))]\, dt\,,$$

. . . .

$B_1, B_2, \ldots, B_n$ sind Polynome.

Die erste Gleichung dieses Systems hat die Lösung

$$b_1(s) = C_1\, \varphi(s)$$

mit einer vorläufig willkürlichen Konstanten C_1. Die Lösbarkeitsbedingung für die zweite Gleichung führt unter Benutzung der Formeln (11.8) für die Koeffizienten L_{kl} auf die Gleichung

$$L_{20}\, C_1^2 + L_{01} = 0\,,$$

so daß wir für $b_1(s)$ zwei reelle Werte finden (die entweder für $\lambda \geqq 0$ oder für $\lambda \leqq 0$ definiert sind; siehe Fall 12.2.8). Alle weiteren Koeffizienten $b_k(s)$ lassen sich eindeutig durch $b_1(s)$ ausdrücken. Wir sehen also auch an dieser Stelle, daß (13.3) für $n = 2$ gerade zwei Lösungen liefert.

In der Tat, die zweite Gleichung des Systems wird durch

$$b_2(s) = P_2(s) + C_2\, \varphi(s)$$

gelöst, wobei $P_2(s)$ eine ganz bestimmte Funktion und C_2 eine vorläufig willkürliche Konstante sind. Die Lösbarkeitsbedingung für die dritte Gleichung ergibt

$$2\, C_1\, C_2\, L_{20} + D_1 = 0 \qquad (D_1 = \text{const})\,,$$

woraus C_2 berechnet werden kann. Setzen wir dieses Verfahren fort, so finden wir als Lösung der $(n-1)$-ten Gleichung

$$b_{n-1}(s) = P_{n-1}(s) + C_{n-1}\, \varphi(s)\,.$$

$P_{n-1}(s)$ ist eine ganz bestimmte Funktion und C_{n-1} eine Konstante, die sich aus der Lösbarkeitsbedingung für die n-te Gleichung

$$2\, C_1\, C_{n-1}\, L_{20} + D_{n-2} = 0 \qquad (D_{n-2} = \text{const})$$

berechnen läßt.

Als zweites Beispiel wählen wir den Fall $n = 3$; wie oben finden wir das Gleichungssystem

$$b_1(s) - A\,b_1 = 0\,,$$

$$b_2(s) - A\,b_2 = \int_B C(s,t)\,[\mu_0\,A_2\,b_1^2]\,dt\,,$$

$$b_3(s) - A\,b_3 = \int_B C(s,t)\,[A_0 + 2\,\mu_0\,A_2\,b_1\,b_2 + A_3\,b_1^3]\,dt\,,$$

$$b_4(s) - A\,b_4 = \mu_0 \int_B C(s,t)\,[2\,A_2\,b_1\,b_3 + A_2\,b_2^2 + 3\,A_3\,b_1^2\,b_2 + B_1(b_1)]\,dt\,,$$

$$b_5(s) - A\,b_5 = \mu_0 \int_B C(s,t)\,[2\,A_2\,b_1\,b_4 + 2\,A_2\,b_2\,b_3 + 3\,A_3\,b_1^2\,b_3 + B_2(b_1, b_3)]\,dt\,,$$

. . . .

$$b_n(s) - A\,b_n = \mu_0 \int_B C(s,t)\,[2\,A_2\,b_1\,b_{n-1} + 2\,A_2\,b_2\,b_{n-1} + 3\,A_3\,b_1^2\,b_{n-2} + \\ + B_{n-3}(b_1, \ldots, b_{n-3})]\,dt\,,$$

. . . .

Die erste Gleichung hat die Lösung

$$b_1(s) = C_1\,\varphi(s)\,.$$

Die Lösbarkeitsbedingung für die zweite Gleichung ergibt

$$C_1^2\,L_{20} = 0\,.$$

Aus dieser Gleichung können wir aber C_1 nicht berechnen, weil $L_{20} = 0$ ist. Die Lösung der zweiten Gleichung lautet

$$b_2(s) = P_2(s) + C_2\,\varphi(s)\,,$$

wobei $P_2(s)$ von $b_1(s)$ und damit auch von C_1 abhängt; genauer gilt (vergleiche (10.7))

$$P_2(s) = C_1^2\,\mu_0 \int_B g(s,t)\,A_2(t)\,\varphi^2(t)\,dt$$

mit

$$g(s,t) = C(s,t) + \int_B \Gamma(s,z)\,C(z,t)\,dz\,.$$

Die Lösbarkeitsbedingung für die dritte Gleichung führt auf

$$L_{01} + C_1^3\,L_{30} + 2\,C_1\,C_2\,L_{20} = 0\,,$$

wegen $L_{20} = 0$ wird

$$L_{01} + C_1^3\,L_{30} = 0\,.$$

Wir erhalten also für C_1, und damit auch für $b_1(s)$, drei Werte, von denen einer reell ist. Die weiteren Koeffizienten $b_k(s)$ der Reihe (13.3) sind durch den jeweils gewählten Wert von $b_1(s)$ eindeutig bestimmt.

Denn die dritte Gleichung hat die Lösung

$$b_3(s) = \int_B g(s,t)\,A_0(t)\,dt + \mu_0 \int_B g(s,t)\,[2\,A_2\,b_1\,b_2 + A_3\,b_1^3]\,dt + C_3\,\varphi(s)\,.$$

Die Lösbarkeitsbedingung für die vierte Gleichung ergibt

$$3\,C_1^2\,L_{30}\,C_2 + D_1 = 0 \qquad (D_1 = \text{const})\,.$$

woraus sich C_2 und damit $b_2(s)$ bestimmen lassen. Ganz allgemein muß C_{n-2} aus der Lösbarkeitsbedingung für die n–te Gleichung bestimmt werden,

$$3\,C_1^2 L_{30}\,C_{n-2} + D_{n-3} = 0 \qquad (D_{n-3} = \text{const})\,.$$

Zum Abschluß betrachten wir noch die Gleichung (10.4′) für den Fall $A_2(t) = A_3(t) = \cdots = A(t)_{n-1} \equiv 0$. Nach Einsetzen der Reihe (13.3) in (10.4′) erhalten wir das Gleichungssystem

$$\begin{aligned}
b_1(s) - A\,b_1 &= 0\,, \qquad A\,v = \mu_0 \int_B C(s,t)\,A_1(t)\,v(t)\,dt\,,\\
b_2(s) - A\,b_2 &= 0\,,\\
&\cdots\cdots\\
b_{n-1}(s) - A\,b_{n-1} &= 0\,,\\
b_n(s) - A\,b_n &= \int_B C(s,t)\,[A_0 + \mu_0\,A_n\,b_1^n]\,dt\,,\\
b_{n+1}(s) - A\,b_{n+1} &= \int_B C(s,t)\,[n\,\mu_0\,A_n\,b_1^{n-1}\,b_2 + B_1(b_1)]\,dt\,,\\
&\cdots\cdots\\
b_{n+k}(s) - A\,b_{n+k} &= \int_B C(s,t)\,[n\,\mu_0\,A_n\,b_1^{n-1}\,b_{k+1} + B_k(b_1, b_2, \ldots, b_k)]\,dt\,;
\end{aligned}$$

die B_k sind Polynome.

Die ersten $n - 1$ Gleichungen haben die Lösungen

$$b_\nu(s) = C_\nu\,\varphi(s)\,, \qquad \nu = 1, 2, \ldots, n-1\,.$$

Die Lösbarkeitsbedingung für die n-te Gleichung ergibt

$$L_{n0}\,C_1^n + L_{01} = 0\,,$$

so daß wir für C_1 und $b_1(s)$ n Werte finden. Die übrigen Koeffizienten $b_{1+k}(s)$, $k = 1, 2, 3, \ldots$, lassen sich aus dem jeweils gewählten $b_1(s)$ eindeutig bestimmen; wir erhalten auf diese Weise alle n Lösungen der Gleichung (10.1′). Die Lösbarkeitsbedingung für die $(n+1)$-te Gleichung ergibt nämlich

$$n\,C_1^{n-1}\,L_{n0}\,C_2 + D_1 = 0 \qquad (D_1 = \text{const})\,,$$

wodurch C_2 und $b_2(s)$ eindeutig bestimmt sind. Allgemein folgt aus der Lösbarkeitsbedingung für die $(n+m)$-te Gleichung, $m = 2, 3, \ldots$,

$$n\,C_1^{n-1}\,L_{n0}\,C_{m+1} + D_m = 0 \qquad (D_m = \text{const})\,,$$

woraus sich C_{m+1} und damit $b_{m+1}(s)$ eindeutig berechnen läßt.

13.3. Der zweidimensionale Verzweigungsfall. Beispiel 13.1. Wir betrachten die Gleichung[1])

$$u(s) = \frac{2}{\pi} \int_0^\pi \cos(s-t)\, u(t)\, dt + \lambda \sin s + \int_0^\pi \sin(s-t)\, u^2(t)\, dt +$$
$$+ \lambda \int_0^\pi \theta(s,t) \sum_{k=2}^\infty \frac{1}{k!} u^k(t)\, dt$$

mit einer stetigen Funktion $\theta(s, t)$, $s, t \in [0, \pi]$. Wie im Beispiel 12.3 ist 1 ein zweifacher Eigenwert des reellen symmetrischen Kerns $K(s, t) = 2/\pi \cos(s - t)$, dem die normierten Eigenfunktionen

$$\varphi_1(s) = \sqrt{\frac{2}{\pi}} \sin s\,, \qquad \varphi_2(s) = \sqrt{\frac{2}{\pi}} \cos s$$

entsprechen. Wir setzen

$$\xi_1 = \sqrt{\frac{2}{\pi}} \int_0^\pi u(t) \sin t\, dt\,, \qquad \xi_2 = \sqrt{\frac{2}{\pi}} \int_0^\pi u(t) \cos t\, dt$$

und bringen die betrachtete Gleichung auf die Form

$$u(s) = \xi_1 \varphi_1(s) + \xi_2 \varphi_2(s) + \lambda \sin s \int_0^\pi \sin(s-t)\, u^2(t)\, dt + \lambda \int_0^\pi \theta(s,t) \sum_{k=2}^\infty \frac{1}{k!} u^k(t)\, dt\,.$$

Ein Vergleich mit (10.19) ergibt

$$g(s) = \sin s\,, \quad g_{20}(s,t) = \sin(s-t)\,, \quad g_{k0}(s,t) \equiv 0 \quad \text{für} \quad k \neq 2\,,$$
$$g_{m1}(s,t) = \frac{1}{m!} \theta(s,t) \quad \text{für} \quad m \geqq 2\,,$$
$$g_{11}(s,t) \equiv 0\,, \quad g_{mk}(s,t) \equiv 0 \quad \text{für} \quad k > 1\,.$$

Mit (10.20′) schreiben wir

$$u(s) = \xi_1 \varphi_1(s) + \xi_2 \varphi_2(s) + \lambda \sin s + \sum_{i+k+l \geqq 2} a_{ikl}(s)\, \xi_1^i\, \xi_2^k\, \lambda^l\,; \tag{13.4}$$

die Koeffizienten $a_{ikl}(s)$ berechnen wir nach den Formeln (10.22),

$$a_{011}(s) = \frac{4}{3} \sqrt{\frac{2}{\pi}} \sin s\,, \qquad a_{110}(s) = \frac{8}{3\pi} \sin s\,,$$
$$a_{101}(s) = -\frac{8}{3} \sqrt{\frac{2}{\pi}} \cos s\,, \qquad a_{200}(s) = -\frac{8}{3\pi} \cos s\,,$$
$$a_{020}(s) = -\frac{4}{3\pi} \cos s\,, \qquad a_{002}(s) = -\frac{4}{3} \cos s\,.$$

[1]) Dieses Beispiel stammt von P. G. Aisengendler.

Damit berechnen wir die Koeffizienten der Verzweigungsgleichung; nach Kürzen durch $-\frac{2\sqrt{2}}{3\sqrt{\pi}}$ lautet die Verzweigungsgleichung

$$\Phi_1(\xi_1, \xi_2, \lambda) \equiv 2\,\xi_1^2 + \xi_2^2 + \frac{8}{3\sqrt{2\pi}}(4\,\xi_1^2\,\xi_2 - \xi_2^3) + \\ + o_3(\xi_1, \xi_2) + \lambda\left[\pi\lambda + 2\sqrt{2\pi}\,\xi_1 + o_2(\xi_1, \xi_2, \lambda)\right] = 0\,,$$

$$\Phi_2(\xi_1, \xi_2, \lambda) \equiv -\,2\,\xi_1\,\xi_2 + \frac{16}{3\sqrt{2\pi}}(\xi_1^3 - \xi_1\,\xi_2^2) + \\ + o_3(\xi_1, \xi_2) + \lambda\left[-\frac{3}{4}\pi - \sqrt{2\pi}\,\xi_2 + o_2(\xi_1, \xi_2, \lambda\right] = 0$$

mit ord $o_3(\xi_1, \xi_2) > 3$, ord $o_2(\xi_1, \xi_2, \lambda) > 2$. Diese Verzweigungsgleichung haben wir am Schluß von Punkt 3.1 auf reguläre Form transformiert und in Punkt 5.2 ausführlich untersucht (siehe Beispiel 5.1). Wir haben gezeigt (siehe Gleichung (5.41)), daß die vorliegende Verzweigungsgleichung vier komplexe kleine Lösungen hat, die sich nach Potenzen von $\lambda^{1/2}$ entwickeln lassen. Folglich besitzt auch die betrachtete Integralgleichung vier kleine Lösungen der Form

$$u_i(s) = \sum_{k=1}^{\infty} b_{k\,i}(s)\,\lambda^{k/2}\,, \qquad i = 1, 2, 3, 4\,.$$

Die Koeffizienten $b_{k\,i}(s)$ können wir wieder nach der Methode der unbestimmten Koeffizienten berechnen. Wir setzen $u_i(s)$ in die Integralgleichung ein und vergleichen die Koeffizienten bei gleichen Potenzen von λ. Natürlich können wir auch so vorgehen, daß wir die in (5.41) auftretenden Koeffizienten α_{kj} durch Koeffizientenvergleich berechnen und anschließend $\xi_1^{(j)}$, $\xi_2^{(j)}$ in (13.4) einsetzen, wodurch wir wieder die vier kleinen Lösungen der Integralgleichung erhalten.

B e i s p i e l 13.2. Als weiteres Beispiel betrachten wir ein Randwertproblem für die elliptische Differentialgleichung[1])

$$\Delta u + \omega\,u + A_1\,\lambda + B_1\,\lambda^2 + C_1\,\lambda\,u + D_1\,u^2 + R(u, \lambda) = 0\,. \qquad (13.5($$

Die Funktionen A_1, B_1, C_1 und D_1 seien auf dem Einheitsquadrat $Q = \{s, t\colon 0 \leqq s, t \leqq 1\}$ stetig; λ sei ein kleiner reeller Parameter, ω ein reeller Parameter, Δ der LAPLACE-Operator; die Funktion $R(u, \lambda)$ sei im Koordinatenursprung $u = 0, \lambda = 0$ analytisch und enthalte keine Glieder von nullter, erster und zweiter Ordnung in u und λ.

Wir suchen eine auf Q definierte klassische Lösung $u(s, t)$ der Gleichung (13.5), die auf dem Rand von Q verschwindet.

[1]) Mit anderen Methoden wird dieses Beispiel in den Arbeiten L. M. GRAVES [1], M. M. WAINBERG und W. A. TRENOGIN [1] untersucht. Die hier angegebenen Berechnungen gehen auf P. G. AISENGENDLER zurück.

Die GREENsche Funktion lautet

$$G(s,t;\sigma,\tau) = \frac{4}{\pi^2} \sum_{i=1}^{\infty} \sum_{j=1}^{\infty} \frac{\sin \pi i s \sin \pi j t \sin \pi i \sigma \sin \pi j \tau}{i^2 + j^2};$$

deshalb ist das Randwertproblem der Integralgleichung

$$u - \omega \Gamma u = \Gamma A_1 \lambda + \Gamma B_1 \lambda^2 + \Gamma(C_1 u) \lambda + \Gamma(D_1 u^2) + \Gamma(R) = 0 \quad (13.6)$$

mit

$$\Gamma v = \iint_Q G(s,t;\sigma,\tau)\, v(\sigma,\tau)\, d\sigma\, d\tau$$

äquivalent. Die charakteristischen Zahlen des symmetrischen Integraloperators Γ sind die Zahlen $\omega = \pi^2 k$ mit $k = i^2 + j^2$ (i und j sind natürliche Zahlen). Besitzt also die diophantische Gleichung

$$i^2 + j^2 = k \quad (13.7)$$

r Lösungen, so ist $\omega = \pi^2 k$ eine r-fache charakteristische Zahl des Operators Γ; zu dieser charakteristischen Zahl gehören die normierten Eigenfunktionen

$$\varphi_{ij}(s,t) = 2 \sin \pi i s \sin \pi j t\,,$$

wenn die Paare (i,j) die Lösungen der diophantischen Gleichung (13.7) sind. Folgende Fälle sind möglich:

1. Für ein vorgegebenes k ist die diophantische Gleichung (13.7) unlösbar, d. h. $r = 0$. Dann liegt der reguläre Fall vor, und die Gleichung (13.6) besitzt genau eine kleine Lösung der Form

$$u(s,t) = \sum_{k=1}^{\infty} b_k(s,t)\, \lambda^k\,.$$

Die $b_k(s,t)$ lassen sich nach der Methode der unbestimmten Koeffizienten berechnen.

2. Für ein vorgegebenes k hat die Gleichung (13.7) genau eine Lösung, d. h. $r = 1$ (z.B. für $k = 2$, $k = 8$). Dann haben wir es mit dem eindimensionalen Verzweigungsfall zu tun, so daß wir zunächst das NEWTONsche Diagramm und anschließend die früher behandelten Verfahren anwenden müssen (siehe § 2 sowie Punkt 12.2 und 13.2).

3. Für ein vorgegebenes k besitzt die Gleichung (13.7) zwei (z.B. für $k = 5$, $k = 10$) oder mehr als zwei Lösungen. Dann liegt der zwei- oder mehrdimensionale Verzweigungsfall vor.

Betrachten wir einen Spezialfall. Es sei $k = 10$; A_1 und D_1 seien Konstanten mit $D_1 \neq 0$. Dann ist $r = 2$; der Operator Γ hat die beiden Eigenfunktionen

$$\varphi_{13}(s,t) = 2 \sin \pi s \sin 3\pi t\,, \qquad \varphi_{31}(s,t) = 2 \sin 3\pi s \sin \pi t\,,$$

die zu der charakteristischen Zahl $\omega = 10\,\pi^2$ gehören. Zur Herleitung der Verzweigungsgleichung benutzen wir die Formeln (11.11); wenn wir die erste Gleichung durch 4.74 D_1 und die zweite durch $-$ 2.19 D_1 kürzen, erhalten wir

$$\left.\begin{aligned} 0{,}56\,\alpha\,\lambda + \xi_1^2 - 0{,}92\,\xi_1\,\xi_2 - 0{,}46\,\xi_2^2 + \cdots = 0\,, \\ -\,1{,}23\,\alpha\,\lambda + \xi_1^2 + 2\,\xi_1\,\xi_2 - 2{,}18\,\xi_2^2 + \cdots = 0 \end{aligned}\right\} \tag{13.8}$$

mit $\alpha = A_1/D_1$. Weitere Berechnungen ergeben (siehe Punkt 5.2, 5.3)

$$m_0 = 4\,, \quad n_0 = 2\,, \quad B_{40} = -\,5{,}57\,, \quad B_{21} = 5{,}96\,\alpha\,,$$
$$B_{02} = 3{,}20\,\alpha^2\,, \qquad \Delta = B_{21}^2 - 4\,B_{40}\,B_{02} = 106{,}82\,\alpha^2\,.$$

Das entsprechende Newtonsche Diagramm ist in Abb. 13 dargestellt. Da jede der Gleichungen (5.28) und (5.28′) zwei reelle Wurzeln hat, besitzt das Gleichungssystem (13.8) zwei reelle kleine Lösungen der Form

$$\xi_i^{(n)} = \sum_{m=1}^{\infty}{}' \eta_{i\,m}^n\,\lambda^{m/2}\,, \qquad i = 1, 2;\ n = 1, 2\,,$$

für $\lambda \geqq 0$, sowie zwei reelle kleine Lösungen derselben Form für $\lambda \leqq 0$. Hieraus folgt, daß die Gleichung (13.6), und damit auch das Randwertproblem (13.5), für $\lambda \geqq 0$ nur zwei reelle kleine Lösungen hat und daß sich diese Lösungen in die konvergenten Reihen

$$u_n(s, t) = \sum_{k=1}^{\infty} b_k^{(n)}(s, t)\,\lambda^{k/2}\,, \qquad n = 1, 2\,, \tag{13.9}$$

entwickeln lassen. Auch für $\lambda \leqq 0$ gibt es nur zwei reelle kleine Lösungen, die ebenfalls in der Form (13.9) darstellbar sind (wenn wir vorher in (13.6) λ durch $-\,\lambda$ ersetzen). Die Koeffizienten $b_k(s, t)$ können wir wieder nach der Methode der unbestimmten Koeffizienten berechnen.

13.4. Die Nekrassowsche Gleichung. Wir betrachten die stationäre Strömung einer schweren Flüssigkeit. In unendlicher Tiefe bewege sich die Flüssigkeit geradlinig und gleichförmig mit der konstanten Geschwindigkeit c entlang einer Parallelen zur Horizontalen, die wir als x-Achse wählen. An der freien Oberfläche bilde die Stromlinie eine stehende Welle, wobei die Flüssigkeit entlang dieser Stromlinie in Richtung der x-Achse fließe. Die positive Richtung der x-Achse stimme mit der Richtung des Vektors c überein, die y-Achse zeige senkrecht nach oben.

Erteilen wir der ganzen Flüssigkeit die Geschwindigkeit $-\,c$, so befindet sich die Flüssigkeit in unendlicher Tiefe in Ruhe, während auf der freien Oberfläche der Flüssigkeit Wellen mit der Geschwindigkeit $-\,c$ laufen. Eine Strömung der Flüssigkeit mit stationären Wellen läßt sich also auf eine stationäre Strömung der ganzen Flüssigkeit zurückführen. Deshalb können wir anstelle der Strömung mit stationären Wellen die oben beschriebene stationäre Strömung der Flüssigkeit untersuchen.

$\varphi(x, y)$ sei das Geschwindigkeitspotential und $\psi(x, y)$ die Stromfunktion dieser stationären Strömung. Diese Funktionen genügen der LAPLACEschen Gleichung

$$\Delta\varphi = 0\,, \qquad \Delta\psi = 0\,.$$

Da die Geschwindigkeit in unendlicher Tiefe gleich $+ c$ ist, gilt

$$-\left.\frac{\partial\varphi}{\partial x}\right|_{y=-\infty} = + c\,, \qquad -\left.\frac{\partial\varphi}{\partial y}\right|_{y=-\infty} = 0\,. \tag{13.10}$$

Wir benutzen die BERNOULLIsche Gleichung

$$\frac{p}{\varrho} = C_1 - g\,y - \frac{1}{2}\,q^2\,,$$

wobei p der (auf der freien Oberfläche konstante) Druck, ϱ die Dichte der Flüssigkeit, $C_1 = \text{const}$, g die Schwerebeschleunigung und q der Betrag des Geschwindigkeitsvektors der Flüssigkeit ist. Auf der freien Oberfläche gilt

$$\left(\frac{\partial\varphi}{\partial x}\right)^2 + \left(\frac{\partial\varphi}{\partial y}\right)^2 = q^2 = 2\,C - 2\,g\,y\,. \tag{13.11}$$

Die Lösungen der Gleichung $\Delta\varphi = 0$ müssen also den Randbedingungen (13.10) und (13.11) genügen, wobei die Bedingung (13.11) auf einer Stromlinie der freien Oberfläche erfüllt sein muß, d. h. auf einer Linie, deren Form gesucht wird.

Zur Bestimmung der Form dieser Linie benutzt A. I. NEKRASSOW [1, 2] eine konforme Abbildung des unendlichen Halbstreifens, der von einer Welle gebildet wird, auf den Einheitskreis der komplexen u-Ebene ($u = \xi + i\,\eta$) mit der Eigenschaft, daß das Profil der Welle in den Umfang dieses Kreises und der Punkt $y = -\infty$ des betrachteten Halbstreifens in den Mittelpunkt dieses Kreises übergehen. Dabei wird vorausgesetzt, daß die Wellen eine senkrechte Symmetrieachse haben und daß der Punkt $u = 1$ dem Wert $x = 0$ entspricht. Bezeichnen wir mit λ die Wellenlänge, so lautet die Abbildung

$$w = \frac{\lambda\,c}{2\,\pi\,i}\ln u \qquad (w = \varphi + i\,\psi)\,,$$

$$z = \frac{\lambda\,i}{2\,\pi}\left[\ln u + \sum_{k=1}^{\infty}\frac{a^k}{k}\,u^k\right] \qquad (z = x + i\,y)\,.$$

Wegen der Symmetrie der Welle sind die Koeffizienten a_k reell.

Setzen wir $u = r\,e^{i\,\theta}$ und $r = 1$, so erhalten wir aus der Formel für z eine Gleichung für das Profil der Welle,

$$x = -\frac{\lambda}{2\,\pi}\left[\theta + \sum_{k=1}^{\infty}\frac{a_k}{k}\sin k\,\theta\right], \qquad y = \frac{\lambda}{2\,\pi}\sum_{k=1}^{\infty}\frac{a_k}{k}\cos k\,\theta\,.$$

Für den Winkel Φ, den die Tangente an das Profil mit der x-Achse bildet, ergibt sich

$$\Phi(\theta) = \arctan\frac{\sum\limits_{k=1}^{\infty} a_k \sin k\,\theta}{1 + \sum\limits_{k=1}^{\infty} a_k\cos k\,\theta}\,.$$

Die Kenntnis der Funktion $\Phi(\theta)$ führt zu einer vollständigen Beschreibung des Profils der gesuchten stationären Welle.

A. I. Nekrassow [1, 2] hat gezeigt, daß die Funktion $\Phi(\theta)$ eine Lösung der nichtlinearen Integralgleichung

$$\Phi(\theta) = \mu \int_0^{2\pi} K(\tau, \theta) \frac{\sin \Phi(\tau)}{1 + \mu \int_0^\tau \sin \Phi(\omega)\, d\omega}\, d\tau \tag{13.12}$$

mit

$$K(\tau, \theta) = \frac{1}{3\pi} \sum_{n=1}^{\infty} \frac{\sin n\,\theta \sin n\,\tau}{n}$$

ist; die Integrationskonstante μ nimmt nur nichtnegative Werte an.

13.5. Die Verzweigungsgleichung für die Nekrassowsche Gleichung. Wir suchen alle kleinen Lösungen der Nekrassowschen Gleichung (13.12). Bei hinreichend kleinem $|\Phi(\theta)|$ gilt

$$\frac{1}{1 + \mu \int_0^\tau \sin \Phi(\omega)\, d\omega} = 1 - \mu \int_0^\tau \sin \Phi(\omega)\, d\omega + \mu^2 \left(\int_0^\tau \sin \Phi(\omega)\, d\omega \right)^2 - + \cdots.$$

Deshalb kann die Gleichung (13.12) folgendermaßen geschrieben werden:

$$\begin{aligned}\Phi(\theta) = \mu \int_0^{2\pi} K(\tau, \theta) \Bigg\{ 1 - \mu \int_0^\tau \left[\Phi(\omega) - \frac{1}{3!} \Phi^3(\omega) + \frac{1}{5!} \Phi^5(\omega) - + \cdots \right] d\omega + \\ + \mu^2 \left(\int_0^\tau \left[\Phi(\omega) - \frac{1}{3!} \Phi^3(\omega) + \cdots \right] d\omega \right)^2 - + \cdots \Bigg\} \times \\ \times \left[\Phi(\tau) - \frac{1}{3!} \Phi^3(\tau) + - \cdots \right] d\tau\end{aligned}$$

oder

$$\begin{aligned}\Phi(\theta) - \mu \int_0^{2\pi} K(\theta, \tau)\, \Phi(\tau)\, d\tau = \\ = \mu \int_0^{2\pi} K(\theta, \tau) \left[-\frac{1}{3!} \Phi^3(\tau) + \frac{1}{5!} \Phi^5(\tau) - + \cdots \right] d\tau - \\ - \mu^2 \int_0^{2\pi} K(\theta, \tau) \left[\Phi(\tau) - \frac{1}{3!} \Phi^3(\tau) + \cdots \right] \Bigg\{ \int_0^\tau \left[\Phi(\omega) - \frac{1}{3!} \Phi^3(\omega) + \cdots \right] d\omega - \\ - \mu \left(\int_0^\tau \left[\Phi(\omega) - \frac{1}{3!} \Phi^3(\omega) + \cdots \right] d\omega \right)^2 + \cdots \Bigg\} d\tau.\end{aligned} \tag{13.13}$$

Diese Gleichung besitzt für jedes μ die triviale Lösung $\Phi(\theta) \equiv 0$. Die charakteristischen Zahlen des Kerns $K(\theta, \tau)$ sind

$$\mu_n = 3\,n\,, \qquad n = 1, 2, 3, \ldots .$$

Nur diese Werte für μ können Verzweigungspunkte (genauer Bifurkationspunkte) der Gleichung (13.13) sein (siehe z.B. M. M. Wainberg [1], Satz 17.2). Wir wollen zeigen, daß in jedem Punkt $\mu = 3\,n$ von der trivialen Lösung genau eine nichttriviale Lösung der Gleichung (13.13) bzw. (13.12) abzweigt. Dabei beschränken wir uns auf den Fall $\mu = 3$ (also $n = 1$); für $\mu = 3\,n$ mit $n > 1$ läßt sich die Aussage analog beweisen.

Wir setzen in der Gleichung (13.13) $\mu = 3 + \lambda$,

$$\Phi(\theta) - 3\int_0^{2\pi} K(\theta,\tau)\,\Phi(\tau)\,d\tau =$$

$$= \int_0^{2\pi} K(\theta,\tau)\left[\lambda\,\Phi(\tau) - 9\,\Phi(\tau)\int_0^{\tau}\Phi(\omega)\,d\omega - \frac{1}{2}\,\Phi^3(\tau) - 6\,\lambda\,\Phi(\tau)\int_0^{\tau}\Phi(\omega)\,d\omega + {} \right.$$

$$\left. + 27\,\Phi(\tau)\left(\int_0^{\tau}\Phi(\omega)\,d\omega\right)^2 + o_3\right]d\tau\,, \tag{13.14}$$

o_3 enthält Glieder von höherer als dritter Ordnung. Da 1 ein einfacher Eigenwert des Kerns

$$3\,K(\theta,\tau) = \frac{1}{\pi}\sum_{n=1}^{\infty}\frac{\sin n\,\theta\,\sin n\,\tau}{n}$$

ist, liegt der eindimensionale Verzweigungsfall vor. Dem Eigenwert 1 entsprechen die normierten Eigenfunktionen

$$\varphi_1(\theta) = \frac{\sin\theta}{\sqrt{\pi}}\,, \qquad \psi_1(\tau) \equiv \varphi_1(\tau) = \frac{\sin\theta}{\sqrt{\pi}}\,.$$

Wir substituieren

$$\xi_1 = \frac{1}{\sqrt{\pi}}\int_0^{2\pi}\Phi(\theta)\sin(\theta)\,d\theta$$

und bringen die Gleichung (13.14) auf die Form

$$\Phi(\theta) - \int_0^{2\pi}\sum_{n=2}^{\infty}\frac{\sin n\,\theta\,\sin n\,\tau}{\pi\,n}\,\Phi(\tau)\,d\tau =$$

$$= \xi_1\,\varphi_1(\theta) + \int_0^{2\pi} K(\theta,\tau)\left\{\lambda\,\Phi(\tau) - 9\,\Phi(\tau)\int_0^{\tau}\Phi(\omega)\,d\omega - {}\right.$$

$$\left. - \frac{1}{2}\,\Phi^3(\tau) - 6\,\lambda\,\Phi(\tau)\int_0^{\tau}\Phi(\omega)\,d\omega + 27\,\Phi(\tau)\left(\int_0^{\tau}\Phi(\omega)\,d\omega\right)^2 + o_3\right\}d\tau\,. \tag{13.15}$$

Nun ist 1 kein Eigenwert des linearen Integraloperators, der auf der linken Seite der Gleichung (13.15) steht; deshalb können wir auf diese Gleichung die Überlegungen von Punkt 10.3 anwenden. Da sich aber die Gleichung (13.15) ihrer Form nach von der Gleichung (10.4) unterscheidet, müssen wir die Berechnungen von Punkt 10.3 im einzelnen wiederholen.

Der Kern der Gleichung (13.15)

$$E(\theta, \tau) = \sum_{n=2}^{\infty} \frac{\sin n\,\theta \sin n\,\tau}{\pi\, n}$$

hat die Fredholmsche Resolvente (siehe z. B. E. Goursat [4]),

$$R(\theta, \tau) = \sum_{n=2}^{\infty} \frac{\sin n\,\theta \sin n\,\tau}{\pi\,(n-1)} .$$

Nach (8.4) folgt dann aus (13.15)

$$\begin{aligned}\Phi(\theta) = {} & \xi_1 \left[\varphi_1(\theta) + \int_0^{2\pi} R(\theta,\tau)\, \varphi_1(\tau)\, d\tau\right] + \\ & + \int_0^{2\pi} [K(\theta,\tau) + G(\theta,\tau)] \left\{\lambda\, \Phi(\tau) - 9\, \Phi(\tau) \int_0^{\tau} \Phi(\omega)\, d\omega - \frac{1}{2}\, \Phi^3(\tau) - \right. \\ & \left. - 6\lambda\, \Phi(\tau) \int_0^{\tau} \Phi(\omega)\, d\omega + 27\, \Phi(\tau) \left(\int_0^{\tau} \Phi(\omega)\, d\omega\right)^2 + o_3\right\} d\tau\end{aligned}$$

mit

$$G(\theta, \tau) = \int_0^{2\pi} R(\theta, t)\, K(t, \tau)\, dt = \frac{1}{3\pi} \sum_{n=2}^{\infty} \frac{\sin n\,\theta \sin n\,\tau}{n\,(n-1)} ,$$

oder

$$\begin{aligned}\Phi(\theta) = {} & \xi_1\, \varphi_1(\theta) + \frac{1}{3\pi} \int_0^{2\pi} \left[\sin\theta \sin\tau + \sum_{n=2}^{\infty} \frac{\sin n\,\theta \sin n\,\tau}{n-1}\right] \times \\ & \times \left\{\lambda\, \Phi(\tau) - 9\, \Phi(\tau) \int_0^{\tau} \Phi(\omega)\, d\omega - \frac{1}{2}\, \Phi^3(\tau) - 6\lambda\, \Phi(\tau) \int_0^{\tau} \Phi(\omega)\, d\omega + \right. \\ & \left. + 27\, \Phi(\tau) \left(\int_0^{\tau} \Phi(\omega)\, d\omega\right)^2 + o_3\right\} d\tau . \qquad (13.16)\end{aligned}$$

Diese Gleichung (siehe Punkt 8.4 und Gleichung (8.4)) besitzt bei hinreichend kleinem $|\lambda|$ und $|\xi_1|$ die eindeutig bestimmte kleine Lösung

$$\Phi(\theta) = \xi_1\, \varphi_1(\theta) + \sum_{i+k \geq 2} a_{i\,k}(\theta)\, \xi_1^i\, \lambda^k \qquad (13.17)$$

mit stetigen Koeffizienten $a_{i\,k}(\theta)$.

Setzen wir (13.17) in die Gleichung (13.16) ein, so erhalten wir zur Bestimmung der Koeffizienten $a_{i\,k}(\theta)$ ein rekursives Gleichungssystem der Form (10.16).

Wir wollen die ersten Koeffizienten berechnen. Zunächst bemerken wir, daß $a_{0k}(\theta) \equiv 0$ für alle k ist; diese Behauptung wird wie bei Lemma 11.3 bewiesen. Weiter erhalten wir

$$a_{11}(\theta) = \frac{1}{3\pi} \int_0^{2\pi} [\sin\theta \sin\tau + \pi R(\theta,\tau)]\, \varphi_1(\tau)\, d\tau = \frac{1}{3\sqrt{\pi}} \sin\theta ,$$

$$a_{20}(\theta) = \frac{1}{3\pi} \int_0^{2\pi} [\sin\theta \sin\tau + \pi R(\theta,\tau)] \left\{ -9\varphi_1(\tau) \int_0^{\tau} \varphi_1(\omega)\, d\omega \right\} d\tau =$$

$$= \frac{1}{3\pi} \int_0^{2\pi} [\sin\theta \sin\tau + \pi R(\theta,\tau)] \left\{ \frac{9 \sin\tau}{\pi} (\cos\tau - 1) \right\} d\tau =$$

$$= -\frac{3}{\pi} \sin\theta + \frac{3}{2\pi} \sin 2\theta ,$$

und ebenso

$$a_{21}(\theta) = -\frac{5}{\pi} \sin\theta + \frac{5}{2\pi} \sin 2\theta , \qquad a_{12}(\theta) = \frac{1}{9\sqrt{\pi}} \sin\theta ,$$

$$a_{30}(\theta) = \frac{28}{\pi\sqrt{\pi}} \sin\theta - \frac{45}{2\pi\sqrt{\pi}} \sin 2\theta + \frac{17}{6\pi\sqrt{\pi}} \sin 3\theta .$$

Setzen wir schließlich (13.17) in die Formel für ξ_1 ein, so erhalten wir die Verzweigungsgleichung (12.4); die ersten Koeffizienten L_{mn} berechnen wir nach den Formeln (10.17),

$$L_{0k} = 0 , \qquad k = 1, 2, 3, \ldots ,$$

$$L_{11} = \int_0^{2\pi} a_{11}(\theta)\, \varphi_1(\theta)\, d\theta = \frac{1}{3\pi} \int_0^{2\pi} \sin^2\theta\, d\theta = \frac{1}{3} ,$$

$$L_{20} = \int_0^{2\pi} a_{20}(\theta)\, \varphi_1(\theta)\, d\theta = \int_0^{2\pi} \left(\frac{3}{2\pi} \sin 2\theta - \frac{3}{\pi} \sin\theta \right) \frac{\sin\theta}{\sqrt{\pi}}\, d\theta =$$

$$= -\frac{3}{\pi\sqrt{\pi}} \int_0^{2\pi} \sin^2\theta\, d\theta = -\frac{3}{\sqrt{\pi}} ,$$

$$L_{12} = \frac{1}{9} , \qquad L_{21} = -\frac{5}{\sqrt{\pi}} , \qquad L_{30} = \frac{28}{\pi} .$$

Es gilt also $L_{0k} = 0$ für alle k, $L_{11} \neq 0$ und $L_{20} \neq 0$; der fallende Teil des Newtonschen Diagramms ist in Abb. 17 dargestellt. Das Diagramm zeigt, daß die Verzweigungsgleichung genau eine nichttriviale kleine Lösung besitzt. Die Bestimmungsgleichung

$$L_{11}\,\xi + L_{20}\,\xi^2 = 0$$

lautet

$$\frac{1}{3}\xi - \frac{3}{\sqrt{\pi}}\xi^2 = 0\,,$$

so daß die nichttriviale kleine Lösung der Verzweigungsgleichung folgende Form hat:

$$\xi_1 = \frac{\sqrt{\pi}}{9}\lambda + \sum_{k=2}^{\infty} a_k \lambda^k\,. \tag{13.18}$$

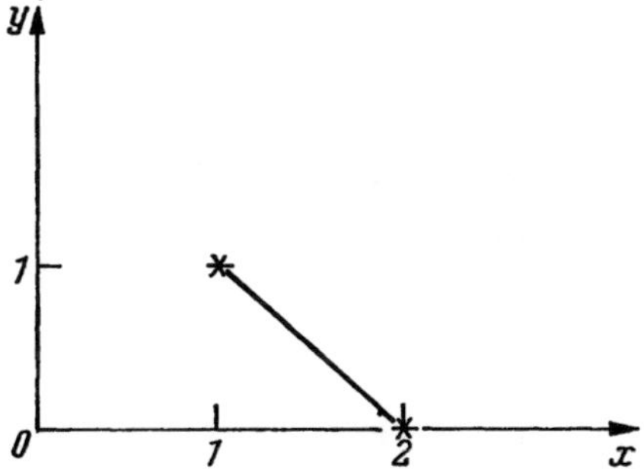

Abb. 17

Nun könnten wir die Koeffizienten a_k nach der Methode der unbestimmten Koeffizienten berechnen und anschließend unter Benutzung von (13.17) und (13.18) die Lösung der NEKRASSOWschen Gleichung konstruieren. Wir wollen aber anders vorgehen. Das NEWTONsche Diagramm hat uns gezeigt, daß die Verzweigungsgleichung genau eine nichttriviale kleine Lösung besitzt, die sich in eine konvergente Reihe nach ganzen Potenzen von λ entwickeln läßt (siehe (13.18)). Hieraus und aus (13.17) folgt, daß auch die NEKRASSOWsche Gleichung genau eine nichttriviale kleine Lösung besitzt, die sich in eine konvergente Reihe nach ganzen Potenzen von λ entwickeln läßt,

$$\Phi(\theta, \lambda) = \sum_{k=1}^{\infty} \Phi_k(\theta)\,\lambda^k\,. \tag{13.19}$$

Die Funktionen $\Phi_k(\theta)$ bestimmen wir jetzt nach der Methode der unbestimmten Koeffizienten.

Es sei

$$A\,u = \int_0^{2\pi} K(\theta, \tau)\,u(\tau)\,d\tau\,.$$

Wir setzen die Reihe (13.19) in die Gleichung (13.14) ein, vergleichen die Koeffizienten bei gleichen Potenzen von λ und erhalten

$$\left.\begin{aligned} \Phi_1(\theta) &= 3\,A\,\Phi_1\,,\\ \Phi_2(\theta) &= 3\,A\,\Phi_2 + A_2(\Phi_1)\,,\\ \Phi_3(\theta) &= 3\,A\,\Phi_3 + A_3(\Phi_1, \Phi_2)\,,\\ &\cdots\cdots\cdots\\ \Phi_n(\theta) &= 3\,A\,\Phi_n + A_n(\Phi_1, \Phi_2, \ldots, \Phi_{n-1})\,,\\ &\cdots\cdots\cdots \end{aligned}\right\} \tag{13.20}$$

Hierbei sind die A_k nichtlineare Operatoren in $\Phi_1, \Phi_2, \ldots, \Phi_{k-1}$, für $k = 3, 4, \ldots$ sind die Operatoren A_k in Φ_{k-1} linear.

Aus der ersten Gleichung des rekursiven Gleichungssystems (13.20) folgt

$$\Phi_1(\theta) = C_1 \sin\theta\,.$$

Die Lösbarkeitsbedingung für die zweite Gleichung $\big(A_2(\Phi_1)$ muß zu $\sin\theta$ orthogonal sein$\big)$ führt auf eine quadratische Gleichung für C_1. In dieser quadratischen Gleichung verschwindet aber der Koeffizient bei C_1^2, so daß $C_1 = 1/9$ wird. Aus der zweiten Gleichung des Systems (13.20) folgt

$$\Phi_2(\theta) = C_2 \sin\theta + \frac{1}{54}\sin 2\,\theta\,,$$

die Lösbarkeitsbedingung für die dritte Gleichung ergibt $C_2 = -\,8/243$. Auf die gleiche Weise finden wir

$$\Phi_3(\theta) = \frac{185}{52488}\sin\theta - \frac{8}{729}\sin 2\,\theta + \frac{17}{4374}\sin 3\,\theta\,.$$

Allgemein folgt aus (13.20)

$$\Phi_n(\theta) = C_n \sin\theta + f_n(\theta)\,,$$

wobei C_n aus der Lösbarkeitsbedingung für die $(n+1)$-te, in C_n $(n \geqq 3)$ lineare Gleichung bestimmt werden muß.

Die Lösung der Nekrassowschen Gleichung (13.12) lautet also

$$\Phi(\theta,\lambda) = \left(\frac{1}{9}\lambda - \frac{8}{242}\lambda^2 + \frac{115}{13122}\lambda^3 + \cdots\right)\sin\theta + \\ + \left(\frac{1}{54}\lambda^2 - \frac{8}{729}\lambda^3 + \cdots\right)\sin 2\,\theta + \frac{17}{4374}\lambda^3 \sin 3\,\theta + \cdots.$$

§ 14. Singuläre Lösungen nichtlinearer Integralgleichungen

In diesem Paragraphen wollen wir singuläre Lösungen nichtlinearer Integralgleichungen beschreiben und Verfahren zu ihrer Konstruktion angeben.[1])

[1]) Zur Entstehung und Entwicklung dieser Fragestellung siehe M. M. Wainberg und P. G. Aisengendler [1] und die dort zitierte Literatur.

14.1. Die Aufgabenstellung. B sei eine beschränkte abgeschlossene Menge des endlichdimensionalen euklidischen Raumes, $s, t \in B$. Wir betrachten die nichtlineare Integralgleichung

$$x(s) - \int_B K(s,t)\, x(t)\, dt = f(s) + \mu \sum_{m=0}^{k} \int_B B_m(s,t)\, x^m(t)\, dt\,. \tag{14.1}$$

$f(s)$, $K(s, t)$ und $B_m(s, t)$ seien stetige (reelle oder komplexwertige) Funktionen, μ sei ein (reeller oder komplexer) Parameter, ferner sei $k \geqq 2$. Besitzt die Gleichung (14.1) eine Lösung, so wird diese auch vom Parameter μ abhängen. In den letzten Paragraphen haben wir uns für stetige Lösungen solcher Gleichungen interessiert, die für $\mu \to 0$ gegen eine vorgegebene stetige Lösung streben.

In diesem Paragraphen wollen wir uns den (in der Metrik des betrachteten Raumes) stetigen Lösungen der Gleichung (14.1) zuwenden, die für $\mu \to 0$ gegen unendlich streben; solche Lösungen heißen singulär. Dabei beschränken wir uns auf singuläre Lösungen, die für $\mu \to 0$ wie μ^{-p} nach unendlich streben; p sei eine positive rationale Zahl.

14.2. Die Zurückführung auf kleine Lösungen. Um die singulären Lösungen der Gleichung (14.1) zu finden, die für $\mu \to 0$ wie μ^{-p} nach unendlich streben, führen wir in (14.1) die Substitution[1])

$$\lambda\, x(s) = u(s)\,, \qquad \mu = \lambda^{k-1} \tag{14.2}$$

ein und erhalten

$$u(s) - \int_B K(s,t)\, u(t)\, dt = \lambda f(s) + \sum_{m=0}^{k} \lambda^{k-m} \int_B B_m(s,t)\, u^m(t)\, dt\,. \tag{14.3}$$

Diese Gleichung, die wir Grundgleichung nennen wollen, kann wie die Gleichung (10.4) untersucht werden. Für $\lambda = 0$ besitzt sie die triviale Lösung $u(s) \equiv 0$.

Fragen wir zunächst nach den kleinen Lösungen der Grundgleichung (14.3). Im regulären Fall, in dem 1 kein Eigenwert des Operators A ist,

$$A\, u = \int_B K(s,t)\, u(t)\, dt\,,$$

hat die Gleichung (14.3) bei hinreichend kleinem $|\lambda|$ genau eine kleine Lösung der Form (10.9). Hieraus und aus (14.2) folgt, daß im regulären Fall auch die Gleichung (14.1) bei hinreichend kleinem $|\mu|$ genau eine Lösung besitzt, die durch die konvergente Reihe

$$x(s) = \sum_{i=1}^{\infty} a_i(s)\, \mu^{\frac{i-1}{k-1}}$$

mit stetigen Koeffizienten $a_i(s)$ darstellbar ist.

---

[1]) Siehe W. A. Trenogin [4].

Wenn also der reguläre Fall vorliegt und die Gleichung (14.3) für $\lambda = 0$ nur die triviale Lösung besitzt, kann die Gleichung (14.1) keine singulären Lösungen der betrachteten Form[1]) haben.

14.3. Singuläre Lösungen im regulären Fall. Wir haben eben gesehen, daß die Gleichung (14.1) keine singulären Lösungen besitzt, wenn 1 kein Eigenwert von A und die Gleichung (14.3) für $\lambda = 0$ nur trivial lösbar ist. Im folgenden werden wir zeigen, daß die Gleichung (14.1) auch im regulären Fall singuläre Lösungen haben kann, sofern die Gleichung (14.3) für $\lambda = 0$ auch nichttriviale Lösungen besitzt.

1 sei kein Eigenwert des Operators A und $R(s, t)$ die Fredholmsche Resolvente des Kerns $K(s, t)$. Dann schreiben wir (14.3) in der Form

$$u(s) = \lambda\, g(s) + \sum_{m=0}^{k} \lambda^{k-m} \int_B A_m(s, t)\, u^m(t)\, dt \tag{14.4}$$

mit

$$g(s) = \int_B R(s, t) f(t)\, dt\,, \qquad A_m(s, t) = \int_B R(s, \tau)\, B_m(\tau, t)\, d\tau\,.$$

Übrigens können wir die Gleichung (14.4) auch dadurch erhalten, daß wir in (14.1) $K(s, t) \equiv 0$, $f(s) = g(s)$, $B_m(s, t) = A_m(s, t)$ setzen und anschließend die Substitution (14.2) benutzen. Die Gleichung (14.4) kann also als Spezialfall der Gleichung (14.3) aufgefaßt werden.

Wir setzen in der Gleichung (14.4) $\lambda = 0$,

$$u(s) = \int_B A_k(s, t)\, u^k(t)\, dt\,. \tag{14.5}$$

Zur Bestimmung der nichttrivialen Lösungen dieser Gleichung benutzen wir die Substitution

$$u(s) = \lambda_0^{-\frac{1}{k-1}}\, v(s)\,; \tag{14.6}$$

bei ungeradem k sei $\lambda_0 > 0$, bei geradem k sei $\lambda_0 \neq 0$. Die Gleichung (14.5) lautet dann

$$\lambda_0\, v(s) = \int_B A_k(s, t)\, v^k(t)\, dt\,. \tag{14.7}$$

Man kennt nun verschiedene hinreichende Bedingungen dafür, daß diese Gleichung nichttriviale Lösungen besitzt. Wenn z. B. der Kern $A_k(s, t)$ positiv (alle Eigenwerte des durch den Kern erzeugten linearen Integraloperators sind positiv) oder quasinegativ (das Spektrum des durch den Kern erzeugten linearen Integraloperators zerfällt in einen positiven und in einen negativen Teil; der positive Teil besteht aus endlich vielen Eigenwerten mit jeweils endlicher Vielfachheit) und k ungerade ist, besitzt die Gleichung (14.7) ein Kontinuum von nichttrivialen Lösungen $v(s) = v_0(s)$, die positiven Werte des Parameters λ_0 ent-

---

[1]) D. h. Lösungen, die langsamer als $\mu^{-1/(k-1)}$ wachsen.

sprechen (siehe M. M. WAINBERG [1], Satz 25.1 und 25.5). Bei geradem k müssen wir auf andere Aussagen zurückgreifen. Ist der Kern $A_k(s, t)$ etwa positiv definit, so besitzt die Gleichung (14.7) ebenfalls ein Kontinuum von nichttrivialen Lösungen (siehe M. GOLOMB [1], Satz 7 und M. M. WAINBERG [1], Satz 25.7). Die entsprechenden Werte des Parameters λ_0 sind von Null verschieden; da der Kern $A_k(s, t)$ positiv definit ist, gilt nämlich

$$\lambda_0 \int_B v^{k+1}(s)\, ds = \int_B \int_B A_k(s, t)\, v^k(s)\, v^k(t)\, ds\, dt > 0 .$$

Wir wählen nun irgendeine nichttriviale Lösung $v_0(s)$ der Gleichung (14.7), die dem Parameter $\lambda_0 \neq 0$ (bzw. $\lambda_0 > 0$ bei ungeradem k) entspricht; mit (14.6) erhalten wir eine nichttriviale Lösung $u_0(s)$ der Gleichung (14.5). Wir setzen dann

$$u(s) = u_0(s) + y(s) \tag{14.8}$$

in die Gleichung (14.4) ein und berücksichtigen dabei, daß $u_0(s)$ eine Lösung der Gleichung (14.5) ist,

$$\begin{aligned} y(s) - k \int_B A_k(s, t)\, u_0^{k-1}(t)\, y(t)\, dt = \\ = \lambda\, g(s) + \int_B A_k(s, t)\, [C_k^2\, u_0^{k-2}(t)\, y^2(t) + C_k^3\, u_0^{k-3}(t)\, y^3(t) + \cdots + y^k(t)]\, dt + \\ + \sum_{m=0}^{k-1} \lambda^{k-m} \int_B A_m(s, t)\, [u_0(t) + y(t)]^m\, dt . \end{aligned} \tag{14.9}$$

Diese Gleichung, die wir Hilfsgleichung nennen wollen, hat dieselbe Form wie die Gleichung (10.4), so daß wir die in den letzten Paragraphen behandelten Methoden anwenden können. Wenn für die Hilfsgleichung (14.9) der reguläre Fall oder der quasireguläre Verzweigungsfall vorliegt, läßt sich jede kleine Lösung dieser Gleichung in eine konvergente Reihe nach ganzen oder gebrochenen Potenzen von λ entwickeln. Jede dieser kleinen Lösungen liefert uns wegen (14.8) eine Lösung $u(s)$ der Gleichung (14.4), wobei die ε_i positive rationale Zahlen mit einem gemeinsamen Nenner sind. Schließlich folgt aus (14.2), daß die Gleichung (14.1) im regulären Fall singuläre Lösungen der Form

$$u(s) = u_0(s) + \sum_{i=1}^{\infty} a_i(s)\, \lambda^{\varepsilon_i} , \qquad u_0(s) \not\equiv 0 ,$$

wobei die ε_i positive rationale Zahlen mit einem gemeinsamen Nenner sind. Schließlich folgt aus (14.2), daß die Gleichung (14.1) im regulären Fall singuläre Lösungen der Form

$$x(s) = \mu^{-\frac{1}{k-1}}\, u_0(s) + \sum_{i=1}^{\infty} \mu^{\frac{\varepsilon_i - 1}{k-1}}$$

hat. Die Aufgabe reduziert sich also auf die Untersuchung der Hilfsgleichung (14.9).

14.4. Die Untersuchung der Hilfsgleichung. Wir beginnen mit dem regulären Fall, in dem 1 kein Eigenwert des Operators T ist,

$$T\,y = k \int_B A_k(s,t)\, u_0^{k-1}(t)\, y(t)\, dt\,. \tag{14.10}$$

Dann besitzt die Gleichung (14.9) (siehe Punkt 10.2) bei hinreichend kleinem $|\lambda|$ genau eine kleine Lösung, die sich in eine konvergente Reihe nach ganzen Potenzen von λ entwickeln läßt (siehe (10.9)), so daß die Gleichung (14.1) die singuläre Lösung

$$x(s) = \mu^{-\frac{1}{k-1}}\, u_0(s) + \sum_{i=0}^{\infty} a_i(s)\, \mu^{\frac{i}{k-1}} \tag{14.11}$$

besitzt. Wir kommen also zu folgendem Ergebnis:

Satz 14.1. *Die folgenden Voraussetzungen seien erfüllt:*

1. 1 *ist kein Eigenwert des Kerns* $K(s, t)$.
2. *Der Kern* $A_k(s, t)$ (*siehe* (14.4)) *ist positiv oder quasinegativ und* k *ist ungerade, oder aber der Kern* $A_k(s, t)$ *ist positiv definit.*
3. $u_0(s)$ *ist irgendeine nichttriviale Lösung der Gleichung* (14.5)[1].
4. 1 *ist kein Eigenwert des Operators* T (*siehe* (14.10)).

Dann besitzt die Gleichung (14.1) *eine singuläre Lösung der Form* (14.11), *wobei die Koeffizienten* $a_i(s)$ *stetige Funktionen sind.*

Wir weisen darauf hin, daß die Gleichung (14.1) unter den Voraussetzungen dieses Satzes unendlich viele singuläre Lösungen der Form (14.11) haben kann, da die Gleichung (14.7) ein Kontinuum von nichttrivialen Lösungen $v_0(s)$, die zu Werten $\lambda_0 \neq 0$ gehören, besitzt.

Nun sei 1 ein einfacher Eigenwert des Operators T. Dann leiten wir die zu der Gleichung (14.9) gehörige Verzweigungsgleichung her, die dieselbe Form wie die Gleichung (12.4) hat (vergleiche § 10). Mit ihrer Hilfe lassen sich die kleinen Lösungen $y_\lambda(s)$ der Gleichung (14.9) beschreiben.

Im trivialen Fall, in dem alle Koeffizienten der Verzweigungsgleichung (12.4) verschwinden, besitzt die Gleichung (14.9) eine einparametrige Schar von kleinen Lösungen $y(\lambda, s)$. Jede dieser kleinen Lösungen liefert mit (14.8) und (14.2) eine singuläre Lösung

$$x(s) = \mu^{-\frac{1}{k-1}}\, u_0(s) + \mu^{-\frac{1}{k-1}}\, y\left(\mu^{\frac{1}{k-1}}, s\right)$$

der Gleichung (14.1).

Ist der Koeffizient L_{20} der Verzweigungsgleichung (12.4) von Null verschieden (siehe die Beispiele 12.2.1—12.2.6), so erzeugt im komplexen Fall jede kleine Lösung der Gleichung (14.9) (auch jede triviale Lösung dieser Gleichung) eine

---

[1]) Die Gleichung (14.5) besitzt, wie wir gesehen haben, ein Kontinuum von nichttrivialen Lösungen.

singuläre Lösung der Gleichung (14.1) mit dem Hauptteil $\mu^{-1/(k-1)} u_0(s)$. Zu dem gleichen Ergebnis kommen wir in den Beispielen 12.2.7—12.2.9. Wir interessieren uns hier aber nur für den reellen Fall. In diesem Fall kann die Gleichung (14.9) auch keine kleine Lösungen haben (siehe Beispiel 12.2.3); dann wird auch die Gleichung (14.1) bei vorgegebenen $u_0(s) \not\equiv 0$ keine singulären Lösungen der betrachteten Form haben.

Ist schließlich 1 ein r-facher ($r \geqq 2$) Eigenwert des Operators T, so nimmt die zu der Gleichung (14.9) gehörige Verzweigungsgleichung die Form (12.6) an. Die Sätze 12.6 und 12.7 führen auf verschiedene Aussagen über die kleinen Lösungen $y(\lambda, s)$ der Gleichung (14.9). Wie wir gesehen haben, ist dann

$$x(s) = \mu^{-\frac{1}{k-1}} \left[u_0(s) + y\left(\mu^{\frac{1}{k-1}}, s\right)\right]$$

eine singuläre Lösung der Gleichung (14.1).

Im Prinzip haben wir die Konstruktion singulärer Lösungen der betrachteten Form auf die Konstruktion kleiner Lösungen der Gleichung (14.9) zurückgeführt und dabei die in § 13 behandelten Methoden benutzt. In Wirklichkeit taucht hier im Unterschied zu diesen Methoden die zusätzliche Schwierigkeit auf, daß nichttriviale Lösungen der Gleichung (14.5) konstruiert werden müssen, deren analytische Gestalt von der analytischen Gestalt des Kerns $A_k(s, t)$ abhängt.

14.5. Singuläre Lösungen im Verzweigungsfall. Wir wenden uns wieder der Grundgleichung (14.3) zu. 1 sei ein einfacher Eigenwert des Kerns $K(s, t)$. Zur Bestimmung der kleinen Lösungen der Gleichung (14.3) erhalten wir wie in Punkt 10.3 die Verzweigungsgleichung (10.18), die mit den Methoden von § 2 untersucht werden kann (siehe Punkt 2.7, in dem wir verschiedene einfache Spezialfälle behandelt haben). Nehmen wir an, daß nicht alle Koeffizienten der Verzweigungsgleichung verschwinden. Die kleinen Lösungen der Verzweigungsgleichung (10.18) schreiben wir in der Form (2.5),

$$\xi = \xi_\varepsilon \lambda^\varepsilon + V\,, \qquad V = o(\lambda^\varepsilon) \quad \text{für} \quad \lambda \to 0\,.$$

Weiter setzen wir voraus, daß für eine gewisse Lösung $0 < \varepsilon < 1$ (und natürlich $\xi_\varepsilon \neq 0$) ist, daß also der dieser Lösung entsprechende Abschnitt des fallenden Teils des NEWTONschen Diagramms mit der negativen Abszissenrichtung den Winkel $\alpha < \pi/4$ bildet. Mit (10.14) erhalten wir dann eine kleine Lösung der Gleichung (14.3), die für $\lambda \to 0$ folgendes Verhalten zeigt:

$$u(s) = b(s)\,\lambda^\varepsilon + o(\lambda^\varepsilon)\,.$$

Hieraus und aus (14.2) folgt, daß die Gleichung (14.1) eine singuläre Lösung der Form

$$x(s) = b(s)\,\mu^{\frac{\varepsilon-1}{k-1}} + o\left(\mu^{\frac{\varepsilon-1}{k-1}}\right) \tag{14.12}$$

für $\mu \to 0$ besitzt; dabei ist $b(s) \not\equiv 0$. Wir fassen das Ergebnis zusammen.

Satz 14.2. *Die folgenden Voraussetzungen seien erfüllt:*

1. 1 *sei ein einfacher Eigenwert des Kerns* $K(s, t)$.

2. *Die Verzweigungsgleichung* (10.18), *die zu der Gleichung* (14.3) *gehört, besitze relle Lösungen der Form*

$$\xi = \xi_\varepsilon \lambda^\varepsilon + o(\lambda^\varepsilon) \tag{14.13}$$

für $\lambda \to 0$, *dabei sei* $0 < \varepsilon < 1$ *und* $\xi_\varepsilon \neq 0$.

Dann entspricht jeder dieser Lösungen der Verzweigungsgleichung eine singuläre Lösung der Gleichung (14.1), *die die Form* (14.12) *hat.*

Wir erwähnen, daß die singulären Lösungen der Form (14.12) mit den in § 13 behandelten Methoden konstruiert werden können.

Schließlich weisen wir darauf hin, daß die kleinen Lösungen der Gleichung (14.3) keine singulären Lösungen der Gleichung (14.1) (mit der geforderten Wachstumseigenschaft) erzeugen, wenn alle kleinen Lösungen der zu der Gleichung (14.3) gehörigen Verzweigungsgleichung für $\lambda \to 0$ die Form (14.13) haben und dabei $\varepsilon > 1$ ist.

Ähnliche Ergebnisse erhalten wir auch, wenn 1 ein r-facher ($r \geqq 2$) Eigenwert des Kerns $K(s, t)$ ist. Die Verzweigungsgleichung hat dann die Form (10.24) und kann mit den Methoden von § 6 untersucht werden (vgl. Aisengendler [2]).

$\xi = (\xi_1, \xi_2, \ldots, \xi_r)$ sei eine kleine Lösung der Verzweigungsgleichung (10.24), wobei sich die Koordinaten des Vektors ξ für $\lambda \to 0$ wie

$$\xi_i = \eta_{\varepsilon_i} \lambda^{\varepsilon_i} = o(\lambda^{\varepsilon_i}), \qquad i = 1, 2, \ldots, r, \tag{14.13'}$$

verhalten. Wenn dann für ein gewisses i $\eta_{\varepsilon_i} \neq 0$ und $0 < \varepsilon_i < 1$ ist, entspricht dieser kleinen Lösung der Verzweigungsgleichung (wegen (10.20)) eine singuläre Lösung der Gleichung (14.1), die die Form (14.12) hat.

Haben alle kleinen Lösungen der zu der Gleichung (14.3) gehörigen Verzweigungsgleichung (10.24) die Form (14.13') und ist $\varepsilon_i > 1$ für $i = 1, 2, \ldots, r$, so erzeugen die kleinen Lösungen der Gleichung (14.3) keine singulären Lösungen der Gleichung (14.1) (mit der geforderten Wachstumseigenschaft).

Die Grundgleichung (14.3) kann außer kleinen Lösungen noch andere Lösungen haben. Setzen wir in der Gleichung (14.3) $\lambda = 0$, so erhalten wir die entsprechende Hilfsgleichung

$$u(s) = \int_B K(s, t)\, u(t)\, dt + \int_B B_k(s, t)\, u^k(t)\, dt\,. \tag{14.14}$$

Diese Hilfsgleichung kann nichttriviale Lösungen besitzen. $u_0(s)$ sei eine nichttriviale Lösung von (14.14). Unter Benutzung der Substitution (14.8) bringen wir die Gleichung (14.3) auf die Form

$$\begin{aligned} y(s) &- \int_B [K(s, t) + k\, B_k(s, t)\, u_0^{k-1}(t)]\, y(t)\, dt = \\ &= \lambda f(s) + \int_B B_k(s, t)\, [C_k^2\, u_0^{k-2}(t)\, y^2(t) + C_k^3\, u_0^{k-3}(t)\, y^3(t) + \cdots + y(t)]\, dt + \\ &+ \sum_{m=0}^{k-1} \lambda^{k-m} \int_B B_m(s, t)\, [u_0(t) + y(t)]^m\, dt\,. \end{aligned} \tag{4.15}$$

Diese Gleichung kann wie die Gleichung (14.9) untersucht werden; jede reelle kleine Lösung $y(\lambda, s)$ dieser Gleichung erzeugt eine singuläre Lösung der Gleichung (14.1),

$$x(s) = \mu^{-\frac{1}{k-1}}\left[u_0(s) + y\left(\mu^{\frac{1}{k-1}}, s\right)\right].$$

14.6. Singuläre Lösungen im Raum der summierbaren Funktionen. In den letzten Punkten haben wir singuläre Lösungen der Gleichung (14.1) untersucht, die für $\mu \neq 0$ im Raum der stetigen Funktionen liegen. Die dabei erzielten Ergebnisse können auf L^p-Räume ($p = 1 + k$) übertragen werden.

B sei eine im Lebesgueschen Sinne meßbare Teilmenge des endlichdimensionalen euklidischen Raumes mit mes $B < \infty$. Der Kern $K(s, t)$ erzeuge einen linearen Integraloperator A,

$$A\,u = \int_B K(s, t)\, u(t)\, dt\,,$$

der $L^p(B)$ in sich abbildet ($p = 1 + k$) und vollstetig ist. Diese Voraussetzung ist zum Beispiel für $K(s, t) \in L^q(B \times B)$ mit $q = (1 + k)/k$ erfüllt, was unmittelbar aus der Hölderschen Ungleichung folgt. Ferner sei $f(s) \in L^p(B)$, $\int_B B_0(s, t)\, dt \in L^p(B)$; jeder Kern $B_m(s, t)$ erzeuge einen Operator A_m,

$$A_m u = \int_B B_m(s, t)\, u(t)\, dt\,, \qquad m = 1, 2, \ldots, k\,,$$

der $L^{q_m}(B)$ in $L^{p_m}(B)$ ($p_m = 1 + m$, $q_m = (1 + m)/m$) abbildet und vollstetig ist.

Aus diesen Voraussetzungen folgt, daß die in der Gleichung (14.1) auftretenden linearen und nichtlinearen Integraloperatoren $L^p(B)$ in sich abbilden ($p = 1 + k$). Zeigen wir das für den letzten Summanden auf der rechten Seite von (14.1): Es sei $x(t) \in L^{1+k}$; dann gilt $x^k(t) \in L^{(1+k)/k} = L^q$; nach Voraussetzung bildet der Operator A_k aber L^q vollstetig in L^p ab ($p = 1 + k$, $q = (1 + k)/k$).

Deshalb bleiben alle Aussagen, die wir bisher für den Raum der stetigen Funktionen formuliert haben, auch im L^p-Raum ($p = 1 + k$) erhalten. Unter einer kleinen Lösung $y(\lambda, s)$ verstehen wir jetzt eine Funktion aus L^{1+k}, deren Norm in diesem Raum für $\lambda \to 0$ nach Null strebt. Ein nichttriviale Lösung der Gleichung (14.5) ist eine Lösung, deren Norm in L^{1+k} von Null verschieden ist. Es sei noch erwähnt, daß die Sätze über die Existenz nichttrivialer Lösungen der Gleichung (14.7), auf die wir oben zurückgegriffen haben (M. M. Wainberg [1], Satz 25.1, 25.5 und 25.7), auch in den L^{1+k}-Räumen gelten.

Abschließend bemerken wir, daß die allgemeinere Gleichung

$$x(s) - \int_B K(s, t)\, x(t)\, dt = f(s) + \mu \sum_{i+m=0}^{k} \mu^i \int_B B_{i\,m}(s, t)\, x^m(t)\, dt$$

wie die Gleichung (14.1) untersucht werden kann. Wenn $B_{0\,k}(s, t)$ dieselben Eigenschaften wie $B_k(s, t)$ hat, bleiben alle oben formulierten Aussagen erhalten.

KAPITEL VI

DIE VERZWEIGUNG VON PERIODISCHEN LÖSUNGEN NICHTLINEARER DIFFERENTIALGLEICHUNGSSYSTEME

Dieses Kapitel ist der Lösung des POINCARÉschen Problems gewidmet, das sich mit den periodischen Lösungen eines Systems von gewöhnlichen Differentialgleichungen beschäftigt.

§ 15. Periodische Lösungen nichtautonomer Systeme

15.1. Die Aufgabenstellung. E_n sei der (reelle oder komplexe) n-dimensionale euklidische Raum, G ein Teilgebiet von E_n, λ ein (reeller oder komplexer) Parameter, Λ eine Umgebung des Nullpunktes der komplexen Ebene oder eine Umgebung oder Halbumgebung des Nullpunkts der reellen Achse und $t \in (-\infty, +\infty)$.

Wir betrachten das in vektorieller Form geschriebene Differentialgleichungssystem

$$\frac{dx}{dt} = f(t, x) + \lambda\, g(t, x, \lambda)\,. \tag{15.1}$$

Die Vektorfunktion $x(t) = \big(x_1(t), x_2(t), \ldots, x_n(t)\big) \in E_n$ ist gesucht, die Vektorfunktionen $f = (f_1, f_2, \ldots, f_n)$ und $g = (g_1, g_2, \ldots, g_n)$ mit Werten in E_n sind vorgegeben, in allen Argumenten $(t, x, \lambda) \in (-\infty, +\infty) \times G \times \Lambda$ stetig und in t ω-periodisch. Wir setzen voraus, daß die Funktionen $f(t, x)$ bzw. $g(t, x, \lambda)$ in $x \in G$ bzw. in $(x, \lambda) \in G \times \Lambda$ holomorph sind, so daß sich die Komponenten dieser Vektorfunktionen in einer gewissen Umgebung eines beliebigen Punktes $x^0 \in G$ bzw. $(x^0, \lambda_0) \in G \times \Lambda$ in konvergente Reihen entwickeln lassen,

$$f_i(t, x) = \sum_{k_1 + \cdots + k_n \geqq 0} a^{(i)}_{k_1 k_2 \ldots k_n}(t)\,(x_1 - x_1^0)^{k_1}(x_2 - x_2^0)^{k_2} \cdots (x_n - x_n^0)^{k_n}\,,$$

$$g_i(t, x, \lambda) = \sum_{k_1 + \cdots + k_n + k \geqq 0} b^{(i)}_{k_1 \ldots k_n k}(t)\,(x_1 - x_1^0)^{k_1} \cdots (x_n - x_n^0)^{k_n}(\lambda - \lambda_0)^k\,,$$

$$i = 1, 2, \ldots, n\,.$$

$\varphi(t) = \big(\varphi_1(t), \varphi_2(t), \ldots, \varphi_n(t)\big)$ sei irgendeine ω-periodische Lösung[1]) des erzeugenden Differentialgleichungssystems

$$\frac{dy}{dt} = f(t, y)\,. \tag{15.2}$$

Wir stellen uns folgende Aufgabe:

---

[1]) Zur Existenz solcher Lösungen siehe W. A. PLISS [1].

Problem (A). Gesucht sind alle bei hinreichend kleinem $|\lambda|$ definierten stetigen und ω-periodischen Lösungen $\psi(t, \lambda)$ des Differentialgleichungssystems (15.1), die der Bedingung

$$\psi(t, 0) = \varphi(t)$$

genügen.

Dieses Problem geht auf POINCARÉ [1] zurück, der einen allgemeinen Zugang zu seiner Lösung angegeben hat. Dabei haben sich POINCARÉ und viele andere Autoren in ihren Untersuchungen auf verschiedene Spezialfälle des genannten Problems beschränkt (siehe I. G. MALKIN [1] sowie L. CESARI [1], dort ist auch eine umfangreiche Literatur angegeben). Erst vor relativ kurzer Zeit machte S. LEFSCHETZ [1, 2] den Vorschlag, eine gewisse Modifikation der KRONECKERschen Eliminationsmethode zur Lösung des Problems in seiner allgemeinen Formulierung heranzuziehen. Diese Idee wurde in den Arbeiten von P. G. AISENGENDLER und M. M. WAINBERG [2—4] weiterentwickelt; in diesen Arbeiten findet der in den §§ 2—6 behandelte algebraische Apparat Verwendung.

15.2. Das Verfahren von POINCARÉ. $x(t, \alpha, \lambda)$ sei eine Lösung der Gleichung (15.1), die der Anfangsbedingung

$$x(0, \alpha, \lambda) = \varphi(0) + \alpha \tag{15.3}$$

genügt. Bekanntlich läßt sich diese Lösung (siehe z. B. LEFSCHETZ [2]) in der Form

$$x(t, \alpha, \lambda) = \varphi(t) + \chi(t, \alpha, \lambda) \tag{15.4}$$

schreiben, wobei die Komponenten des Vektors $\chi(t, \alpha, \lambda)$ in die Reihen

$$\chi_i(t, \alpha, \lambda) = \sum_{k_1 + \cdots + k_n + k \geqq 1} c^{(i)}_{k_1 \ldots k_n k}(t)\, \alpha_1^{k_1} \cdots \alpha_n^{k_n} \lambda^k \tag{15.5}$$

entwickelt werden können, die für jedes $t \in [0, \omega]$ in einem gewissen Zylinder $\|\alpha\| \leqq \varrho$, $|\lambda| \leqq \varrho_1$ konvergieren; dabei ist $\alpha = (\alpha_1, \alpha_2, \ldots, \alpha_n)$ und $\|\cdot\|$ eine Norm im E_n.

Die Koeffizienten dieser Reihen bestimmt man folgendermaßen. Man setzt die Lösung (15.4), (15.5) in die Gleichung (15.1) ein und vergleicht anschließend die Koeffizienten bei den Gliedern $\alpha_1^{k_1} \cdots \alpha_n^{k_n} \lambda^k$ mit $k_1 + k_2 + \cdots + k_n + k = \text{const}$. Dadurch erhält man ein rekursives Differentialgleichungssystem für die unbekannten Koeffizienten $c^{(i)}_{k_1 \ldots k_n k}(t)$, das wegen (15.3) unter den Anfangsbedingungen

$$c^{(i)}_{k_1 \ldots k_n k}(0) = \begin{cases} 1 & \text{für } k_i = 1 \text{ und } k_j = 0\ (j \neq i),\ k = 0 \\ 0 & \text{für alle anderen Werte von } k_i \text{ und } k \end{cases}$$

zu lösen ist.

15.3. Die Periodizitätsbedingungen. Die Verzweigungsgleichung. Die Lösung (15.4) ist dann und nur dann ω-periodisch (siehe z. B. LEFSCHETZ [2]), wenn die Bedingungen

$$\chi(\omega, \alpha, \lambda) - \chi(0, \alpha, \lambda) = 0$$

oder (vergleiche (15.3))

$$\chi_i(\omega, \alpha, \lambda) - \varphi_i(0) - \alpha_i = 0 \tag{15.6}$$

erfüllt sind. Wegen (14.5) sind die Funktionen auf der linken Seite dieses Gleichungssystems im Punkt $\alpha_1 = \alpha_2 = \cdots = \alpha_n = \lambda = 0$ analytisch.

Kürzen wir die linken Seiten des Gleichungssystems (15.6) durch die größtmögliche Potenz von λ, so erhalten wir

$$\Psi_i(\alpha_1, \alpha_2, \ldots, \alpha_n, \lambda) = 0\,, \qquad i = 1, 2, \ldots, n\,. \tag{15.7}$$

Eine Lösung $\alpha = \alpha(\lambda)$ dieses Gleichungssystems heißt wieder kleine Lösung, wenn $\alpha(0) = 0$ und $\alpha(\lambda)$ in einer gewissen Umgebung des Punktes $\lambda = 0$ oder (im reellen Fall) in einer gewissen Halbumgebung des Punktes $\lambda = 0$, die diesen Punkt enthält, stetig ist.

Lemma 15.1. *Die Menge aller kleinen Lösungen des Gleichungssystems* (15.7) *läßt sich umkehrbar eindeutig der Menge aller Lösungen des Problems* (A) *zuordnen.*

Dieses Lemma wird etwa so wie das Lemma 12.1 bewiesen.

Die Aufgabe, alle ω-periodischen Lösungen der Differentialgleichung (15.1) zu finden, die bei $\lambda = 0$ von einer vorgegebenen ω-periodischen Lösung der erzeugenden Differentialgleichung (15.2) abzweigen, läßt sich also auf die Bestimmung aller kleinen Lösungen der Gleichung (15.7) zurückführen.

Gilt $\Psi_i(0, \ldots, 0, 0) \neq 0$ für mindestens ein i, so besitzt das Gleichungssystem (15.7) keine kleinen Lösungen. Deshalb werden wir

$$\Psi_i(0, 0, \ldots, 0, 0) = 0\,, \qquad i = 1, 2, \ldots, n\,, \tag{15.8}$$

voraussetzen. Mit J bezeichnen wir die Jacobische Matrix

$$\frac{D(\Psi_1, \Psi_2, \ldots, \Psi_n)}{D(\alpha_1, \alpha_2, \ldots, \alpha_n)}$$

im Nullpunkt; r sei der Defekt dieser Matrix. Von den n Unbekannten α_1, $\alpha_2, \ldots, \alpha_n$ des Gleichungssystems (15.7) eliminieren wir nun $n - r$ Unbekannte, wir erhalten das Gleichungssystem

$$\Phi_i(\xi_1, \xi_2, \ldots, \xi_r, \lambda) = 0\,, \qquad i = 1, 2, \ldots, r\,, \tag{15.9}$$

wenn wir mit $\xi_1, \xi_2, \ldots, \xi_r$ die nach der Elimination verbleibenden Unbekannten bezeichnen. Die Funktionen Φ_i sind im Koordinatenursprung analytisch; aus Lemma 1.1 folgt

$$\operatorname{ord} \Phi_i(\xi_1, \ldots, \xi_r, 0) \geqq 2\,, \qquad \operatorname{ord} \Phi_i(0, \ldots, 0, \lambda) \geqq 1\,,$$

so daß das Gleichungssystem (15.9) die zum Problem (A) gehörige Verzweigungsgleichung darstellt.

Da die Gleichungssysteme (15.7) und (15.9) äquivalent sind, reduziert sich die Untersuchung des Problems (A) auf die Bestimmung aller kleinen Lösungen der Verzweigungsgleichung (15.9).

Bevor wir auf eine Beschreibung möglicher Lösungen des Problems (A) eingehen, wollen wir noch folgendes feststellen:

Bemerkung 15.1. Auf die Verzweigungsgleichung (15.9) kommen wir sowohl im reellen Fall (in dem der Raum E_n und der Parameter λ reell sind) als auch im komplexen Fall. Die Methoden, mit denen wir in § 2 und § 6 die Verzweigungsgleichung untersucht haben, setzen aber voraus, daß die Unbekannten $\xi_1, \xi_2, \ldots, \xi_r, \lambda$ komplex sind. Im reellen Fall werden wir deshalb die Unbekannten $\xi_1, \xi_2, \ldots, \xi_r, \lambda$ zunächst als komplexe Veränderliche auffassen, den Definitionsbereich der Funktionen Φ_i auf den komplexen $(r+1)$-dimensionalen Raum erweitern, alle kleinen Lösungen der so erweiterten Gleichung (15.9) bestimmen und schließlich unter diesen Lösungen die reellen kleinen Lösungen auswählen.

15.4. Die Beschreibung der Lösungen im regulären Fall. Für $r = 0$ ist die Funktionaldeterminante $|J|$ von Null verschieden, so daß der reguläre Fall vorliegt. Aus Satz 1.2 folgt dann, daß das Gleichungssystem (15.7) genau eine kleine Lösung $\alpha(\lambda)$ besitzt, und daß sich die Komponenten dieser Lösung in einer gewissen Umgebung des Punktes $\lambda = 0$ in konvergente Reihen nach ganzen Potenzen von λ entwickeln lassen,

$$\alpha_i = \sum_{k=1}^{\infty} a_k^{(i)} \lambda^k\,, \qquad i = 1, 2, \ldots, n\,. \tag{15.10}$$

Die Koeffizienten $a_k^{(i)}$ können wir nach der Methode der unbestimmten Koeffizienten berechnen, indem wir (15.10) in (15.7) einsetzen und die Koeffizienten bei gleichen Potenzen von λ vergleichen. Setzen wir anschließend α_i in (15.5) ein, so erhalten wir die Lösung (15.4) des Anfangswertproblems (15.1), (15.3).

Diese Lösung (15.4), (15.5) kann natürlich auch direkt nach der Methode der unbestimmten Koeffizienten konstruiert werden. Aus (15.10) und (15.5) folgt nämlich, daß die (eindeutig bestimmte) Lösung (15.4) in einer gewissen Umgebung des Punktes $\lambda = 0$ durch eine konvergente Reihe nach ganzen Potenzen von λ darstellbar ist,

$$x_i(t, \alpha, \lambda) = \varphi_i(t) + \sum_{k=1}^{\infty} b_k^{(i)}(t)\, \lambda^k\,, \qquad i = 1, 2, \ldots, n\,. \tag{15.11}$$

Setzen wir (15.11) in (15.1) ein und vergleichen wir die Koeffizienten bei gleichen Potenzen von λ, so erhalten wir ein rekursives Differentialgleichungssystem für die Vektoren

$$b_k(t) = \left(b_k^{(1)}(t), b_k^{(2)}(t), \ldots, b_k^{(n)}(t)\right)\,, \qquad k = 1, 2, 3, \ldots\,.$$

Bei der Integration der k-ten Gleichung des rekursiven Differentialgleichungssystems für die Vektoren $b_k(t)$ treten willkürliche Konstanten auf, die aus der Bedingung bestimmt werden müssen, daß der Vektor $b_{k+\nu}(t)$, $\nu > 0$, ω-periodisch ist. Dieses rekursive Differentialgleichungssystem für die Vektoren $b_k(t)$

ist lösbar, weil das Problem (A) im regulären Fall genau eine stetige Lösung besitzt, die in einer gewissen Umgebung des Punktes $\lambda = 0$ durch die konvergente Reihe (15.11) darstellbar ist.

Wir erwähnen noch, daß die Methode der unbestimmten Koeffizienten häufig zur Untersuchung der Verzweigung von ω-periodischen Lösungen der Gleichung (15.1) benutzt wird, ohne vorher zu klären, ob die Reihen (15.11) konvergieren. Die Reihen (15.11) sind dann formale Lösungen; das Verfahren zur Bestimmung der Koeffizienten $b_k(t)$ ist das gleiche. Bei solch einem Vorgehen kann man natürlich nicht von vornherein garantieren, daß das rekursive Differentialgleichungssystem für die unbekannten Vektoren $b_k(t)$ lösbar ist (im nicht regulären Fall, d. h. im Verzweigungsfall, kann dieses rekursive Differentialgleichungssystem auch unlösbar sein). Ist aber das rekursive Differentialgleichungssystem lösbar und hat man die Koeffizienten $b_k(t)$ gefunden, so konstruiert man Majoranten um zu beweisen, daß die Reihen (15.11) konvergieren, daß also die formalen Lösungen auch wirklich Lösungen sind.

Im regulären Fall ist das rekursive Differentialgleichungssystem offensichtlich lösbar, und die Reihen (15.11) sind in einer gewissen Umgebung des Punktes $\lambda = 0$ konvergent. Damit kommen wir zu folgendem Ergebnis:

Satz 15.1. *Im regulären Fall ist jede formale Lösung des Problems* (A) *auch wirklich eine Lösung dieses Problems.*

Später werden wir zeigen, daß es im nicht regulären Fall formale Lösungen geben kann, die keine wirklichen Lösungen sind (siehe das Beispiel in Punkt 16.4).

15.5. Die Beschreibung der Lösungen im eindimensionalen Verzweigungsfall. Für $r = 1$ lautet die Gleichung (15.9)

$$\Phi(\xi, \lambda) = 0 \,. \tag{15.12}$$

Sie kann in der Form (12.4) geschrieben werden, so daß der eindimensionale Verzweigungsfall vorliegt. Wenn nicht alle Koeffizienten der Verzweigungsgleichung verschwinden, können wir wie in Punkt 12.2 das NEWTONsche Diagramm benutzen und auf diese Weise alle kleinen Lösungen der Gleichung (15.12) konstruieren,

$$\xi^{(k)} = \sum_{\nu=\nu_k}^{\infty} \eta_\nu^{(k)} \lambda^{\nu/p_k}, \qquad k = 1, 2, \ldots, m; \nu_k \geqq 1 \,. \tag{15.13}$$

Damit finden wir alle Lösungen $\alpha = (\alpha_1, \alpha_2, \ldots, \alpha_n)$ des Gleichungssystems 15.7); auch diese lassen sich in einer gewissen Umgebung des Punktes $\lambda = 0$ in konvergente Reihen nach ganzen Potenzen von $\mu = \lambda^{1/p_k}$ (p_k ist eine natürliche Zahl) entwickeln. Setzen wir diese Werte für $\alpha(\lambda)$ in (15.5) ein, so erhalten wir mit (15.4) alle ω-periodischen Lösungen des Problems (A),

$$x_i^{(k)}(t, \lambda) = \varphi_i(t) + \sum_{\nu=\nu_k}^{\infty} + b_{k\nu}^{(i)}(t) \lambda^{\nu/p_k} \tag{15.14}$$

($i = 1, 2, \ldots, n$; $k = 1, 2, \ldots, m$; $\nu_k \geqq 1$; p_k ist eine natürliche Zahl). Diese Reihen konvergieren in einer gewissen Umgebung des Punktes $\lambda = 0$. Wir kommen also zu folgenden Aussagen:

Satz 15.2. *Wenn nicht alle Koeffizienten der Verzweigungsgleichung* (15.12) *verschwinden, zweigen von der vorgegebenen ω-periodischen Lösung $\varphi(t)$ der erzeugenden Gleichung* (15.2) *endlich viele stetige ω-periodische Lösungen der Gleichung* (15.1) *ab. Die Komponenten jedes Lösungszweiges können in einer gewissen Umgebung des Punktes $\lambda = 0$ in die konvergenten Reihen* (15.14) *entwickelt werden.*

Satz 15.3. *Wenn alle Koeffizienten der Verzweigungsgleichung* (15.12) *verschwinden, zweigt von der vorgegebenen ω-periodischen Lösung $\varphi(t)$ der erzeugenden Gleichung* (15.2) *eine einparametrige Schar von ω-periodischen Lösungen der Gleichung* (15.1) *ab,*

$$x(t, \lambda) = \varphi(t) + \chi(t, \lambda, \xi),$$

wobei ξ ein willkürlicher Parameter und $\chi(t, 0, \xi) \equiv 0$ ist.

Unter den Voraussetzungen von Satz 15.2 lassen sich die Zahlen m, p_k und ν_k mit Hilfe des Newtonschen Diagramms bestimmen.

Die einzelnen Spezialfälle, die wir in Punkt 2.7 betrachtet haben, führen jetzt analog zu Punkt 12.2 auf verschiedene Aussagen über die Anzahl aller ω-periodischen Lösungen des Problems (A) über die Form dieser Lösungen und im reellen Fall über die Anzahl und die Form reeller Lösungen.

Wie im letzten Punkt können die in die Reihen (15.14) eingehenden Vektorfunktionen $b_{k\nu}(t) = \left(b_{k\nu}^{(1)}(t), \ldots, b_{k\nu}^{(n)}(t)\right)$ nach der Methode der unbestimmten Koeffizienten berechnet werden. Die gleichen Überlegungen wie dort führen uns jetzt auf folgende Aussage:

Satz 15.4. *Wenn nicht alle Koeffizienten der eindimensionalen Verzweigungsgleichung* (15.12) *verschwinden, ist jede formale ω-periodische Lösung des Problems* (A) *auch wirklich eine Lösung dieses Problems.*

Im folgenden werden wir zeigen (siehe das Beispiel in Punkt 16.4), daß es unter den Voraussetzungen von Satz 15.3 auch formale Lösungen geben kann, die keine wirklichen Lösungen sind.

15.6. Die Beschreibung der Lösungen im mehrdimensionalen Verzweigungsfall. Nun sei $r > 1$. Unter Benutzung der Bezeichnungen von § 6 bilden wir für das Gleichungssystem (15.9) die Pseudopolynome d_k ($k = 1, 2, \ldots, p$; $p \leqq r$). Die Sätze 6.1 und 6.2 führen auf folgende Aussagen:

Satz 15.5. *Es sei $d_k \sim 1$ für $k = 1, 2, \ldots, r - 1$ und d_r nicht zum Einselement assoziiert. Dann zweigen von der vorgegebenen ω-periodischen Lösung $\varphi(t)$ der erzeugenden Gleichung* (15.2) *endlich viele stetige ω-periodische Lösungen der Gleichung* (15.1) *ab, deren Komponenten in einer gewissen Umgebung des Punktes $\lambda = 0$ in konvergente Reihen der Form* (15.14) *entwickelt werden können.*

Satz 15.6. *Es sei* $d_k \sim 1$ *für* $k = 1, 2, \ldots, r$. *Dann ist das Problem* (A) *unlösbar; die* ω*-periodische Lösung* $\varphi(t)$ *der erzeugenden Gleichung* (15.2) *besitzt also bezüglich* λ *keine stetige* ω*-periodische Fortsetzung.*

Satz 15.7. *Für ein gewisses* m ($m < r$) *sei* d_m *nicht zum Einselement assoziiert. Dann zweigen von der vorgegebenen* ω*-periodischen Lösung* $\varphi(t)$ *der erzeugenden Gleichung* (15.2) *endlich viele* ($r - m$)*-parametrige Scharen von* ω*-periodischen Lösungen der Gleichung* (15.1) *ab.*

Satz 15.8. *Wenn alle Koeffizienten der Verzweigungsgleichung* (15.9) *verschwinden, zweigt von der vorgegebenen* ω*-periodischen Lösung* $\varphi(t)$ *der erzeugenden Gleichung* (15.2) *nur eine* r*-parametrige Schar von* ω*-periodischen Lösungen der Gleichung* (15.1) *ab.*

Unter den Voraussetzungen von Satz 15.5 (also im quasiregulären Verzweigungsfall, siehe Definition 6.1) können die Koeffizienten $b_{k,\nu}^{(i)}(t)$ der Reihen (15.14) nach der Methode der unbestimmten Koeffizienten berechnet werden. Fassen wir die Reihen (15.14) als Komponenten formaler Lösungen auf, so ergibt sich wie in Punkt 15.4 noch folgende Aussage.

Satz 15.9. *Im quasiregulären Verzweigungsfall ist jede formale* ω*-periodische Lösung des Problems* (A) *auch wirklich eine Lösung dieses Problems.*

§ 16. Periodische Lösungen quasilinearer Systeme

Für quasilineare nichtautonome Differentialgleichungssysteme ist das POINCARÉsche Problem ausführlich untersucht worden, sofern für die erzeugende Differentialgleichung kein Resonanzfall vorliegt (siehe z. B. I. G. MALKIN [1]). Wir werden zeigen, daß dieses Problem mit den Methoden der Verzweigungstheorie auch im Resonanzfall untersucht werden kann.

Im letzten Paragraphen haben wir vorausgesetzt, daß die ω-periodische Lösung $\varphi(t)$ der erzeugenden Gleichung (15.2) gegeben ist; im Unterschied dazu können wir diese Lösung $\varphi(t)$ jetzt leicht bestimmen. Ein weiterer Unterschied zum letzten Paragraphen besteht darin, daß sowohl die Herleitung als auch die Gestalt der Verzweigungsgleichung besser zu übersehen sind.

16.1. Die Aufgabenstellung. Wenn in (15.1) $f(t, x) = A\,x + F(t)$, A eine reelle Matrix mit konstanten Elementen und $F(t)$ eine ω-periodische Vektorfunktion ist, erhalten wir das Differentialgleichungssystem

$$\frac{dx}{dt} = A\,x + F(t) + \lambda\,g(t, x, \lambda)\,. \tag{16.1}$$

Gesucht ist wieder die Vektorfunktion $x(t) = \big(x_1(t), x_2(t), \ldots, x_n(t)\big) \in E_n$.

Eine ω-periodische Lösung $\varphi(t)$ des erzeugenden Differentialgleichungssystems

$$\frac{dy}{dt} = A\,y + F(t) \tag{16.2}$$

können wir folgendermaßen finden. Zunächst betrachten wir die charakteristische Gleichung (I sei die Einheitsmatrix)

$$|A - \mu I| = 0 . \tag{16.3}$$

Mit k_0 bezeichnen wir die Anzahl der Gruppen von Lösungen (siehe I. G. MALKIN [1]) der homogenen Gleichung

$$\frac{dy}{dt} = A y , \tag{16.4}$$

die durch die Wurzel $\mu = 0$ der Gleichung (16.3) erzeugt werden; k_ν sei die Anzahl der Gruppen von Lösungen der Gleichung (16.4), die durch die Wurzeln

$$\pm i \frac{2\pi}{\omega} q_\nu \quad \text{(mit natürlichen Zahlen } q_\nu, \nu = 1, 2, \ldots, \gamma)$$

der charakteristischen Gleichung (16.3) erzeugt werden; schließlich sei

$$p = k_0 + 2 \sum_{\nu=1}^{\gamma} k_\nu .$$

Dann (siehe I. G. MALKIN [1]) besitzt das Differentialgleichungssystem (16.4) genau p linear unabhängige ω-periodische Lösungen

$$\varphi_k(t) = \big(\varphi_{1k}(t), \varphi_{2k}(t), \ldots, \varphi_{nk}(t)\big) , \qquad k = 1, 2, \ldots, p ,$$

das zu (16.4) adjungierte Differentialgleichungssystem besitzt ebenfalls p linear unabhängige ω-periodische Lösungen

$$\psi_k(t) = \big(\psi_{1k}(t), \psi_{2k}(t), \ldots, \psi_{nk}(t)\big) , \quad k = 1, 2, \ldots, p .$$

Das inhomogene Differentialgleichungssystem (16.2) besitzt dann und nur dann ω-periodische Lösungen, wenn die Vektorfunktion $F(t)$ den Bedingungen

$$\sum_{i=1}^{n} \int_0^{\omega} F_i(t) \psi_{ij}(t)\, dt = 0 , \qquad j = 1, 2, \ldots, p ,$$

genügt (siehe I. G. MALKIN [1]). Nehmen wir an, diese Bedingungen seien erfüllt. Dann hat die Differentialgleichung (16.2) eine p-parametrige Schar

$$y = \varphi\,(t, h_1, h_2, \ldots, h_p)$$

von ω-periodischen Lösungen (siehe I. G. MALKIN [1]).

Wir wählen nun eine Lösung $\varphi(t)$ aus dieser Schar aus und stellen uns folgende Aufgabe:

Problem (B). Gesucht sind alle bei hinreichend kleinem $|\lambda|$ definierten stetigen und ω-periodischen Lösungen $\psi(t, \lambda)$ des Differentialgleichungssystems (16.1), die der Bedingung

$$\psi(t, 0) = \varphi(t)$$

genügen.

16.2. Die Periodizitätsbedingungen. $y_{ij}(t)$ $(i, j = 1, 2, \ldots, n)$ sei ein Fundamentalsystem des Differentialgleichungssystems (16.4) mit

$$y_{ii}(0) = 1\,, \quad y_{ij}(0) = 0 \quad (i \neq j)\,.$$

Aus der Annahme über die Wurzeln der charakteristischen Gleichung (16.3) folgt, daß das Differentialgleichungssystem (16.4) genau p linear unabhängige ω-periodische Lösungen besitzt; deshalb können wir die Numerierung der Funktionen $y_{ij}(t)$ so abändern, daß

$$\begin{vmatrix} y_{11}(\omega) - 1 & \cdot\ \cdot\ \cdot & y_{1,n-p}(\omega) \\ y_{21}(\omega) & y_{22}(\omega) - 1\ \cdot\ \cdot\ \cdot & y_{2,n-p}(\omega) \\ \cdot\ \cdot\ \cdot & \cdot\ \cdot\ \cdot & \cdot\ \cdot\ \cdot \\ y_{n-p,1}(\omega) & \cdot\ \cdot\ \cdot & y_{n-p,n-p}(\omega) - 1 \end{vmatrix} \neq 0 \tag{16.5}$$

wird (siehe I. G. Malkin [1]). Wir wenden nun das Verfahren von Poincaré an (siehe Punkt 15.2); die Periodizitätsbedingungen (15.6) lauten jetzt (siehe I. G. Malkin [1])

$$\lambda \int_0^\omega \sum_{\nu=1}^n g_\nu(\tau, x(\tau, \alpha, \lambda), \lambda)\, \psi_{\nu,i}(\tau)\, d\tau = 0 \tag{16.6}$$

und

$$\sum_{k=1}^n \alpha_k\, y_{jk}(\omega) - \alpha_j + \lambda \int_0^\omega \sum_{\nu=1}^n g_\nu(\tau, x(\tau, \alpha, \lambda), \lambda)\, y_{j\nu}(\omega - \tau)\, d\tau = 0\,, \tag{16.7}$$

$$i = 1, 2, \ldots, p; \quad j = 1, 2, \ldots, n - p\,.$$

Wegen (16.5) hat die Jacobische Matrix des Gleichungssystems (16.7) im Punkt $\alpha_1 = \alpha_2 = \cdots = \alpha_n = 0$ den Rang $n - p$, so daß sich mit Hilfe des Gleichungssystems (16.7) $n - p$ Unbekannte α_k durch die übrigen p Unbekannten, die wir mit $\beta_1, \beta_2, \ldots, \beta_p$ bezeichnen, ausdrücken lassen. Nach Voraussetzung (siehe Punkt 15.1) ist die Funktion $g(t, x, \lambda)$ in $(x, \lambda) \in G \times \Lambda$ holomorph; deshalb folgt aus dem Satz über implizite Funktionen (Satz 1.2), daß die $n - p$ Unbekannten α_k holomorphe Funktionen von $\beta_1, \beta_2, \ldots, \beta_p$ sind. Setzen wir diese Funktionen in das Gleichungssystem (16.6) ein und berücksichtigen wir wieder, daß die $g_\nu(t, x, \lambda)$ in (x, λ) holomorph sind, so erhalten wir das Gleichungssystem

$$Q_i(\beta_1, \beta_2, \ldots, \beta_p, \lambda) = 0\,, \quad i = 1, 2, \ldots, p\,, \tag{16.8}$$

wobei die Funktionen Q_i in einer gewissen Umgebung des Nullpunktes holomorph sind.

Wir interessieren uns wie in Punkt 15.3 nur für kleine Lösungen des Gleichungssystems (16.8), da sich diese Lösungen umkehrbar eindeutig den Lösungen des Problems (B) zuordnen lassen (siehe Lemma 15.1). Um also die Lösung $\varphi(t)$ der erzeugenden Gleichung (16.2) bezüglich λ zu einer ω-periodischen Lösung der Gleichung (16.1) fortsetzen zu können, muß notwendigerweise

$$Q_i(0, 0, \ldots, 0) = 0\,, \quad i = 1, 2, \ldots, p\,,$$

sein. Im folgenden setzen wir stets voraus, daß diese Bedingungen erfüllt sind.

16.3. Die Herleitung der Verzweigungsgleichung. Mit J bezeichnen wir die JACOBIsche Matrix

$$\frac{D(Q_1, Q_2, \ldots, Q_p)}{D(\beta_1, \beta_2, \ldots, \beta_p)}$$

im Nullpunkt, r sei der Defekt dieser Matrix.

Für $r = 0$ besitzt die Lösung $\varphi(t)$ der erzeugenden Gleichung (16.2) in einer gewissen Umgebung des Punktes $\lambda = 0$ bezüglich λ eine eindeutig bestimmte ω-periodische Fortsetzung (siehe I. G. MALKIN [1]), die wegen der Holomorphie der Funktionen Q_i und $g(t, x, \lambda)$ in λ holomorph ist.

Nun sei $r \geqq 1$. Eliminieren wir aus dem Gleichungssystem (16.8) $p - r$ Unbekannte β_i und bezeichnen wir die übrigen Unbekannten mit $\xi_1, \xi_2, \ldots, \xi_r$, so erhalten wir das Gleichungssystem

$$\Phi_i(\xi_1, \xi_2, \ldots, \xi_r, \lambda) = 0\,, \qquad i = 1, 2, \ldots, r\,. \tag{16.9}$$

Aus Satz 1.2 folgt, daß die Funktionen Φ_i im Koordinatenursprung analytisch sind; aus Lemma 1.1 folgt

$$\operatorname{ord} \Phi_i(\xi_1, \xi_2, \ldots, \xi_r, 0) \geqq 2\,, \quad \operatorname{ord} \Phi_i(0, \ldots, 0, \lambda) \geqq 1\,.$$

Die Gleichung (16.9) stellt also die zum Problem (B) gehörige Verzweigungsgleichung dar. Nach Satz 1.5 stimmt die Anzahl der kleinen Lösungen des Gleichungssystems (16.8) mit der Anzahl der kleinen Lösungen des Gleichungssystems (16.9) überein, so daß sich die kleinen Lösungen der Verzweigungsgleichung (16.9) umkehrbar eindeutig den Lösungen des Problems (B) zuordnen lassen. Damit haben wir das Problem (B) darauf zurückgeführt, alle kleinen Lösungen der zu diesem Problem gehörigen Verzweigungsgleichung (16.9) zu bestimmen.

16.4. Die Beschreibung der Lösungen. Ergänzende Bemerkungen. Da die Verzweigungsgleichung (16.9) ein Spezialfall des Gleichungssystems (15.9) ist, lassen sich die Lösungen des hier betrachteten Problems (B) wie in § 15 beschreiben; die Aussagen der Sätze 15.2, 15.3, 15.5, 15.6, 15.7 und 15.8 bleiben erhalten. Die Bemerkungen, die wir in § 15 über die Anwendung der Methode der unbestimmten Koeffizienten zur Berechnung der in den Reihen (15.14) vorkommenden Funktionen $b_{k\nu}^{(i)}(t)$ gemacht haben, lassen sich ebenfalls übertragen.

In § 6 haben wir den mehrdimensionalen Verzweigungsfall untersucht und dabei den Begriff des quasiregulären Verzweigungsfalles eingeführt (siehe Definition 6.1). Wir vereinbaren jetzt, auch den eindimensionalen Verzweigungsfall zum quasiregulären Verzweigungsfall zu zählen, sofern nicht alle Koeffizienten der eindimensionalen Verzweigungsgleichung verschwinden. Mit den Sätzen 15.1, 15.4 und 15.9 kommen wir dann zu folgender Aussage:

Satz 16.1. *Im regulären Fall und im quasiregulären Verzweigungsfall ist jede formale Lösung des Problems* (B) *auch wirklich eine Lösung dieses Problems.*

Im entarteten Verzweigungsfall (siehe Definition 6.2) braucht nicht jede formale Lösung des Problems (B) wirklich eine Lösung zu sein. Beispielsweise besitzt das Differentialgleichungssystem

$$\frac{dx_1}{dt} = x_2 + \lambda\,[(1 - \sin 2\,t)\,x_1^2 - (1 + \sin 2\,t)\,x_2^2]\,,$$

$$\frac{dx_2}{dt} = -\,x_1 + \lambda\,[(1 - \sin 2\,t)\,x_1^2 - (1 + \sin 2\,t)\,x_2^2]\,,$$

für das der entartete Verzweigungsfall vorliegt, die einparametrige Schar von $2\,\pi$-periodischen Lösungen

$$x_1 = B(\lambda)\,(\cos t + \sin t), \quad x_2 = B(\lambda)\,(\cos t - \sin t)\,,$$

wobei der Parameter $B(\lambda)$ eine willkürliche Funktion von λ sein kann. Wählen wir für $B(\lambda)$ eine Potenzreihe, die nur für $\lambda = 0$ konvergiert, so erhalten wir eine formale Lösung des betrachteten Differentialgleichungssystems, die keine wirkliche Lösung ist.

Wir schließen mit folgenden Bemerkungen:

Bemerkung 16.1. Wenn wir in der Gleichung (16.1) die konstante Matrix A durch eine ω-periodische Matrix $A(t)$ ersetzen, kommen wir zu ähnlichen Ergebnissen. In diesem Fall können wir nämlich die Gleichung unter Benutzung der Ljapunowschen Transformation (siehe A. M. Ljapunow [2] und F. R. Gantmacher [1]) auf eine Gleichung der Form (16.1) mit konstanter Matrix zurückführen.

Bemerkung 16.2. Auch die Gleichung (15.1) läßt sich auf eine Gleichung der Form (16.1) zurückführen, indem man zur Gleichung in Variationen übergeht (siehe z. B. S. Lefschetz [2]).

§ 17. Periodische Lösungen autonomer Systeme

17.1. Die Aufgabenstellung. Wir betrachten das autonome Differentialgleichungssystem

$$\frac{dx}{dt} = f(x) + \lambda\, g(x, \lambda)\,. \tag{17.1}$$

$x = (x_1, x_2, \ldots, x_n)$ sei ein Vektor des reellen Raumes E_n, λ ein kleiner reeller Parameter, die Vektorfunktionen $f(x)$ und $g(x, \lambda)$ mit Werten in E_n seien in x und λ holomorph.

$\varphi(t) = \big(\varphi_1(t), \varphi_2(t), \ldots, \varphi_n(t)\big)$ sei eine ω-periodische Lösung des erzeugenden Differentialgleichungssystems

$$\frac{dy}{dx} = f(y)\,. \tag{17.2}$$

Wir formulieren folgende Aufgabenstellung:

Problem (C). Gesucht sind alle $T(\lambda)$-periodischen Lösungen $\psi(t,\lambda)$ des Differentialgleichungssystems (17.1), die den Bedingungen

$$\psi(t, 0) = \varphi(t), \qquad T(0) = \omega$$

genügen; die Funktionen $\psi(t,\lambda)$ und $T(\lambda)$ werden dabei als stetig vorausgesetzt.

Dieses Problem ist schwieriger als das in § 15 für nichtautonome Differentialgleichungssysteme formulierte Problem (A), weil jetzt auch die Periode $T(\lambda)$ eine unbekannte Funktion des Parameters λ ist.

Bemerkung 17.1. Ohne Beschränkung der Allgemeinheit können wir

$$\varphi(0) = \big(0, \varphi_2(0), \ldots, \varphi_n(0)\big) \tag{17.3}$$

und

$$\dot\varphi(0) = \big(\dot\varphi_1(0), 0, 0, \ldots, 0\big) \tag{17.4}$$

fordern. Setzen wir nämlich

$$z(t) = \frac{1}{2}\big(\varphi(t), \varphi(t)\big),$$

wobei (a, b) das Skalarprodukt in E_n bezeichnet, so wird $z(0) = z(\omega)$. Aus dem Satz von Rolle folgt dann

$$\left.\frac{dz}{dt}\right|_{t=t_1} = 0 \qquad (0 < t_1 < \omega)$$

oder

$$\sum_{i=1}^{n} \varphi_i(t_1)\, \dot\varphi_i(t_1) = 0\,.$$

Da das Differentialgleichungssystem (17.2) autonom ist, führt die Substitution $t = t_1 + \tau$ auf

$$\sum_{i=0}^{n} \varphi_i(0)\, \dot\varphi_i(0) = 0\,,$$

so daß die Vektoren $\varphi(0)$ und $\dot\varphi(0)$ orthogonal sind. Wir wählen das Koordinatensystem in E_n so, daß die Gleichung (17.4) erfüllt ist. Aus der angegebenen Orthogonalitätsbeziehung folgt dann, daß auch die Gleichung (17.3) erfüllt sein muß. Im folgenden werden wir stets voraussetzen, daß die Gleichungen (17.3) und (17.4) erfüllt sind.

17.2. Die Verzweigungsgleichung. Mit $x(t,\alpha,\lambda)$ bezeichnen wir die Lösung des Differentialgleichungssystems (17.1), die der Anfangsbedingung

$$x(0,\alpha,\lambda) = \varphi(0) + \alpha\,, \qquad \alpha = (0, \alpha_2, \ldots, \alpha_n) \tag{17.5}$$

genügt. Diese Lösung hat dann und nur dann die Periode $T = \omega + \tau(\lambda)$ (siehe z. B. Coddington und Levinson [1]), wenn die Bedingung

$$x(0,\alpha,\lambda) = x\,\big(\omega + \tau(\lambda), \alpha, \lambda\big)$$

erfüllt ist, die wegen (17.5) auch in der Form

$$x_1(\omega+\tau,\alpha,\lambda)=0\,,\quad x_i(\omega+\tau,\alpha,\lambda)-\varphi_i(0)-\alpha=0\,,\quad i=2,3,\ldots,n\,,\tag{17.6}$$

geschrieben werden kann. Da die Funktionen $f(x)$ und $g(x,\lambda)$ holomorph sind, läßt sich die Lösung $x(t,\alpha,\lambda)$ nach einem Satz von POINCARÉ (siehe z. B. LEFSCHETZ [2] oder CODDINGTON und LEVINSON [1]) in der Form

$$x(t,\alpha,\lambda)=\varphi(t)+\chi(t,\alpha,\lambda)\tag{17.7}$$

mit

$$\chi_i(t,\alpha,\lambda)=\sum_{k_2+\cdots+k_n+k\geqq 1} c^{(i)}_{k_2\ldots k_n k}(t)\,\alpha_2^{k_2}\cdots\alpha_n^{k_n}\lambda^k\,,\quad i=1,2,\ldots,n\,,\tag{17.8}$$

darstellen, wobei die Funktionen $c^{(i)}_{k_2\ldots k_n k}(t)$ holomorph sind und die Reihen (17.8) für jedes $t\geqq 0$ in einem gewissen Zylinder $\|\alpha\|\leqq\varrho$, $|\lambda|\leqq\varrho_1$ konvergieren.

Die Funktionen auf der linken Seite des Gleichungssystems (17.6) sind also im Koordinatenursprung $\tau=\alpha_2=\cdots=\alpha_n=0$, $\lambda=0$ analytisch. Wir kürzen jede Gleichung von (17.6) durch die größtmögliche Potenz von λ und erhalten das Gleichungssystem

$$\Psi_i(\tau,\alpha_2,\ldots,\alpha_n,\lambda)=0\,,\quad i=1,2,\ldots,n\,.\tag{17.9}$$

Eine stetige Lösung $\tau=\tau(\lambda)$, $\alpha_i=\alpha_i(\lambda)$, $i=2,3,\ldots,n$, dieses Gleichungssystems heißt kleine Lösung, wenn $\tau(0)=0$ und $\alpha_i(0)=0$, $i=2,3,\ldots,n$, gilt. Das Gleichungssystem (17.9) unterscheidet sich vom Gleichungssystem (15.7) nur dadurch, daß an der Stelle von α_1 jetzt τ steht; deshalb gilt auch hier eine zu Lemma 15.1 analoge Aussage. Hieraus folgt insbesondere, daß die Lösung $\varphi(t)$ keine $T(\lambda)$-periodische Fortsetzung hat, wenn das Gleichungssystem (17.9) keine kleinen Lösungen besitzt (das Problem (C) ist dann unlösbar). Deshalb setzen wir im folgenden

$$\Psi_i(0,0,\ldots,0)=0\,,\quad i=1,2,\ldots,n\,,\tag{17.10}$$

voraus. J bezeichne die JACOBIsche Matrix

$$\frac{D(\Psi_1,\Psi_2,\ldots,\Psi_n)}{D(\tau,\alpha_2,\ldots,\alpha_n)}$$

im Nullpunkt und r den Defekt dieser Matrix. Von den n Unbekannten τ, $\alpha_2,\ldots,\alpha_n$ des Gleichungssystems (17.9) lassen sich $n-r$ Unbekannte eliminieren; die verbleibenden Unbekannten $\xi_1,\xi_2,\ldots,\xi_r$ genügen wegen Satz 1.5 dem zu (17.9) äquivalenten Gleichungssystem

$$\Phi_i(\xi_1,\xi_2,\ldots,\xi_r,\lambda)=0\,,\quad i=1,2,\ldots,r\,.\tag{17.11}$$

Die Funktionen Φ_i sind im Koordinatenursprung analytisch (siehe Satz 1.2); aus Lemma 1.1 folgt wieder

$$\operatorname{ord}\Phi_i(\xi_1,\xi_2,\ldots,\xi_r,0)\geqq 2,\ \operatorname{ord}\Phi_i(0,\ldots,0,\lambda)\geqq 1\,,$$

so daß das Gleichungssystem (17.11) die zum Problem (C) gehörige Verzweigungsgleichung darstellt.

Da sich die reellen kleinen Lösungen des Gleichungssystems (17.11) umkehrbar eindeutig den Lösungen des Problems (C) zuordnen lassen, ist das Problem (C) auf die Bestimmung aller reellen kleinen Lösungen des Gleichungssystems (17.11) zurückgeführt.

17.3. Die Beschreibung der Lösungen. Im regulären Fall ist $r = 0$ und das Gleichungssystem (17.11) nicht vorhanden; nach dem Satz über implizite Funktionen (Satz 1.2) besitzt das Gleichungssystem (17.9) genau eine reelle kleine Lösung

$$\tau = \tau(\lambda), \quad \alpha_i = \alpha_i(\lambda), \quad i = 2, 3, \ldots, n,$$

die in einer gewissen Umgebung des Punktes $\lambda = 0$ in eine konvergente Potenzreihe entwickelt werden kann.

$$\tau(\lambda) = \sum_{k=1}^{\infty} \tau_k \lambda^k, \quad \alpha_i(\lambda) = \sum_{k=1}^{\infty} a_{ik} \lambda^k, \quad i = 2, \ldots, n.$$

Die Koeffizienten τ_k und a_{ik} können wir nach der Methode der unbestimmten Koeffizienten berechnen, indem wir $\tau(\lambda)$ und $\alpha_i(\lambda)$ in (17.9) einsetzen und die Koeffizienten bei gleichen Potenzen von λ vergleichen.

Damit besitzt auch das Problem (C) im regulären Fall ($r = 0$) eine eindeutig bestimmte analytische Lösung.

Für $r = 0$, d. h. für den regulären Fall, ist das Problem (C) ausführlich untersucht worden (siehe z. B. CODDINGTON und LEVINSON [1]); für den Fall $r \geqq 1$ liegen dagegen nur einzelne Ergebnisse vor[1]).

Für $r = 1$ besteht das Gleichungssystem (17.11) aus einer einzigen Gleichung der Form (12.4); wir haben es mit dem eindimensionalen Verzweigungsfall zu tun, auf den sich die Aussagen der Sätze 15.2 und 15.3 übertragen lassen.

Satz 17.1. *Wenn alle Koeffizienten der eindimensionalen Verzweigungsgleichung verschwinden, besitzt das Problem* (C) *eine einparametrige Lösungsschar.*

Im quasiregulären Verzweigungsfall, in dem nicht alle Koeffizienten der eindimensionalen Verzweigungsgleichung verschwinden, müssen wir zur Bestimmung aller reellen kleinen Lösungen der Gleichung (17.11) das NEWTONsche Diagramm heranziehen (siehe Punkt 2.7). Damit ergeben sich folgende Aussagen:

Satz 17.2. *Im quasiregulären eindimensionalen Verzweigungsfall besitzt das Problem* (C) *endlich viele Lösungen, deren Komponenten in konvergente Reihen*

[1]) Es gibt nur einige allgemeine Bemerkungen in dem Buch von S. LEFSCHETZ [2] und vereinzelte Zeitschriftenartikel (siehe z. B. die Arbeiten von A. P. PROSKURJAKOW [1—3], in denen einzelne Spezialfälle des Problems (C) erörtert werden, sowie den Artikel von P. G. AISENGENDLER und M. M. WAINBERG [4], in dem das Problem (C) in allgemeiner Form untersucht wird).

nach ganzen oder gebrochenen Potenzen von λ entwickelt werden können (wobei die gebrochenen Exponenten einen endlichen gemeinsamen Nenner haben).

Besitzt die Gleichung (17.11) für $r = 1$ keine reellen kleinen Lösungen, so ist das Problem (C) offensichtlich unlösbar.

Für $r > 1$ müssen wir die Methoden von § 6 heranziehen. Wir bilden für das Gleichungssystem (17.11) die Pseudopolynome d_k ($k = 1, 2, \ldots, p \leqq r$) und können dann die Aussagen der Sätze 15.5—15.8 übertragen. Eine dieser Aussagen wollen wir noch formulieren.

Satz 17.3 (P. G. Aisengendler und M. M. Wainberg [4]). *Es sei $r > 1$, $d_k \sim 1$ ($k = 1, 2, \ldots, r-1$) und d_r nicht zum Einselement assoziiert. Dann besitzt das Problem* (C) *endlich viele Lösungen. Die Komponenten jeder einzelnen Lösung können bei hinreichend kleinem $|\lambda|$ in konvergente Reihen nach Potenzen von $\lambda^{1/q}$ entwickelt werden (wobei die natürliche Zahl q von der gewählten Lösung abhängt). Alle Lösungen haben die Periode*

$$T = \omega + \sum_{k=1}^{\infty} a_k \lambda^{k/q}.$$

Auch diese Reihe ist bei hinreichend kleinem $|\lambda|$ kovergent.

Bei geradem q sind die entsprechenden Lösungen nur für $\lambda \geqq 0$ definiert. Um dann für $\lambda \leqq 0$ Lösungen zu finden (vergleiche Punkt 2.6), müssen wir im Differentialgleichungssystem (17.1) λ durch $-\lambda$ ersetzen und alle Überlegungen wiederholen.

17.4. Die Methode der unbestimmten Koeffizienten. In den Paragraphen 15 und 16 haben wir darauf hingewiesen, daß die von uns behandelten Methoden der Verzweigungstheorie (nämlich die Herleitung und die Untersuchung der Verzweigungsgleichung) durch die Methode der unbestimmten Koeffizienten ergänzt werden müssen. Durch eine Untersuchung der Verzweigungsgleichung erhalten wir zunächst Aussagen über die Anzahl der Lösungen, über die Gestalt jeder einzelnen Lösung und über die Konvergenz der Reihen (15.14). Anschließend berechnen wir die in die Reihen (15.14) eingehenden unbekannten Funktionen $b_{k\nu}^{(i)}(t)$ nach der Methode der unbestimmten Koeffizienten. Bei nichtautonomen Differentialgleichungssystemen konnten wir die willkürlichen Konstanten, die bei der Integration der ν-ten Gleichung des rekursiven Differentialgleichungssystems für die Vektoren

$$b_{k\nu}(t) = \left(b_{k\nu}^{(1)}(t),\ b_{k\nu}^{(2)}(t),\ \ldots,\ b_{k\nu}^{(n)}(t)\right)$$

entstehen, aus der Bedingung bestimmen, daß der Vektor $b_{k,\nu+\mu}(t)$, $\mu > 0$, ω-periodisch ist. Bei autonomen Differentialgleichunbssystemen taucht aber die Schwierigkeit auf, daß die Periode der Vektorfunktionen $b_{k\nu}(t)$ nicht konstant ist, sondern von λ abhängt. Deshalb formen wir das Differentialgleichungssystem (17.1) unter Benutzung der Substitution (siehe z. B. I. G. MALKIN [1])

$$t = \theta\left(1 + \frac{1}{\omega}\tau(\lambda)\right)$$

um, wobei wir die Koeffizienten der Reihe

$$\tau(\lambda) = \sum_{\mu=1}^{\infty} a_{k\mu}\lambda^{\mu/q_k}$$

als bekannt voraussetzen; wir erhalten

$$\frac{dx}{d\theta} = \left(1 + \frac{\tau(\lambda)}{\omega}\right)f(x) + \lambda\left(1 + \frac{\tau(\lambda)}{\omega}\right)g(x, \lambda)\,. \tag{17.1'}$$

Durchläuft θ das Intervall $[0, \omega]$, so durchläuft t das Intervall $[0, T = \omega + \tau(\lambda)]$.

Für die Lösungen des Differentialgleichungssystems (17.1′) machen wir jetzt den Reihenansatz¹)

$$x_i(\theta, \lambda) = \varphi_i(\theta) + \sum_{\nu=\nu_0}^{\infty} c_{k\nu}^{(i)}(\theta)\,\lambda^{\nu/q_k}$$

($i = 1, 2, \ldots, n$; $k = 1, 2, \ldots, m$; $\nu_k \geqq 1$; q_k ist eine natürliche Zahl), wobei die Funktionen $c_{k\nu}^{(i)}(\theta)$ in θ ω-periodisch sind.

Erwähnt sei noch, daß auch bei autonomen Differentialgleichungssystemen folgende Aussage gilt:

Satz 17.4. *Im regulären Fall und im quasiregulären Verzweigungsfall ist jede formale Lösung des Problems* (C) *auch wirklich eine Lösung dieses Problems.*

17.5. Autonome Systeme mit einem Freiheitsgrad. Wir betrachten die für die Anwendungen wichtige Differentialgleichung

$$\frac{d^2x}{dt^2} + m^2\,x = \lambda\,f(x, \dot{x}, \lambda)\,. \tag{17.12}$$

Die skalare Funktion $f(t, \dot{x}, \lambda)$ sei auf ihrem Definitionsbereich holomorph.

Die Lösung der erzeugenden Differentialgleichung $\ddot{y} + m^2\,y = 0$, die den Anfangsbedingungen $y(0) = A$, $\dot{y}(0) = 0$ genügt, lautet

$$y = A\cos m\,t\,.$$

Wir formulieren folgendes Problem:

---

¹) Man kann auch die Koeffizienten $a_{k\mu}$ als Unbekannte auffassen. Dann erhält man ein rekursives Gleichungssystem für die Unbekannten $c_{k\nu}^{(i)}$ und $a_{k\mu}$ (vergleiche E. A. CODDINGTON und N. LEVINSON [1]).

Problem (D). Gesucht sind alle $T(\lambda)$-periodischen Lösungen $\psi(t, \lambda)$ der Differentialgleichung (17.12), die den Bedingungen

$$\psi(t, 0) = A \cos m\, t\,, \qquad T(0) = \omega = \frac{2\,\pi}{m}$$

genügen; die Funktionen $\varphi(t, \lambda)$ und $T(\lambda)$ werden dabei als stetig vorausgesetzt.

Ohne Beschränkung der Allgemeinheit können wir die Differentialgleichung (17.12) unter den Anfangsbedingungen

$$\psi(0, \lambda) = A + \alpha(\lambda)\,, \qquad \dot{\psi}(0, \lambda) = 0 \tag{17.13}$$

betrachten (siehe I. G. Malkin [1]). $x(t, \alpha, \lambda)$ sei die Lösung des Anfangswertproblems (17.12), (17.13). Nach dem schon erwähnten Satz von Poincaré (siehe z. B. Coddington und Levinson [1]) gilt

$$x(t, \alpha, \lambda) = A \cos m\, t + \sum_{i+k \geqq 1} a_{i\,k}(t)\, \alpha^i \lambda^k\,, \tag{17.14}$$

wobei die Reihe in einer gewissen Umgebung des Punktes $\alpha = 0, \lambda = 0$ konvergiert und die Funktionen $a_{i\,k}(t)$ analytisch sind. In Punkt 17.2 haben wir gesehen, daß diese Lösung dann und nur dann die Periode $T(\lambda) = 2\,\pi/m + \tau(\lambda)$ hat, wenn die Bedingungen

$$x\left(\frac{2\,\pi}{m} + \tau, \alpha, \lambda\right) - x(0, \alpha, \lambda) = 0\,, \qquad \dot{x}\left(\frac{2\,\pi}{m} + \tau, \alpha, \lambda\right) = 0$$

erfüllt sind. Wegen $\omega = 2\,\pi/m$ erhalten wir unter Beachtung von (17.13)

$$x(\omega + \tau, \alpha, \lambda) - A - \alpha = 0\,, \qquad \dot{x}(\omega + \tau, \alpha, \lambda) = 0\,. \tag{17.15}$$

Die Funktionen auf der linken Seite der Gleichungen (17.15) sind wegen (17.14) im Punkt $\tau = \alpha = \lambda = 0$ analytisch. Kürzen wir diese linken Seiten durch die größtmögliche Potenz von λ, so erhalten wir das Gleichungssystem

$$\Psi_i(\tau, \alpha, \lambda) = 0\,, \qquad i = 1, 2\,. \tag{17.16}$$

Auch in diesem Fall läßt sich die Menge aller reellen kleinen Lösungen des Gleichungssystems (17.16) umkehrbar eindeutig der Menge aller Lösungen des Problems (D) zuordnen (vergleiche Lemma 15.1). Deshalb setzen wir

$$\Psi_i(0, 0, 0) = 0\,, \qquad i = 1, 2\,,$$

voraus, weil sonst das Problem (D) unlösbar wäre.

J bezeichne die Jacobische Matrix

$$\frac{D(\Psi_1, \Psi_2)}{D(\tau, \alpha)}$$

im Nullpunkt. Ist J regulär, so liegt der reguläre Fall vor, und das Gleichungssystem (17.16) besitzt nach Satz 1.2 genau eine kleine Lösung

$$\tau = \tau(\lambda)\,, \qquad \alpha = \alpha(\lambda)\,,$$

die sich in einer gewissen Umgebung des Punktes $\lambda = 0$ in eine konvergente Potenzreihe entwickeln läßt,

$$\tau(\lambda) = \sum_{k=1}^{\infty} \tau_k \lambda^k , \qquad \alpha(\lambda) = \sum_{k=1}^{\infty} \alpha_k \lambda^k .$$

Die Koeffizienten τ_i und α_k können nach der Methode der unbestimmten Koeffizienten berechnet werden.

Damit besitzt auch das Problem (D) im regulären Fall genau eine Lösung, die durch eine konvergente Potenzreihe darstellbar ist.

$$x(t, \alpha, \lambda) = A \cos m\, t + \sum_{k=1}^{\infty} b_k(t) \lambda^k .$$

Nun sei rang $J = 1$. Eliminieren wir aus dem Gleichungssystem (17.16) eine der Unbekannten τ, α, so erhalten wir für die verbleibende Unbekannte ξ die zum Problem (D) gehörige Verzweigungsgleichung (siehe Lemma 1.1)

$$\sum_{k=2}^{\infty} L_{k0}\, \xi^k + \sum_{k=0}^{\infty} \xi^k \sum_{\nu=1}^{\infty} L_{k\nu} \lambda^\nu = 0 . \tag{17.17}$$

Die Menge aller reellen kleinen Lösungen dieser Verzweigungsgleichung läßt sich umkehrbar eindeutig der Menge aller Lösungen des Problems (D) zuordnen.

Im trivialen Fall, in dem alle Koeffizienten der Verzweigungsgleichung (17.17) verschwinden, ist eine der Unbekannten τ, α ein willkürlicher Parameter, so daß das Problem (D) eine einparametrige Lösungsschar besitzt.

Im quasiregulären Verzweigungsfall gilt die entsprechende Aussage von Satz 17.2. In diesem Fall muß zur Bestimmung aller reellen kleinen Lösungen der Verzweigungsgleichung (17.17) das NEWTONsche Diagramm herangezogen werden (siehe Punkt 2.7).

Schließlich betrachten wir noch den Fall rang $J = 0$ (siehe P. G. AISENGENDLER und M. M. WAINBERG [4]). (17.14) und (17.15) zeigen, daß dies für $A = 0$ möglich ist. Jetzt stellt (17.16) die zum Problem (D) gehörige Verzweigungsgleichung dar.

Im trivialen Fall, in dem $\psi_i \equiv 0$ für $i = 1, 2$ ist, sind die Parameter τ und α willkürlich, so daß die Lösung (17.14) von dem willkürlichen Parameter α und die Periode T von dem willkürlichen Parameter τ abhängen.

Im nichttrivialen Fall benutzen wir die in den §§ 3, 4 und 5 behandelten Methoden. Zunächst bringen wir das Gleichungssystem (17.14) durch eine nicht ausgeartete lineare Transformation

$$(\tau, \alpha) = P(\xi_1, \xi_2)$$

unter Benutzung des WEIERSTRASSschen Vorbereitungssatzes (Satz 3.3) auf die Normalform

$$G_i(\xi_1, \xi_2, \lambda) = 0 , \qquad i = 1, 2 , \tag{17.18}$$

wobei die G_i ausgezeichnete Polynome in ξ_1 sind. Wir erinnern daran, daß die Gleichungssysteme (17.17) und (17.18) bezüglich kleiner Lösungen äquivalent sind. Nun fassen wir G_1 und G_2 als Polynome in ξ_1 auf, bilden deren Resultante, setzen sie Null und kürzen diese Gleichung durch die größtmögliche Potenz von λ; wir erhalten (siehe § 5)

$$\tilde{R}(\xi_2, \lambda) = 0 . \tag{17.19}$$

Dann wenden wir das NEWTONsche Diagramm an und gehen weiter so vor wie in Punkt 5.1; mit Satz 5.1 ergibt sich folgende Aussage:

Satz 17.5. *Es sei* $\tilde{R}(\xi_1, \lambda) \not\equiv 0$ *und* $\tilde{R}(0, 0) = 0$. *Dann besitzt das Problem* (D) *endlich viele Lösungen. Jede Lösung und die ihr entsprechende Periode* $\tau(\lambda)$ *lassen sich bei hinreichend kleinem* $|\lambda|$ *in konvergente Reihen nach Potenzen von* $\lambda^{1/p}$ *entwickeln (wobei* p *eine bestimmte natürliche Zahl ist). Gilt aber* $\tilde{R}(0, 0) \neq 0$, *so besitzt das Problem* (D) *keine Lösungen.*

Erwähnt sei noch, daß das Problem (D) unter den Voraussetzungen von Satz 17.5 keine reellen Lösungen besitzen muß. Das hängt davon ab, welche Lage die Abschnitte des fallenden Teils des NEWTONschen Diagramms und welche Wurzeln die entsprechenden Bestimmungsgleichungen haben.

§ 18. Beispiele

18.1. Nichtautonome Systeme mit einem Freiheitsgrad. Beispiel 18.1. Wir betrachten das Differentialgleichungssystem

$$\frac{dx_1}{dt} = -x_2 + \lambda g_1(t, x_1, x_2, \lambda), \qquad \frac{dx_2}{dt} = x_1 + \lambda g_2(t, x_1, x_2, \lambda) \tag{18.1}$$

mit

$$g_i = \sum_{k_1+k_2+k \geq 0} A^{(i)}_{k_1 k_2 k}(t)\, x_1^{k_1} x_2^{k_2} \lambda^k, \qquad i = 1, 2 ; \tag{18.2}$$

die Koeffizienten $A^{(i)}_{k_1 k_2 k}(t)$ seien stetig und 2π-periodisch. Das erzeugende Differentialgleichungssystem

$$\frac{dy_1}{dt} = -y_2, \qquad \frac{dy_2}{dt} = y_1 \tag{18.3}$$

besitzt eine zweiparametrige Schar von 2π-periodischen Lösungen,

$$\varphi_1(t, h_1, h_2) = h_1 \cos t - h_2 \sin t ,$$

$$\varphi_2(t, h_1, h_2) = h_1 \sin t + h_2 \cos t .$$

Wir wählen aus dieser Schar die triviale Lösung

$$\varphi_1(t) \equiv 0 , \qquad \varphi_2(t) \equiv 0$$

aus und beschäftigen uns mit dem Problem (B) (siehe Punkt 16.1). Berücksichtigen wir (15.4) und (15.5), so können wir die Lösung des Differentialgleichungssystems (18.1) in der Form

$$x_i(t, \lambda, \alpha_1, \alpha_2) = \sum_{k_1+k_2+k \geqq 1} a^{(i)}_{k_1 k_2 k}(t)\, \alpha_1^{k_1} \alpha_2^{k_2} \lambda^k , \qquad i = 1, 2 , \tag{18.4}$$

schreiben.

Die ersten Koeffizienten dieser Reihen lauten

$$a^{(1)}_{100}(t) = \cos t , \quad a^{(2)}_{100}(t) = \sin t , \quad a^{(1)}_{010}(t) = -\sin t , \quad a^{(2)}_{010}(t) = \cos t ,$$

$$a^{(i)}_{k_1 k_2 0}(t) \equiv 0 \quad \text{für} \quad k_1 + k_2 \geqq 2 , \quad i = 1, 2 .$$

Um die weiteren Koeffizienten kurz und übersichtlich aufschreiben zu können, führen wir einen Matrixoperator ein,

$$M(t) = \begin{pmatrix} \int_0^t (\cdot) \cos(t-\tau)\, d\tau - \int_0^t (\cdot) \sin(t-\tau)\, d\tau \\ \int_0^t (\cdot) \sin(t-\tau)\, d\tau + \int_0^t (\cdot) \cos(t-\tau)\, d\tau \end{pmatrix} .$$

Die Anwendung dieses Operators auf einen Vektor $\begin{bmatrix} \beta_1(t) \\ \beta_2(t) \end{bmatrix}$ liefert nach der Vorschrift

$$M(t) \begin{bmatrix} \beta_1 \\ \beta_2 \end{bmatrix} = \begin{bmatrix} \int_0^t \beta_1(\tau) \cos(t-\tau)\, d\tau - \int_0^t \beta_2(\tau) \sin(t-\tau)\, d\tau \\ \int_0^t \beta_1(\tau) \sin(t-\tau)\, d\tau + \int_0^t \beta_2(\tau) \cos(t-\tau)\, d\tau \end{bmatrix}$$

wieder einen Vektor. Für die weiteren Koeffizienten erhalten wir dann folgende Ausdrücke:

$$\left.\begin{aligned}
&\begin{bmatrix} a^{(1)}_{001}(t) \\ a^{(2)}_{001}(t) \end{bmatrix} = M(t) \begin{bmatrix} A^{(1)}_{000} \\ A^{(2)}_{000} \end{bmatrix} , \\
&\begin{bmatrix} a^{(1)}_{002}(t) \\ a^{(2)}_{002}(t) \end{bmatrix} = M(t) \begin{bmatrix} A^{(1)}_{001} + A^{(1)}_{100}\, a^{(1)}_{001} + A^{(1)}_{010}\, a^{(2)}_{001} \\ A^{(2)}_{001} + A^{(2)}_{100}\, a^{(1)}_{001} + A^{(2)}_{010}\, a^{(2)}_{001} \end{bmatrix} , \\
&\begin{bmatrix} a^{(1)}_{003}(t) \\ a^{(2)}_{003}(t) \end{bmatrix} = M(t) \times \\
&\times \begin{bmatrix} A^{(1)}_{002} + A^{(1)}_{200}\, a^{(1)2}_{001} + A^{(1)}_{110}\, a^{(1)}_{001} a^{(2)}_{001} + A^{(1)}_{020}\, a^{(2)2}_{001} + A^{(1)}_{100}\, a^{(1)}_{002} + A^{(1)}_{010}\, a^{(2)}_{002} \\ A^{(2)}_{002} + A^{(2)}_{200}\, a^{(1)2}_{001} + A^{(2)}_{110}\, a^{(1)}_{001} a^{(2)}_{001} + A^{(2)}_{020}\, a^{(2)2}_{001} + A^{(2)}_{100}\, a^{(1)}_{002} + A^{(2)}_{010}\, a^{(2)}_{002} \end{bmatrix} , \\
&\begin{bmatrix} a^{(1)}_{101}(t) \\ a^{(2)}_{101}(t) \end{bmatrix} = M(t) \begin{bmatrix} A^{(1)}_{100}\, a^{(1)}_{100} + A^{(1)}_{010}\, a^{(2)}_{100} \\ A^{(2)}_{100}\, a^{(1)}_{100} + A^{(2)}_{010}\, a^{(2)}_{100} \end{bmatrix} ,
\end{aligned}\right\} \tag{18.5}$$

$$\left.\begin{aligned}
&\begin{bmatrix} a^{(1)}_{011}(t) \\ a^{(2)}_{011}(t) \end{bmatrix} = M(t) \begin{bmatrix} A^{(1)}_{100}\, a^{(1)}_{010} + A^{(1)}_{010}\, a^{(2)}_{010} \\ A^{(2)}_{100}\, a^{(1)}_{010} + A^{(2)}_{010}\, a^{(2)}_{010} \end{bmatrix}, \\
&\begin{bmatrix} a^{(1)}_{201}(t) \\ a^{(2)}_{201}(t) \end{bmatrix} = M(t) \begin{bmatrix} A^{(1)}_{200}\, a^{(1)2}_{100} + A^{(1)}_{110}\, a^{(1)}_{100}\, a^{(2)}_{100} + A^{(1)}_{020}\, a^{(2)2}_{100} \\ A^{(2)}_{200}\, a^{(1)2}_{100} + A^{(2)}_{110}\, a^{(1)}_{100}\, a^{(2)}_{100} + A^{(2)}_{020}\, a^{(2)2}_{100} \end{bmatrix}, \\
&\begin{bmatrix} a^{(1)}_{021}(t) \\ a^{(2)}_{021}(t) \end{bmatrix} = M(t) \begin{bmatrix} A^{(1)}_{200}\, a^{(1)2}_{010} + A^{(1)}_{110}\, a^{(1)}_{010}\, a^{(2)}_{010} + A^{(1)}_{020}\, a^{(2)2}_{010} \\ A^{(2)}_{200}\, a^{(1)2}_{010} + A^{(2)}_{110}\, a^{(1)}_{010}\, a^{(2)}_{010} + A^{(2)}_{020}\, a^{(2)2}_{010} \end{bmatrix}, \\
&\begin{bmatrix} a^{(1)}_{111}(t) \\ a^{(2)}_{111}(t) \end{bmatrix} = M(t) \\
&\times \begin{bmatrix} 2A^{(1)}_{200}\, a^{(1)}_{100}\, a^{(1)}_{010} + 2A^{(1)}_{020}\, a^{(2)}_{010}\, a^{(2)}_{100} + A^{(1)}_{110}\left(a^{(1)}_{100}\, a^{(2)}_{010} + a^{(1)}_{010}\, a^{(2)}_{100}\right) \\ 2A^{(2)}_{200}\, a^{(1)}_{100}\, a^{(1)}_{010} + 2A^{(2)}_{020}\, a^{(2)}_{100}\, a^{(2)}_{010} + A^{(2)}_{110}\left(a^{(1)}_{100}\, a^{(2)}_{010} + a^{(1)}_{010}\, a^{(2)}_{100}\right) \end{bmatrix}.
\end{aligned}\right\} \quad (18.5)$$

Nun berechnen wir die Koeffizienten der Gleichungssysteme (16.6) und (16.7). Im betrachteten Beispiel ist $p = n = 2$, so daß das Gleichungssystem (16.7) fehlt. Da ferner das Differentialgleichungssystem (18.3) selbstadjungiert ist, stimmen die Gleichungssysteme (16.6) und (15.7) überein, nach Kürzen durch λ ergibt sich

$$\Psi_i(\alpha_1, \alpha_2, \lambda) \equiv \sum_{k_1+k_2 \geq 1} c^{(i)}_{k_1 k_2 1}\, \alpha_1^{k_1} \alpha_2^{k_2} + \sum_{k_1+k_2 \geq 0} \alpha_1^{k_1} \alpha_2^{k_2} \sum_{k \geq 1} c^{(i)}_{k_1 k_2 (k+1)}\, \lambda^k = 0\,, \quad (18.6)$$

$$i = 1, 2$$

mit

$$c^{(i)}_{k_1 k_2 (k+1)} = a^{(i)}_{k_1 k_2 (k+1)}\, (2\pi)\,. \quad (18.7)$$

Wir setzen voraus, daß nicht alle Koeffizienten $a^{(i)}_{k_1 k_2 (k+1)}(2\pi)$, $i = 1, 2$, verschwinden.

Aus den Bedingungen $\Psi_i(0, 0, 0) = 0$ (siehe (15.8)) folgt $c^{(i)}_{001} = 0$, $i = 1, 2$. Deshalb finden wir unter Berücksichtigung von (18.7) und (18.5)

$$\left.\begin{aligned}
&\int_0^{2\pi} \left(A^{(1)}_{000}(\tau) \cos\tau + A^{(2)}_{000}(\tau) \sin\tau\right) d\tau = 0\,, \\
&\int_0^{2\pi} \left(-\, A^{(1)}_{000}(\tau) \sin\tau + A^{(2)}_{000}(\tau) \cos\tau\right) d\tau = 0\,.
\end{aligned}\right\} \quad (18.8)$$

Diese Bedingungen seien im folgenden erfüllt.

Wählt man als Lösung des erzeugenden Differentialgleichungssystems nicht die triviale Lösung, sondern

$$\varphi_1(t) = h_{10} \cos t - h_{20} \sin t\,,$$

$$\varphi_2(t) = h_{10} \sin t + h_{20} \cos t\,,$$

so müssen die Parameter h_{10}, h_{20}, wie man leicht nachrechnet, der Bedingung

$$\sum_{k_1+k_2\geq 1} c^{(i)}_{k_1 k_2 1}\, h^{k_1}_{10}\, h^{k_2}_{20} + c^{(i)}_{001} = 0\,, \qquad i = 1, 2\,,$$

genügen.

Die JACOBIsche Matrix $J = \dfrac{D(\Psi_1, \Psi_2)}{D(\alpha_1, \alpha_2)}$ im Nullpunkt nimmt im betrachteten Beispiel ($h_{10} = h_{20} = 0$) die Form

$$J = \begin{bmatrix} c^{(1)}_{101} & c^{(1)}_{011} \\ c^{(2)}_{101} & c^{(2)}_{011} \end{bmatrix} \tag{18.9}$$

an. Zunächst sei rang $J = 2$. Dann besitzt das Gleichungssystem (18.6) eine eindeutig bestimmte Lösung der Form

$$\alpha_i = \sum_{k=1}^{\infty} a^{(i)}_k \lambda^k\,, \qquad i = 1, 2\,, \tag{18.10}$$

und die Reihen sind in einer gewissen Umgebung des Punktes $\lambda = 0$ konvergent. Durch Einsetzen von (18.10) in (18.4) erhalten wir die eindeutig bestimmte Lösung des Problems (B):

$$x_i(t, \lambda) = \sum_{k=1}^{\infty} b^{(i)}_k(t)\, \lambda^k\,, \qquad i = 1, 2\,.$$

Nun sei rang $J = 1$. Dann ist mindestens ein Element der Matrix (18.9), etwa $c^{(1)}_{101}$, von Null verschieden, so daß die erste Gleichung des Systems (18.6) in einer gewissen Umgebung des Nullpunkts eindeutig nach α_1 aufgelöst werden kann (siehe Satz 1.2),

$$\alpha_1 = \sum_{k+m\geq 1} e_{k m}\, \alpha^k_2 \lambda^m\,. \tag{18.11}$$

Durch Koeffizientenvergleich finden wir

$$\begin{aligned}
e_{10} &= -\, c^{(1)}_{011}\,(c^{(1)}_{101})^{-1}\,, \qquad e_{01} = -\, c^{(1)}_{002}\,(c^{(1)}_{101})^{-1}\,,\\
e_{20} &= \bigl(c^{(1)}_{021} + c^{(1)}_{111}\, e_{10} + c^{(1)}_{201}\, e^2_{10}\bigr)\,\bigl(-\, c^{(1)}_{101}\bigr)^{-1}\,,\\
e_{11} &= \bigl(c^{(1)}_{111}\, e_{01} + 2\, c^{(1)}_{201}\, e_{10}\, e_{01}\bigr)\,\bigl(-\, c^{(1)}_{101}\bigr)^{-1}\,,\\
e_{02} &= \bigl(c^{(1)}_{003} + c^{(1)}_{201}\, e^2_{01}\bigr)\,\bigl(-\, c^{(1)}_{101}\bigr)^{-1}\,.
\end{aligned}$$

Setzen wir (18.11) in die zweite Gleichung des Systems (18.6) ein, so erhalten wir die Verzweigungsgleichung

$$\sum_{m=2}^{\infty} L_{m\,0}\, \xi^m + \sum_{m=0}^{\infty} \xi^m \sum_{n=1}^{\infty} L_{m\,n}\, \lambda^n = 0 \tag{18.12}$$

mit

$$\xi = \alpha_2\,, \qquad \begin{aligned} L_{20} &= c_{101}^{(2)} e_{20} + c_{201}^{(2)} e_{10}^2 + c_{021}^{(2)} + c_{111}^{(2)} e_{10}\,, \\ L_{01} &= c_{101}^{(2)} e_{01} + c_{002}^{(2)}\,, \\ L_{02} &= c_{101}^{(2)} e_{02} + c_{201}^{(2)} e_{01}^2 + c_{003}^{(2)} + c_{102}^{(2)} e_{01}\,, \\ L_{11} &= c_{101}^{(2)} e_{11} + 2\, c_{201}^{(2)} e_{10}\, e_{01} + c_{111}^{(2)} e_{01} + c_{102}^{(2)} e_{10} + c_{012}^{(2)}\,. \end{aligned}$$

Zur Untersuchung dieser Gleichung ziehen wir das NEWTONsche Diagramm heran (siehe Punkt 2.7).

Ist zum Beispiel $L_{01} L_{02} \neq 0$ (siehe Abb. 8c), so wird $\varepsilon = 1/2$, und die Wurzeln der Bestimmungsgleichung

$$L_{20}\,\eta^2 + L_{01} = 0 \tag{18.13}$$

sind einfach. Deshalb hat die Gleichung (18.12) zwei kleine Lösungen, die sich durch die konvergenten Reihen

$$\xi_\sigma = \eta_\sigma \lambda^{1/2} + \sum_{k=1}^{\infty} a_{k\sigma} \lambda^{k/2}\,, \qquad \sigma = 1, 2\,,$$

darstellen lassen. Damit besitzt das Problem (B) zwei Lösungen der Form

$$x_i^{(\sigma)}(t, \lambda) = \sum_{k=1}^{\infty} b_{k\,i}^{(\sigma)}(t)\, \lambda^{k/2}\,, \qquad i, \sigma = 1, 2\,, \tag{18.14}$$

wobei die Funktionen $b_{k\,i}^{(\sigma)}(t)$ nach der Methode der unbestimmten Koeffizienten berechnet werden können. Um aus diesen Lösungen reelle Lösungen auszuwählen, gehen wir folgendermaßen vor. Da $\varepsilon = 1/2$ ist, müssen wir die Verzweigungsgleichung (18.12) sowohl für $\lambda < 0$ als auch für $\lambda > 0$ untersuchen (siehe Punkt 2.6); dies führt uns auf die Gleichung

$$L_{20}\,\eta^2 + L_{01}\,\mathrm{sign}\,\lambda = 0\,.$$

Diese Gleichung hat nur für $\mathrm{sign}\,\lambda\, L_{01} L_{20} = -1$ reelle Wurzeln. Folglich besitzt das Problem (B) zwei reelle Lösungen der Form (18.14), die aber nur für $\lambda \geqq 0$ bzw. für $\lambda \leqq 0$ definiert sind, sofern $\mathrm{sign}\, L_{01} L_{20} = -1$ bzw. $\mathrm{sign}\, L_{01} L_{20} = +1$ ist.

Ist $L_{01} = 0$, $L_{11} = 0$ und $L_{02} L_{20} \neq 0$ (siehe Abb. 8c), so wird $\varepsilon = 1$, und die Bestimmungsgleichung lautet

$$L_{20}\,\eta^2 + L_{02} = 0\,.$$

Wiederholen wir die oben stehenden Überlegungen, so sehen wir, daß das Problem (B) nur die beiden Lösungen

$$x_i^{(\sigma)}(t, \lambda) = \sum_{k=1}^{\infty} c_{i\,k}^{\sigma}(t)\, \lambda^k\,, \qquad \sigma, i = 1, 2\,, \tag{18.15}$$

besitzt, die für $\mathrm{sign}\, L_{02} L_{20} = -1$ reell und für $\mathrm{sign}\, L_{02} L_{20} = +1$ komplex sind.

Ist $L_{01} = 0$ und $L_{11} L_{02} L_{20} \neq 0$ (siehe Abb. 8d sowie Punkt 2.7, Fall I.4), so wird $\varepsilon = 1$. Das Problem (B) besitzt nur zwei Lösungen der Form (18.15), die für $\Delta = L_{11}^2 - 4 L_{02} L_{20} > 0$ reell und für $\Delta < 0$ komplex sind.

Schließlich betrachten wir den Fall, daß alle Elemente der Matrix (18.9) verschwinden (rang $J = 0$). Dann stellt (18.6) die Verzweigungsgleichung dar, die zu dem für das Differentialgleichungssystem (18.1) formulierten Problem (B) gehört. Wir wollen voraussetzen, daß das Gleichungssystem (18.6) in α_1 regulär ist (siehe Definition 3.1); anderenfalls kann es auf reguläre Form transformiert werden (siehe Punkt 3.1). Außerdem greifen wir auf einige Ergebnisse von § 5 zurück.

Sei etwa

$$\operatorname{ord} \Psi_i(\alpha_1, \alpha_2, 0) = 2\,, \qquad i = 1, 2\,,$$

$$c_{002}^{(2)} (c_{201}^{(2)})^{-1} - c_{002}^{(1)} (c_{201}^{(1)})^{-1} \neq 0\,,$$

$$B_{40} = \left(\frac{c_{021}^{(2)}}{c_{201}^{(2)}} - \frac{c_{021}^{(1)}}{c_{201}^{(1)}}\right)^2 + \left(\frac{c_{111}^{(2)}}{c_{201}^{(2)}} - \frac{c_{111}^{(1)}}{c_{201}^{(1)}}\right)\left(\frac{c_{021}^{(1)} c_{111}^{(2)}}{c_{201}^{(1)} c_{201}^{(2)}} - \frac{c_{021}^{(2)} c_{111}^{(1)}}{c_{201}^{(2)} c_{201}^{(1)}}\right) \neq 0\,,$$

$$B_{21} = 2\left(\frac{c_{002}^{(2)}}{c_{201}^{(2)}} - \frac{c_{002}^{(1)}}{c_{201}^{(1)}}\right)\left(\frac{c_{021}^{(2)}}{c_{201}^{(2)}} - \frac{c_{021}^{(1)}}{c_{201}^{(1)}}\right) + \left(\frac{c_{111}^{(2)}}{c_{201}^{(2)}} - \frac{c_{111}^{(1)}}{c_{201}^{(1)}}\right)\left(\frac{c_{111}^{(2)} c_{002}^{(1)}}{c_{201}^{(1)} c_{201}^{(2)}} - \frac{c_{111}^{(1)} c_{002}^{(2)}}{c_{201}^{(1)} c_{201}^{(2)}}\right) = 0\,.$$

Dann (siehe Punkt 5.3) besitzt das Problem (B) für $B_{04} < 0$ zwei reelle Lösungen, die für $\lambda \geqq 0$ definiert sind, sowie zwei reelle Lösungen, die für $\lambda \leqq 0$ definiert sind. Diese Lösungen lassen sich durch die konvergenten Reihen (18.14) darstellen. Für $B_{40} > 0$ besitzt das Problem (B) vier komplexe Lösungen der Form (18.14).

Beispiel 18.2[1]). Wir betrachten einen Spezialfall des Differentialgleichungssystems (18.1),

$$\left.\begin{aligned} \frac{dx_1}{dt} &= -x_2 + \frac{\lambda}{2\pi}[-\lambda \sin t + x_1^2 \sin t - x_1 x_2 \cos t + \lambda (x_1^2 + x_2^2) \cos t]\,, \\ \frac{dx_2}{dt} &= x_1 + \frac{\lambda}{2\pi}[\lambda \cos t - x_2^2 \cos t + x_1 x_2 \sin t + \lambda (x_1^2 + x_2^2) \sin t]\,. \end{aligned}\right\} \quad (18.16)$$

Als Lösung des erzeugenden Differentialgleichungssystems wählen wir wieder die triviale Lösung $\varphi_1(t) \equiv 0$, $\varphi_2(t) \equiv 0$. In diesem Spezialfall verschwinden alle Elemente der Matrix (18.9), so daß das Gleichungssystem (18.6) die Verzweigungsgleichung darstellt, die zu dem für das Differentialgleichungssystem (18.16) formulierten Problem (B) gehört. Unter Beachtung von (18.5) und (18.7) kann das Gleichungssystem (18.6) folgendermaßen geschrieben werden:

$$\left.\begin{aligned} \Phi_1(\xi_1, \xi_2, \lambda) &\equiv \xi_1 \xi_2 + \lambda f_1(\xi_1, \xi_2, \lambda) = 0\,, \\ \Phi_2(\xi_1, \xi_2, \lambda) &\equiv \xi_2^2 - \lambda + \lambda f_2(\xi_1, \xi_2, \lambda) = 0\,, \end{aligned}\right\} \quad (18.17)$$

---

[1]) Die Beispiele 18.1 und 18.2 stammen von P. G. Aisengendler.

wobei wir $\xi_1 = \alpha_1$, $\xi_2 = \alpha_2$ gesetzt haben; die analytischen Funktionen f_1 und f_2 genügen den Bedingungen $f_1(0, 0, 0) = 0$, $f_2(0, 0, 0) = 0$. Durch die lineare Transformation

$$\xi_1 = u_1 + u_2\,, \qquad \xi_2 = u_1$$

bringen wir das Gleichungssystem (18.17) auf die reguläre Form

$$\left.\begin{aligned} \Phi_1^*(u_1, u_2, \lambda) &\equiv u_1^2 + u_1 u_2 + \lambda f_1^*(u_1, u_2, \lambda) = 0\,, \\ \Phi_2^*(u_1, u_2, \lambda) &\equiv u_1^2 + \lambda f_2^*(u_1, u_2, \lambda) - \lambda = 0\,. \end{aligned}\right\} \tag{18.18}$$

Dann eliminieren wir die Unbekannte u_1,

$$R(u_2, \lambda) \equiv \lambda(\lambda - u_2^2 + \cdots) + \lambda^2 \psi(u_2, \lambda) = 0\,. \tag{18.19}$$

Wir fragen nach reellen Lösungen dieser Gleichung. Natürlich könnten wir die Gleichung (18.19) durch λ kürzen, wir greifen aber direkt auf die Ergebnisse von Punkt 5.3 zurück und erhalten

$$B_{11} = 0\,, \quad B_{02} = 1\,, \quad B_{21} = -1\,, \quad L_{110}^{(2)} - L_{110}^{(1)} = -1 \neq 0\,.$$

Deshalb besitzt die Verzweigungsgleichung nur die beiden reellen kleinen Lösungen

$$\xi_1^{(\sigma)} = \sum_{k=1}^{\infty} a_{\sigma k} \lambda^{k/2}\,, \qquad \xi_2^{(\sigma)} = \sum_{k=1}^{\infty} a'_{\sigma k} \lambda^{k/2}\,, \qquad \sigma = 1, 2\,,$$

die für $\lambda \geqq 0$ definiert sind. Folglich besitzt das Problem (B) nur zwei reelle kleine Lösungen; diese Lösungen lassen sich in einer gewissen rechten Halbumgebung des Punktes $\lambda = 0$ in konvergente Reihen nach Potenzen von $\lambda^{1/2}$ entwickeln.

Zur Konstruktion dieser Lösungen benutzen wir die Methode der unbestimmten Koeffizienten. Mit dem Ansatz

$$x_s(t, \lambda) = \sum_{k=1}^{\infty} b_{sk}(t) \lambda^{k/2}\,, \qquad s = 1, 2\,, \tag{18.20}$$

gehen wir in (18.16) ein, wir vergleichen die Koeffizienten bei gleichen Potenzen von λ und erhalten für die Funktionen $b_{sk}(t)$ die rekursiven Differentialgleichungssysteme

$$\left.\begin{aligned} \frac{db_{1i}}{dt} &= -b_{2i}\,, \\ \frac{db_{2i}}{dt} &= b_{1i}\,, \end{aligned}\right\} \quad i = 1, 2, 3\,, \tag{18.21}$$

$$\left.\begin{aligned} \frac{db_{14}}{dt} &= -b_{24} + \frac{1}{2\pi}(-\sin t + b_{11}^2 \sin t - b_{11} b_{21} \cos t)\,, \\ \frac{db_{24}}{dt} &= b_{14} + \frac{1}{2\pi}(\cos t - b_{21}^2 \cos t + b_{11} b_{21} \sin t)\,, \end{aligned}\right\} \tag{18.22}$$

$$\left.\begin{aligned}\frac{db_{15}}{dt} &= -b_{25} + \frac{1}{2\pi}[2\, b_{11}\, b_{12} \sin t - (b_{11}\, b_{22} + b_{12}\, b_{21}) \cos t]\,,\\ \frac{db_{25}}{dt} &= b_{15} + \frac{1}{2\pi}[-2\, b_{21}\, b_{22} \cos t + (b_{11}\, b_{22} + b_{12}\, b_{21}) \sin t]\,,\end{aligned}\right\} \quad (18.23)$$

$$\left.\begin{aligned}\frac{db_{16}}{dt} &= -b_{26} + \frac{1}{2\pi}[(2\, b_{11}\, b_{13} + b_{12}^2) \sin t -\\ &\quad -(b_{11}\, b_{23} + b_{12}\, b_{22} + b_{13}\, b_{21}) \cos t + (b_{11}^2 + b_{21}^2) \cos t]\,,\\ \frac{db_{26}}{dt} &= b_{16} + \frac{1}{2\pi}[-(2\, b_{21}\, b_{23} + b_{22}^2) \cos t +\\ &\quad + (b_{11}\, b_{23} + b_{12}\, b_{22} + b_{13}\, b_{21}) \sin t + (b_{11}^2 + b_{21}^2) \sin t]\,,\end{aligned}\right\} \quad (18.24)$$

. . . .

Das Differentialgleichungssystem (18.21) hat die allgemeine Lösung

$$b_{1i} = C_{1i} \cos t - C_{2i} \sin t\,, \qquad b_{2i} = C_{1i} \sin t + C_{2i} \cos t\,, \qquad i = 1, 2, 3\,,$$

mit den willkürlichen Konstanten C_{1i}, C_{2i}, die wir nun so wählen, daß die Lösungen der folgenden Differentialgleichungssysteme 2π-periodisch werden. Wegen $M(0) = 0$ führt diese Bedingung für das Differentialgleichungssystem (18.22) auf

$$M(2\pi)\begin{bmatrix} -\sin t + b_{11}^2 \sin t - b_{11}\, b_{21} \cos t \\ \cos t - b_{21}^2 \cos t + b_{11}\, b_{21} \sin t \end{bmatrix} = \begin{bmatrix} 0 \\ 0 \end{bmatrix}.$$

Diese Gleichungen können wir dadurch erfüllen, daß wir entweder

$$C_{11}^{(1)} = 0\,, \qquad C_{21}^{(1)} = 1 \qquad \text{oder} \qquad C_{11}^{(2)} = 0\,, \qquad C_{21}^{(2)} = -1$$

setzen. In der gleichen Weise führt die Bedingung, daß die Lösungen der Differentialgleichungssysteme (18.23) und (18.24) 2π-periodisch sind, auf

$$C_{12}^{(1)} = 0\,, \qquad C_{22}^{(1)} = 0\,, \qquad C_{13}^{(1)} = 1\,, \qquad C_{23}^{(1)} = 0$$

und

$$C_{12}^{(2)} = 0\,, \qquad C_{22}^{(2)} = 0\,, \qquad C_{13}^{(2)} = -1\,, \qquad C_{23}^{(2)} = 0\,.$$

Bis zu Gliedern der Ordnung $\lambda^{3/2}$ haben die reellen Lösungen des Problems (B) also folgendes Aussehen:

erste Lösung

$$x_1(t, \lambda) = -\lambda^{1/2} \sin t + \lambda^{3/2} \cos t + \cdots\,,$$

$$x_2(t, \lambda) = \lambda^{1/2} \cos t + \lambda^{3/2} \sin t + \cdots\,;$$

zweite Lösung

$$x_1(t,\lambda) = \lambda^{1/2}\sin t - \lambda^{3/2}\cos t + \cdots,$$
$$x_2(t,\lambda) = -\lambda^{1/2}\cos t - \lambda^{3/2}\sin t + \cdots.$$

Genauso lassen sich die Glieder höherer Ordnung bestimmen.

18.2. Autonome Systeme mit einem Freiheitsgrad. Beispiel 18.3. Wir behandeln das Problem (D) (siehe Punkt 17.5) für die Differentialgleichung

$$\frac{d^2x}{dt^2} + x = \lambda(x^2 + x + 1). \tag{18.25}$$

Als Lösung der erzeugenden Differentialgleichung wählen wir wieder die triviale Lösung $\varphi(t) \equiv 0$. Nach (17.14) lautet die Lösung der Gleichung (18.25)

$$x(t,\alpha,\lambda) = a_{10}(t)\,\alpha + a_{01}(t)\,\lambda + a_{20}(t)\,\alpha^2 + a_{11}(t)\,\alpha\lambda + a_{02}(t)\,\lambda^2 \cdots. \tag{18.26}$$

Hieraus folgt

$$\dot{x}(t,\alpha,\lambda) = \dot{a}_{10}(t)\,\alpha + \dot{a}_{01}(t)\,\lambda + \dot{a}_{20}(t)\,\alpha^2 + \dot{a}_{11}(t)\,\alpha\lambda + \dot{a}_{02}(t)\,\lambda^2 + \cdots.$$

Setzen wir (18.26) in die Gleichung (18.25) ein und vergleichen wir die Koeffizienten bei den Gliedern gleichen Grades in α und λ, so erhalten wir ein rekursives Differentialgleichungssystem zweiter Ordnung für die unbekannten Koeffizienten $a_{ik}(t)$. Wir lösen dieses Differentialgleichungssystem unter den Anfangsbedingungen

$$x(0,\alpha,\lambda) = \alpha, \qquad \dot{x}(0,\alpha,\lambda) = 0.$$

Für die ersten Koeffizienten der Reihe (18.26) finden wir dann

$$a_{10}(t) = \cos t, \qquad a_{k0}(t) \equiv 0 \quad \text{für} \quad k \geqq 2,$$
$$a_{01}(t) = -\cos t + 1, \quad a_{11}(t) = \frac{1}{2}t\sin t,$$
$$a_{02}(t) = -\cos t + \frac{1}{2}t\sin t + 1,$$

so daß

$$x(t,\alpha,\lambda) = \alpha\cos t + \lambda(1-\cos t) + \frac{1}{2}\alpha\lambda t\sin t + \left(1 - \cos t + \frac{1}{2}t\sin t\right)\lambda^2 + \cdots$$

wird. Die Periodizitätsbedingungen (17.15) ergeben

$$\alpha\cos\tau + \lambda(1-\cos\tau) + \frac{1}{2}\alpha\lambda(2\pi+\tau)\sin\tau +$$
$$+ \lambda^2\left(1 - \cos\tau + \frac{1}{2}(2\pi+\tau)\sin\tau\right) + \cdots = \alpha,$$
$$-\alpha\sin\tau + \lambda\sin\tau + \frac{1}{2}\alpha\lambda\sin\tau + \frac{1}{2}\alpha\lambda(2\pi+\tau)\cos\tau +$$
$$+ \lambda^2\left(\sin\tau + \frac{1}{2}\sin\tau + \frac{1}{2}(2\pi+\tau)\cos\tau\right) + \cdots = 0.$$

Ersetzen wir $\sin\tau$ und $\cos\tau$ durch ihre TAYLOR-Entwicklungen, so erhalten wir schließlich

$$\left.\begin{aligned} &-\frac{1}{2}\alpha\tau^2+\frac{1}{2}\lambda\tau^2+\pi\alpha\lambda\tau+\frac{1}{2}\alpha\lambda\tau^2+\pi\lambda^2\tau+\lambda^2\tau^2+\cdots=0\,,\\ &-\alpha\tau+\lambda\tau+\pi\lambda^2+\pi\alpha\lambda+\alpha\lambda\tau+2\lambda^2\tau-\\ &\qquad-\frac{1}{2}\pi\alpha\lambda\tau^2-\frac{1}{6}\lambda\tau^3-\frac{1}{2}\pi\lambda^2\tau^2+\frac{1}{6}\alpha\tau^3+\cdots=0\,. \end{aligned}\right\} \tag{18.27}$$

Das ist gerade die Verzweigungsgleichung, die zu dem für die Differentialgleichung (18.25) formulierten Problem (D) gehört. Mit den Methoden von § 5 können wir alle reellen kleinen Lösungen dieses Gleichungssystems bestimmen; jeder dieser Lösungen entspricht eine Lösung des Problems (D).

Unter zusätzlichen Voraussetzungen lassen sich die Ergebnisse der §§ 16–18 auf quasilineare Differentialgleichungssysteme mit nacheilendem Argument übertragen (siehe P. G. AISENGENDLER und M. M. WAINBERG [5, 6]).

§ 19. Weitere Probleme mit periodischen Lösungen

19.1. Singuläre periodische Lösungen nichtautonomer Systeme[1]**.** Wir betrachten das nichtautonome Differentialgleichungssystem

$$\frac{dx}{dt}=A\,x+f(t)+\mu\,g(t,x,\mu)\,. \tag{19.1}$$

Gesucht ist die Vektorfunktion $x(t)=\big(x_1(t),x_2(t),\ldots,x_n(t)\big)$ mit Werten im reellen oder komplexen n-dimensionalen Raum E_n, $t\in(-\infty,+\infty)$; A sei eine reelle Matrix mit konstanten Elementen, die vorgegebene Vektorfunktion $f=(f_1,f_2,\ldots,f_n)\in E_n$ sei in t stetig und ω-periodisch, die vorgegebene Vektorfunktion $g=(g_1,g_2,\ldots,g_n)\in E_n$ genüge der Bedingung

$$g_i=\sum_{m_1+\cdots+m_n=0}^{k}a^{(i)}_{m_1\ldots m_n}(t,\mu)\,x_1^{m_1}\cdots x_n^{m_n}\,,\qquad i=1,2,\ldots,n\,, \tag{19.2}$$

die Koeffizienten $a^{(i)}_{m_1\ldots m_n}(t,\mu)$ seien in beiden Argumenten stetig, in t ω-periodisch und in μ in einer gewissen Umgebung U des Nullpunktes der komplexen Ebene holomorph.

Mit R bezeichnen wir die Menge der in t ω-periodischen Vektorfunktionen $x(t,\mu)$, die sich in der Form

$$x(t,\mu)=\frac{\tilde{x}(t,\mu)}{\mu^p} \tag{19.3}$$

[1]) Solche Lösungen werden in den Arbeiten von JA. W. BYKOW [1] und P. G. AISENGENDLER [2] betrachtet. Wir halten uns hier an die Arbeiten von P. G. AISENGENDLER.

darstellen lassen, wobei p eine positive rationale Zahl und die Vektorfunktion $\tilde{x}(t, \mu)$ in $(t, \mu) \in (-\infty, +\infty) \times U$ stetig ist. Auf der Menge R erklären wir die Norm

$$\|x(t, \mu)\| = \sum_{i=1}^{n} \sup_{t \in (-\infty, +\infty)} |x_i(t, \mu)|, \quad \mu \neq 0.$$

Eine Lösung $x(t, \mu)$ des Differentialgleichungssystems (19.1) heißt singulär, wenn

$$\overline{\lim_{\mu \to 0}} \|x(t, \mu)\| = \infty$$

ist. Wir suchen singuläre Lösungen, die in R liegen und die für $\mu \to 0$ langsamer als $\mu^{-1/(k-1)}$ wachsen. Singuläre Lösungen mit anderen Wachstumseigenschaften wollen wir hier nicht behandeln¹).

Es sei

$$a^{(i)}_{m_1 \cdots m_n}(t, 0) \equiv 0 \qquad \text{für} \quad m_1 + \cdots + m_n = k, \tag{19.4}$$
$$i = 1, 2, \ldots, n.$$

Mit der Substitution (siehe (14.2))

$$x = y \lambda^{-1}, \quad \lambda = \mu^{k-1} \tag{19.5}$$

geht das Differentialgleichungssystem (19.1) in

$$\frac{dy}{dt} = A y + \lambda G(t, y, \lambda) \tag{19.6}$$

über, wobei die Komponenten des Vektors G denselben Bedingungen wie die Funktionen $g_i(t, x, \mu)$ genügen.

Es zeigt sich wieder, daß zwischen der Gesamtheit aller kleinen ω-periodischen Lösungen des Differentialgleichungssystems (19.6) und der Gesamtheit aller ω-periodischen Lösungen (mit der geforderten Wachstumseigenschaft) des Differentialgleichungssystems (19.1) eine umkehrbar eindeutige Zuordnung besteht. Um also singuläre Lösungen (mit der geforderten Wachstumseigenschaft) des Differentialgleichungssystems (19.1) zu finden, brauchen wir nur alle kleinen ω-periodischen Lösungen $y(t, \mu)$ des Differentialgleichungssystems (19.6) zu bestimmen und anschließend diejenigen auszuwählen, für die $\operatorname{ord} y(t, \lambda) < 1$ ist.

Bemerkung 19.1. Ist die Bedingung (19.4) nicht erfüllt, so erhalten wir statt (19.6) das Differentialgleichungssystem

$$\frac{dy}{dt} = A y + F(t, y) + \lambda \tilde{G}(t, y, \lambda). \tag{19.7}$$

¹) In der Arbeit P. G. Aisengendler [2] werden singuläre ω-periodische Lösungen mit beliebigem Wachstum betrachtet. Dort wird auch der mehrdimensionale Verzweigungsfall untersucht.

$\tilde{G}$ hat dieselben Eigenschaften wie G; F ist durch

$$F_i = \sum_{m_1+\cdots+m_n=k} b^{(i)}_{m_1\cdots m_n}(t)\, y_1^{m_1}\cdots y_n^{m_n} \tag{19.8}$$

gegeben, wobei die Koeffizienten $b^{(i)}_{m_1\cdots m_n}(t)$ stetig und ω-periodisch sind. Das erzeugende Differentialgleichungssystem ist jetzt nichtlinear, durch Übergang zur Gleichung in Variationen läßt sich das Problem auf den betrachteten Fall zurückführen.

19.2. Die Verzweigung von periodischen Lösungen abstrakter Differentialgleichungen im Banach-Raum[1]. E sei ein komplexer (oder reeller) Banach-Raum, U die reelle Achse, Λ die komplexe Ebene (oder die reelle Achse). $f(t, x)$ und $g(t, x, \lambda)$ seien Funktionen mit Werten in E, die auf einem gewissen Gebiet $D \subset U \times E \times \Lambda$ definiert sind. Wir setzen voraus, daß diese Funktionen auf ihrem Definitionsbereich in allen Argumenten stetig, beschränkt, in t ω-periodisch sowie in x und λ analytisch sind.

Wir betrachten die abstrakte Differentialgleichung

$$\frac{dx}{dt} = f(t, x) + \lambda\, g(t, x, \lambda)\,. \tag{19.9}$$

Aus den angegebenen Voraussetzungen folgt (siehe z.B. Dieudonné [1]), daß das Anfangswertproblem

$$x(t_0, \lambda) = x_0$$

für jedes fixierte λ in einer gewissen Umgebung des Punktes t_0 genau eine stetige Lösung $x(t, \lambda)$ besitzt, die stetig von λ abhängt.

Die erzeugende Differentialgleichung

$$\frac{dy}{dt} = f(t, y) \tag{19.10}$$

habe eine ω-periodische Lösung $\varphi(t) \in D$. Wir fragen nach allen ω-periodischen Lösungen der Differentialgleichung (19.9), die stetig von t und λ abhängen und für $\lambda = 0$ in $\varphi(t)$ übergehen.

Nach dem Verfahren von Poincaré lösen wir die Differentialgleichung (19.9) unter der Anfangsbedingung

$$x(0, \alpha, \lambda) = \varphi(0) + \alpha\,, \tag{19.11}$$

die Lösung dieses Anfangswertproblems bezeichnen wir mit $x(t, \alpha, \lambda)$.

Satz 19.1. *Die Lösung* $x(t, \alpha, \lambda)$ *des Anfangswertproblems* (19.9), (19.11) *hat die Form*

$$x(t, \alpha, \lambda) = \varphi(t) + \chi(t, \alpha, \lambda)\,, \qquad \chi(t, \alpha, \lambda) = \sum_{m+n\geq 1} a_{mn}(t)\, \alpha^m \lambda^n\,, \tag{19.12}$$

---

[1]) Siehe P. G. Aisengendler und M. M. Wainberg [4].

wobei die Koeffizienten $a_{mn}(t)$ m-lineare Operatoren sind und die (F)-Potenzreihe*[1]) *bei hinreichend kleinem* $||\alpha||$ und $|\lambda|$ *absolut konvergiert.

Beweis. Ohne Beschränkung der Allgemeinheit können wir $\varphi(t) \equiv 0$ voraussetzen (anderenfalls wenden wir die Substitution $x = \varphi + X$ an). Da f und g holomorph sind, gilt

$$f(t, x) = \sum_{i=1}^{\infty}{}' b_i(t)\, x^i\,, \qquad g(t, x, \lambda) = \sum_{k+l\geq 0} c_{kl}(t)\, x^k \lambda^l\,, \tag{19.13}$$

wobei diese Reihen in einer gewissen Umgebung des Punktes $x = 0$, $\lambda = 0$ absolut konvergieren (siehe Hille und Phillips [1]).

Für die Lösung $x(t, \alpha, \lambda)$ machen wir den formalen Reihenansatz

$$x(t, \alpha, \lambda) = \sum_{m+n\geq 1}{}' a_{mn}(t)\, \alpha^m \lambda^n\,,$$

der sich aus (19.12) für $\varphi(t) \equiv 0$ ergibt. Mit diesem Ansatz und mit (19.13) gehen wir in die Gleichung (19.9) ein; wir vergleichen die Koeffizienten bei den Gliedern gleichen Grades in α und λ und erhalten das rekursive Differentialgleichungssystem

$$\left.\begin{aligned}
&\frac{da_{01}(t)}{dt} = b_1(t)\, a_{01}(t)\,, \qquad \frac{da_{10}(t)}{dt} = b_1(t)\, a_{10}(t)\,,\\
&\frac{da_{11}(t)}{dt} = b_1(t)\, a_{11}(t) + 2\, b_2(t)\, a_{10}(t)\, a_{01}(t) + c_{10}(t)\, a_{10}(t)\,,\\
&\frac{da_{02}(t)}{dt} = b_1(t)\, a_{02}(t) + b_2(t)\, a_{01}(t) + c_{10}(t)\, a_{01}(t)\,,\\
&\frac{da_{20}(t)}{dt} = b_1(t)\, a_{20}(t) + b_2(t)\, a_{10}(t)\,,\\
&\quad \cdots\cdots\cdots\cdots\cdots\cdots\\
&\frac{da_{mn}(t)}{dt} = b_1(t)\, a_{mn}(t) + F_{mn}(t)\,,\\
&\quad \cdots\cdots\cdots\cdots\cdots\cdots
\end{aligned}\right\} \tag{19.14}$$

Jeder Operator $F_{mn}(t)$ ist eine endliche Summe von Produkten der p-, i- bzw. k-linearen Operatoren $a_{pq}(t)$ $(p < m,\ q < n)$, $b_i(t)$ bzw. $c_{kl}(t)$. Dieses rekursive lineare Differentialgleichungssystem ist unter Berücksichtigung der Anfangsbedingung (19.11) zu lösen, es muß also

$$a_{mn}(0) = \begin{cases} I & \text{für } m = 1,\ n = 0\,,\\ \theta & \text{für alle anderen Werte von } m \text{ und } n \end{cases}$$

sein. I bezeichnet hierbei den identischen Operator in E und θ das Nullelement im Raum der m-linearen Operatoren.

---

[1]) Zu (*F*)-Potenzreihen siehe E. Hille und R. S. Phillips [1]. Siehe auch Punkt 22.2.

Da die Operatoren $b_i(t)$ und $c_{kl}(t)$ beschränkt sind, besitzt das Anfangswertproblem für das rekursive lineare Differentialgleichungssystem genau eine Lösung. Damit haben wir die formale Lösung (19.12) erst einmal gefunden.

Um zu zeigen, daß die Reihe (19.12) absolut konvergiert, daß also die formale Lösung wirklich eine Lösung ist, benutzen wir eine Majorantenmethode. $x(t)$ sei eine abstrakte Funktion der reellen Veränderlichen t mit Werten in einem BANACH-Raum. Eine reelle Funktion $Y(t)$ heißt Majorante dieser abstrakten Funktion, wenn für alle t eines bestimmten Intervalls $Y(t) > 0$ und $\|x(t)\| < Y(t)$ ist (vergleiche GOURSAT [3]).

Lemma 19.1. *Die folgenden Voraussetzungen seien erfüllt:*

1. *Der Operator $A(t)$ bilde einen* BANACH-*Raum in sich ab, sei beschränkt und hänge in der gleichmäßigen Topologie stetig von t ab. $f(t)$ sei eine stetige abstrakte Funktion mit Werten in diesem* BANACH-*Raum.*

2. *Die stetigen Funktionen $B(t)$ bzw. $F(t)$ seien Majoranten von $A(t)$ bzw. $f(t)$.*

3. *Die abstrakte Funktion $x(t)$ sei die Lösung des Anfangswertproblems*

$$\frac{dx}{dt} = A(t)\,x + f(t)\,, \qquad x(t_0) = x_0\,.$$

4. *Die Funktion $Y(t)$ sei die Lösung des Anfangswertproblems*

$$\frac{dY}{dt} = B(t)\,Y + F(t)\,, \qquad Y(t_0) = y_0 > \|x_0\|\,.$$

Dann ist $Y(t)$ für $t \in [t_0, t_0 + T]$, $T > 0$, eine Majorante von $x(t)$.

Zum Beweis dieses Lemmas greift man wie im klassischen Fall auf das Verfahren der sukzessiven Approximation zurück (siehe z.B. GOURSAT [3]).

Nun wollen wir dieses Lemma anwenden. Da die Reihen (19.13) absolut konvergieren, besitzen $b_i(t)$ bzw. $c_{kl}(t)$ Majoranten $\beta_i(t)$ bzw. $\gamma_{kl}(t)$ mit der Eigenschaft, daß die Summen der unendlichen Reihen in (19.9′) (siehe unten) stetige Funktionen sind. Wir betrachten das Anfangswertproblem

$$\frac{dY}{dt} = \sum_{i=1}^{\infty} \beta_i(t)\,Y^i + \lambda \sum_{k+l\geq 0} \gamma_{kl}(t)\,Y^k \lambda^l\,, \tag{19.9′}$$

$$Y(0, \beta, \lambda) = \beta > \|\alpha\|\,. \tag{19.11′}$$

Seine Lösung $Y(t, \beta, \lambda)$ läßt sich nach dem Satz von POINCARÉ (siehe z.B. LEFSCHETZ [2]) bei hinreichend kleinem β und $|\lambda|$ durch eine konvergente Reihe darstellen,

$$Y(t, \beta, \lambda) = \sum_{m+n\geq 1} A_{mn}(t)\,\beta^m \lambda^n\,. \tag{19.12′}$$

Wir setzen jetzt (19.12′) in die Gleichung (19.9′) ein und vergleichen die Koeffizienten bei den Gliedern gleichen Grades in Y und λ. Wir erhalten ein rekursives lineares Differentialgleichungssystem, das sich von (19.14) dadurch unterscheidet, daß x bzw. a_{mn}, b_i, c_{kl} durch Y bzw. die majorisierenden Funktionen A_{mn}, β_i, γ_{kl} ersetzt sind. Aus Lemma 19.1 folgt dann

$$||a_{mn}(t)|| < A_{mn}(t) ,$$

so daß die Konvergenz der Reihe (19.12′) die absolute Konvergenz der Reihe (19.12) nach sich zieht. Aus Lemma 19.1 folgt noch

$$\left\|\frac{da_{mn}(t)}{dt}\right\| < \frac{dA_{mn}(t)}{dt} .$$

Damit ist der Satz 19.1 vollständig bewiesen.

Die Lösung (19.12) ist dann und nur dann ω-periodisch, wenn

$$F(\alpha, \lambda) \equiv \chi(\omega, \alpha, \lambda) - \alpha = 0 \tag{19.15}$$

ist. Mit

$$I - a_{10}(\omega) = B , \qquad a_{mn}(\omega) = F_{mn}$$

erhalten wir

$$B\alpha = F_{01}\lambda + \sum_{m+n\geq 2} F_{mn}\alpha^m\lambda^n . \tag{19.16}$$

Das eingangs formulierte Problem reduziert sich also auf die Bestimmung aller kleinen Lösungen $\alpha = \alpha(\lambda)$ der Operatorgleichung (19.16). Diese Gleichung werden wir in Kapitel VII unter der Voraussetzung untersuchen, daß der Operator B normal lösbar ist. Der Operator $a_{10}(\omega)$ sei vollstetig und besitze 1 als r-fachen Eigenwert; dann ist B ein normal lösbarer Operator vom Index Null, und sein Nullraum ist r-dimensional. In diesem Fall läßt sich zur Bestimmung aller kleinen Lösungen der Gleichung (19.16) die Verzweigungsgleichung

$$\Phi_i(\xi_1, \xi_2, \ldots, \xi_r, \lambda) = 0 , \quad i = 1, 2, \ldots, r ,$$

herleiten (siehe Punkt 23.5), die wir in den §§ 2 und 6 untersucht haben. Die dort erzielten Ergebnisse führen dann auf verschiedene Aussagen über die Anzahl und über die Gestalt aller Lösungen des formulierten Problems.

Wir wollen noch erwähnen, daß verschiedene Integrodifferentialgleichungen sowie abzählbare Systeme von gewöhnlichen Differentialgleichungen oder Integrodifferentialgleichungen auf eine Gleichung der Form (19.9) zurückgeführt werden können.

§ 20. Die Stabilität von periodischen Lösungen nichtlinearer Differentialgleichungen[1])

Die Frage nach der Stabilität von periodischen Lösungen nichtlinearer Differentialgleichungen ist von großem theoretischen und praktischen Interesse, weshalb ihr sehr viele Arbeiten gewidmet sind. Ein Verzeichnis dieser Arbeiten findet der Leser in der bekannten Übersicht von L. Cesari [1]. Erwähnt seien auch

[1]) Siehe P. G. Aisengendler [5].

die Monographie von M. A. KRASNOSELSKI [2] sowie die Arbeiten von A. P. PROSKURJAKOW [4], G. W. PLOTNIKOWA [1] und M. JA. KUSCHUF [1], die später als das genannte Werk von L. CESARI erschienen sind.

Wir wollen diese Frage hier nicht ausführlich behandeln, sondern nur auf die Möglichkeit hinweisen, die Stabilität von periodischen Lösungen nichtlinearer Differentialgleichungen, die einen kleinen Parameter enthalten, mit den Methoden der Verzweigungstheorie zu untersuchen.

20.1. Die Stabilität im Sinne von LJAPUNOW. Wir betrachten die nichtautonome Differentialgleichung

$$\frac{dx}{dt} = F(t, x), \tag{20.1}$$

hierbei sei $t \in [0, \infty)$, $x = (x_1, \ldots, x_n)$ und $F = F(F_1, \ldots, F_n)$ seien Vektoren des komplexen oder reellen n-dimensionalen euklidischen Raumes E_n. Der Vektor F sei so beschaffen, daß jedem Anfangswert (t_0, x_0) aus dem Gebiet

$$t \geqq 0, \quad ||x|| \leqq H \quad \text{mit} \quad H > 0$$

genau eine stetige Lösung $x(t_0, x_0, t)$ der Differentialgleichung (20.1) entspricht, die für alle $t \geqq t_0$ definiert ist.

Definition 20.1. Eine Lösung $\tilde{x}(t) = x(0, \tilde{x}_0, t)$ der Differentialgleichung (20.1) heißt stabil im Sinne von LJAPUNOW, wenn zu jedem $\varepsilon > 0$ eine Zahl $\delta = \delta(\varepsilon) > 0$ mit der Eigenschaft gefunden werden kann, daß für jede andere Lösung $x(t) = x(0, x_0, t)$ der Differentialgleichung (20.1), die der Bedingung $||x_0 - \tilde{x}_0|| < \delta$ genügt, die Ungleichung $||x(t) - \tilde{x}(t)|| < \varepsilon$ für alle $t \geqq 0$ erfüllt ist.

Die Lösung $\tilde{x}(t)$ heißt asymptotisch stabil, wenn darüber hinaus

$$\lim_{t \to \infty} ||x(t) - \tilde{x}(t)|| = 0$$

gilt, zumindest für solche x_0, für die $||x_0 - \tilde{x}_0|| > 0$ hinreichend klein wird.

Die Frage nach der Stabilität einer vorgegebenen Lösung $\tilde{x}(t)$ der Differentialgleichung (20.1) läßt sich leicht auf die Frage nach der Stabilität der trivialen Lösung $y(t) \equiv 0$ der Differentialgleichung

$$\frac{dy}{dt} = \tilde{\Phi}(t, y) \tag{20.2}$$

zurückführen, hierbei ist $\tilde{\Phi}(t, y) = F(t, \tilde{x} + y) - F(t, \tilde{x})$. Dazu brauchen wir nur $x = \tilde{x} + y$ in (20.1) einzusetzen und die Identität

$$\frac{d\tilde{x}}{dt} \equiv F(t, \tilde{x})$$

zu berücksichtigen.

Wir betrachten jetzt einen Spezialfall. G sei eine Umgebung des Punktes $y = 0$, die Vektorfunktion $\tilde{\Phi}(t, y)$ sei in $(t, y) \in [0, \infty) \times G$ stetig, in t ω-periodisch und in y analytisch. Dann können wir die Differentialgleichung (20.2) in der Form

$$\frac{dy}{dt} = A(t)\, y + \Phi(t, y) \tag{20.2'}$$

schreiben; die Matrix $A(t)$ ist in t stetig und ω-periodisch, die Vektorfunktion $\Phi(t, y)$ ist in beiden Argumenten stetig, in t ω-periodisch, in y analytisch und enthält keine in y linearen Glieder.

Neben der Differentialgleichung (20.2′) betrachten wir die ihr entsprechende lineare Differentialgleichung

$$\frac{dy}{dt} = A(t)\, y\,. \tag{20.3}$$

Mit $Y(t)$ bezeichnen wir die Lösungsmatrix der Differentialgleichung (20.3), die der Anfangsbedingung $Y(0) = E$ genügt (E sei die Einheitsmatrix); mit $\varrho_1, \ldots, \varrho_n$ bezeichnen wir die Eigenwerte der Matrix $Y(\omega)$ (der zur Differentialgleichung (20.3) gehörigen Monodromiematrix), schließlich sei

$$q = \max_k |\varrho_k|\,.$$

Die Größen q bzw. $\varrho_1, \ldots, \varrho_n$ heißen Spektralradius bzw. Multiplikatoren der Differentialgleichung (20.3).

Eine der wichtigsten Methoden, die Stabilität der trivialen Lösung der Differentialgleichung (20.2′) zu untersuchen, auf die wir im folgenden zurückgreifen werden, besteht darin, von der ersten Näherung, d. h. von der linearen Differentialgleichung (20.3), auszugehen. Begründet wird diese Methode durch zwei Sätze von A. M. Ljapunow, die im betrachteten Spezialfall folgendermaßen formuliert werden können:

Satz 20.1. *Für* $q < 1$ *ist die triviale Lösung der Differentialgleichung* (20.2′) *asymptotisch stabil.*

Satz 20.2. *Für* $q > 1$ *ist die triviale Lösung der Differentialgleichung* (20.2′) *nicht stabil.*

Bemerkung 20.1. Für $q = 1$ können auf Grund der ersten Näherung keine Aussagen über die Stabilität der trivialen Lösung der Differentialgleichung (20.2′) gemacht werden.

20.2. Die Stabilität der Lösungen des Poincaréschen Problems. Wir betrachten jetzt den Fall, daß die Differentialgleichung von einem kleinen reellen Zahlenparameter λ abhängt. Dazu greifen wir auf die in § 16 behandelte Differentialgleichung

$$\frac{dx}{dt} = A\, x + \lambda\, F(t, x, \lambda) \tag{20.4}$$

zurück und setzen der Einfachheit halber voraus, daß auch die Koeffizienten der Reihen $F_i (i = 1, \ldots, n)$ reelle Funktionen von t sind.

$\tilde{x}(t, \lambda) = (\tilde{x}_1(t, \lambda), \ldots, \tilde{x}_n(t, \lambda))$ sei eine ω-periodische Lösung des entsprechenden POINCARÉschen Problems; wir fragen, ob diese Lösung bei hinreichend kleinem $\lambda > 0$ stabil ist.[1])

Die Komponenten des Vektors $\tilde{x}(t, \lambda)$ seien reell und in der Form

$$\tilde{x}_i(t, \lambda) = \tilde{x}_i^0(t) + \sum_{k=1}^{\infty} x_{ik}(t) \mu^k \tag{20.5}$$

mit $\mu = \lambda^{1/p}$ darstellbar (p sei eine natürliche Zahl; wir wollen nur den arithmetischen Wert der Wurzel $\sqrt[p]{\lambda}$ berücksichtigen). Wenn bezüglich der Gleichung (20.4) der quasireguläre Verzweigungsfall vorliegt (siehe § 16), besitzt das entsprechende POINCARÉsche Problem endlich viele Lösungen, die sich in der Form (20.5) darstellen lassen.

$\tilde{x}^0(t, \lambda) = (\tilde{x}_1^0(t, \lambda), \ldots, \tilde{x}_n^0(t, \lambda))$ sei eine ω-periodische Lösung der erzeugenden Differentialgleichung

$$\frac{dx^0}{dt} = A x^0 . \tag{20.6}$$

Wir substituieren in (20.4) $x = \tilde{x} + y$ und führen das betrachtete Problem auf die Frage nach der Stabilität der trivialen Lösung $y = 0$ der Differentialgleichung

$$\frac{dy}{dt} = \left(A + \sum_{k=0}^{\infty} B_k(t) \mu^{p+k}\right) y + \mu^p \Phi(t, y, \mu) \tag{20.7}$$

zurück; hierbei ist

$$B_j(t) = \frac{1}{j!} \left(\frac{\partial^{1+j} F(t, \tilde{x} + y, \mu^p)}{\partial y \, \partial \mu^j}\right)_{y=0,\, \mu=0}, \qquad j = 0, 1, 2, \ldots,$$

und

$$\Phi(t, y, \mu) = \sum_{n=2}^{\infty} \frac{1}{n!} \left(\frac{\partial^n F(t, \tilde{x} + y, \mu^p)}{\partial y^n}\right)_{y=0} y^n .$$

Wir untersuchen die Stabilität der trivialen Lösung der Differentialgleichung (20.7) auf Grund der ersten Näherung. Zunächst konstruieren wir die Monodromiematrix $M(\mu) = Y(\omega, \mu)$ für die der Gleichung (20.7) entsprechende lineare Differentialgleichung

$$\frac{dy}{dt} = \left(A + \sum_{k=0}^{\infty} B_k(t) \mu^{p+k}\right) y . \tag{20.8}$$

Dazu brauchen wir nur das Anfangswertproblem

$$\frac{dY}{dt} = \left(A + \sum_{k=0}^{\infty} B_k(t) \mu^{k+p}\right) Y , \tag{20.9}$$

$$Y(0, \mu) = E \tag{20.10}$$

[1]) Die Lösung $\tilde{x}(t, \lambda)$ ist offensichtlich für $\lambda \geqq 0$ definiert. Der Fall, daß $\tilde{x}(t, \lambda)$ nur für $\lambda \leqq 0$ definiert ist, läßt sich leicht auf den betrachteten Fall zurückführen.

zu lösen und in seiner Lösung $Y(t, \mu)$ (die eindeutig bestimmt und in μ analytisch ist) $t = \omega$ zu setzen (siehe z. B. I. G. MALKIN [1]).

Für die Lösung $Y(t, \mu)$ des Anfangswertproblems (20.9), (20.10) machen wir den Ansatz

$$Y(t, \mu) = \sum_{k=0}^{\infty} Y_k(t)\, \mu^k . \tag{20.11}$$

Die Koeffizienten der Matrizenreihe (20.11) bestimmen wir dadurch, daß wir (20.11) in die Differentialgleichung (20.9) einsetzen und die Koeffizienten bei gleichen Potenzen von μ vergleichen. Wir erhalten das rekursive Differentialgleichungssystem

$$\left.\begin{aligned} \frac{dY_0}{dt} &= A\, Y_0 , \\ \frac{dY_i}{dt} &= A\, Y_i , \qquad\qquad i = 1, \ldots, p-1 , \\ \frac{dY_p}{dt} &= A\, Y_p + B_0(t)\, Y_0(t) , \\ \frac{dY_{p+k}}{dt} &= A\, Y_{p+k} + \sum_{i+j=k} B_i(t)\, Y_j(t) , \quad k = 1, 2, \ldots , \end{aligned}\right\} \tag{20.12}$$

das unter den Anfangsbedingungen (vergleiche (20.10)) $Y_0(0) = E$, $Y_i(0) = 0$ zu lösen ist ($i = 1, 2, \ldots$; 0 bezeichne die Nullmatrix). Die Lösung lautet

$$\begin{aligned} Y_0(t) &= e^{At} , \\ Y_i(t) &\equiv 0 , \qquad\qquad i = 1, \ldots, p-1 , \\ Y_p(t) &= \int_0^t e^{A(t-\tau)}\, B_0(\tau)\, Y_0(\tau)\, d\tau , \\ Y_{p+k}(t) &= \int_0^t e^{A(t-\tau)} \sum_{i+j=k} B_i(\tau)\, Y_j(\tau)\, d\tau , \qquad k = 1, 2, \ldots . \end{aligned}$$

Für die Monodromiematrix der Differentialgleichung (20.8) erhalten wir also die Reihe

$$M(\mu) = M_0 + \sum_{k=0}^{\infty} M_{p+k}\, \mu^{p+k} , \tag{20.13}$$

dabei ist

$$\left.\begin{aligned} M_0 &= e^{A\omega} , \\ M_p &= \int_0^{\omega} e^{A(\omega-\tau)}\, B_0(\tau)\, Y_0(\tau)\, d\tau , \\ M_{p+k} &= \int_0^{\omega} e^{A(\omega-\tau)} \sum_{i+j=k} B_i(\tau)\, Y_j(\tau)\, d\tau . \end{aligned}\right\} \tag{20.14}$$

Mit $\varrho_k(\mu)$, $k = 1, \ldots, n$, bezeichnen wir die Multiplikatoren der Differentialgleichung (20.8); sie haben folgende Eigenschaften:

Satz 20.3. *Alle Multiplikatoren* $\varrho_k(\mu)$ *der Differentialgleichung* (20.8) *sind in einer gewissen rechten Halbumgebung* $[0, \mu_0)$ *des Punktes* $\mu = 0$ *stetig.*

Beweis. Die Behauptung folgt unmittelbar daraus, daß alle Elemente der Monodromiematrix $M(\mu)$ der Differentialgleichung (20.8) stetig sind und daß der höchste Koeffizient der charakteristischen Gleichung

$$|M(\mu) - \varrho E| = 0$$

nicht von μ abhängt.

Satz 20.4. γ_k $(k = 1, \ldots, n)$ *seien die Eigenwerte der Matrix* A.[1]) *Dann gilt*

$$\varrho_k(0) = e^{\gamma_k \omega}, \qquad k = 1, \ldots, n. \tag{20.15}$$

Beweis. Ist γ_k ein Eigenwert der Matrix A, so ist $e^{\gamma_k \omega}$ ein Eigenwert der Matrix $e^{A\omega}$ (siehe z. B. F. R. Gantmacher [1]). Mit (20.13), (20.14) und Satz 20.3 erhalten wir gerade (20.15).

Folgerung 20.1. *Alle Multiplikatoren der Differentialgleichung* (20.8) *haben die Form*

$$\varrho_k(\mu) = \varrho_k(0) + \sigma_k(\mu), \qquad k = 1, \ldots, n, \tag{20.16}$$

wobei $\varrho_k(0)$ *durch* (20.15) *gegeben ist; der zusätzliche Summand* $\sigma_k(\mu)$ *ist in einer rechten Halbumgebung des Punktes* $\mu = 0$ *stetig und genügt der Bedingung*

$$\sigma_k(0) = 0, \qquad k = 1, 2, \ldots, n. \tag{20.17}$$

Unter Berücksichtigung der Folgerung (20.1) kommen wir auf folgende Aussagen.

Hat ein Eigenwert γ_k der Matrix A einen positiven Realteil, $\operatorname{Re} \gamma_k > 0$ (bzw. einen negativen Realteil, $\operatorname{Re} \gamma_k < 0$), so genügt der diesem Eigenwert entsprechende Multiplikator $\varrho_k(\mu)$ der Differentialgleichung (20.8) in einer gewissen rechten Halbumgebung des Punktes $\mu = 0$ der Ungleichung $|\varrho_k(\mu)| > 1$ (bzw. $|\varrho_k(\mu)| < 1$).

Aus Satz 20.2 folgt dann, daß bei kleinem $\mu > 0$ die triviale Lösung der Differentialgleichung (20.7) nicht stabil ist, sofern mindestens ein Eigenwert γ_k der Matrix A einen positiven Realteil hat. Deshalb wollen wir im folgenden annehmen, daß alle Eigenwerte γ_k der Matrix A den Ungleichungen $\operatorname{Re} \gamma_k \leqq 0$, $k = 1, 2, \ldots, n$, genügen. Wir haben dann nur die zusätzlichen Summanden $\sigma(\mu)$ für diejenigen Multiplikatoren $\varrho(\mu)$ zu untersuchen, die kritischen Eigenwerten entsprechen (d. h. Eigenwerten, die verschwinden oder aber rein imaginär

---

[1]) Gibt es unter den Eigenwerten γ mehrfache Eigenwerte, so sind diese so oft zu wiederholen, wie ihre Vielfachheit angibt.

sind). Zur Berechnung dieser zusätzlichen Summanden benutzen wir die Gleichung (siehe Punkt 32.1 und 32.2)

$$C z = - \sum_{k=0}^{\infty} M_{p+k} \mu^{p+k} z + \sigma z , \tag{20.18}$$

wobei

$$C = (M_0 - \varrho(0) E) \tag{20.19}$$

und $z = (z_1, \ldots, z_n) \in E_n$ ein Spaltenvektor ist.

Zunächst berechnen wir die zusätzlichen Summanden $\sigma(\mu)$ für die Multiplikatoren $\varrho(\mu)$, die kritischen Eigenwerten γ_k der Matrix A im Resonanzfall entsprechen, d. h. Eigenwerten der Form

$$\gamma_k = \pm \frac{2 \pi p_k i}{\omega}, \quad k = 1, \ldots, \bar{k}, \quad \gamma_0 = 0 \quad \left(i = \sqrt{-1}\right), \tag{20.20}$$

wobei die p_k natürliche Zahlen sind.

Wegen (20.15) gehört zu allen Eigenwerten (20.20) nur der eine Eigenwert $\varrho(0) = 1$ der Matrix M_0. Mit l bezeichnen wir die Vielfachheit dieses Eigenwertes und mit m die Dimension des Unterraums aller Lösungen der Gleichung $C z = 0$, wobei jetzt $C = M_0 - E$ ist. Bekanntlich stimmt: m mit dem Defekt der Matrix C überein (siehe z. B. A. I. Malzew [1]).

Einen Vergleich der Zahlen l und m erhalten wir folgendermaßen: m_0 bezeichne die Anzahl aller Elementarteiler der Matrix A, die dem Eigenwert $\gamma_0 = 0$ entsprechen; m_k bezeichne die Anzahl aller Elementarteiler dieser Matrix, die jedem Eigenwert des Paares $\pm 2 \pi p_k i/\omega$ entsprechen. Dann gilt[1]) (siehe F. R. Gantmacher [1], Kap. VI, Satz 9 und 8)

$$m = m_0 + 2 \sum_{k=1}^{\bar{k}} m_k .$$

Andererseits folgt aus dem eben erwähnten Satz 9 und aus dem Satz von Jordan, daß l gleich der Summe aller Exponenten der oben genannten Elementarteiler der Matrix A sein muß, deshalb gilt

$$l \geqq m , \tag{20.21}$$

wobei das Gleichheitszeichen dann und nur dann steht, wenn alle genannten Elementarteiler einfach sind.

Wir weisen darauf hin, daß der in diesem Paragraphen betrachtete Zugang keine apriori-Abschätzungen für die Zahlen l und m benötigt.

Mit

$$\varphi_k = (a_1^{(k)}, \ldots, a_n^{(k)})$$

bzw.

$$\psi_k = (b_1^{(k)}, \ldots, b_n^{(k)}) , \quad k = 1, \ldots, m ,$$

[1]) Die Zahl m stimmt auch mit der Dimension der linearen Mannigfaltigkeit aller ω-periodischen Lösungen der erzeugenden Differentialgleichung (20.6) überein (siehe § 16).

bezeichnen wir eine orthonormierte Basis im Unterraum aller Lösungen der Gleichungen $Cz = 0$ bzw. $C^* z = 0$, wobei C^* die zu C adjungierte Matrix ist. C^* stimmt mit der zu C transponierten Matrix überein, weil die Matrix C reell ist. Außerdem betrachten wir die Matrix

$$N = \sum_{k=1}^{m} [\psi_k a_1^{(k)}, \ldots, \psi_k a_n^{(k)}] = \sum_{k=1}^{m} \begin{bmatrix} b_1^{(k)} a_1^{(k)} \ldots b_1^{(k)} a_n^{(k)} \\ \cdot \quad \cdot \quad \cdot \quad \cdot \quad \cdot \quad \cdot \quad \cdot \\ b_n^{(k)} a_1^{(k)} \ldots b_n^{(k)} a_n^{(k)} \end{bmatrix} \tag{20.22}$$

und die Skalarprodukte

$$\xi_j = \langle z, \varphi_j \rangle = \sum_{k=1}^{n} z_k a_k^{(j)}, \quad j = 1, \ldots, m. \tag{20.23}$$

Unter Benutzung der Bezeichnungen (20.22) und (20.23) schreiben wir die Gleichung (20.18) in der Form

$$Dz = -\sum_{k=0}^{\infty} M_{p+k} \mu^{p+k} z + \sigma z - \sum_{j=1}^{m} \xi_j \psi_j; \tag{20.18'}$$

hierbei ist

$$D = C - N. \tag{20.24}$$

Wir zeigen, nun daß die Matrix D umkehrbar ist. Dazu genügt es zu zeigen, daß die Gleichung $Dz = 0$ nur die triviale Lösung $z = 0$ besitzt. z_0 sei eine beliebige Lösung dieser Gleichung. Wegen (20.24) gilt dann

$$C z_0 = N z_0;$$

durch skalare Multiplikation beider Seiten dieser Gleichung mit ψ_k, $k = 1, \ldots, m$, erhalten wir

$$\langle C z_0, \psi_k \rangle = \langle N z_0, \psi_k \rangle, \quad k = 1, \ldots, m. \tag{20.25}$$

Wir vereinfachen diese Beziehungen. Wegen $C^* \psi_k = 0$, $k = 1, \ldots, m$, gilt

$$\langle C z_0, \psi_k \rangle = \langle z_0, C^* \psi_k \rangle = 0, \quad k = 1, \ldots, m. \tag{20.26}$$

Berücksichtigen wir (20.22) und die Tatsache, daß die Vektoren $\psi_1, \ldots, \psi_m$ orthonormiert sind, so erhalten wir

$$\langle N z_0, \psi_k \rangle = \sum_{j=1}^{m} \langle \psi_j \langle z_0, \varphi_j \rangle, \psi_k \rangle = \langle z_0, \varphi_k \rangle, \quad k = 1, 2, \ldots, m. \tag{20.27}$$

Die Beziehungen (20.25) lauten dann

$$\langle z_0, \varphi_k \rangle = 0, \quad N z_0 = 0, \quad k = 1, \ldots, m.$$

Der Vektor z_0 ist also orthogonal zu allen Basisvektoren $\varphi_1, \ldots, \varphi_m$ des Unterraums aller Lösungen der Gleichung $Cz = 0$, selbst aber in diesem Unterraum enthalten. Hieraus folgt $z_0 = 0$.

Wir multiplizieren jetzt beide Seiten der Gleichung (20.18′) von links mit der Matrix D^{-1},

$$z = -\sum_{k=0}^{\infty} D^{-1} M_{p+k} \mu^{p+k} z + \sigma D^{-1} z - \sum_{j=1}^{m} \xi_j D^{-1} \psi_j . \tag{20.28}$$

Die letzten m Summanden der Gleichung (20.28) formen wir um. Zunächst gilt

$$D^{-1} \psi_j = -\varphi_j , \quad j = 1, \ldots, m . \tag{20.29}$$

Benutzen wir nämlich die Beziehungen

$$\langle \varphi_j, \varphi_j \rangle = \delta_{ij} , \quad i, j = 1, \ldots, m ,$$

und

$$C \varphi_j = 0 , \quad j = 1, \ldots, m ,$$

und berücksichtigen wir (20.24) und (20.22), so erhalten wir

$$D \varphi_j = C \varphi_j - N \varphi_j = -N \varphi_j = -\sum_{i=1}^{m} \langle \varphi_i, \varphi_j \rangle \psi_i = -\psi_j ,$$
$$j = 1, \ldots, m .$$

Multiplizieren wir beide Seiten der eben abgeleiteten Gleichung $D\varphi_j = -\psi_j$ von links mit der Matrix D^{-1}, so kommen wir auf die Beziehungen (20.29). Damit nimmt die Gleichung (20.28) folgende Form an:

$$z = -\sum_{k=0}^{\infty} D^{-1} M_{p+k} \mu^{p+k} z + \sigma D^{-1} z + \sum_{j=1}^{m} \xi_j \varphi_j . \tag{20.30}$$

Im Punkt $z = 0$, $\mu = 0$, $\sigma = 0$, $\xi_k = 0$, $k = 1, \ldots, m$, ist die Jacobische Matrix der Gleichung (20.30) gerade die Einheitsmatrix, so daß auf diese Gleichung der Satz über implizite Funktionen angewendet werden kann. Da die rechte Seite der Gleichung (20.30) außerdem analytisch von z, μ, σ und ξ_k (und sogar linear von z und ξ_k) abhängt, besitzt die Gleichung (20.30) die eindeutig bestimmte lokale Lösung

$$z = \sum_{i=1}^{m} [c_{00}^{(j)} + c_{0p}^{(j)} \mu^p + c_{0,p+1}^{(j)} \mu^{p+1} + c_{10}^{(j)} \sigma + c_{20}^{(j)} \sigma^2 + c_{1p}^{(j)} \sigma \mu^p + \cdots] \xi_j . \tag{20.31}$$

Die Koeffizienten der Reihe (20.31) können wir dadurch berechnen, daß wir (20.31) in die Gleichung (20.30) einsetzen und anschließend auf beiden Seiten dieser Gleichung die Koeffizienten bei den Gliedern gleichen Grades in σ, μ, $\xi_1, \ldots, \xi_m$ vergleichen.

Nun setzen wir (20.31) in die Lösbarkeitsbedingung für die Gleichung (20.18) ein,

$$\left\langle \sigma z - \sum_{k=0}^{\infty} M_{p+k} \mu^{p+k} z, \psi_j \right\rangle = 0 , \quad j = 1, \ldots, m .$$

Für den Spaltenvektor $\xi = (\xi_1, \ldots, \xi_m)$ erhalten wir das lineare homogene Gleichungssystem

$$G(\sigma, \mu)\, \xi = 0 \,. \tag{*}$$

Die Bedeutung der Gleichung (*) liegt darin (siehe (20.23)), daß $\varrho(\mu) = 1 + \sigma(\mu)$ dann und nur dann ein Eigenwert der Monodromiematrix $M(\mu)$ ist, wenn die Gleichung (*) eine nichttriviale Lösung $\xi \neq 0$ besitzt, wenn also die Bedingung

$$\det G(\sigma, \mu) = 0 \tag{20.32}$$

erfüllt ist. Die Gleichung (20.32) können wir in der Form

$$\sum_k L_{k0}\, \sigma^k + \sum_{k+n \geqq m-1} L_{k,\, n+p}\, \sigma^k\, \mu^{n+p} = 0 \tag{20.32'}$$

schreiben; dabei ist

$$L_{k0} = 0 \quad \text{für} \quad k < l\,, \quad L_{l0} \neq 0 \tag{20.33}$$

und l die Vielfachheit des Eigenwerts $\varrho(0) = 1$ der Matrix M_0[1]).

Zur Bestimmung aller kleinen Lösungen $\sigma(\mu)$ der Gleichung (20.32′) benutzen wir das Newtonsche Diagramm (siehe § 2). Wegen $L_{l0} \neq 0$ lassen sich alle nichttrivialen kleinen Lösungen dieser Gleichung in die konvergenten Reihen

$$\sigma(\mu) = \zeta\, \mu^{r/s} + o(\mu^{r/s})\,, \qquad (r, s) = 1\,, \tag{20.34}$$

entwickeln; dabei ist r/s der Tangens des Winkels zwischen dem entsprechenden Abschnitt des Newtonschen Diagramms und der negativen Abszissenrichtung sowie ζ eine Wurzel der diesem Abschnitt entsprechenden Bestimmungsgleichung (siehe Punkt 2.4)

$$L_{k_1 n_1} + L_{k_2 n_2}\, \eta^{k_2 - k_1} + \cdots + L_{k_j n_j}\, \eta^{k_j - k_1} = 0\,. \tag{20.35}$$

Außerdem (siehe § 2) sind alle Koeffizienten der Gleichung (20.35) von Null verschieden, und die Indizes k und n genügen den Bedingungen

$$k_1 < k_2 < \cdots < k_j, \qquad n_1 > n_2 > \cdots > n_j\,, \tag{20.36}$$

$$k_1 r + n_1 s = k_2 r + n_2 s = \cdots = k_j r + n_j s\,. \tag{20.37}$$

Wir formen nun die Bestimmungsgleichung (20.35) um. Zunächst schreiben wir die Beziehungen (20.37) in der Form

$$(k_i - k_1)\, r = (n_1 - n_i)\, s\,, \qquad i = 2, 3, \ldots, j\,.$$

Hieraus folgt

$$s \mid (k_i - k_1)\, r$$

und wegen $(s, r) = 1$

$$s \mid (k_i - k_1)\,,$$

[1]) Die Beziehungen (20.33) haben wir durch direktes Ausrechnen gewonnen. Sie folgen auch aus der elementaren Tatsache, daß für $\mu = 0$ der Wert $\varrho(0) = 1 + \sigma(0) = 1$ ein l-facher Eigenwert der Matrix $M(0) = M_0$ ist.

so daß wir

$$k_i - k_1 = s\,\tau_i\,, \qquad i = 2, 3, \ldots, j\,,$$

erhalten, wobei die τ_i natürliche Zahlen sind, die wegen (20.36) der Ungleichungskette $\tau_j > \tau_{j-1} > \cdots > \tau_2$ genügen.

Die Bestimmungsgleichung (20.35) nimmt also folgende Form an:

$$L_{k_1 n_1} + L_{k_2 n_2}\,\eta^{\tau_2 s} + \cdots + L_{k_j n_j}\,\eta^{\tau_j s} = 0\,. \tag{20.35'}$$

Lemma 20.1. *ζ sei eine Lösung der Bestimmungsgleichung* (20.35′) *und ε eine beliebige s-te Einheitswurzel. Dann ist auch $\zeta\,\varepsilon$ eine Lösung der Bestimmungsgleichung* (20.35′).

Diese Aussage kann sofort der Bestimmungsgleichung (30.35′) abgelesen werden.

Lemma 20.2. *Es sei $s > 1$. Besitzt dann die Bestimmungsgleichung* (20.35′) *eine Lösung mit negativem Realteil, so besitzt sie auch eine Lösung mit nichtnegativem Realteil.*

Beweis. Für $s = 2$ ist die Behauptung offensichtlich; neben $c + di$ $(c < 0)$ ist nämlich auch $(-c - di)$ eine Lösung von (20.35′).

Nun sei $s > 2$. Dann gibt es mindestens zwei s-te Einheitswurzeln

$$\varepsilon_1 = \alpha + \beta\,i\,, \quad \varepsilon_2 = \alpha - \beta\,i\,,$$

die der Bedingung $\alpha \leqq 0$ und $\beta > 0$ genügen. Nehmen wir an, $\zeta = a + b\,i$ $(a < 0)$ sei eine Lösung der Gleichung (20.35′); aus Lemma 20.1 folgt, daß auch $\zeta\,\varepsilon_1$ und $\zeta\,\varepsilon_2$ Lösungen dieser Gleichung sind. Mindestens eine dieser Lösungen hat aber einen nichtnegativen Realteil. Damit ist das Lemma bewiesen.

Neben den Multiplikatoren

$$\varrho(\mu) = 1 + \sigma(\mu) = 1 + \zeta\,\mu^{r/s} + o(\mu^{r/s})\,, \qquad \zeta \neq 0\,, \tag{20.38}$$

(siehe (20.16) und (20.34)) betrachten wir noch die Näherungswerte

$$\tilde{\varrho}(\mu) = 1 + \zeta\,\mu^{r/s}\,. \tag{20.39}$$

Diese Näherungswerte haben folgende Eigenschaft:

Lemma 20.3. *Es sei* $\operatorname{Re}\zeta \neq 0$. *Dann sind bei hinreichend kleinem μ die Werte $|\varrho(\mu)|$ und $|\tilde{\varrho}(\mu)|$ gleichzeitig größer als* 1 *oder kleiner als* 1.

Wir erwähnen auch, daß wir uns bei der Bestimmung der Näherungswerte $\tilde{\varrho}(\mu)$ für die Multiplikatoren $\varrho(\mu)$ wegen Lemma 20.1 auf den arithmetischen Wert der Wurzel $\sqrt[s]{\mu}$ beschränken können.

Aus Lemma 20.1—20.3 und aus (20.39) ergeben sich nun verschiedene Aussagen über die Stabilität der trivialen Lösung der Differentialgleichung (20.7).

Satz 20.5. *Hat im Resonanzfall mindestens eine Lösung der Bestimmungsgleichung, die zu irgendeinem Abschnitt des* Newton*schen Diagramms gehört,* *einen positiven Realteil, so ist bei kleinem* $\mu > 0$ *die triviale Lösung der Differentialgleichung* (20.7) *nicht stabil.*

Beweis. ζ sei eine Lösung einer der Bestimmungsgleichungen und habe einen positiven Realteil. Für den entsprechenden Multiplikator $\varrho(\mu)$ ergibt sich

$$\varrho(\mu) = 1 + \zeta\, \mu^{r/s} + o(\mu^{r/s}),$$

für den entsprechenden Näherungswert

$$\tilde{\varrho}(\mu) = 1 + \zeta\, \mu^{r/s}.$$

Wegen $\zeta \neq 0$, $\mu^{r/s} > 0$ und $\operatorname{Re} \zeta > 0$ ist

$$|\tilde{\varrho}(\mu)| = |1 + \zeta\, \mu^{r/s}| > 1.$$

Aus Lemma 20.3 folgt, daß bei kleinem $\mu > 0$ die Ungleichung

$$|\varrho(\mu)| > 1$$

erfüllt ist. Um den Beweis zu vollenden, brauchen wir nur noch Satz 20.2 anzuwenden.

Auch der folgende Satz kann sich für die Anwendungen als nützlich erweisen.

Satz 20.6. *Ist im Resonanzfall für mindestens einen Abschnitt des* NEWTONschen *Diagramms* $s > 2$, *so ist bei kleinem* $\mu > 0$ *die triviale Lösung der Differentialgleichung* (20.7) *nicht stabil.*

Der Beweis folgt unmittelbar aus Lemma 20.2 und Satz 20.5.

Aus Satz 20.6 folgt insbesondere, daß für alle Abschnitte des NEWTONschen Diagramms notwendigerweise $s = 1$ oder $s = 2$ sein muß, wenn die triviale Lösung der Differentialgleichung (20.7) asymptotisch stabil ist.

Wir geben noch ein hinreichendes Kriterium für asymptotische Stabilität an. Eine Differentialgleichung der Form (20.7) soll zu der Klasse R gehören, wenn alle Eigenwerte γ der Matrix A einen nichtnegativen Realteil haben und wenn die Eigenwerte, für die $\operatorname{Re} \gamma = 0$ ist, dem Resonanzfall entsprechen, wobei die zu ihnen gehörige Bestimmungsgleichung (20.32') nicht die triviale Lösung $\sigma(\mu) = 0$ besitzt[1]).

Satz 20.7. *Die Differentialgleichung* (20.7) *gehöre zu der Klasse* R. *Haben alle Lösungen der Bestimmungsgleichungen, die zu allen Abschnitten des* NEWTONschen *Diagramms gehören, einen negativen Realteil, so ist bei kleinem* $\mu > 0$ *die triviale Lösung der Differentialgleichung* (20.7) *asymptotisch stabil.*

Der Beweis folgt aus Lemma 20.3 und aus Satz 20.1.

Nun untersuchen wir die Stabilität der trivialen Lösung der Differentialgleichung (20.7) für den Fall, daß die Matrix A kritische Eigenwerte γ besitzt, die nicht dem Resonanzfall entsprechen. Dabei tauchen keine neuen Schwierig-

[1]) Das bedeutet, daß mindestens einer der Koeffizienten $L_{0,n+p}$ der Gleichung (20.32') von Null verschieden ist.

keiten auf. Wie im Resonanzfall lassen sich die zusätzlichen Summanden $\sigma(\mu)$ aus einer Gleichung der Form (20.32′) bestimmen, zu deren Untersuchung das NEWTONsche Diagramm heranzuziehen ist. Auf Grund der Aussage von Lemma 20.3 können wir uns zur Abschätzung der Multiplikatoren

$$\varrho(\mu) = \varrho(0) + \sigma(\mu) = \varrho(0) + \zeta\,\mu^{r/s} + o(\mu^{r/s}) \qquad (20.38')$$

($|\varrho(0)| = 1$, $\mu^{r/s} > 0$, ζ ist eine Wurzel der Bestimmungsgleichung) bei kleinem $\mu > 0$ auf die Näherungswerte

$$\tilde{\varrho}(\mu) = \varrho(0) + \zeta\,\mu^{r/s}\,. \qquad (20.39')$$

beschränken. Von Nutzen ist dabei folgende

Bemerkung 20.2. Die Ungleichungen $|\tilde{\varrho}(\mu)|^2 > 1$ bzw. $|\varrho(\mu)|^2 < 1$ haben die Form

$$\frac{\alpha\,a + \beta\,b}{\mu^{r/s}} + \frac{a^2 + b^2}{2} > 0 \qquad (20.40)$$

bzw.

$$\frac{\alpha\,a + \beta\,b}{\mu^{r/s}} + \frac{a^2 + b^2}{2} < 0\,, \qquad (20.41)$$

hierbei ist

$$\alpha = \operatorname{Re}\varrho(0)\,,\qquad \beta = \operatorname{Im}\varrho(0)\,,\qquad a = \operatorname{Re}\zeta\,,\qquad b = \operatorname{Im}\zeta\,.$$

Wegen $\mu^{r/s} > 0$ sind die Ungleichungen (20.40) bzw. (20.42) bei kleinem μ und bei $a\alpha + \beta\,b \neq 0$ den Ungleichungen

$$\alpha\,a + \beta\,b > 0 \qquad (20.42)$$

bzw.

$$\alpha\,a + \beta\,b < 0 \qquad (20.43)$$

äquivalent.

Aus den Ungleichungen (20.40), (20.41) oder (20.42), (20.43) lassen sich verschiedene Kriterien für Instabilität oder asymptotische Stabilität herleiten.

Zum Abschluß bemerken wir, daß es zweckmäßig ist, die in diesem Paragraphen behandelte Methode zur Untersuchung der Stabilität der trivialen Lösung der Differentialgleichung (20.7) dann anzuwenden, wenn die Matrix A im Resonanzfall kritische Eigenwerte besitzt, zu denen nichteinfache Elementarteiler gehören.

Die behandelte Methode ist auch dann anwendbar, wenn $A = A(t)$ eine stetige und ω-periodische Matrix ist. Besonders einfach wird diese Methode, wenn die Differentialgleichung

$$\frac{dx}{dt} = A(t)\,x$$

in geschlossener Form integriert werden kann.

Die Ergebnisse dieses Paragraphen lassen sich auf Differenzen-Differentialgleichungssysteme übertragen, die Gleichung (20.32′) muß dann aber auf andere Weise hergeleitet werden.

KAPITEL VII

DIE LÖSUNGSVERZWEIGUNG BEI NICHTLINEAREN GLEICHUNGEN IN BANACHRÄUMEN

In den bisherigen Kapiteln haben wir die Theorie der Lösungsverzweigung bei nichtlinearen Gleichungen für eine für die Anwendungen sehr wichtige Klasse von nichtlinearen Problemen aufgebaut. Die Zahl der Probleme, auf die sich die Verzweigungstheorie anwenden läßt, wird aber immer größer. Anstatt nun in jedem einzelnen konkreten Fall die Überlegungen zu wiederholen, ist es sicher sinnvoller, eine allgemeine abstrakte Theorie aufzubauen, die möglichst viele konkrete Probleme umfaßt. Eine solche Theorie wollen wir in diesem Kapitel für FREDHOLMsche Operatoren und im folgenden Kapitel für NOETHERsche Operatoren behandeln. Dabei beschränken wir uns auf BANACH-Räume, was zumindest in der nächsten Zeit für die Anwendungen völlig ausreicht. Die zu behandelnde Theorie läßt sich aber auf lokal konvexe topologische Räume übertragen (siehe z. B. M. M. WAINBERG und JA. L. ENGELSON [1], JA. L. ENGELSON [1]).

§ 21. Lineare Operatoren in Banachräumen

21.1. FREDHOLMsche Operatoren. E_1 und E_2 seien BANACH-Räume, mit $(E_1 \to E_2)$ bezeichnen wir den BANACH-Raum der linearen beschränkten Operatoren, die E_1 in E_2 abbilden. Ein Element $\varphi \in E_1$ heißt Nullstelle des Operators $B \in (E_1 \to E_2)$ wenn es die homogene Gleichung

$$B x = 0 \tag{21.1}$$

löst. Die Menge $N(B)$ aller Nullstellen des Operators B ist linear und abgeschlossen und damit ein Unterraum von E_1. $N(B)$ heißt Nullraum des Operators B, seine Dimension Nullzahl des Operators B.

Wir betrachten nun die inhomogene Gleichung

$$B x = h\,. \tag{21.2}$$

Der Operator $B \in (E_1 \to E_2)$ heißt normal lösbar, wenn eine der beiden folgenden Bedingungen erfüllt ist:

1. Die Gleichung (21.2) ist für jede rechte Seite $h \in E_2$ lösbar.
2. In dem zu E_2 adjungierten Raum E_2^* gibt es eine Menge $N^*(B) \neq \{0\}$ von Funktionalen ψ mit der Eigenschaft, daß die Gleichung (21.2) dann und nur dann lösbar ist, wenn für jedes $\psi \in N^*(B)$

$$(h, \psi) = 0 \tag{21.3}$$

gilt. Mit (h, ψ) bezeichnen wir dabei den Wert, den das lineare Funktional ψ im Element h annimmt.

Die Menge $N^*(B)$ ist linear; wenn sie außerdem abgeschlossen ist, heißt sie Defektraum des Operators B. Die Elemente von $N^*(B)$ heißen Defektfunktionale des Operators B, die Dimension von $N^*(B)$ heißt Defektzahl des Operators B.

Ein normal lösbarer Operator heißt FREDHOLMscher Operator (kurz F-Operator), wenn seine Nullzahl und seine Defektzahl endlich sind und übereinstimmen,

$$n = \dim N(B) = \dim N^*(B) < +\infty . \tag{21.4}$$

B sei ein F-Operator mit $n > 0$, $\varphi_1, \ldots, \varphi_n$ sei eine Basis in $N(B)$, $\psi_1, \ldots, \psi_n$ sei eine Basis in $N^*(B)$. Die allgemeine Lösung der homogenen Gleichung (21.1) lautet

$$x = \sum_{i=1}^{n} c_i \varphi_i , \tag{21.5}$$

wobei die Zahlen c_i beliebig gewählt werden können. Die Lösbarkeitsbedingung (21.3) für die inhomogene Gleichung (21.2) läßt sich jetzt folgendermaßen schreiben,

$$(h, \psi_i) = 0 , \quad i = 1, \ldots, n . \tag{21.6}$$

21.2. Spezielle Zerlegungen der Räume in direkte Summen von Unterräumen. B sei ein F-Operator mit $n > 0$ (siehe (21.4)). Wir setzen $N(B) = E_1^n$, $\varphi_1, \ldots, \varphi_n$ sei eine Basis in E_1^n. Nach dem Satz von HAHN-BANACH können wir in E_1^* n Funktionale $\gamma_1, \ldots, \gamma_n$ so wählen, daß

$$(\varphi_i, \gamma_j) = \delta_{ij} , \quad i, j = 1, \ldots, n , \tag{21.7}$$

wird. Dann bilden wir den Projektionsoperator P von E_1 auf E_1^n,

$$P x = \sum_{i=1}^{n} (x, \gamma_i) \varphi_i, \quad x \in E_1 . \tag{21.8}$$

Der Operator P erzeugt eine Zerlegung des Raumes E_1 in die direkte Summe der Unterräume E_1^n und $E_1^{\infty-n}$,

$$E_1 = E_1^n + E_1^{\infty-n} , \tag{21.9}$$

wobei $E_1^{\infty-n}$ aus den Elementen $x \in E_1$ besteht, für die

$$(x, \gamma_i) = 0 , \quad i = 1, \ldots, n , \tag{21.10}$$

gilt.

$\psi_1, \ldots, \psi_n$ sei eine Basis in $N^*(B)$. Nach dem Satz von HAHN-BANACH finden wir jetzt in E_2 n Elemente $z_1, \ldots, z_n$ mit der Eigenschaft

$$(z_k, \psi_l) = \delta_{kl} , \quad k, l = 1, \ldots, n . \tag{21.11}$$

Den von den Elementen $z_1, \ldots, z_n$ aufgespannten Unterraum von E_2 bezeichnen wir mit $E_{2,n}$. Wir bilden den Projektionsoperator Q von E_2 auf $E_{2,n}$,

$$Q\,h = \sum_{k=1}^{n} (h, \psi_k)\, z_k\,, \qquad h \in E_2\,. \tag{21.12}$$

Der Operator Q erzeugt eine Zerlegung des Raumes E_2 in die direkte Summe der Unterräume $E_{2,n}$ und $E_{2,\infty-n}$,

$$E_2 = E_{2,n} \dotplus E_{2,\infty-n}\,, \tag{21.13}$$

wobei $E_{2,\infty-n}$ aus den Elementen $h \in E_2$ besteht, die den Bedingungen (21.6) genügen. $E_{2,\infty-n}$ stimmt also mit dem Wertebereich des Operators B überein.

Für $n = 0$ ist der Wertebereich des Operators gerade E_2. Der Wertebereich eines F-Operators ist also immer abgeschlossen.

Es sei $E_1 = E_2$; gilt dann $E_1^n = E_{2,n}$? Man überzeugt sich leicht davon, daß dies dann und nur dann der Fall ist, wenn die Determinante $\det \|(\varphi_i, \psi_j)\|$ nicht verschwindet. In diesem Fall kann man ohne Beschränkung der Allgemeinheit

$$(\varphi_i, \psi_j) = \delta_{ij}\,, \qquad i, j = 1, \ldots, n\,, \tag{21.14}$$

voraussetzen. Jetzt wird

$$P\,x = Q\,x = \sum_{i=1}^{n} (x, \psi_i)\, \varphi_i\,, \tag{21.15}$$

und $E_1^{\infty-n}$ ist ein invarianter Unterraum des Operators B.

21.3. Die Einschränkung des Operators. Das verallgemeinerte SCHMIDTsche Lemma. Für $n = 0$ besitzt der F-Operator B den beschränkten inversen Operator $B^{-1} \in (E_2 \to E_1)$, und die Gleichung (21.2) hat die eindeutig bestimmte Lösung

$$x = B^{-1}\, h\,. \tag{21.16}$$

Für $n > 0$ besitzt der Operator B kein beschränktes Inverses. Mit $\hat{B}$ bezeichnen wir die Einschränkung des Operators B auf $E_1^{\infty-n}$. Der Operator $\hat{B} \in (E_1^{\infty-n} \to E_{2,\infty-n})$ bildet diese Unterräume umkehrbar eindeutig aufeinander ab. Nach dem Satz von BANACH (siehe z. B. L. A. LJUSTERNIK und W. I. SOBOLEW [1]) existiert dann der beschränkte inverse Operator

$$\hat{B}^{-1} \in \{E_{2,\infty-n} \to E_1^{\infty-n}\}\,.$$

Die Gleichung (21.2) ist für $h \,\bar{\in}\, E_{2,\infty-n}$, d. h. für $\sum_{i=1}^{n} |(h, \psi_i)|^2 \neq 0$, unlösbar. Für $h \in E_{2,\infty-n}$, sind die Bedingungen (21.6) erfüllt, und die allgemeine Lösung der Gleichung (21.2) lautet

$$x = \hat{B}^{-1}\, h + \sum_{i=1}^{n} c_i\, \varphi_i\,, \tag{21.17}$$

wobei die Zahlen c_i beliebig gewählt werden können.

Das SCHMIDTsche Lemma (Lemma 8.1) läßt sich leicht auf BANACH-Räume übertragen. Dazu bilden wir mit den in Punkt 21.1 eingeführten Funktionalen $\gamma_i \in E_1^*$ bzw. Elementen $z_i \in E_2$ den Operator

$$\tilde{B}\, x = B\, x + \sum_{i=1}^{n} (x, \gamma_i)\, z_i\,. \tag{21.18}$$

Lemma 21.1 (Verallgemeinertes SCHMIDTsches Lemma). *Der inverse Operator $\Gamma = \tilde{B}^{-1}$ existiert und ist beschränkt.*

Beweis. Offensichtlich ist $\tilde{B} \in (E_1 \to E_2)$. Die Gleichung $\tilde{B}\, x = h$ ist dem Gleichungssystem

$$B\, x = h - \sum_{i=1}^{n} \xi_i\, z_i\,, \qquad \xi_k = (x, \gamma_k)\,, \qquad k = 1, \ldots, n\,, \tag{21.19}$$

äquivalent. Wenden wir auf die erste Gleichung die Funktionale ψ_l, $l = 1, \ldots, n$, an, so erhalten wir unter Beachtung von (21.6) und (21.11)

$$0 = (h, \psi_l) - \xi_l\,, \qquad l = 1, \ldots, n\,, \tag{21.20}$$

so daß die erste Gleichung von (21.19) in der Form

$$B\, x = (I - Q)\, h$$

geschrieben werden kann. Aus (21.17) folgt dann

$$x = \hat{B}^{-1} (I - Q)\, h + \sum_{i=1}^{n} c_i\, \varphi_i\,.$$

x muß aber auch den übrigen Gleichungen von (21.19) genügen. Setzen wir x dort ein und benutzen wir (21.7) und (21.20), so ergibt sich

$$(h, \psi_k) = (\hat{B}^{-1} (I - Q)\, h, \gamma_k) + c_k\,, \qquad k = 1, \ldots, n\,.$$

Nun ist $\hat{B}^{-1} (I - Q)\, h \in E_1^{\infty - n}$ und wegen (21.20) $\left(\hat{B}^{-1} (I - Q)\, h, \gamma_k\right) = 0$; wir erhalten also

$$x = \tilde{B}^{-1}\, h = \hat{B}^{-1} (I - Q)\, h + \sum_{i=1}^{n} (h, \psi_i)\, \varphi_i\,, \tag{21.21}$$

womit das Lemma bewiesen ist.

Bemerkung 21.1. Auf $E_1^{\infty - n}$ stimmt der Operator $\tilde{B}$ mit dem Operator $\hat{B}$ überein, so daß $\tilde{B}$ eine Erweiterung von $\hat{B}$ auf E_1 ist. Für $x \in E_1^{\infty - n}$ ist nämlich (21.10) erfüllt, und aus (21.18) folgt

$$\tilde{B}\, x = B\, x = \hat{B}\, x\,, \qquad x \in E_1^{\infty - n}\,.$$

Bemerkung 21.2. Weiterhin folgt aus (21.18)

$$\tilde{B}\, \varphi_i = z_i\,, \qquad \Gamma\, z_i = \varphi_i\,, \qquad i = 1, \ldots, n\,. \tag{21.22}$$

Bemerkung 21.3. Für $h \in E_{2,\infty-n}$ sind die Bedingungen (21.6) erfüllt, und die Gleichung (21.2) besitzt die spezielle Lösung $x = \Gamma h \in E_1^{\infty-n}$. Denn wegen Bemerkung 21.1 ist die Bestimmung einer Lösung in $E_1^{\infty-n}$ der Lösung der Gleichung $\tilde{B}\,x = h$ äquivalent.

Wir weisen darauf hin, daß das verallgemeinerte SCHMIDTsche Lemma aus einem bekannten Satz von S. M. NIKOLSKI [1] folgt und umgekehrt. Beweisen wir etwa die zweite Behauptung.

Satz 21.1 (S. M. NIKOLSKI [1]). *Der Operator $B \in (E_1 \to E_2)$ ist dann und nur dann ein F-Operator, wenn er die Form $B = A + V$ hat, wobei A ein beschränktes Inverses A^{-1} besitzt und V vollständig ist.*

Beweis. Aus dem verallgemeinerten SCHMIDTschen Lemma folgt $B = \tilde{B} + K$, wobei $\tilde{B}$ ein beschränktes Inverses besitzt und K endlichdimensional und damit vollstetig ist. Damit ist die Notwendigkeit bewiesen. Zum Beweis der Hinlänglichkeit bemerken wir nur, daß die Gleichungen (21.1) bzw. (21.2) den Gleichungen

$$(I + V\,A^{-1})\,z = 0 \quad \text{bzw.} \quad (I + V\,A^{-1})\,z = h$$

mit $z = A\,x$ äquivalent sind, auf die die bekannte Theorie von RIESZ angewendet werden kann (siehe z. B. L. A. LJUSTERNIK und W. I. SOBOLEW [1], L. W. KANTOROWITSCH und G. P. AKILOW [1]).

21.4. Der Zusammenhang mit dem adjungierten Operator. Bisher haben wir nirgends den adjungierten Operator benutzt. In den Anwendungen erweisen sich die Defektfunktionale $\psi_1, \ldots, \psi_n$ gewöhnlich als die Lösungen der homogenen formal adjungierten Gleichung, und es ist nicht nötig, den adjungierten Operator heranzuziehen. Durch eine Einbeziehung des adjungierten Operators wird die Theorie aber sehr symmetrisch (siehe I. Z. GOCHBERG und M. G. KREIN [1]).

B sei ein F-Operator und $B^* \in (E_2^* \to E_1^*)$ der zu B adjungierte Operator.

Satz 21.2. *Die Defektfunktionale $\psi_1, \ldots, \psi_n$ des Operators B sind die Nullstellen des Operators B^* und bilden in $N(B^*)$, dem Nullraum des Operators B^*, eine Basis, mit anderen Worten, es gilt $N^*(B) = N(B^*)$.*

Beweis. Für jedes $x \in E_1$ gilt

$$(x, B^*\,\psi_i) = (B\,x, \psi_i) = 0\,, \qquad i = 1, \ldots, n\,.$$

Da x beliebig gewählt werden kann, erhalten wir $B^*\,\psi_i = 0$, $i = 1, \ldots, n$, womit die erste Behauptung des Satzes bewiesen ist.

Nun sei ψ eine beliebige Nullstelle des Operators B^*, $B^*\,\psi = 0$. Wir betrachten das Funktional

$$\theta = \psi - \sum_{i=1}^{n} (z_i, \psi)\,\psi_i\,,$$

wobei die Elemente z_i den Bedingungen (21.11) genügen. Wir wollen zeigen, daß $(u, \theta) = 0$ für alle $u \in E_2$ ist. Hieraus folgt dann $\theta = 0$, d. h. $\psi = \sum_{i=1}^{n} \eta_i \psi_i$ $\big($mit $\eta_i = (z_i, \psi)\big)$, was die zweite Behauptung des Satzes beweist.

$u \in E_2$ sei beliebig gewählt, nach (21.13) gilt die Darstellung

$$u = B v + \sum_{j=1}^{n} \zeta_j z_j .$$

Benutzen wir die Gleichungen $B^* \psi = B^* \psi_i = 0$ und (21.11), so erhalten wir

$$(u, \theta) = \left(B v, \psi - \sum_{i=1}^{n} (z_i, \psi) \psi_i\right) + \sum_{j=1}^{n} \zeta_j \left(z_j, \psi - \sum_{i=1}^{n} (z_i, \psi) \psi_i\right) =$$
$$= \left(v, B^* \psi - \sum_{i=1}^{n} (z_i, \psi) B^* \psi_i\right) + \sum_{j=1}^{n} [(z_j, \psi) - (z_j, \psi)] \zeta_j = 0 .$$

Damit ist der Satz bewiesen.

Satz 21.3. *B^* ist ein F-Operator, und für $n > 0$ gilt $N^*(B^*) = N(B)$.*

Beweis. Offensichtlich ist nur der Fall $n > 0$ von Interesse. Gehen wir in der Gleichung (21.18) zum adjungierten Operator über, so erhalten wir für jedes $\chi \in E_2^*$

$$(\tilde{B})^* \chi = B^* \chi + \sum_{i=1}^{n} (z_i, \chi) \gamma_i . \tag{21.23}$$

Es gilt also $B^* = (\tilde{B})^* + K$, wobei $(\tilde{B})^*$ $\big($wegen $((\tilde{B})^*)^{-1} = (\tilde{B}^{-1})^* = \Gamma^*\big)$ den beschränkten inversen Operator Γ^* besitzt und K endlichdimensional und damit vollstetig ist. Nach Satz 21.1 ist B^* ein F-Operator, und aus Satz 21.2 folgt $\dim N(B^*) = \dim N^*(B) = n$.

Nun betrachten wir die inhomogene Gleichung

$$B^* \chi = \omega .$$

Wir erhalten $(\varphi_i, \omega) = (\varphi_i, B^* \chi) = (B \varphi_i, \chi) = 0, i = 1, \ldots, n$, also $(\varphi_i, \omega) = 0$, $i = 1, \ldots, n$; diese Bedingungen sind aber notwendig für die Lösbarkeit der inhomogenen Gleichung. Da die n Elemente $\varphi_1, \ldots, \varphi_n$ linear unabhängig sind, bilden sie eine Basis in $N^*(B^*)$, so daß $N^*(B^*) = N(B)$ sein muß. Damit ist der Satz bewiesen.

Die homogene Gleichung $B^* \chi = 0$ besitzt also die allgemeine Lösung

$$\chi = \sum_{i=1}^{n}{}' c_i \psi_i ;$$

die inhomogene Gleichung $B^* \chi = \omega$ ist dann und nur dann lösbar, wenn die Bedingungen

$$(\varphi_i, \omega) = 0 , \quad i = 1, \ldots, n ,$$

erfüllt sind, ihre allgemeine Lösung lautet in diesem Fall

$$\chi = \Gamma^* \omega + \sum_{i=1}^{n} c_i \psi_i .$$

Aus (21.23), (21.11) sowie aus Satz 21.2 ergeben sich die zu (21.22) dualen Formeln

$$(\tilde{B})^* \psi_k = \gamma_k , \qquad \Gamma^* \gamma_k = \psi_k , \qquad k = 1, \ldots, n . \tag{21.24}$$

Aus (21.23) und (21.18) folgt außerdem

$$(\tilde{B})^* = (\tilde{B^*}) .$$

Schließlich haben wir beim Beweis von Satz 21.3 gezeigt, daß der Operator $(\tilde{B^*})$ ein beschränktes Inverses besitzt; das ist die zum verallgemeinerten SCHMIDT-schen Lemma duale Aussage.

21.5. Unbeschränkte FREDHOLMsche Operatoren. Die Ergebnisse dieses Paragraphen lassen sich fast unverändert auf einen allgemeineren Fall übertragen.

B sei ein linearer abgeschlossener (nicht unbedingt beschränkter) Operator von E_1 in E_2, sein Definitionsbereich $D(B)$ liege dicht in E_1. Auf solche Operatoren übertragen sich unverändert die Begriffe Nullzahl, normale Lösbarkeit, F-Operator sowie alle Ergebnisse von Punkt 21.1—21.3, wobei jetzt nur zu beachten ist, daß die Operatoren B, $\tilde{B}$ auf $D(B)$ und $\hat{B}$ auf $D(B) \cap E_1^{\infty-1}$ (für $n > 0$) definiert sind.

Schwierigkeiten gibt es nur in Punkt 21.4, weil der Operator B^* zwar auch abgeschlossen ist, sein Definitionsbereich $D(B^*)$ im allgemeinen aber nicht dicht in E_2^* liegt. Trotzdem bleibt die Aussage von Satz 21.2, wie eine Analyse des Beweises zeigt, erhalten.

Die Aussage von Satz 21.3 ist in der hier gegebenen Formulierung falsch (es gilt eine etwas schwächere Aussage). Dieser Satz ist aber für die im folgenden behandelte Theorie nicht unbedingt notwendig; wir haben ihn nur der Vollständigkeit halber angeführt.

Zum Abschluß erwähnen wir, daß es günstiger ist, die Gleichungen (21.24) in der Form

$$(\Gamma u, \gamma_k) = (u, \psi_k) , \qquad u \in E_2 , \qquad k = 1, \ldots, n , \tag{21.25}$$

zu schreiben, die auch für unbeschränkte F-Operatoren mit $n > 0$ $(\Gamma = \tilde{B}^{-1})$ richtig bleibt.

§ 22. Potenzoperatoren. Taylorreihen. Sätze über implizite Operatoren

22.1. Potenzoperatoren (siehe M. K. GAWURIN [1]). E, E_1, E_2 seien BANACH-Räume. $F_k(x_1, \ldots, x_k)$ sei ein Operator, der für $x_i \in E_1$, $i = 1, \ldots, k$, definiert ist und dessen Werte in E_2 liegen. Ein solcher Operator heißt k-linear, wenn er in jedem Argument x_i linear ist.

Ein k-linearer Operator $F_k(x_1, \ldots, x_k)$ heißt beschränkt, wenn

$$||F_k(x_1, \ldots, x_k)|| \leqq M\, ||x_1|| \cdots ||x_k||$$

gilt. Die kleinste Konstante M, für die diese Ungleichung erfüllt ist, heißt Norm von F_k und wird mit $||F_k||$ bezeichnet. Ein beschränkter k-linearer Operator ist stetig. Integralpotenzglieder sind typische Beispiele für k-lineare Operatoren.

Ein k-linearer Operator heißt symmetrisch, wenn sich sein Wert bei einer beliebigen Permutation seiner Argumente nicht ändert.

Wenn wir in einem k-linearen Operator $x_1 = \cdots = x_k = x$ setzen, entsteht ein homogener Operator, den wir Potenzoperator oder Potenz (genauer k-Potenzoperator oder k-Potenz) nennen und mit $F_k\, x^k$ bezeichnen. Wir können immer annehmen, daß ein k-Potenzoperator $F_k\, x^k$ durch einen symmetrischen k-linearen Operator erzeugt ist. Dazu setzen wir

$$\Phi_k(x_1, \ldots, x_k) = \frac{1}{k!} \sum F_k(x_{\nu_1}, \ldots, x_{\nu_k}),$$

wobei sich die Summation über alle möglichen Permutationen von $(\nu_1, \ldots, \nu_k)$ erstreckt. Offensichtlich ist $\Phi_k(x_1, \ldots, x_k)$ symmetrisch und $F_k\, x^k = \Phi_k(x, \ldots, x)$.

Im Buch von Hille und Phillips [1] werden auch allgemeinere Potenzoperatoren betrachtet. In der in diesem Buch benutzten Terminologie sind die von uns betrachteten Potenzoperatoren F-Potenzen. Diese Bezeichnung soll an den Namen Fréchet erinnern, da ein Potenzoperator der Form $F_k\, x^k$ im Fréchetschen Sinn beliebig oft stetig differenzierbar ist; es gilt $\frac{d}{dx} F_k\, x^k = k\, F_k\, x^k$ und $F_k\, x^{k-1} \in (E_1 \to E_2)$ für jedes fixierte $x \in E_1$. In dem erwähnten Buch werden auch Potenzoperatoren betrachtet, die nur im Gâteauxschen Sinn differenzierbar sind. Solche Potenzoperatoren sind nicht immer stetig.

Ein wichtiges Beispiel für einen k-Potenzoperator ist das Differential k-ter Ordnung. Mit $D_\varrho(a, E)$ wollen wir die Kugel $||x - a|| \leqq \varrho$ in dem Banach-Raum E bezeichnen.

$F(x)$ sei ein nichtlinearer Operator, der auf $D_\varrho(x_0, E_1)$ definiert und dort im Fréchetschen Sinn k-mal stetig differenzierbar ist. Dann (siehe z. B. L. A. Ljusternik und W. I. Sobolew [1]) ist $d^k F(x_0, h_1, \ldots, h_k)$ ein symmetrischer k-linearer Operator in $(h_1, \ldots, h_k)$. Speziell ist

$$d^k F(x_0, h, \ldots, h) = \frac{\partial^k F(x_0)}{\partial x^k}\, h^k$$

ein k-Potenzoperator, wobei $\frac{\partial^k F(x_0)}{\partial x^k}$ die partielle Ableitung bezeichnet.

Die oben eingeführten Begriffe lassen sich leicht verallgemeinern. $F_{kl}(x_1, \ldots, x_k; y_1, \ldots, y_l)$ sei ein Operator, der für $x_i \in E_1$, $i = 1, \ldots, k$, und $y_j \in E$, $j = 1, \ldots, l$, definiert ist und dessen Werte in E_2 liegen. Dieser Operator heißt k, l-linear, wenn er in jedem einzelnen Argument linear ist. Ein k, l-linearer Operator heißt beschränkt, wenn

$$||F_{kl}(x_1, \ldots, x_k; y_1, \ldots, y_l)|| \leqq M\, ||x_1|| \cdots ||x_k||\, ||y_1|| \cdots ||y_l||$$

gilt. Jeder k, l-lineare beschränkte Operator ist stetig.

Ein k, l-linearer Operator $F_{kl}(x_1, \ldots, x_k; y_1, \ldots, y_l)$ heißt symmetrisch, wenn er sowohl in den Veränderlichen $(x_1, \ldots, x_k)$ als auch in den Veränderlichen $(y_1, \ldots, y_l)$ symmetrisch ist. Setzen wir $x_1 = \cdots = x_k = x$ und $y_1 = \cdots = y_l = y$, so erhalten wir einen k, l-Potenzoperator $F_{kl}\, x^k y^l$. Wir können immer annehmen, daß ein k, l-Potenzoperator durch einen symmetrischen k, l-linearen Operator erzeugt ist. k, l-Potenzoperatoren sind im FRÉCHETschen Sinn beliebig oft nach x und y stetig differenzierbar. Typische Beispiele für k, l-Potenzoperatoren sind die Integralpotenzglieder $U_{kl}\begin{pmatrix} t \\ x, y \end{pmatrix}$.

Ein weiteres wichtiges Beispiel liefert das Differential. $F(x, y)$ sei ein nichtlinearer Operator, der auf $D_\varrho(x_0, E_1) \dotplus D_r(y_0, E)$ definiert und im FRÉCHETschen Sinn k mal nach x und l mal nach y stetig differenzierbar ist. Dann ist das Differential

$$F_{kl}(x_0, y_0; h_1, \ldots, h_k; g_1, \ldots, g_l)\,, \qquad h_i = x_i - x_0\,, \qquad g_j = y_j - y_0$$

ein symmetrischer k, l-linearer Operator in $(h_1, \ldots, h_k; g_1, \ldots, g_l)$. Setzen wir

$$h_i = h\,, \quad i = 1, \ldots, k; \quad g_j = g, \quad j = 1, \ldots, l\,,$$

so ist

$$F_{kl}(x_0, y_0; h, \ldots, h; g, \ldots, g) = \frac{\partial^{k+l} F(x_0, y_0)}{\partial x^k\, \partial y^l}\, h^k g^l$$

ein k, l-Potenzoperator; $\frac{\partial^{k+l} F(x_0, y_0)}{\partial x^k\, \partial y^l}$ bezeichne wieder die partielle Ableitung.

22.2. Potenzreihen. TAYLOR-Reihen. Analytische Operatoren. $F_k\, x^k$, $k = 1, 2, \ldots$, sei eine Folge von Potenzoperatoren. Wir bilden die Potenzreihe

$$\sum_{k=0}^{+\infty} F_k\, x^k \qquad (F_0 = \text{const} \in E_2)\,. \tag{22.1}$$

Das Konvergenzgebiet dieser Potenzreihe ist ein c-Stern um den Nullpunkt (siehe HILLE und PHILLIPS [1]), d. h. eine Menge $\Omega \in E_1$ mit der Eigenschaft, daß für $x \in \Omega$ auch $t\, x \in \Omega$ gilt, sofern $|t| \leqq 1$ ist. Besonders wichtig ist der Fall, daß das Konvergenzgebiet der Reihe (22.1) eine Kugel $D_\varrho(0, E_1)$ enthält. Wir betrachten die majorisierende Zahlenreihe $\sum_{k=0}^{+\infty} \|F_k\| \cdot \|x\|^k$. Den Konvergenzradius ϱ_u dieser Reihe nennen wir Radius für gleichmäßige Konvergenz der Reihe (22.1). Offensichtlich gilt

$$\varrho_u = \frac{1}{\overline{\lim}\, \sqrt[n]{\|F_n\|}}\,. \tag{22.2}$$

Es sei $\varrho_u > 0$; dann konvergiert die Potenzreihe (22.1) für alle $x \in D_\varrho(0, E_1)$ mit $\varrho \in (0, \varrho_u)$ absolut (d. h. der Norm nach) und gleichmäßig. Ist dagegen $\varrho > \varrho_u$, so finden wir immer ein $x \in E_1$ mit $\|x\| = \varrho$, für das die Potenzreihe (22.1) nicht gleichmäßig konvergiert (siehe HILLE und PHILLIPS [1]).

Das Konvergenzgebiet der Potenzreihe (22.1) enthält also dann und nur dann eine Kugel mit dem Radius $\varrho < \varrho_u$, wenn $\varrho_u > 0$ ist. Die Summe der Reihe (22.1) ist für $\|x\| < \varrho_u$ eine stetige Funktion der Veränderlichen x.

Nun betrachten wir die Doppelreihe

$$\sum_{k+l\geqq 0} F_{kl}\, x^k\, y^l\,, \qquad x \in E_1\,, \quad y \in E\,. \tag{22.3}$$

Das Konvergenzgebiet läßt sich jetzt nicht so einfach beschreiben, auf jeden Fall gilt aber folgendes: Wir nennen das geordnete Paar (ϱ_u, r_u) Konvergenzradius der Doppelreihe

$$\sum_{k+l\geqq 0} \|F_{kl}\| \cdot \|x\|^k\, \|y\|^l\,, \tag{22.4}$$

wenn diese Reihe für $\|x\| < \varrho_u$, $\|y\| < r_u$ gleichmäßig konvergiert und für $\|x\| > \varrho_u$, $\|y\| > r_u$ nicht gleichmäßig konvergiert (siehe W. I. Smirnow [1]). Die Zahlen ϱ_u und r_u sind natürlich nicht eindeutig bestimmt (bei einer Verkleinerung von ϱ_u kann r_u größer werden).

Das geordnete Paar (ϱ_u, r_u) nennen wir Radius für gleichmäßige Konvergenz der Doppelreihe (22.3). Es sei $\varrho_u > 0$ und $r_u > 0$. Dann konvergiert die Doppelreihe (22.3) für $(x, y) \in D_\varrho(0, E_1) \dot{+} D_r(0, E)$ mit $\varrho \in (0, \varrho_u)$, $r \in (0, r_u)$ absolut und gleichmäßig. Wenn umgekehrt positive Zahlen ϱ und r mit der Eigenschaft existieren, daß die Doppelreihe $\sum\limits_{k+l\geqq 0} \|F_{kl}\|\, \varrho^k\, r^l$ konvergiert, so besitzt die Doppelreihe (22.3) den Radius für gleichmäßige Konvergenz (ϱ_u, r_u) mit $\varrho_u \geqq \varrho$, $r_u \geqq r$, und in $D_\varrho(0, E_1) \dot{+} D_r(0, E)$ konvergiert die Reihe (22.3) absolut und gleichmäßig.

Die Summe der Doppelreihe (22.3) ist in dem Gebiet $\|x\| < \varrho_u$, $\|y\| < r_u$ eine stetige Funktion der Veränderlichen x und y. Die Reihe kann in dem genannten Gebiet gliedweise beliebig oft nach x und y differenziert werden; die gliedweise differenzierten Reihen sind stetige Funktionen und stimmen mit den entsprechenden Ableitungen der Summe der Reihe (22.3) überein.

Ein Operator $F(x)$, der in einer gewissen Umgebung des Punktes $x_0 \in E_1$ definiert ist, und dessen Werte in E_2 liegen, heißt im Punkt x_0 analytisch, wenn er in x_0 beliebig oft differenzierbar ist und wenn er in einer gewissen Umgebung des Punktes x_0 durch die gleichmäßig konvergente Taylor-Reihe

$$F(x) = \sum_{k=0}^{+\infty} \frac{1}{k!}\, F^{(k)}(x_0)\, (x - x_0)^k \tag{22.5}$$

dargestellt wird. Ein Operator $F(x)$ heißt in dem Gebiet $\Omega_1 \subset E_1$ analytisch, wenn er in jedem Punkt dieses Gebiets analytisch ist.

Auf analytische Operatoren lassen sich verschiedene Methoden und Sätze der klassischen Analysis übertragen, u. a. die Methode der analytischen Fortsetzung, das Maximumprinzip und der Identitätssatz. Der Identitätssatz sagt folgendes aus (siehe z. B. Hille und Phillips [1]): Verschwindet ein analytischer Operator in einer gewissen Kugel, so verschwindet er in dem ganzen Gebiet, in dem er analytisch ist.

Besonders einfach liegen die Dinge, wenn die BANACH-Räume E_1 und E_2 komplex sind. In diesem Fall ist ein Operator $F(x)$ in dem Gebiet $\Omega_1 \subset E_1$ dann und nur dann analytisch, wenn er in Ω_1 eindeutig, lokal beschränkt und im GATEAUXschen Sinne differenzierbar ist (siehe HILLE und PHILLIPS [1]).

Alle Ableitungen $F^{(k)}(x)$ eines analytischen Operators $F(x)$ sind in x stetig; sie genügen den CAUCHYschen Ungleichungen, d. h., zu jedem $x_0 \in \Omega_1$ können zwei positive Zahlen M und ϱ mit der Eigenschaft angegeben werden, daß die Ungleichungen

$$||F^{(k)}(x_0)|| \leqq M\, k!\, \varrho^{-k}, \qquad k = 0, 1, \ldots, \tag{22.6}$$

erfüllt sind. Ist umgekehrt $F(x)$ in einer gewissen Umgebung des Punktes x_0 beliebig oft differenzierbar und sind die CAUCHYschen Ungleichungen (22.6) erfüllt, so ist $F(x)$ in $D_\varrho(x_0, E_1)$ analytisch, da dann die TAYLOR-Reihe (22.5) den Radius für gleichmäßige Konvergenz ϱ_u mit $\varrho_u \geqq \varrho$ hat.

Die angegebenen Definitionen und Ergebnisse lassen sich auf zwei (oder mehr) Veränderliche übertragen. Ein Operator $F(x, y)$, der auf dem Gebiet $\Omega_1 \dotplus \Omega \subset E_1 \dotplus E$ definiert ist und dessen Werte in E_2 liegen, heißt auf diesem Gebiet analytisch, wenn es zu jedem Punkt (x_0, y_0) dieses Gebietes eine Umgebung gibt, in der $F(x, y)$ durch die gleichmäßig konvergente TAYLOR-Reihe

$$F(x, y) = \sum_{k=0}^{+\infty} \sum_{l=0}^{+\infty} \frac{1}{k!\, l!} \frac{\partial^{k+l} F(x_0, y_0)}{\partial x^k\, \partial y^l} (x - x_0)^k (y - y_0)^l \tag{22.7}$$

dargestellt wird.

Im komplexen Fall läßt sich durch zweifache Anwendung des CAUCHYschen Integralsatzes zeigen, daß der Operator $F(x, y)$ auf $\Omega_1 \dotplus \Omega$ dann analytisch ist, wenn er auf $\Omega_1 \dotplus \Omega$ in beiden Veränderlichen stetig und in jeder einzelnen Veränderlichen analytisch ist.

Alle partiellen Ableitungen eines analytischen Operators $F(x, y)$ sind in den Veränderlichen x und y stetig. Sie genügen den CAUCHYschen Ungleichungen, d. h., zu jedem Punkt $(x_0, y_0) \in \Omega_1 \dotplus \Omega$ gibt es positive Zahlen M, ϱ und r mit der Eigenschaft, daß die Ungleichungen

$$\left\|\frac{\partial^{k+l} F(x_0, y_0)}{\partial x^k\, \partial y^l}\right\| \leqq M\, k!\, l!\, \varrho^{-k}\, r^{-l}, \qquad k, l = 0, 1, \ldots, \tag{22.8}$$

erfüllt sind. Ist umgekehrt $F(x, y)$ in $D_\varrho(x_0, E_1) \dotplus D_r(y_0, E)$ beliebig oft differenzierbar und sind die CAUCHYschen Ungleichungen (22.8) erfüllt, so ist $F(x, y)$ in $D_\varrho(x_0, E_1) \dotplus D_r(y_0, E)$ analytisch; denn aus den CAUCHYschen Ungleichungen folgt, daß die TAYLOR-Reihe (22.7) den Radius für gleichmäßige Konvergenz (ϱ_u, r_u) mit $\varrho_u \geqq \varrho$, $r_u \geqq r$ hat.

22.3. Sätze über implizite Operatoren. Wir bringen nun zwei Sätze über implizite Operatoren. Der erste Satz wurde von LAMSON [1] aufgestellt und von HILDEBRANDT und GRAVES [1] verallgemeinert. Der zweite Satz geht wohl auf MICHAL und CLIFFORD [1] zurück.

Wir fragen nach den Lösungen $x = x(y)$ (y übernimmt die Rolle eines Parameters) der Gleichung

$$F(x, y) = 0\,, \tag{22.9}$$

die der Bedingung

$$x(y_0) = x_0 \tag{22.10}$$

genügen, sofern der Operator $F(x, y)$ der Bedingung

$$F(x_0, y_0) = 0 \tag{22.11}$$

genügt.

Der einfache Spezialfall, in dem dieses Problem lokal eindeutig lösbar ist, kann mit den Sätzen über implizite Operatoren untersucht werden. Der allgemeinere Fall führt auf die Theorie der Lösungsverzweigung bei nichtlinearen Gleichungen und soll in den folgenden Paragraphen behandelt werden.

Satz 22.1. *Der Operator $F(x, y)$ sei in einer gewissen Umgebung ω des Punktes $(x_0, y_0) \in E_1 \dotplus E$ stetig, sein Wertebereich liege in E_2, die Bedingung* (22.11) *sei erfüllt. Ferner existiere in ω die stetige partielle Ableitung $F_x(x, y)$, der Operator*

$$B = -F_x(x_0, y_0) \tag{22.12}$$

habe ein beschränktes Inverses.

Dann gibt es zwei positive Zahlen ϱ_1 und r_1 mit der Eigenschaft, daß die Gleichung (22.9) *für $y \in D_{\varrho_1}(y_0, E)$ in der Kugel $D_{r_1}(x_0, E_1)$ genau eine Lösung*

$$x = f(y) \tag{22.13}$$

besitzt. Diese Lösung ist in $y \in D_{\varrho_1}(y_0, E)$ stetig und genügt der Bedingung (22.10).

Da der Beweis dieses Satzes in vielen Büchern zu finden ist, wollen wir ihn hier nicht wiederholen (siehe z. B. L. W. Kantorowitsch und G. P. Akilow [1] oder L. A. Ljusternik und W. I. Sobolew [1]).

Satz 22.2. *Der Operator $F(x, y)$ sei in $D_r(x_0, E_1) \dotplus D_\varrho(y_0, E)$ analytisch, sein Wertebereich liege in E_2, der Operator B habe ein beschränktes Inverses. Dann gibt es zwei positive Zahlen ϱ_1 und r_1 mit der Eigenschaft, daß die Gleichung* (22.9) *für $y \in D_{\varrho_1}(y_0, E)$ in der Kugel $D_{r_1}(x_0, E_1)$ die eindeutig bestimmte Lösung* (22.13) *besitzt. Diese Lösung ist in der Kugel $D_{\varrho_1}(y_0, E)$ analytisch und genügt der Bedingung* (22.10).

Beweis. Offensichtlich sind alle Voraussetzungen von Satz 22.1 erfüllt, so daß die Aussagen dieses Satzes auch jetzt gelten. Wir setzen nun

$$x = x_0 + h,\; y = y_0 + g \tag{22.14}$$

und schreiben die Gleichung (22.9) in der Form

$$h = R_{01}\, g + \sum_{i+j\geq 2} R_{ij}\, h^i\, g^j \tag{22.15}$$

mit

$$R_{ij} = \frac{1}{i!\,j!}\left[\frac{\partial F(x_0, y_0)}{\partial x}\right]^{-1} \frac{\partial^{i+j} F(x_0, y_0)}{\partial x^i\, \partial y^j} . \tag{22.16}$$

Zur Lösung der Gleichung (22.15) machen wir den Ansatz

$$h = \sum_{l=1}^{+\infty} h_k\, g^k , \tag{22.17}$$

wobei $h_k\, g^k$ ein k-Potenzoperator ist. Mit diesem Ansatz gehen wir in die Gleichung (22.15) ein. Wir erinnern uns an den erwähnten Identitätssatz und vergleichen die Glieder gleicher Ordnung in g. Dadurch erhalten wir ein rekursives Gleichungssystem für die Potenzoperatoren $h_k\, g^k$,

$$h_k\, g^k = P_k(g, h_1\, g, \ldots, h_{k-1}\, g^{k-1}) , \qquad k = 1, 2, \ldots . \tag{22.18}$$

Hierbei ist

$$P_k(g, h_1\, g, \ldots, h_{k-1}\, g^{k-1}) =$$

$$= \sum_{i+j=2}^{k-1} \sum_{\substack{j_1 + \cdots + j_{k-1} = j \\ j_1 + 2 j_2 + \cdots + (k-1) j_{k-1} = k-i \\ j \neq 0}} \frac{j!}{j_1! \cdots j_{k-1}!} R_{ji}\, [h_1\, g]^{j_1} \cdots [h_{k-1}\, g^{k-1}]^{j_k}\, g^i +$$

$$+ \sum_{i+j=k} R_{ji}\, [h_i\, g]^j\, g^i ! \tag{22.19}$$

Aus dem Gleichungssystem (22.18) berechnen wir nacheinander $h_1\, g$, $h_2\, g^2, \ldots$ und erhalten auf diese Weise die formale Lösung (22.17). Diese formale Lösung ist wirklich die gesuchte Lösung, wenn es uns gelingt, die Konvergenz der Reihe zu beweisen.

Zum Konvergenzbeweis benutzen wir die Majorantenmethode von CAUCHY-GOURSAT (siehe GOURSAT [2]). Unter Berücksichtigung von (22.16) und der CAUCHYschen Ungleichungen (22.8) läßt sich zeigen, daß die auf der rechten Seite von (22.15) stehende Reihe durch die Funktion (die Summe einer zweifachen geometrischen Reihe)

$$f(\xi, \eta) \equiv \|B^{-1}\| \cdot M \left[\left(1 - \frac{\xi}{r}\right)^{-1} \left(1 - \frac{\eta}{\varrho}\right)^{-1} - 1 - \frac{\xi}{r}\right]$$

majorisiert wird, dabei ist $\xi = \|h\|$ und $\eta = \|g\|$. Wie im klassischen Fall ist die Gleichung

$$\xi = f(\xi, \eta)$$

eine majorisierende Gleichung für (22.15) (siehe GOURSAT [1]). Diese in ξ quadratische Gleichung besitzt genau eine Wurzel $\xi = \xi(\eta)$, die der Bedingung $\xi(0) = 0$ genügt, und zwar

$$\xi = \frac{\varrho}{2\,(\varrho + M\,\|B^{-1}\|)} \left[1 - \left(1 - \frac{\eta}{\varrho}\right)^{1/2} \left(1 - \frac{\eta}{\alpha}\right)^{1/2}\right]$$

mit

$$\alpha = r\left(\frac{\varrho}{\varrho + 2\,M\,\|B^{-1}\|}\right)^2.$$

Wegen $\alpha < r$ ist also die Reihe (22.17) für $\|g\| < \alpha$ konvergent. Als ϱ_1 können wir eine beliebige Zahl aus $(0, \alpha)$ wählen. Da die Funktion $\xi(\eta)$ auf $(-\alpha, \alpha)$ monoton wächst, können wir $r_1 = \xi(\varrho_1)$ setzen. Damit ist der Satz bewiesen.

Zum Abschluß geben wir einen allgemeineren Satz über implizite Operatoren an, der auch dann herangezogen werden kann, wenn die Operatoren unbeschränkt sind. Ähnliche Ergebnisse wurden von A. E. GELMAN [1] erzielt.

Satz 22.3. *D sei eine lineare, in E_1 dichte Menge. Der nichtlineare Operator $F(x, y)$ sei für*

$$(x, y) \in \Sigma_{x_0, y_0} = \{x, y;\, x \in D_r(x_0, E_1) \cap D,\, y \in D_\varrho(y_0, E)\}$$

definiert, sein Wertebereich liege in E_2, die Bedingung (22.11) *sei erfüllt. Ferner existiere in Σ_{x_0, y_0} die* GATEAUXsche *Ableitung $F_x(x, y)$, der Operator $B = -F_x(x_0, y_0)$ habe ein beschränktes Inverses, und die Operatoren*

$$F(x_0 + B^{-1}\,u, y) \quad \text{und} \quad F_x(x_0 + B^{-1}\,u, y)\,B^{-1}$$

seien in $(u, y) \in D_\tau(0, E_2) \dotplus D_\varrho(y_0, E)$ mit $\tau = \|B^{-1}\| \cdot r$ stetig.

Dann gibt es zwei positive Zahlen ϱ_1 und r_1 mit der Eigenschaft, daß die Gleichung (22.9) *für $y \in D_{\varrho_1}(y_0, E)$ in der Kugel $D_{r_1}(x_0, E_1)$ die eindeutig bestimmte Lösung* (22.13) *besitzt. Diese Lösung ist in der Kugel $D_{\varrho_1}(y_0, E)$ stetig und genügt der Bedingung* (22.10).

Ist der Operator $F(x_0 + B^{-1}\,u, y)$ außerdem in $(u, y) \in D_r(0, E_2) + D_\varrho(y_0, E)$ analytisch, so gibt es eine Zahl $\tilde{\varrho}_1 \in (0, \varrho_1)$ mit der Eigenschaft, daß die Lösung (22.13) *in der Kugel $D_{\tilde{\varrho}_1}(y_0, E)$ analytisch ist.*

Beweis. Wir setzen in (22.9) $x = x_0 + B^{-1}\,u$ und erhalten die äquivalente Gleichung

$$u = R(u, y) \tag{22.20}$$

mit

$$R(u, y) \equiv -F(x_0 + B^{-1}\,u, y) + u\,. \tag{22.21}$$

In Bezug auf die Gleichung (22.20) sind alle Voraussetzungen von Satz 22.1 erfüllt. Der Operator $R(u, y)$ bildet $E_1 = E_2$ in sich ab und ist stetig; die Bedingung (22.11) lautet $R(0, y_0) = 0$; schließlich ist

$$\frac{\partial R(u, y)}{\partial u} = -\frac{\partial F(x_0 + B^{-1}\,u, y)}{\partial x}\,B^{-1} + I \in \{E_2 \to E_2\}\,,$$

da $\dfrac{\partial F(x, y)}{\partial x}$ ein linearer (möglicherweise unbeschränkter) Operator ist, dessen Definitionsbereich D in einer Umgebung des Punktes (x_0, y_0) nicht von (x, y) abhängt. Die Existenz und die Einzigkeit einer stetigen (und, wenn die zusätzliche Voraussetzung erfüllt ist, auch analytischen) Lösung $u = u(y)$ mit $u(0) = 0$ folgt aus Satz 22.1 und 22.2. Offensichtlich gilt $x(y) = x_0 + B^{-1} u(y)$, und der Satz ist bewiesen.

§ 23. Die Ljapunow-Schmidtsche Verzweigungsgleichung

23.1. Die Aufgabenstellung. Der nichtlineare Operator $F(x, y)$ sei in einer Umgebung $\omega \subset E_1 \dotplus E$ des Punktes (x_0, y_0) definiert und stetig, sein Wertebereich liege in E_2, die Bedingung (22.11) sei erfüllt,

$$F(x_0, y_0) = 0 \,. \tag{22.11}$$

Wir setzen die Untersuchung der Gleichung

$$F(x, y) = 0 \tag{22.9}$$

in einer Umgebung des Punktes (x_0, y_0) fort.

Besitzt die Gleichung (22.9) in einer gewissen Umgebung des Punktes (x_0, y_0) genau eine Lösung, so nennen wir den Punkt (x_0, y_0) regulären Punkt dieser Gleichung. Die Sätze über implizite Operatoren geben hinreichende Bedingungen dafür an, daß ein Punkt (x_0, y_0) regulär ist.

Gibt es zu jedem hinreichend kleinen $r > 0$ ein $y \in D_r(y_0, E)$, $y \neq y_0$, dem mindestens zwei Lösungen der Gleichung (22.9) entsprechen, die in einer gewissen Umgebung von x_0 liegen, so nennen wir den Punkt (x_0, y_0) Verzweigungspunkt dieser Gleichung.

Besitzt schließlich die Gleichung (22.9) in einer hinreichend kleinen Umgebung des Punktes (x_0, y_0) nur die Lösung $x(y) = x_0$, die nur für $y = y_0$ definiert ist, so nennen wir den Punkt (x_0, y_0) nichtfortsetzbaren Punkt dieser Gleichung.

Besonders interessant für die Anwendungen ist ein Spezialfall der Gleichung (22.9), und zwar die Gleichung

$$x = \lambda \, \Phi(x) \,, \tag{23.1}$$

wobei $\Phi(x)$ ein nichtlinearer vollstetiger Operator in einem Banach-Raum E und $\Phi(0) = 0$ sowie λ ein Zahlenparameter ist. Diese Gleichung besitzt immer die triviale Lösung $x = 0$, von der nichttriviale Lösungen abzweigen können.

Ist der Punkt $(0, \lambda_0)$ ein Verzweigungspunkt der Gleichung (23.1), so nennen wir die Zahl λ_0 Bifurkationspunkt dieser Gleichung (siehe Punkt 12.3 und 12.7). Ein Bifurkationspunkt ist also ein spezieller Verzweigungspunkt.

Auf die Gleichung (23.1) wird manchmal die bei linearen Gleichungen übliche Terminologie angewendet. Ihre nichttrivialen Lösungen heißen Eigenvektoren, die entsprechenden Parameterwerte Eigenwerte.

Das allgemeine Problem, alle lokalen Lösungen der Gleichung (22.9) zu bestimmen, zerfällt naturgemäß in zwei Teilprobleme.

Problem A. Gesucht sind alle lokalen Fortsetzungen der Lösung x_0 nach dem Parameter y, d. h. alle Lösungen $x = x(y)$ der Gleichung (22.9), die jeweils auf möglichst großen Umgebungen des Punktes y_0 (die y_0 enthalten und nicht nur aus diesem Punkt bestehen) definiert sind und in einer gewissen Umgebung von x_0 liegen.

Problem B. Gesucht sind alle Lösungen $x = x(y)$ der Gleichung (22.9), die nur für $y = y_0$ definiert sind, also der Gleichung

$$F(x, y_0) = 0 \tag{23.2}$$

genügen, und in einer gewissen Umgebung von x_0 liegen.

Im Zusammenhang mit Problem B ist folgende Definition von Interesse. Existiert eine Umgebung von x_0, in der die Gleichung (23,2) außer x_0 keine Lösungen besitzt, so heißt x_0 isolierte Lösung dieser Gleichung (siehe Punkt 12.6).

Wenn der Punkt (x_0, y_0) ein regulärer Punkt der Gleichung (22.9) ist, besitzen die beiden Probleme A und B jeweils eine eindeutig bestimmte Lösung.

Ohne Beschränkung der Allgemeinheit können wir anstelle der Gleichungen (22.9) und (22.11) die Gleichungen

$$\Phi(x, y) = 0\,, \tag{23.3}$$

$$\Phi(0, 0) = 0 \tag{23.4}$$

betrachten, dazu ist nur die Substitution (22.14) zu berücksichtigen.

Im folgenden wollen wir uns nur mit der Gleichung (23.3) beschäftigen, wobei $y \in E$ ein kleiner Funktionalparameter ist. Es sei $\Omega \subset E$ und $0 \in \Omega$; eine auf Ω stetige Lösung $x = x(y)$ der Gleichung (23.3) heißt kleine Lösung, wenn $x(0) = 0$ ist. Wir werden in den nächsten Punkten zeigen, daß das Problem, alle kleinen Lösungen der Gleichung (23.3) zu finden, dem Problem äquivalent ist, alle kleinen Lösungen eines Prameter y vom abhängigen endlichen Gleichungssystems von n Gleichungen mit n Unbekannten zu bestimmen. Ferner behandeln wir Methoden zur Lösung dieses Gleichungssystems, das wir in Analogie zu Kapitel II Verzweigungsgleichung nennen wollen[1]).

23.2. Die Herleitung der Verzweigungsgleichung unter Benutzung des Operators $\hat{B}$. Der Operator $\Phi(x, y)$ sei in ω stetig differenzierbar, der Operator

$$B = -\,\Phi_x(0, 0) \in \{E_1 \to E_2\} \tag{23.5}$$

sei ein Fredholmscher Operator mit der Nullzahl n.

Den Fall $n = 0$ haben wir in § 22 untersucht; in Punkt 21.2 und 21.3 haben wir darauf hingewiesen, daß in diesem Fall der Operator B^{-1} existiert und beschränkt ist.

Nun sei $n \geqq 1$. Wir schreiben die Gleichung (23.3) in der Form

$$B\,x = R(x, y) \tag{23.6}$$

---

[1]) Für verschiedene Fälle ist die Verzweigungsgleichung von einer Reihe von Autoren hergeleitet worden (siehe z. B. J. Cronin [1], R. G. Bartle [1], W. A. Trenogin [3]).

mit

$$R(x, y) \equiv \Phi(x, y) - \Phi_x(0, 0)\, x\,. \tag{23.7}$$

Unter Benutzung der in Punkt 21.2 angegebenen Zerlegungen der BANACH-Räume E_1 und E_2 führen wir Gleichung (23.6) auf ein System von zwei Gleichungen mit zwei Unbekannten zurück. Dazu setzen wir

$$x = u + v \tag{23.8}$$

mit

$$u = (I - P)\, x \in E_1^{\infty - n}\,, \qquad v = P\, x \in E_1^n \tag{23.9}$$

und projizieren die Gleichung (23.6) auf die Unterräume $E_{2,\,\infty-n}$ und E_{2n}. Wir erhalten das äquivalente Gleichungssystem

$$\hat{B}\, u = (I - Q)\, R\,(u + v, y)\,, \qquad 0 = Q\, R\,(u + v, y)\,,$$

hierbei ist $\hat{B}$ die Einschränkung des Operators B auf $E_1^{\infty-n}$ (siehe Punkt 21.3) und Q der durch (21.12) definierte Projektionsoperator. Berücksichtigen wir die zweite Gleichung, so kann das System etwas vereinfacht werden,

$$\hat{B}\, u = R\,(u + v, y)\,, \tag{23.10}$$

$$0 = Q\, R\,(u + v, y)\,. \tag{23.11}$$

Wir eliminieren aus diesem Gleichungssystem die Unbekannte u. In der ersten Gleichung betrachten wir $(v, y) \in E_1^n \dotplus E$ als Parameter, diesen Parameterraum können wir etwa durch

$$\|(v, y)\|_{E_1^n \dotplus E} = \|v\|_{E_1} + \|y\|_E$$

normieren. In bezug auf die Gleichung (23.10) sind alle Voraussetzungen von Satz 22.1 erfüllt. In der Tat, wegen (23.7) ist der Operator $R\,(u + v, y)$ bei hinreichend kleinem u, v, y stetig;

$$\frac{\partial R\,(u + v, y)}{\partial u} = -B + \frac{\partial \Phi\,(u + v, y)}{\partial x}$$

ist ebenfalls stetig; außerdem existiert der beschränkte inverse Operator $\hat{B}^{-1}$ (siehe Punkt 21.3). Deshalb besitzt die Gleichung (23.10) in einer hinreichend kleinen Umgebung des Punktes $u = 0$, $v = 0$, $y = 0$ die eindeutig bestimmte stetige Lösung

$$u = u(v, y)\,, \tag{23.12}$$

die der Bedingung

$$u(0, 0) = 0 \tag{23.13}$$

genügt. Durch Einsetzen von (23.12) in (23.11) erhalten wir eine Gleichung für v,

$$Q\, R\big(u(v, y) + v, y\big) = 0\,. \tag{23.14}$$

Diese Gleichung nennen wir wie üblich LJAPUNOW-SCHMIDTsche Verzweigungsgleichung. Sie stellt ein endliches Gleichungssystem von n Gleichungen mit n Unbekannten dar. Denn jedes Element von $v \in E_1^n$ läßt sich in eindeutiger Weise in der Form

$$v = \sum_{i=1}^{n} \xi_i \varphi_i$$

schreiben (siehe (21.15)), so daß

$$u(v, y) \equiv u(\xi_1, \dots, \xi_n, y)$$

gilt. Benutzen wir die Definition (21.12) des Operators Q und die Tatsache, daß die Elemente $z_1, \dots, z_n$ linear unabhängig sind, so erhalten wir die Verzweigungsgleichung in der Form

$$L^{(k)}(\xi_1, \dots, \xi_n, y) \equiv \left(R\left(u(\xi_1, \dots, \xi_n, y) + \sum_{i=1}^{n} \xi_i \varphi_i, y\right), \psi_k\right) = 0\,, \quad (23.15)$$

$$k = 1, \dots, n\,.$$

Die Funktionen $L^{(k)}(\xi_1, \dots, \xi_n, y)$, $k = 1, \dots, n$, sind bei hinreichend kleinem $\xi_1, \dots, \xi_n, y$ stetig und genügen der Bedingung

$$L^{(k)}(0, \dots, 0, 0) = 0\,, \qquad k = 1, \dots, n\,. \quad (23.16)$$

Außerdem sind diese Funktionen bei hinreichend kleinem $\xi_1, \dots, \xi_n, y$ nach ξ_l, $l = 1, \dots, n$, stetig differenzierbar,

$$\frac{\partial L^{(k)}(\xi_1, \dots, \xi_n, y)}{\partial \xi_l} = \left(\frac{\partial R(u + v, y)}{\partial x}\left(\frac{\partial u}{\partial v}\varphi_l + \varphi_l\right), \psi_k\right).$$

Aus (23.7) folgt

$$\frac{\partial R(x, y)}{\partial x} = -\,\Phi_x(0, 0) + \Phi_x(x, y)\,,$$

also

$$\frac{\partial R(0, 0)}{\partial x} = 0\,,$$

so daß schließlich

$$\frac{\partial L^{(k)}(0, \dots, 0, 0)}{\partial \xi_l} = 0\,, \qquad k, l = 1, \dots, n\,, \quad (23.17)$$

wird. Die JACOBIsche Matrix des Gleichungssystems (23.15) verschwindet also im Punkt $\xi_1 = \dots = \xi_n = 0$, $y = 0$. Dieser Umstand führt gerade dazu, daß die Verzweigungsgleichung im allgemeinen nicht eindeutig lösbar sein wird.

23.3. Die Herleitung der Verzweigungsgleichung unter Benutzung des Operators $\tilde{B}$. Wir leiten die Verzweigungsgleichung jetzt auf einem Wege her, der den Vorteil hat, daß die Unterräume $E_1^{\infty - n}$ und E_1^n nicht benutzt werden und daß die betrachteten Operatoren auf dem ganzen Raum E_1 erklärt sind.

Unter Benutzung der Gleichung (21.18) führen wir die Gleichung (23.6) auf das äquivalente Gleichungssystem

$$\tilde{B}\, x = R(x, y) + \sum_{i=1}^{n} \xi_i z_i\,, \tag{23.18}$$

$$\xi_k = (x, \gamma_k)\,, \qquad k = 1, \ldots, n\,, \tag{23.19}$$

zurück. Auf die Gleichung (23.18) könnten wir, wenn wir $(\xi_1, \ldots, \xi_n, y)$ als Parameter auffassen, den Satz 22.1 anwenden. Es ist aber günstiger, diese Gleichung zuerst etwas umzuformen. Dazu substituieren wir

$$x = u + \sum_{i=1}^{n} \xi_i \varphi_i\,.$$

Wegen (21.22) erhalten wir für u die Gleichung

$$\tilde{B}\, u = R\left(u + \sum_{i=1}^{n} \xi_i \varphi_i, y\right). \tag{23.20}$$

Diese Gleichung hat dieselbe Form wie die Gleichung (23.10); bei hinreichend kleinem $\xi_1, \ldots, \xi_n, y$ besitzt sie die eindeutig bestimmte Lösung $u(\xi_1, \ldots, \xi_n, y)$. Damit hat die Gleichung (23.18) die eindeutig bestimmte kleine Lösung

$$x = u(\xi_1, \ldots, \xi_n, y) + \sum_{i=1}^{n} \xi_i \varphi_i\,. \tag{23.21}$$

Diese Lösung muß aber auch den Gleichungen (23.19) genügen. Unter Berücksichtigung von (21.7) erhalten wir ein Gleichungssystem für $\xi_1, \ldots, \xi_n$,

$$\big(u(\xi_1, \ldots, \xi_n, y), \gamma_k\big) = 0\,, \qquad k = 1, \ldots, n\,. \tag{23.22}$$

Dieses Gleichungssystem stellt wieder die LJAPUNOW-SCHMIDTsche Verzweigungsgleichung, nur in einer anderen Form, dar. Denn es ist $\gamma_k = (\tilde{B})^* \psi_k$ (siehe (21.24)); benutzen wir die Definition des adjungierten Operators, so ergibt sich aus (23.22)

$$\big(\tilde{B}\, u(\xi_1, \ldots, \xi_n, y), \psi_k\big) = 0\,, \qquad k = 1, \ldots, n\,.$$

Mit (23.20) erhalten wir schließlich

$$\left(R\left(u(\xi_1, \ldots, \xi_n, y) + \sum_{i=1}^{n} \xi_i \varphi_i, y\right), \psi_k\right) = 0\,, \qquad k = 1, \ldots, n\,,$$

also gerade die Verzweigungsgleichung in der Form (23.15).

23.4. Der Hauptsatz der Verzweigungstheorie. Die Bedeutung der Verzweigungsgleichung besteht, grob gesagt, darin, daß die Anzahl ihrer kleinen Lösungen mit der Anzahl aller kleinen Lösungen der Gleichung (23.3) übereinstimmt. Genauer gilt folgende Aussage:

Satz 23.1. *Der Operator $\Phi(x, y)$ sei in einer gewissen Umgebung des Punktes $(0, 0) \in E_1 \dotplus E$ stetig und nach x stetig differenzierbar, sein Wertebereich liege in E_2, ferner sei $\Phi(0, 0) = 0$. Der Operator $B = -\Phi_x(0, 0)$ sei ein* Fredholm*scher Operator mit der Nullzahl $n > 0$. Dann stellt die Formel* (23.21) *eine umkehrbar eindeutige Zuordnung zwischen der Menge aller kleinen Lösungen der Gleichung* (23.3) *und der Menge aller kleinen Lösungen der Verzweigungsgleichung* (23.15) *her.*

Dieser Satz wird etwa so wie das Lemma 12.1 bewiesen.

23.5. Die Verzweigungsgleichung für analytische Operatoren. Der Operator $\Phi(x, y)$ sei jetzt in einer gewissen Umgebung des Punktes $(0, 0) \in E_1 \dotplus E$ analytisch. Wenden wir dann in den Überlegungen von Punkt 23.3 statt Satz 22.1 den Satz 22.2 an, so sehen wir, daß alle Funktionen $L^{(k)}(\xi_1, \ldots, \xi_n, y)$ in ihren Argumenten analytisch sind (in y sind es analytische Funktionale) und daß die Verzweigungsgleichung folgende Form annimmt:

$$\sum_{i_1+\cdots+i_n \geqq 2} L^{(k)}_{i_1,\ldots,i_n 0}(y)\, \xi_1^{i_1} \cdots \xi_n^{i_n} + \sum_{i_1+\cdots+i_n \geqq 0} \sum_{l=1}^{+\infty} L^{(k)}_{i_1\ldots i_n l}(y)\, \xi_1^{i_1} \cdots \xi_n^{i_n} = 0\,, \quad (23.23)$$
$$k = 1, \ldots, n\,.$$

Die Koeffizienten $L^{(k)}_{i_1\ldots i_n l}(y)$ der Verzweigungsgleichung sind für $l \geqq 1$ l-Potenzfunktionale und für $l = 0$ Zahlen. Aus Satz 22.2 folgt außerdem, daß es positive Zahlen $r_1, \ldots, r_n, \tilde{\varrho}$ mit der Eigenschaft gibt, daß die Potenzreihen auf der linken Seite von (23.23) für $|\xi_i| \leqq r_i$, $i = 1, \ldots, n$, und $\|y\| \leqq \tilde{\varrho}$ absolut und gleichmäßig konvergieren.

Wir fixieren nun ein $y = y_0$ mit $\|y_0\| = \tilde{\varrho}_0$; auf dem Strahl $y = \lambda y_0$ hat die Verzweigungsgleichung (23.23) die Form

$$\sum_{i_1+\cdots+i_n \geqq 2} L^{(k)}_{i_1\ldots i_n 0}(y_0)\, \xi_1^{i_1} \cdots \xi_n^{i_n} + \sum_{i_1+\cdots+i_n \geqq 0} \xi_1^{i_1} \cdots \xi_n^{i_n} \sum_{l=1}^{+\infty} L^{(k)}_{i_1\ldots i_n l}(y)\, \lambda^l = 0\,,$$
$$k = 1, \ldots, n\,.$$

Sehr einfach (und für die Anwendungen recht wichtig) ist der Fall, daß y ein Zahlenparameter ist. Setzen wir $y = \lambda$ und $L^{(k)}_{i_1\ldots i_n l}(y) = L^{(k)}_{i_1\ldots i_n l}\, \lambda^l$, $k = 1, \ldots, n$, so lautet die Verzweigungsgleichung

$$\sum_{i_1+\cdots+i_n \geqq 2} L^{(k)}_{i_1\ldots i_n 0}\, \xi_1^{i_1} \cdots \xi_n^{i_n} + \sum_{i_1+\cdots+i_n \geqq 0} \xi_1^{i_1} \cdots \xi_n^{i_n} \sum_{l=1}^{+\infty} L^{(k)}_{i_1\ldots i_n l}\, \lambda^l = 0\,, \quad (23.24)$$
$$k = 1, \ldots, n\,.$$

Wir beschränken uns im folgenden hauptsächlich auf diese Verzweigungsgleichung. Ist y ein Funktionalparameter, so hat die Verzweigungsgleichung auf jedem Strahl gerade die Form (23.24).

Bemerkung 23.1. Wir wollen noch auf die wichtige Tatsache hinweisen, daß die Koeffizienten $L^{(k)}_{i_1\ldots i_n 0}$ der Verzweigungsgleichung (23.23) nicht von

y abhängen. In vielen wichtigen Fällen läßt sich nun die Anzahl aller kleinen Lösungen dieser Verzweigungsgleichung allein aus diesen Koeffizienten berechnen, sie hängt dann also nicht von y (von dem Strahl, auf dem die Verzweigungsgleichung betrachtet wird) ab.

23.6 Die Verzweigungsgleichung für unbeschränkte Operatoren. Wie in Satz 22.3 sei D eine lineare, in E_1 dichte Menge. Der nichtlineare Operator $\Phi(x, y)$ sei für

$$(x, y) \in \Sigma_{0,0} = \{x, y;\, x \in D_r(0, E_1) \cap D;\, y \in D_\varrho(0, E)\}$$

definiert, sein Wertebereich liege in E_2, die Bedingung $\Phi(0, 0) = 0$ sei erfüllt. Ferner existiere in $\Sigma_{0,0}$ die GATEAUXsche Ableitung $\Phi_x(x, y)$. Jetzt setzen wir aber voraus, daß der Operator

$$B = -\Phi_x(0, 0)$$

ein F-Operator im Sinne von Punkt 21.5 ist, d. h. ein linearer abgeschlossener normal lösbarer Operator von E_1 in E_2, der auf der in E_1 dichten Menge $D(B) = D$ definiert ist, die Nullzahl $n > 0$ und die gleiche Defektzahl hat. Ferner sei $\Gamma = \tilde{B}^{-1}$ (siehe verallgemeinertes SCHMIDTsches Lemma). Die Operatoren

$$\Phi(\Gamma u, y) \quad \text{und} \quad \Phi_x(\Gamma u, y)\, \Gamma$$

seien in $(u, y) \in D_\tau(0, E_2) \dotplus D_\varrho(0, E)$ mit $\tau = \|\Gamma\|^{-1} r$ stetig. Unter diesen Voraussetzungen können die Überlegungen von Punkt 23.3 wiederholt werden. Die Gleichung $\Phi(x, y) = 0$ reduziert sich auf das Gleichungssystem (23.18), (23.19). Unter Benutzung von Satz 22.3 bestimmen wir die eindeutig bestimmte kleine Lösung $x = x(\xi_1, \ldots, \xi_n, y)$ der Gleichung (23.18). Setzen wir diese Lösung in die Gleichung (23.19) ein, so erhalten wir die Verzweigungsgleichung (23.22). Natürlich können wir die Verzweigungsgleichung auch so wie in Punkt 23.2 herleiten. In den folgenden Paragraphen dieses Kapitels werden wir uns hauptsächlich mit beschränkten Operatoren beschäftigen, trotzdem lassen sich alle Ergebnisse mühelos auf den Fall unbeschränkter Operatoren übertragen.

§ 24. Der eindimensionale Verzweigungsfall

In diesem Paragraphen bestimmen wir die kleinen Lösungen der Gleichung (23.3) (oder der ihr äquivalenten Gleichung (23.6)) unter folgenden Voraussetzungen:

1. $y = \lambda$ ist ein kleiner Zahlenparameter.
2. Der FREDHOLMsche Operator B (siehe (23.5)) hat die Nullzahl $n = 1$.
3. Der Operator $\Phi(x, \lambda)$ ist in einer gewissen Umgebung des Punktes $(0, 0)$ analytisch.

Wir sagen dann, daß der eindimensionale Verzweigungsfall vorliegt.

Wir schreiben die Gleichung (23.6) in der Form

$$B\,x = F_{01}\,\lambda + \sum_{i+j\geqq 0} F_{ij}\,x^i\,\lambda^j\,. \tag{24.1}$$

In der Verzweigungsgleichung (23.24) lassen wir den oberen Index bei $L_{ij}^{(1)}$ und den Index bei ξ_1 weg,

$$\sum_{k=2}^{+\infty} L_{k0}\,\xi^k + \sum_{k=0}^{+\infty} \xi^k \sum_{l=1}^{+\infty} L_{kl}\,\lambda^l = 0\,. \tag{24.2}$$

24.1. Die ersten Koeffizienten der eindimensionalen Verzweigungsgleichung. Das Gleichungssystem (23.18), (23.19) hat jetzt die Form

$$\tilde{B}\,x = F_{01}\,\lambda + \sum_{i+j\geqq 2} F_{ij}\,x^i\,\lambda^j + \xi\,z\,, \qquad \xi = (x, \gamma) \tag{24.3}$$

mit $F_{ij} = \dfrac{1}{i!\,j!}\,\dfrac{\partial^{i+j}\Phi(0,0)}{\partial x^i\,\partial\lambda^j}$ (siehe (22.7)).

Für die kleinen Lösungen $x = x(\xi, \lambda)$ der ersten Gleichung von (24.3) machen wir den Ansatz

$$x = \sum_{i=1}^{+\infty} x_{i0}\,\xi^i + \sum_{i=0}^{+\infty} \xi^i \sum_{j=1}^{+\infty} x_{ij}\,\lambda^j\,, \tag{24.4}$$

wegen (23.21) ist diese Reihe bei hinreichend kleinem $|\xi|$ und $|\lambda|$ konvergent. Wir setzen die Reihe in die erste Gleichung von (24.3) ein und vergleichen die Koeffizienten bei den Gliedern gleichen Grades in ξ und λ. Dadurch erhalten wir ein rekursives Gleichungssystem für die x_{ij}:

$$\tilde{B}\,x_{01} = F_{01}\,,$$

$$\tilde{B}\,x_{02} = F_{02} + 2\,F_{11}\,x_{01} + F_{20}\,x_{01}^2\,,$$

$$\tilde{B}\,x_{03} = F_{03} + 3\,F_{12}\,x_{01} + 3\,F_{21}\,x_{01}^2 + F_{30}\,x_{01}^3 + 2\,F_{11}\,x_{02} + 2\,F_{20}\,x_{01}\,x_{02}\,,$$

$$\tilde{B}\,x_{10} = z\,,$$

$$\tilde{B}\,x_{20} = F_{20}\,x_{10}^2\,,$$

$$\tilde{B}\,x_{30} = 2\,F_{20}\,x_{10}\,x_{20} + F_{30}\,x_{10}^3\,,$$

$$\tilde{B}\,x_{11} = 2\,F_{11}\,x_{10} + 2\,F_{20}\,x_{10},\,x_{01}\,,$$

$$\tilde{B}\,x_{21} = 2\,F_{11}\,x_{20} + 2\,F_{20}\,x_{01}\,x_{20} + 3\,F_{21}\,x_{10}^2 + 3\,F_{30}\,x_{01}\,x_{10}^2\,,$$

$$\tilde{B}\,x_{12} = 2\,F_{11}\,x_{11} + 2\,F_{20}\,x_{01}\,x_{11} + 6\,F_{21}\,x_{01}\,x_{10} + 3\,F_{12}\,x_1 + 3\,F_{30}\,x_{01}^2\,x_{10}\,,$$

. . . .

Dieses Gleichungssystem hat folgende Lösungen:

$$
\begin{aligned}
x_{01} &= \Gamma F_{01}\,,\\
x_{02} &= \Gamma\,[F_{02} + 2\,F_{11}(\Gamma F_{01}) + F_{20}(\Gamma F_{01})^2]\,,\\
x_{03} &= \Gamma\,[F_{03} + 3\,F_{12}(\Gamma F_{01}) + 3\,F_{21}(\Gamma F_{01})^2 + F_{30}(\Gamma F_{01})^3] +\\
&\quad + \Gamma\,[2\,F_{11} + 2\,F_{20}(\Gamma F_{01})]\,\Gamma\,[F_{02} + 2\,F_{11}(\Gamma F_{01}) + F_{20}(\Gamma F_{01})^2]\,,\\
x_{10} &= \varphi\,,\\
x_{20} &= \Gamma F_{20}\,\varphi^2\,,\\
x_{30} &= 2\,\Gamma F_{20}\,\varphi(\Gamma F_{20}\,\varphi^2) + \Gamma F_{30}\,\varphi^3\,,\\
x_{11} &= 2\,\Gamma F_{11}\,\varphi + 2\,\Gamma F_{20}\,\varphi(\Gamma F_{01})\,,\\
x_{21} &= 2\,\Gamma\,[F_{11} + F_{20}(\Gamma F_{01})]\,\Gamma F_{20}\,\varphi^2 + 3\,\Gamma\,[F_{21} + F_{30}(\Gamma F_{01})]\,\varphi^2\,,\\
x_{12} &= 2\,\Gamma\,[F_{11} + F_{20}(\Gamma F_{01})]\,[2\,\Gamma F_{11}\,\varphi + 2\,\Gamma F_{20}\,\varphi(\Gamma F_{01})] +\\
&\quad + 3\,\Gamma\,[2\,F_{21}(\Gamma F_{01}) + F_{12} + F_{30}(\Gamma F_{01})^2]\,\varphi\,.
\end{aligned}
$$

Setzen wir nun die Reihe (24.4) in die übrigen Gleichungen von (24.3) ein, so erhalten wir gerade die Verzweigungsgleichung (siehe § 23). Deshalb gilt

$$L_{ij} = (x_{ij}, \gamma)\,. \tag{24.5}$$

Unter Berücksichtigung von $\Gamma^* \gamma = \psi$ (siehe (21.24)) und der angegebenen Formeln für x_{ij} erhalten wir

$$
\left.
\begin{aligned}
L_{01} &= (F_{01}, \psi)\,,\\
L_{02} &= (F_{02} + 2\,F_{11}(\Gamma F_{01}) + F_{20}(\Gamma F_{01})^2\,,\ \psi)\,,\\
L_{03} &= (F_{03} + 3\,F_{12}(\Gamma F_{01}) + 3\,F_{21}(\Gamma F_{01})^2 + F_{30}(\Gamma F_{01})^3, \psi) +\\
&\quad + ([2\,F_{11} + 2\,F_{20}(\Gamma F_{01})]\,\Gamma\,[F_{02} + 2\,F_{11}(\Gamma F_{01}) + F_{20}(\Gamma F_{01})^2], \psi)\,,\\
L_{20} &= (F_{20}\,\varphi^2, \psi)\,,\\
L_{30} &= (2\,F_{20}\,\varphi(\Gamma F_{20}\,\varphi^2) + F_{30}\,\varphi^3, \psi)\,,\\
L_{11} &= (2\,F_{11}\,\varphi + 2\,F_{20}\,\varphi(\Gamma F_{01}), \psi)\,,\\
L_{21} &= ([2\,F_{11} + 2\,F_{20}(\Gamma F_{01})]\,\Gamma F_{20}\,\varphi^2, \psi) + (F_{21}\,\varphi^2 + F_{30}(\Gamma F_{01})\,\varphi^2, \psi)\,,\\
L_{12} &= 4\,([F_{11} + F_{20}(\Gamma F_{01})]\,\Gamma\,[F_{11}\,\varphi + F_{20}\,\varphi(\Gamma F_{01})], \psi) +\\
&\quad + 3\,([2\,F_{21}(\Gamma F_{01}) + F_{12} + F_{30}(\Gamma F_{01})^2]\,\varphi, \psi)\,.
\end{aligned}
\right\} \tag{24.6}
$$

Genauso können auch die weiteren Koeffizienten der Verzweigungsgleichung berechnet werden. Wir werden im folgenden sehen, daß die Koeffizienten L_{i0} besonders wichtig sind. Diese Koeffizienten lassen sich auf folgende Weise gewinnen. Wir führen die Bezeichnungen

$$x^{(0)}(\xi) = x(\xi, 0)$$

ein. Setzen wir in (24.3) $\lambda = 0$, so ergibt sich

$$\tilde{B}\, x^{(0)} = \sum_{l=2}^{+\infty} F_{l0}[x^{(0)}]^l + \xi\, z\,.$$

Wir können $x^{(0)}(\xi)$ also durch eine Reihe darstellen,

$$x^{(0)}(\xi) = \xi\, z + \sum_{k=2}^{+\infty} x_k^{(0)}\, \xi^k\,.$$

Durch vollständige Induktion läßt sich beweisen, daß die Koeffizienten dieser Reihe den Rekursionsformeln

$$x_s^{(0)} = \sum_{k=2}^{s} \sum_{i_1+\cdots+i_k=s} \Gamma F_{k\,0}(\Gamma x_{i_1}^{(0)}) \cdots (\Gamma x_{i_k}^{(0)}) \tag{24.7}$$

genügen. Sind dann die Koeffizienten $x_1^{(0)}, \ldots, x_{s-1}^{(0)}$ bekannt, so wird

$$L_{s\,0} = \sum_{k=2}^{s} \sum_{i_1+\cdots+i_k=s} \big(F_{k\,0}(\Gamma x_{i_1}^{(0)}) \cdots (\Gamma x_{i_k}^{(0)}), \psi\big)\,. \tag{24.8}$$

24.2. Der entartete Verzweigungsfall (Problem A und B). Zunächst beschäftigen wir uns mit dem eindimensionalen entarteten Verzweigungsfall, in dem alle Koeffizienten der eindimensionalen Verzweigungsgleichung verschwinden. Mit anderen Worten, die Gleichung $\xi = (x, \gamma)$ ist jetzt identisch erfüllt, und die erste Gleichung von (24.3) enthält den willkürlichen kleinen Parameter ξ. Die Lösung dieser Gleichung ist durch (24.4) gegeben.

Betrachten wir nun die in Punkt 23.1 formulierten Probleme A und B. Setzen wir in (24.3) $\lambda = 0$, so sehen wir, daß das Problem B bei hinreichend kleinen Werten des Parameters ξ die einparametrige Lösungsschar

$$x^{(0)}(\xi) = \xi\, \varphi + \sum_{k=2}^{+\infty} x_k\, \xi^k$$

(also unendlich viele Lösungen) besitzt.

Das Problem A besitzt ebenfalls unendlich viele Lösungen. Denn sei $\xi(\lambda)$ eine beliebige stetige Funktion von λ, die in einer Umgebung des Punktes $\lambda = 0$ definiert ist und die der Bedingung $\xi(0) = 0$ genügt. Dann liefert die Reihe (siehe (24.4))

$$x(\xi(\lambda), \lambda) = \sum_{i+j\geq 1} x_{ij}\, \xi^i(\lambda)\, \lambda^j \tag{24.9}$$

eine Lösung des Problems A.

Bemerkung 24.1. Die Lösung (24.9) ist natürlich nicht immer eine analytische Funktion von λ, dazu brauchen wir für $\xi(\lambda)$ nur eine nichtanalytische Funktion zu wählen, etwa $\lambda \ln \lambda$.

Bemerkung 24.2. Im entarteten Verzweigungsfall können auch sogenannte formale Lösungen auftreten. Wenn wir nämlich die Lösungen der Gleichung (24.1) in Form einer beliebigen Reihe nach ganzen oder gebrochenen Potenzen von λ suchen, können im entarteten Verzweigungsfall einige dieser Reihen divergieren. Setzen wir etwa

$$\xi = \sum_{n=1}^{\infty} n!\,\lambda^n$$

in (24.4) und diese Reihe in (24.1) ein, so geht die Gleichung (24.1) in eine Identität über, wenn wir formal die Koeffizienten bei gleichen Potenzen von λ vergleichen. Der Konvergenzradius der Reihe (24.4) ist aber in diesem Fall gleich Null.

24.3. Der quasireguläre Verzweigungsfall (Problem A). Wir betrachten jetzt den quasiregulären Verzweigungsfall, in dem nicht alle Koeffizienten der eindimensionalen Verzweigungsgleichung verschwinden. In § 2 haben wir diese Gleichung mit Hilfe des NEWTONschen Diagramms untersucht. Die dort erzielten Ergebnisse führen auf folgende Aussage:

Satz 24.1. *Im quasiregulären Verzweigungsfall können nur die beiden folgenden Fälle auftreten. Die Gleichung* (24.1) *besitzt bei hinreichend kleinem* $|\lambda| \neq 0$ *entweder keine kleinen Lösungen, oder aber endlich viele kleine Lösungen, die sich in konvergente Reihen nach ganzen oder gebrochenen Potenzen von* λ *entwickeln lassen.*

In Punkt 2.7 haben wir einige spezielle Lagen des fallenden Teils des NEWTONschen Diagramms betrachtet. Diese Ergebnisse können wir jetzt auf die Gleichung (24.2) anwenden, wodurch wir verschiedene konkrete Aussagen über die Anzahl der Lösungen der Gleichung (23.3) (bzw. (24.1)) und über deren Form erhalten. Einige dieser Aussagen wollen wir hier formulieren; ihre Gültigkeit folgt aus den entsprechenden Ergebnissen von Punkt 2.7 und aus den Sätzen 23.1 und 24.1.

Satz 24.2. *Es sei* $L_{i0} = 0$ *für* $i < k$ *und* $L_{k0} \neq 0$. *Dann besitzt die Gleichung* (24.1) *bei hinreichend kleinem* $|\lambda| \neq 0$ (*unter Berücksichtigung der Vielfachheit*) *genau* k *kleine Lösungen, die sich in konvergente Reihen nach ganzen oder gebrochenen Potenzen von* λ *entwickeln lassen.*

Beweis. Möglich sind zwei Fälle. Wenn nicht alle Koeffizienten L_{0j} der Verzweigungsgleichung verschwinden, hat der fallende Teil des NEWTONschen Diagramms gerade die Länge k, woraus die Behauptung des Satzes folgt.

Wenn $L_{ij} = 0$ ($i = 0, \ldots, s-1$; $j = 1, 2, \ldots$) und mindestens ein L_{sj} ($j = 1, 2, \ldots$; $s \leq k$) von Null verschieden ist, hat der fallende Teil des NEWTONschen Diagramms die Länge $k - s$, außerdem ist ξ^s ein Faktor der Verzweigungsgleichung. Deshalb besitzt die Gleichung (24.2) auch in diesem Fall k kleine Lösungen ($k - s$ nichttriviale und s triviale). Wir erwähnen noch, daß sich dieser Satz genauso einfach mit einem bekannten Satz von ROUCHÉ beweisen läßt (siehe z. B. A. I. MARKUSCHEWITSCH [1]).

Aus Satz 24.2 ergeben sich einige einfache Folgerungen, die den verschiedensten Lagen des fallenden Teils des NEWTONschen Diagramms entsprechen.

Folgerung 24.1. *Es sei* $L_{i0} = 0$ *für* $i < k$, $L_{k0} \neq 0$, $L_{01} \neq 0$ (*siehe Punkt* 2.7, *Fall* II). *Dann besitzt die Gleichung* (24.1) *bei hinreichend kleinem* $|\lambda| \neq 0$ *genau* k *voneinander verschiedene kleine Lösungen, die durch die konvergenten Reihen*

$$x = \sum_{i=1}^{\infty} x_i \lambda^{i/k} \tag{24.10}$$

dargestellt werden.

Zum Beweis bemerken wir, daß der fallende Teil des NEWTONschen Diagramms jetzt aus einem Abschnitt besteht, der die Punkte $(k, 0)$ und $(0, 1)$ verbindet, daß diesem Abschnitt der Exponent $\varepsilon = 1/k$ entspricht und daß die Wurzeln ξ_ε der Bestimmungsgleichung einfach sind (siehe Punkt 2.4).

Folgerung 24.2. *Es sei* $L_{i0} = 0$ *für* $i < k$, $L_{k0} \neq 0$, $L_{01} = 0$, $L_{02} \neq 0$, $L_{i1} = 0$ *für* $i < l$ *und* $2l < k$ (*siehe Punkt* 2.7, *Fall* III). *Dann besitzt die Gleichung* (24.1) *bei hinreichend kleinem* $|\lambda| \neq 0$ *genau* k *voneinander verschiedene kleine Lösungen.* l *Lösungen lassen sich durch die konvergenten Reihen*

$$x = \sum_{i=1}^{\infty} x_i \lambda^{i/l} \tag{24.11}$$

darstellen, die übrigen $k - l$ *Lösungen durch die konvergenten Reihen*

$$x = \sum_{i=1}^{+\infty} x_i \lambda^{i/(k-l)}\,. \tag{241.2}$$

Folgerung 24.3. *Es sei* $L_{i0} = 0$ *für* $i < k$, $L_{k0} \neq 0$, $L_{01} = 0$, $L_{02} \neq 0$, $L_{i1} = 0$ *für* $i < l$ *und* $2l > k$ (*siehe Punkt* 2.7, *Fall* IV). *Dann besitzt die Gleichung* (24.1) *bei hinreichend kleinem* $|\lambda| \neq 0$ *genau* k *voneinander verschiedene kleine Lösungen, die durch die konvergenten Reihen*

$$x = \sum_{i=1}^{+\infty} x_i \lambda^{(i+1)/k}$$

dargestellt werden.

Folgerung 24.4. *Es sei* $L_{i0} = 0$ *für* $i < k$, $L_{k0} \neq 0$, $L_{01} = 0$, $L_{02} \neq 0$, $L_{i1} = 0$ *für* $i < l$, $L_{l1} \neq 0$, $2l = k$ *und*

$$\Delta = L_{l1}^2 - 4 L_{02} L_{k0} \neq 0$$

(*siehe Punkt* 2.7, *Fall* V). *Dann gilt die Aussage von Folgerung* 24.3.

Wir könnten noch weitere Folgerungen dieser Art angeben, aber die bisherigen Aussagen illustrieren ausreichend den in Satz 24.2 betrachteten Fall.

Jetzt mögen alle Koeffizienten L_{i0}, $i = 2, 3, \ldots$, der Verzweigungsgleichung verschwinden. Das bedeutet, daß die Verzweigungsgleichung (24.2) den Faktor λ^s enthält, wobei s eine bestimmte natürliche Zahl ist. Kürzen wir (24.2) durch λ^s, so erhalten wir eine Gleichung derselben Form, die wir auf die gleiche

Weise untersuchen können. Dabei kann jedoch die Situation eintreten, daß die Verzweigungsgleichung nach dem Kürzen durch λ^s keine kleinen Lösungen mehr besitzt. Als Beispiel betrachten wir diesen Fall für $s = 1$ (die Verzweigungsgleichung (24.2) kann also durch λ, nicht aber durch λ^2 gekürzt werden).

Satz 24.3. *Es sei* $L_{i0} = 0$, $i = 2, 3, \ldots$, *und mindestens ein* L_{i1} *von Null verschieden. Ist dann* $L_{01} \neq 0$, *so besitzt die Gleichung* (24.1) *bei hinreichend kleinem* $|\lambda| \neq 0$ *keine kleinen Lösungen. Gilt aber*

$$L_{i1} = 0\,, \quad i = 0, \ldots, k-1\,, \quad L_{k1} \neq 0 \quad (k \geqq 1)\,,$$

so besitzt die Gleichung (24.1) *bei hinreichend kleinem* $|\lambda| \neq 0$ (*unter Berücksichtigung der Vielfachheit*) *genau* k *kleine Lösungen, die sich in konvergente Reihen nach ganzen oder gebrochenen Potenzen von* λ *entwickeln lassen.*

Beweis. Diese Behauptungen werden so wie in Punkt 2.7 bewiesen. Im ersten Fall enthält die Verzweigungsgleichung (24.2) nach dem Kürzen durch λ das freie Glied $L_{01} \neq 0$, folglich kann sie keine kleinen Lösungen haben. Im zweiten Fall kürzen wir die Gleichung durch λ, für $k = 1$ benutzen wir dann den Satz über implizite Funktionen, für $k \geqq 2$ wiederholen wir die Überlegungen des Beweises von Satz 24.2.

Ist $k \geqq 2$, so können wir wie oben verschiedene Folgerungen formulieren.

Wir beschränken uns auf die angegebenen Beispiele, weil jeder einzelne konkrete Fall unter Benutzung des NEWTONschen Diagramms ausführlich untersucht werden kann.

24.4. Der quasireguläre Verzweigungsfall (Problem B). Wir wenden jetzt die Überlegungen des letzten Punktes auf das Problem B an; wir suchen also kleine Lösungen der Gleichung

$$\Phi(x, 0) = 0\,. \tag{24.13}$$

Wegen (23.4) besitzt diese Gleichung die triviale Lösung $x = 0$. Aus Satz 22.1 (und 22.2) folgt, daß $x = 0$ eine isolierte Lösung dieser Gleichung ist (siehe Punkt 23.1), wenn der Operator $B = -\Phi_x(0, 0)$ ein beschränktes Inverses besitzt. Nun sei B ein F-Operator mit der Nullzahl $n = 1$. Dann gilt folgende Aussage (siehe Punkt 12.6):

Lemma 24.1. $x = 0$ *ist dann und nur dann eine isolierte Lösung der Gleichung* (24.13), *wenn nicht alle Koeffizienten* L_{i0} *der Verzweigungsgleichung* (24.2) *verschwinden.*

Beweis. Wegen Satz 23.1 ist das Problem, kleine Lösungen der Gleichung (24.13) zu finden, dem Problem äquivalent, kleine Lösungen der Gleichung

$$\sum_{i=2}^{+\infty} L_{i0}\,\xi^i = 0$$

zu finden, die wir dadurch erhalten, daß wir in der Verzweigungsgleichung (24.2) $\lambda = 0$ setzen.

Wenn nicht alle L_{i0} verschwinden, ist $\xi = 0$ die einzige kleine Lösung dieser Gleichung.

Gilt aber $L_{i0} = 0$ für alle i, so ist ξ ein willkürlicher hinreichend kleiner Parameter. Dann hat die Gleichung (24.13) die nicht isolierte Lösung

$$x = \sum_{i=1}^{+\infty} x_{i0}\, \xi^i\,. \tag{24.14}$$

Damit ist das Lemma bewiesen.

Aus diesem Lemma folgt, daß das Problem B dann und nur dann die einparametrige Lösungsschar (24.14) besitzt, wenn alle L_{i0} verschwinden. Anderenfalls besitzt das Problem B nur die triviale Lösung.

24.5. Der reelle Verzweigungsfall. In den Anwendungen begegnen wir gewöhnlich dem Fall, daß die BANACH-Räume E_1 und E_2 reell sind und daß E die Zahlengerade ist; dann werden uns auch nur reelle Lösungen interessieren.

In diesem Fall können wir folgendermaßen vorgehen. Wir erweitern die Räume E, E_1, E_2 auf natürliche Weise zu komplexen Räumen und fordern, daß sich der Operator $\Phi(x, \lambda)$ auf eine Umgebung des Punktes (0, 0), die in der komplexen Erweiterung von $E_1 \dotplus E$ liegt, analytisch fortsetzen läßt. Dadurch kommen wir auf das schon behandelte Problem zurück, und wir können alle alten Ergebnisse benutzen. Anschließend müssen wir die Lösungen auswählen, die für reelle Werte des Parameters λ im reellen BANACH-Raum E_1 liegen. Gleichzeitig müssen wir auf den Definitionsbereich dieser Lösungen achten, der sowohl eine Umgebung als auch eine Halbumgebung des Punktes $\lambda = 0$ sein kann.

Wir wollen dieses Verfahren an einigen Beispielen demonstrieren. Dazu nehmen wir also an, daß der Operotor $\Phi(x, \lambda)$ in der oben angegebenen Weise analytisch fortgesetzt werden kann.

Folgerung 24.5. *Die Voraussetzungen der Folgerung* 24.1 *seien erfüllt. Ist k ungerade, so besitzt die Gleichung* (24.1) *bei hinreichend kleinem* $|\lambda| \neq 0$ *genau eine reelle kleine Lösung der Form* (24.10). *Ist aber k gerade, so besitzt die Gleichung* (24.1) *in der Halbumgebung, in der* $L_{k0} L_{01} \lambda < 0$ *ist, genau zwei reelle kleine Lösungen der Form* (24.10); *in der Halbumgebung, in der* $L_{k0} L_{01} \lambda < 0$ *ist, besitzt die Gleichung* (24.1) *keine reellen kleinen Lösungen.*

Von der Richtigkeit dieser Behauptungen überzeugen wir uns, wenn wir ergänzend zum Beweis der Folgerung 24.1 beachten, daß $\xi(\lambda) \equiv \xi_{1/k} \lambda^{1/k}$ aus der Gleichung

$$L_{01} \lambda + L_{k0}\, \xi^k(\lambda) = 0$$

zu bestimmen ist.

Folgerung 24.6. *Die Voraussetzungen der Folgerung* 24.2 *seien erfüllt. Über die reellen kleinen Lösungen der Gleichung* (24.1) *läßt sich dann folgendes aussagen:*

1. *Sind k und l ungerade, so gibt es in der Halbumgebung, in der* $L_{l1} L_{k0} \lambda > 0$ *ist, genau eine Lösung der Form* (24.11). *In der Halbumgebung, in der* $L_{l1} L_{k0} \lambda < 0$ *ist, existieren genau drei Lösungen, zwei Lösungen haben die Form* (24.12), *die dritte hat die Form* (24.11).

2. *Ist k gerade und l ungerade, so existieren in einer Umgebung des Punktes* $\lambda = 0$ *(den Punkt* $\lambda = 0$ *ausgenommen) genau zwei Lösungen, eine hat die Form* (24.11), *die andere die Form* (24.12).

3. *Ist k ungerade und l gerade, so gibt es in der Halbumgebung, in der* $L_{02} L_{l1} \lambda > 0$ *ist, genau eine kleine Lösung der Form* (24.12). *In der Halbumgebung, in der* $L_{02} L_{l1} \lambda < 0$ *ist, existieren genau drei kleine Lösungen, eine hat die Form* (24.12), *die beiden anderen haben die Form* (24.11).

4. *Sind k und l gerade und ist* $L_{02} L_{k0} > 0$, *so existieren in der Halbumgebung, in der* $L_{02} L_{l1} \lambda > 0$ *ist, keine kleinen Lösungen. In der Halbumgebung, in der* $L_{20} L_{l1} \lambda < 0$ *ist, gibt es genau vier Lösungen, zwei haben die Form* (24.11), *die beiden anderen die Form* (24.12). *Ist aber* $L_{02} L_{k0} < 0$, *so gibt es in einer Umgebung des Punktes* $\lambda = 0$ *(den Punkt* $\lambda = 0$ *ausgenommen) genau zwei Lösungen. In der Halbumgebung, in der* $L_{02} L_{l1} \lambda > 0$ *ist, haben beide Lösungen die Form* (24.12), *in der Halbumgebung, in der* $L_{02} L_{l1} \lambda < 0$ *ist, haben beide die Form* (24.11).

Der Beweis dieser Behauptungen folgt aus Punkt 2.6. Bestimmen wir die Hauptteile der Lösungen der Verzweigungsgleichung, die wir mit $\xi(\lambda)$ bezeichnen (es ist also $\xi(\lambda) = \xi_{1/k} \lambda^{1/k}$ oder $\xi(\lambda) = \xi_{1/(k-l)} \lambda^{1/(k-l)}$), mit dem Newtonschen Diagramm, so erhalten wir die Gleichungen

$$L_{02} \lambda + L_{l1} \xi^l(\lambda) = 0 .$$

und

$$L_{l1} \lambda + L_{k0} \xi^{k-l}(\lambda) = 0 .$$

Zum Abschluß erwähnen wir, daß wir ähnliche Überlegungen auch dann durchführen können, wenn die Voraussetzungen der Folgerungen 24.3 und 24.4 erfüllt sind, ganz allgemein immer dann, wenn zur Untersuchung eines konkreten Falles das Newtonsche Diagramm herangezogen wird.

24.6. Die Lösungsverzweigung bei Gleichungen mit hinreichend glatten Operatoren. Bisher haben wir immer vorausgesetzt, daß der Operator $\Phi(x, \lambda)$ in einer gewissen Umgebung des Punktes (0, 0) analytisch ist. Diese Voraussetzung kann natürlich abgeschwächt werden. Für $||x|| \to 0$, $\lambda \to 0$ gelte etwa

$$\Phi(x, \lambda) = \sum_{i+j=1}^{p} F_{ij} x^i \lambda^j + o\left([||x|| + |\lambda|]^p\right) ,$$

wobei $B = -F_{10}$ ein F-Operator mit der Nullzahl $n = 1$ sei.

Jetzt ist die linke Seite der Verzweigungsgleichung (24.2) keine Reihe, sondern eine Summe, die aus einem Polynom vom Grad p in ξ und λ und einem kleinen Rest besteht. Da wir zur Berechnung der ersten Koeffizienten der Verzweigungsgleichung den Rest weglassen können, lassen sich diese Koeffizienten wie früher berechnen. Bei hinreichend großem p gelingt es uns, den gesamten fallenden Teil des entsprechenden NEWTONschen Diagramms zu konstruieren, und damit die Anzahl der Lösungen und die Gestalt ihrer ersten Glieder zu bestimmen. Jede kleine Lösung läßt sich nämlich (im quasiregulären Verzweigungsfall) als eine Summe darstellen, die aus einem Polynom in ganzen oder gebrochenen Potenzen von λ und aus einem kleinen Rest besteht. Wie auch im analytischen Fall liegen die Dinge besonders einfach, wenn die Wurzeln der entsprechenden Bestimmungsgleichungen einfach sind (siehe Punkt 2.4).

24.7. Das Auftreten eines Funktionalparameters. Reihen nach homogenen Operatoren. Wir beschäftigen uns wieder mit der Gleichung (23.3), y sei jetzt aber ein Funktionalparameter. Nehmen wir an, $\Phi(x, y)$ sei ein analytischer Operator und $B = -\Phi_x(0, 0)$ ein F-Operator mit der Nullzahl $n = 1$. Dann schreiben wir die Gleichung (23.3) in der Form

$$B x = F_{01} y + \sum_{r+s\geqq 2} F_{rs} x^r y^s , \tag{24.15}$$

wobei $F_{rs} x^r y^s$ ein beschränkter r, s-Potenzoperator ist.

Zunächst geben wir einige Definitionen und Hilfssätze an. Der Operator $A_\alpha(y)$ sei auf $D(A_\alpha) \subset E$ erklärt, sein Wertebereich liege in E_2. $A_\alpha(y)$ heißt homogen vom Grad α, wenn $D(A_\alpha)$ mit y für jedes $t > 0$ auch $t\,y$ enthält, und wenn $A_\alpha(t\,y) = t^\alpha A_\alpha(y)$ ist. Im folgenden benutzen wir nur homogene Operatoren der Form $A_{k/p}$, wobei k und p natürliche Zahlen sind.

Nun betrachten wir Reihen nach homogenen Operatoren. $A_{k/p}$ ($k = 1, 2, \ldots$; p sei fixiert) sei eine Folge von homogenen Operatoren, $D = \bigcap_{k=1}^{\infty} D(A_{k/p})$ sei nicht leer. Die Reihe

$$\sum_{k=1}^{+\infty} A_{k/p}(y) \tag{24.16}$$

heißt im Punkt $y \in D$ konvergent, wenn $\lim\limits_{i, m \to \infty} \left\| \sum_{k=i}^{m} A_{k/p}(y) \right\| = 0$ ist.

Wenn die Reihe (24.16) im Punkt $y \in D$ konvergiert, gibt es eine Konstante $C(y)$ mit der Eigenschaft

$$\|A_{k/p}(y)\| \leqq C(y)\,, \qquad k = 1, 2, \ldots .$$

Das Konvergenzgebiet der Reihe (24.16) ist ein Stern um den Punkt $y = 0$, d. h., mit y liegt für $t \in (0, 1)$ auch $t\,y$ in diesem Gebiet. Das folgt unmittelbar aus der Abschätzung

$$\left\| \sum_{k=i}^{m} A_{k/p}(t\,y) \right\| \leqq \sum_{k=i}^{m} t^{k/p} \, \|A_{k/p}(y)\| \leqq C(y) \frac{t^{i/p} - t^{(m+1)/p}}{1 - t^{1/p}} ,$$

deren rechte Seite für $i \to \infty$, $m \to \infty$ nach Null strebt.

Wir beweisen jetzt den Identitätssatz für Reihen nach homogenen Operatoren.

Lemma 24.2. *Es sei* $\sum_{k=1}^{\infty} A_{k/p}(y) \equiv 0$ *für alle y aus dem Konvergenzgebiet D dieser Reihe. Dann gilt für alle* $y \in D$

$$A_{k/p}(y) \equiv 0 , \quad k = 1, 2, \ldots .$$

Beweis. Wir fixieren ein $y \in D$. Für jedes $t \in (0, 1)$ gilt

$$\sum_{k=1}^{+\infty} A_{k/p}(t\, y) \equiv 0 .$$

Das Funktional $f \in E_2^*$ sei beliebig gewählt, dann gilt

$$0 = \left(\sum_{k=1}^{+\infty} A_{k/p}(t\, y), f\right) = \sum_{k=1}^{+\infty} \big(A_{k/p}(y), f\big)\, t^{k/p} .$$

Wir setzen $t^{1/p} = \tau$; aus dem Identitätssatz für gewöhnliche Potenzreihen folgt

$$\big(A_{k/p}(y), f\big) = 0 , \quad k = 1, 2, \ldots ; \; y \in D ,$$

und, da $f \in E_2^*$ beliebig war,

$$A_{k/p}(y) = 0 , \quad k = 1, 2, \ldots ; \; y \in D .$$

Damit ist das Lemma bewiesen.

Zur Bestimmung aller kleinen Lösungen der Gleichung (24.15) wollen wir die Methode der unbestimmten Koeffizienten benutzen.

Nehmen wir an, es sei $L_{20} = (F_{20}\, \varphi^2, \psi) \neq 0$. Dann besitzt die Verzweigungsgleichung (23.23) genau zwei kleine Lösungen (davon überzeugen wir uns dadurch, daß wir die Verzweigungsgleichung auf jedem Strahl $y = t\, y_0$ untersuchen und auf die Aussagen von Satz 24.2 zurückgreifen).

Wir beginnen mit dem Fall, daß der Parameter y in der durch die Ungleichung

$$L_{01}(y) \equiv (F_{01}\, y, \psi) \neq 0 \tag{24.17}$$

definierten Mannigfaltigkeit liegt. Die kleinen Lösungen der Gleichung (24.15) stellen wir durch Reihen nach homogenen Operatoren dar,

$$x(y) = \sum_{k=1}^{+\infty} x_{k/2}(y) . \tag{24.18}$$

Dann setzen wir (24.28) in die Gleichung (24.15) ein und vergleichen auf der Grundlage von Lemma 24.2 die homogenen Operatoren gleichen Grades. Dadurch erhalten wir ein rekursives Gleichungssystem für die homogenen Operatoren $x_{k/2}(y)$,

$$\left.\begin{aligned} B\, x_{1/2}(y) &= 0 , \\ B\, x_1(y) &= F_{01}\, y + F_{20}\, x_{1/2}^2(y) , \\ B\, x_{k/2}(y) &= 2\, F_{20}\, x_{1/2}(y)\, x_{(k-1)/2}(y) + R_{k/2}\big(y, x_{1/2}(y), x_{(k-2)/2}(y)\big) , \end{aligned}\right\} \tag{24.19}$$

die $R_{k/2}$ sind homogene Operatoren vom Grad $k/2$.

Die erste Gleichung von (24.19) ergibt

$$x_{1/2}(y) = c_{1/2}(y)\,\varphi\,,$$

wobei $c_{1/2}(y)$ ein vorläufig unbekanntes homogenes Funktional vom Grad 1/2 ist. Diesen Ausdruck für $x_{1/2}(y)$ setzen wir in die rechte Seite der zweiten Gleichung von (24.19) ein, aus der Lösbarkeitsbedingung für diese Gleichung folgt

$$L_{01}(y) + L_{20}\,c_{1/2}^2(y) = 0\,.$$

Diese Gleichung besitzt die zweideutige Lösung

$$c_{1/2}(y) = \sqrt{-\,L_{20}^{-1}\,L_{01}(y)}\,.$$

Fixieren wir einen Zweig dieser Funktion, so finden wir aus der zweiten Gleichung von (24.19)

$$x_1(y) = \Gamma\,\{F_{01}\,y + c_{1/2}^2(y)\,F_{20}\,\varphi^2\} + c_1(y)\,\varphi\,.$$

Das vorläufig unbekannte homogene Funktional $c_1(y)$ ersten Grades läßt sich unter Benutzung der Lösbarkeitsbedingung für die dritte Gleichung von (24.19) eindeutig durch $c_{1/2}(y)$ ausdrücken. Setzen wir dieses Verfahren fort, so erhalten wir, wie durch vollständige Induktion bewiesen werden kann, die beiden kleinen Lösungen der Gleichung (24.15) in der Form (24.28).

Nun nehmen wir an, daß y in der durch

$$\left.\begin{aligned} &L_{01}(y) = 0\,,\\ &L_{02}(y) \equiv (F_{02}\,y^2 + 2\,F_{11}\,y(\Gamma\,F_{01}\,y) + F_{20}(\Gamma\,F_{01}\,y)^2,\ \psi) \neq 0 \end{aligned}\right\}\qquad(24.20)$$

definierten Mannigfaltigkeit liegt. Für die beiden kleinen Lösungen der Gleichung (24.15) machen wir den Ansatz

$$x(y) = \sum_{k=1}^{+\infty} x_k(y)\,.\qquad(24.21)$$

Durch Einsetzen von (24.21) in (24.15) erhalten wir das rekursive Gleichungssystem

$$\left.\begin{aligned} &B\,x_1(y) = F_{01}\,y\,,\\ &B\,x_2(y) = F_{02}\,y^2 + 2\,F_{11}\,y\,x_1(y) + F_{20}\,x_1^2(y)\,,\\ &B\,x_k(y) = 2\,F_{11}\,y\,x_{k-1}(y) + 2\,F_{02}\,x_1(y)\,x_{k-1}(y) + \\ &\qquad + R_k(y, x_1(y), \ldots, x_{k-1}(y))\,,\qquad k = 3, 4, \ldots\,. \end{aligned}\right\}\qquad(24.22)$$

Die erste Gleichung von (24.22) hat die Lösung

$$x_1(y) = \Gamma\,F_{01}\,y + c_1(y)\,\varphi\,,$$

wobei $c_1(y)$ ein noch unbekanntes homogenes Funktional ersten Grades ist. Setzen wir diesen Ausdruck für $x_1(y)$ in die rechte Seite der zweiten Gleichung von (24.22) ein, so lautet diese Gleichung

$$B x_2(y) = F_{02} y^2 + 2 c_1(y) F_{11} y \varphi + c_1^2(y) F_{20} \varphi^2 .$$

Die Lösbarkeitsbedingung für diese Gleichung kann in der Form

$$L_{20} c_1^2(y) + L_{11}(y) c_1(y) + L_{02}(y) = 0 \tag{24.23}$$

mit

$$L_{11}(y) = 2 \left(F_{11} y \varphi + F_{20} \varphi(\Gamma F_{01} y), \psi\right)$$

geschrieben werden. Wir fordern nun, daß der Durchschnitt der durch (24.20) und durch

$$L_{11}^2(y) - 4 L_{20} L_{02}(y) \neq 0$$

definierten Mannigfaltigkeiten nicht leer ist und daß y in diesem Durchschnitt liegt. Dann besitzt die Gleichung (24.23) die zweideutige Lösung

$$c_1(y) = \left[- L_{11}(y) + \sqrt{L_{11}^2(y) - 4 L_{20} L_{02}(y)}\right] (2 L_{02})^{-1} ,$$

womit wir zwei Zweige $c_1(y)$ gefunden haben. Durch vollständige Induktion läßt sich wieder beweisen, daß jeder einzelne Zweig die homogenen Operatoren $x_2(y), x_3(y), \ldots$ eindeutig bestimmt.

Erwähnt sei noch, daß die Konvergenz der konstruierten Reihen (24.18) und (24.21) mit Hilfe des Newtonschen Diagramms bewiesen werden kann; dazu genügt es, die Gleichung (24.15) auf jedem Strahl $y = t y_0$ zu untersuchen.

Wir wollen uns auf diese einfachen Beispiele beschränken. Ähnliche Ergebnisse finden wir in den Arbeiten von W. A. Trenogin [2—4] (wo nicht unbedingt $n = 1$ sein muß), von denen wir auch bei der Abfassung dieses Punktes ausgegangen sind. Für den Fall eines Zahlenparameters ist die Methode der unbestimmten Koeffizienten ausführlich von K. T. Achmedow [1—3] untersucht worden.

24.8. Das Auftreten zweier Zahlenparameter. In den Anwendungen haben wir es häufig mit einer Gleichung der Form (24.15) zu tun, für die die Räume E_1, E_2 und E sowie alle in die Gleichung eingehenden Operatoren reell sind und für die E aus der direkten Summe zweier Zahlengeraden besteht $(y = (\varepsilon, \lambda)$, ε und λ sind kleine reelle Zahlenparameter$)$. In diesem Fall könnten wir natürlich die Ergebnisse des vorigen Punktes anwenden; das jetzt betrachtete Problem hat aber auch seine Besonderheiten.

Die Tatsache, daß y ein zweidimensionaler Vektor ist, führt dazu, daß wir genauere Informationen über die Eigenschaften der Lösungen $x = x(\varepsilon, \lambda)$ der Gleichung (24.15) als Funktionen der beiden Veränderlichen ε und λ erhalten. Wir brauchen uns nicht darauf zu beschränken, das Verhalten dieser Lösungen auf von dem Punkt (0, 0) ausgehenden Strahlen zu untersuchen. Andererseits wird das Problem dadurch komplizierter, daß wir nur reelle Lösungen suchen, die natürlich nicht auf einer ganzen Umgebung des Punktes (0, 0) definiert sein müssen.

Wir schreiben die Gleichung (24.15) in der Form

$$B x = F_{010}\,\varepsilon + F_{001}\,\lambda + \sum_{i+j+k\geqq 2} F_{ijk}\, x^i\, \varepsilon^j\, \lambda^k \tag{24.24}$$

und setzen wie bisher voraus, daß B ein F-Operator mit der Nullzahl $n = 1$ ist. Dann können wir das Problem, kleine Lösungen der Gleichung (24.24) zu finden, durch das äquivalente Problem ersetzen, kleine Lösungen der Verzweigungsgleichung (23.23) zu finden. Diese Verzweigungsgleichung sieht jetzt folgendermaßen aus:

$$L(\xi, \varepsilon, \lambda) \equiv \sum_{i=2}^{+\infty} L_{i00}\, \xi^i + \sum_{i=0}^{+\infty} \xi^i \sum_{j+k\geqq 1} L_{ijk}\, \varepsilon^j\, \lambda^k = 0\,. \tag{24.25}$$

Wir beschränken uns auf den Fall, daß nicht alle Koeffizienten L_{ijk} verschwinden. Außerdem sei mindestens einer der Koeffizienten L_{i00}, etwa L_{k00}, von Null verschieden. Dann besitzt die Gleichung (24.24) im komplexen Fall genau k kleine Lösungen.

ξ_0 sei eine Lösung der Verzweigungsgleichung (24.25) im Punkt $(\varepsilon_0, \lambda_0)$. Aus dem Satz über implizite Funktionen folgt, daß diese Lösung in einer gewissen Umgebung des Punktes $(\varepsilon_0, \lambda_0)$ nach (ε, λ) eindeutig fortgesetzt werden kann, sofern

$$\frac{\partial L(\xi_0, \varepsilon_0, \lambda_0)}{\partial \xi} \neq 0$$

ist. Die Bedingung

$$\frac{\partial L(\xi, \varepsilon, \lambda)}{\partial \xi} = 0 \tag{24.26}$$

ist also notwendig dafür, daß der Punkt $(\xi, \varepsilon, \lambda)$ ein Verzweigungspunkt der Gleichung (24.25) ist.

Eliminieren wir ξ aus den Gleichungen (24.25) und (24.26), so erhalten wir die in einer gewissen Umgebung des Koordinatenursprungs (0, 0) der (ε, λ)-Ebene definierte Diskriminantenkurve, die aus mehreren durch den Koordinatenursprung (0, 0) hindurchgehenden Zweigen bestehen kann.

Als Verzweigungskurve der Gleichung (24.25) bezeichnen wir die Gesamtheit aller Zweige der Diskriminantenkurve, die die Eigenschaft haben, daß sich beim Durchgang durch diese Zweige die Anzahl der kleinen Lösungen der Gleichung (24.25) wirklich ändert. Die Umgebung des Koordinatenursprungs (0, 0) wird also durch die Verzweigungskurve derart in mehrere Teile zerlegt, daß in jedem dieser Teile die Anzahl der kleinen Lösungen der Verzweigungsgleichung (24.25) konstant ist.

Die Diskriminantenkurve läßt sich folgendermaßen bestimmen. Unter Benutzung des WEIERSTRASSschen Vorbereitungssatzes (Satz 3.3) führen wir die Gleichung (24.25) auf die bezüglich kleiner Lösungen äquivalente Gleichung

$$P(\xi, \varepsilon, \lambda) = 0$$

zurück; hierbei ist $P(\xi, \varepsilon, \lambda)$ ein ausgezeichnetes Polynom in ξ vom Grad k, und in einer gewissen Umgebung des Punktes $\xi = 0$ gilt $P_\xi(\xi, 0, 0) \not\equiv 0$. Dann bilden wir die Resultante $R(\varepsilon, \lambda)$ der beiden Polynome $P(\xi, \varepsilon, \lambda)$ und $P_\xi(\xi, \varepsilon, \lambda)$ (siehe Punkt 4.2). Als Gleichung der Diskriminantenkurve erhalten wir gerade die Gleichung $R(\varepsilon. \lambda) = 0$[1]).

Diese Überlegungen werden wir später (§ 35 und § 36) bei der Untersuchung einiger Beispiele anwenden. Genauso können wir auch den Fall untersuchen, daß $y = (\lambda_1, \ldots, \lambda_n)$ ein n-dimensionaler Vektor ist. Statt der Verzweigungskurven gibt es dann Verzweigungsflächen verschiedener Dimension (kleiner als n). Beim Durchgang durch eine Verzweigungsfläche entsteht entweder eine gerade Anzahl neuer Lösungen, oder gewisse Lösungspaare verschwinden aus dem Reellen und werden komplex.

§ 25. Der mehrdimensionale Verzweigungsfall

In diesem Paragraphen beschäftigen wir uns mit der Verzweigung von kleinen Lösungen der Gleichung

$$B\,x = F_{01}\,\lambda + \sum_{i+k \geqq 2} C_{k+i}^k\, F_{ik}\, x^i\, \lambda^k \tag{25.1}$$

unter folgenden Voraussetzungen: λ sei ein kleiner Zahlenparameter; F_{ik} sei ein i-linearer Operator, der den Banach-Raum E_1 in den Banach-Raum E_2 abbildet; F_{01} sei ein Element aus E_2; schließlich sei B ein F-Operator mit der Nullzahl $n \geqq 2$. Dabei halten wir uns an die Arbeiten von P. G. Aisengendler [1, 3], P. G. Aisengendler und M. M. Wainberg [1]. Wir beginnen mit dem zweidimensionalen Verzweigungsfall ($n = 2$), anschließend betrachten wir den mehrdimensionalen Verzweigungsfall ($n \geqq 2$).

25.1. Der Übergang zum äquivalenten Gleichungssystem. Die Aussagen von Lemma 12.1 gelten auch in dem hier betrachteten abstrakten Fall (siehe Satz 23.1). Deshalb ist die Gleichung (25.1) bezüglich kleiner Lösungen dem Gleichungssystem

$$x = a_{0\ldots 01}\,\lambda + \sum_{i=1}^{n} \xi_i\,\varphi_i + \sum_{k_1+\cdots+k_n+k \geqq 2} a_{k_1\ldots k_n k}\, \xi_1^{k_1} \cdots \xi_n^{k_n}\, \lambda^k\,, \tag{25.2}$$

$$\begin{aligned}\Phi_i(\xi_1, \ldots, \xi_n, \lambda) \equiv \sum_{k_1+\cdots+k_n \geqq 2} L_{k_1\ldots k_n 0}^{(i)}\, \xi_1^{k_1} \cdots \xi_n^{k_n} +\\ + \sum_{k_1+\cdots+k_n \geqq 0} \xi_1^{k_1} \cdots \xi_n^{k_n} \sum_{k \geqq 1} L_{k_1\ldots k_n k}^{(i)}\, \lambda^k = 0\end{aligned} \tag{25.3}$$

äquivalent, wobei $\varphi_1, \varphi_2, \ldots, \varphi_n$ eine Basis im Nullraum $N(B)$ des Operators B bedeutet.

---

[1]) Enthält P mehrfache Faktoren (siehe Punkt 2.5), so müssen wir diese abtrennen und für jeden abgetrennten Faktor das Verfahren wiederholen.

Die Koeffizienten der angegebenen Reihen lassen sich folgendermaßen bestimmen. Unter Beachtung von (23.18) und (21.22) wenden wir auf die Gleichung (25.1) den Operator $\Gamma = \tilde{B}^{-1}$ an,

$$x = \Gamma F_{01} \lambda + \sum_{i=1}^{n} \xi_i \varphi_i + \sum_{k+s \geqq 2} C_{k+s}^k \Gamma F_{ks} x^k \lambda^s . \tag{25.4}$$

Bei hinreichend kleinem $|\lambda|$, $|\xi_i|$ und $||x||$ ist die rechte Seite dieser Gleichung bezüglich x ein Kontraktionsoperator, so daß diese Gleichung genau eine kleine Lösung besitzt. Für diese Lösung machen wir den Reihenansatz (25.2); zur Bestimmung der Koeffizienten setzen wir (25.2) in (25.4) ein und vergleichen die Koeffizienten bei den Gliedern gleichen Grades.

Speziell für $n = 2$ erhalten wir

$$\left.\begin{aligned}
a_{001} &= \Gamma F_{01} , \\
a_{002} &= \Gamma F_{02} + 2 \Gamma F_{11} a_{001} + \Gamma F_{20} a_{001}^1 , \\
a_{100} &= \varphi_1 , \\
a_{200} &= \Gamma F_{20} a_{100}^2 , \\
a_{010} &= \varphi_2 , \\
a_{020} &= \Gamma F_{20} a_{010}^2 , \\
a_{110} &= 2 \Gamma F_{20} a_{100} a_{010} , \\
a_{101} &= 2 \Gamma (F_{11} a_{100} + F_{20} a_{100} a_{001}) , \\
a_{011} &= 2 \Gamma (F_{11} a_{010} + F_{20} a_{010} a_{001}) , \\
a_{111} &= 2 \Gamma F_{11} a_{110} + 2 \Gamma F_{20} (a_{001} a_{110} + a_{100} a_{011} + a_{010} a_{101}) + \\
&\quad + 6 \Gamma F_{21} a_{100} a_{010} + 6 \Gamma F_{30} a_{001} a_{100} a_{010} , \\
a_{k_1, k_2, k} &= P_{k_1, k_2, k}(a_{001}, a_{100}, a_{010}, a_{110}, a_{101}, a_{011}, \ldots \\
&\quad \ldots , a_{k_1, k_2, k-1}, a_{k_1, k_2-1, k}, a_{k_1-1, k_2, k}) .
\end{aligned}\right\} \tag{25.5}$$

Die Konvergenz der Reihe (25.2) folgt aus dem Prinzip der kontrahierenden Abbildung (Satz 7.3) oder unmittelbar aus dem Satz über implizite Operatoren (Satz 22.2).

Setzen wir nun (25.2) in (23.19) ein und berücksichtigen wir (21.24) und (21.7), so erhalten wir die Gleichung (25.3), und es ist

$$L_{k_1 \ldots k_n k}^{(i)} = (\tilde{B} a_{k_1 \ldots k_n k}, \psi_i) . \tag{25.6}$$

Die Funktionen Φ_i sind im Koordinatenursprung analytisch, ferner gilt

$$\operatorname{ord} \Phi_i(\xi_1, \ldots, \xi_n, 0) \geqq 2 , \quad i = 1, 2, \ldots, n .$$

Speziell für $n = 2$ folgt aus (25.5) und (25.6)

$$\left.\begin{aligned}
L^{(i)}_{001} &= (F_{01}, \psi_i)\,, \\
L^{(i)}_{002} &= \bigl(F_{02} + 2\,F_{11}\,(\Gamma F_{01}) + F_{20}\,(\Gamma F_{01})^2, \psi_i\bigr)\,, \\
L^{(i)}_{101} &= 2\,\bigl(F_{20}\,(\Gamma F_{01})\,\varphi_1 + F_{11}\,\varphi_1, \psi_i\bigr)\,, \\
L^{(i)}_{011} &= 2\,\bigl(F_{20}\,(\Gamma F_{01})\,\varphi_2 + F_{11}\,\varphi_2, \psi_i\bigr)\,, \\
L^{(i)}_{110} &= 2\,(F_{20}\,\varphi_1\,\varphi_2, \psi_i)\,, \\
L^{(i)}_{200} &= (F_{20}\,\varphi_1^2, \psi_i)\,, \\
L^{(i)}_{020} &= (F_{20}\,\varphi_2^2, \psi_i)\,, \\
L^{(i)}_{003} &= (F_{03} + 3\,F_{12}\,(\Gamma F_{01}) + 3\,F_{21}\,(\Gamma F_{01})^2 + F_{30}\,(\Gamma F_{01})^3 + \\
&\quad + \bigl(2F_{11} + 2F_{20}(\Gamma F_{01})\bigr)\,\bigl(\Gamma F_{02} + 2\,\Gamma F_{11}(\Gamma F_{01}) + \Gamma F_{20}(\Gamma F_{01})^2, \psi_i\bigr)\,, \\
L^{(i)}_{102} &= (3\,F_{30}(\Gamma F_{01})^2\varphi_1 + 6\,F_{21}\varphi_1(\Gamma F_{01}) + 2\,F_{20}\,\bigl(\varphi_1 a_{002} + (\Gamma F_{01})\,a_{101}\bigr) + \\
&\quad + 3\,F_{12}\,\varphi_1 + 2\,F_{11}\,a_{101}, \psi_i)\,, \\
L^{(i)}_{012} &= (3\,F_{30}(\Gamma F_{01})^2\varphi_2 + 6\,F_{21}\varphi_2(\Gamma F_{01}) + 2\,F_{20}\,\bigl(\varphi_2 a_{002} + (\Gamma F_{01})\,a_{011}\bigr) + \\
&\quad + 3\,F_{12}\,\varphi_2 + 2\,F_{11} a_{011}, \psi_i)\,, \\
L^{(i)}_{201} &= \bigl(2\,F_{20}\,\varphi_1\,a_{101} + 2\,F_{20}\,a_{200}\,(\Gamma F_{01}) + 3\,F_{30}\,(\Gamma F_{01})\,\varphi_1^2 + 3\,F_{21}\,\varphi_1^2 + \\
&\quad + 2\,F_{11}\,a_{200}, \psi_i\bigr)\,, \\
L^{(i)}_{021} &= \bigl(2\,F_{20}\,\varphi_2\,a_{011} + 2\,F_{20}\,a_{020}\,(\Gamma F_{01}) + 3\,F_{30}\,(\Gamma F_{01})\,\varphi_2^2 + \\
&\quad + 3\,F_{21}\,\varphi_2^2 + 2\,F_{11}\,a_{020}, \psi_i\bigr)\,, \\
L^{(i)}_{111} &= \bigl(2\,F_{20}\,\bigl((\Gamma F_{01})\,a_{110} + \varphi_2\,a_{101} + \varphi_1\,a_{011}\bigr) + \\
&\quad + 2\,F_{11}\,a_{110} + 6\,F_{21}\,\varphi_1\,\varphi_2 + 6\,F_{30}(\Gamma F_{01})\,\varphi_1\,\varphi_2, \psi_i\bigr)\,, \\
L^{(i)}_{210} &= \bigl(2\,F_{20}\,(\varphi_1\,a_{110} + \varphi_2\,a_{200}) + 3\,F_{30}\,\varphi_1^2\,\varphi_2, \psi_i\bigr)\,, \\
L^{(i)}_{120} &= \bigl(2\,F_{20}\,(\varphi_2\,a_{110} + \varphi_1\,a_{020}) + 3\,F_{30}\,\varphi_1\,\varphi_2^2, \psi_i\bigr)\,, \\
L^{(i)}_{300} &= \bigl(2\,F_{20}\,\varphi_1\,a_{200} + F_{30}\,\varphi_1^3, \psi_i\bigr)\,, \\
L^{(i)}_{030} &= \bigl(2\,F_{30}\,\varphi_2\,a_{020} + F_{30}\,\varphi_2^3, \psi_i\bigr)\,, \qquad i = 1, 2\,.
\end{aligned}\right\} \quad (25.7)$$

25.2. Der zweidimensionale Verzweigungsfall. Wir betrachten die Gleichung (25.1) für $n = 2$. Das Gleichungssystem (25.3) lautet dann

$$\Phi_i(\xi_1, \xi_2, \lambda) = 0\,, \qquad i = 1, 2\,. \tag{25.8}$$

Dieses Gleichungssystem haben wir in § 5 untersucht (siehe (5.1)); dort haben wir auch gezeigt, daß die Bestimmung aller kleinen Lösungen des Gleichungssystems (25.8) auf die Gleichung

$$\tilde{R}(z_2, \lambda) = 0$$

führt (siehe (5.4)). Wenden wir Satz 5.1 an, so erhalten wir folgende Aussagen:

Satz 25.1.

I. *Ist* $\tilde{R}(0, 0) \not\equiv 0$, *so besitzt die Gleichung* (25.1) *keine kleinen Lösungen.*

II. *Ist* $\tilde{R}(z_2, \lambda) \neq 0$ *und* $\tilde{R}(0, 0) = 0$, *so besitzt die Gleichung* (25.1) *endlich viele kleine Lösungen, die sich in konvergente Reihen nach ganzen oder gebrochenen Potenzen von* λ *entwickeln lassen.*

III. *Wenn* $\tilde{R}(z_2, \lambda) \equiv 0$ *ist oder aber alle Koeffizienten des Gleichungssystems* (25.8) *verschwinden, besitzt die Gleichung* (25.1) *eine ein- bzw. zweiparametrige Schar von kleinen Lösungen.*

Unter den Voraussetzungen von III kann es auch formale Lösungen in Form divergenter Potenzreihen geben.

Aus II und III folgt, daß die Gleichung (25.1) dann und nur dann endlich viele kleine Lösungen besitzt, wenn die Bedingung $\tilde{R}(z_2, \lambda) \not\equiv 0$ erfüllt ist.

Wir weisen noch darauf hin, daß nach der beschriebenen Methode auch alle reellen Lösungen der Gleichung (25.1) ausgewählt werden können (siehe Beispiel 13.2, insbesondere den Spezialfall dieses Beispiels, in dem wir die beiden reellen Lösungen (13.9) erhalten haben).

25.3. Der mehrdimensionale Verzweigungsfall. Wir betrachten jetzt die Gleichung (25.1) für $n \geqq 2$. Diese Gleichung ist bezüglich kleiner Lösungen dem Gleichungssystem (25.2), (25.3) äquivalent; die Bestimmung aller kleinen Lösungen der Gleichung (25.1) reduziert sich also auf die Bestimmung aller kleinen Lösungen der Verzweigungsgleichung (25.3), die wir in § 6 untersucht haben.

Wie in § 6 bilden wir für die Verzweigungsgleichung (25.3) die Polynome

$$d_1, d_2, \ldots, d_k \quad (k \leqq n) .$$

Jedes dieser Polynome ist entweder ein ausgezeichnetes Polynom oder aber zum Einselement assoziiert. Dann betrachten wir den quasiregulären Verzweigungsfall und den entarteten Verzweigungsfall (siehe Definitionen 6.1 und 6.2) und kommen unter Benutzung der Sätze 6.1 und 6.2 zu folgenden Aussagen:

Satz 25.2.

I. *Ist* $d_i \sim 1$ $(i = 1, 2, \ldots, n)$, *so besitzt die Gleichung* (25.1) *keine kleinen Lösungen.*

II. *Liegt der quasireguläre Verzweigungsfall vor und ist* d_n *nicht zum Einselement assoziiert, so besitzt die Gleichung* (25.1) *mindestens eine und höchstens endlich viele kleine Lösungen, die sich in konvergente Reihen nach ganzen oder gebrochenen Potenzen von* λ *entwickeln lassen.*

III. *Liegt der entartete Verzweigungsfall vor oder gilt* $\Phi_i \equiv 0$, $i = 1, 2, \ldots, n$, *so besitzt die Gleichung* (25.1) *unendlich viele kleine Lösungen.*

Unter den Voraussetzungen von III besitzt die Gleichung (25.1) unendlich viele kleine Lösungen, die sich in konvergente Reihen nach ganzen oder gebrochenen Potenzen von λ entwickeln lassen, unendlich viele Lösungen, die in $\lambda = 0$ verschwinden und durch divergente Reihen nach ganzen oder gebrochenen Potenzen von λ darstellbar sind, sowie unendlich viele kleine Lösungen, die nicht durch Potenzreihen dargestellt werden können.

Wenn wir unter den Voraussetzungen von II eine formale Lösung der Gleichung (25.1) in Form einer Reihe nach ganzen oder gebrochenen Potenzen von λ gefunden haben, so ist diese Reihe in einer gewissen Umgebung (im reellen Fall vielleicht nur in einer gewissen Halbumgebung) des Punktes $\lambda = 0$ notwendigerweise konvergent. Diese Bemerkung ist für die Anwendungen nützlich, da man eine Lösung der Gleichung (25.1) gewöhnlich in Form einer formalen Reihe sucht und anschließend Majoranten konstruiert, um deren Konvergenz zu beweisen.

25.4. Die Verzweigung einer isolierten Lösung. Wie in Punkt 12.6 bezeichnen wir die rechte Seite der Gleichung (25.1) mit $F(x, \lambda)$. Setzen wir dann $\lambda = 0$, so erhalten wir die Gleichung

$$B\,x = F(x, 0)\,. \tag{25.9}$$

Wegen $F(0, 0) = 0$ besitzt diese Gleichung die triviale Lösung $x = 0$. In Punkt 12.6 haben wir uns mit der Frage beschäftigt, ob die triviale Lösung einer solchen Gleichung (siehe (12.13)) im regulären Fall oder im (ein- oder mehrdimensionalen) Verzweigungsfall isoliert ist. In Punkt 23.1 haben wir ebenfalls diese Frage erörtert. Wir weisen darauf hin, daß die Überlegungen von Punkt 12.6 allgemeinen Charakter tragen, so daß die dort formulierten Behauptungen auch für die jetzt (in Banach-Räumen) betrachteten Gleichungen (25.1) und (25.9) gelten. Speziell bleibt die Aussage von Lemma 12.3 bestehen, nach der die triviale Lösung der Gleichung (25.9) dann und nur dann isoliert ist, wenn die triviale Lösung des Gleichungssystems (12.14) isoliert ist. Bedingungen dafür, daß die triviale Lösung des Gleichungssystems (12.14) isoliert ist, haben wir in Punkt 6.5 angegeben (siehe Satz 6.3). Auch die folgende Aussage bleibt erhalten (siehe Satz 12.9):

Satz 25.3. *Ist die triviale Lösung der Gleichung* (25.9) *isoliert, so besitzt die Gleichung* (25.1) *endlich viele kleine Lösungen, die sich konvergente Reihen nach ganzen oder gebrochenen Potenzen von* λ *entwickeln lassen.*

Dafür, daß bezüglich der Gleichung (25.1) der quasireguläre Verzweigungsfall vorliegt, ist also hinreichend, daß die triviale Lösung der Gleichung (25.9) isoliert ist. Die umgekehrte Behauptung ist nicht immer richtig, wie die Beispiele 12.2 und 12.3 zeigen.

25.5. Bifurkationspunkte[1]). In Punkt 12.3 haben wir den Begriff des Bifurkationspunktes einer Gleichung eingeführt (siehe auch Punkt 23.1) und verschiedene Aussagen über die Bifurkationspunkte der Gleichung (12.1) im eindimen-

---

[1]) Siehe M. M. Wainberg [3].

sionalen Verzweigungsfall formuliert. In Punkt 12.7 haben wir diese Überlegungen fortgesetzt und die Bifurkationspunkte der Gleichung (12.1) im mehrdimensionalen Verzweigungsfall untersucht. Es zeigt sich nun, daß alle für die Gleichung (12.1) erzielten Ergebnisse auf die Gleichung (25.1) übertragen werden können.

Beim Beweis der in Punkt 12.3 und 12.7 formulierten Aussagen sind wir nämlich davon ausgegangen. daß zwischen der Menge aller kleinen Lösungen der Gleichung (12.1) und der Menge aller kleinen Lösungen der entsprechenden Verzweigungsgleichung eine umkehrbar eindeutige Zuordnung besteht. Dadurch konnten wir die Frage nach den Bifurkationspunkten der Gleichung (12.1) auf die Frage nach den Bifurkationspunkten der entsprechenden Verzweigungsgleichungen (12.4) bzw. (12.6) zurückführen. Auf diese Weise haben wir schließlich verschiedene Aussagen über die Bifurkationspunkte der Gleichung (12.1) erhalten.

Da nun nach Satz 23.1 zwischen der Menge aller kleinen Lösungen der Gleichung (25.1) und der Menge aller kleinen Lösungen der Verzweigungsgleichung (25.3) eine umkehrbar eindeutige Zuordnung besteht, können wir auch in diesem Fall die Frage nach den Bifurkationspunkten der Gleichung (25.1) auf die Frage nach den Bifurkationspunkten der Gleichung (25.3) zurückführen. Deshalb übertragen sich alle in Punkt 12.3 und 12.7 formulierten Aussagen auf die hier betrachteten Gleichungen in BANACH-Räumen. Wir wollen eine Aussage formulieren (siehe Satz 12.10), wobei wir den Begriff der Bifurkationsgleichung (siehe Definition 12.1) und die Bezeichnungen d_i^* (siehe Punkt 12.7) benutzen.

Satz 25.4. *Die Gleichung* (25.3) *sei die Bifurkationsgleichung der Gleichung* (25.1). *Für ein gewisses $i \leqq n$ sei das ausgezeichnete Polynom d_i^* nicht zum Einselement assoziiert. Dann ist der Punkt $\lambda = 0$ ein Bifurkationspunkt der Gleichung* (25.1). *Ist speziell d_n^* nicht zum Einselement assoziiert und $d_i^* \sim 1$ für alle $i < n$, so entsprechen diesem Bifurkationspunkt* [1] *q $(1 \leqq q < +\infty)$ nichttriviale kleine Lösungen der Gleichung* (25.1), *und jede dieser Lösungen läßt sich in eine konvergente Reihe nach ganzen oder gebrochenen Potenzen von λ entwickeln.*

Als Beispiel für eine Bifurkationsgleichung betrachten wir das Gleichungssystem

$$\Phi_i(\xi_1, \xi_2, \ldots, \xi_n) = \xi_1^{k_i}(\xi_1^2 + \xi_1 \xi_2 \cdots \xi_n \lambda + \lambda^2)\left(1 + \lambda^{m_i} \varphi_i(\xi_2, \xi_3, \ldots, \xi_n)\right) = 0,$$
$$i = 1, 2, \ldots, n .$$

k_i und m_i sind natürliche Zahlen, die Funktionen φ_i sind im Koordinatenursprung analytisch und genügen den Bedingungen $\varphi_i(0, 0, \ldots, 0) = 0$.

Für dieses Gleichungssystem erhalten wir

$$\Phi_i(0, 0, \ldots, 0, \lambda) \equiv 0, \qquad i = 1, 2, \ldots, n,$$

$$\Phi_i(\xi_1, \ldots, \xi_n, \lambda) \equiv \xi_1^{k_i} \Phi_i^*(\xi_1, \ldots, \xi_n, \lambda)$$

[1]) Vergleiche die Fußnote zu Satz 12.10.

mit

$$\Phi_i^* = (\xi_1^2 + \xi_1 \xi_2 \cdots \xi_n \lambda + \lambda^2)\left(1 + \lambda^{m_i} \varphi_i(\xi_2, \xi_3, \ldots, \xi_n)\right),$$

so daß

$$\Phi_i^*(0, 0, \ldots, 0, \lambda) \not\equiv 0, \qquad i = 1, 2, \ldots, n,$$

wird und das ausgezeichnete Polynom

$$d_1^* = \xi_1^2 + \xi_1 \xi_2 \cdots \xi_n \lambda + \lambda^2$$

nicht zum Einselement assoziiert ist.

Zum Abschluß erwähnen wir noch, daß wir hier nicht auf die geschichtliche Entwicklung der Fragestellung eingegangen sind; dazu verweisen wir auf die Arbeit von M. M. Wainberg und P. G. Aisengendler [1].

KAPITEL VIII

DIE LÖSUNGSVERZWEIGUNG BEI NICHTLINEAREN SINGULÄREN GLEICHUNGEN

§ 26. Noethersche Operatoren

26.1. Noethersche Operatoren[1]. Wie in § 21 bezeichnen wir mit $N(B)$ bzw. mit $N^*(B)$ den Nullraum bzw. den Defektraum eines normal lösbaren Operators $B \in (E_1 \to E_2)$. Jetzt setzen wir aber nicht voraus, daß diese beiden Unterräume die gleiche Dimension haben. Ein normal lösbarer Operator $B \in (E_1 \to E_2)$ heißt Noetherscher Operator (kurz N-Operator), wenn seine Nullzahl und seine Defektzahl endlich sind,

$$n = \dim N(B) < +\infty, \quad m = \dim N^*(B) < +\infty .$$

Die Zahl $\chi = n - m$ heißt Index des N-Operators und das geordnete Zahlenpaar (n, m) seine d-Charakteristik. Fredholmsche Operatoren sind also Noethersche Operatoren vom Index Null.

Bei Noetherschen Operatoren können drei Fälle auftreten[2]):

1. $n > 0, \; m = 0$;
2. $n = 0, \; m > 0$;
3. $n > 0, \; m > 0$.

Ist $n > 0$, so bezeichnen wir mit $\varphi_1, \varphi_2, \ldots, \varphi_n$ eine Basis in $N(B)$; ist $m > 0$, so sei $\psi_1, \psi_2, \ldots, \psi_m$ eine Basis in $N^*(B)$.

Wir betrachten die homogene Gleichung

$$B x = 0 \tag{26.1}$$

und die ihr entsprechende inhomogene Gleichung

$$B x = h . \tag{26.2}$$

Im ersten Fall $(n > 0, \; m = 0)$ hat die homogene Gleichung (26.1) die allgemeine Lösung

$$x = \sum_{i=1}^{n} c_i \varphi_i \tag{26.3}$$

mit den willkürlichen Konstanten c_i. Die inhomogene Gleichung (26.2) ist für jede rechte Seite $h \in E_2$ lösbar, ihre allgemeine Lösung lautet

$$x = x_0 + \sum_{i=1}^{n}{}' c_i \varphi_i , \tag{26.4}$$

---

[1]) Siehe z. B. I. Z. Gochberg und M. G. Krein [1].

[2]) Den Fall $n = m = 0$ haben wir in den §§ 21 und 22 behandelt.

wobei x_0 irgendeine spezielle Lösung der Gleichung (26.2) ist und die c_i willkürliche Konstanten sind.

Im zweiten Fall ($n = 0$, $m > 0$) besitzt die homogene Gleichung nur die triviale Lösung $x = 0$. Die inhomogene Gleichung ist dann und nur dann lösbar, wenn

$$(h, \psi_i) = 0\ , \quad i = 1, \ldots, m\ , \tag{26.5}$$

gilt; sind diese Bedingungen erfüllt, so hat ihre allgemeine Lösung die Form (26.4).

Im dritten Fall schließlich ($n > 0$, $m > 0$) ist die allgemeine Lösung der homogenen Gleichung durch (26.3) gegeben. Die inhomogene Gleichung ist dann und nur dann lösbar, wenn die Bedingungen (26.5) erfüllt sind; ist das der Fall, so hat ihre allgemeine Lösung wieder die Form (26.4).

26.2. Die Zerlegung der Räume in direkte Summen von Unterräumen. Die Einschränkung des Operators. B sei ein N-Operator. Ist $n > 0$, so erhalten wir in der gleichen Weise wie in Punkt 21.2 die Zerlegung (21.9),

$$E_1 = E_1^n \dotplus E_1^{\infty-n} \tag{21.9}$$

mit $E_1^n = P\,E_1$, $E_1^{\infty-n} = (I - P)\,E_1$; der Projektionsoperator P ist durch (21.8) gegeben,

$$P\,x = \sum_{i=1}^{n} (x, \gamma_i)\,\varphi_i, \ x \in E_1\ . \tag{21.8}$$

Wenn $m > 0$, $\psi_1, \ldots, \psi_m$ eine Basis in $N^*(B)$ und $z_1, \ldots, z_m$ ein zu dieser Basis biorthogonales System aus E_2 ist,

$$(z_i, \psi_j) = \delta_{ij}\ , \quad i, j = 1, \ldots, m\ , \tag{26.6}$$

erzeugt der Projektionsoperator

$$Q\,h = \sum_{k=1}^{m} (h, \psi_k)\,z_k\ , \quad h \in E_2\ , \tag{26.7}$$

die Zerlegung

$$E_2 = E_{2,m} \dotplus E_{2,\infty-m}\,. \tag{26.8}$$

$E_{2,m}$ ist der von den Elementen $z_1, \ldots, z_m$ aufgespannte Unterraum und $E_{2,\infty-m}$ stimmt mit dem Wertebereich des Operators B überein. Aus diesen Überlegungen folgt insbesondere, daß der Wertebereich $R(B)$ eines N-Operators B immer abgeschlossen ist. Wie HAUSDORFF [1] gezeigt hat, ist der Wertebereich eines linearen beschränkten Operators dann und nur dann abgeschlossen, wenn dieser Operator normal lösbar ist.

Analog zu Punkt 21.3 betrachten wir nun eine gewisse Einschränkung des Operators B. Hier gibt es aber mehrere Möglichkeiten. Wir definieren den Operator $\hat{B} \in (E_1^{\infty-n} \to E_{2,\infty-m})$, der auf $E_1^{\infty-n}$ mit B übereinstimmt und vereinbaren, $E_1^{\infty-n} = E_1$ für $n = 0$ und $E_{2,\infty-m} = E_2$ für $m = 0$ zu setzen.

Der Operator $\hat{B}$ bildet $E_1^{\infty-n}$ umkehrbar eindeutig auf $E_{2,\,\infty-m}$ ab und besitzt nach dem Satz von BANACH den beschränkten inversen Operator $\hat{B}^{-1} \in \in (E_{2,\,\infty-m} \to E_1^{\infty-n})$.

26.3. Der Satz von ATKINSON. Der Zusammenhang mit dem adjungierten Operator. Ein nur an der Verzweigungstheorie interessierter Leser kann diesen Punkt überspringen; wir bringen hier einige Ergebnisse, die die entsprechende lineare Theorie vervollständigen.

Das SCHMIDTsche Lemma ist im vorliegenden Fall natürlich falsch. Manchmal kann es aber durch folgende Aussage ersetzt werden:

Satz 26.1 (F. V. ATKINSON [1]). *Damit ein normal lösbarer Operator $B \in (E_1 \to E_2)$ ein N-Operator mit der d-Charakteristik (n, m) ist, ist notwendig und hinreichend, daß es einen linearen beschränkten Operator $U \in (R(B) \to E_1)$*[1]*, einen n-dimensionalen Projektionsoperator $K_1 \in (E_1 \to E_1)$ und einen m-dimensionalen Projektionsoperator $K_2 \in (E_2 \to E_2)$ gibt, so daß*

$$U B = I - K_1\,, \qquad B U = I - K_2 \tag{26.9}$$

gilt.

Beweis der Notwendigkeit. B sei also ein N-Operator mit der d-Charakteristik (n, m). Dann können wir

$$U = \hat{B}^{-1}\,, \qquad K_1 = \begin{cases} 0 & \text{für} \quad n = 0\,, \\ P & \text{für} \quad n > 0\,, \end{cases} \qquad K_2 = \begin{cases} 0 & \text{für} \quad m = 0\,, \\ Q & \text{für} \quad m < 0 \end{cases}$$

setzen, wobei P und Q die durch (21.8) und (26.7) definierten Projektionsoperatoren sind. In der Tat, für $n > 0$ erhalten wir wegen $B P = 0$

$$\hat{B}^{-1} B y = \hat{B}^{-1} B (I - P) y + \hat{B}^{-1} B P y = \hat{B}^{-1} \hat{B} (I - P) y = (I - P) y\,,$$

und für $n = 0$ ergibt sich

$$\hat{B}^{-1} B y = y\,.$$

Ebenso erhalten wir für $m > 0$ wegen $Q B = 0$

$$B \hat{B}^{-1} u = (I - Q) B \hat{B}^{-1} u + Q B \hat{B}^{-1} u = (I - Q) u$$

und für $m = 0$

$$B \hat{B}^{-1} u = u\,.$$

Damit ist die Notwendigkeit bewiesen.

Beweis der Hinlänglichkeit. Der Operator U und die Projektionsoperatoren K_1 und K_2 mögen existieren und den Bedingungen (26.9) genügen.

---

[1]) Der Operator U heißt Regularisator des Operators B.

Wir wenden auf die homogene Gleichung $B\,y = 0$ den Operator U an und erhalten $y = K_1\,y$. Wenn K_1 nulldimensional ist, wird $y = 0$. Ist K_1 n-dimensional ($n > 0$), so gibt es, wie man leicht zeigen kann, ein System von linear unabhängigen Elementen $\varphi_1, \ldots, \varphi_n \in E_1$ und ein dazu biorthogonales System von Funktionalen $\gamma_1, \ldots, \gamma_n \in E_1^*$ mit der Eigenschaft, daß

$$K_1 = \sum_{i=1}^{n} (\cdot\,, \gamma_i)\,\varphi_i$$

ist. Die Gleichung $B\,y = 0$ hat dann die Lösung $y = \sum_{i=1}^{n} \xi_i\,\varphi_i$ mit den willkürlichen Konstanten ξ_i, ferner ist $\dim N(B) = n$.

Nun ersetzen wir in der inhomogenen Gleichung $B\,y = h$ das Element y durch $y = U\,h$. Aus der zweiten Formel von (26.9) folgt

$$u - K_2\,u = h\,. \tag{26.10}$$

Wenn K_2 nulldimensional ist, wird $u = h$ und $y = U\,h$, so daß die inhomogene Gleichung für jedes $h \in E_2$ lösbar ist. Ist K_2 m-dimensional ($m > 0$), so gibt es ein System von m linear unabhängigen Elementen $z_1, \ldots, z_m \in E_2$ und ein dazu biorthogonales System von Funktionalen $\psi_1, \ldots, \psi_m \in E_2^*$ mit der Eigenschaft, daß

$$K_2 = \sum_{j=1}^{m} (\cdot\,, \psi_j)\,z_j$$

ist. Aus (26.10) folgt $K_2\,h = 0$, d. h.

$$(h, \psi_j) = 0\,, \qquad j = 1, \ldots, m\,.$$

Sind diese Bedingungen erfüllt, so finden wir ein $u_0 \in E_2$ (siehe (26.10)) mit der Eigenschaft, daß $h = (I - K_2)\,u_0$ wird, und die inhomogene Gleichung besitzt die Lösung $y = U\,u_0$.

Damit ist der Satz vollständig bewiesen.

Folgerung. *B sei ein N-Operator mit der d-Charakteristik (n, m). Dann ist B^* ein N-Operator mit der d-Charakteristik (m, n). Außerdem gilt $N^*(B^*) = N(B)$ und $N(B^*) = N^*(B)$.*

Beweis. Wir beschränken uns auf den Fall $n > 0$, $m > 0$ (die übrigen Fälle lassen sich analog beweisen).

Im ersten Teil des Beweises von Satz 26.1 (Beweis der Notwendigkeit) haben wir gezeigt, daß

$$\hat{B}^{-1}\,B = I - \sum_{i=1}^{n} (\cdot\,, \gamma_i)\,\varphi_i\,,$$

$$B\,\hat{B}^{-1} = I - \sum_{j=1}^{m} (\cdot\,, \psi_j)\,z_j$$

gilt. Wir gehen in diesen Gleichungen zum adjungierten Operator über,

$$B^*(\widehat{B}^{-1})^* = I - \sum_{i=1}^{n} (\varphi_i, \cdot)\, \gamma_i ,$$

$$(\widehat{B}^{-1})^*\, B^* = I - \sum_{j=1}^{m} (z_j, \cdot)\, \psi_j .$$

B^* ist aber normal lösbar (siehe HAUSDORFF [1]). Wenden wir auf den Operator $B^* \in (E_2^* \to E_1^*)$ die Aussage von Satz 26.1 an (Hinlänglichkeit), so sehen wir, daß wir

$$U = (\widehat{B}^{-1})^* ,$$

$$K_1 = \sum_{j=1}^{m} (z_j, \cdot)\, \psi_j$$

und

$$K_2 = \sum_{i=1}^{n} (\varphi_i, \cdot)\, \gamma_i$$

setzen können. B^* ist also ein N-Operator mit der d-Charakteristik (m, n). Hieraus folgt schließlich, daß $\psi_1, \ldots, \psi_m$ eine Basis in $N(B^*)$ und $\varphi_1, \ldots, \varphi_n$ eine Basis in $N^*(B^*)$ bilden. Damit ist die Folgerung bewiesen.

26.4. Unbeschränkte NOETHERsche Operatoren. Der Operator B sei jetzt auf einer im BANACH-Raum E_1 dichten Menge $D(B)$ erklärt sowie linear, abgeschlossen und normal lösbar; sein Wertebereich liege im BANACH-Raum E_2. Für solche Operatoren führen wir wie für beschränkte Operatoren die Begriffe Nullmenge $N(B)$ und Defektmenge $N^*(B)$ ein, deren Dimensionen wir mit n bzw. mit m bezeichnen. Ein unbeschränkter Operator B heißt N-Operator, wenn $n < +\infty$ und $m < +\infty$ ist. Für einen N-Operator ist $N(B)$ bzw. $N^*(B)$ ein Unterraum in E_1 bzw. in E_2^*.

Man überzeugt sich leicht davon, daß für derart definierte N-Operatoren alle Ergebnisse von Punkt 26.1 und 26.2 gelten. Man muß nur darauf achten, daß neben dem Operator B auch der Operator $\widehat{B}$ im allgemeinen nicht beschränkt ist. $\widehat{B}$ ist auf $D(B) \cap E_1^{\infty-n}$ erklärt (für $n = 0$ auf $D(B)$) und bildet diese Menge umkehrbar eindeutig auf $E_{2,\,\infty-m}$ ab. Der Operator $\widehat{B}^{-1}$ ist auf ganz $E_{2,\,\infty-m}$ erklärt und beschränkt. Auch die Aussagen des Satzes von ATKINSON bleiben für unbeschränkte Operatoren bestehen; man muß nur die erste Formel von (26.9) in der Form $\overline{U\,B} = I - K_1$ schreiben, wobei der Strich die Abschließung bedeutet (genauso muß man im Beweis dieses Satzes $\widehat{B}^{-1}$ durch $\overline{\widehat{B}^{-1}\,B}$ ersetzen).

Bei der Einführung des adjungierten Operators B^* entsteht wie üblich die Schwierigkeit, daß $D(B^*)$ im allgemeinen nicht dicht in E_2^* liegt. Trotzdem gelten auch hier die Beziehungen $N^*(B) = N(B^*)$ (Beweis wie für FREDHOLMsche Operatoren, siehe Satz 21.1) und $N^*(B^*) = N(B)$. Im übrigen kann man in der Verzweigungstheorie auf den adjungierten Operator B^* auch ganz verzichten.

§ 27. Sätze über die Lösungsverzweigung[1])

27.1. Die Aufgabenstellung. Wir untersuchen wieder die Gleichung (22.9) in der Umgebung des Punktes $(\tilde{x}_0, \tilde{y}_0)$, in dem die Bedingung (22.11) erfüllt ist,

$$F(\tilde{x}, \tilde{y}) = 0\,, \quad F(\tilde{x}_0, \tilde{y}_0) = 0\,.$$

Nach der Transformation (22.14), $\tilde{x} = \tilde{x}_0 + x$, $\tilde{y} = \tilde{y}_0 + y$, nimmt dieses Problem die Form (23.3), (23.4) an,

$$\Phi(x, y) = 0\,, \quad \Phi(0, 0) = 0\,.$$

Ferner setzen wir voraus, daß $\Phi(x, y)$ in einer ω-Umgebung des Punktes (0, 0) einmal stetig differenzierbar ist. Wir schreiben die letzte Gleichung in der Form (23.6),

$$B\,x = R(x, y)\,, \tag{27.1}$$

wobei $R(x, y)$ und B durch (23.7) und (23.5) gegeben sind,

$$R(x, y) = -\,\Phi_x\,(0, 0)\,x + \Phi(x, y)\,; \qquad B = -\,\Phi_x(0, 0)\,. \tag{27.2}$$

B sei jetzt aber ein N-Operator. Wir haben dann die drei genannten Fälle (siehe Punkt 26.1) zu untersuchen.

27.2. Der Fall $n > 0$, $m = 0$. Wir setzen in (27.1)

$$x = u + v \tag{27.3}$$

mit $u \in E_1^{\infty - n}$, $v \in E_1^n$, benutzen die Definition des Operators $\hat{B}$ sowie die Gleichung $B\,v = 0$ und erhalten

$$\hat{B}\,u = R\,(u + v, y)\,. \tag{27.4}$$

Nun führen wir den neuen Parameterraum $E \dotplus E_1^n$ mit der Norm

$$||(y, v)|| = ||y||_E + ||v||_{E_1}$$

ein und wenden den Satz 22.1 über implizite Operatoren an. Es gibt also zwei positive Zahlen ϱ_1 und r_1 mit der Eigenschaft, daß die Gleichung (27.4) für $||y||_E + ||v||_{E_1} \leqq \varrho_1$ in der Kugel $D_{r_1}(0, E_1^{\infty - n})$ die eindeutig bestimmte Lösung

$$u = u(v, y) \tag{27.5}$$

besitzt, die für $||y||_E + ||v||_{E_1} \leqq \varrho_1$ stetig ist und der Bedingung

$$u(0, 0) = 0 \tag{27.6}$$

genügt. Nach (27.3) hat dann die Gleichung (27.1) die Lösung

$$x = u(v, y) + v\,.$$

---

[1]) Siehe W. A. Trenogin [3].

Wenn $\varphi_1, \ldots, \varphi_n$ eine Basis in E_1^n bildet, so ist $v = \sum_{i=1}^{n} \xi_i \varphi_i$ und folglich

$$x = u\left(\sum_{i=1}^{n} \xi_i \varphi_i, y\right) + \sum_{i=1}^{n} \xi_i \varphi_i . \tag{27.7}$$

Wir interessieren uns nur für kleine Lösungen $x = x(y)$ der Gleichung (27.1), d. h. für Lösungen, die der Bedingung $x(0) = 0$ genügen. Deshalb setzen wir $\xi_i = \xi_i(y)$, $i = 1, \ldots, n$, wobei die Funktionale $\xi_i(y)$ hinreichend kleine Werte annehmen, im Punkt $y = 0$ stetig sind, der Bedingung $\xi_i(0) = 0$ genügen und ansonsten beliebig gewählt werden können. Genauer gesagt, wir fixieren zwei positive Zahlen ϱ_1' und ϱ_1'' mit $\varrho_1' + \varrho_1'' = \varrho_1$ und wählen die Funktionale $\xi_i(y)$ so, daß sie für $\|y\| \leqq \varrho_1'$ definiert und stetig sind und den Bedingungen $\xi_i(0) = 0$ und $\left\|\sum_{i=1}^{n} \xi_i(y) \varphi_i\right\| \leqq \varrho_1''$ genügen. Damit haben wir folgende Aussage bewiesen:

Satz 27.1. *Der Operator $\Phi(x, y)$ sei auf einer ω-Umgebung des Punktes $(0, 0) \in E_1 \dotplus E$ stetig und nach x stetig differenzierbar, sein Wertebereich liege in E_2, ferner sei $\Phi(0, 0) = 0$. $B = -\Phi_x(0, 0)$ sei ein N-Operator mit der d-Charakteristik $(n, 0)$, $n > 0$. Dann gibt es positive Zahlen ϱ_1', ϱ_1'' und r_1 mit der Eigenschaft, daß die Gleichung (27.1) für $\|y\| \leqq \varrho_1'$ in der Kugel $D_{r_1+\varrho_1''}(0, E_1)$ eine Lösung der Form (27.7) besitzt. Hierbei sind die $\xi_i = \xi_i(y)$ beliebige Funktionale, die für $\|y\| \leqq \varrho_1'$ definiert und im Punkt $y = 0$ stetig sind sowie den Bedingungen $\xi_i(0) = 0$ und $\left\|\sum_{i=1}^{n} \xi_i(y) \varphi_i\right\| \leqq \varrho_1''$ genügen.*

Bemerkung. Ist der Operator $\Phi(x, y)$ in ω analytisch, so ist die Lösung $x\left(\xi_1(y), \ldots, \xi_n(y), y\right)$ in jeder einzelnen Veränderlichen $\xi_1, \ldots, \xi_n, y$ analytisch. Als Funktion von y braucht sie selbstverständlich nicht analytisch zu sein, da die Funktionale $\xi_i(y)$ nicht unbedingt analytisch sein müssen.

27.3. Der Fall $n = 0$, $m > 0$. Die Gleichung (27.1) sei lösbar; jede Lösung $x(y)$ genügt dann notwendigerweise den Bedingungen

$$\left(R(x(y), y), \psi_i\right) = 0 , \quad i = 1, \ldots, m , \tag{27.8}$$

wenn $\psi_1, \ldots, \psi_m$ eine Basis in $N^*(B)$ bezeichnet.

Sind umgekehrt die Bedingungen (27.8) erfüllt, so bildet der Operator $\Phi(x, y)$ ω in $E_{2,\infty-m}$ ab, und aus dem Satz 22.1 über implizite Operatoren folgt, daß die Gleichung (27.1) genau eine kleine Lösung $x = x(y)$ besitzt.

Die Bedingungen (27.8) schränken den Definitionsbereich dieser Lösung ein; dabei ist es möglich, daß der Definitionsbereich nur aus dem Punkt $y = 0$ besteht.

Fassen wir das Ergebnis zusammen.

Satz 27.2. *Der Operator $\Phi(x, y)$ sei auf einer ω-Umgebung des Punktes $(0, 0) \in E_1 \dotplus E$ stetig und nach x stetig differenzierbar, sein Wertebereich liege in E_2, ferner sei $\Phi(0, 0) = 0$. $B = -\Phi_x(0, 0)$ sei ein N-Operator mit der d-Charakteristik*

$(0, m)$, $m > 0$. *Dann besitzt die Gleichung* (27.1) *genau eine kleine Lösung* $x = x(y)$. *Diese Lösung ist für alle* y *mit hinreichend kleiner Norm, für die die Bedingungen* (27.8) *erfüllt sind, definiert.*

Bemerkung. Ist der Operator $\Phi(x, y)$ in ω analytisch, so ist auch die Lösung $x(y)$ analytisch. Die Bedingungen (27.8) können in der Form

$$\big(P_k(y, x_1 y, \ldots, x_{k-1} y^{k-1}), \psi_j\big) = 0\,,$$
$$j = 1, \ldots, m;\ k = 1, 2, \ldots,$$

geschrieben werden (siehe (22.19)), so daß wir es jetzt mit abzählbar vielen Bedingungen zu tun haben.

Übrigens ist es möglich, daß $R(x, y) \in E_{2, \infty - m}$ für alle x, y aus ω gilt. Dann sind die Bedingungen (27.8) automatisch erfüllt, und die Lösung $x = x(y)$ ist für alle y hinreichend kleiner Norm definiert.

27.4. Der Hauptfall $n > 0$, $m > 0$. Die Verzweigungsgleichung. Es sei $n > 0$ und $m > 0$. Wir setzen $x = u + v$ mit $u \in E_1^{\infty - n}$, $v \in E_1^n$ und projizieren die Gleichung (27.1) auf die Unterräume $E_{2, \infty - m}$ und $E_{2, m}$; wie in Punkt 23.2 kommen wir auf das Gleichungssystem

$$\hat{B}\, u = R\,(u + v, y)\,, \qquad 0 = Q\, R\,(u + v, y)\,.$$

Unter Benutzung des Satzes 22.1 über implizite Operatoren eliminieren wir u und erhalten zur Bestimmung von v die Gleichung (23.14),

$$Q\, R\,(u(v, y) + v, y) = 0\,.$$

Das ist wieder die Ljapunow-Schmidtsche Verzweigungsgleichung. Sie kann als ein vom Funktionalparameter y abhängiges Gleichungssystem von m Gleichungen mit n Unbekannten geschrieben werden,

$$L^{(k)}(\xi_1, \ldots, \xi_n, y) \equiv \left(R\left(u(\xi_1, \ldots, \xi_n, y) + \sum_{i=1}^{n} \xi_i \varphi_i, y\right), \psi_k\right) = 0\,, \tag{27.9}$$
$$k = 1, \ldots, m\,.$$

Wie in Punkt 23.2 überzeugen wir uns davon, daß

$$L^{(k)}(0, \ldots, 0, 0) = \frac{\partial L^{(k)}(0, \ldots, 0)}{\partial \xi_l} = 0\,, \tag{27.10}$$
$$k = 1, \ldots, m;\quad l = 1, \ldots, n\,,$$

ist.

Ist der Operator $\Phi(x, y)$ in ω analytisch, so sind die Funktionen $L^{(k)}(\xi_1, \ldots, \xi_n, y)$ in allen Veränderlichen in einer Umgebung des Koordinatenursprungs analytisch. Stimmt außerdem E mit der komplexen Zahlenebene überein ($y = \lambda$ ist ein komplexer Zahlenparameter), so nimmt die Verzweigungsgleichung (27.9) wegen (27.10) folgende Form an:

$$\sum_{i_1+\cdots+i_n \geq 2} L^{(k)}_{i_1 \ldots i_m 0} \xi_1^{i_1} \ldots \xi_n^{i_n} + \sum_{i_1+\cdots+i_n \geq 0} \xi_i^{i_1} \ldots \xi_n^{i_n} \sum_{l=1}^{+\infty} L^{(k)}_{i_1 \ldots i_n l} \lambda^l = 0\,, \quad k = 1, \ldots, m\,. \tag{27.11}$$

Zur Untersuchung dieser Gleichung können wir die in Kapitel I und II behandelten Methoden heranziehen.

Die Gleichung (27.7) stellt eine umkehrbar eindeutige Zuordnung zwischen der Menge aller kleinen Lösungen der Gleichung (27.1) und der Menge aller kleinen Lösungen der Verzweigungsgleichung (27.9) (bzw. (27.11), sofern die zusätzlichen Voraussetzungen erfüllt sind) her.

27.5. Die Lösungsverzweigung bei Gleichungen mit unbeschränkten Operatoren. D sei eine lineare, in E_1 dichte Menge. Der nichtlineare Operator $\Phi(x, y)$ sei für

$$(x, y) \in \sum\nolimits_{0,0} = \{x, y;\ x \in D_r(0, E_1) \cap D;\ y \in D_\varrho(0, E)\}$$

definiert, sein Wertebereich liege in E_2, die Bedingung $\Phi(0, 0) = 0$ sei erfüllt. Ferner sei $\Phi(x, y)$ in $\sum_{0,0}$ im Gâteauxschen Sinn nach x differenzierbar, wobei der Operator

$$B = -\Phi_x(0, 0)$$

auf $D(B) \equiv D$ definiert und ein N-Operator im Sinne von Punkt 26.4 ist. $\hat{B}$ bezeichne die Einschränkung des Operators B auf $E_1^{\infty-n}$; die Operatoren

$$\Phi(\hat{B}^{-1} u, y)\,, \qquad \Phi_x(\hat{B}^{-1} u, y)\, \hat{B}^{-1}$$

seien in $(u, y) \in D_\tau(0, E_2) \dotplus D_\varrho(0, E)$ mit $\tau = \|\hat{B}^{-1}\|\, r$ stetig.

Wir schreiben die Gleichung $\Phi(x, y) = 0$ in der Form (27.1). Dann können wir alle Überlegungen der Punkte 27.2—27.4 wiederholen, wobei wir statt Satz 22.1 nur Satz 22.3 anwenden müssen. Die Aussagen der Sätze 27.1 und 27.2 lassen sich mühelos auf den hier betrachteten Fall umformulieren.

§ 28. Die Lösungsverzweigung bei nichtlinearen singulären Integralgleichungen[1])

28.1. Lineare singuläre Integralgleichungen mit Cauchyschen Kernen im Raum der Hölder-stetigen Funktionen. Wir wollen zunächst einige bekannte Ergebnisse formulieren (N. I. Muschelischwili [1], S. G. Michlin [2], F. D. Gachow [1]).

L sei eine Kurve in der komplexen Ebene und bestehe aus endlich vielen glatten geschlossenen Konturen $L_1, \ldots, L_p$, die keine gemeinsamen Punkte haben. $H_\alpha(L)$ sei die Menge aller auf L definierten komplexwertigen Funktionen

---

[1]) Siehe W. A. Trenogin [6].

$y(s)$, die auf L einer Hölder-Bedingung mit dem Exponenten $\alpha \in (0, 1]$ genügen. Durch Einführung der Norm

$$\|y(s)\| = \max_{s \in L} |y(s)| + \max_{k=1,\ldots,p} \sup_{s,\, t \in L_k} \frac{|y(s) - y(t)|}{|s - t|^{\alpha}}$$

wird die Menge $H_\alpha(L)$ zu einem Banach-Raum.

Wir betrachten den folgenden linearen singulären Integraloperator mit einem Cauchyschen Kern,

$$B\, y \equiv a(s)\, y(s) + \frac{1}{\pi i} \int_L \frac{K(s, t)\, y(t)}{t - s}\, dt\,. \tag{28.1}$$

Hierbei sei $s, t \in L$ und $a(s) \in H_\alpha(L)$; $K(s, t)$ genüge in den Veränderlichen $s, t \in L$ einer Hölder-Bedingung mit dem Exponenten α. Dann ist der Operator B ein linearer beschränkter Operator von $H_\alpha(L)$ in $H_\alpha(L)$, es gilt also $E_1 = E_2 = H_\alpha(L)$.

Der singuläre Integraloperator

$$a(s)\, y(s) + \frac{K(s, s)}{\pi i} \int_L \frac{y(t)}{t - s}\, dt \tag{28.2}$$

heißt charakteristischer Teil des Operators B (oder der zu B gehörige charakteristische Operator).

Der singuläre Integraloperator

$$B'\psi(s) \equiv a(s)\, \psi(s) - \frac{1}{\pi i} \int_L \frac{K(t, s)\, \psi(t)}{t - s}\, dt \tag{28.3}$$

heißt der zu B adjungierte Operator. B' ist ebenfalls ein linearer beschränkter Operator von $H_\alpha(L)$ in $H_\alpha(L)$. Der Operator

$$a(s)\, y(s) - \frac{1}{\pi i} \int_L \frac{K(t, t)\, y(t)}{t - s}\, dt$$

ist offensichtlich zum charakteristischen Teil des Operators B adjungiert.

Wir setzen $a(s) \pm K(s, s) \neq 0$ für alle $s \in L$ voraus; dann gelten folgende Sätze von F. Noether:

Satz 28.1. *Die homogene Gleichung $B\, y = 0$ besitzt entweder keine nichttrivialen Lösungen oder aber n ($n < +\infty$) linear unabhängige Lösungen.*

Satz 28.2. *Die inhomogene Gleichung $B\, y = h$ ist entweder für jede rechte Seite $h \in H_\alpha(L)$ lösbar, oder sie ist dann und nur dann lösbar, wenn die Bedingungen*

$$\int_L \psi_i(s)\, h(s)\, ds = 0\,, \quad i = 1, \ldots, m; \quad m < +\infty\,, \tag{28.4}$$

erfüllt sind, wobei $\psi_1(s), \ldots, \psi_m(s)$ ein vollständiges System linear unabhängiger Lösungen der homogenen adjungierten Gleichung $B'\psi = 0$ ist.

Aus den Sätzen 28.1 und 28.2 folgt, daß B ein N-Operator ist. Der Index χ des Operators B läßt sich nach der Formel

$$\chi = n - m = \frac{1}{2\pi}\left[\arg\frac{a(s) - K(s,s)}{a(s) + K(s,s)}\right]_L$$

berechnen, wobei der Ausdruck $[\cdot\,]_L$ den Zuwachs der zwischen den Klammern stehenden Funktion bedeutet, wenn die Kurve L einmal im positiven Sinn durchlaufen wird. Diese Formel zeigt, daß der Index χ nur von dem charakteristischen Teil des Operators B abhängt. Ist speziell $\chi = 0$, so ist der singuläre Integraloperator ein F-Operator.

Zum Abschluß erwähnen wir den Spezialfall, daß der Operator B mit seinem charakteristischen Teil übereinstimmt $\big(K(s,t) \equiv b(s)\big)$. Für die d-Charakteristik von B ergibt sich in diesem Fall $(\chi, 0)$ bzw. $(0, -\chi)$, sofern $\chi > 0$ bzw. $\chi < 0$ ist. Eine analoge Aussage gilt auch dann (χ ist durch $-\chi$ zu ersetzen), wenn der Operator B zu seinem charakteristischen Teil adjungiert ist $(K(s,t) = b(t))$.

28.2. Nichtlineare singuläre Integralgleichungen mit Cauchyschen Kernen im Raum der Hölder-stetigen Funktionen. Wir betrachten nun die folgende von einem komplexen Zahlenparameter μ abhängige nichtlineare singuläre Integralgleichung[1])

$$F\left(s, y(s), \mu, \int_L \frac{L(s,t,y(t),\mu)}{t-s}\,dt\right) = 0\,, \tag{28.5}$$

hierbei ist L die oben beschriebene Kurve; $L(s,t,y,\mu)$ und $F(s,y,\mu,z)$ sind komplexwertige Funktionen der komplexen Veränderlichen s, t, y, μ und z, die wir im folgenden weiteren Einschränkungen unterwerfen.

Die Gleichung (28.5) besitze für $\mu = \mu_0$ die Lösung $y_0(s) \in H_\alpha(L)$. Wir fordern, daß die Funktionen

$$L\big(s, t, y_0(t) + x(t), \mu_0 + \lambda\big)\,,$$
$$L_y\big(s, t, y_0(t) + x(t), \mu_0 + \lambda\big)$$

und

$$F\,\big(s, y_0(s) + x(s),\ \mu_0 + \lambda, z(s)\big)\,,$$
$$F_y\big(s, y_0(s) + x(s),\ \mu_0 + \lambda, z(s)\big)\,,$$
$$F_z\big(s, y_0(s) + x(s),\ \mu_0 + \lambda, z(s)\big)$$

für alle $x(s) = y(s) - y_0(s) \in H_\alpha(L)$ mit $\|x(s)\|_{H_\alpha(L)} \leqq r_1$, für alle $\lambda = \mu - \mu_0$ mit $|\lambda| \leqq \varrho_1$ und für alle $\|z(s) - z_0(s)\|_{H_\alpha(L)} \leqq r_2$ mit

$$z_0(s) = \int_L \frac{L(s,t,y_0(t),\mu_0)}{t-s}\,dt$$

1) Nichtlineare singuläre Integralgleichungen werden in den Arbeiten von A. I. Gusseinow [1, 2] und seiner Schüler W. K. Natalewitsch [1], B. I. Gecht [1] sowie in Arbeiten anderer Autoren untersucht.

in den Veränderlichen $s, t \in L$ einer HÖLDER-Bedingung mit dem Exponenten α genügen. Unter diesen Voraussetzungen gilt

$$F\left(s, y(s), \mu, \int_L \frac{L(s, t, y(t), \mu)}{t - s}\, dt\right) \equiv$$

$$\equiv a(s)\, x(s) + \frac{1}{\pi i} \int_L \frac{K(s, t)\, x(t)}{t - s}\, dt + R\left(s, x(s), \lambda, \int_L \frac{r(s, t, x(t), \lambda)}{t - s}\, dt\right).$$

Ferner mögen die Funktionen $R(s, x, \lambda, u)$ und $r(s, t, x, \lambda)$ folgende Eigenschaften haben:

$$R\left(s, 0, 0, \int_L \frac{r(s, t, 0, 0)}{t - s}\, dt\right) \equiv 0\,,$$

$$R_x\left(s, 0, 0, \int_L \frac{r(s, t, 0, 0)}{t - s}\, dt\right) \equiv 0\,,$$

$$R_u\left(s, 0, 0, \int_L \frac{r(s, t, 0, 0)}{t - s}\, dt\right) r_x(s, t, 0, 0) \equiv 0\,.$$

Schließlich sei $a(s) \pm K(s, s) \neq 0$ für alle $s \in L$.

Dann können wir die Gleichung (28.5) in der Form

$$B\, x = R(x, \lambda) \tag{28.6}$$

schreiben, wobei B ein N-Operator ist, und die Ergebnisse von § 27 heranziehen. Dadurch kommen wir auf folgende Aussagen:

Satz 28.1. *Die oben genannten Voraussetzungen seien erfüllt.*

I. *Ist $n = m = 0$, so besitzt die Gleichung* (28.6) *in $H_\alpha(L)$ genau eine kleine Lösung.*

II. *Ist $n = 0$ und $m > 0$, so besitzt die Gleichung* (28.6) *in $H_\alpha(L)$ genau eine kleine Lösung, sofern die m zusätzlichen Bedingungen*

$$\int_L R\left(s, x(s), \lambda, \int_L \frac{r(s, t, x(t), \lambda)}{t - s}\, dt\right) \psi_i(s)\, ds = 0\,, \qquad i = 1, \ldots, m\,,$$

erfüllt sind; die Funktionen $\psi_1(s), \ldots, \psi_m(s)$ bilden dabei ein vollständiges System linear unabhängiger Lösungen der homogenen adjungierten Gleichung $B'\psi = 0$ (siehe (28.3)*).*

III. *Ist $n > 0$ und $m = 0$, so besitzt die Gleichung* (28.6) *eine Schar von kleinen Lösungen,*

$$x(s) = x\big(s, \lambda, \xi_1(\lambda), \ldots, \xi_n(\lambda)\big)\,,$$

wobei die $\xi_i(\lambda)$ beliebige stetige Funktionen mit $\xi_i(0) = 0$ und mit hinreichend kleinem Betrag sind.

IV. *Ist $n > 0$ und $m > 0$, so führt die Bestimmung aller kleinen Lösungen der Gleichung* (28.6) *auf das äquivalente Problem, alle kleinen Lösungen der Verzweigungsgleichung* (27.9), *einem vom Parameter λ abhängigen Gleichungssystem von m Gleichungen mit n Unbekannten, zu bestimmen.*

28.3. Der analytische Fall. Wir verallgemeinern zunächst einige von A. M. Ljapunow und E. Schmidt eingeführte Begriffe (siehe Kapitel III) auf den singulären Fall.

i, j, k seien nichtnegative ganze Zahlen. Die Funktionen $K_{ijk}(s, t)$ mögen für $s, t \in L$ erklärt sein und in den Veränderlichen $s, t \in L$ einer Hölder-Bedingung genügen, ferner sei $a_i(s) \in H_\alpha(L)$. Ein Ausdruck der Form

$$a_i(s)\, x^i(s) \left[\int\limits_L \frac{K_{ijk}(s,t)\, x^j(t)}{t-s}\, dt\right]^k$$

mit $i + kj = l$ heißt singuläres Integralpotenzglied vom Grad l in $x(s) \in H_\alpha(L)$.

Eine Summe von endlich vielen singulären Integralpotenzgliedern vom Grad l heißt singuläre Integralpotenzform vom Grad l und wird mit $U_l\binom{s}{x}$ bezeichnet.

Lemma 18.1. $U_l\binom{s}{x}$ *ist ein beschränkter l-Potenzoperator in $H_\alpha(L)$.*

Beweis. Die Behauptung folgt aus den Eigenschaften der Potenzfunktion, wenn man noch folgende Überlegungen beachtet. Für $x(s) \in H_\alpha(L)$ und für $y(s) \in H_\alpha(L)$ wird $x(s)\, y(s) \in H_\alpha(L)$, und für jede natürliche Zahl k ist $x^k(s) \in H_\alpha(L)$; dabei gelten die Ungleichungen

$$||x(s)\, y(s)||_{H_\alpha(L)} \leqq ||x(s)||_{H_\alpha(L)}\, ||y(s)||_{H_\alpha(L)}\,,$$
$$||x^k(s)||_{H_\alpha(L)} \leqq ||x(s)||^k_{H_\alpha(L)}\,.$$

Aus diesen Ungleichungen sowie aus der Eigenschaft des singulären Integraloperators (28.1), Funktionen aus $H_\alpha(L)$ in Funktionen aus $H_\alpha(L)$ abzubilden, folgt gerade die Beschränktheit von $U_l\binom{s}{x}$, nämlich

$$\left\|U_l\binom{s}{x}\right\|_{H_\alpha(L)} \leqq c_l ||x(s)||^l_{H_\alpha(L)}\,.$$

Wie üblich setzen wir

$$||U_l|| = \sup_{s \in L} \left\|U_l\binom{s}{x}\right\| \quad \text{für} \quad ||x||_{H_\alpha(L)} \leqq 1\,, \quad s \in L\,.$$

Offensichtlich gilt

$$||U_l|| = \inf c_l\,.$$

Damit ist das Lemma bewiesen.

Ein Ausdruck der Form $\sum_{l=0}^{+\infty} U_l \binom{s}{x}$ heißt singuläre Integralpotenzreihe, $U_0 \binom{s}{x}$ ist dabei eine von x unabhängige Funktion in s aus $H_\alpha(L)$. Setzen wir voraus, daß die Reihe $\sum_{l=0}^{+\infty} ||U_l||\, r^l$ konvergent ist, so konvergiert die Reihe $\sum_{l=0}^{+\infty} U_l \binom{s}{x}$ im Kreis $||x||_{H_\alpha(L)} \leqq r$ absolut und gleichmäßig.

Ferner betrachten wir eine Doppelreihe, die bezüglich des komplexen Zahlenparameters λ eine gewöhnliche Potenzreihe und bezüglich der Funktion $x(s) \in H_\alpha(L)$ eine singuläre Integralpotenzreihe ist,

$$U_{10} \binom{s}{x} \lambda + \sum_{k+l \geqq 2} U_{kl} \binom{s}{x} \lambda^k . \tag{28.7}$$

Wenn die Reihe

$$||U_{10}||\, \varrho + \sum_{k+l \geqq 2} ||U_{kl}||\, r^l \varrho^k \tag{28.8}$$

($\varrho > 0$, $r > 0$) konvergent ist, konvergiert die Reihe (28,7) für $|\lambda| \leqq \varrho$ und $||x||_{H_\alpha(L)} \leqq r$ absolut und gleichmäßig.

Wir kehren nun zur Gleichung (28.5) zurück und fordern, daß zwei positive Zahlen ϱ und r mit der Eigenschaft angegeben werden können, daß sich die linke Seite der Gleichung (28.5) für $|\alpha| \leqq \varrho$, $||x||_{H_\alpha(L)} \leqq r$ durch eine Doppelreihe der Form (28.7) darstellen läßt, wobei die majorisierende Doppelreihe (28.8) konvergiert. Außerdem sei

$$U_{01} \binom{s}{x} \equiv a(s)\, x(s) + \frac{1}{\pi i} \int_L \frac{K(s, t)\, x(t)}{t - s}\, dt$$

und $a(s) \pm K(s, s) \neq 0$ für alle $s \in L$.

Unter diesen Voraussetzungen ist auf die Gleichung (28.5) die oben behandelte Theorie anwendbar.

Ist $\chi = 0$, so können wir die Ergebnisse der §§ 23—25 benutzen. Nun sei $\chi \neq 0$; für $n > 0$, $m = 0$ gilt Satz 27.1 und die anschließende Bemerkung; für $n = 0$, $m > 0$ gilt Satz 27.2 und die anschließende Bemerkung; für $n > 0$, $m > 0$ führt das Problem auf eine analytische Verzweigungsgleichung der Form (27.11), zu deren Untersuchung die in §§ 3—6 behandelten Methoden heranzuziehen sind.

Abschließend wollen wir noch ein weiteres Beispiel diskutieren, und zwar eine singuläre Integralgleichung im Raum der summierbaren Funktionen. Wir haben nicht die Absicht, den allgemeinsten Fall zu untersuchen; wir wollen nur zeigen, wie die betrachtete Klasse von Gleichungen in die allgemeine Theorie einbezogen werden kann.

28.4. Nichtlineare singuläre Integralgleichungen mit Hilbertschen Kernen im Raum der summierbaren Funktionen. Wir untersuchen jetzt die folgende nichtlineare singuläre Integralgleichung mit einem Hilbertschen Kern[1])

$$F(\lambda, x) \equiv a(s)\,x(s) - \frac{b(s)}{2\pi}\int_0^{2\pi} \Phi\bigl(t, x(t), \lambda\bigr) \operatorname{ctg}\frac{t-s}{2}\,dt = 0\,.$$

Vier Voraussetzungen seien erfüllt:

(1) Die Funktionen $a(s)$ und $b(s)$ haben auf $[0, 2\pi]$ keine gemeinsamen Nullstellen und genügen auf $[0, 2\pi]$ einer Hölder-Bedingung mit dem Exponenten $\lambda \in (0, 1]$.

(2) Die Funktionen $\Phi(t, x, \lambda)$ und $\Phi_x(t, x, \lambda)$ sind für fast alle $t \in [0, 2\pi]$ in $x \in (-\infty, +\infty)$ und in $\lambda \in [-l, +l]$ stetig sowie bei fixiertem x und λ in t meßbar.

(3) Für fast alle $t \in [0, 2\pi]$ ist $\Phi(t, 0, 0) = 0$ und $\Phi_x(t, 0, 0) = 1$.

(4) Für alle $x \in (-\infty, +\infty)$ und für fast alle $t \in [0, 2\pi]$ gilt die in $\lambda \in [-l, +l]$ gleichmäßige Abschätzung

$$|\Phi_x(t, x, \lambda)| \leqq A(t) + C|u|^{p-2}$$

mit $p > 2$, $A(t) \in L^{p/(p-2)}$, $C = \text{const}$; L^γ ist der Raum der auf $(0, 2\pi)$ zur Potenz $\gamma = p/(p-2)$ summierbaren Funktionen.

Lemma 18.2. *Die oben genannten Voraussetzungen seien erfüllt. Dann bildet der Operator $F(\lambda, x)$ das topologische Produkt $[-l, +l] \times L^p$ stetig in L^q ab, dabei ist $1/p + 1/q = 1$. Ferner besitzt $F(\lambda, x)$ eine stetige Fréchetsche Ableitung nach x.*

Beweis. Wir betrachten zunächst den Nemyzkischen Operator h,

$$h\,x \equiv \Phi(t, x, \lambda)\,.$$

Aus Voraussetzung (4) und aus Satz 19.1 in Wainberg [1] folgt, daß der Operator

$$h'\,x \equiv \Phi_x(t, x, \lambda)$$

L^p stetig in $L^{p/(p-2)}$ abbildet; aus Lemma 20.1 in Wainberg [1] folgt dann, daß h ein stetiger Operator von L^p in L^q ist.

Nun betrachten wir die Operatoren G und T,

$$G\,x = a(s)\,x(s)\,; \qquad T\,x = -\frac{b(s)}{2\pi}\int_0^{2\pi} x(t)\cot\frac{t-s}{2}\,dt\,.$$

G ist der Operator der Multiplikation mit einer beschränkten Funktion (siehe Voraussetzung (1)) und bildet L^p in L^p ab; wegen $p > 2$, $q < 2$ ist L^p in L^q

[1]) Siehe M. M. Wainberg und W. A. Trenogin [1].

eingebettet, so daß G auch L^p in L^q abbildet. Ferner hat M. RIESZ [1] gezeigt, daß der lineare singuläre Integraloperator

$$\int_a^b \frac{x(t)}{t-s}\, dt$$

für jedes $q > 1$ L^q stetig in L^q abbildet. Hieraus und aus der Gleichung

$$\frac{1}{2} \cot \frac{t-s}{2} = \frac{1}{t-s} + \frac{1}{t-s-2\pi} + P(t-s),$$

in der $P(\tau)$ eine auf $[0, 2\pi]$ stetige Funktion ist, folgt, daß auch der Operator T L^q stetig in L^q abbildet.

Dann ist das Produkt des linearen Operators T mit dem NEMYZKIschen Operator h, d. h. der nichtlineare Operator

$$T h u = -\frac{b(s)}{2\pi} \int_0^{2\pi} \Phi\bigl(t, x(t), \lambda\bigr) \cot \frac{t-s}{2}\, dt$$

ein stetiger Operator von L^p in L^q. Schließlich gilt

$$F(\lambda, x) = G x + T h x,$$

so daß der Operator $F(\lambda, x)$ den Raum L^p stetig in L^q abbildet. Wir müssen noch zeigen, daß der Operator $F(\lambda, x)$ differenzierbar ist.

Der Operator G ist als linearer beschränkter Operator im FRÉCHETschen Sinn differenzierbar. Da weiterhin der Operator h' L^p stetig in $L^{p/(p-2)}$ abbildet, besitzt der Operator h (siehe WAINBERG [1], Satz 20.1) das lineare beschränkte GÂTEAUXsche Differential

$$\Phi_x\bigl(t, x_0(t), \lambda_0\bigr)\, v(t),$$

wobei $x_0(t) \in L^p$ und $\lambda_0 \in [-l, +l]$ fixiert sind sowie $v(t) \in L^p$ beliebig ist. Hieraus und aus der Beschränktheit des Operators T folgt, daß der Operator Th das lineare GÂTEAUXsche Differential

$$D\, T\, h(x_0, v) = -\frac{b(s)}{2\pi} \int_0^{2\pi} \Phi_x\bigl(t, x_0(t), \lambda_0\bigr)\, v(t) \cot \frac{t-s}{2}\, dt$$

besitzt. Nun verfahren wir genauso wie beim Beweis von Satz 20.3 in WAINBERG [1] und finden, daß das angegebene GÂTEAUXsche Differential auch das FRÉCHETsche Differential ist. Es gilt also

$$\frac{\partial F(\lambda, x_0)}{\partial x}\, v = a(s)\, v(s) - \frac{b(s)}{2\pi} \int_0^{2\pi} \Phi_x\bigl(t, x_0(t), \lambda\bigr)\, v(t) \cot \frac{t-s}{2}\, dt.$$

Wir beweisen nun, daß dieser Operator beschränkt ist. Zunächst ist

$$||G\,v||_q \leqq C_1\,||v||_p\,, \qquad C_1 = \text{const} > 0\,,$$

weil G ein linearer beschränkter Operator von L^p in L^q ist ($||\cdot||_p$ bezeichne die Norm in L^p, $||\cdot||_q$ die Norm in L^q). Wegen

$$\Phi_x\big(t, x_0(t), \lambda\big) \in L^{p/(p-2)}\,, \qquad v(t) \in L^p\,,$$

ist $\Phi_x\big(t, x_0(t), \lambda\big)\; v(t) \in L^q$. T ist ein beschränkter Operator von L^p in L^q, folglich gilt

$$||T\;\Phi_x\big(t, x_0(t), \lambda\big)\; v(t)||_q \leqq C_2\,||\Phi_x\,v||_q$$

und außerdem

$$||\Phi_x\big(t, x_0(t), \lambda\big)\; v(t)||_q \leqq ||\Phi_x(t, x_0(t), \lambda)||_{p/(p-2)}\,||v||_p$$

mit $||\Phi_x\big(t, x_0(t), \lambda\big)||_{p/(p-2)} = C(\lambda) \leqq C_3 = \text{const}$, weil $x_0(t) \in L^p$ fixiert war. Insgesamt ergibt sich schließlich

$$\left\|\frac{\partial F(\lambda, x_0)}{\partial x}\,v\right\|_q \leqq (C_1 + C_2 \cdot C_3)||v||_p\,.$$

Damit ist das Lemma vollständig bewiesen.

Nun stellen wir den Operator $F(\lambda, x)$ so dar, daß die Sätze 27.1 und 27.2 angewendet werden können. Es läßt sich zeigen, daß aus den Voraussetzungen (2) und (3)

$$\Phi(t, x, \lambda) = x + f(t, x, \lambda)$$

mit $f(t, x, \lambda) = o(x)$ für $x \to 0$, $\lambda \to 0$ folgt. Dabei bildet der Operator $f(t, x, \lambda)$ L^p in L^q ab, weil $\Phi(t, x, \lambda)$ diese Eigenschaft besitzt. Wir können also

$$F(\lambda, x) = a(s)\,x(s) - \frac{b(s)}{2\pi}\int_0^{2\pi} x(t)\cot\frac{t-s}{2}\,dt -$$

$$-\frac{b(s)}{2\pi}\int_0^{2\pi} f\big(t, x(t), \lambda\big)\cot\frac{t-s}{2}\,dt$$

schreiben. Setzen wir

$$B\,x = a(s)\,x(s) - \frac{b(s)}{2\pi}\int_0^{2\pi} x(t)\cot\frac{t-s}{2}\,dt\,,$$

so erhalten wir die Gleichung $F(\lambda, x) = 0$ in der Form

$$B\,x = \frac{b(s)}{2\pi}\int_0^{2\pi} f\big(t, x(t), \lambda\big)\cot\frac{t-s}{2}\,dt\,,$$

wobei die rechte Seite dieser Gleichung, wie wir bewiesen haben, L^p in L^q abbildet. Aus § 27 folgt dann, daß auf diese Gleichung die Sätze 27.1 und 27.2 oder aber die Sätze über implizite Operatoren anwendbar sind, sofern der Operator B

den entsprechenden Voraussetzungen genügt. Auf den Operator B und den zu B adjungierten Operator

$$B' \psi = a(s)\, \psi(s) - \frac{1}{2\pi} \int_0^{2\pi} b(t)\, \psi(t) \cot \frac{t-s}{2}\, dt$$

sind aber die NOETHERschen Sätze 28.1 und 28.2 anwendbar (siehe F. D. GACHOW [1], W. K. NATALEWITSCH [1]).

Im betrachteten Fall stimmt der Operator B zwar mit seinem charakteristischen Teil überein, trotzdem liegen hier die Dinge etwas anders als bei singulären Operatoren mit CAUCHYschen Kernen. Folgende Fälle (und nur diese) sind möglich:

I. Es ist $\chi = 0$. Dann gibt es zwei Möglichkeiten (siehe F. D. GACHOW [1]); entweder ist $n = m = 0$, oder es ist $n = m = 1$ (bei singulären Integraloperatoren mit CAUCHYschen Kernen kann nur der erste Fall $n = m = 0$ auftreten). Für $n = m = 0$ besitzt der Operator B ein beschränktes Inverses B^{-1}, und der Satz 22.1 über implizite Operatoren ist anwendbar. Für $n = m = 1$ reduziert sich das Problem auf eine eindimensionale Verzweigungsgleichung, so daß bei konkret vorgegebenem $f(t, x, \lambda)$ geklärt werden kann, wieviel Lösungen das Problem besitzt und welche Form diese Lösungen haben.

II. Es ist $\chi > 0$. Dann ist $n = \chi$ und $m = 0$; nach Satz 27.1 hängt die Lösung des Problems von der Funktion

$$v(s, \lambda) = \sum_{i=1}^{\chi} \xi_i(\lambda)\, \varphi_i(s)\,, \qquad \xi_i(0) = 0\,,$$

ab, wobei $\varphi_1(s), \ldots, \varphi_\chi(s)$ die Nullstellen des Operators B und $\xi_i(\lambda)$ beliebige stetige Funktionen mit hinreichend kleinem Betrag sind, die der Bedingung $\xi_i(0) = 0$ genügen.

III. Es ist $\chi < 0$. Dann ist $n = 0$ und $m = -\chi$; nach Satz 27.2 besitzt das Problem genau eine Lösung, sofern m zusätzliche Bedingungen erfüllt sind.

Wir betonen, daß wir hier den Index χ im Sinn von N. I. MUSCHELISCHWILI verstehen,

$$\chi = n - m = \frac{1}{\pi} \int_0^{2\pi} d \arg\, [a(s) + i\, b(s)]\,.$$

Abschließend erwähnen wir noch, daß die Aussagen dieses Paragraphen auch so formuliert werden können, daß sie entsprechende Aussagen über die Lösungsverzweigung bei Randwertproblemen für analytische Funktionen liefern (F. D. GACHOW [1], W. K. NATALEWITSCH [1]).

§ 29. Die Lösungsverzweigung bei Randwertproblemen für nichtlineare elliptische Differentialgleichungen

In diesem Paragraphen wollen wir zeigen, daß die Ergebnisse der §§ 21—27 auf hinreichend umfangreiche Klassen von Randwertproblemen für parameterabhängige nichtlineare elliptische Differentialgleichungen und Differentialgleichungssysteme angewendet werden können. Die moderne Theorie der Differentialgleichungen stützt sich auf die grundlegenden Untersuchungen von S. N. BERNSCHTEIN, J. SCHAUDER, I. G. PETROWSKI, S. L. SOBOLEW, M. I. WISCHIK, I. N. WEKUA, O. A. OLEINIK, O. A. LADYSHENSKAJA und vielen anderen Autoren. In den letzten Jahren hat man festgestellt, daß viele lineare Operatoren, die durch elliptische Randwertprobleme sowie durch allgemeinere singuläre Operatoren, einschließlich singulärer Integraloperatoren, erzeugt werden, N-Operatoren (oder sogar F-Operatoren) sind (A. I. WOLPERT, S. AGMON, A. DOUGLIS, L. NIRENBERG, M. SCHECHTER, A. S. DYNIN, L. R. WOLEWITSCH, M. I. WISCHIK, M. S. AGRANOWITSCH und andere). Jedes Ergebnis dieser Art ermöglicht es, die in den Kapiteln VII und VIII dargelegte abstrakte Theorie auf die entsprechende Klasse von nichtlinearen Problemen anzuwenden. Im folgenden behandeln wir drei Klassen von nichtlinearen Problemen, die ein solches Vorgehen unserer Meinung nach ausführlich genug demonstrieren. Dabei benutzen wir Ergebnisse aus der linearen Theorie, die wir hier nicht beweisen wollen.

29.1. Randwertprobleme für elliptische Differentialgleichungen zweiter Ordnung im Raum der HÖLDER-stetigen Funktionen. Zunächst behandeln wir Randwertprobleme für lineare elliptische Differentialgleichungen, wobei wir uns an die Monographie von MIRANDA [1] halten.

$\Omega \subset R_k$ sei ein beschränktes Gebiet der Klasse $A^{(1,\lambda)}$ (siehe MIRANDA [1]) mit dem Rand $\Gamma \subset R_k$. Auf Ω erklären wir den Differentialausdruck

$$L\,u \equiv \sum_{i,j=1}^{k} b_{ij}(x)\,\frac{\partial^2 u}{\partial x_i\,\partial x_j} + \sum_{i=1}^{k} b_i(x)\,\frac{\partial u}{\partial x_i} + b(x)\,u \tag{29.1}$$

mit $x = (x_1, \ldots, x_k)$ und den Koeffizienten $b_{ij}(x) \in H_\lambda^1(\Omega)$ [1]), $b_i(x)$, $b(x) \in H_\lambda^0(\Omega)$; ferner sei $e_i = b_i - \sum_{j=1}^{k} \frac{\partial b_{ij}}{\partial x_j} \in H_\lambda^1(\Omega)$ und

$$\sum_{i,j=1}^{k} b_{ij}(x)\,\xi_i\,\xi_j \neq 0$$

für jeden rellen Vektor $\xi = (\xi_1, \ldots, \xi_k) \neq 0$ und für jedes $x \in \bar{\Omega}$. Durch jeden Punkt von Γ legen wir eine so orientierte Gerade l, daß $\cos(l, n) > 0$ wird (n bezeichne dabei die äußere Normale an Γ). Die drei Funktionen α, β und φ seien auf Γ definiert und stetig; außerdem sei $|\alpha| + |\beta| > 0$. Die Funktion $f(x)$ sei auf Ω stetig; ferner sei $f(x) \in H_\lambda^0(\bar{\Omega})$. Wir formulieren das folgende Randwertproblem: Gesucht ist eine auf $\bar{\Omega}$ stetige und auf Ω zweimal stetig differenzierbare Funktion $u(x)$, die in Ω der Gleichung $L\,u \equiv f(x)$ genügt, die in jedem

---

[1]) Mit $H_\lambda^i(\Omega)$ bezeichnen wir den BANACH-Raum der Funktionen, die mit ihren Ableitungen bis zur i-ten Ordnung einschließlich auf Ω einer HÖLDER-Bedingung mit dem Exponenten $\lambda \in (0, 1]$ genügen.

Punkt von Γ, in dem α nicht verschwindet, in der Richtung von l differenzierbar ist und die in allen Punkten von Γ der Randbedingung

$$\Lambda u \equiv \alpha \frac{du}{dl} + \beta u = \varphi \tag{29.2}$$

genügt.

Am wichtigsten sind folgende Randwertprobleme:

1. Das erste Randwertproblem (oder DIRICHLETsches Problem). Hier ist $\alpha \equiv 0$ und $\beta \equiv 1$ zu setzen, so daß die Randbedingung (29.2)

$$u|_\Gamma = \varphi$$

lautet.

2. Das zweite Randwertproblem (oder NEUMANNsches Problem). In diesem Fall ist $\alpha > 0$, und die Richtung von l stimmt mit der Richtung der Konormalen überein, deren Richtungscosinus durch

$$Y_i = \frac{\sum_{j=1}^{k} b_{ij} X_j}{\sqrt{\sum_{j=1}^{k} \left(\sum_{l=1}^{k} b_{jl} X_l\right)^2}}$$

gegeben sind, wobei die X_j die Richtungscosinus der äußeren Normalen n bedeutet. Ohne Beschränkung der Allgemeinheit kann die Randbedingung (29.2) in der Form

$$\sum_{i,j=1}^{k} b_{ij} X_j \frac{\partial u}{\partial x_i} + \beta u = \varphi$$

geschrieben werden.

3. Das dritte Randwertproblem (oder Problem mit schiefer Ableitung). Hier ist $\alpha > 0$, und die Richtung von l ist bis auf die Einschränkung beliebig, daß $\cos(l, n)$ auf Γ eine positive exakte untere Grenze hat. Es läßt sich zeigen (siehe MIRANDA [1]), daß die Randbedingung (29.2) ohne Beschränkung der Allgemeinheit in der Form

$$\sum_{i,j=1}^{k} b_{ij} X_j \frac{\partial u}{\partial x_i} + \sum_{i=1}^{k} \alpha_i \frac{\partial u}{\partial x_i} + \beta u = \varphi$$

geschrieben werden kann, wobei die α_i die Bedingung $\sum_{i=1}^{k} \alpha_i X_i = 0$ erfüllen. Bei diesem Randwertproblem werden wir zusätzlich fordern, daß die Funktionen β und φ in $H_\lambda(\Gamma)$ liegen und daß die Richtungscosinus der Geraden l Funktionen aus $H_\lambda^1(\Gamma)$ sind.

Man kann auch Randwertprobleme betrachten, bei denen die Richtung von l in einigen Punkten von Γ mit der Richtung der Tangente an Γ übereinstimmt, oder bei denen α auf einem Teil des Randes verschwindet. Mit solchen Problemen wollen wir uns hier nicht beschäftigen.

Im Buch von MIRANDA [1] werden die Randwertprobleme 1, 2 und 3 auf Integralgleichungen zurückgeführt. Dadurch läßt sich die FREDHOLMsche Alternative beweisen: Entweder besitzt das homogene Randwertproblem

$$L u = 0 , \quad x \in \Omega; \quad \Lambda u = 0 , \; x \in \Gamma \tag{29.3}$$

nur die triviale Lösung, und das inhomogene Randwertproblem

$$L u = f , \quad f \in H_\lambda(\bar{\Omega}) , \quad x \in \Omega ; \quad \Lambda u = \varphi , \quad \varphi \in C(\Gamma) , \quad x \in \Gamma \tag{29.4}$$

ist für jedes f und φ lösbar; oder das homogene Randwertproblem (29.3) besitzt $1 \leqq n < +\infty$ linear unabhängige Lösungen, und es gibt m linear unabhängige Funktionenpaare $(v_i(x), \omega_i(s))$, $i = 1, \ldots, n$, mit der Eigenschaft, daß das inhomogene Randwertproblem (29.4) dann und nur dann lösbar ist, wenn die Bedingungen

$$\int_\Omega f(x)\, v_i(x)\, dx + \int_\Gamma \varphi(s)\, \omega_i(s)\, ds = 0 , \qquad i = 1, \ldots, n ,$$

erfüllt sind.

Der Differentialausdruck L und die Randbedingung Λ erzeugen einen linearen beschränkten Differentialoperator $B = (L, \Lambda)$, der $E_1 = H_\lambda^2(\bar{\Omega})$ in $E_2 = H_\lambda(\Omega) + C(\Gamma)$ abbildet. Beim 1., 2. und 3. Randwertproblem ist der Operator B ein beschränkter F-Operator, was unmittelbar aus der FREDHOLMschen Alternative folgt.

Erwähnt sei noch, daß beim 1. Randwertproblem

$$\omega_i(s) = \sqrt{\sum_{l=1}^{k} \left(\sum_{j=1}^{k} b_{lj} X_j \right)^2} \frac{dv_i}{d\nu}$$

(ν bezeichne die Richtung der Konormalen) und beim 2. und 3. Randwertproblem

$$\omega_i(s) = - v_i(s)$$

gilt, wobei die $v_i(x)$, $i = 1, \ldots, n$, linear unabhängige Lösungen des homogenen adjungierten Randwertproblems sind,

$$L^* v \equiv \sum_{i,j=1}^{k} \frac{\partial v}{\partial x_j} \left(b_{ij} \frac{\partial v}{\partial x^i} \right) - \sum_{i=1}^{k} \frac{\partial}{\partial x_i} (l_i v) + b v = 0 , \qquad x \in \Omega ,$$

$$\Lambda^* v \equiv \alpha^* \frac{dv}{d\lambda} + \beta^* v = 0 , \qquad x \in \Gamma .$$

Die Funktionen α^* und β^* lassen sich dabei durch bekannte Funktionen ausdrücken.

Nun betrachten wir die nichtlineare Differentialgleichung

$$F(u_{ij}, u_i, u, x, \mu) = 0 , \qquad x \in \Omega , \tag{29.5}$$

unter der Randbedingung

$$G\left(\frac{du}{dl}, u, x, \mu \right) = 0 , \qquad x \in \Gamma , \tag{29.6}$$

mit

$$u_{ij} = \frac{\partial^2 u}{\partial x_i \, \partial x_j}, \qquad u_i = \frac{\partial u}{\partial x_i}.$$

Die Funktionen F und G seien in allen Veränderlichen hinreichend glatt, μ sei ein Zahlenparameter.

Für $\mu = \mu^0$ besitze das Randwertproblem (29.5), (29.6) die elliptische Lösung $u = u^0(x) \in H_\lambda^2(\Omega)$; die quadratische Form

$$\sum_{i,j=1}^{k} F_{u_{ij}}(u_{ij}^0, u_i^0, u^0, x, \mu^0)\, \xi_i \, \xi_j$$

sei also für alle $x \in \Omega$ positiv.

Wir suchen Lösungen des Randwertproblems (29.5), (29.6), die Fortsetzungen der Lösung $u^0(x)$ nach dem Parameter μ sind. Dazu substituieren wir für die Veränderlichen u und μ

$$u(x) = u^0(x) + g(x), \qquad \mu = \mu^0 + \lambda \tag{29.7}$$

und erhalten zur Bestimmung von $g(x)$ das folgende Randwertproblem:

$$\left.\begin{aligned} L\,g &= R\,(g_{ij}, g_i, g, x, \lambda), & x \in \Omega\,, \\ \Lambda\,g &= r\left(\frac{dg}{dl}, g, x, \lambda\right), & x \in \Gamma\,. \end{aligned}\right\} \tag{29.8}$$

Hierbei ist L ein Differentialausdruck der Form (29.1).

Die in (29.6) vorkommende Funktion G und die Lösung $u^0(x)$ seien so beschaffen, daß Λ gerade die dem 1., 2. oder 3. Randwertproblem entsprechende Randbedingung wird.

Die Funktionen R und r hängen für $\lambda = 0$ nichtlinear von g und seinen Ableitungen ab, d. h.

$$R_{g_{ij}}(0, 0, 0, x, 0) \equiv R_{g_i}(0, 0, 0, x, 0) \equiv R_g(0, 0, 0, x, 0) \equiv 0\,,$$

$$r_{g_l}(0, 0, x, 0) \equiv r_g(0, 0, x, 0) \equiv 0\,,$$

außerdem sind die Funktionen R und r hinreichend glatt.

Setzen wir $E_1 = H_\lambda^2(\Omega)$ und $E_2 = H_\lambda(\Omega) \dotplus C(\Gamma)$, so können wir (29.8) als eine Gleichung der Form (23.6) auffassen; dabei ist B ein F-Operator. Deshalb sind auf das Randwertproblem (29.8), und damit auch auf das Randwertproblem (29.5), (29.6), die Ergebnisse von Kapitel VII anwendbar. Beschränken wir uns zum Beispiel auf den Fall, daß die Funktionen F und G in allen Veränderlichen außer in x analytisch sind, so erhalten wir folgende Aussage:

Satz 29.1. *Hat das homogene Randwertproblem* (29.3) *nur die triviale Lösung, so besitzt das Randwertproblem* (29.5), (29.6) *für alle μ in einer hinreichend kleinen Umgebung von μ^0 genau eine Lösung $u(x, \mu)$, die der Bedingung $u(x, \mu^0) = u^0(x)$ genügt.*

Hat das homogene Randwertproblem (29.3) n linear unabhängige Lösungen, so reduziert sich das Randwertproblem (29.5), (29.6) auf die entsprechende Verzweigungsgleichung, ein vom Parameter $\lambda = \mu - \mu^0$ abhängiges Gleichungssystem von n Gleichungen mit n Unbekannten. Für $n = 1$ sind nur drei Fälle möglich.

1. Die Verzweigungsgleichung stellt eine Identität dar. Dann besitzt das Randwertproblem (29.5), (29.6) die von einem kleinen willkürlichen Parameter ξ abhängige Lösungsschar $u = u(x, \mu, \xi)$.

2. Die Verzweigungsgleichung besitzt keine kleinen Lösungen. Dann besitzt auch das Randwertproblem (29.5), (29.6) keine Lösungen, die in einer Umgebung von $u^0(x)$ liegen.

3. Das Randwertproblem (29.5), (29.6) besitzt endlich viele Lösungen, die der Bedingung $u(x, \mu^0) = u^0(x)$ genügen, und diese Lösungen lassen sich in konvergente Reihen nach ganzen oder gebrochenen Potenzen von $\lambda = \mu - \mu^0$ entwickeln.

29.2. Ebene Randwertprobleme für elliptische Differentialgleichungssysteme k-ter Ordnung im Raum der Hölder-stetigen Funktionen. Zunächst zitieren wir, einer Arbeit von A. I. Wolpert [1] folgend, einige Ergebnisse aus der linearen Theorie.

Ω sei ein beschränktes ebenes Gebiet mit der Abschließung $\overline{\Omega}$ und dem Rand Γ, einer k-fach glatten Ljapunowschen Kurve; ferner sei $z = (x, y) \in \Omega$. Die $A_{ij}(z)$ seien auf $\overline{\Omega}$ definierte reelle quadratische Matrizen mit p Zeilen und Spalten. Für $i + j < k$ sollen die Elemente der Matrizen $A_{ij}(z)$ auf $\overline{\Omega}$ einer Hölder-Bedingung mit dem Exponenten $\lambda \in (0, 1]$ genügen; für $i + j = k$ sollen die Elemente der Matrizen $A_{ij}(z)$ auf $\overline{\Omega}$ die erste Ableitung besitzen, die ihrerseits einer Hölder-Bedingung mit dem gleichen Exponenten genügt.

Wir betrachten den Differentialausdruck

$$L u \equiv \sum_{0 \leq i+j \leq k} A_{ij}(z) \frac{\partial^{i+j} u}{\partial x^i \, \partial y^j}, \tag{29.9}$$

in dem u ein p-dimensionaler Spaltenvektor ist,

$$u(z) = \left\| \begin{matrix} u_1(z) \\ \cdots \\ u_p(z) \end{matrix} \right\| .$$

Wir setzen voraus, daß der Differentialausdruck L im Sinn von I. G. Petrowski [1] elliptisch ist, es sei also

$$\det \sum_{i+j=k} A_{ij}(z) \, \alpha^i \beta^j \neq 0$$

für jedes $z \in \overline{\Omega}$ und für beliebige reelle α und β, die nicht gleichzeitig Null werden.

Neben dem Differentialausdruck L betrachten wir den Randdifferentialausdruck

$$\Lambda u \equiv \sum_{0 \leq i+j \leq l} B_{ij}(z) \left. \frac{\partial^{i+j} u}{\partial x^i \, \partial y^j} \right|_{\Gamma} \quad (l < k) \, , \tag{29.10}$$

wobei die $B_{ij}(z)$ auf Γ definierte Matrizen mit q Zeilen und p Spalten sind ($q = p\, l/2$), deren Elemente auf Γ Hölder-stetige Ableitungen nach der Winkelabszisse bis zur Ordnung $k - l - 1$ besitzen (d. h. Ableitungen, die einer Hölder-Bedingung mit dem Exponenten λ genügen).

$f(z)$ sei ein p-dimensionaler Spaltenvektor, dessen Komponenten auf $\bar{\Omega}$ definierte und dort Hölder-stetige Funktionen sind; $g(z)$ sei ein q-dimensionaler Spaltenvektor, dessen Komponenten auf Γ definierte und dort Hölder-stetige Funktionen sind.

Wir bilden die charakteristischen Matrizen der Differentialausdrücke L und Λ,

$$P(z, \lambda) = \sum_{i+j=k} A_{ij}(z) \, \lambda^j \, , \qquad Q(z, \lambda) = \sum_{i+j=l} B_{ij}(z) \, \lambda^j \, .$$

Wir sagen, daß das Randwertproblem

$$L u = f \, , \quad \Lambda u = \varphi$$

der Bedingung von Schapiro-Lopatinski genügt, wenn

$$\operatorname{rang} \int_{\gamma} Q(z, \lambda) \, P^{-1}(z, \lambda) \, R(\lambda) \, d\lambda = p\, l/2 \quad \text{für alle} \quad z \in \Gamma$$

ist. Dabei ist $R(\lambda) = (I, \lambda I, \ldots, \lambda^{n-1} I)$, I die Einheitsmatrix mit q Zeilen und Spalten und γ eine in der Halbebene $\operatorname{Im} \lambda > 0$ liegende Kontur, die alle in dieser Halbebene liegenden Nullstellen der Funktion $\det P(z, \lambda)$, eines Polynoms in λ, umfaßt.

Mit $H_\lambda^k(\bar{\Omega})$ bezeichnen wir den Raum der reellen p-dimensionalen Spaltenvektoren, deren Komponenten auf $\bar{\Omega}$ k-te Hölder-stetige Ableitungen besitzen, mit $H_\lambda(\bar{\Omega})$ den Raum der reellen p-dimensionalen Spaltenvektoren, deren Komponenten auf $\bar{\Omega}$ Hölder-stetig sind, und mit $H_\lambda(\Gamma)$ den Raum der reellen q-dimensionalen Spaltenvektoren, deren Komponenten auf Γ Hölder-stetig sind.

Der durch die Differentialausdrücke L und Λ erzeugte Differentialoperator $B = (L, \Lambda)$ ist ein linearer beschränkter Operator von $H_\lambda^k(\bar{\Omega})$ in $H_\lambda(\bar{\Omega}) + H_\lambda(\Gamma)$.

A. I. Wolpert [1] hat gezeigt, daß der Operator B ein N-Operator ist, sofern die Bedingung von Schapiro-Lopatinski erfüllt ist. Außerdem hat Wolpert Bedingungen für die Lösbarkeit des inhomogenen Randwertproblems

$$L u = f \, , \quad \Lambda u = \varphi$$

angegeben. Wenn die Parameter des Problems hinreichend glatt sind, gehen in diese Lösbarkeitsbedingungen wie beim vorigen Beispiel die Lösungen des homogenen adjungierten Randwertproblems ein.

Nun betrachten wir das nichtlineare Randwertproblem

$$\left.\begin{aligned} L\,u &= R(u, \varepsilon, x)\,, & x &\in \Omega\,, \\ \Lambda\,u &= r(u, \varepsilon, x)\,, & x &\in \Gamma\,, \end{aligned}\right\} \tag{29.11}$$

dabei seien R ein p-dimensionaler und r ein q-dimensionaler Spaltenvektor, deren Komponenten in einer Umgebung des Punktes $u = 0$, $\varepsilon = 0$ in u stetig differenzierbar und in ε stetig sind sowie in $x \in \Omega$ bzw. $x \in \Gamma$ einer HÖLDER-Bedingung mit dem Exponenten λ genügen. Außerdem gelte

$$\frac{\partial R_i(0, 0, x)}{\partial u_j} \equiv 0\,, \qquad x \in \Omega\,, \quad i, j = 1, \ldots, p\,,$$

$$\frac{\partial r_s(0, 0, x)}{\partial u_t} \equiv 0\,, \qquad x \in \Gamma, \qquad s = 1, \ldots, q;\ t = 1, \ldots, p\,.$$

Das Randwertproblem (29.11) stellt wieder eine konkrete Realisierung des abstrakten Problems (27.1) dar, wobei der Operator B ein N-Operator (siehe oben), $E_1 = H_\lambda^k(\overline{\Omega})$ und $E_2 = H_\lambda(\overline{\Omega}) + H_\lambda(\Gamma)$ ist. Auf das Randwertproblem (29.11) lassen sich also die Ergebnisse von § 27 anwenden. Mühelos können die Sätze 27.1 und 27.2 auf die dem Problem (29.11) entsprechende Form gebracht werden, was wir dem Leser überlassen wollen.

Man kann natürlich auch zulassen, daß R und r von den Ableitungen von u abhängen; ebenso kann man wie im vorigen Punkt ein allgemeines nichtlineares (möglicherweise nichtelliptisches) Differentialgleichungssystem betrachten, das eine im Sinn von I. G. PETROWSKI elliptische Lösung besitzt.

29.3. Randwertprobleme für elliptische Differentialgleichungen im Raum der summierbaren Funktionen. $\Omega \subset R_k$ sei ein beschränktes Gebiet mit einem beliebig oft differenzierbaren Rand Γ (der Klasse C^∞). Wir betrachten den Differentialausdruck

$$L\,u \equiv \sum_{|\alpha| \leqq 2m} a_\alpha(x)\, D^\alpha\, u\,, \qquad x \in \Omega\,. \tag{29.12}$$

Hierbei ist $\alpha = (\alpha_{,1} \ldots, \alpha_k)$ ein Multiindex, d.h. eine Folge von Indizes $\alpha_s \geqq 0$, ferner ist $|\alpha| = \alpha_1 + \cdots + \alpha_k$ und

$$D^\alpha = D_1^{\alpha_1} \cdots D_k^{\alpha_k}\,, \qquad D_s = \frac{1}{i}\,\frac{\partial}{\partial x_s}\,, \qquad s = 1, \ldots, k\,.$$

Die Funktionen $a_\alpha(x)$ seien auf $\overline{\Omega}$ beliebig oft differenzierbar.

Der Differentialausdruck $L\,u$ heißt auf $\overline{\Omega}$ elliptisch, wenn sein charakteristisches Polynom

$$P(x, \xi) = \sum_{|\alpha| = 2m} a_\alpha(x)\, \xi^\alpha$$

für jedes $x \in \overline{\Omega}$ und für jeden reellen Vektor $\xi = (\xi_1, \ldots, \xi_k) \neq 0$ von Null verschieden ist. Unter ξ^α verstehen wir den Ausdruck $\xi_1^{\alpha_1} \cdots \xi_k^{\alpha_k}$.

Der Differentialausdruck $L\,u$ heißt auf $\bar{\Omega}$ stark elliptisch (M. I. WISCHIK [1]), wenn es eine auf $\bar{\Omega}$ stetige komplexwertige Funktion $\gamma(x)$ mit der Eigenschaft gibt, daß das Polynom

$$\operatorname{Re} \gamma(x)\, P(x, \xi)$$

für jedes $x \in \bar{\Omega}$ und für jeden reellen Vektor $\xi \neq 0$ von Null verschieden ist.

Schließlich nennen wir einen auf $\bar{\Omega}$ elliptischen Differentialausdruck $L\,u$ auf $\bar{\Omega}$ regulär elliptisch, wenn für jeden reellen Vektor $\tau \neq 0$, der im Punkt x parallel zu Γ liegt, und für jeden reellen Vektor $\nu \neq 0$, der im Punkt x normal zu Γ liegt, das Polynom

$$P(z) \equiv P(x, \tau + z\,\nu)$$

genau m Nullstellen $\lambda_k(\tau, \nu)$, $k = 1, \ldots, m$, mit positivem Imaginärteil besitzt; die übrigen m Nullstellen haben dann einen negativen Imaginärteil, weil der Differentialausdruck elliptisch ist. Im R_k, $k \geqq 3$, ist jeder elliptische Differentialausdruck regulär elliptisch (JA. B. LOPATINSKI [1]).

Neben dem Differentialausdruck (29.12) betrachten wir die Randdifferentialausdrücke

$$\Lambda_j\, u \equiv \sum_{|\alpha| \leqq m_j} b_{\alpha j}(x)\, D^\alpha u\,, \qquad x \in \Gamma\,, \quad j = 1, \ldots, m\,, \tag{29.13}$$

mit $0 \leqq m_j \leqq 2\,m - 1$. Die Koeffizienten $b_{\alpha j}(x)$ seien auf Γ beliebig oft differenzierbar. Die Voraussetzungen über die Glattheit des Randes Γ und der Koeffizienten a_α und $b_{\alpha j}$ können natürlich abgeschwächt werden.

Die charakteristischen Polynome der Randdifferentialausdrücke lauten

$$Q_j(x, \xi) = \sum_{|\alpha| = m_j} b_{\alpha j}(x)\, \xi^\alpha\,, \qquad j = 1, \ldots, m\,.$$

Der Differentialausdruck (29.12) sei regulär elliptisch. Wir bilden das Polynom

$$S(z) \equiv \prod_{l=1} [z - \lambda_k(\tau, \nu)]\,,$$

wobei die $\lambda_k(\tau, \nu)$ die Nullstellen des Polynoms $P(z)$ mit positivem Imaginärteil sind.

Wir sagen, daß das System der Randdifferentialausdrücke (29.13) zu dem regulär elliptischen Differentialausdruck (29.12) komplementär ist, wenn für jedes Paar von reellen Vektoren $\tau \neq 0$, $\nu \neq 0$, die im Punkt x parallel bzw. normal zu Γ liegen, die Polynome

$$Q_j(z) \equiv Q_j(x, \tau + z\,\nu)\,, \qquad j = 1, \ldots, m,$$

modulo $S(z)$ linear unabhängig sind, wenn also die Identität

$$\alpha_1\, Q_1(z) + \cdots + \alpha_m\, Q_m(z) = C(z)\, S(z)\,,$$

in der $C(z)$ ein Polynom bedeutet, nur für $\alpha_1 = \cdots = \alpha_m = 0$ erfüllt ist. Die Forderung, daß die Randdifferentialausdrücke Λ_j, $j = 1, \ldots, m$, komplementär zu dem Differentialausdruck L sind, ersetzt in diesem Fall die Bedingung von SCHAPIRO-LOPATINSKI (siehe Punkt 29.2).

Das System der Randdifferentialausdrücke (29.13) heißt normal, wenn folgendes gilt:

1. Für $j \neq k$ ist $m_j \neq m_k$.

2. Für alle j, für alle $x \in \Gamma$ und für jeden reellen Vektor $\nu \neq 0$, der im Punkt x normal zu Γ liegt, ist $Q_j(x, \nu) \neq 0$ (diese Forderung ist der Forderung äquivalent, daß Γ für kein einziges Λ_j Charakteristik ist).

Wir führen den BANACH-Raum $W_p^{2m}(\Omega; \Lambda_1, \ldots, \Lambda_m)$ ein, der aus den Funktionen $u(x) \in W_p^{2m}(\Omega)$ (siehe S. L. SOBOLOW [1]) besteht, die den Randbedingungen

$$\Lambda_j u = 0\,, \qquad j = 1, \ldots, m\,, \qquad x \in \Gamma\,,$$

genügen. Diese Randwerte sind für Funktionen aus $W_p^{2m}(\Omega)$ erklärt und als verallgemeinerte Ableitungen im Sinne von S. L. SOBOLEW zu verstehen.

L sei ein regulär elliptischer Differentialausdruck und $\Lambda_1, \ldots, \Lambda_m$ ein zu L komplementäres und normales System von Randdifferentialausdrücken. Dann gilt die Koerzivitätsungleichung (siehe z. B. M. SCHECHTER [1])

$$\|u\|_{W_p^{2m}(\Omega;\, \Lambda_1, \ldots, \Lambda_m)} \leqq K\,(\|L\,u\|_{L_p(\Omega)} + \|u\|_{L_p(\Omega)})\,.$$

Aus dieser Ungleichung folgt, daß der durch die Formel $B\,u = L\,u$, $u \in W_p^{2m}(\Omega; \Lambda_1, \ldots, \Lambda_m)$, erzeugte Operator B ein linearer beschränkter Operator von $W_p^{2m}(\Omega; \Lambda_1, \ldots, \Lambda_m)$ in $L_p(\Omega)$ ist und eine endliche Nullzahl $n = \alpha(B)$ hat.

$L^*\,v$ bezeichne den zu $L\,u$ formal adjungierten Differentialausdruck,

$$L^*\,v = \sum_{|\alpha| \leqq 2m} (-1)^{|\alpha|}\, D^\alpha\, [\bar{a}_\alpha(x)\, v]\,.$$

Das zu $\Lambda_1, \ldots, \Lambda_m$ adjungierte normale System von Randdifferentialausdrücken $\Lambda_1', \ldots, \Lambda_m'$ kann wie üblich durch partielle Integration bestimmt werden.

Wir betrachten nun das homogene adjungierte Randwertproblem

$$L^*\,v = 0\,, \quad x \in \Omega; \quad \Lambda_j'\,v = 0\,, \quad j = 1, \ldots, m\,, \quad x \in \Gamma\,. \tag{29.14}$$

Wenn dieses Randwertproblem nur die triviale Lösung besitzt, ist die Gleichung $B\,u = f$ für jede rechte Seite $f \in L_p(\Omega)$ lösbar (siehe M. SCHECHTER [1]). Besitzt aber das Problem (29.14) nichttriviale Lösungen, so ist die Gleichung $B\,u = f$ dann und nur dann lösbar, wenn

$$(f, v) = \int_\Omega f(x)\,\bar{v}(x)\,dx = 0$$

für jede Lösung v des Problems (29.14) ist (siehe M. SCHECHTER [2]). Das bedeutet, daß der Operator B normal lösbar ist. Nun gilt aber die Koerzivitätsungleichung auch für das adjungierte Randwertproblem, so daß (29.14) endlich viele linear unabhängige Lösungen besitzt. Der Operator B ist also ein N-Operator.

B kann speziell ein F-Operator sein. Das ist zum Beispiel beim DIRICHLETschen Problem der Fall, wenn $\Lambda_j = D_n^{j-1}$ ist (D_n^{j-1} bezeichne die Ableitung in Richtung der Normalen an Γ). Ferner hat M. I. WISCHIK [1] gezeigt, daß die durch gewisse Randwertprobleme für stark elliptische Differentialausdrücke erzeugten Operatoren B F-Operatoren sind. Erwähnt sei auch, daß für $m = 1$ jeder regulär elliptische Differentialausdruck stark elliptisch ist.

Nun betrachten wir das von einem kleinen komplexen Parameter λ abhängige nichtlineare Randwertproblem

$$\left.\begin{aligned} L u &= R(D^\alpha u, \lambda, x), \qquad x \in \Omega, \quad |\alpha| \leqq 2m, \\ \Lambda_j u &= 0, \qquad j = 1, \ldots, m; \quad x \in \Gamma. \end{aligned}\right\} \tag{29.15}$$

L sei ein regulär elliptischer Differentialausdruck und $\Lambda_1, \ldots, \Lambda_m$ ein zu L komplementäres und normales System von Randdifferentialausdrücken. Die abgekürzte Schreibweise $R(D^\alpha u, \lambda, x)$, $|\alpha| \leqq 2m$, soll bedeuten, daß die Funktion R von u und von allen Ableitungen von u bis zur Ordnung $2m$ abhängen kann. Ebenso bezeichnet $R_v(v, \lambda, x)$ die Gesamtheit der Ableitungen von R nach allen Argumenten $v = D^\alpha u$.

Die Funktion R möge folgenden Bedingungen genügen:

1. Die Funktionen $R(v, \lambda, x)$ und $R_v(v, \lambda, x)$ sind für fest alle $x \in \bar{\Omega}$ in $(v, \lambda) \in \in (-\infty, +\infty) \times [-\varrho, +\varrho]$ stetig und für fixiertes v und λ in x meßbar.

2. Für fast alle $x \in \bar{\Omega}$ ist $R(0, 0, x) = 0$ und $R_v(0, 0, x) = 0$.

3. $R(D^\alpha u, \lambda, x)$ ist ein stetiger Operator, der die Kugel $\|u\|_{W_p^{2m}(\Omega)} \leqq r$ in $L_p(\Omega)$ abbildet und in dieser Kugel eine stetige Fréchetsche Ableitung besitzt.

Hängt R nur von u, λ, x ab, so erhalten wir durch eine Wiederholung der Überlegungen von Punkt 28.4 eine hinreichende Bedingung dafür, daß die dritte Voraussetzung erfüllt ist.

Unter den angegebenen Voraussetzungen lassen sich auf das Randwertproblem (29.15) die Ergebnisse von § 27 anwenden; ist B ein F-Operator, so können wir die Ergebnisse von Kapitel VII benutzen. Die entsprechenden Sätze lassen sich leicht formulieren.

Abschließend erwähnen wir, daß es manchmal günstig ist, das Randwertproblem (29.15) als Problem mit einem unbeschränkten Operator zu betrachten. Zusätzlich zu den oben genannten Voraussetzungen sei die Ungleichung $k \geqq 2mp$ erfüllt (k bezeichnet die Dimension). Aus den Einbettungssätzen von Sobolew-Kondraschow folgt dann, daß $W_p^{2m}(\Omega)$ vollstetig in $L_p(\Omega)$ eingebettet ist. Deshalb können wir B als linearen abgeschlossenen unbeschränkten Operator auf dem in $L_p(\Omega)$ dichten Definitionsbereich $D(B) \equiv W_p^{2m}(\Omega; \Lambda_1, \ldots, \Lambda_m)$ betrachten. Wir wir gesehen haben, ist B ein N-Operator. Außerdem sind die in Punkt 27.5 geforderten Stetigkeitseigenschaften erfüllt, da der Operator R einen größeren Definitionsbereich als B hat. Folglich können wir jetzt die Ergebnisse von Punkt 26.4 und 27.5 benutzen.

KAPITEL IX

EINIGE PROBLEME DER STÖRUNGSTHEORIE

§ 30. Jordansche Ketten und Jordansche Sätze Fredholmscher Operatoren

Gegeben seien zwei Operatoren A und B aus $(E_1 \to E_2)$, wobei B ein F-Operator mit der Nullzahl $n \geqq 1$ sei.

30.1. Die JORDANsche A-Kette für $n = 1$. Wir beginnen mit dem Fall $n = 1$. φ sei eine Nullstelle des Operators B und ψ sein Defektfunktional (siehe Punkt 21.1).

Ist $(A\,\varphi, \psi) \neq 0$, so sagen wir, daß das Element φ eine JORDANsche A-Kette der Länge 1 besitzt, die aus dem Element $\varphi^{(1)} = \varphi$ besteht. Ist aber $(A\,\varphi, \psi) = 0$, so betrachten wir die lösbare Gleichung $B\,y = A\,\varphi^{(1)}$; $\varphi^{(2)}$ sei eine Lösung dieser Gleichung. Gilt dann $(A\,\varphi^{(2)}, \psi) \neq 0$, so sagen wir, daß das Element φ eine JORDANsche A-Kette der Länge 2 besitzt, die aus den Elementen $\varphi^{(1)}$ und $\varphi^{(2)}$ besteht.

Allgemein definieren wir, daß das Element $\varphi \in N(B)$ eine JORDANsche A-Kette der Länge p besitzt, wenn es p Elemente $\varphi^{(1)}, \ldots, \varphi^{(p)}$ mit den Eigenschaften

$$B\,\varphi^{(1)} = 0\,, \quad B\,\varphi^{(k)} = A\,\varphi^{(k-1)}\,, \quad k = 2, \ldots, p\,, \tag{30.1}$$

und

$$(A\,\varphi^{(p)}, \psi) \neq 0 \tag{30.2}$$

gibt. Wir sagen dann, daß die genannte JORDANsche Kette aus den Elementen $\varphi^{(1)} = \varphi, \varphi^{(2)}, \ldots, \varphi^{(p)}$ besteht. Das Element $\varphi^{(k)}$ nennen wir das zu φ A-zugeordnete Element $(k-1)$-ter Ordnung.

Die Länge p einer JORDANschen A-Kette der Nullstelle φ des Operators B wollen wir mit

$$p = J(\varphi, B, A) \tag{30.3}$$

bezeichnen. Wir sagen, daß die Länge einer JORDANschen A-Kette unendlich ist $\big(J(\varphi, B, A) = +\infty\big)$, wenn es eine Folge von Elementen $\{\varphi^{(k)}\}_{k=1}^{\infty}$ gibt, die den Beziehungen

$$B\,\varphi^{(1)} = 0\,, \quad B\,\varphi^{(k)} = A\,\varphi^{(k-1)}\,, \quad k = 2, 3, \ldots\,, \tag{30.4}$$

genügen.

Zu erwähnen ist noch, daß aus der Definition der JORDANschen A-Kette

$$(A\,\varphi^{(k)}, \psi) = 0\,, \quad k = 1, \ldots, p-1\,, \tag{30.5}$$

folgt.

Die JORDANsche A-Kette des Elements $\varphi \in N(B)$ ist natürlich nicht eindeutig bestimmt. Diese Mehrdeutigkeit beseitigen wir folgendermaßen. Wir wählen ein $\gamma \in E_1^*$ so, daß $(\varphi, \gamma) = 1$ wird, und fordern, daß für $p > 1$ die Beziehungen

$$(\varphi^{(k)}, \gamma) = 0\,, \qquad k = 2, \ldots, p\,, \tag{30.6}$$

erfüllt sind. Das bedeutet, daß wir die zu $\varphi^{(1)}$ A-zugeordneten Elemente in $E_1^{\infty-1}$ suchen. Ist $p = +\infty$, so seien die Beziehungen (30.6) für jedes k erfüllt.

Ferner können wir ohne Beschränkung der Allgemeinheit

$$(A\,\varphi^{(p)}, \psi) = 1 \tag{30.7}$$

annehmen; denn wenn diese Gleichung nicht erfüllt ist, ersetzen wir ψ durch $\psi(A\,\varphi^{(p)}, \psi)^{-1}$, was wegen (30.2) möglich ist. Schließlich setzen wir noch

$$z = A\,\varphi^{(p)} \tag{30.8}$$

und konstruieren nach dem Vorgehen von E. SCHMIDT den Operator

$$\tilde{B}\,y = B\,y + (y, \gamma)\,z\,, \qquad y \in E_1\,. \tag{30.9}$$

Aus Lemma 21.1 folgt, daß der Operator

$$\Gamma = \tilde{B}^{-1} \tag{30.10}$$

existiert und beschränkt ist. Die Formeln (30.9), (30.4) und (30.6) führen dann auf

$$\varphi^{(k)} = (\Gamma\,A)^{k-1}\,\varphi^{(1)}\,, \quad k = 2, \ldots, p\,, \quad \varphi^{(1)} = (\Gamma\,A)\,\varphi^{(p)}\,. \tag{30.11}$$

Aus diesen Formeln folgt nun, daß die Elemente der JORDANschen A-Kette linear unabhängig sind. Zum Beweis nehmen wir das Gegenteil an; es gebe also p Zahlen $\lambda_1, \ldots, \lambda_p$, die nicht sämtlich verschwinden, so daß die Gleichung

$$\lambda_1\,\varphi^{(1)} + \cdots + \lambda_p\,\varphi^{(p)} = 0$$

erfüllt ist. Wir wenden auf diese Gleichung den Operator A und anschließend das Funktional ψ an mit (30.5) und (30.7) erhalten wir $\lambda_p = 0$. Auf die Gleichung

$$\lambda_1\,\varphi^{(1)} + \cdots + \lambda_{p-1}\,\varphi^{(p-1)} = 0$$

wenden wir jetzt den Operator $\Gamma\,A$ an. Dabei berücksichtigen wir die Formeln

$$\Gamma\,A\,\varphi^{(s)} = \varphi^{(s+1)}\,, \quad s = 1, \ldots, p-1\,,$$

die sich wie die Formeln (30.11) beweisen lassen, und erhalten

$$\lambda_1\,\varphi^{(2)} + \lambda_2\,\varphi^{(3)} + \cdots + \lambda_{p-1}\,\varphi^{(p)} = 0\,.$$

Auf diese Gleichung wenden wir erneut den Operator A und anschließend das Funktional ψ an und finden $\lambda_{p-1} = 0$. Setzen wir dieses Verfahren fort, so kommen wir auf den Widerspruch, daß alle λ_i Null sind. Die Elemente $\varphi^{(1)}, \ldots, \varphi^{(p)}$ sind also linear unabhängig.

30.2. Die Jordanschen A-Ketten für $n > 1$. Der Jordansche A-Satz. $\psi_1, \ldots, \psi_n$ sei eine Basis in $N^*(B)$. Wir sagen, daß das Element $\varphi \in N(B)$ eine Jordansche A-Kette der Länge p besitzt, wenn es p Elemente $\varphi^{(1)} = \varphi, \varphi^{(2)}, \ldots, \varphi^{(p)}$ gibt, die den Beziehungen

$$B\,\varphi^{(1)} = 0\,, \qquad B\,\varphi^{(k)} = A\,\varphi^{(k-1)}\,, \qquad k = 2, \ldots, p\,, \tag{30.12}$$

genügen, und wenn nicht alle Zahlen $(A\,\varphi^{(p)}, \psi_i)$, $i = 1, \ldots, n$, verschwinden. Die Jordansche A-Kette von φ ist nicht eindeutig definiert. Dabei gilt $(A\,\varphi^{(l)}, \psi_i) = 0$ für $l = 1, \ldots, p-1$.

$\varphi_1, \ldots, \varphi_n$ sei eine Basis in $N(B) = E_1^n$. Wir bilden die Jordanschen A-Ketten der Elemente dieser Basis,

$$\varphi_i^{(j)}, \; j = 1, \ldots, p_i\,, \qquad i = 1, \ldots, n;\; \varphi_i^{(1)} = \varphi_i\,.$$

Das Element $\varphi_l^{(k)}$ nennen wir das zu φ_l A-zugeordnete Element $(k-1)$-ter Ordnung. Die Gesamtheit der Nullstellen $\varphi_i^{(1)}$ $(i = 1, \ldots, n)$ des Operators B und aller zu diesen Nullstellen A-zugeordneten Elemente nennen wir Jordanschen A-Satz des Operators B. Ein Jordanscher A-Satz heißt vollständig, wenn

$$\det \|(A\,\varphi_i^{(p_i)}, \psi_j)\| \neq 0 \tag{30.13}$$

ist.

Der Jordansche A-Satz des Operators B ist nicht eindeutig bestimmt. Zunächst zeigen wir, daß bei einem vollständigen Jordanschen A-Satz ohne Beschränkung der Allgemeinheit vorausgesetzt werden kann, daß folgende Gleichungen erfüllt sind:

$$\left.\begin{aligned} (A\,\varphi_j^{(k)}, \psi_i) &= 0\,, & k &< p_j\,,\\ (A\,\varphi_j^{(p_j)}, \psi_i) &= \delta_{ji}\,, & i, j &= 1, \ldots, n\,. \end{aligned}\right\} \tag{30.14}$$

Bilden wir nämlich die Linearkombination der Funktionale $\psi_1, \ldots, \psi_n$

$$\chi_i = \sum_{k=1}^{n} \alpha_{ik}^{(-1)}\,\psi_k\,, \qquad i = 1, \ldots, n\,,$$

in der die $\alpha_{ik}^{(-1)}$ die Elemente der zu $\|\alpha_{ij}\| = \|(A\,\varphi_i^{(p_i)}, \psi_j)\|$ inversen Matrix bezeichnen (die inverse Matrix existiert wegen (30.13)), so erhalten wir

$$(A\,\varphi_i^{(k)}, \chi_j) = \sum_{l=1}^{n} \alpha_{jl}^{(-1)}\,(A\,\varphi_i^{(k)}, \psi_l)\,.$$

Für $k < p_i$ folgt aus (30.12) $(A\,\varphi_i^{(k)}, \chi_j) = 0$; für $k = p_i$ gilt aber $(A\,\varphi_i^{(p_i)}, \chi_j) = \delta_{ij}$ nach Definition der inversen Matrix. Wir können und werden also die Funktionale $\psi_1, \ldots, \psi_n$ so wählen, daß die Gleichungen (30.14) erfüllt sind. Die Formel (30.13) lautet dann

$$\det \|(A\,\varphi_i^{(p_i)}, \psi_j)\| = 1\,.$$

Aus dem Satz von Hahn-Banach folgt, daß des in E_1^* n Funktionale $\gamma_1, \ldots, \gamma_n$ gibt, die ein zu $\varphi_1, \ldots, \varphi_n$ biorthogonales System bilden. Diese Funktionale erzeugen die Zerlegung $E_1 = E_1^n \dotplus E_1^{\infty-n}$ (siehe Punkt 21.2). Wir werden den

JORDANschen A-Satz stets so wählen, daß die A-zugeordneten Elemente in $E_1^{\infty-n}$ liegen, daß also

$$(\varphi_j^{(k)}, \gamma_i) = 0, \quad k = 2, \ldots, p_i, \quad i = 1, \ldots, n, \tag{30.15}$$

gilt, wobei j die Werte durchläuft, für die $p_j > 1$ ist. Die Möglichkeit einer solchen Wahl ergibt sich aus der Bemerkung 21.3. Dazu setzen wir

$$z_k = A\,\varphi_k^{(p_k)}, \quad k = 1, \ldots, n. \tag{30.16}$$

Der Operator

$$\tilde{B}\,y = B\,y + \sum_{i=1}^{n} (y, \gamma_i)\,z_i$$

besitzt nach Lemma 21.1 ein beschränktes Inverses $\Gamma = \tilde{B}^{-1}$. Damit erhalten wir schließlich die Formeln

$$\varphi_k^{(l)} = (\Gamma A)\,\varphi_k^{(l-1)}, \quad l \geqq 2, \tag{30.17}$$

$$\varphi_i^{(k)} = (\Gamma A)^{k-1}\,\varphi_i, \quad \varphi_i^{(1)} = (\Gamma A)\,\varphi_i^{(p_i)}, \tag{30.18}$$
$$k = 1, \ldots, p_i, \quad i = 1, \ldots, n.$$

Unter Benutzung dieser Formeln beweisen wir nun, daß die Elemente des vollständigen JORDANschen A-Satzes linear unabhängig sind. Wie oben führen wir den Beweis vom Gegenteil. Wir nehmen an, daß es Zahlen $\lambda_i^{(j)}$, $j = 1, \ldots, p_i$; $i = 1, \ldots, n$, gibt, die nicht sämtlich verschwinden und die Gleichung

$$\sum_{i=1}^{n} \sum_{j=1}^{p_i} \lambda_i^{(j)}\,\varphi_i^{(j)} = 0 \tag{30.19}$$

erfüllen. Auf diese Gleichung wenden wir zunächst den Operator A und anschließend die Funktionale $\psi_1, \ldots, \psi_n$ an. Wegen (30.14) erhalten wir $\lambda_i^{(p_i)} = 0$, $i = 1, \ldots, n$. Die Gleichung (30.19) lautet jetzt

$$\sum_{i=1}^{n}{}' \sum_{j=1}^{p_i-1} \lambda_i^{(j)}\,\varphi_i^{(j)} = 0,$$

wobei der Strich am ersten Summenzeichen bedeutet, daß nur über diejenigen i summiert wird, für die $p_i > 1$ ist. Wenden wir auf die letzte Gleichung den Operator ΓA an, so ergibt sich wegen (30.17)

$$\sum_{i=1}^{n}{}' \sum_{j=1}^{p_i-1} \lambda_i^{(j)}\,\varphi_i^{(j+1)} = 0.$$

Auf diese Gleichung wenden wir wieder den Operator A und dann die Funktionale $\psi_1, \ldots, \psi_n$ an, und wie oben erhalten wir $\lambda_i^{(p_i-1)} = 0$, $i = 1, \ldots, n$. Setzen wir dieses Verfahren fort, so kommen wir auf den Widerspruch, daß alle $\lambda_i^{(j)}$ Null sind. Damit ist die Behauptung bewiesen.

30.3. Die Vollständigkeit des Jordanschen A-Satzes. Zunächst beweisen wir folgendes Lemma.

Lemma 30.1. *$B \in (E_1 \to E_2)$ sei ein F-Operator mit der Nullzahl $n \geqq 1$ und $A \in (E_1 \to E_2)$. Ferner existiere eine positive Zahl ϱ_0 mit der Eigenschaft, daß für alle ε, die der Ungleichung*

$$0 < |\varepsilon| \leqq \varrho_0 \tag{30.20}$$

genügen, der Operator $(B - \varepsilon A)^{-1}$ existiert und beschränkt ist. Dann sind alle Jordanschen A-Ketten der Elemente $\varphi \in N(B)$ von endlicher Länge.

Beweis. Die Behauptung des Lemmas sei falsch. Für alle ε aus dem Kreis (30.20) existiere also der beschränkte Operator $(B - \varepsilon A)^{-1}$, und ein gewisses Element $\varphi^{(1)} \in N(B)$ besitze eine Jordansche A-Kette von unendlicher Länge $\{\varphi^{(k)}\}_{k=1}^{+\infty}$, deren Elemente den Gleichungen (30.4) genügen. Die $\varphi^{(i)}(i \geqq 2)$ mögen in $E_1^{\infty-n}$ liegen; dann gilt wegen Bemerkung 21.3 $\tilde{B}\varphi^{(i)} = A\,\varphi^{(i-1)}$ $(i \geqq 2)$ und folglich $\varphi^{(i)} = (\Gamma A)\,\varphi^{(i-1)}$. Durch vollständige Induktion läßt sich beweisen, daß

$$\varphi^{(i)} = (\Gamma A)^{i-1}\,\varphi^{(1)}\,, \qquad i = 1, 2, \ldots,$$

ist. Hieraus folgen die Ungleichungen

$$\|\varphi^{(i)}\| \leqq \|\Gamma A\|^{i-1}\,\|\varphi^{(1)}\|\,,$$

so daß die Reihe

$$y(\varepsilon) = \sum_{i=0}^{+\infty} \varphi^{(i+1)}\,\varepsilon^i$$

im Kreis $|\varepsilon| \leqq \varrho_1 < \|\Gamma A\|^{-1}$ absolut und gleichmäßig konvergiert. Diese Reihe ist für die angegebenen Werte von ε eine Lösung der Gleichung

$$(B - \varepsilon A)\,y(\varepsilon) = 0\,.$$

Unter den Voraussetzungen des Lemmas besitzt aber die letzte Gleichung bei hinreichend kleinem $\varepsilon \neq 0$ nur die triviale Lösung, so daß wir auf einen Widerspruch kommen. Damit ist das Lemma bewiesen.

Satz 30.1. *$B \in (E_1 \to E_2)$ sei ein F-Operator mit der Nullzahl $n \geqq 1$ und $A \in (E_1 \to E_2)$. Notwendig und hinreichend dafür, daß der Operator B einen vollständigen Jordanschen A-Satz von Nullstellen und A-zugeordneten Elementen besitzt, ist die Existenz einer positiven Zahl ϱ_0 mit der Eigenschaft, daß für alle ε, die der Ungleichung* (30.20) *genügen, der Operator $(B - \varepsilon A)^{-1}$ existiert und beschränkt ist.*

Beweis der Notwendigkeit. Der Operator B besitze den vollständigen Jordanschen A-Satz $\varphi_j^{(k)}$, $k = 1, \ldots, p_j$; $j = 1, \ldots, n$. Wir wollen zeigen, daß eine positive Zahl ϱ_0 mit der Eigenschaft angegeben werden kann, daß die Gleichung

$$(B - \varepsilon A)\,y = h \tag{30.21}$$

für jedes ε aus dem Kreis (30.20) und für jedes $h \in E_2$ eine eindeutig bestimmte Lösung $y = y(\varepsilon)$ besitzt.

Ist die Gleichung (30.21) lösbar, so muß jede Lösung y dieser Gleichung notwendigerweise den Bedingungen

$$\varepsilon (A y, \psi_i) + (h, \psi_i) = 0 , \qquad i = 1, \ldots, n , \tag{30.22}$$

genügen. Zum Beweis dieser Gleichungen brauchen wir nur auf beide Seiten der Gleichung (30.21) die Funktionale ψ_i anzuwenden und die Tatsache zu berücksichtigen, daß diese Funktionale zum Wertebereich $R(B)$ des Operators B orthogonal sind.

Wir wählen nun die Funktionale $\gamma_1, \ldots, \gamma_n$ und die Elemente $z_1, \ldots, z_n$ so, daß die Gleichungen (30.15), (30.16) erfüllt sind, und konstruieren den Operator $\tilde{B}$. Die Elemente des JORDANschen A-Satzes genügen dann den Formeln (30.18).

Wir ersetzen die Gleichung (30.21) durch das äquivalente Gleichungssystem

$$\tilde{B} y = \varepsilon A y + h + \sum_{i=1}^{n} \xi_i z_i , \qquad \xi_k = (y, \gamma_k) , \qquad k = 1, \ldots, n . \tag{30.23}$$

Nun sei $|\varepsilon| \leqq \varrho_1 < ||\Gamma A||^{-1}$. Dann existiert der beschränkte Operator $(I - \varepsilon \Gamma A)^{-1}$, und das Gleichungssystem (30.23) kann in der Form

$$\left.\begin{aligned} y &= (I - \varepsilon \Gamma A)^{-1} \Gamma h + \sum_{i=1}^{n} \xi_i (I - \varepsilon \Gamma A)^{-1} \varphi_i , \\ \xi_k &= (y, \gamma_k) , \qquad k = 1, \ldots, n , \end{aligned}\right\} \tag{30.24}$$

geschrieben werden. Setzen wir y aus der ersten Gleichung dieses Gleichungssystems in die übrigen Gleichungen ein, so erhalten wir ein lineares algebraisches Gleichungssystem von n Gleichungen mit n Unbekannten,

$$\sum_{i=1}^{n} \xi_i \left(\varepsilon \Gamma A (I - \varepsilon \Gamma A)^{-1} \varphi_i, \gamma_k\right) = - \left((I - \varepsilon \Gamma A)^{-1} \Gamma h, \gamma_k\right) , \qquad k = 1, \ldots, n . \tag{30.25}$$

Dabei haben wir die Identität

$$I + \varepsilon \Gamma A (I - \varepsilon \Gamma A)^{-1} = (I - \varepsilon \Gamma A)^{-1}$$

und die Formeln (21.7) benutzt.

Die Determinante des Gleichungssystems (30.25) lautet

$$\Delta(\varepsilon) = \det ||(\varepsilon \Gamma A (I - \varepsilon \Gamma A)^{-1} \varphi_i, \gamma_k)|| .$$

Mit (21.24) ergibt sich

$$\Delta(\varepsilon) = \det ||(\varepsilon A (I - \varepsilon \Gamma A)^{-1} \varphi_i, \psi_k)|| .$$

Aus den Eigenschaften der Determinante folgt

$$\Delta(\varepsilon) = \sum_{s=0}^{+\infty} \varepsilon^{n+s} \sum_{s_1 + \cdots + s_n = s} \begin{vmatrix} (A(\Gamma A)^{s_1} \varphi_1, \psi_1) & \cdots & (A(\Gamma A)^{s_n} \varphi_n, \psi_1) \\ \cdots & \cdots & \cdots \\ (A(\Gamma A)^{s_1} \varphi_1, \psi_n) & \cdots & (A(\Gamma A)^{s_n} \varphi_n, \psi_n) \end{vmatrix} .$$

Berücksichtigen wir nun die Formeln (30.14) und (30.18), so erhalten wir

$$\Delta(\varepsilon) = \varepsilon^{p_1+\cdots+p_n}\{\det \|(A\,\varphi_i^{(p_i)}, \psi_j)\| + o(1)\}$$

für $\varepsilon \to 0$. Deshalb finden wir eine positive Zahl ϱ_0 mit der Eigenschaft, daß für alle ε, die der Ungleichung (30.20) genügen, $\Delta(\varepsilon) \neq 0$ wird. Folglich besitzt das Gleichungssystem (30.25), und damit auch die Gleichung (30.21), für jedes $h \in E_2$ eine eindeutig bestimmte Lösung.

Beweis der Hinlänglichkeit. $\varphi_1, \ldots, \varphi_n$ sei irgendeine Basis in $N(B)$. Für jedes φ_i bilden wir eine JORDANsche A-Kette $\varphi_i^{(l)}$ $(l = 1, \ldots, q_i)$, wobei nach Lemma 30.1 alle q_i $(i = 1, \ldots, n)$ endlich sind. Weiterhin konstruieren wir den Operator B so, daß die Formeln (30.18) gelten.

Ist $\det \|(A\,\varphi_i^{(q_i)}, \psi_j)\| \neq 0$, so ist der eben konstruierte JORDANsche A-Satz vollständig. Nun sei $\det \|(A\,\varphi_i^{(q_i)}, \psi_j)\| = 0$. Dann können wir zu dem konstruierten JORDANschen A-Satz Elemente der Form $\sum_{j=1}^{n} c_j\,\varphi_j^{(q_j)}$ hinzufügen, wobei der Vektor $(c_1, \ldots, c_n)$ aus der Menge der linear unabhängigen nichttrivialen Lösungen des linearen homogenen algebraischen Gleichungssystems von n Gleichungen mit n Unbekannten

$$\sum_{i=1}^{n} (A\,\varphi_i^{(q_i)}, \psi_j)\,c_i = 0\,, \qquad j = 1, \ldots, n\,, \tag{30.26}$$

dessen Determinante verschwindet, zu wählen ist.

$(c_1^0, \ldots, c_n^0)$ sei eine nichttriviale Lösung dieses Gleichungssystems. Wir berechnen die Zahl $q_{j_0} = \max q_j$, wobei das max über diejenigen j genommen wird, für die $c_j^0 \neq 0$ ist. Dann konstruieren wir zum Element φ_{j_0} die neue JORDANsche A-Kette

$$\tilde\varphi_{j_0}^{(k)} = \varphi_{j_0}^{(k)}\,, \qquad k < q_{j_0}\,,$$

$$\varphi_{j_0}^{(q_{j_0})} = \sum_{j=1}^{n} c_j^0\,\varphi_j^{(q_j)}$$

und fügen zu dieser Kette das Element

$$\varphi_{j_0}^{(q_{j_0}+1)} = \Gamma A\,\varphi_j^{(q_{j_0})}$$

hinzu. In der gleichen Weise verfahren wir mit allen linear unabhängigen Lösungen des Gleichungssystems (30.26). Dadurch erhalten wir den neuen JORDANschen A-Satz

$$\tilde\varphi_j^{(k)}\,, \quad k = 1, \ldots, \tilde q_j\,, \qquad j = 1, \ldots, n\,,$$

bei dem $\tilde q_j > q_j$ für mindestens ein j ist.

Ist $\det \|(A\,\tilde\varphi_i^{(\tilde q_i)}, \psi_j)\| \neq 0$, so ist der auf diese Weise konstruierte JORDANsche A-Satz vollständig. Wenn diese Determinante verschwindet, können wir unsere Überlegungen wiederholen. Nach endlich vielen Schritten erhalten wir einen vollständigen JORDANschen A-Satz; anderenfalls hätte mindestens ein Element $\varphi_j \in E_1^n$ eine JORDANsche A-Kette von unendlicher Länge, was ein Widerspruch zu Lemma 30.1 wäre. Damit ist der Satz bewiesen.

Der angegebene Beweis der Hinlänglichkeit liefert gleichzeitig ein Verfahren, nach dem aus einem beliebigen JORDANschen A-Satz ein vollständiger JORDANscher A-Satz konstruiert werden kann.

30.4. Ein Beispiel. Wir bringen nun ein Beispiel für einen FREDHOLMschen Operator, der eine JORDANsche A-Kette von unendlicher Länge besitzt.

$\{x_i\}_{i=1}^{\infty}$ sei ein vollständiges Orthonormalsystem in einem HILBERT-Raum H. Durch

$$B\,x_1 = x_2\,, \quad B\,x_3 = 0\,, \quad B\,x_{2i+1} = x_{2i-1}\,, \quad i = 2, 3, \ldots,$$
$$B\,x_{2j} = x_{2j+2}\,, \quad j = 1, 2, \ldots$$

definieren wir einen in H linearen Operator B. Der Nullraum $N(B)$ ist eindimensional und wird von dem Element x_3 aufgespannt. Der Wertebereich $R(B)$ besteht aus den zu x_1 orthogonalen Elementen. B ist also ein F-Operator mit der Nullzahl $n = 1$. Aus der Definition von B folgt weiter, daß x_3 die JORDANsche I-Kette $x_3, x_5, \ldots, x_{2n+1}, \ldots$ besitzt, es ist also $J(x_3, B, I) = +\infty$. Beim Beweis von Lemma 30.1 haben wir festgestellt, daß die Gleichung $(B-\varepsilon\,I)\,y = 0$ die Lösung

$$y(\varepsilon) = \sum_{i=1}^{+\infty} y_{2i+1}\,\varepsilon^{i-1}$$

besitzt. Diese Reihe konvergiert für $|\varepsilon| < 1$ absolut, so daß alle Punkte des Kreises $|\varepsilon| < 1$ (und nur diese) zum Spektrum des Operators B gehören.

§ 31. Die Störung einer linearen Gleichung durch kleine lineare Glieder[1])

$B \in (E_1 \to E_2)$ sei ein F-Operator mit der Nullzahl n, $A \in (E_1 \to E_2)$, ε sei ein kleiner Zahlenparameter ($|\varepsilon| \leqq \varrho_0$). Wir fragen nach Lösungen $y \in E_1$ der Gleichung

$$B\,y = h + \varepsilon\,A\,y\,. \tag{31.1}$$

Ohne im einzelnen darauf hinzuweisen, werden wir die Bezeichnungen und Ergebnisse von § 30 benutzen.

Für $n = 0$ existiert der beschränkte Operator B^{-1}. Wir schreiben die Gleichung (31.1) in der Form

$$y = B^{-1}\,h + \varepsilon\,B^{-1}\,A\,y\,.$$

In dem Kreis $|\varepsilon| \leqq \varrho_1 < \|B^{-1}\,A\|^{-1}$ existiert der beschränkte Operator $(I - \varepsilon\,B^{-1}\,A)^{-1}$, der sich in die absolut und gleichmäßig konvergente Reihe

$$(I - \varepsilon\,B^{-1}\,A)^{-1} = \sum_{s=0}^{+\infty} \varepsilon^s\,(B^{-1}\,A)^s$$

---

[1]) Siehe W. A. TRENOGIN [5], M. I. WISCHIK und L. A. LJUSTERNIK [1].

entwickeln läßt und somit in dem genannten Kreis eine analytische Funktion von ε ist. Nun gilt aber $y(\varepsilon) = (I - \varepsilon B^{-1} A)^{-1} h$, so daß auch $y(\varepsilon)$ in dem genannten Kreis eine analytische Funktion von ε ist. Unter den gleichen Voraussetzungen ist die Lösung $y(\varepsilon)$ eindeutig bestimmt und durch die Reihe

$$y(\varepsilon) = \sum_{k=0}^{+\infty} y_k \varepsilon^k$$

darstellbar, deren Koeffizienten nach der Methode der unbestimmten Koeffizienten berechnet werden können.

Für $n > 0$ wollen wir im folgenden ähnliche Überlegungen durchführen. Dabei kann die Funktion $y(\varepsilon)$ im Punkt $\varepsilon = 0$ einen Pol haben, deren Ordnung ebenfalls bestimmt werden muß.

31.1. Der Fall $n = 1$. $\varphi^{(k)}$, $k = 1, \ldots, p$, sei eine JORDANsche A-Kette des Elements $\varphi^{(1)} = \varphi \in N(B)$ mit $p < +\infty$. Das Defektfunktional ψ, das Element $z \in E_2$ und das Funktional $\gamma \in E_1^*$ seien so gewählt, daß die Beziehungen (30.7), (30.8) und (30.6) erfüllt sind. Die Operatoren $\tilde{B}$ und Γ bestimmen wir nach den Formeln (30.9) und (30.10). Dann ersetzen wir die Gleichung (31.1) durch das äquivalente Gleichungssystem

$$\tilde{B} y = h + \varepsilon A y + \xi z, \qquad \xi = (y, \gamma). \tag{31.2}$$

Unter der Voraussetzung

$$|\varepsilon| \leqq \varrho_1 < \|\Gamma A\|^{-1} \tag{31.3}$$

kann das Gleichungssystem (31.2) in der Form

$$y = (I - \varepsilon \Gamma A)^{-1} \Gamma h + \xi (I - \varepsilon \Gamma A)^{-1} \varphi, \qquad \xi = (y, \gamma) \tag{31.4}$$

geschrieben werden. Hieraus erhalten wir eine Gleichung zur Bestimmung von ξ,

$$\xi \left(\varepsilon \Gamma A (I - \varepsilon \Gamma A)^{-1} \varphi, \gamma\right) + \left((I - \varepsilon \Gamma A)^{-1} \Gamma h, \gamma\right) = 0.$$

Benutzen wir die aus (21.24) folgende Gleichung $(\Gamma u, \gamma) = (u, \psi)$ und die Formel

$$(I - \varepsilon \Gamma A)^{-1} \Gamma = \Gamma (I - \varepsilon A \Gamma)^{-1},$$

so können wir die Gleichung für ξ folgendermaßen schreiben:

$$\xi (\varepsilon A (I - \varepsilon \Gamma A)^{-1} \varphi, \psi) + ((I - \varepsilon A \Gamma)^{-1} h, \psi) = 0. \tag{31.5}$$

Als erstes betrachten wir den Koeffizienten von ξ. Er lautet

$$\sum_{k=1}^{+\infty} (A \varphi^{(k)}, \psi) \varepsilon^k, \qquad \text{mit} \qquad \varphi^{(k)} = (\Gamma A)^{k-1} \varphi.$$

Die ersten p Elemente der Folge $\{\varphi^{(k)}\}$ sind gerade die Elemente der JORDANschen A-Kette. Ferner führt (30.11) auf $\varphi^{(p+1)} = (\Gamma A) \varphi^{(p)} = \varphi^{(1)}$, so daß sich in der Folge $\{\varphi^{(k)}\}$ die p-Elemente der JORDANschen A-Kette periodisch wiederholen. Die Folge $\{\varphi^{(k)}\}$ hat also die Form $\varphi^{(1)}, \ldots, \varphi^{(p)}, \varphi^{(1)}, \ldots, \varphi^{(p)}, \ldots$ (speziell für $p = 1$ ist die Folge stationär). Mit (30.5) und (30.7) erhalten wir deshalb

$$(A\,\varphi^{(k)}, \psi) = \begin{cases} 1, & \text{wenn } k \text{ durch } p \text{ teilbar ist,} \\ 0, & \text{wenn } k \text{ nicht durch } p \text{ teilbar ist,} \end{cases}$$

und schließlich

$$\big(\varepsilon\,A\,(I - \varepsilon\,\Gamma\,A)^{-1}\,\varphi, \psi\big) = \varepsilon^p\,(1 - \varepsilon^p)^{-1}\,.$$

Wir führen jetzt eine Zahl q $(0 \leqq q < +\infty)$ ein, die mit der Inhomogenität h zusammenhängt. Ist $(h, \psi) \neq 0$, so setzen wir $q = 0$. Nun sei $(h, \psi) = 0$. Wir bilden die Zahlenfolge $\big((A\,\Gamma)^s\,h, \psi\big)$, $s = 0, 1, \ldots$. q sei der Index des ersten von Null verschiedenen Gliedes dieser Folge. Sind alle Elemente dieser Folge Null, so setzen wir $q = +\infty$.

Zunächst seien p und q endlich; dann ist

$$\xi = -\frac{((I - \varepsilon\,A\,\Gamma)^{-1}\,h, \psi)}{\varepsilon^p}\,(1 - \varepsilon^p)\,, \tag{31.6}$$

wobei der Zähler die q-fache Nullstelle $\varepsilon = 0$ besitzt. Ist $0 \leqq q < p < +\infty$, so hat die Funktion $\xi(\varepsilon)$ in dem Punkt $\varepsilon = 0$ einen Pol der Ordnung $p - q$. Das gleiche gilt auch für die Lösung $y(\varepsilon)$, die wir durch Einsetzen von (31.6) in die erste Gleichung von (31.4) erhalten. Ist außerdem $q > 0$, so besitzt die Gleichung (31.1) für $\varepsilon = 0$ die Lösungsschar

$$y = \Gamma\,h + \xi\,\varphi\,, \tag{31.7}$$

die von der willkürlichen Konstanten ξ abhängt. Nun sei $1 \leqq p \leqq q < +\infty$. Dann folgt aus (31.6), daß $\xi(\varepsilon)$ in dem Kreis (31.3) eine analytische Funktion von ε ist. Deshalb ist auch die Lösung $y(\varepsilon)$ im Kreis (31.3) analytisch. Außerdem besitzt die Gleichung (31.1) für $\varepsilon = 0$ die Lösungsschar (31.7).

Nun sei p oder q unendlich. Ist $0 \leqq q < p = +\infty$, so besitzen die Gleichungen (31.5) und (31.1) für $\varepsilon \neq 0$ keine Lösungen (weil $((I - \varepsilon\,A\,\Gamma)^{-1}\,h, \psi) \not\equiv 0$ und $((I - \varepsilon\,\Gamma\,A)^{-1}\,\varphi, \psi) \equiv 0$ ist) und für $\varepsilon = 0$ die Lösung (31.7), falls $q > 0$ ist. Ist $1 \leqq p < q = +\infty$, so folgt aus (31.6) $\xi = 0$, so daß die Lösung $y(\varepsilon)$ im Kreis (31.3) analytisch ist. Außerdem gibt es die nur für $\varepsilon = 0$ definierte Lösung (31.7).

Wir haben noch den Fall $p = q = +\infty$ zu behandeln. Dann ist die Gleichung (31.5) für jeden Wert von ξ erfüllt, und die Gleichung (31.1) besitzt im Kreis (31.3) eine Lösung der Form (31.7), in der jetzt ξ eine beliebige Funktion von ε sein kann. Diesen Fall wollen wir entartet nennen.

Damit haben wir folgende Aussagen bewiesen:

Satz 31.1. *$B \in (E_1 \to E_2)$ sei ein F-Operator mit der Nullzahl $n = 1$, ferner sei $A \in (E_1 \to E_2)$.*

Ist $p = J(\varphi, B, A) < +\infty$ (φ bezeichne das Basiselement in $N(B)$), so besitzt die Gleichung (31.1) *für alle $\varepsilon \in C$ mit*

$$C = \{\varepsilon, 0 < |\varepsilon| < \|\Gamma\,A\|^{-1}\} \tag{31.8}$$

eine eindeutig bestimmte Lösung $y(\varepsilon)$.

Für $p \leqq q$ ist $y(\varepsilon)$ sowohl in C als auch im Punkt $\varepsilon = 0$ analytisch. Für $q < p$ ist $y(\varepsilon)$ in C analytisch; im Punkt $\varepsilon = 0$ besitzt $y(\varepsilon)$ jetzt einen Pol der Ordnung $p - q$.

Ist $p = +\infty$ und $q < +\infty$, so besitzt die Gleichung (31.1) *für $\varepsilon \in C$ keine Lösungen.*

Ist schließlich $p = q = +\infty$, so besitzt die Gleichung (31.1) *für alle $\varepsilon \in C$ eine einparametrige Lösungsschar der Form* (31.7), *wobei als Parameter ξ eine beliebige Funktion von ε gewählt werden kann.*

Wir weisen noch einmal darauf hin, daß die Gleichung (31.1) in allen Fällen, in denen $q > 0$ ist, eine Lösung besitzt, die nur für $\varepsilon = 0$ definiert ist. Diese Lösung ist durch (31.7) gegeben, wobei ξ eine willkürliche Konstante ist.

31.2. Der Fall $n > 1$. Wir beschränken uns hier auf den Fall, daß der Operator B einen vollständigen Jordanschen A-Satz von Nullstellen und A-zugeordneten Elementen besitzt. Die Defektfunktionale $\psi_1, \ldots, \psi_n$ seien so gewählt, daß die Gleichungen (30.14) erfüllt sind. Den Operator $\tilde{B}$ konstruieren wir unter Benutzung der Funktionale $\gamma_1, \ldots, \gamma_n$ und Elemente $z_1, \ldots, z_n$, die den Formeln (30.15) und (30.16) genügen sollen. Wie beim Beweis von Satz 30.1 führen wir die Gleichung (31.1), die mit der Gleichung (30.21) übereinstimmt, durch Elimination von y auf das äquivalente Gleichungssystem (30.24) zurück.

Wir bilden die n Folgen

$$\varphi_i^{(s)} = (\Gamma A)^{s-1} \varphi_i, \quad s = 1, 2, \ldots, \quad i = 1, \ldots, n, \tag{31.9}$$

und behaupten, daß sich in der i-ten Folge die p_i Elemente der Jordanschen A-Kette des Elements φ_i periodisch wiederholen, daß die i-te Folge also die Form

$$\varphi_i^{(1)}, \ldots, \varphi_i^{(p_i)}, \varphi_i^{(1)}, \ldots, \varphi_i^{(p_i)}, \ldots$$

hat. Diese Behauptung leitet sich aus den Formeln (30.18) her. Aus (30.15) folgt dann

$$(\varphi_i^{(k)}, \gamma_l) = \begin{cases} \delta_{i\,l}, & \text{wenn } k \text{ durch } p_i \text{ teilbar ist,} \\ 0, & \text{wenn } k \text{ nicht durch } p_i \text{ teilbar ist.} \end{cases} \tag{31.10}$$

Neben den Folgen (31.9) betrachten wir die durch das Element $h \in E_2$ erzeugte Folge

$$h^{(k)} = (A\,\Gamma)^k\, h, \quad k = 0, 1, \ldots. \tag{31.11}$$

Jedem Element $h \in E_2$ ordnen wir n nichtnegative ganze Zahlen $q_1, \ldots, q_n$ zu. Dazu bilden wir für ein fixiertes i die Zahlenfolge

$$(h^{(k)}, \psi_i), \quad k = 0, 1, \ldots. \tag{31.12}$$

Wenn alle Glieder dieser Folge verschwinden, setzen wir $q_i = +\infty$. Anderenfalls sei q_i gleich dem Index des ersten von Null verschiedenen Gliedes der Folge (31.12).

Das Gleichungssystem (30.24) nimmt jetzt folgende Form an (vergleiche (31.5)):

$$\varepsilon^{p_i}(1-\varepsilon^{p_i})^{-1}\xi_i = -\left((I-\varepsilon A\Gamma)^{-1}h, \psi_i\right), \qquad i = 1, \ldots, n.$$

Wir haben wieder verschiedene Fälle zu unterscheiden. Ist $p_i > q_i$, so hat $\xi_i = \xi_i(\varepsilon)$ im Punkt $\varepsilon = 0$ einen Pol der Ordnung $p_i - q_i$; ist dagegen $p_i \leqq q_i < +\infty$ oder $p_i < q_i = +\infty$, so ist $\xi_i(\varepsilon)$ im Punkt $\varepsilon = 0$ analytisch.

Wir fassen die Ergebnisse in einem Satz zusammen.

Satz 31.2. *$B \in (E_1 \to E_2)$ sei ein F-Operator mit der Nullzahl $n > 1$, ferner sei $A \in (E_1 \to E_2)$. B besitze einen vollständigen* Jordanschen *A*-Satz *von Nullstellen und A-zugeordneten Elementen.*

Dann besitzt die Gleichung (31.1) *für alle $\varepsilon \in C$ (siehe* (31.8)) *eine eindeutig bestimmte Lösung $y(\varepsilon)$, die im C analytisch ist.*

Ist $p_i - q_i \leqq 0$ für alle i, so ist $y(\varepsilon)$ auch im Punkt $\varepsilon = 0$ analytisch. Anderenfalls besitzt $y(\varepsilon)$ im Punkt $\varepsilon = 0$ einen Pol der Ordnung $\max\limits_i (p_i - q_i)$.

Ist schließlich $q_i > 0$ für alle i, so besitzt die Gleichung (31.1) *noch die nur für $\varepsilon = 0$ definierte Lösung*

$$y = \sum_{i=1}^{n} \xi_i \varphi_i + \Gamma h$$

mit den willkürlichen Konstanten ξ_i.

31.3. Die Methode der unbestimmten Koeffizienten. Zur Veranschaulichung dieser Methode genügt es, daß wir uns hier auf den Fall $n = 1$ beschränken.

Zunächst sei $p < +\infty$. Dann besitzt die Gleichung (31.1) nach Satz 31.1 für alle $\varepsilon \in C$ (siehe (31.8)) eine eindeutig bestimmte Lösung $y(\varepsilon)$.

Ist ferner $q < p$, so läßt sich $y(\varepsilon)$ in der Form

$$y(\varepsilon) = \sum_{i=-p+q} y_{p-q+1-i}\, \varepsilon^i \tag{31.13}$$

darstellen und nach der Methode der unbestimmten Koeffizienten berechnen. Wir setzen die Reihe (31.13) in die Gleichung (31.1) ein und vergleichen die Koeffizienten bei gleichen Potenzen von ε. Dadurch erhalten wir ein rekursives Gleichungssystem für die Koeffizienten $y_1, y_2, \ldots$ $(p - q > 1)$:

$$\left.\begin{aligned} B y_1 &= 0, \\ B y_k &= A y_{k-1}, \quad k = 2, \ldots, p-q, \\ B y_{p-q+1} &= A y_{p-q} + h, \\ B y_l &= A y_{l-1}, \quad l = p-q+2, \ldots \end{aligned}\right\} \tag{31.14}$$

Für $p - q = 1$ vereinfacht sich dieses Gleichungssystem:

$$\left.\begin{aligned} B y_1 &= 0, & B y_2 &= A y_1 + h, \\ B y_l &= A y_{l-1}, & l &= 3, 4, \ldots \end{aligned}\right\} \tag{31.15}$$

Vorerst sei $p - q > 1$. Die erste Gleichung des Gleichungssystems (31.14) hat die Lösung $y_1 = \xi_1 \varphi^{(1)}$, wobei die Konstante ξ_1 noch bestimmt werden muß. Die rechte Seite der zweiten Gleichung von (31.14) lautet dann $\xi_1 A \varphi^{(1)}$, so daß diese Gleichung wegen (30.5) lösbar ist und die Lösung

$$y_2 = \xi_1 \varphi^{(2)} + \xi_2 \varphi^{(1)}$$

besitzt, wobei die Konstante ξ_2 ebenfalls noch zu bestimmen ist. Durch vollständige Induktion lassen sich folgende Formeln beweisen:

$$y_i = \sum_{j=1}^{i} \xi_j \varphi^{(i+1-j)}, \qquad i = 1, \ldots, p - q, \tag{31.16}$$

$$y_k = \sum_{j=1}^{k} \xi_j \varphi^{(k+1-j)} + h_{k-p+q}, \qquad k = p - q + 1, \ldots, p. \tag{31.17}$$

Dabei ist

$$h_k = \Gamma(A\,\Gamma)^{k-1} h, \qquad k = 1, 2, \ldots. \tag{31.18}$$

Die gleichen Formeln ergeben sich für $p - q = 1$, so daß die Einschränkung $p - q > 1$ fallengelassen werden kann.

Die rechte Seite der $(p + 1)$-ten Gleichung des Gleichungssystems (31.14) bzw. (31.15) lautet

$$\sum_{j=1}^{p} \xi_j A \varphi^{(p+1-j)} + A h_q .$$

Wegen (30.5) und (30.7) nimmt die Lösbarkeitsbedingung für diese Gleichung die Form

$$(A h_q, \psi) + \xi_1 = 0$$

an. Aus (31.11) folgt $A h_q = h^q$, und aus der Definition der Zahl q folgt $(A h_q, \psi) \neq 0$. Deshalb müssen wir $\xi_1 = -(A h_q, \psi)$ setzen, damit die $(p + 1)$-te Gleichung lösbar wird. Ihre Lösung lautet dann

$$y_{p+1} = \sum_{j=1}^{p+1} \xi_j \psi^{(p+2-j)} + h_{q+1} .$$

Auf die gleiche Weise läßt sich durch vollständige Induktion beweisen, daß die Formeln (31.17) für jedes $k \geqq p - q + 1$ gelten. ξ_j bestimmt sich dabei erst nach p Schritten aus der Lösbarkeitsbedingung für die $(p + j)$-te Gleichung, und zwar ist

$$\xi_j = -(A h_{q+j-1}, \psi) .$$

Damit haben wir die Lösung (31.13) konstruiert. Die Konvergenz der konstruierten Reihe brauchen wir nicht mehr zu beweisen; sie folgt aus der Tatsache, daß $y(\varepsilon)$ in C analytisch ist.

Nun sei $p < +\infty$, aber $p \leqq q < +\infty$ oder $q = +\infty$. Aus Satz 31.1 folgt, daß die Lösung $y(\varepsilon)$ in der Form

$$y(\varepsilon) = \sum_{i=0}^{+\infty}{}' y_i \varepsilon^i \tag{21.19}$$

gesucht werden muß. Setzen wir die Reihe (31.19) in die Gleichung (31.1) ein, so erhalten wir das rekursive Gleichungssystem

$$B\, y_0 = h\,, \qquad B\, y_l = A\, y_{l-1}\,, \qquad l = 1, 2, \ldots . \tag{31.20}$$

Die erste Gleichung dieses Gleichungssystems ist wegen $q \geqq 1$ lösbar, ihre Lösung lautet (siehe (31.18)) $y_0 = h_1 + \xi_1\, \varphi^{(1)}$. Die rechte Seite der zweiten Gleichung nimmt dann die Form $A\, h_1 + \xi_1\, A\, \varphi^{(1)}$ an. Speziell für $p = 1$ führt die Lösbarkeitsbedingung für die zweite Gleichung auf $\xi_1 = -(A\, h_1, \psi)$.

Allgemein läßt sich durch vollständige Induktion beweisen, daß

$$y_l = h_{l+1} + \sum_{i=1}^{l+1} \xi_j\, \varphi^{(l+2-j)}\,, \qquad l = 0, 1, \ldots .$$

ist. ξ_j taucht bei der Lösung der j-ten Gleichung auf und bestimmt sich erst nach p Schritten aus der Lösbarkeitsbedingung für die $(p + j)$-te Gleichung; dabei ist

$$\xi_j = -(A\, h_{p+j-1}, \psi)\,.$$

Hieraus folgt $\xi_j = 0$ für $j = 1, \ldots, q - p$. Speziell für $q = +\infty$ wird $\xi_j = 0$ für alle j.

Aus Satz 31.1 folgt noch, daß die Reihe (31.19) für $|\varepsilon| < \|\Gamma A\|^{-1}$ konvergiert.

Ist $p = +\infty$ und $q < +\infty$, so besitzt die Gleichung (31.1), wie wir gesehen haben, für $|\varepsilon| \neq 0$ keine Lösungen. Für $p = q = +\infty$ ist die Methode der unbestimmten Koeffizienten nicht immer anwendbar, wie das folgende Beispiel zeigen soll.

Wir betrachten die Gleichung

$$B\, x = \varepsilon\, B\, x + x_3\,, \qquad x \in H\,,$$

mit dem in Punkt 30.4 definierten Operator B. In diesem Fall ist $A = B$. Die Gleichung besitzt die allgemeine Lösung

$$x(\varepsilon) = (1 - \varepsilon)^{-1}\, x_5 + \xi(\varepsilon)\, x_3$$

mit der willkürlichen Funktion $\xi(\varepsilon)$. Setzen wir speziell

$$\xi(\varepsilon) = \sum_{n=0}^{+\infty} \varepsilon^n\, n!\,,$$

so hat die Reihe für $x(\varepsilon)$ den Konvergenzradius Null (so daß diese Reihe eine formale Lösung darstellt).

Wir gehen noch kurz auf den Fall $n > 1$ ein. B besitze einen vollständigen Jordanschen A-Satz. Dann können wir für die Lösung $y(\varepsilon)$ der Gleichung (31.1) den Ansatz

$$y(\varepsilon) = \sum_{i=-s}^{+\infty} y_i\, \varepsilon^i$$

machen, wobei $s = \max_i (p_i - q_i)$ ist, falls mindestens eine der Zahlen $(p_i - q_i)$ positiv ist; gilt dagegen $p_i - q_i \leqq 0$ für alle i, so müssen wir $s = 0$ setzen (siehe Satz 31.2).

Abschließend erwähnen wir, daß sich die Ergebnisse dieses Paragraphen auf die allgemeine Gleichung

$$B y = h + \sum_{i=1}^{+\infty} A_i \varepsilon^i$$

übertragen lassen, wobei die Operatoren auch unbeschränkt sein können.

§ 32. Die Verzweigung der Eigenwerte und Eigenelemente eines Fredholmschen Operators

Wir betrachten einen Operator $A \in (E \to E)$. λ_0 sei ein Eigenwert von A mit einem n-dimensionalen Eigenraum, $n \geqq 1$. Der Operator $B = A - \lambda_0 I$ sei ein F-Operator.

Ferner sei ε ein kleiner komplexer Parameter, $|\varepsilon| \leqq \varrho_0$. Der Operator $A(\varepsilon) \in (E \to E)$ genüge der Bedingung $A(0) = A$ und hänge in der Norm der linearen beschränkten Operatoren stetig von ε ab.

Das Grundproblem der Störungstheorie besteht darin, die Eigenwerte $\lambda(\varepsilon) = \lambda_0 + \mu(\varepsilon)$ des Operators $A(\varepsilon)$ zu finden, die der Bedingung $\lim_{\varepsilon \to 0} \mu(\varepsilon) = 0$ genügen. Gesucht sind ferner die Eigenelemente von $A(\varepsilon)$, die zu diesen Eigenwerten gehören.

Diesem Problem ist eine umfangreiche Literatur gewidmet (siehe z.B. Dunford und Schwartz [1]). Wir wollen auf dieses Störungsproblem die Methoden der Verzweigungstheorie anwenden, mit denen wir bisher nichtlineare Gleichungen untersucht haben (siehe W. A. Trenogin [5]).

32.1. Die Herleitung der Verzweigungsgleichung. y sei ein zum Eigenwert $\lambda_0 + \mu$ gehöriges Eigenelement des Operators $A(\varepsilon)$, d. h.

$$A(\varepsilon)\, y = (\lambda_0 + \mu)\, y\,. \tag{32.1}$$

Unter Benutzung der Bezeichnungen $B = A - \lambda_0 I$ und

$$H(\varepsilon) = A - A(\varepsilon) \ \big(H(0) = 0\big) \tag{32.2}$$

können wir die Gleichung (32.1) in der Form

$$B y = H(\varepsilon)\, y + \mu\, y \tag{32.3}$$

schreiben.

Wir betrachten wieder ein System von Elementen $\varphi_1, \ldots, \varphi_n$, das eine Basis in $N(B)$ bildet, ein dazu biorthogonales System von Funktionalen $\gamma_1, \ldots, \gamma_n$, ein System von Funktionalen $\psi_1, \ldots, \psi_n$, das eine Basis in $N^*(B)$ bildet, und ein dazu biorthogonales System von Elementen $z_1, \ldots, z_n$. Wir konstruieren den SCHMIDTschen Operator

$$\tilde{B} = B + \sum_{i=1}^{n} (\cdot, \gamma_i)\, z_i\,,$$

dessen Inverses wir mit Γ bezeichnen. Dann ersetzen wir die Gleichung (32.3) durch das äquivalente Gleichungssystem

$$\tilde{B}\, y = H(\varepsilon)\, y + \mu\, y + \sum_{i=1}^{n} \xi_i z_i\,, \qquad \xi_k = (y, \gamma_k)\,, \qquad k = 1, \ldots, n\,. \tag{32.4}$$

Die erste Gleichung dieses Gleichungssystems können wir in der Form

$$\big(I - \Gamma H(\varepsilon) - \mu\, \Gamma\big)\, y = \sum_{i=1}^{n} \xi_i \varphi_i \tag{32.5}$$

schreiben. Der Operator $H(\varepsilon)$ hängt in der Norm der linearen beschränkten Operatoren stetig von ε ab, so daß für alle ε und μ, die der Ungleichung

$$\|\Gamma H(\varepsilon) + \mu\, \Gamma\| \leqq q < 1 \tag{32.6}$$

genügen, der Operator $\big(I - \Gamma H(\varepsilon) - \mu\, \Gamma\big)^{-1}$ existiert und beschränkt ist. Deshalb ist die Gleichung (32.5) für alle ε und μ, die der Ungleichung (32.6) genügen, nach y auflösbar,

$$y = \sum_{i=1}^{n} \xi_i\, [I - \Gamma H(\varepsilon) - \mu\, \Gamma]^{-1} \varphi_i\,. \tag{32.7}$$

Setzen wir diesen Ausdruck in die letzten n Gleichungen des Gleichungssystems (32.4) ein, so erhalten wir ein Gleichungssystem für $\xi_1, \ldots, \xi_n$,

$$\xi_k = \sum_{i=1}^{n} \xi_i \big([I - \Gamma H(\varepsilon) - \mu\, \Gamma]^{-1} \varphi_i, \gamma_k\big)\,, \qquad k = 1, \ldots, n\,. \tag{32.8}$$

Die Systeme $\gamma_1, \ldots, \gamma_n$ und $\varphi_1, \ldots, \varphi_n$ sind biorthogonal, außerdem gilt $(\Gamma u, \gamma_k) = (u, \psi_k)$. Deshalb geht (32.8) in

$$\sum_{i=1}^{n} a_{ik}(\varepsilon, \mu)\, \xi_i = 0\,, \qquad k = 1, \ldots, n\,, \tag{32.9}$$

über; dabei ist

$$a_{ik}(\varepsilon, \mu) = \big([H(\varepsilon) + \mu\, I]\, [I - \Gamma H(\varepsilon)\, \mu - \Gamma]^{-1} \varphi_i, \gamma_k\big)\,, \qquad i, k = 1, \ldots, n\,. \tag{32.10}$$

Das Gleichungssystem (32.9) ist ein lineares homogenes algebraisches Gleichungssystem von n Gleichungen mit n Unbekannten. Es besitzt dann und nur dann eine nichttriviale Lösung (das Eigenelement (32.7) muß von Null verschieden sein), wenn die Bedingung

$$L(\mu, \varepsilon) \equiv \det \|a_{ik}(\varepsilon, \mu)\| = 0 \tag{32.11}$$

erfüllt ist. Aus dieser Gleichung lassen sich gerade die Korrekturen $\mu(\varepsilon)$ zu dem Eigenwert λ_0 berechnen. Wir wollen diese Gleichung die zum Eigenwert λ_0 gehörige Verzweigungsgleichung[1]) nennen.

Unsere Überlegungen zeigen, daß die Formel $\lambda(\varepsilon) = \lambda_0 + \mu(\varepsilon)$ eine umkehrbare eindeutige Zuordnung zwischen den Eigenwerten $\lambda(\varepsilon)$ des Operators $A(\varepsilon)$ und den Wurzeln $\mu(\varepsilon)$ der Verzweigungsgleichung (32.11) herstellt.

$\mu(\varepsilon)$ sei eine Wurzel der Verzweigungsgleichung (32.11). Um die zu dem Eigenwert $\lambda(\varepsilon) = \lambda_0 + \mu(\varepsilon)$ gehörigen Eigenelemente $y(\varepsilon)$ zu finden, müssen wir $\mu(\varepsilon)$ in das Gleichungssystem (32.9) einsetzen, alle linear unabhängigen Lösungen $\xi_1(\varepsilon), \ldots, \xi_n(\varepsilon)$ dieses Gleichungssystems bestimmen und anschließend jede dieser Lösungen und $\mu(\varepsilon)$ in die Formel (32.7) einsetzen. Auf diese Weise erhalten wir alle Eigenelemente $y(\varepsilon)$, die zu dem Eigenwert $\lambda(\varepsilon) = \lambda_0 + \mu(\varepsilon)$ gehören.

32.2. Die Verzweigungsgleichung im analytischen Fall. Wir setzen jetzt voraus, daß der Operator $A(\varepsilon)$ in dem Kreis $|\varepsilon| \leqq \varrho_0$ analytisch ist, daß er also in die Reihe

$$A(\varepsilon) = A - \sum_{i=1}^{+\infty} H_i \varepsilon^i \tag{32.12}$$

entwickelt werden kann, wobei die majorisierende Zahlenreihe $\sum_{i=1}^{+\infty} ||H_i|| \varrho_0^i$ konvergiert. Wir fixieren zwei positive Zahlen ϱ und r ($\varrho \leqq \varrho_0$) mit der Eigenschaft

$$\sum_{i=0}^{+\infty} ||H_i|| \varrho^i + r < ||\Gamma||^{-1} . \tag{32.13}$$

Für $|\varepsilon| \leqq \varrho$ und $|\mu| \leqq r$ ist dann die Ungleichung (32.6) erfüllt und alles im letzten Punkt Gesagte gültig.

Jetzt gilt jedoch

$$a_{ik}(\varepsilon, \mu) = \sum_{\alpha+\beta \geqq 1} a_{ik\alpha\beta} \mu^\alpha \varepsilon^\beta ,$$

wobei die Reihen für $|\varepsilon| \leqq \varrho$, $|\mu| \leqq r$ absolut und gleichmäßig konvergieren. Deshalb ist auch $L(\mu, \varepsilon) = \det ||a_{ik}(\varepsilon, \mu)||$ eine analytische Funktion von ε und μ. Da die Veränderlichen ε und μ mindestens linear in die Funktionen $a_{ik}(\varepsilon, \mu)$ eingehen, nimmt die Verzweigungsgleichung (32.11) die Form

$$L(\mu, \varepsilon) \equiv \sum_{\alpha+\beta \geqq u} L_{\alpha\beta} \mu^\alpha \varepsilon^\beta = 0 \tag{32.14}$$

an. Diese Gleichung haben wir in Punkt 2.7 unter Benutzung des Newtonschen Diagramms ausführlich untersucht. Die dort erzielten Ergebnisse werden wir auf das hier betrachtete Störungsproblem anwenden.

---

[1]) In der Literatur wird die Gleichung (32.11) häufig Säkulargleichung genannt.

32.3. Der entartete und der nichtentartete Fall. Wir beginnen mit dem trivialen (oder entarteten) Fall, in dem alle Koeffizienten $L_{\alpha\beta}$ der Verzweigungsgleichung (32.14) verschwinden. Dann ist jedes $\lambda = \lambda_0 + \mu$ aus einer hinreichend kleinen Umgebung von λ_0 bei hinreichend kleinem ε ein Eigenwert des gestörten Operators $A(\varepsilon)$. Für ein vorgegebenes μ bestimmen sich die zu dem Eigenwert $\lambda = \lambda_0 + \mu$ gehörigen Eigenelemente aus der Formel (32.7), wobei der Vektor $(\xi_1, \ldots, \xi_n)$ alle linear unabhängigen Lösungen des Gleichungssystems (32.9) durchläuft. Im allgemeinen kann man nur behaupten, daß die Dimension des zu λ gehörigen Eigenraumes nicht größer als n ist und gleich n wird, wenn alle Funktionen $a_{ik}(\varepsilon, \mu)$ im Punkt (ε, μ) verschwinden. Gilt speziell $a_{ik}(\varepsilon, \mu) \equiv 0$, $i, k = 1, \ldots, n$, so ist der genannte Eigenraum gerade n-dimensional, und als Basis können die Elemente

$$\varphi_i(\varepsilon, \mu) = [I - \Gamma H(\varepsilon) - \mu \Gamma]^{-1} \varphi_i$$

gewählt werden. Diese Elemente sind für alle hinreichend kleinen ε und μ linear unabhängig, weil die Elemente $\varphi_i(0, 0) = \varphi_i$, $i = 1, \ldots, n$, linear unabhängig sind.

Der genannte Spezialfall ist stets für $n = 1$ erfüllt, denn dann gilt $L(\mu, \varepsilon) \equiv a_{11}(\varepsilon, \mu)$.

Das folgende Beispiel soll zeigen, daß bei der Störung eines FREDHOLMschen Operators der entartete Fall wirklich vorkommen kann.

Wir betrachten im HILBERT-Raum H das Eigenwertproblem

$$B y = \varepsilon y + \lambda y \tag{32.15}$$

mit dem in Punkt 30.4 definierten Operator B. Hier ist $A = I$. Wir konstruieren den Operator $\tilde{B} = B + (\cdot\,, x_3)\, x_1$. Aus der Definition von B folgt, daß wir $\tilde{B}$ auch durch die Gleichungen

$$\tilde{B} x_1 = x_2\,, \qquad \tilde{B} x_{2i+1} = x_{2i-1}\,, \qquad \tilde{B} x_{2i} = x_{2i+2}\,, \qquad i = 1, 2, \ldots,$$

vorgeben können.

Die Gleichung (32.15) ist dem Gleichungssystem

$$\tilde{B} y = (\varepsilon + \lambda)\, y + \xi x_1\,, \qquad \xi = (y, x_3)$$

bzw.

$$y = (\varepsilon + \lambda)\, \Gamma y + \xi x_3\,, \qquad \xi = (y, x_3)$$

äquivalent, woraus sich zwei Gleichungen zur Bestimmung von y und ξ ergeben,

$$y = \xi\, [I - (\varepsilon + \lambda)\, \Gamma]^{-1} x_3\,, \qquad \xi = \xi\, ([I - (\varepsilon + \lambda)\, \Gamma]^{-1} x_3, x_3)\,. \tag{32.16}$$

Γ ist ein isometrischer Operator ($\|\Gamma\| = 1$), so daß für $|\varepsilon + \lambda| < 1$

$$[I - (\varepsilon + \lambda)\, \Gamma]^{-1} = \sum_{i=0}^{+\infty} (\varepsilon + \lambda)^i\, \Gamma^i$$

wird. Die zweite Gleichung von (32.16) lautet dann

$$\xi \sum_{i=1}^{+\infty} (\Gamma^i x_3, x_3)\, (\varepsilon + \lambda)^i = 0\,.$$

Nun ist aber $\Gamma^i x_3 = x_{2i+3}$ für $i \geqq 1$ und folglich $(\Gamma^i x_3, x_3) = 0$ für $i \geqq 1$. Hieraus folgt, daß die zweite Gleichung (32.16) für alle ε und λ mit $|\varepsilon + \lambda| < 1$ eine Identität darstellt.

Für alle ε, die der Ungleichung

$$0 < |\varepsilon| \leqq \varrho_0 < 1$$

genügen, gehört also der ganze Kreis

$$|\lambda| < 1 - \varrho_0$$

(und nur dieser) zum Spektrum des Operators $B - \varepsilon I$. Jeder Punkt aus diesem Kreis ist ein Eigenwert, dem das bis auf einen Zahlenfaktor eindeutig bestimmte Eigenelement

$$y = [I - (\varepsilon + \lambda)\, \Gamma]^{-1} x_3 = x_3 + (\varepsilon + \lambda)\, x_5 + \sum_{i=2}^{+\infty} (\varepsilon + \lambda)^i\, x_{2i+3}$$

entspricht.

Im folgenden wollen wir uns nur mit dem nichtentarteten Fall beschäftigen, in dem bei hinreichend kleinem ε und μ die Funktion $L(\mu, \varepsilon)$ nicht identisch verschwindet. Wenden wir das NEWTONsche Diagramm auf die Verzweigungsgleichung (32.14) an, so erhalten wir folgende Aussagen (siehe Punkt 12.1).

Satz 32.1. *Im nichtentarteten analytischen Fall besitzt der Operator $A(\varepsilon)$ für alle hinreichend kleinen $\varepsilon \neq 0$ höchstens endlich viele Eigenwerte $\lambda(\varepsilon) = \lambda_0 + \mu(\varepsilon)$, die stetig von ε abhängen und der Bedingung $\mu(0) = 0$ genügen. Zu jedem Eigenwert $\lambda(\varepsilon)$ gehören endlich viele linear unabhängige Eigenelemente $y(\varepsilon)$. Alle Eigenwerte $\lambda(\varepsilon)$ und Eigenelemente $y(\varepsilon)$ lassen sich in konvergente Reihen nach ganzen oder gebrochenen Potenzen von ε entwickeln.*

Im folgenden werden wir verschiedene hinreichende Bedingungen angeben, die es gestatten, die Aussagen dieses Satzes zu konkretisieren.

32.4. Der eindimensionale Fall. In diesem Punkt behandeln wir den eindimensionalen nichtentarteten analytischen Fall ($n = 1$). Die Verzweigungsgleichung lautet jetzt

$$L(\mu, \varepsilon) \equiv \big([H(\varepsilon) + \mu\, I]\, [I - \Gamma\, H(\varepsilon) - \mu\, \Gamma]^{-1} \varphi, \psi\big) = 0\,, \qquad (32.17)$$

wobei φ und ψ die Basiselemente in $N(B)$ und $N^*(B)$ bezeichnen. Ist $\mu(\varepsilon)$ eine kleine Lösung dieser Gleichung, so ergibt sich das entsprechende Eigenelement $y(\varepsilon)$ aus der Formel

$$y(\varepsilon) = [I - \Gamma\, H(\varepsilon) - \mu(\varepsilon)\, \Gamma]^{-1} \varphi\,. \qquad (32.18)$$

Als erstes untersuchen wir den Fall $p = J(\varphi, B, I) < +\infty$. Der Operator $\tilde{B}$ und die JORDANsche I-Kette des Elements φ seien so konstruiert, daß die Beziehungen (30.6) und (30.7) erfüllt sind (in der letzten Beziehung ist $A = I$ zu setzen). Für die Elemente der JORDANschen I-Kette $\varphi^{(1)}, \ldots, \varphi^{(p)}$ gelten dann die Formeln (30.11) (auch hier ist $A = I$ zu setzen):

$$\varphi^{(k)} = \Gamma^{k-1} \varphi\,, \qquad k = 1, \ldots, p\,. \qquad (32.19)$$

Aus (30.7) (mit $A = I$) und aus (32.17) (mit $\varepsilon = 0$) folgt

$$L_{i0} = 0\,, \quad i < p\,, \quad L_{p0} = 1\,. \tag{32.20}$$

Erwähnt sei noch, daß für $p = 1$ $\psi = \gamma$ gesetzt werden kann, weil $(\varphi, \psi) = 1$ ist (vergleiche Punkt 21.2).

Zunächst sei $p = J(\varphi, B, I) = 1$. Diese Bedingung ist zum Beispiel erfüllt, wenn B ein hermitescher Operator in einem HILBERT-Raum H ist. Dann wird $L_{10} \neq 0$, und auf die Gleichung (32.17) kann der gewöhnliche Satz über implizite Funktionen (siehe Satz 1.2) angewendet werden. Dadurch kommen wir zu folgendem Ergebnis:

Satz 32.2. *Es sei $p = J(\varphi, B, I) = 1$. Dann besitzt der Operator $A(\varepsilon)$ bei hinreichend kleinem ε einen eindeutig bestimmten Eigenwert $\lambda(\varepsilon)$, der stetig von ε abhängt und der Bedingung $\lambda(0) = \lambda_0$ genügt. Zu diesem Eigenwert gehört das eindeutig bestimmte, durch* (32.18) *definierte Eigenelement $y(\varepsilon)$. Die Funktionen $\lambda(\varepsilon)$ und $y(\varepsilon)$ sind analytisch.*

Bemerkung. In dem Spezialfall, in dem die Operatoren B und $H(\varepsilon)$ hermitesch und der Parameter ε reell sind, ist der in Satz 32.2 genannte Eigenwert $\lambda(\varepsilon)$ reell.

Nun gehen wir zu dem interessanteren Fall $1 < p = J(\varphi, B, I) < +\infty$ über. Wir ziehen das NEWTONsche Diagramm heran (siehe Punkt 2.7) und erhalten unter Benutzung von (32.20) und (32.18) verschiedene Aussagen über die Eigenwerte $\lambda(\varepsilon)$ und Eigenelemente $y(\varepsilon)$ des Operators $A(\varepsilon)$.

Satz 32.3. *Es sei $1 < p < +\infty$. Dann besitzt der Operator $A(\varepsilon)$ bei hinreichend kleinem $\varepsilon \neq 0$ (unter Berücksichtigung der Vielfachheit) genau p Eigenwerte $\lambda(\varepsilon) = \lambda_0 + \mu(\varepsilon)$, die stetig von ε abhängen und der Bedingung $\lambda(0) = \lambda_0$ genügen, und die sich in konvergente Reihen nach ganzen oder gebrochenen Potenzen von ε entwickeln lassen. Zu jedem Eigenwert $\lambda(\varepsilon)$ gehört das durch* (32.18) *definierte Eigenelement $y(\varepsilon)$, daß sich in eine konvergente Reihe nach den gleichen Potenzen von ε entwickeln läßt.*

Wir betrachten noch einige Spezialfälle dieses Satzes. Nehmen wir an, es sei $L_{01} = (H_1\,\varphi, \psi) \neq 0$ (siehe (32.12)). Dann besteht der fallende Teil des zur Verzweigungsgleichung (32.17) gehörenden NEWTONschen Diagramms aus einem einzigen Abschnitt, der die Punkte $(0, 1)$ und $(p, 0)$ verbindet. Folglich erhalten wir für den Exponenten $1/p$. Die Bestimmungsgleichung lautet wegen $L_{p0} = 1$

$$\mu_1^p + L_{01} = 0\,.$$

Folgerung 32.1. *Es sei $1 < p < +\infty$ und $L_{01} \neq 0$. Dann lassen sich die in Satz* 32.3 *genannten Eigenwerte und dazugehörigen Eigenelemente nach Potenzen von $\varepsilon^{1/p}$ entwickeln, und für $\varepsilon \to 0$ gilt*

$$\lambda_i(\varepsilon) = \lambda_0 + [-\,(H_1\,\varphi, \psi)\,\varepsilon]_i^{1/p} + o\,(\varepsilon^{1/p})\,,$$

$$y_i(\varepsilon) = \varphi + [-\,(H_1\,\varphi, \psi)\,\varepsilon]_i^{1/p}\,\Gamma\varphi + o(\varepsilon^{1/p})\,.$$

Die Schreibweise $[\,\cdot\,]_i^{1/p}$ bedeutet, daß nacheinander alle p Werte der p-ten Wurzel zu nehmen sind. Nach Definition ist $\Gamma\varphi = \varphi^{(2)}$.

Speziell im reellen Fall (E, A, $H(\varepsilon)$ und ε sind reell) gilt folgendes. Ist p ungerade, so gibt es einen Eigenwert (und ein entsprechendes Eigenelement). Ist p gerade, so gibt es in einer Halbumgebung, in der $(H_1\varphi, \psi)\,\varepsilon < 0$ ist, zwei Eigenwerte; in der Halbumgebung, in der $(H_1\varphi, \psi)\,\varepsilon > 0$ ist, existieren keine Eigenwerte.

Nun bringen wir ein Beispiel, bei dem der fallende Teil des NEWTONschen Diagramms aus mehr als einem Abschnitt bestehen kann.

Satz 32.4. *Es sei* $1 < p < +\infty$. *Ferner sei* $L_{01} = 0$, $L_{11} = (H_1\Gamma\varphi + \Gamma H_1\varphi, \psi)/2 \neq 0$, *und für* $p = 2$ *sei* $L_{02} = (H_1\Gamma H_1\varphi + H_2\varphi, \psi) = 0$. *Dann besitzt der Operator* $A(\varepsilon)$ *bei hinreichend kleinem* $\varepsilon \neq 0$ *genau* p *voneinander verschiedene Eigenwerte* $\lambda(\varepsilon)$, *die stetig von* ε *abhängen und der Bedingung* $\lambda(0) = \lambda_0$ *genügen. Ein Eigenwert läßt sich in eine konvergente Reihe nach Potenzen von* ε *entwickeln; die übrigen* $p - 1$ *Eigenwerte sind durch konvergente Reihen nach Potenzen von* $\varepsilon^{1/(p-1)}$ *darstellbar. Zu jedem Eigenwert* $\lambda(\varepsilon)$ *gehört das durch* (32.18) *definierte Eigenelement* $y(\varepsilon)$, *das sich in eine konvergente Reihe nach den gleichen Potenzen von* ε *wie der entsprechende Eigenwert* $\lambda(\varepsilon)$ *entwickeln läßt.*

Beweis. Sowohl für $p = 2$ als auch für $p > 2$ besteht der fallende Teil des zur Verzweigungsgleichung (32.17) gehörenden NEWTONschen Diagramms entweder aus einem Abschnitt, der die Punkte (1, 1) und (p, 0) verbindet (das ist der Fall, wenn alle L_{0j} verschwinden), oder aus zwei Abschnitten, aus dem eben genannten sowie einem weiteren, der die Punkte (0, q) und (1, 1) verbindet (wobei q den Index des ersten von Null verschiedenen Koeffizienten L_{i0} ($i = 2, 3, \ldots$) bezeichnet). Dem ersten Abschnitt entspricht der Exponent $1/(p-1)$, dem zweiten auf jeden Fall ein ganzzahliger Exponent. Die Behauptungen des Satzes folgen also aus den Überlegungen von Punkt 2.7.

Bemerkung. Unter Benutzung des NEWTONschen Diagramms lassen sich Näherungsformeln für $\varepsilon \to 0$ herleiten. Das eine Paar $\lambda(\varepsilon)$, $y(\varepsilon)$ hat die Form

$$\lambda_p(\varepsilon) = \lambda_0 + O(\varepsilon)\,, \qquad y_p(\varepsilon) = \varphi + O(\varepsilon)$$

für $p > 2$ und

$$\lambda_p(\varepsilon) = \lambda_0 + O(\varepsilon^2)\,, \qquad y_p(\varepsilon) = \varphi + O(\varepsilon^2)$$

für $p = 2$. Für die übrigen $p - 1$ Paare $\lambda(\varepsilon)$, $y(\varepsilon)$ erhalten wir

$$\lambda_i(\varepsilon) = \lambda_0 + [-2L_{11}\varepsilon]_i^{1/(p-1)} + o\,(\varepsilon^{1/(p-1)})\,,$$

$$y_i(\varepsilon) = \varphi + [-2L_{11}\varepsilon]_i^{1/(p-1)}\,\Gamma\varphi + o(\varepsilon^{1/(p-1)})$$

für $p > 2$ und

$$\lambda_1(\varepsilon) = \lambda_0 - 2L_{11}\,\varepsilon + o(\varepsilon)\,,$$

$$y_1(\varepsilon) = \varphi + [H_1\varphi - 2L_{11}\Gamma\varphi]\,\varepsilon + o(\varepsilon)$$

für $p = 2$.

Gilt unter den Voraussetzungen von Satz 32.4 $L_{0j} = 0$, $j = 1, 2, \ldots$, so ist bei hinreichend kleinem ε dann $\lambda_p(\varepsilon) \equiv \lambda_0$ und $y_p(\varepsilon) \equiv \varphi$. Man überzeugt sich auch leicht davon, daß für $H(\varepsilon) \equiv \varepsilon H_1$ die Bedingung $L_{i0} = 0$ $(i = 1, 2, \ldots)$ dann und nur dann erfüllt ist, wenn $J(\varphi, B, H_1) = +\infty$ ist (siehe Punkt 31.1).

Liegt unter den Voraussetzungen von Satz 32.4 der reelle Fall vor, so gibt es bei geradem p in einer Umgebung des Punktes $\varepsilon = 0$ zwei verschiedene Eigenwerte $\lambda(\varepsilon)$. Bei ungeradem p besitzt der Operator $A(\varepsilon)$ in der Halbumgebung des Punktes $\varepsilon = 0$, in der $L_{11}\,\varepsilon > 0$ ist, einen Eigenwert $\lambda(\varepsilon)$, und in der Halbumgebung, in der $L_{11}\,\varepsilon < 0$ ist, drei verschiedene Eigenwerte $\lambda(\varepsilon)$.

Wir betrachten noch den Fall $L_{02} \neq 0$, $L_{20} \neq 0$ $(p = 2)$ und $\Delta = L_{11}^2 - L_{02} \neq 0$ (die Voraussetzung $L_{11} \neq 0$ ist jetzt unwesentlich). Dann besteht der fallende Teil des Newtonschen Diagramms aus einem Abschnitt, der die Punkte (0, 2) und (2, 0) verbindet, und dem der Exponent 1 entspricht. Wegen $\Delta \neq 0$ sind die Wurzeln der Bestimmungsgleichung einfach, so daß zwei Eigenwerte und Eigenelemente existieren, die analytisch von ε abhängen. Das gleiche gilt im reellen Fall für $\Delta > 0$. Ist dann aber $\Delta < 0$, so besitzt der Operator $A(\varepsilon)$ keine Eigenwerte $\lambda(\varepsilon)$, die der Bedingung $\lambda(0) = \lambda_0$ genügen.

Auf die gleiche Weise lassen sich weitere Aussagen herleiten. Wir glauben aber, daß die angegebenen Beispiele den Fall $p < +\infty$ ausreichend illustrieren. Der folgende Satz soll nun zeigen, daß die Voraussetzung $p < +\infty$ unwesentlich ist. Die uns bekannten klassischen Methoden der Störungstheorie setzen immer voraus, daß der Wurzelraum des Operators B endlichdimensional ist, so daß der Fall $p = +\infty$ nicht untersucht werden kann.

Satz 32.5. *Es sei $p = J(\varphi, B, I) = +\infty$. Ist $L_{01} \neq 0$, so besitzt der Operator $A(\varepsilon)$ bei hinreichend kleinem $\varepsilon \neq 0$ keine Eigenwerte $\lambda(\varepsilon)$, die der Bedingung $\lambda(0) = \lambda_0$ genügen. Ist $L_{01} = 0$, $L_{02} \neq 0$ und gibt es ein $q < +\infty$ mit der Eigenschaft, daß L_{q1} das erste von Null verschiedene Glied der Folge L_{j1}, $j = 1, 2, \ldots$, ist, so besitzt der Operator $A(\varepsilon)$ bei hinreichend kleinem $\varepsilon \neq 0$ q verschiedene Eigenwerte $\lambda_i(\varepsilon)$ $(i = 1, \ldots, q)$, die sich in konvergente Reihen nach Potenzen von $\varepsilon^{1/q}$ entwickeln lassen.*

Beweis. Für $L_{01} \neq 0$ fehlt der fallende Teil des Newtonschen Diagramms. Für $L_{01} = 0$, $L_{02} \neq 0$ besteht der fallende Teil aus einem Abschnitt, der die Punkte $(q, 1)$ und $(0, 2)$ verbindet und nicht die Abszissenachse erreicht. Die Behauptungen des Satzes folgen dann aus den Ergebnissen von Punkt 2.7 und aus Gleichung (32.18).

Beispiel. Wir zeigen an einem Beispiel, daß die in Satz 32.5 genannten Fälle wirklich vorkommen können. Dazu betrachten wir im Hilbert-Raum H das Eigenwertproblem

$$(B - \varepsilon A)\, y = \lambda\, y\,.$$

B sei der in Punkt (30.4) definierte Operator (siehe auch Punkt 32.3). Wir haben gesehen, daß die Bedingung $J(x_3, B, I) = +\infty$ der Bedingung $L_{i0} = 0$, $i = 2, 3, \ldots$, äquivalent ist.

Zunächst definieren wir den Operator A durch die Vorschrift

$$A\,x_3 = x_1\,, \quad A\,x_k = 0 \quad \text{für} \quad k \neq 3\,.$$

Dann ist $\Gamma A\,x_3 = x_3$, so daß $L_{01} = (\Gamma A\,x_3, x_3) = 1$ wird. Aus Satz 32.5 folgt, daß der Operator $B - \varepsilon A$ bei hinreichend kleinem $\varepsilon \neq 0$ keinen Eigenwert $\lambda(\varepsilon)$ besitzt, der der Bedingung $\lambda(0) = \lambda_0$ genügt.

Nun definieren wir den Operator A durch die Vorschrift

$$A\,x_3 = x_2\,, \quad A\,x_1 = x_1\,, \quad A\,x_s = 0\,, \quad s \neq 1, 3\,.$$

Nach Punkt 32.3 gilt

$$L_{01} = (\Gamma A\,x_3, x_3) = (\Gamma x_2, x_3) = (x_1, x_3) = 0\,,$$

$$L_{02} = \big((\Gamma A)^2\,x_3, x_3\big) = (\Gamma A\,x_1, x_3) = (\Gamma x_1, x_3) = 1\,,$$

$$2\,L_{11} = (\Gamma A\,\Gamma x_3 + \Gamma^2 A\,x_3, x_3) = (\Gamma A\,x_5, x_3) + (\Gamma^2 x_2, x_3) = (\Gamma x_1, x_3) = 1\,.$$

Aus Satz 32.5 folgt, daß der Operator $B - \varepsilon A$ für alle hinreichend kleinen $\varepsilon \neq 0$ genau einen Eigenwert $\lambda(\varepsilon)$ mit $\lambda(\varepsilon) \sim \lambda_0 - \varepsilon$ für $\varepsilon \to 0$ besitzt, zu dem das Eigenelement $y(\varepsilon)$ mit $y(\varepsilon) \sim x_1$ gehört.

32.5. Die Methode der unbestimmten Koeffizienten[1]**.** In den letzten Punkten haben wir gezeigt, daß sich die Eigenwerte und die Eigenelemente eines gestörten Operators unter hinreichend allgemeinen Voraussetzungen in konvergente Reihen nach ganzen oder gebrochenen Potenzen des Parameters ε entwickeln lassen. Um die Eigenwerte und Eigenelemente in diesem Fall praktisch zu berechnen, ist es günstig, die Methode der unbestimmten Koeffizienten zu benutzen. Die Anwendung dieser Methode stützt sich auf einige elementare Überlegungen.

k und i seien natürliche Zahlen. Für $k \geqq i$ definieren wir die Polynome $P_{ki}(\mu_1, \ldots, \mu_{k-i+1})$ in den $k-i+1$ komplexen Veränderlichen $\mu_1, \ldots, \mu_{k-i+1}$ als die Koeffizienten der formalen Entwicklung

$$\left[\sum_{l=1}^{+\infty} \mu_l\,\varepsilon^l\right]^i = \sum_{k=i}^{+\infty} p_{ki}(\mu_1, \ldots, \mu_{k-i+1})\,\varepsilon^k\,. \tag{32.21}$$

Offensichtlich gilt

$$P_{ki}(\eta_1, \ldots, \mu_{k-i+1}) = \sum_{s_1+\cdots+s_i=k} \mu_{s_1}\mu_{s_2}\cdots\mu_{s_i}\,. \tag{32.22}$$

Aus der Definition der Polynome P_{ki} ergeben sich die Formeln

$$P_{k1}(\mu_1, \ldots, \mu_k) = \mu_k\,, \quad P_{kk}(\mu_1) = \mu_1^k\,, \quad P_{k+1\,k}(\mu_1, \mu_2) = k\,\mu_1^{k-1}\,\mu_2 \tag{32.23}$$

und die allgemeinere Formel

$$P_{k+l\,k}(\mu_1, \ldots, \mu_{l+1}) = k\,\mu_1^{k-1}\,\mu_{l+1} + R_{k+l\,k}(\mu_1, \ldots, \mu_l)\,, \tag{32.24}$$

in der $R_{k+l\,k}$ gewisse Polynome bezeichnen, von denen nur wichtig ist, daß sie nicht von μ_{l+1} abhängen.

[1]) Siehe auch M. I. Wischik und L. A. Ljusternik [1], W. B. Lidski [1].

Lemma 32.1. *Es gilt die Additionsformel*

$$\sum_{j=1}^{k-i+1} P_{k-j\,i-1}(\mu_1, \ldots, \mu_{k-j-i+2})\, P_{j1}(\mu_1, \ldots, \mu_j) = P_{ki}(\mu_1, \ldots, \mu_{k-i+1}) \,. \qquad (32.25)$$

Beweis. Wir schreiben die gesuchte Formel in der Form (siehe (32.23))

$$\sum_{j=1}^{k-i+1} P_{k-j\,i-1}(\mu_1, \ldots, \mu_{k-j-i+2})\, \mu_j = P_{ki}(\mu_1, \ldots, \mu_{k-i+1}) \,.$$

Aus (32.21) folgt die Identität

$$\sum_{k=i}^{+\infty} P_{ki}\, \varepsilon^k = \left[\sum_{r=i-1}^{+\infty} P_{r\,i-1}\, \varepsilon^r\right] \left[\sum_{l=1}^{+\infty} \mu_l\, \varepsilon^l\right].$$

Vergleichen wir die Koeffizienten bei gleichen Potenzen von ε, so erhalten wir (32.25), was zu beweisen war.

Zur Veranschaulichung der Methode der unbestimmten Koeffizienten wählen wir ein Beispiel, bei dem die Voraussetzungen von Satz 32.2 erfüllt sind. Es sei $n = 1$, $J(\varphi, B, I) = p$, $1 < p < +\infty$ und $L_{01} \neq 0$. In Folgerung 32.1 haben wir festgestellt, daß $y(\varepsilon)$ und $\mu(\varepsilon)$ nach Potenzen von $\varepsilon^{1/p}$ entwickelt werden können,

$$y(\varepsilon) = \sum_{i=0}^{+\infty} y_i\, \varepsilon^{i/p}, \quad \mu(\varepsilon) = \sum_{i=1}^{+\infty} \mu_i\, \varepsilon^{i/p} \,. \qquad (32.26)$$

Da $y(\varepsilon)$ nur bis auf einen Zahlenfaktor bestimmt ist, normieren wir $y(\varepsilon)$ durch die Forderung $\big(y(\varepsilon), \gamma\big) = 1$. Hieraus folgt

$$(y_0, \gamma) = 1\,, \quad (y_i, \gamma) = 0, \quad i = 1, 2, \ldots. \qquad (32.27)$$

Wir wissen, daß die Reihen (32.26) bei hinreichend kleinem ε konvergieren. Nun wollen wir die Koeffizienten y_i und μ_i berechnen.

Wir setzen die Reihen (32.26) in die Gleichung (32.3) ein, vergleichen die Koeffizienten bei gleichen Potenzen von ε und erhalten zur Bestimmung der Koeffizienten y_i und μ_i das rekursive Gleichungssystem

$$\left.\begin{aligned} &B\, y_0 = 0\,, \\ &B\, y_s = \sum_{i=1}^{s} \mu_i\, y_{s-i}\,, \qquad s = 1, \ldots, p-1\,, \\ &B\, y_t = \sum_{i=1}^{t} \mu_i\, y_{t-i} + H_1\, y_{t-p} + \cdots + H_{\alpha(t)}\, y_{\beta(t)}\,, \\ &\qquad\qquad\qquad\qquad t = p, p+1, \ldots. \end{aligned}\right\} \qquad (32.28)$$

Die in die letzte Formel eingehenden Zahlen $\alpha(t)$ und $\beta(t)$ sind folgendermaßen definiert: Die Zahl t kann eindeutig in der Form $t = \alpha(t)\, p + \beta(t)$ dargestellt werden, wobei $\alpha(t)$ eine natürliche Zahl und $\beta(t)$ eine ganze Zahl aus dem Intervall $[0, p-1]$ ist. $\beta(t)$ bezeichnet also den Rest bei der Division von t durch p.

Die erste Gleichung des Gleichungssystems (32.28) führt auf

$$y_0 = \varphi = \varphi^{(1)} .$$

Die zweite Gleichung ist lösbar, weil ihre rechte Seite $\mu_1 y_0 = \mu_1 \varphi^{(1)}$ auch zu ψ orthogonal ist (nach Voraussetzung ist $p > 1$). Sie besitzt genau eine zu γ orthogonale Lösung (siehe (32.27)), und zwar

$$y_1 = \mu_1 \Gamma \varphi^{(1)} = \mu_1 \varphi^{(2)} .$$

Durch vollständige Induktion wollen wir beweisen, daß die ersten p Gleichungen des Gleichungssystems (32.28) lösbar sind und die Lösungen

$$y_s = \sum_{i=1}^{s} P_{si}(\mu_1, \ldots, \mu_{s-i+1}) \varphi^{(i+1)}, \qquad s = 1, \ldots, p-1, \tag{32.29}$$

besitzen. Für $s = 1$ ist diese Formel richtig, weil nach (32.23) $P_{11}(\mu_1) = \mu_1$ gilt.

Die ersten $k-1$ Gleichungen des Gleichungssystems (32.28) seien lösbar, und die Formel (32.29) sei für $s = 1, \ldots, k-1$ richtig. Wir zeigen, daß dann auch die k-te Gleichung von (32.28) lösbar und (32.29) für $s = k$ richtig ist. Wir formen die rechte Seite der k-ten Gleichung um, indem wir die Induktionsvoraussetzungen einsetzen, in den Doppelsummen die Reihenfolge der Summation vertauschen und schließlich die Additionsformel (32.25) benutzen:

$$\begin{aligned}\sum_{i=1}^{k} \mu_i y_{k-1} &= \sum_{i=1}^{k-1} \mu_i \sum_{j=1}^{k-i} P_{k-ij} \varphi^{(j+1)} + \mu_k \varphi^{(1)} = \\ &= \sum_{j=1}^{k-1} \varphi^{(j+1)} \sum_{i=1}^{k-j} \mu_i P_{k-ij} + \mu_k \varphi^{(1)} = \\ &= \sum_{j=1}^{k-1} \varphi^{(j+1)} P_{kj+1} + P_{k1} \varphi^{(1)} = \sum_{j=1}^{k} P_{kj} \varphi^{(j)}.\end{aligned}$$

Erinnern wir uns an die Definition der JORDANschen Kette, so sehen wir, daß die k-te Gleichung tatsächlich lösbar ist und die Formel (32.29) auch für $s = k$ gilt.

Nun betrachten wir die $(p+1)$-te Gleichung:

$$B y_p = \sum_{j=1}^{p} P_{pj}(\mu_1, \ldots, \mu_{p-j+1}) \varphi^{(j)} + H_1 \varphi^{(1)} . \tag{32.30}$$

Die Lösbarkeitsbedingung führt wegen $P_{pp}(\mu_1) = \mu_1^p$ (siehe (32.23)) auf die Gleichung

$$\mu_1^p + L_{01} = 0 .$$

Aus dieser Gleichung ergeben sich p verschiedene Werte für μ_1. Setzen wir jeden einzelnen Wert in den Ausdruck für y_1 ein, so erhalten wir p verschiedene Werte für den Koeffizienten y_1.

Wir fixieren nun einen beliebigen Wert von μ_1 und zeigen, daß die übrigen Koeffizienten $\mu_2, \ldots, y_2, \ldots$ durch μ_1 eindeutig bestimmt sind.

Aus (32.30) folgt

$$y_p = \sum_{j=1}^{p} P_{pj}(\mu_1, \ldots, \mu_{p-j+1})\, \varphi^{(j+1)} + \Gamma H_1 \varphi .$$

Die rechte Seite der $(p+2)$-ten Gleichung des Gleichungssystems (32.28) lautet nach einfachen Umformungen

$$\sum_{j=1}^{p} P_{p+1\,j}(\mu_1, \ldots, \mu_{p+2-j})\, \varphi^{(j)} + l_2$$

mit

$$l_2 = \mu_1^{p+1} \varphi^{(p+1)} + \mu_1 \Gamma H_1 \varphi^{(1)} .$$

Die Lösbarkeitsbedingung führt deshalb auf die Gleichung

$$p \cdot \mu_1^{p-1} \mu_2 + (l_2, \psi) = 0 ,$$

aus der sich μ_2 eindeutig bestimmen läßt. Damit kann unter Benutzung der dritten Gleichung von (32.28) y_2 endgültig berechnet werden.

Wir setzen nun voraus, daß die Koeffizienten $\mu_1, \ldots, \mu_k$ und $y_1, \ldots, y_k$ bereits bestimmt sind, daß die ersten $p + k$ Gleichungen des Gleichungssystems (32.28) lösbar und die Lösungen durch

$$y_t = \bar{y}_t + \sum_{i=1}^{t} P_{ti}(\mu_1, \ldots, \mu_{t-i+1})\, \varphi^{(i+1)} , \tag{32.31}$$

$$t = 1, \ldots, p + k - 1 ,$$

gegeben sind, wobei für $t < p$ gilt $\bar{y}_t = 0$ und $\bar{y}_t$ nur von $\mu_1, \ldots, \mu_k$ abhängt für $t \geqq p$.

Wir zeigen, daß sich aus der Lösbarkeitsbedingung für die $(p + k + 1)$-te Gleichung μ_{k+1} bei fixiertem μ_1 eindeutig bestimmen läßt, und daß die Formel (32.31) auch für $t = p + k$ gilt. Hieraus folgt schließlich, daß alle Koeffizienten y_i berechnet werden können und die Formel (32.31) für jedes t gilt.

Die rechte Seite der $(p + k + 1)$-ten Gleichung von (32.28) formen wir wie oben (beim Beweis der Formel (32.29)) um:

$$\sum_{i=1}^{p+k} \mu_i y_{t-i} + H_1 y_k + \cdots + H_{\alpha(p+k)} y_{\beta(p+k)} =$$

$$= \mu_{p+k} \varphi^{(1)} + \sum_{i=1}^{p+k-1} \mu_i \left\{ \sum_{j=1}^{p+k-i} P_{p+k-i\,j}\, \varphi^{(j+1)} + \bar{y}_{p+k-i} \right\} +$$

$$+ H_1 y_k + \cdots + H_{\alpha(p+k)} y_{\beta(p+k)} = \sum_{i=1}^{p+k} P_{p+k\,i}\, \varphi^{(i)} +$$

$$+ \sum_{i=1}^{p-1} \mu_i \bar{y}_{p+k-i} + H_1 y_k + \cdots + H_{\alpha(p+k)} y_{\beta(p+k)} .$$

Die Polynome $P_{p+k\,i}$, $i = p+1, \ldots, p+k$, hängen höchstens von den k Veränderlichen $\mu_1, \ldots, \mu_k$ ab, die nach Induktionsvoraussetzung schon bekannt sind. Mit l_{k+1} bezeichnen wir die ebenfalls bekannte Größe

$$l_{k+1} + = \sum_{i=p+1}^{p+k} P_{p+k\,i}\,\varphi^{(i)} + \sum_{i=1}^{p-1} \mu_i\,\bar{y}_{p+k-i} + H_1\,y_k + \cdots + H_\alpha\,y_\beta\,.$$

Wegen (32.24) liefert die Lösbarkeitsbedingung für die $(p+k+1)$-te Gleichung

$$k\,\mu_1^{k+1}\,\mu_{k+1} + R_{k+l,\,k}(\mu_1, \ldots, \mu_k) + (l_{k+1}, \psi) = 0\,,$$

woraus sich μ_{k+1} eindeutig bestimmen läßt. Die dann lösbare $(p+k+1)$-te Gleichung zeigt schließlich, daß y_{p+k} ebenfalls durch die Formel (32.31) gegeben ist.

32.6. Der mehrdimensionale Fall. In diesem Punkt behandeln wir den mehrdimensionalen nichtentarteten analytischen Fall ($n > 1$; in der zum Eigenwert λ_0 gehörigen Verzweigungsgleichung (32.14) ist mindestens ein Koeffizient $L_{\alpha\beta}$ von Null verschieden). Außerdem setzen wir der Einfachheit halber voraus, daß der Operator $B = A - \lambda_0 I$ einen vollständigen Jordanschen Satz (genauer Jordanschen I-Satz) von Nullstellen und zugeordneten (genauer I-zugeordneten) Elementen besitzt. Die Aussagen des grundlegenden Satzes 32.1 gelten natürlich auch dann, wenn diese zusätzliche Voraussetzung nicht erfüllt ist.

Der folgende Satz stellt einen Zusammenhang zwischen der Anzahl N aller Elemente des vollständigen Jordanschen Satzes des Operators B und der Anzahl der stetigen Eigenwerte $\lambda(\varepsilon)$ des Operators $A(\varepsilon)$, die der Bedingung $\lambda(0) = \lambda_0$ genügen, her.

Satz 32.6. *Der F-Operator B habe einen vollständigen Jordanschen Satz von insgesamt N Elementen* $\left(N = \sum_{i=1}^{n} p_i\right)$. *Dann besitzt der Operator $A(\varepsilon)$ für alle hinreichend kleinen ε (unter Berücksichtigung der Vielfachheit) genau N Eigenwerte $\lambda(\varepsilon)$, die stetig von ε abhängen und der Bedingung $\lambda(0) = \lambda_0$ genügen. Alle Eigenwerte lassen sich in konvergente Reihen nach ganzen oder gebrochenen Potenzen von ε entwickeln.*

Beweis. Wir zeigen zunächst, daß die Koeffizienten der Verzweigungsgleichung (32.14) den Bedingungen $L_{i\,0} = 0$, $i = n, \ldots, N-1$, und $L_{N\,0} \neq 0$ genügen. $L_{i\,0}$ ist der Koeffizient, der in den Entwicklungen der Funktionen

$$L(\mu, \varepsilon) = \det \|a_{ij}(\varepsilon, \mu)\|$$

und

$$L(\mu, 0) = \det \|(\mu\,[I - \mu\,\Gamma]^{-1}\,\varphi_i, \psi_j)\| = \det \left\| \sum_{s=0}^{+\infty} (\Gamma^s\,\varphi_i\,\psi_j)\,\mu^{s+1} \right\|$$

bei μ^i steht. Aus den Eigenschaften einer Determinante folgt

$$L(\mu, 0) = \sum_{s=n}^{+\infty} L_{s\,0}\,\mu^s\,,$$

mit

$$L_{s0} = \sum_{s_1+\cdots+s_n=s} \begin{vmatrix} (\Gamma^{s_1}\varphi_1, \psi_1) & (\Gamma^{s_n}\varphi_n, \psi_1) \\ (\Gamma^{s_1}\varphi_1, \psi_n) & (\Gamma^{s_n}\varphi_n, \psi_n) \end{vmatrix}.$$

Ist $s_j < p_j$ für mindestens ein j, so erhalten wir nach Definition der JORDANschen Kette $(\Gamma^{s_j}\varphi_j, \psi_k) = 0$, $k = 1, \ldots, n$, und $L_{s0} = 0$ für $s < N$. Ist dagegen $s_j = p_j$ für alle j, so wird $L_{N0} = \det \|(\Gamma^{p_i}\varphi_i, \psi_j)\| = 1$ (siehe (30.14)). Zum Beweis der Behauptungen des Satzes müssen wir dann das NEWTONsche Diagramm benutzen.

Wir führen einen wichtigen Begriff ein. Wir sagen, daß bei der Bestimmung der Eigenwerte und Eigenelemente des gestörten Operators $A(\varepsilon)$ eine vollständige Aufhebung der Entartung vorliegt, wenn folgende Bedingungen erfüllt sind:

1. Der Operator $B = A - \lambda_0 I$ besitzt einen vollständigen JORDANschen Satz von Nullstellen und zugeordneten Elementen, der insgesamt N Elemente enthält.

2. Die Projektion des fallenden Teils des NEWTONschen Diagramms, das zur Verzweigungsgleichung des Eigenwertes λ_0 gehört, hat die Länge N.

3. Die genannte Verzweigungsgleichung besitzt keine mehrfachen Wurzeln.

Satz 32.7. *Es liege eine vollständige Aufhebung der Entartung vor. Dann besitzt der Operator $A(\varepsilon)$ für alle hinreichend kleinen $\varepsilon \neq 0$ N verschiedene Eigenwerte $\lambda_i(\varepsilon)$, $i = 1, \ldots, N$, die stetig von ε abhängen und der Bedingung $\lambda(0) = \lambda_0$ genügen. Zu jedem Eigenwert $\lambda_i(\varepsilon)$ gehört das Eigenelement*

$$y_i(\varepsilon) = \sum_{j=1}^{n} \xi_j^{(i)}(\varepsilon) \{I - \Gamma H(\varepsilon) - [\lambda_i(\varepsilon) - \lambda_0]\, \Gamma\}^{-1} \varphi_j, \qquad (32.32)$$

das bis auf einen Zahlenfaktor eindeutig bestimmt ist. Dabei ist $\xi_1^{(i)}(\varepsilon), \ldots, \xi_n^{(i)}(\varepsilon)$ die bis auf einen Zahlenfaktor eindeutig bestimmte nichttriviale Lösung des Gleichungssystems (32.9) (*dort ist $\mu = \lambda_i(\varepsilon) - \lambda_0$ zu setzen*), *die für alle hinreichend kleinen ε definiert ist und für $\varepsilon = 0$ nicht verschwindet.*

Beweis. Der erste Teil des Satzes folgt aus Satz 32.6 und aus der Definition der vollständigen Aufhebung der Entartung.

Wir zeigen nun, daß die Matrix $\|a_{ij}(\varepsilon, \lambda(\varepsilon) - \lambda_0)\|$ den Rang $n - 1$ hat. Nehmen wir an, der Rang dieser Matrix sei kleiner als $n - 1$. Dann sind jeweils $n - 1$ Zeilen der Matrix linear abhängig. Unter Benutzung der Regel für die Differentiation einer Determinante erhalten wir $\left.\frac{\partial L(\mu, \varepsilon)}{\partial \mu}\right|_{\mu=\lambda_i(\varepsilon)-\lambda_0} = 0$, weil eine Summe von Determinanten, von denen jede $n - 1$ linear abhängige Zeilen enthält, verschwindet. Das widerspricht aber der Voraussetzung des Satzes, daß alle Wurzeln $\lambda_i(\varepsilon) - \lambda_0 = \mu_i(\varepsilon)$ bei hinreichend kleinem $\varepsilon \neq 0$ einfach sind.

Die Matrix $\|a_{ij}(\varepsilon, \lambda_i(\varepsilon) - \lambda_0)\|$ hat also den Rang $n - 1$. Wir lösen jetzt das Gleichungssystem (32.9) und kürzen seine Lösung, falls erforderlich, durch eine gewisse Potenz von ε. Damit ist auch der zweite Teil des Satzes bewiesen.

Die Bezeichnung „vollständige Aufhebung der Entartung" ist dadurch gerechtfertigt, daß die von uns konstruierten Eigenelemente $y(\varepsilon)$ keine zugeordneten Elemente besitzen, weil der Wurzelraum des Operators $A(\varepsilon)$ bei hinreichend kleinem $\varepsilon \neq 0$ ebenfalls N-dimensional ist (siehe z. B. DUNFORD und SCHWARTZ [1]).

Wir bringen noch ein konkretes Ergebnis, das für Matrizen von M. I. WISCHIK und L. A. LJUSTERNIK [1] unter Benutzung der Methode der unbestimmten Koeffizienten bewiesen worden ist.

Die Elemente des vollständigen JORDANschen Satzes $\varphi_i^{(j)}$ $(j = 1, \ldots, p_i;$ $i = 1, \ldots, n)$ seien folgendermaßen angeordnet: Zuerst stehen q_1 Elemente $\varphi_i^{(1)}$ $(i = 1, \ldots, q_1)$, deren JORDANsche Ketten die Länge p_1 haben, dann folgen q_2 Elemente $\varphi_i^{(2)}$ $(i = q_1 + 1, \ldots, q_1 + q_2)$, deren JORDANsche Ketten die Länge $p_2 > p_1$ haben, usw., den Schluß bilden q_l Elemente $\varphi_i^{(l)}$ mit JORDANschen Ketten der Länge $p_l > p_{l-1}$ $(p_1 < p_2 < \cdots < p_l)$. Der ganze JORDANsche Satz besteht offensichtlich aus $N = p_1 q_1 + \cdots + p_l q_l$ Elementen.

Es ist zweckmäßig, zwei ganzzahlige Funktionen der ganzzahligen Veränderlichen i, $i = 1, \ldots, l$, einzuführen, und zwar

$$t(i) = \sum_{s=1}^{i} p_s q_s \,, \qquad \tau(i) = \sum_{s=i}^{l} q_s \,. \tag{32.33}$$

Offensichtlich gilt

$$t(l) = N \,, \quad \tau(1) = n \,. \tag{32.34}$$

Außerdem erklären wir noch $t(i)$ für $i = 0$ und $\tau(i)$ für $i = l + 1$,

$$t(0) = 0 \,, \quad \tau(l + 1) = 0 \,. \tag{32.35}$$

Wir wählen ein ebenes rechtwinkliges Koordinatensystem und betrachten den Polygonzug L, der nacheinander die Punkte $(t(i - 1), \tau(i))$, $i = 1, \ldots, l + 1$, verbindet. Der Polygonzug L ist konvex. Bezeichnen wir nämlich mit α_i den Winkel zwischen dem i-ten Abschnitt von L und der negativen Abszissenrichtung, so folgt aus (32.33) — (32.35)

$$\tan \alpha_i = \frac{\tau(i) - \tau(i+1)}{t(i) - t(i-1)} = \frac{q_i}{p_i q_i} = \frac{1}{p_i} \,,$$

und wegen $p_{i-1} < p_i$ wird

$$\tan \alpha_i = \frac{1}{p_i} > \frac{1}{p_{i-1}} = \tan \alpha_{i-1} \,.$$

Die Folge $\tan \alpha_i$ ist also mit wachsendem i monoton fallend.

Lemma 32.2. *Es existiere ein vollständiger* JORDAN*scher Satz, der in der oben beschriebenen Weise angeordnet ist. Die Koeffizienten der Verzweigungsgleichung* (32.14) *mögen der Bedingung*

$$L_{\tau(i)\,(i-1)} \neq 0 \,, \; i = 1, \ldots, l + 1 \,, \tag{32.36}$$

genügen. Dann stimmt der fallende Teil des zur Verzweigungsgleichung (32.14) *gehörigen* NEWTON*schen Diagramms mit dem oben eingeführten Polygonzug L überein.*

Beweis. Wir müssen zeigen, daß für alle Punkte des ersten Quadranten, die ganzzahlige Koordinaten haben und links vom Polygonzug L liegen, $L_{ij} = 0$ wird.

Nach Definition ist

$$L(\mu, \varepsilon) = \begin{vmatrix} \sum\limits_{r_1+s_1 \geqq 1} a_{11}^{r_1 s_1} \varepsilon^{r_1} \mu^{s_1} & \sum\limits_{r_n+s_n \geqq 1} a_{1n}^{r_n s_n} \varepsilon^{r_n} \mu^{s_n} \\ \sum\limits_{r_1+s_1 \geqq 1} a_{n1}^{r_1 s_1} \varepsilon^{r_1} \mu^{s_1} & \sum\limits_{r_n+s_n \geqq 1} a_{nn}^{r_n s_n} \varepsilon^{r_n} \mu^{s_n} \end{vmatrix},$$

wobei die a_{11}^{rs} (r und s sind Indizes) die Koeffizienten der Entwicklung

$$a_{ij}(\varepsilon, \mu) = \sum_{r+s \geqq 1} a_{ij}^{rs} \varepsilon^r \mu^s$$

sind. Aus den Eigenschaften einer Determinante folgt

$$L(\mu, \varepsilon) = \sum_{r+s \geqq n} L_{rs} \mu^r \varepsilon^s$$

mit

$$L_{rs} = \sum_{\substack{r_1+\cdots+r_n=s \\ s_1+\cdots+s_n=r}} \begin{vmatrix} a_{11}^{r_1 s_1} & a_{1n}^{r_n s_n} \\ a_{n1}^{r_1 s_1} & a_{nn}^{r_n s_n} \end{vmatrix}.$$

Nach Definition von p_j gilt

$$\left.\begin{aligned} a_{ij}^{0s} &= (\Gamma^{s-1} \varphi_j, \psi_i) = 0 \quad \text{für} \quad s < p_j = J(\varphi_j, B, I), \\ \sum_{i=1}^{n} |a_{ij}^{0 p_j}|^2 &= \sum_{i=1}^{n} |(\Gamma^{p_j-1} \varphi_j, \psi_i)|^2 \neq 0 . \end{aligned}\right\} \quad (32.37)$$

Deshalb ist der kleinste Wert von s, für den die Ungleichung $L_{s1} \neq 0$ erfüllt ist, gleich $N - p_l$. Wir zeigen, daß der Punkt $(N - p_l, 1)$ auf L liegt. Die Gleichung der Geraden, auf der der l-te Abschnitt von L liegt, lautet

$$y + \frac{x}{p_l} = \frac{N}{p_l},$$

und der Punkt $(N - p_l, 1)$ liegt offensichtlich auf dieser Geraden.

Diese Überlegung kann verallgemeinert werden. Der kleinste Wert von s, für den die Ungleichung $L_{sr} \neq 0$ $(1 \leqq r \leqq n - 1)$ erfüllt ist, bestimmt sich folgendermaßen. Wir stellen r in der Form

$$r = \tau(i + 1) + j, \ 1 \leqq j \leqq q_i,$$

dar (die Zahlen i und j sind durch r eindeutig bestimmt). Der gesuchte Wert von s ist durch

$$s = t(i) - j\, p_i, \ 1 \leqq i \leqq l,$$

gegeben. Ist nämlich s kleiner als dieser Wert, so muß $L_{sr} = 0$ sein, weil dann alle Determinanten, die in den Ausdruck für L_{sr} eingehen, mindestens eine Spalte mit Nullen enthalten.

Die Gleichung der Geraden, auf der der i-te Abschnitt von L liegt, lautet

$$y + \frac{x}{p_i} = \tau(i + 1) + \frac{t(i)}{q_i},$$

und der Punkt $\big(t(i) - j\,p_i, \tau(i+1) + j\big)$ liegt offensichtlich auf dieser Geraden Damit haben wir gezeigt, daß links von L keine Punkte mit $L_i \neq 0$ liegen.

Der nächste Satz folgt unmittelbar aus Lemma 32.2 und aus Satz 32.7, wobei noch das NEWTONsche Diagramm heranzuziehen ist.

Satz 32.8. *Es existiere ein vollständiger* JORDAN*scher Satz, der in der oben beschriebenen Weise angeordnet ist. Die Bedingung* (32.35) *sei erfüllt. Ferner mögen die l algebraischen Gleichungen*

$$\sum^{(i)} L_{rs}\,\mu^s = 0\,, \qquad i = 1, \ldots, l\,,$$

keine mehrfachen Wurzeln besitzen; das Zeichen (i) bedeutet, daß über alle r und s zu summieren ist, die der Beziehung

$$r + \frac{s}{p_i} = \tau\,(i+1) + \frac{t(i)}{p_i}$$

genügen.

Dann besitzt der Operator $A(\varepsilon)$ für alle hinreichend kleinen $\varepsilon \neq 0$ genau N verschiedene Eigenwerte $\lambda(\varepsilon)$, die stetig von ε abhängen und der Bedingung $\lambda(0) = \lambda_0$ genügen. Zu jedem Eigenwert gehört ein eindeutig bestimmtes Eigenelement $y(\varepsilon)$. Alle Eigenwerte $\lambda(\varepsilon)$ sind in der Form

$$\lambda(\varepsilon) = \lambda_0 + \sum_{s=1}^{+\infty} \mu_{s/p_n}\,\varepsilon^{s/p_n}\,, \qquad n = 1, \ldots, l\,,$$

darstellbar. $y(\varepsilon)$ ist durch (32.32) *gegeben und ebenfalls in eine Reihe nach Potenzen von ε^{1/p_n} entwickelbar.*

32.7. Einige Verallgemeinerungen. Die Ergebnisse dieses Paragraphen können leicht auf eine allgemeinere Klasse von Gleichungen übertragen werden.

Gegeben sei eine Schar von Operatoren $A(\lambda, \varepsilon) \in (E_1 \to E_2)$, die von dem beliebigen komplexen Parameter λ und dem kleinen komplexen Parameter ε abhängt. $B = A(\lambda_0, 0)$ sei ein F-Operator mit der Nullzahl $n \geqq 1$.

Wir fragen nach den Eigenwerten $\lambda = \lambda_0 + \mu(\varepsilon)$ des Operators $A\big(\lambda_0 + \mu(\varepsilon), \varepsilon\big)$, die der Bedingung $\lim\limits_{\varepsilon \to 0} \mu(\varepsilon) = 0$ genügen; gesucht sind ferner die ihnen entsprechenden Nullstellen des Operators $A\big(\lambda_0 + \mu(\varepsilon), \varepsilon\big)$.

Statt (32.3) müssen wir jetzt die allgemeinere Gleichung

$$B\,y = [A\,(\lambda_0 + \mu, \varepsilon) - A(\lambda_0, 0)]\,y$$

betrachten.

Ist der Operator $A(\lambda_0 + \mu, \varepsilon)$ in den Veränderlichen μ und ε analytisch, gilt also

$$A\,(\lambda_0 + \mu, \varepsilon) - A(\lambda_0, 0) = \sum_{k+l \geq 1} A_{kl}\,\varepsilon^k\,\mu^l\,,$$

so können wir zur Untersuchung dieser Gleichung wieder das NEWTONsche Diagramm benutzen. Dabei ist nur der Begriff der JORDANschen Kette zu verallgemeinern. Die entsprechenden Aussagen lassen sich wie oben formulieren.

Schließlich können auch unbeschränkte Operatoren betrachtet werden (siehe W. A. TRENOGIN [3]).

§ 33. Singuläre Lösungen nichtlinearer Gleichungen[1])

33.1. Die Aufgabenstellung. Grundbegriffe. E_1, E_2 und E seien komplexe BANACH-Räume. $F(x, y)$ sei ein auf $E_1 \times D_\varrho(y_0, E)$ definierter nichtlinearer Operator, sein Wertebereich liege in E_2. Ferner sei $x = x(y)$ für $y \in D_\varrho(y_0, E)$, $y \neq y_0$, eine Lösung der Gleichung $F(x, y) = 0$. Besitzt $x(y)$ für $y \to y_0$ keinen endlichen Grenzwert, so heißt $x(y)$ singuläre Lösung. Wenn der genannte Grenzwert existiert und endlich ist, heißt $x(y)$ reguläre Lösung.

Im folgenden beschränken wir uns auf den Fall, daß $y = \lambda$ ein kleiner komplexer Zahlenparameter und $y_0 = 0$ ist. Dieser Fall ist einerseits für die Anwendungen besonders wichtig, und andererseits nicht zu speziell; denn wenn y ein Funktionalparameter ist, können wir die Gleichung $F(x, y) = 0$ auf jedem einzelnen Strahl $y = t\, y_1$, $||y_1|| = \varrho$, betrachten und dadurch auf den genannten Fall zurückführen.

Zunächst geben wir einige Beispiele für singuläre Lösungen an. Sehr einfache Beispiele liefert die algebraische Gleichung

$$P_n(\xi, \lambda) \equiv \sum_{i=0}^{n} a_i(\lambda)\, \xi^{n-i} = 0\,.$$

Die Funktionen $a_i(\lambda)$ seien in einer Umgebung des Punktes $\lambda = 0$ analytisch. In § 2 haben wir gesehen, daß diese Gleichung für $a_0(0) = 0$ eine singuläre Lösung der Form

$$\xi(\lambda) = \lambda^{-p/q}\, [\xi_0 + o(1)]$$

besitzt (p und q sind natürliche Zahlen). Der Punkt $\lambda = 0$ ist also für die singuläre Lösung $\xi(\lambda)$ ein algebraischer Verzweigungspunkt vom Typ eines Pols.

Inhaltsreichere Beispiele für singuläre Lösungen liefern die nichtlinearen Integralgleichungen (siehe § 14).

Betrachten wir etwa die Integralgleichung

$$x(t) = \lambda \int_0^1 x(s)\, \varphi[x(s)]\, ds\,.$$

λ sei ein kleiner komplexer Parameter. Aus der Gleichung folgt sofort, daß $x(t)$ nicht von t abhängt, so daß die Integralgleichung einer Gleichung der Form

$$\varphi(x) = C(\lambda)$$

äquivalent ist. Wählen wir für $\varphi(x)$ Funktionen, die in verschiedener Weise nach unendlich streben, so erhalten wir verschiedene Beispiele für singuläre Lösungen.

---

[1]) In diesem Paragraphen werden die Ergebnisse der Arbeit W. A. TRENOGIN [4] mit vollständigen Beweisen dargelegt.

Beispiel 1. Es sei $\varphi(x) = x^\alpha$, $\alpha > 0$. Dann ist $x = \lambda^{-1/\alpha}$. Für diese Lösung ist der Punkt $\lambda = 0$ ein Pol n-ter Ordnung, falls $\alpha = 1/n$ und n eine natürliche Zahl ist, in den übrigen Fällen ein algebraischer oder transzendenter Verzweigungspunkt vom Typ eines Pols.

Beispiel 2. Es sei $\varphi(x) = \ln x$. Dann ist $x = e^{1/\lambda}$. Für diese Lösung ist der Punkt $\lambda = 0$ ein wesentlich singulärer Punkt.

Beispiel 3. Es sei $\varphi(x) = e^x$. Dann ist $x = \ln 1/\lambda$. Für diese Lösung ist der Punkt $\lambda = 0$ ein logarithmischer Verzweigungspunkt.

Natürlich lassen sich auch kompliziertere Beispiele konstruieren.

Eine singuläre Lösung $x(\lambda)$ heißt große Lösung, wenn

$$\lim_{\lambda \to 0} x(\lambda) = \infty$$

gilt. Alle oben betrachteten singulären Lösungen außer der von Beispiel 2 sind große Lösungen. In den folgenden Untersuchungen wollen wir uns gerade auf große Lösungen beschränken, obwohl auch andere Typen von singulären Lösungen mit ähnlichen Methoden untersucht werden können.

In vielen Fällen läßt sich die Untersuchung großer Lösungen nach dem folgenden einfachen Verfahren auf die Untersuchung kleiner Lösungen zurückführen.

Wir suchen große Lösungen der Gleichung

$$F(x, \lambda) = 0\,, \tag{33.1}$$

die sich in der Form

$$x(\lambda) = \varphi(\lambda)\,[x_0 + g(\lambda)] \tag{33.2}$$

darstellen lassen. $\varphi(\lambda)$ sei eine vorgegebene, für alle hinreichend kleinen $\lambda \neq 0$ definierte komplexwertige Funktion mit der Eigenschaft

$$\lim_{\lambda \to 0} \varphi(\lambda) = \infty\,, \tag{33.3}$$

$g(\lambda)$ sei eine kleine Funktion mit Werten in E_1, d. h.

$$\lim_{\lambda \to 0} g(\lambda) = 0\,. \tag{33.4}$$

Es gelte die Zerlegung

$$F\big(\varphi(\lambda)\,[x_0 + g(\lambda)], \lambda\big) \equiv \psi(\lambda)\,[\Phi(x_0) + \Phi(g, \lambda, x_0)]\,; \tag{33.5}$$

dabei sei $\psi(\lambda)$ eine für alle hinreichend kleinen λ (möglicherweise $\lambda \neq 0$) definierte komplexwertige Funktion; $\Phi(x)$ und $\Phi(g, \lambda, x)$ seien Funktionen mit Werten in E_2. Schließlich sei x_0 eine Lösung der Gleichung $\Phi(x) = 0$.

Dann ist das Problem, große Lösungen der Form (33.2) zu finden, dem Problem äquivalent, kleine Lösungen der Gleichungen

$$\Phi(g, \lambda, x_0) = 0 \tag{33.6}$$

zu bestimmen, wobei x_0 die Menge aller Lösungen der Gleichung $\Phi(x) = 0$ durchläuft.

Ist $x_0 = 0$, so erhalten wir die große Lösung

$$x(\lambda) = o[\varphi(\lambda)] \quad \text{für} \quad \lambda \to 0\,. \tag{33.7}$$

Ist aber $x_0 \neq 0$, so wird

$$x(\lambda) = O[\varphi(\lambda)] \quad \text{für} \quad \lambda \to 0\,. \tag{33.8}$$

Beide Typen von großen Lösungen sind möglich, weil die Gleichung $\Phi(x) = 0$ sowohl die triviale als auch nichttriviale Lösungen besitzen kann.

Gleichungen der Form (33.6) haben wir in Kapitel VII und VIII behandelt. Wir sehen also, daß sich unter geeigneten Voraussetzungen die Untersuchung großer Lösungen auf die Untersuchung kleiner Lösungen reduziert.

33.2. Die Störung einer linearen Gleichung durch nichtlineare kleine Glieder. E_1 und E_2 seien komplexe BANACH-Räume, λ sei ein kleiner komplexer Parameter. Wir betrachten die Gleichung

$$B\,x = f + \lambda \sum_{i=0}^{k} F_i\, x^i \tag{33.9}$$

mit $x \in E_1$ und $k \geqq 2$. f und F_0 seien Elemente von E_2, $B \in (E_1 \to E_2)$ sei ein F-Operator, $F_i\, x^i$ $(i = 1, \ldots, k)$ sei ein i-Potenzoperator von E_1 in E_2 (F_1 ist ein linearer Operator).

$\mathfrak{R}_k$ bezeichne die Klasse der abstrakten, im allgemeinen mehrdeutigen Funktionen $x(\lambda)$, die jeweils auf einer gewissen Umgebung des Punktes $\lambda = 0$ (den Punkt $\lambda = 0$ selbst möglicherweise ausgenommen) definiert und stetig sind und für $\lambda \to 0$ das Verhalten

$$x(\lambda) = o\left(\lambda^{-1/(k-1)}\right)$$

zeigen.

Wir substituieren in der Gleichung (33.9)

$$\lambda = \mu^{k-1}\,, \qquad x = g\,\mu^{-1}\,. \tag{33.10}$$

Diese Transformation ist eindeutig umkehrbar, wenn wir in den Formeln der Umkehrtransformation

$$\mu = \lambda^{1/(k-1)}\,, \qquad g = x\,\lambda^{1/(k-1)} \tag{33.11}$$

für $k > 2$ den Hauptwert der Funktion $\lambda^{1/(k-1)}$ benutzen. Durch die Transformation (33.10) geht (33.9) in die Gleichung

$$B\,g = \mu f + \sum_{i=0}^{k} \mu^{k-i}\, F_i\, g^i \tag{33.12}$$

über. Das Problem, in der Klasse $\mathfrak{R}_k$ liegende Lösungen $x = x(\lambda)$ der Gleichung (33.9) zu bestimmen, führt auf das äquivalente Problem, kleine Lösungen $g = g(\mu)$ der Gleichung (33.12) zu bestimmen.

Das zuletzt genannte Problem ist ein Spezialfall der allgemeinen Verzweigungstheorie.

n sei die Nullzahl des Operators B. Ist $n = 0$, so können wir auf die Gleichung (33.12) den Satz 22.2 über implizite Operatoren anwenden; sie besitzt genau eine kleine Lösung, die sich in einer gewissen Umgebung des Punktes $\mu = 0$ in die konvergente Reihe

$$g(\mu) = \sum_{i=1}^{\infty} g_i \mu^i$$

entwickeln läßt. Die Gleichung (33.9) besitzt dann in der Klasse $\mathfrak{N}_k$ die eindeutig bestimmte Lösung

$$x(\lambda) = \sum_{i=1}^{\infty} g_i \lambda^{(i-1)/(k-1)} . \tag{33.13}$$

Ist $n = 1$, so führt das Problem auf die Verzweigungsgleichung (24.2). Dabei müssen wir zwei Fälle unterscheiden, den entarteten (oder trivialen) Fall, in dem alle Koeffizienten der Verzweigungsgleichung verschwinden, und den nichtentarteten (oder quasiregulären) Fall, in dem mindestens ein Koeffizient der Verzweigungsgleichung von Null verschieden ist.

Im entarteten Fall besitzt die Gleichung (33.12) eine einparametrige Schar von kleinen Lösungen $g = g(\mu, \xi)$, die von dem willkürlichen kleinen Parameter ξ abhängt. Damit besitzt auch die Gleichung (33.9) in $\mathfrak{N}_k$ eine einparametrige Lösungsschar.

Im nichtentarteten Fall besitzt die Gleichung (33.12) höchstens endlich viele kleine Lösungen, die sich in einer gewissen Umgebung des Punktes $\mu = 0$ in konvergente Reihen nach ganzen oder gebrochenen Potenzen von μ entwickeln lassen. Kehren wir zu den Veränderlichen x und λ zurück, so sehen wir, daß die Gleichung (33.9) in der Klasse $\mathfrak{N}_k$ höchstens endlich viele Lösungen besitzt, die sich in einer gewissen Umgebung des Punktes $\lambda = 0$ (den Punkt $\lambda = 0$ möglicherweise ausgenommen) in Reihen (LAURANT-Reihen) nach gebrochenen Potenzen von $\lambda^{1/(k-1)}$ entwickeln lassen.

Wir wollen im folgenden nur den Fall $n = 1$ behandeln, für den wir relativ abgeschlossene Ergebnisse erhalten. Der Fall $n > 1$ ist in einer Arbeit von P. G. AISENGENDLER [2] untersucht worden.

In den nächsten beiden Punkten fassen wir einige Ergebnisse zusammen, die wir später brauchen werden. In Punkt 33.5 wollen wir nämlich auf die Gleichung (33.9) die Methode der unbestimmten Koeffizienten anwenden. Dazu müssen wir vorher den Begriff der JORDANschen Kette auf den nichtlinearen Fall verallgemeinern und die Eigenschaften gewisser Polynome untersuchen.

33.3. Verallgemeinerte JORDANsche Ketten. B sei ein F-Operator mit der Nullzahl $n = 1$, mit φ bzw. ψ bezeichnen wir eine Nullstelle von B bzw. sein Defektfunktional.

Definition 33.1. Wir sagen, daß φ eine JORDANsche F_k-Kette der Länge $p < +\infty$ besitzt, wenn p linear unabhängige Elemente $\varphi_1 = \varphi, \varphi_2, \ldots, \varphi_p$

existieren, die den Beziehungen

$$B\varphi_1 = 0\,,\quad B\varphi_s = \sum_{s_1+\cdots+s_k=k+s-2} F_k\,\varphi_{s_1},\ldots,\varphi_{s_k},\quad s = 2,\ldots,p\,, \tag{33.14}$$

und

$$\alpha_p = \Big(\sum_{s_1+\cdots+s_k=p+k-1} F_k\,\varphi_{s_1},\ldots,\varphi_{s_k},\psi\Big) \neq 0$$

genügen.

In dieser Definition ist die Forderung enthalten, daß die Gleichungen (33.14) lösbar sind, daß also die Bedingungen

$$\Big(\sum_{s_1+\cdots+s_k=k+s-2} F_k\,\varphi_{s_1},\ldots,\varphi_{s_k},\psi\Big) = 0\,,\qquad s = 2,\ldots,p\,, \tag{33.15}$$

erfüllt sind. Man überzeugt sich ferner leicht davon, daß die Elemente $\varphi_1,\ldots,\varphi_p$ genau dann linear unabhängig sind, wenn die Elemente

$$\Phi_2(\varphi_1),\ \Phi_3(\varphi_1,\varphi_2),\ \ldots,\ \Phi_p(\varphi_1,\ldots,\varphi_{p-1})$$

mit

$$\Phi_s(\varphi_1,\ldots,\varphi_{s-1}) = \sum_{s_1+\cdots+s_k=k+s-2} F_k\,\varphi_{s_1},\ldots,\varphi_{s_k} \tag{33.16}$$

linear unabhängig sind.

Der folgende Satz stellt einen Zusammenhang zwischen der Länge der JORDANschen F_k-Kette und der Anzahl der in der Klasse $\mathfrak{N}_k$ liegenden Lösungen der Gleichung (33.9) her.

Satz 33.1. *Die JORDANsche F_k-Kette der Nullstelle φ des F-Operators B sei von endlicher Länge, $p = J(\varphi, B, F_k) < +\infty$. Dann besitzt die Gleichung* (33.9) *in der Klasse $\mathfrak{N}_k$ (unter Berücksichtigung der Vielfachheit) genau $1 + p\,(k-1)$ Lösungen, die eindeutige Funktionen von λ sind. Jede Lösung läßt sich in einer gewissen Umgebung des Punktes $\lambda = 0$ (den Punkt $\lambda = 0$ möglicherweise ausgenommen) in eine konvergente Reihe nach gebrochenen Potenzen von λ entwickeln.*

Beweis. Wir zeigen, daß die Koeffizienten der zur Gleichung (33.12) gehörigen Verzweigungsgleichung den Beziehungen

$$L_{i\,0} = 0\,,\quad i = 2,\ldots,(k-1)\,p\,,\quad L_{1+p(k-1)\,0} \neq 0 \tag{33.17}$$

genügen. Die Aussagen des Satzes folgen dann aus Satz 24.1 (da nicht alle Koeffizienten der Verzweigungsgleichung verschwinden) und aus Satz 24.2, weil die Probleme (33.9) und (33.12) äquivalent sind.

Um die Beziehungen (33.17) zu beweisen, benutzen wir das in Punkt 24.1 vorgeschlagene Verfahren zur Berechnung der Koeffizienten $L_{i\,0}$. Im vorliegenden Fall nimmt die Gleichung (24.3) für $\lambda = 0$ die einfache Form

$$u^{(0)} = F_k\,[\Gamma\,u^{(0)}]^k + \xi\,z \tag{33.18}$$

an. Aus dem Satz 22.2 über implizite Operatoren folgt, daß die Gleichung (33.18) genau eine Lösung $u^{(0)}(\xi)$ besitzt, die der Bedingung $u^{(0)}(\xi) \to 0$ für $\xi \to 0$

genügt, und daß diese Lösung in eine konvergente Reihe entwickelt werden kann,

$$u^{(0)} = \sum_{s=1}^{+\infty} u_s^{(0)} \xi^s . \tag{33.19}$$

Mit den Ergebnissen von Punkt 24.1 (siehe (24.7) und (24.8)) erhalten wir

$$L_{i0} = (u_i^{(0)}, \psi) , \quad i = 2, 3, \ldots . \tag{33.20}$$

Nun setzen wir die Reihe (33.19) in die Gleichung (33.18) ein und vergleichen die Koeffizienten bei gleichen Potenzen von ξ. Dadurch kommen wir auf ein rekursives Gleichungssystem für die Koeffizienten $u_1^{(0)}, u_2^{(0)}, \ldots$. Die rechte Seite der j-ten Gleichung dieses Gleichungssystems ist für $j \neq 1 + (k-1)(s-1)$ gleich Null und für $j = 1 + (k-1)(s-1)$ im allgemeinen von Null verschieden (speziell für $k = 2$ sind die rechten Seiten aller Gleichungen im allgemeinen von Null verschieden):

$$u_1^{(0)} = z , \qquad u_j^{(0)} = 0 \qquad \text{für} \quad j \neq 1 + (k-1)(s-1) ,$$

$$u_j^{(0)} = \Phi_j (\Gamma u_1^{(0)}, \Gamma u_k^{(0)}, \ldots, \Gamma u_{1+(k-1)(s-1)}^{(0)}) \quad \text{für} \quad j = 1 + (k-1)(s-1) .$$

Vergleichen wir diese Formeln mit (33.14) (siehe auch (33.16)), so ergibt sich $\Gamma u_{1+(k-1)(s-1)} = \varphi_s$ $(s = 1, \ldots, p)$. Aus (33.15) folgt dann

$$L_{i0} = 0 , \qquad i = 2, \ldots, 1 + (k-1)(p-1) ,$$

und wegen (33.14) ist $L_{1+(k-1)p, 0} = \alpha_p \neq 0$.

Damit ist der Satz bewiesen.

33.4. Die Eigenschaften gewisser Polynome. In Punkt 32.5 haben wir die Eigenwerte und die Eigenelemente eines gestörten Operators nach der Methode der unbestimmten Koeffizienten berechnet und dabei die Polynome P_{ij} eingeführt. Diese Polynome und noch allgemeinere Polynome P_{ijk} spielen auch bei der Störung einer linearen Gleichung durch kleine nichtlineare Glieder eine große Rolle. In diesem Punkt wollen wir die genannten Polynome einführen und ihre wichtigsten Eigenschaften untersuchen.

Wie in Punkt 32.5 erklären wir für $i \geqq j \geqq 1$ die Polynome $P_{ij}(c_1, \ldots, c_{i-j+1})$ in $i - j + 1$ Veränderlichen als die Koeffizienten der formalen Entwicklung

$$\left(\sum_{l=1}^{+\infty} c_l \varepsilon^l\right)^j = \sum_{i=j}^{+\infty} P_{ij}(c_1, \ldots, c_{i-j+1}) \varepsilon^i . \tag{33.21}$$

Wir beweisen für diese Polynome eine allgemeine Additionsformel, von der (32.25) ein Spezialfall ist.

Lemma 33.1. *Für beliebige natürliche Zahlen σ, β und l mit $\sigma \geqq \beta \geqq l$ und für beliebige $j_1, \ldots, j_l$ mit $j_1 + \cdots + j_l = \beta$ gilt die Formel*

$$\sum_{i_1 + \cdots + i_l = \sigma} P_{i_1 j_1} \cdots P_{i_l j_l} = P_{\sigma\beta} . \tag{33.22}$$

Beweis. Wir betrachten das Polynom

$$Q(\varepsilon) = \sum_{i=1}^{\sigma-\beta+1} c_i \varepsilon^i .$$

Dann gilt

$$P_{\sigma\beta}(c_1, \ldots, c_{\sigma-\beta+1}) = \frac{1}{\sigma!} \frac{d^\sigma}{d\varepsilon^\sigma} [Q^\beta(\varepsilon)]|_{\varepsilon=0} ,$$

$$P_{i_s j_s}(c_1, \ldots, c_{i_s-j_s+1}) = \frac{1}{i_s!} \frac{d^{i_s}}{d\varepsilon^{i_s}} [Q^{j_s}(\varepsilon)]|_{\varepsilon=0} .$$

Nun benutzen wir die Formel

$$\frac{d^\sigma}{d\varepsilon^\sigma} [R_{j_1}(\varepsilon) R_{j_2}(\varepsilon) \cdots R_{j_l}(\varepsilon)] = \sum_{\substack{i_1+\cdots+i_l=\sigma \\ i_s \geqq 0}} \frac{\sigma!}{i_1! \cdots i_l!} \frac{d^{i_1}R_{j_1}}{d\varepsilon^{i_1}} \cdots \frac{d^{i_l}R_{j_l}}{d\varepsilon^{i_l}} ,$$

die durch vollständige Induktion bewiesen werden kann. Setzen wir in dieser Formel $R_{j_s} = Q^{j_s}$ und anschließend $\varepsilon = 0$, so erhalten wir wegen $Q(0) = 0$ gerade die Behauptung des Lemmas.

Wir definieren jetzt allgemeinere Polynome $P_{ijk}(c_1, \ldots, c_{i-j+1})$, die ebenfalls von $i - j + 1$ Veränderlichen abhängen und für alle natürlichen Zahlen i, j, k mit $i \geqq j \geqq 1$, $k \geqq 2$ erklärt sind. Dazu setzen wir

$$P_{ijk} = P_{i'j'} \tag{33.23}$$

mit

$$i' = i + (k-2)(j-1) , \quad j' = j + (k-2)(j-1) . \tag{33.24}$$

Speziell gilt

$$P_{ij2} = P_{ij} . \tag{33.25}$$

Außerdem folgt aus (33.22), (33.23) und (32.23)

$$P_{iik} = P_{1+(i-1)(k-1)\,1+(i-1)(k-1)} = c_1^{1+(i-1)(k-1)} . \tag{33.26}$$

Ebenso gilt

$$P_{p+2\,p+1\,k} = [1 + p(k-1)] c_1^{p(\varkappa-1)} c_2 . \tag{33.27}$$

Schließlich erhalten wir unter Benutzung von (32.24)

$$P_{p+q\,p+1\,k} = [1 + p(k-1)] c_1^{p(k-1)} c_q + R_{pqk}(c_1, \ldots, c_{q-1}) , \tag{33.28}$$

wobei die R_{pqk} gewisse Polynome sind, von denen nur wichtig ist, daß sie nicht von c_q abhängen.

Die Polynome P_{ijk} genügen ebenfalls einer Additionsformel, die für $k = 2$ in die Formel (33.22) übergeht.

Lemma 33.2. *Für beliebige natürliche Zahlen $j_1, \ldots, j_k, s, t$ mit $j_1 + \cdots + j_k = t$, $k - 1 \leqq t \leqq k + s - 2$ gilt die Formel*

$$\sum_{i_1+\cdots+i_k=k+s-2} P_{i_1 j_1 k} \cdots P_{i_k j_k k} = P_{s\,t-k+2\,k} . \tag{33.29}$$

Beweis. Zunächst berechnen wir die Summen $\sum_{s=1}^{k} i'_s$ und $\sum_{s=1}^{k} j'_s$:

$$\sum_{s=1}^{k} i'_s = \sum_{s=1}^{k} i_s + (k-2)\left[\sum_{s=1}^{k} j_s - k\right] =$$
$$= k - 2 + s(k-2)(t-k) = s + (k-2)(t-k+1),$$
$$\sum_{s=1}^{k} j'_s = k + (k-1)(t-k) = t - k + 2 + (k-2)(t-k+1).$$

Für $i = s$ und $j = t + 2 - k$ ergibt sich aus (33.24)

$$s' = s + (k-2)(t-k+1),$$
$$(t-k+2)' = t - k + 2 + (k-2)(t-k+1).$$

Gehen wir von der Definition der Polynome P_{ijk} aus, so erhalten wir

$$I = \sum_{i_1+\cdots+i_k=k+s-2} P_{i_1 j_1 k} \cdots P_{i_k j_k k} = \sum_{i'_1+\cdots+i'_k=s'} P_{i'_1 j'_1} \cdots P_{i'_k j'_k}$$

mit

$$j'_1 + \cdots + j'_k = (t-k+2)'.$$

Aus der Additionsformel (33.22) folgt dann

$$I = P_{s'(t-k+2)'} = P_{s\,t-k+2\,k},$$

was zu beweisen war.

Lemma 33.3. *Unter den Voraussetzungen von Lemma 33.2 gilt die Formel*

$$\sum_{\substack{i_1+\cdots+i_k=s+k-2\\ i_l\neq s-1}} P_{i_1 j_1 k} \cdots P_{i_k j_k k} = P_{s\,t-k+2\,k} - k\,c_1^{k-1} P_{s-1\,t-k+1\,k}. \qquad (33.30)$$

Beweis. Wir setzen

$$I_1 = \sum_{\substack{i_1+\cdots+i_k=s+k-2\\ i_l\neq s-1}} P_{i_1 j_1 k} \cdots P_{i_k j_k k};$$

$$I_2 = \sum_{\substack{i_1+\cdots+i_k=s+k-2\\ i_l=s-1}} P_{i_1 j_1 k} \cdots P_{i_k j_k k}.$$

Aus Lemma 33.2 folgt

$$I_1 + I_2 = P_{s\,t-k+2\,k}.$$

Zum Beweis der Formel (33.30) müssen wir also zeigen, daß

$$I_2 = k(P_{11})^{k-1} P_{s-1\,t-k+1\,k} \qquad (33.31)$$

gilt.

Wir betrachten den Ausdruck für I_2. Ist für irgendeine Zahl l_0 $i_{l_0} = s - 1$, so wird

$$\sum_{\substack{l=1\\ l\neq l_0}} i_l = s + k - 2 - s + 1 = k - 1.$$

Wegen $i_l \geqq 1$ ergibt sich für alle übrigen l $i_l = 1$. Aus $i_l \geqq j_l \geqq 1$ folgt dann $j_l = 1$ für alle $l \neq l_0$. Wegen $\sum_{l=1}^{k} j_l = t$ erhalten wir schließlich $j_{l_0} = t - k + 1$. Die Formel (33.31) ist also richtig, und damit ist das Lemma bewiesen.

33.5. Der Hauptfall des Störungsproblems. In diesem Punkt untersuchen wir den Fall $(f, \psi) \neq 0$. Nach den Ergebnissen von § 24 bedeutet das, daß in der zur Gleichung (33.12) gehörigen Verzweigungsgleichung der Koeffizient $L_{01} = (f, \psi)$ von Null verschieden ist (siehe z.B. die erste Formel von (24.6)). Deshalb können wir die Ergebnisse von Punkt 2.7 benutzen, nach denen die Gleichung (33.12) die n-deutige kleine Lösung

$$g(\mu) = \sum_{i=1}^{+\infty} g_i \mu^{i/n}, \qquad g_1 \neq 0,$$

besitzt, falls $L_{01} \neq 0$ und $L_{n0} \neq 0$ ist. Gehen wir zu den Veränderlichen x und λ über, so sehen wir, daß die Gleichung (33.9) in der Klasse $\mathfrak{N}_k$ die n-deutige singuläre Lösung

$$x = \lambda^{-1/(k-1)} = \sum_{i=1}^{+\infty} g_i \lambda^{i/((k-1)n)}$$

besitzt (unter $\lambda^{1/(k-1)}$ verstehen wir einen bestimmten eindeutigen Zweig dieser mehrdeutigen Funktion, und zwar ihren Hauptwert).

Schließlich haben wir in Punkt 33.3 einen Zusammenhang zwischen der Länge der Jordanschen F_k-Kette und dem Index n des ersten von Null verschiedenen Koeffizienten L_{i0}, $i = 2, 3, \ldots$, der Verzweigungsgleichung hergestellt, es war $n = 1 + p(k-1)$.

Wir fassen diese Ergebnisse in einem Satz zusammen.

Satz 33.2. *Es sei $p < +\infty$ und $(f, \psi) \neq 0$. Dann besitzt die Gleichung* (33.9) *in der Klasse $\mathfrak{N}_k$ genau eine $(1 + p(k-1))$-deutige singuläre Lösung, die sich in die konvergente Reihe*

$$x(\lambda) = \sum_{i=1}^{+\infty} g_i \lambda^{\frac{-1-(k-1)p+i}{(k-1)[1+(k-1)p]}} \tag{33.32}$$

mit $g_1 \neq 0$ entwickeln läßt.

Aus (33.32) folgt für $\lambda \to 0$

$$x(\lambda) \sim g_1 \lambda^{-\frac{p}{1+p(k-1)}}.$$

Im folgenden wollen wir zeigen, daß die Lösung (33.32) nach der Methode der unbestimmten Koeffizienten berechnet werden kann und daß sich dabei genauere Informationen über diese Lösung ergeben. Für $k > 2$ und für $i \neq 1 + (k-1)s$ ist nämlich $g_i = 0$, so daß

$$x(\lambda) = \sum_{i=1}^{+\infty} x_i \lambda^{\frac{-p+i-1}{1+(k-1)p}} \tag{33.33}$$

wird.

Zum Beweis dieser Behauptung setzen wir die Reihe (33.33) in die Gleichung (33.9) ein und vergleichen die Koeffizienten bei gleichen Potenzen von λ. Dadurch erhalten wir ein rekursives Gleichungssystem für die unbestimmten Koeffizienten x_i:

$$\left.\begin{aligned} B x_1 &= 0\,, \\ B x_i &= \Phi_i(x_1, \ldots, x_{i-1})\,, \qquad i = 2, \ldots, p\,, \\ B x_{p+1} &= \Phi_{p+1}(x_1, \ldots, x_p) + f\,, \\ B x_{p+l} &= \Phi_{p+l}(x_1, \ldots, x_{p+l-1}) + H_l(x_1, \ldots, x_{l-1})\,, \\ &\qquad\qquad\qquad l = 2, 3, \ldots\,. \end{aligned}\right\} \tag{33.34}$$

Die Operatorenpolynome $\Phi_s(x_1, \ldots, x_{s-1})$ sind durch die Formel (33.16) gegeben, die konkrete Gestalt der Operatorenpolynome $H_l(x_1, \ldots, x_{l-1})$ ist für das folgende unwesentlich.

Lemma 33.4. *$\varphi_1, \ldots, \varphi_p$ sei eine* Jordan*sche F_k-Kette der Nullstelle $\varphi_1 = \varphi$ des Operators B. Dann gilt*

$$x_i = \sum_{j=1}^{i} P_{ijk}(c_1, \ldots, c_{i-j+1})\, \varphi_j\,, \qquad i = 1, \ldots, p\,. \tag{33.35}$$

Dabei sind die $c_1, \ldots, c_p$ beliebige Konstanten und die P_{ijk} die in Punkt 33.4 *eingeführten Polynome in diesen Konstanten.*

Beweis. Wir beweisen die Formel (33.35) durch vollständige Induktion. Die erste Gleichung des Gleichungssystems (33.34) hat die Lösung

$$x_1 = c_1 \varphi_1 = P_{11k}(c_1)\, \varphi_1\,,$$

so daß die Formel (33.35) für $i = 1$ richtig ist. Nun nehmen wir an, diese Formel sei für $i = 1, \ldots, s-1$ richtig.

Nach Definition ist

$$\Phi_s(x_1, \ldots, x_{s-1}) = \sum_{i_1 + \cdots + i_k = k+s-2} F_k\, x_{i_1} \cdots x_{i_k}\,.$$

Wir setzen in diese Gleichung die Induktionsvoraussetzungen ein, ändern die Reihenfolge der Summation und erhalten

$$\begin{aligned} \Phi_s &= \sum_{i_1 + \cdots + i_k = k+s-2} F_k \left(\sum_{j_1=1}^{i_1} P_{i_1 j_1 k}\, \varphi_{j_1} \right) \cdots \left(\sum_{j_k=1}^{i_k} P_{i_k j_k k}\, \varphi_{j_k} \right) = \\ &= \sum_{i_1 + \cdots + i_k = k+s-2} P_{i_1 j_1 k} \cdots P_{i_k j_k k} \sum_{j_1=1}^{i_1} \sum_{j_k=1}^{i_k} F_k\, \varphi_{j_1} \cdots \varphi_{j_k} = \\ &= \sum_{i_1 + \cdots + i_k = k+s-2} P_{i_1 j_1 k} \cdots P_{i_k j_k k} \sum_{\varrho=k}^{k+s-2} \sum_{j_1 + \cdots + j_k = \varrho} F_k\, \varphi_{j_1}, \ldots, \varphi_{j_k}\,. \end{aligned}$$

Für den Summationsindex ϱ substituieren wir $\varrho = k - 2 + \alpha$,

$$\Phi_s = \sum_{i_1+\cdots+i_k=k+s-2} P_{i_1 j_1 k} \cdots P_{i_k j_k k} \sum_{\alpha=2}^{s} \sum_{j_1+\cdots+j_k=k+\alpha-2} F_k \varphi_{j_1} \cdots \varphi_{j_k}.$$

Aus Lemma 33.2 und aus der Definition von Φ_α folgt

$$\Phi_s(x_1, \ldots, x_{s-1}) = \sum_{\alpha=2}^{s} P_{s\alpha k}(c_1, \ldots, c_{s-\alpha+1}) \, \Phi_\alpha(\varphi_1, \ldots, \varphi_{\alpha-1}). \tag{33.36}$$

Zur Bestimmung von x_s benutzen wir die s-te Gleichung des Gleichungssystems (33.34), die wegen (33.15) und (33.36) lösbar ist, ihre Lösung lautet

$$x_s = \Gamma \, \Phi_s(x_1, \ldots, x_{s-1}) + c_s \varphi_s = \sum_{\alpha=2}^{s} P_{s\alpha k} \, \Gamma \, \Phi_\alpha + c_s \varphi_1 =$$

$$= \sum_{\alpha=1}^{s} P_{s\alpha k}(c_1, \ldots, c_{s-\alpha+1}) \, \varphi_\alpha .$$

Dabei haben wir $P_{s1k} = P_{s1} = c_s$ gesetzt, was aus (33.26) folgt. Die Formel (33.35) ist also auch für $i = s$ richtig. Damit ist das Lemma bewiesen.

Wir berechnen jetzt x_{p+1}. Wie oben läßt sich zeigen, daß die Formel (33.36) auch für $s = p + 1$ gilt,

$$\Phi_{p+1}(x_1, \ldots, x_p) = \sum_{\alpha=2}^{p+1} P_{p+1\,\alpha k}(c_1, \ldots, c_{p-\alpha+2}) \, \Phi_\alpha(\varphi_1, \ldots, \varphi_{\alpha-1}).$$

Mit (33.15), (33.14) und (33.26) erhalten wir

$$(\Phi_{p+1}(x_1, \ldots, x_p) \, \psi) = P_{p+1\,p+1\,k}(c_1) \, \alpha_p = \alpha_p \, c_1^{1+p(k-1)} .$$

Die Lösbarkeitsbedingung für die $(p + 1)$-te Gleichung von (33.34) lautet also

$$\alpha_p \, c_1^{1+p(k-1)} + \gamma = 0 , \tag{33.37}$$

hieraus folgt

$$c_1 = [-\gamma \, \alpha_p^{-1}]^{\frac{1}{1+p(k-1)}} .$$

Damit ist x_1 vollständig bestimmt, und für $\lambda \to 0$ gilt

$$x(\lambda) \sim c_1 \lambda^{-\frac{p}{1+(k-1)p}} \varphi . \tag{33.38}$$

Bei der angegebenen Wahl von c_1 ist die $(p + 1)$-te Gleichung des Gleichungssystems (33.34) lösbar, die Lösung ist

$$x_{p+1} = \bar{x}_{p+1} + \sum_{\alpha=1}^{p} P_{p+1\,\alpha k}(c_1, \ldots, c_{p+2-\alpha}) \, \varphi_\alpha , \tag{33.39}$$

wobei wir zur Abkürzung

$$\bar{x}_{p+1} = \Gamma \left\{ f - \frac{\gamma}{\alpha_p} \, \Phi_{p+1}(\varphi_1, \ldots, \varphi_p) \right\}$$

gesetzt haben.

Nun wollen wir x_{p+2} berechnen. Dazu müssen wir zunächst $\Phi_{p+2}(x_1, \ldots, x_{p+1})$ berechnen:

$$\Phi_{p+2}(x_1, \ldots, x_{p+1}) = \sum_{i_1+\cdots+i_k=k+p} F_k\, x_{i_1} \cdots x_{i_k} =$$

$$= k\, F_k\, x_1^{k-1}\, x_{p+1} + \sum_{\substack{i_1+\cdots+i_k=k+p \\ i_s \neq p+1}} F_k\, x_{i_1} \cdots x_{i_k} =$$

$$= k\, F_k\, x^{k-1}\, \bar{x}_{p+1} + \sum_{\alpha=1}^{p} P_{p+1\,\alpha\,k}\,(c_1, \ldots, c_{p+2-\alpha})\; k\, c_1^{k-1}\, F_k\, \varphi_1^{k-1}\, \varphi_\alpha +$$

$$+ \sum_{\substack{i_1+\cdots+i_k=k+p \\ i_s \neq p+1}} P_{i_1 j_1 k} \cdots P_{i_k j_k k} \sum_{\varrho=k}^{k+p-1}{}' \sum_{j_1+\cdots+j_k=\varrho} F_k\, \varphi_{j_1} \cdots \varphi_{j_k} +$$

$$+ \sum_{\substack{i_1+\cdots+i_k=k+p \\ i_s \neq p+1}} P_{i j k} \cdots P_{i_k j_k k} \sum_{j_1+\cdots+j_k=k+p} F_k\, \varphi_{j_1} \cdots \varphi_{j_k}\,.$$

Den zweiten und dritten Summanden fassen wir wieder zu einer Summe zusammen, auf die wir dann Lemma 33.2 anwenden:

$$\sum_{i_1+\cdots+i_k=k+p} P_{i_1 j_1 k} \cdots P_{i_k j_k k} \sum_{\varrho=k}^{k+p-1}{}' \sum_{j_1+\cdots+j_k=\varrho} F_k\, \varphi_{j_1} \cdots \varphi_{j_k} = \sum_{\alpha=2}^{p+1} P_{p+2\,\alpha\,k}\, \Phi_\alpha\,.$$

Ferner folgt aus Lemma 33.3

$$\sum_{\substack{i_1+\cdots+i_k=k+p \\ i_s \neq p+1}} P_{i_1 j_1 k} \cdots P_{i_k j_k k} = P_{p+2\,p+2\,k}(c_1) - k\, c_1^{k-1}\, P_{p+1\,p+1\,k}(c_1) =$$

$$= c_1^{1+(k-1)(p+1)} - k\, c_1^{k-1+1+(k-1)p} = (1-k)\, c_1^{k\,p+k-p}\,.$$

Endgültig erhalten wir

$$\Phi_{p+2}(x_1, \ldots, x_{p+1}) =$$

$$= \sum_{\alpha=2}^{p+1} P_{p+2\,\alpha\,k}\,(c_1, \ldots, c_{p+3-\alpha})\; \Phi_\alpha\,(\varphi_1, \ldots, \varphi_{\alpha-1}) +$$

$$+ k\, F_k\, x_1^{k-1}\, \bar{x}_{p+1} + (1-k)\, c_1^{k\,p+k-p} \sum_{j_1+\cdots+j_k=k+p} F_k\, \varphi_{j_1}, \ldots, \varphi_{j_k}\,.$$

Man überzeugt sich leicht davon, daß die Lösbarkeitsbedingung für die $(p+2)$-te Gleichung des Gleichungssystems (33.34) folgende Form hat:

$$\alpha_p\, P_{p+2\,p+1\,k}\,(c_1, c_2) + \gamma_1 = 0\,.$$

γ_1 ist eine bekannte Größe, die nur von c_1 abhängt. Mit (33.34) ergibt sich für diese Gleichung

$$\alpha_p\,[1 + p\,(k-1)]\; c_1^{(k-1)\,p}\, c_2 + \gamma_1 = 0\,. \tag{33.40}$$

Für jeden der $1 + (k - 1)\,p$ Werte von c_1 besitzt diese Gleichung eine eindeutig bestimmte Lösung c_2. Damit haben wir x_2 bestimmt, und die $(p + 2)$-te Gleichung von (33.34) ist lösbar. Ihre Lösung lautet

$$x_{p+2} = \bar{x}_{p+2} + \sum_{\alpha=1}^{p} P_{p+2\,\alpha\,k}\,\varphi_\alpha\,. \tag{33.41}$$

Lemma 33.5. *Für $l = 2, 3, \ldots$ gilt*

$$x_{p+l} = \bar{x}_{p+l} + \sum_{\alpha=1}^{p} P_{p+l\,\alpha\,k}\,(c_1, \ldots, c_{p+l-\alpha})\,\varphi_\alpha\,, \tag{33.42}$$

wobei $\bar{x}_{p+1}$ nur von $c_1, \ldots, c_l$ abhängt.

Beweis. Auch diese Formel beweisen wir durch vollständige Induktion. Für $l = 2$ geht (33.42) in die oben bewiesene Formel (33.41) über, (33.42) ist also für $l = 2$ richtig. Nehmen wir an, die Formel (33.42) sei für $l = 2, \ldots, q - 1$ richtig, wobei $c_1, \ldots, c_{q-1}$ und damit $x_1, \ldots, x_{q-1}$ schon bestimmt sind.

Wir berechnen $\Phi_{p+q}(x_1, \ldots, x_{p+q-1})$:

$$\Phi_{p+q}(x_1, \ldots, x_{p+q-1}) = \sum_{i_1+\cdots+i_k=p+q+k-2} F_k\, x_{i_1} \cdots x_{i_k} =$$

$$= k\,F_k\,x_1^{k-1}\,x_{p+q-1} + \sum_{\substack{i_1+\cdots+i_k=p+q+k-2\\ i_s\neq p+q-1}} F_k\,x_{i_1}\cdots x_{i_k} =$$

$$= \sum_{l=1}^{p} k\,c_1^{k-1}\,P_{p+q-1\,l\,k}\,F_k\,\varphi_1^{k-1}\,\varphi_l +$$

$$+ \sum_{\substack{i_1+\cdots+i_k=p+q+k-2\\ i_s\neq p+q-1}} F_k\left(\sum_{j_1=1}^{i_1} P_{i_1 j_1 k}\,\varphi_{j_1}\right)\cdots\left(\sum_{j_k=1}^{i_k} P_{i_k j_k k}\,\varphi_{j_k}\right) +$$

$$+ k\,P_k\,x_1^{k-1}\,\bar{x}_{p+q-1} + \sum_{m=1}^{k}\ \sum_{\substack{i_1+\cdots+i_k=p+q+k-2\\ i_s\neq p+q-1}} F_k\,\bar{x}_{i_1}\cdots\bar{x}_{i_m}\times$$

$$\times\left(\sum_{j_{m+1}=1}^{p} P_{i_{m+1}\,j_{m+1}\,k}\,\varphi_{j_{m+1}}\right)\cdots\left(\sum_{j_k=1}^{p} P_{i_k j_k k}\,\varphi_{j_k}\right).$$

Die beiden letzten Summanden hängen nur von bekannten Größen ab. In der Tat, in den dritten Summanden gehen nur die schon bestimmten Elemente x_1 und $\bar{x}_{p+q-1}$ ein. Betrachten wir nun den vierten Summanden. Die größte Anzahl von Konstanten c_s enthält offensichtlich das Glied mit $m = 1$. Wegen $\bar{x}_{i_1} = 0$ für $i_1 \leqq p$ ist $i_1 \geqq p + 1$. Hieraus folgt $i_2 + \cdots + i_s \leqq q + k - 3$ und $1 \leqq i_l \leqq q - 1$ $(l = 2, \ldots, s)$. $P_{i_l j_l k}$ hängt von $i_l - j_l + 1$ Konstanten ab. Diese Zahl nimmt für $i_l = q - 1$, $j_l = 1$ ihr Maximum an, $\max(i_l - j_l + 1) = q - 1$. Der vierte Summand hängt also nur von den Konstanten $c_1, \ldots, c_{q-1}$ ab, die nach Induktionsvoraussetzung schon bestimmt sind.

Nun formen wir die beiden ersten Summanden um:

$$\sum_{\alpha=1}^{p} k\, c_1^{k-1} P_{p+q-1\,\alpha\,k} F_k \varphi_1^{k-1} \varphi_\alpha +$$

$$+ \sum_{\substack{i_1+\cdots+i_k=p+q+k-2\\ i_s\neq p+q-1}} P_{i_1 j_1 k} \cdots P_{i_k j_k k} \sum_{\varrho=k}^{k+p+m} \sum_{j_1+\cdots+j_k=\varrho} F_k \varphi_{j_1} \cdots \varphi_{j_k} =$$

$$= \sum_{\alpha=2}^{p+1} P_{p+q\,\alpha\,k} \Phi_\alpha + \sum_{\beta=p+2}^{p+m} \left\{ \sum_{\substack{i_1+\cdots+i_k=p+q+k-2\\ i_s\neq p+q-1}} P_{i_1 j_1 k} \cdots P_{i_k j_k k} \right\} \tilde{\Phi}_\beta .$$

Hierbei ist $m = \min(q, p)$ und

$$\tilde{\Phi}_\beta(\varphi_1, \ldots, \varphi_p) = \sum_{j_1+\cdots+j_k=\beta+k-2} F_k \varphi_{j_1}, \ldots, \varphi_{j_k} .$$

Aus Lemma 33.3 folgt

$$\sum_{\substack{i_1+\cdots+i_k=p+q+k-2\\ i_s\neq p+q-1}} P_{i_1 j_1 k} \cdots P_{i_k j_k k} = P_{p+q\,\beta\,k}(c_1, \ldots, c_{p+q+1-\beta}) -$$

$$- k\, c_1^{k-1} P_{p+q-1\,\beta-1\,k}(c_1, \ldots, c_{p+q+1-\beta}) .$$

$P_{p+q\,\beta\,k}$ hängt höchstens von $q-1$ Argumenten ab, weil $\min \beta = p + 2$ ist. Aus dem gleichen Grund hängt auch $P_{p+q-1\,\beta-1\,k}$ höchstens von $q-1$ Argumenten ab. Deshalb ist

$$\Phi_{p+q}(x_1, \ldots, x_{p+q-1}) =$$

$$= \sum_{\alpha+2}^{p=1} P_{p+q\,\alpha\,k}(c_1, \ldots, c_{p+q+1-\alpha})\, \Phi_\alpha(\varphi_1, \ldots, \varphi_{\alpha-1}) + G_q(c_1, \ldots, c_{q-1}) ,$$

wobei wir mit G_q bekannte Glieder bezeichnet haben.

Die Lösbarkeitsbedingung für die $(p+q)$-te Gleichung des Gleichungssystems (33.34) ergibt

$$P_{p+q\,p+1\,k}(c_1, \ldots, c_q)\, \alpha_p + \gamma_q = 0$$

mit $\gamma_q = (G_p + H_q, \psi)$. Nach (33.28) ist

$$P_{p+q\,p+1\,k}(c_1, \ldots, c_q) = [1 + (k-1)\, p]\, c_1^{(k-1)}\, c_q + R_{p\,q\,k}(c_1, \ldots, c_{q-1}) ,$$

so daß die Lösbarkeitsbedingung folgende Gestalt annimmt:

$$\alpha_p [1 + (k-1)\, p]\, c_1^{(k-1)\,p}\, c_q + \alpha_p R_{p\,q\,k} + \gamma_q = 0 .$$

Für fixierte $c_1, \ldots, c_{q-1}$ läßt sich aus dieser Gleichung c_q eindeutig berechnen. Damit ist p bestimmt.

Die Lösung der $(p+q)$-ten Gleichung von (33.34) lautet schließlich

$$x_{p+q} = \bar{x}_{p+q} + \sum_{\alpha=1}^{p} P_{p+q\,\alpha\,k}(c_1, \ldots, c_{p+q+1-\alpha})\, \varphi_\alpha .$$

Damit ist das Lemma bewiesen.

Wir kommen also zu folgendem Ergebnis:

Satz 33.3. *Die Voraussetzungen von Satz 33.2 seien erfüllt. Dann besitzt die Gleichung* (33.9) *in der Klasse* $\mathfrak{N}_k$ *genau eine* $\bigl(1 + (k-1)\,p\bigr)$*-deutige singuläre Lösung. Diese Lösung ist durch die konvergente Reihe* (33.33) *darstellbar. Benutzt man zur Berechnung dieser Reihe die Methode der unbestimmten Koeffizienten, so erhält man den Koeffizienten* x_i *nach* p *Schritten aus der Lösbarkeitsbedingung für die* $(p + i)$*-te Gleichung des entsprechenden rekursiven Gleichungssystems.*

Abschließend gehen wir auf den reellen Fall ein. Natürlich könnten wir die entsprechenden Ergebnisse von § 2 heranziehen; es ist aber einfacher, die Aussagen direkt herzuleiten.

Wir wollen wissen, ob es reelle Lösungen gibt, wieviel reelle Lösungen existieren und wo sie definiert sind.

Zur Beantwortung dieser Fragen untersuchen wir die nichtlineare Gleichung (33.37) für c_1. Ist nämlich c_1 reell, so werden die entsprechenden Werte für c_2, $c_3, \ldots$ ebenfalls reell sein, weil sich diese Werte aus linearen Gleichungen der Form (33.40) mit reellen Koeffizienten bestimmen.

Zunächst sei $1 + (k-1)\,p$ ungerade; das ist möglich, wenn entweder p gerade oder k ungerade ist. In diesem Fall besitzt die Gleichung (33.37) genau eine reelle Lösung. Nun sei $1 + (k-1)\,p$ gerade; das ist dann und nur dann möglich, wenn gleichzeitig k gerade und p ungerade ist. Jetzt besitzt die Gleichung (33.37) zwei reelle Lösungen, sofern $\alpha_p\,\gamma < 0$ ist. Um den Fall $\lambda < 0$ zu untersuchen, ersetzen wir in der Gleichung (33.9) λ durch $-\lambda$; dann muß α_p durch $-\alpha_p$ ersetzt werden. Die Gleichung (33.37) besitzt wieder zwei reelle Lösungen, sofern $\alpha_p\,\gamma > 0$ ist.

Fassen wir das Ergebnis zusammen.

Satz 33.4. *Die Voraussetzungen von Satz 33.2 seien erfüllt, ferner liege der reelle Fall vor.*

1. *Ist* p *gerade oder* k *ungerade, so besitzt die Gleichung* (33.9) *in der Klasse* $\mathfrak{N}_k$ *genau eine Lösung, die in einer gewissen Umgebung des Punktes* $\lambda = 0$ *(den Punkt* $\lambda = 0$ *ausgenommen) definiert ist.*

2. *Ist* p *ungerade und* k *gerade, so besitzt die Gleichung* (33.9) *in der Klasse* $\mathfrak{N}_k$ *genau zwei Lösungen, die in einer gewissen Halbumgebung des Punktes* $\lambda = 0$ *(den Punkt* $\lambda = 0$ *ausgenommen), in der* $\lambda\,\alpha_p\,\gamma < 0$ *ist, definiert sind.*

Alle genannten Lösungen sind singulär und durch konvergente Reihen der Form (33.33) *darstellbar. Die Koeffizienten der Reihen können nach der Methode der unbestimmten Koeffizienten berechnet werden.*

Den Fall $(f, \psi) = 0$ wollen wir im folgenden Punkt behandeln, wobei wir der Einfachheit halber $k = 2$ voraussetzen werden.

33.6. Störungen zweiter Ordnung. In diesem Abschnitt setzen wir $k = 2$ voraus, so daß sich die Gleichung (33.9) vereinfacht und folgende Form annimmt:

$$B\,x = f + \lambda\,[F_0 + F_1\,x + F_2\,x^2]\,. \tag{33.43}$$

Die Substitution (33.10) lautet

$$x = g\,\lambda^{-1}\,, \tag{33.44}$$

und für die Gleichung (33.12) ergibt sich

$$B\,g = \lambda f + \lambda^2 F_0 + \lambda F_1 g + F_2 g^2 . \tag{33.45}$$

Die Reihen (33.32) und (33.33) stimmen jetzt überein.

Den Fall $(f, \psi) \neq 0$ haben wir im letzten Punkt untersucht, jetzt beschäftigen wir uns mit dem Fall $(f, \psi) = 0$. Es sei $p = J(\varphi, B; F_2) < +\infty$. Die Koeffizienten der zur Gleichung (33.45) gehörenden Verzweigungsgleichung genügen dann nach Satz 33.1 den Bedingungen

$$L_{i0} = 0 , \quad i = 1, \ldots, p , \quad L_{1+p\,0} \neq 0 ,$$

so daß die Gleichung (33.43) in der Klasse $\mathfrak{N}_2$ (der abstrakten Funktionen, die für $\lambda \to 0$ langsamer als λ^{-1} wachsen) unter Berücksichtigung der Vielfachheit genau $p + 1$ Lösungen besitzt.

Auch in diesem Fall können wir das Problem, alle in der Klasse $\mathfrak{N}_2$ liegenden Lösungen der Gleichung (33.43) zu finden, dadurch vollständig lösen, daß wir das NEWTONsche Diagramm auf die zur Gleichung (33.45) gehörende Verzweigungsgleichung anwenden. Wir wollen uns nur auf einige charakteristische Spezialfälle beschränken.

Die ersten Koeffizienten der zur Gleichung (33.45) gehörenden Verzweigungsgleichung berechnen sich nach den Formeln

$$\left.\begin{aligned} L_{01} &= (f, \psi) , \qquad L_{02} = (F_0 + F_1(\Gamma f) + F_2(\Gamma f)^2, \psi) , \\ L_{11} &= \frac{1}{2} (F_1 \varphi + 2 F_2(\Gamma f)\, \varphi, \psi) , \end{aligned}\right\} \tag{33.46}$$

die unmittelbar aus (24.6) folgen.

Satz 33.5. *Es sei* $1 < p < +\infty$, $L_{01} = 0$, $L_{02} \neq 0$ *und* $L_{11} \neq 0$. *Dann besitzt die Gleichung* (33.43) *eine beschränkte Lösung der Form*

$$x = \sum_{i=0}^{+\infty} x_i \lambda^i \tag{33.47}$$

und eine p-deutige singuläre Lösung der Form

$$x = \sum_{i=1}^{+\infty} x_i \lambda^{-1+(i/p)} . \tag{(33.48)}$$

In der Klasse $\mathfrak{N}_2$ *besitzt die Gleichung* (33.43) *nur diese Lösungen.*

Beweis. Wir benutzen das Ergebnis von Punkt 2.7, Fall I.3, wobei jetzt $\nu = 1$ und $m = p + 1$ zu setzen ist. Insgesamt besitzt die Gleichung (33.45) $p + 1$ kleine Lösungen. Eine Lösung läßt sich in eine konvergente Reihe nach ganzen Potenzen von λ entwickeln, die übrigen können nach Potenzen von $\lambda^{1/p}$ (wegen $m - \nu = p$) entwickelt werden. Unter Benutzung der Substitution (33.44) erhalten wir die Behauptungen des Satzes.

Nun sollen die Lösungen nach der Methode der unbestimmten Koeffizienten berechnet werden. Wir beginnen mit der Lösung (33.47). Wir setzen die Reihe (33.47) in die Gleichung (33.43) ein, vergleichen die Koeffizienten bei gleichen Potenzen von λ und erhalten

$$\left.\begin{aligned} B x_0 &= f\,, \\ B x_1 &= F_0 + F_1 x_0 + F_2 x_0^2\,, \\ B x_2 &= F_1 x_{s-1} + 2\,F_2 x_0 x_{s-1}\,, \qquad s = 2, 3, \ldots . \end{aligned}\right\} \tag{33.49}$$

Die erste Gleichung dieses Gleichungssystems ist wegen $L_{01} = (f, \psi) = 0$ lösbar und ergibt

$$x_0 = \Gamma f + c_0 \varphi\,. \tag{33.50}$$

Diese Lösung setzen wir in die rechte Seite der zweiten Gleichung von (33.49) ein, so daß die rechte Seite der zweiten Gleichung die Form

$$H_1 = F_0 + F_1(\Gamma f) + F_2(\Gamma f)^2 + c_0\,[F_1 \varphi + 2\,F_2(\Gamma f)\,\varphi]\,c_0^2\,F_2\,\varphi^2 \tag{33.51}$$

annimmt. Wegen $p > 1$ ist $L_{20} = (F_2\,\varphi^2, \psi) = 0$. Die Lösbarkeitsbedingung für die zweite Gleichung lautet dann unter Berücksichtigung von (33.46)

$$2\,L_{11}\,c_0 + L_{02} = 0\,.$$

Hieraus folgt

$$c_0 = -\,L_{02}\,(2\,L_{11})^{-1}\,.$$

Bei dieser Wahl von c_0 wird die zweite Gleichung lösbar, und ihre Lösung ist (siehe (33.51))

$$x_1 = \bar{x}_1 + c_1\,\varphi\,, \qquad \bar{x}_1 = \Gamma H_1\,.$$

Nun nehmen wir an, daß die Koeffizienten $x_1, \ldots, x_{s-1}$ schon bestimmt sind, und daß die s-te Gleichung des Gleichungssystems (33.49) lösbar ist. Aus dieser Gleichung finden wir dann

$$x_s = \bar{x}_s + c_s\,\varphi_s\,.$$

Diesen Ausdruck setzen wir in die rechte Seite der $(s+1)$-ten Gleichung von (33.49) ein,

$$H_{s+1} = F_1\,\bar{x}_s + 2\,F_2\,x_0\,\bar{x}_s + c_s\,[F_1\,\varphi + 2\,F_2(\Gamma f)\,\varphi]\,.$$

Die Lösbarkeitsbedingung für die $(s+1)$-te Gleichung führt auf

$$2\,L_{11}\,c_s + (F_1\,\bar{x}_s + 2\,F_2\,x_0\,\bar{x}_s, \psi) = 0\,,$$

woraus sich c_s bestimmen läßt. Die $(s+1)$-te Gleichung ist jetzt lösbar und ergibt

$$x_{s+1} = \bar{x}_{s+1} + c_{s+1}\,\varphi\,, \qquad \bar{x}_{s+1} = \Gamma H_{s+1}\,.$$

Damit haben wir gezeigt, daß sich alle Koeffizienten der Lösung (33.47) berechnen lassen.

Nun wollen wir die Lösung (33.48) nach der Methode der unbestimmten Koeffizienten konstruieren. Wir setzen die Reihe (33.48) in die Gleichung (33.43) ein, vergleichen die Koeffizienten bei gleichen Potenzen von $\lambda^{1/p}$ und erhalten

$$\left.\begin{aligned} B\,x_1 &= 0\,,\\ B\,x_s &= \Phi_s(x_1,\ldots,x_{s-1})\,, \qquad s = 2,\ldots,p-1\,,\\ B\,x_p &= \Phi_p(x_1,\ldots,x_{p-1}) + f\,,\\ B\,x_{p+l} &= \Phi_{p+l}(x_1,\ldots,x_{p+l-1}) + F_1\,x_l\,, \quad l = 1,\ldots,p-1\,,\\ B\,x_{2p} &= \Phi_{2p}(x_1,\ldots,x_{2p-1}) + F_1\,x_p + F_0\,,\\ B\,x_m &= \Phi_m(x_1,\ldots,x_{m-1}) + F_1\,x_{m-p}\,,\\ &\qquad m = 2p+1\,,\quad 2p+2\,,\ldots\,. \end{aligned}\right\} \tag{33.52}$$

Dabei haben wir Bezeichnung (siehe (33.16))

$$\Phi_s(x_1,\ldots,x_{s-1}) = \sum_{i_1+i_2=s} F_2\,x_{i_1}\,x_{i_2} \tag{33.53}$$

benutzt. Für $p = 2$ vereinfacht sich das Gleichungssystem (33.52):

$$\begin{aligned} B\,x_1 &= 0\,,\\ B\,x_2 &= f + \Phi_2(x_1)\,,\\ B\,x_3 &= F_1\,x_1 + \Phi_3(x_1,x_2)\,,\\ B\,x_4 &= F_0 + F_1\,x_2 + \Phi_4(x_1,x_2,x_3)\,,\\ B\,x_t &= F_1\,x_{t-2} + \Phi_t(x_1,\ldots,x_{t-1})\,, \qquad t = 5,6,\ldots\,. \end{aligned}$$

Unter Berücksichtigung von (33.25) folgt aus Lemma 33.4

$$x_i = \sum_{j=1}^{i} P_{ij}(c_1,\ldots,c_{i-j+k})\,\varphi_j\,, \qquad i = 1,\ldots,p-1\,.$$

Die im Beweis von Lemma 33.4 hergeleitete Formel (33.36) ergibt

$$\Phi_p(x_1,\ldots,x_{p-1}) = \sum_{j=2}^{p} P_{pj}(c_1,\ldots,c_{p-j+1})\,\Phi_j(\varphi_1,\ldots,\varphi_{j-1})\,.$$

Mit (33.15) erhalten wir

$$\big(\Phi_p(x_1,\ldots,x_{p-1}),\psi\big) = 0\,.$$

Außerdem gilt nach Voraussetzung $(f,\psi) = 0$. Deshalb ist die p-te Gleichung des Gleichungssystems (33.52) lösbar, ihre Lösung lautet

$$x_p = \Gamma f + \sum_{j=1}^{p} P_{pj}\,(c,\ldots,c_{p-j+1})\,\varphi_j\,.$$

Nun betrachten wir die rechte Seite der $(p+1)$-ten Gleichung,

$$c_1 F_1 \varphi + c_1 F_2 \varphi(\Gamma f) + \sum_{j=1}^{p+1} P_{p+1j}(c_1, \ldots, c_{p+2-j})\, \Phi_j(\varphi_1, \ldots, \varphi_{j-1}) .$$

Die Lösbarkeitsbedingung für die $(p+1)$-te Gleichung hat die Form

$$P_{p+1\,p+1}(c_1)\, L_{1+p\,0} + 2\, L_{11}\, c_1 = 0 ,$$

oder wegen (33.26),

$$L_{1+p\,0}\, c_1^{1+p} + 2\, L_{11}\, c_1 = 0 .$$

Das ist eine Gleichung zur Bestimmung von c_1; da uns nur nichttriviale Lösungen $c_1 \neq 0$ interessieren, können wir noch durch c_1 kürzen,

$$L_{1+p\,0}\, c_1^p + 2\, L_{11} = 0 . \tag{33.54}$$

Diese Gleichung liefert uns p verschiedene Werte für c_1. Jetzt ist x_1 vollständig bestimmt; außerdem ist die $(p+1)$-te Gleichung lösbar, und ihre Lösung lautet

$$x_{p+1} = \bar{x}_{p+1} + \sum_{j=1}^{k} P_{p+1\,j}(c_1, \ldots, c_{p+2-j})\, \varphi_j ,$$

wobei $\bar{x}_{p+1}$ eine bekannte Größe ist.

Ohne Mühe überzeugt man sich weiterhin davon, daß die Lösbarkeitsbedingung für die $(p+2)$-te Gleichung des Gleichungssystems (33.52) die Form

$$p\, L_{1+p\,0}\, c_1^{p-1}\, c_2 + \gamma_2(c_1) = 0$$

hat. Hieraus läßt sich c_2 bei fixiertem c_1 eindeutig bestimmen. Wie beim Beweis von Lemma 33.5 kann man wieder durch vollständige Induktion zeigen, daß

$$x_{p+i} = \bar{x}_{p+i} + \sum_{j=1}^{p} P_{p+ij}(c_1, \ldots, c_{p+i+1-j})\, \varphi_j$$

wird, und daß sich c_i mit einer Verzögerung von p Schritten aus der Lösbarkeitsbedingung für die $(p+i)$-te Gleichung des Gleichungssystems (33.52) bestimmt.

Wir betrachten noch den reellen Fall (unter den Voraussetzungen von Satz 33.5). Die Lösung (33.47) ist offensichtlich immer reell. Um zu entscheiden, ob reelle Lösungen der Form (33.48) existieren, müssen wir die Gleichung (33.54) untersuchen. Ist p ungerade, so gibt es genau eine Lösung der Form (33.48), die sowohl rechts als auch links des Punktes $\lambda = 0$ definiert ist. Ist p aber gerade, so gibt es zwei Lösungen der Form (33.48), und sie sind auf der Seite des Punktes $\lambda = 0$ definiert, auf der $\lambda\, L_{11}\, L_{1+p\,0} < 0$ ist.

Damit haben wir folgenden Satz bewiesen:

Satz 33.6. *Die Voraussetzungen von Satz 33.5 seien erfüllt. Ferner liege der reelle Fall vor.*

1. *Ist p ungerade, so gibt es genau zwei Lösungen der Klasse $\mathfrak{N}_2$, und zwar eine beschränkte Lösung der Form* (33.47), *die in einer gewissen Umgebung des Punktes*

$\lambda = 0$ definiert ist, sowie eine große Lösung der Form (33.48), *die ebenfalls in einer gewissen Umgebung des Punktes $\lambda = 0$ (den Punkt $\lambda = 0$ ausgenommen) definiert ist.*

2. *Ist p gerade, so gibt es in der Halbumgebung des Punktes $\lambda = 0$, in der $\lambda L_{11} \times L_{1+p\,0} > 0$ ist, genau eine Lösung der Klasse $\mathfrak{N}_2$, nämlich eine beschränkte Lösung der Form* (33.47). *In der Halbumgebung des Punktes $\lambda = 0$, in der $\lambda L_{11} L_{1+p\,0} < 0$ ist, gibt es dagegen drei Lösungen der Klasse $\mathfrak{N}_2$, nämlich eine beschränkte Lösung der Form* (33.47) *sowie zwei große Lösungen der Form* (33.48).

Abschließend betrachten wir den Spezialfall $p = 1$, d. h.

$$L_{20} = (F_2\,\varphi^2, \psi) \neq 0\,.$$

Satz 33.7. *Es sei $L_{01} = 0$, $L_{02} \neq 0$, $L_{20} \neq 0$ und $\Delta = L_{11}^2 - L_{20}\,L_{02} \neq 0$. Dann besitzt die Gleichung* (33.9) *in der Klasse $\mathfrak{N}_2$ genau zwei Lösungen, und zwar zwei beschränkte Lösungen der Form* (33.47).

Beweis. Wir benutzen ein Ergebnis von Punkt 2.7 (Fall I.4 für $\nu = 1$) und die Substitution (33.10).

Konstruieren wir die in Satz 33.7 genannten Lösungen nach der Methode der unbestimmten Koeffizienten, so erhalten wir das rekursive Gleichungssystem (33.49). Berücksichtigen wir ferner den Ausdruck (33.51) für die rechte Seite der zweiten Gleichung des Gleichungssystems (33.49) und die Tatsache, daß jetzt $L_{20} \neq 0$ ist, so können wir die Lösbarkeitsbedingung für die zweite Gleichung in der Form

$$L_{20}\,c_0^2 + 2\,L_{11}\,c_0 + L_{02} = 0 \tag{33.55}$$

schreiben. Da die Diskriminante von Null verschieden ist, $\Delta \neq 0$, finden wir zwei verschiedene Werte für c_0. Durch vollständige Induktion läßt sich

$$x_s = \bar{x}_s + c_s\,\varphi\,, \qquad s = 1, 2, \ldots,$$

beweisen, wobei $\bar{x}_s$ bekannt und c_s aus der Lösbarkeitsbedingung für die $(s + 1)$-te Gleichung des Gleichungssystems (33.49)

$$2\,(L_{11} + L_{20}\,c_0)\,c_s + \gamma_s(c_1, \ldots, c_{s-1}) = 0$$

zu bestimmen ist.

Im reellen Fall setzen wir zusätzlich $\Delta > 0$ voraus. Dann liegt der Fall I.4 von Punkt 2.7 vor, so daß genau zwei reelle Lösungen existieren.

Wir müssen noch den Fall $\Delta = 0$ untersuchen. Dazu beschränken wir uns auf folgendes Ergebnis.

Satz 33.8. *Es sei $L_{01} = 0$, $L_{02} \neq 0$, $L_{20} \neq 0$, $\Delta = L_{11}^2 - L_{20}\,L_{02} = 0$, ferner*

$$\dot{\delta} = (F_1\,\bar{x}_2 + 2\,F_2\,x_0\,\bar{x}_2\,, \psi) \neq 0$$

mit

$$x_0 = \Gamma f + c_0\,\varphi\,, \qquad \bar{x}_2 = \Gamma\,[F_0 + F_1\,x_0 + F_2\,x_0^2]\,, \qquad c_0 = -\,L_{11}\,L_{20}^{-1}\,.$$

Dann besitzt die Gleichung (33.9) *in der Klasse* $\mathfrak{N}_2$ *genau zwei Lösungen. Beide Lösungen sind beschränkt und in einer gewissen Umgebung des Punktes* $\lambda = 0$ *durch die konvergenten Reihen*

$$x = \sum_{i=0}^{+\infty} x_i \lambda^{i/2} \quad \textit{mit} \quad x_0 \neq 0\,, \quad x_1 \neq 0 \tag{33.56}$$

darstellbar.

Beweis. Setzen wir die Reihe (33.56) in die Gleichung (33.9) ein, so erhalten wir das folgende Gleichungssystem für die Koeffizienten x_i:

$$\left.\begin{aligned} &B x_0 = f\,, \\ &B x_1 = 0\,, \\ &B x_2 = F_0 + F_1 x_0 + F_2 x_0^2\,, \\ &B x_t = F_1 x_{t-2} + \Phi_{t-1}(x_1, \ldots, x_{t-2})\,, \quad t = 3, 4, \ldots \end{aligned}\right\} \tag{33.57}$$

Die erste und die zweite Gleichung haben die Lösungen

$$x_0 = \Gamma f + c_0 \varphi\,, \qquad x_1 = c_1 \varphi\,.$$

Wir setzen x_0 in die rechte Seite der dritten Gleichung von (33.57) ein und fordern, daß diese Gleichung lösbar wird. Das führt uns auf die Gleichung (33.55), die wegen $\Delta = 0$ die zweifache Wurzel

$$c_0 = - L_{11} L_{20}^{-1} \tag{33.58}$$

hat. Die dritte Gleichung besitzt dann die Lösung

$$x_2 = \bar{x}_2 + c_2 \varphi\,.$$

Die rechte Seite der vierten Gleichung von (33.57) hat die Form

$$c_1 [F_1 \varphi + 2 F_2(\Gamma f) \varphi + 2 F_2 \varphi^2 c_0]\,,$$

so daß die Lösbarkeitsbedingung für die vierte Gleichung wegen (33.58) für beliebige c_1 erfüllt ist. Die Lösung der vierten Gleichung lautet

$$x_3 = \bar{x}_3 + c_3 \varphi\,.$$

Schließlich betrachten wir die rechte Seite der fünften Gleichung von (33.57),

$$F_1 x_3 + 2 F_2 x_0 x_2 + F_2 x_1^2 = F_1 \bar{x}_3 + 2 F_2 x_0 \bar{x}_2 + F_2 \varphi^2 c_1^2 + F_1 \varphi + 2 F_2 x_0 \varphi\,.$$

Die Lösbarkeitsbedingung für die fünfte Gleichung ergibt

$$L_{20} c_1^2 + \delta = 0\,,$$

woraus wir zwei Werte für c_1 finden. Wie in den oben betrachteten Fällen kann man leicht zeigen, daß sich alle übrigen Koeffizienten x_i auf die gleiche Weise bestimmen lassen, und daß die Gleichungen zur Bestimmung der übrigen Konstanten c_i linear sind.

Ohne Schwierigkeiten kann man auch das entsprechende Ergebnis für den reellen Fall formulieren.

33.7. Lösungen der Ordnung $O(\lambda^{-1/(k-1)})$. Jetzt suchen wir Lösungen der Gleichung (33.9), die die Form

$$x(\lambda) = \lambda^{-1/(k-1)} \{x_0 + g(\lambda)\} \tag{33.59}$$

mit $g(\lambda) \to 0$ für $\lambda \to 0$ haben (vergleiche (33.2) und (33.8)).

Die folgenden Voraussetzungen seien erfüllt.

1. Die Gleichung

$$B x = F_k x^k \tag{33.60}$$

besitze eine nichttriviale Lösung x_0.

2. Der Operator $B_1 = B - k F_k x_0^{k-1}$ sei ein F-Operator.

Dann reduziert sich die Bestimmung von Lösungen der Form (33.59) auf die Bestimmung der kleinen Lösungen $g(\lambda)$, wobei der Operator B durch den Operator B_1 zu ersetzen ist. Die Anzahl der Lösungen des Problems hängt sowohl von der Anzahl der Lösungen x_0 der Gleichung (33.60), die der zweiten Voraussetzung genügen, als auch von der Anzahl der kleinen Lösungen der entsprechenden Gleichung für $g(\lambda)$ ab.

Abschließend erwähnen wir noch, daß die weitere Verallgemeinerung des Begriffs der JORDANschen Kette auf den nichtlinearen Fall bei der Untersuchung „langer und einsamer" Wellen von Nutzen ist (siehe A. M. TER-KRIKOROW und W. A. TRENOGIN [1, 2] und W. A. TRENOGIN [9]).

KAPITEL X

EINIGE ANWENDUNGSBEISPIELE

Die Theorie der Lösungsverzweigung bei nichtlinearen Gleichungen kann auf viele konkrete Probleme angewendet werden.

In Kapitel VIII haben wir gezeigt, daß diese Theorie auf umfangreiche Klassen von nichtlinearen singulären Integralgleichungen und nichtlinearen elliptischen Randwertproblemen anwendbar ist.

In den Kapiteln I—VI haben wir algebraische Gleichungen, Integralgleichungen, Integrodifferentialgleichungen und periodische Lösungen von Differentialgleichungen behandelt.

Als weiteres Beispiel haben wir in § 13 die Ergebnisse von A. I. NEKRASSOW über die Wellen auf der Oberfläche einer schweren Flüssigkeit dargelegt.

In diesem Kapitel wollen wir noch einige Beispiele aus der Mechanik und aus der Physik bringen, die die allgemeinen Methoden und Ergebnisse der Verzweigungstheorie illustrieren sollen. In § 34 behandeln wir die Knickung eines geraden Stabes bei konstanter Belastung, in § 35 die Ausbeulung einer biegsamen Platte, in § 36 die Schwingungen eines Satelliten in seiner Bahnebene und in § 37 die Wellen auf der Oberfläche einer schweren Flüssigkeit, wenn der Druck auf der freien Oberfläche periodisch verteilt ist.

Die Anzahl solcher Beispiele ließe sich natürlich bedeutend vergrößern.

§ 34. Die Knickung eines geraden Stabes bei konstanter Belastung

Wir betrachten einen geraden Stab von der Länge 1. $x(s)$ $(0 \leqq s \leqq 1)$ bezeichne die kleine Durchbiegung der Stabachse, $P \geqq 0$ sei die konstante Last und $\varrho(s)$ die Biegesteifigkeit des Stabes. Die Funktion $\varrho(s)$ sei auf $[0, 1]$ stetig und streng positiv.

Zur Bestimmung von $x(s)$ dient das folgende Randwertproblem:

$$x''(s) + P\,\varrho(s)\,x(s)\sqrt{1 - x'^2(s)} = 0\,, \tag{34.1}$$

$$x(0) = x(1) = 0\,. \tag{34.2}$$

Wir führen zwei reelle BANACH-Räume ein. E_1 sei der Raum der auf $[0, 1]$ zweimal stetig differenzierbaren Funktionen, die den Randbedingungen (34.2) genügen; die Norm sei durch

$$\|x(s)\|_1 = \sum_{i=0}^{2} \max_{[0,1]} |x^{(i)}(s)|$$

gegeben. $E_2 = C(0, 1)$ sei der Raum der auf [0, 1] stetigen Funktionen mit der Norm

$$||f(s)|| = \max_{[0,1]} |f(s)| .$$

Dann können wir das Randwertproblem (34.1), (34.2) in der Form

$$F(x, P) = 0 \tag{34.3}$$

schreiben, wobei $F(x, P)$ ein nichtlinearer Operator ist, der für Funktionen aus E_1 durch den Differentialausdruck erzeugt wird, der auf der linken Seite der Gleichung (34.1) steht.

Der Operator $F(x, P)$ bildet die Umgebung $||x(s)||_1 \leqq r < 1$ in eine Umgebung des Nullpunkts von E_2 ab. Außerdem ist $F(x, P)$ in der genannten Umgebung analytisch,

$$F(x, P) \equiv x''(s) + P\,\varrho(s)\,x(s)\left[1 - \frac{1}{2}\,x'^2(s) - \sum_{i=2}^{+\infty} \frac{(2i-3)!!\,[x'(s)]^{2i}}{2^i\,i!}\right]. \tag{34.3'}$$

In die Gleichung (34.3) geht der Parameter $P \geqq 0$ ein. Wegen $F(0, P) = 0$ besitzt die Gleichung (34.3) für jedes P die triviale Lösung $x(s) \equiv 0$. Wir suchen alle lokalen Fortsetzungen der Lösung $x(s) \equiv 0$ nach dem Parameter P.

Wir substituieren $P = P_0 + \lambda$ und schreiben die Gleichung (34.3) in der Form (23.6),

$$B\,x = R(x, \lambda) . \tag{34.4}$$

Der lineare Differentialoperator B wird für Funktionen aus E_1 durch den Differentialausdruck

$$B\,x \equiv x''(s) + P_0\,\varrho(s)\,x(s)$$

erzeugt, ferner ist

$$R(x, \lambda) = \frac{1}{2}\,P_0\,\varrho(s)\,x(s)\,x'^2(s) - \lambda\,\varrho(s)\,x(s) + \\ + (P_0 + \lambda)\sum_{i=2}^{+\infty} \frac{(2i-3)!!\,[x'(s)]^{2i}}{2^i\,i!} + \frac{1}{2}\,\lambda\,\varrho(s)\,x(s)\,x'^2(s) . \tag{34.5}$$

Als Hilfsaufgabe betrachten wir das Sturm-Liouvillesche Randwertproblem

$$x''(s) + P_0\,\varrho(s)\,x(s) = 0 , \quad x(0) = x(1) = 0 . \tag{34.6}$$

Dieses Randwertproblem besitzt eine Folge von Eigenwerten $P_0 = P_{0k}$ mit $\lim_{k \to +\infty} P_{0k} = +\infty$. Alle Eigenwerte sind positiv und einfach. Die Eigenfunktionen $\varphi_k(s)$, die zu den Eigenwerten P_{0k} gehören, seien folgendermaßen normiert:

$$\int_0^1 \varphi_k^2(s)\,ds = 1 .$$

Nun betrachten wir das entsprechende inhomogene Randwertproblem

$$x''(s) + P_0\,\varrho(s)\,x(s) = h(s), \quad h(s) \in E_2\,,$$
$$x(0) = x(1) = 0\,.$$

Für $P_0 \neq P_{0k}$, $k = 1, 2, \ldots$, besitzt dieses Randwertproblem eine eindeutig bestimmte Lösung $x(s) \in E_1$. Für $P_0 = P_{0k}$ ist das inhomogene Randwertproblem dann und nur dann lösbar, wenn die Bedingung

$$\int_0^1 h(s)\,\varphi_k(s)\,ds = 0 \tag{34.7}$$

erfüllt ist, weil das zu (34.6) formal adjungierte Problem mit (34.6) übereinstimmt.

Der Operator B ist also ein beschränkter F-Operator mit der Nullzahl $n = 0$ oder $n = 1$. Deshalb können wir auf die Gleichung (34.4) die Ergebnisse der §§ 22—24 anwenden.

Ist $P_0 \neq P_{0k}$, $k = 1, 2, \ldots$, so besitzt die Gleichung (34.4) genau eine kleine Lösung, und zwar die triviale Lösung. Dieser Fall tritt zum Beispiel ein, wenn die Last P hinreichend klein ist $\left(0 \leqq P \leqq P_{01}\right.$ und P_1 ist der erste Eigenwert des Sturm-Liovilleschen Randwertproblems $\left.(34.6)\right)$. Diese Aussage folgt unmittelbar aus dem Satz über implizite Operatoren (Satz 22.2).

Nun sei $P_0 = P_{0k}$ und P_{0k} ein fixierter Eigenwert des Sturm-Liouvilleschen Randwertproblems (34.6). In § 23 haben wir gesehen, daß das Problem, kleine Lösungen der Gleichung (34.4) zu finden, dem Problem äquivalent ist, kleine Lösungen der Verzweigungsgleichung (24.2) zu bestimmen. Wie in Punkt 24.1 berechnen wir die ersten Koeffizienten dieser Verzweigungsgleichung. Aus (34.5) folgt

$$F_{20}\,x^2 \equiv 0\,, \qquad F_{30}\,x^3 = \frac{1}{2}\,P_{0k}\,\varrho(s)\,x(s)\,x'^2(s)\,,$$
$$F_{0j} = 0\,, \qquad j = 1, 2, \ldots, \qquad 2\,F_{11}\,x = -\,\varrho(s)\,x(s)\,.$$

Unter Benutzung von (24.6) erhalten wir wegen $\psi = \varphi = \varphi_k(s)$

$$L_{20} = 0\,, \qquad L_{30} = \frac{1}{2}\,P_{0k}\int_0^1 \varrho(s)\,\varphi_k^2(s)\,\varphi_k'^2(s)\,ds > 0\,,$$
$$L_{0j} = 0\,, \quad j = 1, 2, \ldots, \qquad L_{11} = -\int_0^1 \varrho(s)\,\varphi_k^2(s)\,ds < 0\,.$$

Die Verzweigungsgleichung (24.2) können wir nun wie in § 2 untersuchen. Der fallende Teil des Newtonschen Diagramms besteht aus einem einzigen Abschnitt, der die Punkte (1, 1) und (3, 0) verbindet. Diesem Abschnitt entspricht der Exponent $\varepsilon = 1/2$; die Bestimmungsgleichung

$$L_{11}\,\lambda + L_{30}\,\xi^2 = 0$$

hat die einfachen Wurzeln

$$\xi = \pm\sqrt{-\,L_{30}^{-1}\,L_{11}\,\lambda}\,.$$

In jedem Punkt $P = P_{0k}$ zweigen also von der trivialen Lösung der Gleichung (34.4) jeweils zwei neue nichttriviale kleine Lösungen ab, die in einer Halbumgebung, in der $P > P_{0k}$ ist, definiert sind, und die sich in dieser Halbumgebung in konvergente Reihen nach Potenzen von $\sqrt{P - P_{0k}}$ entwickeln lassen (die Stabilität dieser kleinen Lösungen soll hier nicht untersucht werden). Näherungsweise sind diese Lösungen durch die Formeln

$$x(s) = \pm \sqrt{\frac{2\int\limits_0^1 \varrho(s)\,\varphi_k^2(s)\,ds\,(P - P_{0k})}{P_{0k}\int\limits_0^1 \varrho(s)\,\varphi_k^2(s)\,\varphi_k'^2(s)\,ds}}\;\varphi_k(s) + o\left(\sqrt{P - P_{0k}}\right)$$

gegeben. Die folgenden Glieder können nach der Methode der unbestimmten Koeffizienten berechnet werden. Der erste Eigenwert P_{01} heißt Eulersche Knicklast.

Das hier betrachtete Problem ist von M. A. Krasnoselski [1] unter Benutzung topologischer Methoden untersucht worden. Die analytischen Methoden liefern außer dem Beweis für die Existenz von Lösungen auch ein Verfahren, diese Lösungen zu konstruieren[1].

In der gleichen Weise können auch Systeme von Stäben untersucht werden.

§ 35. Die Ausbeulung einer biegsamen Platte[2]

35.1. Die Aufgabenstellung. Allgemeine Bemerkungen. Ω sei ein beschränktes ebenes Gebiet mit dem Rand Γ. Wir betrachten in Ω das nichtlineare Differentialgleichungssystem aus der Theorie der biegsamen Platten:

$$\frac{D}{h}\,\Delta^2 w = L(w, \Phi) + \frac{\varepsilon\, q(x_1, x_2)}{h}, \qquad \frac{1}{E}\,\Delta^2 \Phi = -\frac{1}{2}\,L(w, w)\,. \tag{35.1}$$

w und Φ sind unbekannte Funktionen; $w(x_1, x_2)$ bezeichnet die kleine Durchbiegung der Mittelebene der Platte, $\Phi(x_1, x_2)$ ist die Spannungsfunktion. D, h und E sind bekannte positive Konstanten; D ist die Biegesteifigkeit der Platte, h die Plattendicke und E der Elastizitätsmodul. $\varepsilon\, q(x_1, x_2)$ ist eine vorgegebene, auf $\overline{\Omega}$ stetige Funktion, die Belastung der Platte, die als klein vorausgesetzt wird (ε ist ein kleiner Parameter). Schließlich bezeichnet $L(w, \Phi)$ den bilinearen Differentialausdruck

$$L(w, \Phi) = w_{x_1 x_1}\,\Phi_{x_2 x_2} + w_{x_2 x_2}\,\Phi_{x_1 x_1} - 2\,w_{x_1 x_2}\,\Phi_{x_1 x_2}\,.$$

[1]) Die Knickung eines geraden Stabes ist von vielen Autoren untersucht worden, z. B. auf recht originelle Weise von J. Vogel (siehe Z. angew. Math. Mech. 47, No 2 (1967)).

[2]) Allgemeinere Ergebnisse findet man in einer Arbeit von L. I. Srubstschik und W. A. Trenogin (siehe PMM, No 4 (1968)).

Wir suchen Lösungen des Differentialgleichungssystems (35.1), die folgenden Randbedingungen genügen:

$$\left.\begin{aligned} \Lambda_k^{(1)} w &= \sum_{i+j=0}^{4} a_{ijk}(x) \frac{\partial^{i+j} w}{\partial x_1^i \, \partial x_2^j} = 0 , \qquad k = 1, 2 ; \quad x \in \Gamma , \\ \Lambda_1^{(2)} \Phi &\equiv \frac{1}{h} \Phi_{n\tau} = p , \qquad \Lambda_2^{(2)} \Phi \equiv \frac{1}{h} \Phi_{\tau\tau} = 0 . \end{aligned}\right\} \tag{35.2}$$

Das Randwertproblem (35.1), (35.2) umfaßt eine große Klasse von Randwertproblemen aus der nichtlinearen Theorie der biegsamen Platten.

Zunächst transformieren wir das Randwertproblem (35.1), (35.2) auf eine für die weitere Untersuchung günstige Form. $c(x_1, x_2)$ sei eine Lösung des Randwertproblems

$$\Delta^2 c = 0 , \quad x \in \Omega , \quad c_{n\tau} = h, \quad c_{\tau\tau} = 0 , \quad x \in \Gamma .$$

Wir führen die Funktion

$$F(x_1, x_2) = \Phi(x_1, x_2) - p\, c(x_1, x_2)$$

ein. Offensichtlich gilt

$$\Delta^2 \Phi = \Delta^2 F, \quad \Lambda_i^{(2)} F = 0 , \quad i = 1, 2,$$
$$L(w, \Phi) = L(w, F) + p\, L(w, c) .$$

Da wir lokale Fortsetzungen der Lösungen des Randwertproblems (35.1), (35.2) nach dem Parameter p suchen, setzen wir noch $p = p_0 + \lambda$. Insgesamt erhalten wir zur Bestimmung der Funktionen w und F das folgende Randwertproblem mit homogenen Randbedingungen:

$$\frac{D}{h} \Delta^2 w - p_0 L(w, c) = L(w, F) + \lambda\, L(w, c) + \frac{\varepsilon\, q(x_1, x_2)}{h} ,$$
$$\frac{1}{E} \Delta^2 F = - \frac{1}{2} L(w, w) ,$$
$$\Lambda_i^1 w = 0 , \quad i = 1, 2; \quad \Lambda_j^{(2)} F = 0 , \quad j = 1, 2 .$$

Nun bringen wir dieses Randwertproblem auf die Form der abstrakten Gleichung (23.6). E_1 sei der BANACH-Raum der zweidimensionalen Spaltenvektoren

$$y(x_1, x_2) = \begin{Vmatrix} w(x_1, x_2) \\ F(x_1, x_2) \end{Vmatrix}$$

mit $w \in W_\sigma^4 (\Omega; \Lambda_1^{(1)}, \Lambda_2^{(1)})$ und $F \in W_\sigma^4 (\Omega; \Lambda_1^{(2)}, \Lambda_2^{(2)})$ $(\sigma > 1)$. $W_\sigma^4 (\Omega; \Lambda_1^{(1)}, \Lambda_2^{(1)})$ und $W_\sigma^4(\Omega; \Lambda_1^{(2)}, \Lambda_2^{(2)})$ sind Unterräume des SOBOLEWschen Raumes $W_\sigma^4(\Omega)$, deren Elemente den entsprechenden homogenen Randbedingungen genügen. Ferner setzen wir

$$B = \begin{Vmatrix} \frac{D}{h} \Delta^2 - p_0 L(\cdot\, , c) & 0 \\ 0 & \frac{1}{E} \Delta^2 \end{Vmatrix} ; \qquad F_1 = \begin{Vmatrix} L(\cdot\, , c) & 0 \\ 0 & 0 \end{Vmatrix} ;$$

$$2\, F_2\, y_1\, y_2 = \begin{Vmatrix} L(w_1, F_2 0) + L(w_2, F_1) \\ - L(w_1, w_2) \end{Vmatrix} ; \qquad F_0 = \begin{Vmatrix} q(x_1, x_2) \\ 0 \end{Vmatrix} .$$

Mit diesen Bezeichnungen läßt sich das Randwertproblem (35.1), (35.2) folgendermaßen schreiben:

$$B\,y = \varepsilon\,F_0 + \lambda\,F_1\,y + F_2\,y^2\,.$$

Aus den Einbettungssätzen von SOBOLEW-KONDRASCHOW folgt, daß $W_\sigma^4(\Omega)$ vollstetig in $C^2(\Omega)$ eingebettet ist. Deshalb liegt der Wertebereich des bilinearen Operators $F_2\,y_1\,y_2$ im BANACH-Raum der zweidimensionalen Spaltenvektoren, deren Komponenten auf $\overline{\Omega}$ stetig sind. Der Wertebereich des linearen Operators B liegt im BANACH-Raum E_2 der zweidimensionalen Spaltenvektoren, deren Komponenten Elemente von $L_0(\Omega)$ sind. Folglich liegen die Wertebereiche der Operatoren B, F_1 und F_2 in E_2; außerdem ist $F_0 \in E_2$.

Wir formulieren jetzt eine grundlegende Voraussetzung. Der durch das Randwertproblem

$$\Delta^2\,w - \frac{h\,p_0}{D}\,L(w, c) = 0\,, \qquad x \in \Omega\,, \qquad \Lambda_i^{(1)}\,w = 0\,, \quad i = 1, 2, \quad x \in \Gamma \quad (35.3)$$

erzeugte Operator sei ein F-Operator mit der Nullzahl $n = 0$ oder $n = 1$. Wir weisen darauf hin, daß dieses Randwertproblem gewöhnlich sogar selbstadjungiert ist, und daß die entsprechende GREENsche Funktion einen vollstetigen Integraloperator erzeugt, wobei der erste Eigenwert oder einige der ersten Eigenwerte einfach sind.

Unter dieser Voraussetzung ist auch der Operator B ein F-Operator; seine Nullzahl stimmt mit der Nullzahl des durch das Randwertproblem (35.3) erzeugten Operators überein.

Erwähnt sei noch, daß für $n = 1$ die Gleichung

$$B\,y = h\,, \qquad h = \begin{Vmatrix} h_1(x_1, x_2) \\ h_2(x_1, x_2) \end{Vmatrix}$$

dann und nur dann lösbar ist, wenn die Bedingung

$$\iint_\Omega h_1(x_1, x_2)\,\psi(x_1, x_2)\,dx_1\,dx_2 = 0$$

erfüllt ist. Dabei bezeichnet $\psi(x_1, x_2)$ die nichttriviale Lösung des zu (35.3) formal adjungierten Randwertproblems.

Aus diesen Überlegungen folgt, daß auf das Randwertproblem (35.1), (35.2) die Methoden und Ergebnisse der allgemeinen Verzweigungstheorie angewendet werden können.

Für $\varepsilon = 0$ besitzt das Randwertproblem immer die triviale Lösung. Ist $n = 0$, so läßt sich die triviale Lösung in einer Umgebung des Punktes p_0 eindeutig nach dem Parameter p fortsetzen, und die Fortsetzung kann in eine konvergente Reihe nach ganzen Potenzen von ε und $\lambda = p - p_0$ entwickelt werden. Dieses Ergebnis begründet insbesondere die bekannte Methode des kleinen Parameters von P. JA. POLUBARINOWA-KOTSCHINAC [1].

Ist $n = 1$, so wollen wir voraussetzen, daß der nichtentartete Verzweigungsfall vorliegt (diese Voraussetzung ist hier anscheinend immer erfüllt). Dann können wir die Überlegungen von § 24 benutzen. Wir stellen die Verzweigungsgleichung auf, konstruieren die Verzweigungskurven und bestimmen auf diese Weise die Anzahl und die Form der Lösungen, die in einer Umgebung der trivialen Lösung liegen. Auf jedem Strahl $\lambda = t\,\varepsilon$ lassen sich alle kleinen Lösungen in konvergente Reihen nach gebrochenen Potenzen von ε entwickeln.

Der Fall $n = 1$ ist in der nichtlinearen Plattentheorie bekannt (siehe I. I. Worowitsch [1]). Im Punkt $p = p_0$ findet ein Stabilitätsverlust der Platte statt, und in einer Umgebung von p_0 können neue Lösungen existieren, von denen einige stabil sind, die übrigen aber instabil. Mit der Stabilität dieser Lösungen wollen wir uns hier nicht beschäftigen.

35.2. Die Kreisplatte. Als konkretes Beispiel betrachten wir eine Kreisplatte mit rotationssymmetrischer Belastung q. Dabei beschränken wir uns auf die Bestimmung rotationssymmetrischer kleiner Lösungen. Ein analoges Problem (für eine ringförmige Platte unter allgemeineren Randbedingungen) ist von I. I. Worowitsch [1] untersucht worden, so daß dieses Beispiel als eine Darstellung der Ergebnisse von I. I. Worowitsch in einer anderen und unserer Meinung nach einfacheren Form aufgefaßt werden kann.

Wir glauben, daß es zweckmäßig ist, die im letzten Punkt vorgenommenen Konstruktionen für die Kreisplatte zu wiederholen, weil sie hier besonders übersichtlich sind; die Rechnungen können weiter geführt werden, und außerdem weist dieser Spezialfall auch seine Besonderheiten auf.

Ω sei also ein Kreis mit dem Radius R. Im Vergleich zum letzten Punkt ist das Problem wesentlich einfacher und kann folgendermaßen formuliert werden (Wolmir [1]): Vorgegeben sei das gewöhnliche Differentialgleichungssystem

$$\left.\begin{aligned} D\frac{d}{dr}\left[\frac{1}{r}\frac{d}{dr}\left(r\frac{dw}{dr}\right)\right] &= \frac{h}{r}\frac{d\Phi}{dr}\frac{dw}{dr} + \frac{\varepsilon\, g(r)}{r}\,, \\ \frac{d}{dr}\left[\frac{1}{r}\frac{d}{dr}\left(r\frac{d\Phi}{dr}\right)\right] &= -\frac{E}{2r}\left(\frac{dw}{dr}\right)^2. \end{aligned}\right\} \tag{35.4}$$

Dabei bezeichnet $\frac{1}{r}\,g(r) = \frac{1}{r}\int\limits_0^r q(s)\,ds$ die gemittelte Belastung. Gesucht sind Lösungen dieses Differentialgleichungssystems, die folgenden Randbedingungen genügen:

$$\left.\begin{aligned} &\frac{1}{r}\frac{dw}{dr} \text{ und } \frac{1}{r}\frac{d\Phi}{dr} \text{ sind für } r = 0 \text{ beschränkt,} \\ &w(R) = 0\,, \quad \frac{dw}{dr}(R) = 0\,, \quad \frac{h}{R}\frac{d\Phi}{dr}(R) = p\,. \end{aligned}\right\} \tag{35.5}$$

Diese Randbedingungen bedeuten, daß die Platte am Rand fest eingespannt und daß auf dem Rand die Radialspannung σ_r vorgegeben ist.

In (35.4) und (35.5) substituieren wir für die unbekannten Funktionen w, Φ und den vorgegebenen Parameter p

$$\frac{dw}{dr} = u\,, \qquad \frac{d\Phi}{dr} = \frac{r\,p}{h} + v\,, \qquad p = p_0 + \lambda\,.$$

Ferner bezeichnen wir mit A den Differentialoperator, der auf der Menge der auf $[0, R]$ zweimal stetig differenzierbaren Funktionen $f(r)$, die den Randbedingungen

$$\frac{1}{r} f(r) \text{ ist für } r = 0 \text{ beschränkt,}$$

$$f(R) = 0$$

genügen, durch den Differentialausdruck

$$A\,f \equiv -\,r\,\frac{d}{dr}\left[\frac{1}{r}\,\frac{d}{dr}\big(r\,f(r)\big)\right]$$

erzeugt wird. Dann erhalten wir das folgende Differentialgleichungssystem zur Bestimmung von u und v:

$$D\,A\,u + p_0\,u = -\,\varepsilon g(r) - \lambda\,u - h\,u\,v\,, \qquad A\,v = \frac{1}{2}\,u^2\,. \tag{36.6}$$

Wir führen zwei BANACH-Räume E_1 und E_2 ein. Mit E_1 bezeichnen wir den BANACH-Raum der zweidimensionalen Spaltenvektoren

$$y(r) = \begin{Vmatrix} u(r) \\ v(r) \end{Vmatrix}$$

deren Komponenten auf $[0, R]$ zweimal stetig differenzierbar sind und den Randbedingungen

$$\frac{1}{r}\,u(r) \text{ und } \frac{1}{r}\,v(r) \text{ sind beschränkt,}$$

$$u(R) = v(R) = 0$$

genügen; die Norm sei durch

$$||y||_1 = \sup_{[0,\,R]} \frac{|u(r)| + |v(r)|}{r} + \sum_{i=1}^{2} \max_{[0,\,R]} \left[|u^{(i)}(r)| + |v^{(i)}(r)|\right]$$

gegeben. Mit E_2 bezeichnen wir den BANACH-Raum der zweidimensionalen Spaltenvektoren, deren Komponenten in $C^2(0, R)$ liegen, mit der üblichen Norm.

Weiterhin führen wir die Bezeichnungen

$$B = \begin{Vmatrix} D\,A + p_0\,I & 0 \\ 0 & A \end{Vmatrix}, \qquad F_0 = \begin{Vmatrix} -\,g(r) \\ 0 \end{Vmatrix},$$

$$F_1 = \begin{Vmatrix} -\,I & 0 \\ 0 & 0 \end{Vmatrix}, \qquad 2\,F_2\,y_1\,y_2 = \begin{Vmatrix} -\,h(u_1\,v_2 + v_1\,u_2) \\ u_1\,u_2 \end{Vmatrix}$$

ein. Diese Operatoren bilden E_1 in E_2 ab. Damit erhalten wir schließlich für das Randwertproblem (35.4), (35.5) eine Gleichung der Form (23.6),

$$B\,y = \varepsilon\,F_0 + \lambda\,F_1\,y + F_2\,y^2 .$$

Wir unterscheiden nun zwei Fälle.

1. Der Punkt p_0 gehört nicht zum Spektrum des Operators $D\,A + p\,I$ (das ist zum Beispiel für $p_0 \geqq 0$ der Fall; die Platte wird am Rand auf Dehnung beansprucht). Dann gibt es bei hinreichend kleinem ε und $\lambda = p - p_0$ genau eine kleine Lösung, die sich in eine konvergente Reihe nach ganzen Potenzen von ε und λ entwickeln läßt.

2. Der Punkt p_0 gehört zum Spektrum des Operators $D\,A + p\,I$ (dann ist notwendigerweise $p_0 < 0$; die Platte wird am Rand auf Druck beansprucht). Die Eigenwerte p_{0k} bestimmen sich aus dem Randwertproblem

$$\frac{d^2u}{dr^2} + \frac{1}{r}\,\frac{du}{dr} - \left(\frac{p_0}{D} + \frac{1}{r^2}\right) u = 0 ,$$

$$\frac{1}{r}\,u(r) \text{ ist beschränkt, } u(R) = 0 .$$

Die allgemeine Lösung der Differentialgleichung, die der ersten Randbedingung genügt, lautet $c\,J_1\left(\sqrt{-\,p_0}\,r/D\right)$. Damit auch die zweite Randbedingung erfüllt ist, muß

$$p_0 = p_{0k} = -\,\frac{\alpha_k^2\,D}{R^2}$$

sein, wobei die α_k die positiven Nullstellen der BESSEL-Funktion $J_1(r)$ bezeichnen. Alle Eigenwerte p_{0k} sind einfach, und zu ihnen gehören die Eigenfunktionen $J_1(\alpha_k\,r/R)$, die auf $[0, R]$ mit dem Gewicht r zueinander orthogonal sind.

Die Gleichung $B\,y = 0$ besitzt also die Lösung

$$\varphi = \left\| \begin{matrix} J_1\left(\dfrac{\alpha_k\,r}{R}\right) \\ 0 \end{matrix} \right\| .$$

Der Operator B stimmt mit dem zu ihm formal adjungierten Operator überein, so daß $\psi = \varphi$ wird. Deshalb ist die inhomogene Gleichung

$$B\,y = h\,, \qquad h = \left\| \begin{matrix} h_1 \\ h_2 \end{matrix} \right\|$$

dann und nur dann lösbar, wenn die Lösbarkeitsbedingung

$$\int_0^R h_1(r)\,J_1\left(\frac{\alpha_k\,r}{R}\right) dr = 0$$

erfüllt ist.

Die Verzweigungsgleichung hat in diesem Fall die Form (24.25). Wir berechnen die ersten Koeffizienten der Verzweigungsgleichung, mit deren Hilfe wir die Anzahl und die Form der kleinen Lösungen bestimmen können.

Wegen

$$F_2 \varphi^2 = \left\| \begin{matrix} 0 \\ \frac{1}{2} J_1^2\left(\frac{\alpha_k r}{R}\right) \end{matrix} \right\|$$

ist $L_{002} = 0$. Ferner gilt $L_{003} = \left(2 F_2 \varphi \left(\Gamma F_2 \varphi^2\right), \varphi\right)$ (siehe (24.6)). Um $\Gamma F_2 \varphi^2$ zu finden, müssen wir die Gleichung $B y = F_2 \varphi^2$ lösen. Ausführlich geschrieben sieht diese Gleichung folgendermaßen aus:

$$D A y_1 + p_0 y_1 = 0, \qquad A y_2 = \frac{1}{2} J_1^2\left(\frac{\alpha_k r}{R}\right).$$

Hieraus folgt

$$y_1(r) = 0,$$

$$y_2(r) = \frac{1}{2} \int_0^R G(r, s) J_1^2(\alpha_k s/R)\, ds,$$

wobei $G(r, s)$ die Greensche Funktion des Operators A bezeichnet. Damit erhalten wir

$$2 F_2 \varphi \Gamma F_2 \varphi^2 = \left\| \begin{matrix} -\frac{h}{2} J_1\left(\frac{\alpha_k r}{R}\right) \int_0^R G(r, s) J_1^2\left(\frac{\alpha_k s}{R}\right) ds \\ 0 \end{matrix} \right\|$$

und

$$L_{003} = -\frac{h}{2} \int_0^R J_1^2\left(\frac{\alpha_k r}{R}\right) \int_0^R G(r, s) J_1^2\left(\frac{\alpha_k s}{R}\right) ds\, dr < 0.$$

Ebenso erhalten wir

$$L_{010} = 0, \qquad L_{011} = (F_1 \varphi, \psi) = -\frac{1}{2} \int_0^R J_1^2\left(\frac{\alpha_k r}{R}\right) dr < 0;$$

$$L_{100} = -\int_0^R g(r) J_1\left(\frac{\alpha_k r}{R}\right) dr.$$

Näherungsweise hat also die Verzweigungsgleichung die Form

$$L_{100}\, \varepsilon + L_{011} \lambda \xi + L_{003} \xi^3 \approx 0. \tag{35.6'}$$

35.3. Die Untersuchung der Verzweigungsgleichung. Die Resultante $R(\varepsilon, \lambda)$ der Polynome $Q(\varepsilon, \lambda, \xi) = L_{100}\,\varepsilon + L_{011}\,\lambda\,\xi + L_{003}\,\xi^3$ und $Q_\xi(\varepsilon, \lambda, \xi) = L_{011}\,\lambda + {}$ $+ 3\,L_{003}\,\xi^2$ lautet, wie man leicht nachrechnet,

$$R(\varepsilon, \lambda) = 4\,L_{033}^2\,L_{011}\,\lambda^3 + 27\,L_{100}^2\,L_{003}^3\,\varepsilon^2\,.$$

Die Näherungsgleichung für die Diskriminantenkurve hat also die Form (wir setzen $L_{100} \neq 0$ voraus)

$$4\,L_{011}^3\,\lambda^3 + 27\,L_{100}^2\,L_{003}\,\varepsilon^2 = 0 \qquad (35.7)$$

deren Lösung eine Neilsche Parabel darstellt, die die λ-Achse berührt.

Diese Kurve ist eine Näherung für die Verzweigungskurve. Sie teilt die Umgebung $|\varepsilon| \leqq a$, $|\lambda| \leqq b$ des Punktes (0, 0) in zwei Gebiete. Oberhalb der Kurve gibt es genau drei reelle kleine Lösungen, unterhalb der Kurve genau eine reelle kleine Lösung der Verzweigungsgleichung.

Zur Untersuchung des asymptotischen Verhaltens dieser Lösungen ist es günstig, von den beiden kleinen Parametern ε und λ der Gleichung (35.7) zu einem einzigen Parameter überzugehen, der beliebige reelle Werte annehmen kann. Das erreichen wir dadurch, daß wir die neuen Veränderlichen θ und η einführen,

$$\xi = \sqrt[3]{\frac{L_{100}\,\varepsilon}{L_{003}}}\;\eta\,, \qquad \theta = \frac{L_{011}\,\lambda}{(L_{100}\,\varepsilon)^{2/3}\,L_{(003)}^{1/3}}\,. \qquad (35.8)$$

In den Veränderlichen θ und η hat die Gleichung (35.7) die Form

$$1 + \theta\,\eta + \eta^3 \approx 0\,. \qquad (35.9)$$

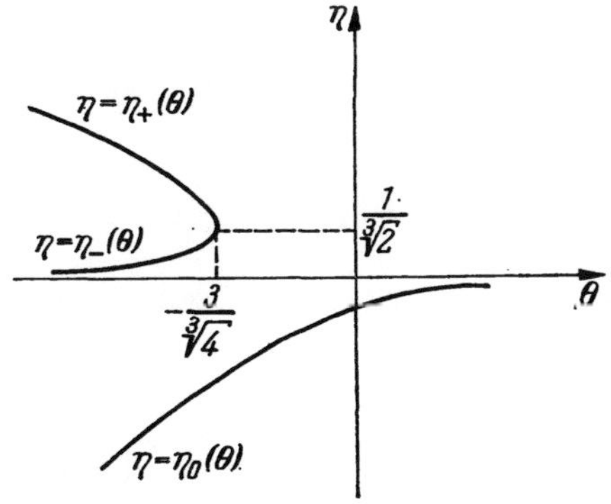

Abb. 18

In Zeichnung 18 ist η als Funktion von θ dargestellt. Der Punkt $(-3/\sqrt[3]{4}, 1/\sqrt[3]{2})$ ist ein Verzweigungspunkt. Es gibt drei eindeutige Zweige, den Zweig $\eta = \eta_0(\theta)$, der für alle θ definiert ist, sowie die Zweige $\eta = \eta_-(\theta)$ und $\eta = \eta_+(\theta)$, die für $\theta < -3/\sqrt[3]{4}$ definiert sind, und die sich im Punkt $\theta = -3/\sqrt[3]{4}$ vereinigen.

Bestimmen wir aus der Gleichung (35.9) mit der erforderlichen Genauigkeit $\eta_0(\theta)$, $\eta_-(\theta)$ und $\eta_+(\theta)$ und benutzen wir dann die Substitution (35.8), so finden wir mit der gleichen Genauigkeit die kleinen Lösungen der genäherten Verzweigungsgleichung (35.6′). Damit erhalten wir schließlich Näherungsausdrücke für die kleinen Lösungen des Randwertproblems (35.4), (35.5).

Ohne Begründung wollen wir als Beispiel das asymptotische Verhalten von η_0, η_- und η_+ für große θ beschreiben. Dadurch kommen wir auf Aussagen über das asymptotische Verhalten von ξ außerhalb eines schmalen Streifens um die Verzweigungskurve.

Für $\theta \to +\infty$ gilt $\eta_0(\theta) \to 0$, und aus (35.9) folgt

$$\eta_0(\theta) \sim -\theta^{-1} \quad \text{für} \quad \theta \to +\infty\,.$$

Gehen wir unter Benutzung von (35.8) zu den alten Veränderlichen über, so erhalten wir

$$\xi_0(\varepsilon, \lambda) \sim -\frac{L_{100}}{L_{011}}\frac{\varepsilon}{\lambda} \quad \text{für} \quad \lambda\,\varepsilon^{-2/3} \to +\infty\,.$$

Genauso finden wir

$$\left.\begin{aligned} \eta_-(\theta) &\sim -\theta^{-1} \\ \eta_0(\theta) &\sim -\sqrt{-\theta} \\ \eta_+(\theta) &\sim +\sqrt{-\theta} \end{aligned}\right\} \quad \text{für} \quad \theta \to -\infty\,,$$

und damit

$$\left.\begin{aligned} \xi_-(\varepsilon, \lambda) &\sim -\frac{L_{100}}{L_{011}}\frac{\varepsilon}{\lambda}\,, \\ \xi_0(\varepsilon, \lambda) &\sim -\frac{\operatorname{sign}(L_{100}\,\varepsilon)}{L_{003}}\sqrt{-L_{011}\lambda} \\ \xi_+(\varepsilon, \lambda) &\sim \frac{\operatorname{sign}(L_{100}\,\varepsilon)}{L_{003}}\sqrt{-L_{011}\lambda} \end{aligned}\right\} \quad \text{für} \quad \lambda\,\varepsilon^{-2/3} \to -\infty\,.$$

Nun untersuchen wir das Verhalten der Lösungen in der Nähe der Verzweigungskurve. Wir substituieren in (35.9)

$$\theta = -\frac{3}{\sqrt[3]{4}} - \tau\,, \qquad \eta = \frac{1}{\sqrt[3]{2}} + \sigma$$

und erhalten für $\tau \to 0, \sigma \to 0$

$$\sigma \sim \pm\sqrt{\frac{\tau}{3}}\,.$$

Hieraus folgt

$$\eta_\pm(\theta) \sim \frac{1}{\sqrt[3]{2}} \pm \sqrt{\frac{1}{3}\left(-\frac{3}{\sqrt[3]{4}} - \theta\right)} \quad \text{für} \quad \theta \to -\frac{3}{\sqrt[3]{4}}$$

und

$$\xi_{\pm}(\varepsilon, \lambda) \sim \sqrt[3]{\frac{L_{100}\,\varepsilon}{L_{003}}}\left\{\frac{1}{\sqrt[3]{2}} \pm \sqrt{\frac{1}{3}\left(-\frac{3}{\sqrt[3]{4}} - \frac{L_{011}\,\lambda}{(L_{100}\,\varepsilon)^{2/3}\,(L_{003})^{1/3}}\right)}\right\}$$

für

$$\lambda\,\varepsilon^{-2/3} \to -\frac{3}{\sqrt[3]{4}}\,\frac{(L_{003})^{1/3}\,(L_{100})^{2/3}}{L_{011}}.$$

Man kann auch zeigen, daß in diesem Fall

$$\xi_0(\varepsilon, \lambda) \sim \sqrt[3]{\frac{4\,L_{100}\,\varepsilon}{L_{003}}}$$

gilt.

Mit diesen Formeln können wir nun Näherungslösungen der Gleichung (35.6) konstruieren. In erster Näherung gilt

$$v \approx 0\,, \qquad u \approx \xi(\varepsilon, \lambda)\,J_1\left(\frac{\alpha_k\,r}{R}\right).$$

Setzen wir hier für ξ die asymptotischen Ausdrücke ein, so erhalten wir asymptotische Ausdrücke für alle Lösungen der Gleichung (35.6) bzw. des Randwertproblems (35.4), (35.5).

35.4. Die Kreisplatte ohne äußere Belastung. Wir behandeln noch den Spezialfall, daß im Differentialgleichungssystem die äußere Belastung fehlt, es sei also $g(r) \equiv 0$. Dadurch werden die Überlegungen bedeutend einfacher. Da die Gleichung (35.6) jetzt für alle λ die triviale Lösung besitzt, genügen die Koeffizienten der Verzweigungsgleichung der Bedingung $L_{i00} = 0$, $i = 1, 2, \ldots$.

Kürzen wir die Verzweigungsgleichung durch ξ, so erhalten wir eine neue Gleichung, die näherungsweise die Form

$$L_{011}\,\lambda + L_{003}\,\xi^2 \equiv 0$$

hat (siehe (35.6′)). Wir haben gesehen, daß $L_{011} < 0$ und $L_{003} < 0$ ist.

Hier liegt also derselbe Fall wie in § 34 vor. Jeder Punkt $p = p_{0k}$ ist ein Bifurkationspunkt der Gleichung (35.6). In jedem Punkt p_{0k} zweigen von der trivialen Lösung der Gleichung (35.6) jeweils zwei neue nichttriviale kleine Lösungen ab, die sich in konvergente Reihen nach Potenten von $(p_{0k} - p)^{1/2}$ entwickeln lassen und nach der Methode der unbestimmten Koeffizienten konstruiert werden können. In erster Näherung gilt

$$\frac{dw}{dr} \approx \pm\sqrt{-\frac{L_{011}\,(p - p_{0k})}{L_{003}}}\;J_1\left(\frac{r\,\alpha_k}{R}\right); \qquad \frac{d\Phi}{dr} \approx \frac{r\,p_{0k}}{h}.$$

§ 36. Die Schwingungen eines Satelliten in seiner Bahnebene[1])

Die Schwingungen eines Satelliten in der Ebene seiner elliptischen Bahn um die Richtung des Radiusvektors werden durch folgende Differentialgleichung beschrieben:

$$(1 + e \cos \nu) \frac{d^2\delta}{d\nu^2} - 2\, e \sin \nu \frac{d\delta}{d\nu} + \alpha \sin \delta - 4\, e \sin \nu = 0 \,. \tag{36.1}$$

Dabei ist δ der doppelte Winkel zwischen einer der Hauptträgheitsachsen des Satelliten, die in der Bahnebene liege, und dem Radiusvektor des Satelliten, ν die wahre Anomalie, $\alpha = 3\,(B - A)/C$ (A, B, C sind die zentralen Hauptträgheitsmomente, $|\alpha| \leqq 3$) und e die Bahnexzentrizität ($0 \leqq e < 1$).

Wir interessieren uns für periodische Lösungen der Differentialgleichung (36.1), deren Periode mit der Umlaufszeit des Massenmittelpunktes des Satelliten übereinstimmt, d. h. für $2\,\pi$-periodische Lösungen.

Beschränken wir uns auf ungerade $2\,\pi$-periodische Lösungen, so müssen wir die Differentialgleichung (36.1) unter den Randbedingungen

$$\delta(0) = \delta(\pi) = 0 \tag{36.2}$$

lösen.

Wir führen zwei reelle BANACH-Räume E_1 und E_2 ein (vergleiche § 34). E_1 sei der Raum der auf $[0, \pi]$ zweimal stetig differenzierbaren Funktionen, die den Randbedingungen (36.2) genügen; E_2 sei der Raum der auf $[0, \pi]$ stetigen Funktionen. Die Normen in E_1 und E_2 seien wie in § 34 definiert. Dann können wir das Randwertproblem (36.1), (36.2) als eine nichtlineare Gleichung der Form

$$F(\delta, e, \alpha) = 0 \tag{36.3}$$

auffassen, wobei $e \in [0, 1]$ und $\alpha \in [-3, +3]$ zwei reelle Parameter sind und F ein nichtlinearer Operator ist, der für Funktionen $\delta \in E_1$ durch den Differentialausdruck erzeugt wird, der auf der linken Seite der Gleichung (36.1) steht. Der Wertebereich von F liegt in E_2, ferner ist $F(\delta, e, \alpha)$ ein analytischer Operator.

Wir setzen voraus, daß die Exzentrizität e hinreichend klein ist. Für $r = 0$ geht die Differentialgleichung (36.1) in die Differentialgleichung des mathematischen Pendels über,

$$\delta'' + \alpha \sin \delta = 0 \,. \tag{36.4}$$

Das Randwertproblem (36.4), (36.2) besitzt für $-3 \leqq \alpha \leqq 1$ nur die triviale Lösung $\delta(\nu) \equiv 0$, für $1 < \alpha \leqq 3$ aber drei Lösungen

$$\delta_0(\nu) \equiv 0 \,, \qquad \delta_+(\nu) \equiv 2 \arcsin k \operatorname{sn} \sqrt{\alpha}\, \nu \,,$$
$$\delta_-(\nu) = -2 \arcsin k \operatorname{sn} \sqrt{\alpha}\, \nu \,, \tag{36.5}$$

---

[1]) Wir bringen hier Ergebnisse von A. P. TORSHEWSKI [1].

wobei der Parameter $k \in (0, 1)$ der elliptischen Funktion aus der Gleichung

$$\int_0^{\pi/2} \frac{d\varphi}{\sqrt{1 - k^2 \sin^2 \varphi}} = \frac{\pi}{2} \sqrt{\alpha} \tag{36.6}$$

zu bestimmen ist.

Der Punkt $e = 0$, $\alpha = 1$, $\delta(\nu) \equiv 0$ ist also ein Verzweigungspunkt der Gleichung (36.4); für $\alpha > 1$ zweigen von der trivialen Lösung zwei nichttriviale kleine Lösungen ab. Deshalb ist $F(0, 0, 1) = 0$.

Wir suchen lokale Fortsetzungen der trivialen Lösung $\delta(\nu) = 0$ der Gleichung (36.3) nach den Parametern α und e. Wir substituieren

$$\alpha = 1 + \mu , \tag{36.7}$$

wobei μ ein neuer kleiner Parameter ist. Jetzt können wir die Gleichung (36.3) in der Form

$$B\,\delta = R(\delta, e, \mu) \tag{36.8}$$

schreiben, dabei ist

$$\left.\begin{aligned} &B\,\delta \equiv \delta'' + \delta , \qquad \delta \in E_1 , \\ &R(\delta, e, \mu) \equiv 4\,e \sin \nu - e \cos \nu\, \delta'' + \frac{\delta^3}{6} - \mu\,\delta + 2\,e \sin \nu \frac{d\delta}{d\nu} + r(\delta, e, \mu) \end{aligned}\right\} \tag{36.9}$$

mit $r(\delta, e, \mu) = o(\delta^3)$ für $\delta \to 0$, $e \to 0$, $\mu \to 0$.

Der Operator B ist ein F-Operator mit der Nullzahl $n = 1$. Seine Nullstelle $\varphi(\nu)$ und sein Defektfunktional $\psi(\nu)$ können folgendermaßen gewählt werden:

$$\varphi(\nu) = \frac{2}{\pi} \sin \nu , \qquad \psi(\nu) = \sin \nu . \tag{36.10}$$

Nun konstruieren wir eine Näherungsgleichung für die LJAPUNOW-SCHMIDTsche Verzweigungsgleichung (siehe Punkt 23.2). Die Gleichung (36.8) besitzt dann und nur dann eine Lösung $\delta(\nu)$, wenn die Bedingung

$$\int_0^{\pi} R(\delta(\nu), e, \mu) \sin \nu\, d\nu = 0$$

erfüllt ist. Unter Benutzung der zweiten Formel von (36.9) erhalten wir durch partielle Integration

$$\begin{aligned} 2\,\pi\, e - 2\,e \int_0^{\pi} \delta(\nu) \sin 2\,\nu\, d\nu + \frac{1}{6} \int_0^{\pi} \delta^3(\nu) \sin \nu\, d\nu - 2\,e \int_0^{\pi} \delta(\nu) \cos \nu\, d\nu - \\ - \mu \int_0^{\pi} \delta(\nu) \sin \nu\, d\nu + \int_0^{\pi} r(\delta(\nu), e, \mu) \sin \nu\, d\nu = 0 . \end{aligned} \tag{36.11}$$

Weiterhin folgt unmittelbar aus (36.8) und (36.9)

$$\delta(\nu) = \frac{2}{\pi}\, \xi \sin \nu + 4\,e \sin \nu + \delta_2(\nu) , \tag{36.12}$$

wobei $\delta_2(\nu)$ nur Glieder zweiter und höherer Ordnung in e, μ, ξ enthält.

Setzen wir (36.12) in (36.11) ein, so kommen wir nach einigen Umformungen auf die Verzweigungsgleichung

$$2\pi e - \mu \xi + \frac{1}{2\pi^2} \xi^3 - 2\pi \mu e + l_3(e, \mu, \xi) = 0\,, \tag{36.13}$$

wobei $l_3(e, \mu, \xi)$ nur Glieder dritter und höherer Ordnung in e, μ, ξ und $l_3(0, 0, \xi)$ nur Glieder vierter und höherer Ordnung in ξ enthalten. Näherungsweise erhalten wir also folgende Verzweigungsgleichung:

$$\xi^3 - 2\pi^2 \mu \xi + 4\pi^3 e \approx 0\,. \tag{36.14}$$

Wir bilden die Diskriminante dieser Gleichung,

$$D = 4\pi^6 \left(e^2 - \frac{2}{27} \mu^3\right).$$

Die Verzweigungspunkte des Randwertproblems (36.1), (36.2) liegen also auf der Verzweigungskurve, die bei hinreichend kleinem e und μ näherungsweise durch die Gleichung

$$e^2 = \frac{2}{27} \mu^3$$

gegeben ist.

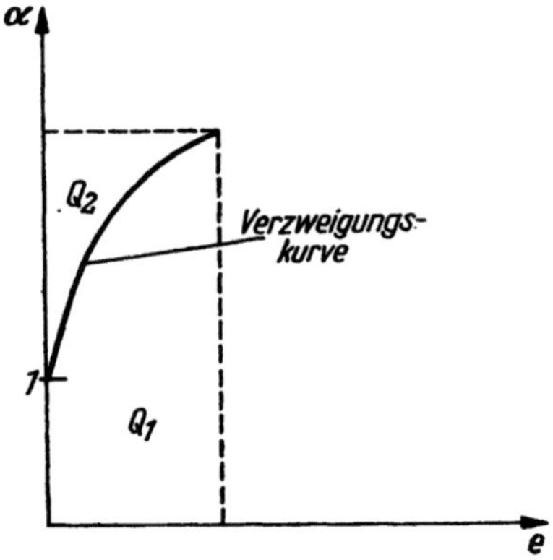

Abb. 19

Im Gebiet Q_1 (siehe Abb. 19) besitzt die Gleichung (36.14) genau eine reelle Lösung, im Gebiet Q_2 aber drei verschiedene reelle Lösungen, die sich auf der Verzweigungskurve zu einer Lösung vereinigen. Aus den Beziehungen

$$\xi_1 + \xi_2 + \xi_3 = 0\,, \qquad \frac{1}{\xi_1} + \frac{1}{\xi_2} + \frac{1}{\xi_3} = \frac{1}{2\pi} \frac{\mu}{e}\,, \qquad \xi_1 \xi_2 \xi_3 = -4\pi^3 e$$

folgt, daß eine dieser Lösungen negativ und die beiden anderen positiv sind, sofern $e \neq 0$ ist. Für $e = 0$ wird

$$\xi_1 = \pi \sqrt{2\varepsilon} > 0\,, \qquad \xi_2 = 0\,, \qquad \xi_3 = -\pi \sqrt{2\varepsilon} < 0\,.$$

Man kann zeigen, daß die Lösungen $\delta_+(\nu)$ und $\delta_-(\nu)$ nicht verzweigen. Schließlich gilt die Näherungsformel

$$\delta(\nu) = \frac{2}{\pi}\,\xi(e, \mu)\sin\nu\,,$$

wobei ξ aus der Gleichung (36.14) zu bestimmen ist.

Gehen wir von (36.13) aus, so kann $\delta(\nu)$ mit beliebiger Genauigkeit berechnet werden. Ohne Beweis geben wir noch eine Formel an, die bis zu Gliedern der Ordnung $\sqrt[3]{(e^2+\mu^2)^2}$ genau ist:

$$\delta(\nu) = \frac{2}{\pi}\,\xi\sin\nu - \frac{3\,e}{4\,\pi}\,\xi\sin 2\,\nu + \frac{2}{27}\left(\frac{\mu\,\xi}{\pi} - 2\,e\right)\sin 3\,\nu$$

(ξ ist aus der Gleichung (36.14) zu berechnen). Auf der Verzweigungskurve gilt

$$\delta_p(\nu) = 2\,\sqrt[3]{2\,e}\,\sin\nu - \frac{3}{4}\,e\,\sqrt[3]{2\,e}\,\sin 2\,\nu + \frac{2}{27}\left(\mu\,\sqrt[3]{2\,e} - 2\,e\right)\sin 3\,\nu\,.$$

Im Gebiet Q_1, das unterhalb der Verzweigungskurve liegt, kann die Lösung durch eine Reihe nach ganzen Potenzen von e konstruiert werden.

Benutzen wir die Überlegungen von § 35, so können wir das asymptotische Verhalten der Lösungen sowohl in der Nähe der Verzweigungskurve als auch außerhalb eines Streifens um die Verzweigungskurve beschreiben.

Abschließend weisen wir noch darauf hin, daß sich die Lösungen $\delta_+(\nu)$ und $\delta_-(\nu)$ (siehe (36.5)) nicht verzweigen.

§ 37. Stationäre Wellen auf der Oberfläche einer schweren Flüssigkeit

In diesem Paragraphen untersuchen wir die stationären Wellen endlicher Amplitude in einer schweren Flüssigkeit unendlicher Tiefe, die durch einen auf der Oberfläche der Strömung periodisch verteilten Druck erzeugt werden (siehe JA. I. SEKERSH-SENKOWITSCH [1]).

37.1. Die Aufgabenstellung. Die Herleitung der grundlegenden Integralgleichung. Wir betrachten die planparallele stationäre Strömung einer idealen inkompressiblen schweren Flüssigkeit, die oben durch eine freie Oberfläche begrenzt wird und die sich nach unten bis ins Unendliche erstreckt.

Auf der freien Oberfläche sei der Druck p als periodische Funktion der horizontalen Koordinate x vorgegeben, $p = p_0(x)$. In unendlicher Tiefe verlaufe die Strömung von links nach rechts mit der konstanten Geschwindigkeit c.

Da auf der Oberfläche der Druck eine periodische Funktion von x ist, nimmt die Oberfläche die Form einer stehenden Welle an.

Erteilen wir der ganzen Flüssigkeit die Geschwindigkeit $-c$, so befindet sich die Flüssigkeit in unendlicher Tiefe in Ruhe, während auf der Oberfläche Wellen mit der Geschwindigkeit $-c$ laufen.

Die Bestimmung dieser fortschreitenden Welle führt also auf die Bestimmung einer stationären Strömung der Flüssigkeit mit einer wellenförmigen freien Oberfläche.

Wir setzen voraus, daß die gesuchte Welle und der vorgegebene Druck p_0 eine senkrechte Symmetrieachse haben, und daß die Wellenlänge λ mit der Periode der Funktion $p_0(x)$ übereinstimmt.

Die y-Achse möge mit der Symmetrieachse zusammenfallen und senkrecht nach oben zeigen. Als Koordinatenursprung O wählen wir den Schnittpunkt der y-Achse mit der freien Oberfläche. Die x-Achse sei nach rechts gerichtet. Die x, y-Ebene, in der die Strömung verläuft, wählen wir als Ebene der komplexen Veränderlichen $z = x + i\,y$.

Wir führen die üblichen Bezeichnungen ein. φ sei das Geschwindigkeitspotential, ψ die Stromfunktion, w das komplexe Geschwindigkeitspotential; u und v seien die Komponenten des Geschwindigkeitsvektors q in Richtung der Koordinatenachsen. Dann gilt

$$w = \varphi + i\,\psi\,, \qquad \frac{dw}{dz} = -\,u + i\,v\,, \qquad u = -\frac{\partial\varphi}{\partial x}\,, \qquad v = -\frac{\partial\varphi}{\partial y}\,. \tag{37.1}$$

Um das Profil der gesuchten stationären Welle zu finden, bilden wir zunächst das Gebiet, das von einer Welle gebildet wird, d. h. den senkrechten unendlichen Halbstreifen, der oben durch eine wellenförmige Kurve begrenzt ist, auf den Halbstreifen

$$|\varphi| \leqq \frac{1}{2}\,c\,\lambda\,, \qquad 0 \leqq \psi \leqq \infty\,,$$

und anschließend diesen Halbstreifen auf das Innere des Einheitskreises der komplexen u-Ebene ($u = u_1 + i\,u_2$) konform ab.

Die letzte Abbildung wird bekanntlich durch die Formel

$$w = \frac{c\,\lambda}{2\,\pi\,i}\ln u \qquad (w = \varphi + i\,\psi) \tag{37.2}$$

vermittelt, wobei das Profil der Welle in den Umfang des Einheitskreises, der längs des Radius $\arg u = \pi$ aufgeschnitten ist, übergeht.

Die Abbildung des von einer Welle gebildeten Halbstreifens auf den Kreis $|u| \leqq 1$ ergibt sich durch Integration der Gleichung

$$\frac{dz}{du} = -\frac{\lambda}{2\,\pi\,i}\,\frac{f(u)}{u} \tag{37.3}$$

mit

$$f(u) = 1 + \sum_{k=1}^{\infty} a_k\,u^k\,. \tag{37.4}$$

Die Koeffizienten a_k sind reell, weil die Welle bezüglich der y-Achse symmetrisch ist. Ferner ist $a_0 = 1$, weil die Strömungsgeschwindigkeit im Unendlichen die Richtung der x-Achse und den Betrag c hat.

Berücksichtigen wir, daß auf der freien Oberfläche der Druck $p_0(x)$ nur eine Funktion von x ist, so folgt aus der BERNOULLIschen Gleichung

$$\frac{1}{\varrho}\frac{dp_0}{dx}\frac{dx}{d\theta} = -g\frac{dy}{d\theta} - \frac{1}{2}\frac{dq^2}{d\theta} \tag{37.5}$$

mit $u = e^{i\theta}$; ϱ ist die Dichte, g die Schwerebeschleunigung und q der Betrag des Geschwindigkeitsvektors $\boldsymbol{q}$.

Wie üblich führen wir die Funktion

$$\omega(u) = \Phi + i\tau = -i\ln f(u) \tag{37.6}$$

ein; mit (37.2) und (37.3) erhalten wir

$$\frac{dw}{dz} = -c\,e^{\tau - i\Phi}\,. \tag{37.7}$$

Φ bezeichnet also den Winkel, den der Geschwindigkeitsvektor $\boldsymbol{q}$ in irgendeinem Punkt der Strömung mit der x-Achse bildet, und τ geht in den Betrag des Geschwindigkeitsvektors ein,

$$q = c\,e^{\tau}\,. \tag{37.8}$$

Für $u = e^{i\theta}$ folgt aus (37.6) und (37.3)

$$\frac{dx}{d\theta} + i\frac{dy}{d\theta} = -\frac{\lambda}{2\pi}e^{-\tau(\theta)}(\cos\Phi + i\sin\Phi)\,.$$

Unter Berücksichtigung von (37.8) und (37.5) erhalten wir

$$\frac{d}{d\theta}e^{3\tau} = \frac{3g\lambda}{2\pi c^2}\left(\sin\Phi + \frac{1}{\varrho g}\frac{dp_0}{dx}\cos\Phi\right),$$

oder nach Integration,

$$e^{3\tau} = \frac{3g\lambda}{2\pi c^2\mu}\left[1 + \mu\int_0^\theta\left(\sin\Phi + \frac{1}{\varrho g}\frac{dp_0}{dx}\cos\Phi\right)d\eta\right], \tag{37.9}$$

wobei μ^{-1} eine Integrationskonstante ist,

$$\mu = \frac{3g\lambda}{2\pi c^2}e^{-3\tau(0)}\,. \tag{37.10}$$

Durch Differentiation von (37.9) ergibt sich

$$\frac{d\tau}{d\theta} = \frac{1}{3}\frac{\mu\left(\sin\Phi + \frac{1}{\varrho g}\frac{dp_0}{dx}\cos\Phi\right)}{1 + \mu\int_0^\theta\left(\sin\Phi + \frac{1}{\varrho g}\frac{dp_0}{dx}\cos\Phi\right)d\eta}\,. \tag{37.11}$$

Diese Gleichung stellt einen Zusammenhang zwischen den Funktionen $\Phi(\theta)$ und $\tau(\theta)$ auf dem Kreis $|u| = 1$ her.

Da die Funktion $\tau(\theta)$ bezüglich der reellen Achse symmetrisch ist, muß $\tau(\theta) = \tau(2\pi - \theta)$ sein. Es gilt also die bekannte Beziehung von DINI:

$$\Phi(\theta) = -\frac{1}{2\pi}\int_0^{2\pi} \frac{d\tau}{d\eta} \ln \left| \frac{\sin\frac{\eta - \theta}{2}}{\sin\frac{\eta + \theta}{2}} \right| d\eta\,. \tag{37.12}$$

Dabei haben wir die willkürliche Konstante weggelassen, weil die Tangente im Gipfel des Wellenberges horizontal verläuft $\left(\Phi(0) = 0\right)$.

Setzen wir (37.11) in (37.12) ein, so erhalten wir schließlich

$$\Phi(\theta) = -\frac{\mu}{6\pi}\int_0^{2\pi} \frac{\sin\Phi(\eta) + \frac{1}{\varrho g}\frac{dp_0}{dx}\cos\Phi(\eta)}{1 + \mu\int_0^{\eta}\left(\sin\Phi + \frac{1}{\varrho g}\frac{dp_0}{dx}\cos\Phi\right)d\eta_1} \ln \left| \frac{\sin\frac{\eta - \theta}{2}}{\sin\frac{\eta + \theta}{2}} \right| d\eta\,. \tag{37.13}$$

Das ist die gesuchte Integralgleichung zur Bestimmung des Profils der Welle.

Speziell für $p_0 = \text{const}$ geht diese Integralgleichung in die bekannte NEKRASsowsche Gleichung (13.12) über. Im Unterschied zur NEKRASSOWschen Gleichung ist die Integralgleichung (37.13) nicht homogen, da sie nicht die triviale Lösung $\Phi(\theta) \equiv 0$ besitzt.

Wir wollen die Integralgleichung (37.13) unter der Voraussetzung untersuchen, daß der vorgegebene Druck $p_0(x)$ der Beziehung

$$\frac{1}{\varrho g}\frac{dp_0}{dx} = \sum_{n=1}^{\infty} \varepsilon^n d_n \sin n\,\theta \tag{37.14}$$

genügt, wobei ε ein dimensionsloser positiver kleiner Parameter ist. Die Zahlen d_n seien so vorgegeben, daß die Reihe $\sum_{n=1}^{\infty} \varepsilon^n d_n$ im Kreis $|\varepsilon| \leqq \varepsilon_0$ konvergiert. Oben haben wir vorausgesetzt, daß die Funktion $p_0(x)$ in x periodisch ist. Nun läßt sich aber zeigen (siehe JA. I. SEKERSH-SENKOWITSCH [1]), daß die Lösung der Integralgleichung (37.13) unter der Voraussetzung (37.14) gerade durch

$$\frac{1}{\varrho g}\frac{dp_0}{dx} = -\sum_{n=1}^{\infty} \varepsilon^n \tilde{c}_n \sin\frac{2\pi}{\lambda}x$$

gegeben ist, dabei ist

$$\tilde{c}_n = \sum_{i=0}^{\infty} \varepsilon^i \tilde{c}_{i\,n}\,.$$

Wir können entweder die Koeffizienten $\tilde{c}_{i\,n}$, $i = 1, 2, \ldots$, als bekannt ansehen und aus ihnen die Koeffizienten d_n berechnen, oder umgekehrt die Koeffizienten $\tilde{c}_{i\,n}$, $i = 1, 2, \ldots$, aus den dann vorgegebenen Koeffizienten d_n bestimmen.

Wir formen nun die Gleichung (37.10) um. Auf dem Kreis $|u| = 1$ ist die Funktion $\tau(\theta)$ gerade, die Funktion $\Phi(\theta)$ aber ungerade. Deshalb gilt

$$\Phi(\theta) = \sum_{k=1}^{\infty} b_k \sin k\,\theta\,, \qquad \tau(\theta) = -\sum_{k=1}^{\infty} b_k \cos k\,\theta\,.$$

Wegen $\omega(0) = 0$ (siehe (37.4) und (37.6)) ist $b_0 = 0$. (37.10) lautet jetzt

$$\mu = \frac{3\,g\,\lambda}{2\,\pi\,c^2}\, e^{3 \sum\limits_{k=1}^{\infty} b_k}\,. \tag{37.15}$$

Für $\Phi(\theta) \equiv 0$ verschwinden alle b_k, folglich gilt dann

$$\mu = \mu_0 = \frac{3\,g\,\lambda}{2\,\pi\,c^2}\,, \tag{37.16}$$

wobei λ und c fixiert sind. Im folgenden setzen wir

$$\mu = \mu_0\,(1 + \mu')\,. \tag{37.17}$$

Erwähnt sei noch, daß μ die Geschwindigkeit im Gipfel des Wellenberges bestimmt (siehe (37.8) und (37.10)).

37.2. Das äquivalente Gleichungssystem[1]**.** Wir führen die grundlegende Integralgleichung (37.13) auf ein äquivalentes Gleichungssystem zurück. Dazu setzen wir

$$\Psi(\theta) = \left[1 + \mu \int_0^{\theta} \left(\sin \Phi + Q(\eta) \cos \Phi\right) d\eta\right]^{-1} \tag{37.18}$$

mit

$$Q(\eta) = \frac{1}{\varrho\, g}\,\frac{dp_0}{dx}\,.$$

Hieraus folgt $\Psi(0) = 1$ und

$$\Psi'(\theta) = -\,\mu\, \Psi^2(\theta) \left(\sin \Phi(\theta) + Q(\theta) \cos \Phi(\theta)\right)\,.$$

Integrieren wir die letzte Gleichung und berücksichtigen wir (37.13) und (37.18), so erhalten wir das Gleichungssystem

$$\Phi(\theta) = \mu \int_0^{2\pi} K(\eta, \theta)\,[\sin \Phi + Q \cos \Phi]\, \Psi(\eta)\, d\eta\,, \tag{37.19}$$

$$\Psi(\theta) = 1 - \mu \int_0^{\theta} \Psi^2(\eta)\,(\sin \Phi + Q \cos \Phi)\, d\eta \tag{37.20}$$

mit dem Kern

$$K(\eta, \theta) = -\,\frac{1}{6\,\pi} \ln \left| \frac{\sin \dfrac{\eta - \theta}{2}}{\sin \dfrac{\eta + \theta}{2}} \right|,$$

[1]) Siehe das Verfahren von JA. I. SEKERSH-SENKOWITSCH, das in der Arbeit A. I. NEKRASSOW [2] beschrieben wird.

der auch folgendermaßen geschrieben werden kann:

$$K(\eta, \theta) = \frac{1}{\pi} \sum_{n=1}^{\infty} \frac{\sin n\eta \sin n\theta}{3n}. \qquad (37.21)$$

Damit haben wir die Integralgleichung (37.13) auf das Gleichungssystem (37.19), (37.20) für zwei unbekannte Funktionen $\Phi(\theta)$ und $\Psi(\theta)$ zurückgeführt. In dieses Gleichungssystem gehen zwei Parameter ein, der Parameter ε, weil die vorgegebene Funktion Q (analytisch) von ε abhängt, und der Parameter μ'. Wegen (37.17) und (37.15) gilt

$$\mu' = e^{3(b_1+b_2+b_3+\cdots)} - 1\,. \qquad (37.22)$$

Im folgenden werden wir zeigen, daß die letzte Gleichung einen Zusammenhang zwischen den Parametern ε und μ' herstellt.

37.3. Der reguläre Fall. Es sei $\mu_0 \neq \nu_n = 3n$. Wir zeigen, daß in diesem Fall das Gleichungssystem (37.19), (37.20) genau eine Lösung besitzt, die sich bei hinreichend kleinem ε in eine konvergente Reihe nach ganzen Potenzen von ε entwickeln läßt.

Dazu schreiben wir das Gleichungssystem (37.19), (37.20) in der Form

$$\Phi(\theta) = \mu_0 (1 + \mu') \int_0^{2\pi} K(\eta, \theta)\, [\Phi(\eta) + P(\eta)]\, d\eta\,, \qquad (37.19')$$

$$\tilde{\Psi}(\theta) = -\mu_0 (1 + \mu') \int_0^{\theta} \{\Phi(\eta) + \varepsilon\, d_1 \sin\eta + F_1\, [\Phi(\eta), \tilde{\Psi}(\eta), \varepsilon]\}\, d\eta \qquad (37.20')$$

mit $\tilde{\Psi}(\theta) = \Psi(\theta) - 1$; P und F_1 sind Reihen in ε, Φ und Ψ, deren lineare Glieder keine Glieder mit Φ und Ψ enthalten. Die Untersuchungen von Kapitel III führen deshalb zu dem Schluß, daß dieses Gleichungssystem eine eindeutig bestimmte Lösung besitzt, und daß diese Lösung bei hinreichend kleinem ε und $|\mu'|$ in eine Doppelreihe nach Potenzen von ε und μ' entwickelt werden kann.

Mit dieser Lösung berechnen wir die Koeffizienten b_k, die dann analytische Funktionen von ε und μ' werden. Aus (37.11) und (37.13) folgt die Konvergenz der Reihe, die in die Gleichung (37.22) eingeht. Setzen wir die Koeffizienten b_k in die Gleichung (37.22) ein, so erhalten wir eine analytische Funktion $\chi(\varepsilon, \mu')$ mit den Eigenschaften $\chi(0, 0) = 0$, $\chi_{\mu'}(0, 0) = 1$. Wenden wir Satz 1.2 an, so sehen wir, daß der Parameter μ' eine analytische Funktion von ε ist. Setzen wir schließlich diesen Ausdruck für μ' in die die Lösung darstellende Doppelreihe ein, so erhalten wir die Lösung in Form einer konvergenten Reihe nach Potenzen des einen kleinen Parameters ε.

Diese Lösung kann, ausgehend vom Gleichungssystem (37.19), (37.20), nach der Methode der unbestimmten Koeffizienten konstruiert werden. Es ist aber günstiger, von einem anderen Gleichungssystem auszugehen, das sich aus dem genannten Gleichungssystem dadurch ergibt, daß die Gleichung (37.19) unter Benutzung der FREDHOLMschen Resolvente des Kerns $K(\eta, \theta)$ umgeformt wird.

Auf diese Weise lassen sich die ersten Glieder der Reihe für $\Phi(\theta)$ bestimmen. In der Arbeit JA. I. SEKERSH-SENKOWITSCH [1] sind die ersten drei Glieder dieser Reihe und der Reihe von $\Psi(\theta)$ berechnet und zur Bestimmung des Profils der Welle benutzt worden.

37.4. Der Verzweigungsfall. Jetzt untersuchen wir den Fall $\mu_0 = \nu_n = 3\,n$. Der Einfachheit halber setzen wir $n = 1$ voraus; für andere Werte von n geht die Untersuchung in gleicher Weise vor sich.

Wir schreiben (37.21) in der Form

$$K(\eta, \theta) = \frac{1}{3\pi} \sin\eta \sin\theta + \frac{1}{3\pi} \sum_{n=2}^{\infty} \frac{\sin n\eta \sin n\theta}{n} = \frac{1}{3\pi} \sin\eta \sin\theta + N(\eta, \theta)\,.$$

Setzen wir diesen Ausdruck in die Gleichung (37.19′) ein, so erhalten wir

$$\Phi(\theta) = \mu_0 (1 + \mu') \int_0^{2\pi} N(\eta, \theta)\,[\Phi(\eta) + P(\eta)]\,d\eta + \\ + \mu_0 (1 + \mu') \left[\xi \sin\theta + \frac{1}{3\pi} \int_0^{2\pi} P(\eta) \sin\eta \sin\theta\,d\eta\right] \tag{37.23}$$

mit

$$\xi = \frac{1}{3\pi} \int_0^{2\pi} \Phi(\eta) \sin\eta\,d\eta\,. \tag{37.24}$$

Aus dem SCHMIDTschen Lemma folgt, daß bezüglich des Gleichungssystems (37.23), (37.20′) der reguläre Fall vorliegt. Dieses Gleichungssystem (siehe Punkt 10.3) besitzt also bei hinreichend kleinem $|\xi|$, ε und $|\mu'|$ eine eindeutig bestimmte Lösung, die sich in eine dreifache Reihe nach Potenzen von ξ, ε und μ' entwickeln läßt. Die Koeffizienten dieser Reihen lassen sich wie üblich bestimmen. Unter Benutzung der Reihe für $\Phi(\theta)$ berechnen wir die Koeffizienten b_k. Setzen wir diese Koeffizienten in die Gleichung (37.22) ein, so erhalten wir für μ' eine Doppelreihe nach Potenzen von ξ und ε. Setzen wir diesen Ausdruck für μ' in die Reihen für Φ und Ψ ein, so erhalten wir für Φ und Ψ Doppelreihen nach Potenzen von ξ und ε.

Setzen wir schließlich Φ in die Formel (37.24) ein, so kommen wir auf die Verzweigungsgleichung

$$\sum_{k=2}^{\infty} L_{k0}\,\xi^k + \sum_{k=0}^{\infty} L_{ki}\,\xi^k \sum_{i=1}^{\infty} \varepsilon^i = 0\,.$$

Die ersten Koeffizienten der Verzweigungsgleichung lauten

$$L_{20} = 0\,, \quad L_{30} = -\mu_0^3\,, \quad L_{01} = d_1 \neq 0\,,$$
$$L_{11} = -2\,d_1\,\mu_0\,, \quad L_{02} = -\mu_0^2\,d_1^2\,.$$

Der fallende Teil des NEWTONschen Diagramms besteht aus einem einzigen Abschnitt mit den Endpunkten (0, 1) und (3, 0). Die Verzweigungsgleichung besitzt also drei Lösungen; jede Lösung läßt sich in eine konvergente Reihe nach Potenzen von $\varepsilon^{1/3}$ entwickeln. Von diesen Lösungen ist nur eine reell.

Das betrachtete Problem besitzt also die eindeutig bestimmte, stetige kleine Lösung

$$\Phi(\theta) = \sum_{i=1}^{\infty} \alpha_i(\theta)\, \varepsilon^{i/3}\,.$$

Die Koeffizienten $a_i(\theta)$ können nach der Methode der unbestimmten Koeffizienten berechnet werden; die ersten Koeffizienten lauten

$$\alpha_1(\theta) = -\,d_1^{1/3} \sin\theta\,, \qquad \alpha_2(\theta) = \frac{3}{2}\, d_1^{2/3} \sin 2\,\theta\,,$$

$$\alpha_3(\theta) = \frac{1}{6}\, d_1 \left(\frac{1031}{48} \sin\theta - 17 \sin 3\,\theta\right).$$

Dabei ist d_1 der erste Koeffizient der Entwicklung (37.14). Aus der Aufgabenstellung folgt noch, daß d_1 negativ ist.

LITERATURVERZEICHNIS

ACHMEDOW, K. T. (Ахмедов, К. Т.)

[1] Аналитическое продолжение решения нелинейногоураванения в *B*-пространствах, Уч. зап. Азерб. ун-та, № 12 (1956).

[2] О задаче Коши для одного класса нелниейных уравнений в функциональных пространствах, ДАН **115**, № 1 (1957).

[3] Аналитический метод Некрасова — Назарова в нелинейном анализе, УМН **12**, вып. 4 (1957).

[4] Об особых решениях одного класса интегро-дифференциальных уравнений, ДАН **128**, № 3 (1959).

AISENGENDLER, P. G. (Айзенгендлер, П. Г.)

[1] Некоторые вопросы теории ветвления решений нелинейных уравнений, УМН **21**, вып. 1 (1966).

[2] Об особых решениях нелинейных уравнений, Сообщения АН Груз. ССР **93**, № 3 (1966).

[3] К теории ветвеления малых решений нелинейных уравнений, Уч. зап. Моск. обл. пед. ин-та **166**, вып. 10 (1966).

[4] Применение теории исключения к задаче о ветвлении малых решений нелинейных уравнений. Уч. зап. Моск. обл. пед. ин-та **166**, вып. 10 (1966).

[5] Применение диаграммы Ньютона к задаче об устойчивости периодических рещений, ДАН **179**, № 5 (1968).

AISENGENDLER, P. G., und M. M. WAINBERG (Айзенгендлер, П. Г., и М. М. Вайнберг)

[1] Теория ветвления решений нелинейных уравнений в многомерном случае, ДАН **163**, № 3 (1965).

[2] О периодических решениях неавтономных систем, ДАН **165**, № 2 (1965).

[3] О разветвлении периодических решений, Уч. зап. Моск. обл. пед. ин-та **166**, вып. 10 (1966).

[4] О ветвлении периодических решений автономых систем и дифференциаьлных уравнений в банаховых пространствах, ДАН **176**, № 1 (1967).

[5] О ветвлении периодических решений дифференциальных уравнений с запаздыванием I, II.

[6] О ветвлении периодических решений дифференциальноразностных уравнений, ДАН **186**, № 3 (1969).

ATHINSON, F. W. (Аткинсон, Ф. В.)

[1] Нормальная разрешимость линейных уравнений в нормированных пространствах, Матем. сб. **28** (70): 1 (1951).

BARTLE, R. G.

[1] Singular points of functional equations, Trans. Amer. Math. Soc. **75**, № 2 (1953).

BERNSCHTEIN, S. N. (Бернштейн, С. Н.)

[1] О некоторых априорных оценках в обобщенной задаче Дирихле, ДАН **124**, № 4 (1959).

Bochner, S., und W. T. Martin
[1] Several complex variables, Princeton Univ. Press, Princeton 1948.
Bogoljubow, N. N., und J. A. Mitropolski
[1] Asymptotische Methoden in der Theorie der nichtlinearen Schwingungen, Akademie-Verlag, Berlin 1965 (Übersetzung aus dem Russischen).
Bykow, Ja. W. (Быков, Я. В.)
[1] Об особых периодических решениях системы обыкновенных дифференциальных уравнений, Диф. уравнения 1, № 7 (1965).
Cesari, L.
[1] Asymptotic behavior and stability problems in ordinary differential equations, Springer-Verlag, Berlin [usw.] 1959.
Coddington, E. A., und N. Levinson
[1] Theory of ordinary differential equations, Mc Graw-Hill Book Comp., New York [usw.] 1955.
Cronin J.
[1] Branch points of solutions of equations in Banach Space, Trans. Amer. Math. Soc. 69 (1950).
[2] Analytic functional mappings, Ann. Math. 58, № 1 (1953).
Dalezki, Ju. L. (Далецкий, Ю. Л.)
[1] Формулы дифференцирования функций от матриц и матрично-монотонные функции, Функциональный анализ и его применение, Баку 1961.
Dalezki, Ju. L., und S. G. Krein (Далецкий, Ю. Л., и С. Г. Крейн)
[1] Интегрирование и дифференцирование функций эрмитовых операторов и применения к теории возмущений, Тр. сем. по функц. анализу Воронеж. ун-та, вып. 1 (1956).
Dieudonné, J.
[1] Grundzüge der modernen Analysis, Deutscher Verlag der Wissenschaften, Berlin 1971.
Dunford, N., und J. T. Schwartz
[1] Linear Operators. Part 1: General theory, Interscience Publ., New York 1958.
[2] Linear operators. Part 2: Spectral theory. Self adjoint operators in Hilbert space, Interscience Publ., New York 1963.
Engelson , Ja. L. (Энгельсон, Я. Л.)
[1] О ветвлении решений нелинейных уравнений в локально выпуклых пространствах, Уч. зап. Латв. ун-та, 58 (1964).
Fichtenholz, G. M.
[1] Differential- und Integralrechnung. Band I, VEB Deutscher Verlag der Wissenschaften, Berlin 1964 (Übersetzung aus dem Russischen).
Fuks, B. A. (Фукс, Б. А.)
[1] Введенне в теорию аналитических функций многих комплексных переменных, Физматгиз, Москва 1962.
Fuks, B. A., und W. I. Lewin (Фукс, Б. А., и В. И. Левин)
[1] Функции комплексного переменного и некоторые их приложения, Гостехиздат, Москва 1951.
Gabibsade, A. Sch. (Габиб-заде, А. Ш.)
[1] Исследование точек ветвления нелинейных нагруженных интегральных уравнений с различными параметрами, Тр. III Всес. матем. съезда 1, Изд-во АН СССР (1956).
Gachow, F. D. (Гахов, Ф. Д.)
[1] Краевые задачи, Физматгиз, Москва 1958.
Gantmacher, F. R.
[1] Matrizenrechnung I/II, VEB Deutscher Verlag der Wissenschaften, Berlin 1965/1966 (Übersetzung aus dem Russischen).

GAWURIN, M. K. (Гавурин, М. К.)
[1] Аналитические методы исследования нелинейных функциональных преобразований, Уч. зап. Ленингр. ун-та, сер. матем. 19 (1950).
GECHT, B. I. (Гехт, Б. И.)
[1] Разрешимость нелинейных сингулярных интегральных уравнений методом итераций, Уч. зап. Казанск. ун-та 116, № 4 (1956).
GELMAN, A. E. (Гельман, А. Е.)
[1] Теоремы о неявной абстрактной аналитической функции, ДАН 132, № 3 (1960).
[2] Об аналитических решениях существенно нелинейных уравнений, ДАН 144, № 1 (1962).
[3] О простых решениях операторных уравнений в случае ветвления, ДАН 152, № 5 (1963).
GOCHBERG, I. Z., und M. G. KREIN (Гохберг, И. Ц., и М. Г. Крейн)
[1] Основные положения о дефектных числах, корневых числах и индексах линейных операторов, УМН 12, вып. 2 (1957).
GOLOMB, M.
[1] Zur Theorie der nichtlinearen Integralgleichungen, Integralgleichungssysteme und allgemeiner Funktionalgleichungen, Math. Zeitschrift 39 (1934).
GOURSAT, E.
[1] Курс математического анализа, т. 1, ч. 1, ГТТИ, 1933.
[2] Курс математического анализа, т. 1, ч. 2, ГТТИ, 1933.
[3] Курс математического анализа, т. 3, ч. 1, ГТТИ, 1933.
[4] Курс математического анализа, т. 3, ч. 2, ГТТИ, 1933.
GRAVES, L. M.
[1] Remarks on singular points of functional equations, Trans. Amer. Math. Soc. 79, № 1 (1955).
GUSSEINOW, A. I. (Гусейнов, А. И.)
[1] Теоремы существования и единственности для нелинейных сингулярных интегральных уравнений, Матем. сб. 20 (1947).
[2] Об одном классе нелинейных сингулярных интегральных уравнений, Изв. АН СССР, сер. матем. 12 (1948).
HAUSDORFF, F.
[1] Mengenlehre, W. d. Gruyter, Berlin 1927.
HILDEBRANDT, T. H., und L. M. GRAVES
[1] Implicit functions and their differentials in general analysis, Trans. Amer. Math. Soc. 29 (1927).
HILLE, E., und R. S. PHILLIPS
[1] Functional analysis and semigroups, New York 1957.
IGLISCH, R.
[1] Zur Thoerie der reellen Verzweigungen von Lösungen nichtlinearer Integralgleichungen, Journal für die reine und angewandte Math. 164, № 3 (1931).
JERUGIN, N. P. (Еругин, Н. П.)
[1] Неявные функции, Изд-во Ленингр. ун-та, 1956.
[2] К теории неявных функций, Докл. АН БССР 7, № 1 (1963).
JUDOWITSCH W. I. (Юдович, В. И.)
[1] Свободная конвекция и ветвление, ПММ 31, вып. 1 (1967).
KANTOROWITSCH, L. W., und G. P. AKILOW
[1] Funktionalanalysis in normierten Räumen, Akademie-Verlag, Berlin 1964 (Übersetzung aus dem Russischen).
KATO, T.
[1] On the pertubation theory of closed linear operators, J. Math. Soc. Japan 4 (1952).

KELDYSCH, M. W. (Келдыш, М. В.)
[1] О собственных значениях и собственных функциях некоторых классов несамосопряженных уравнений, ДАН 77, № 1 (1951).
KRASNOSELSKI, M. A. (Красносельский, М. А.)
[1] Топологические методы в теории нелинейных интегральных уравнений, Гостехиздат, Москва 1956.
[2] Оператор сдвига по траекториям дифференциальных уравнений, Наука, Москва 1966.
KREIN, M. G. (Крейн, М. Г.)
[1] О формуле следов в теории возмущений, Матем. сб. 33 (75) (1953).
KUROSCH, A. G. (Курош, А. Г.)
[1] Курс высшей алгебры, Физматгиз, Москва 1962.
KUSCHUL,, M. JA. (Кушуль, М. Я.)
[1] О квазигармонических системах, близких к системам с постоянными коэффициентами, у которых чисто мнимые корни фундаментального уравнения имеют непростые элементарные делители, ПММ 22, вып. 4 (1958).
LAGRANGE, J. L.
[1] Solution de differents problemes de calcul integral, Miscellaneu Taurinensia, t. 3 (1762–1765), t. 3 (1760).
[2] Memoires de l'Academie royale de sciences et Belles-Lettres de Berlin.
LAMSON, K.
[1] A general implicit function theorem, Amer. Journ. Math. 42 (1920),
LAWRENTJEW, M. A. (Лаврентьенв, М. А.)
[1] К теории длинных волн, ДАН 41, № 7 (1943).
LEFSCHETZ, S.
[1] Complete families of periodic solutions of differential equations, Comm. Helv. 28 (1954).
[2] Differential equations. Geometric Theory, Interscience Publ., New York 1957.
LICHTENSTEIN, L.
[1] Vorlesungen über einige Klassen nichtlinearer Integralgleichungen und Integro-Differentialgleichungen nebst Anwendungen, Springer Berlin 1931.
LIDSKI, W. B. (Лидский, В. Б.)
[1] К теории возмущений несамосопряженных операторов, Журн. выч. матем. и матем. физ. 6, № 1 1(966).
LJAPUNOW, A. M. (Ляпунов, А. М.)
[1] Sur les figures d'equilibre peu differentes des ellipsoides d'une masse liquide homogene donee d'un mouvement de rotation, P. 1, Зап. Акад. наук, С.-Петербург (1906).
[2] Общая задача об устойчивости движения, Собр. соч., т. 2, Изд-во АН СССР, 1956.
[3] О фигурах равновесия, мало отличающихся от эллипсоидов вращающейся однородной массы жидкостн, Собр. соч., т. 4, Изд-во АН СССР, 1959.
LJUSTERNIK, L. A. (Люстерник, Л. А.)
[1] Некоторые вопросы нелинейного функционального анализа, УМН 11, вып. 6 (1956).
LJUSTERNIK, L. A., und W. I. SOBOLEW
[1] Elemente der Funktionalanalysis, Akademie-Verlag, Berlin 1968 (Übersetzung aus dem Russischen).
LOBATSCHEW, S. W. (Лобачев, С. В.)
[1] Обобщение теории нелинейных интегральных уравнений Н. Н. Назарова, Тр. Краснодарск. ин-та пищ. пром-сти, № 16 (1957).

LOPATINSKI, JA. B. (Лоопатинский, Я. Б.)
[1] Об одном способе приведения граничных задач для систем диффереициальных уравнений эллиптического вида к регулярным интегральным уравнениям, Укр. матем. ж 5 (1953),
MALKIN, I. G. (Малкин, И. Г.)
[1] Некоторые задачи теории нелинейных колебаний, Гостехиздат, Москва 1956.
MALZEW, A. I. (Мальцев, А. И.)
[1] Основы линейной алгебры, Гостехиздат, Москва 1956.
MAMASCHEW, S. CH (Мамашев, С. Х.)
[1] Исследование одного класса операторных уравнений методом диаграммы Ньютона, Тр. Самаркандск. ун-та, Новая сер,. вып. 151 (1964).
MARKUS, A. S. (Маркус, А. С.)
[1] О голоморфных оператор-функциях, ДАН 119, № 6 (1958).
MARKUSCHEWITSCH, A. I. (Маркушевич, А. И.)
[1] Краткий курс теории аналитических функций, Наука, Москва 1966.
MELAMED, W. B. (Меламед, В. Б.)
[1] К задаче о ветвлении решений нелинейного аналитического уравнения, ДАН 145, № 3 (1962).
[2] О формальных решениях некоторых нелинейных уравнений, Сибирский матем. ж. 6, № 1 (1965).
MICHAL, A., und A. CLIFFORD
[1] Fonctions analitiques implicites dans des espaces vectoricls abstraits, Compt. Rend. Acad. Sci 197 (1933).
MICHLIN, S. G. (Михлин, С. Г.)
[1] Интегральные уравнения и их приложения к некоторым проблемам механики, математической физики и техники, Гостехнздат, Москва 1949.
[2] Сингулярные интегральные уравнения, УМН 3, вып. 3 (1948).
MIRANDA, C.
[1] Equazioni alle derivate parziali di tipo ellitico, Springer-Verlag, Berlin [usw.] 1955.
MOISSEJEW, N. N. (Моисеев, Н. Н.)
[1] Теорема существования и неединственности вихревых волн периодического типа, ПММ 24, вып. 4 (1960).
MUSCHELISCHWILI, N. I.
[1] Singuläre Integralgleichungen, Akademie-Verlag, Berlin 1965 (Übersetzung aus dem Russischen).
NATALEWITSCH, W. K. (Наталевич, В. К.)
[1] Нелинейные сингулярные интегральные уравпспия и нслинейные краевые задачи теории аналитических функций, Уч. зап. Казанск. ун-та 112, № 10 (1952).
NEKRASSOW, A. I. (Некрасов, А. И.)
[1] О волнах установившегося вида, Изв. Ивановск. политехн. ин-та 6 (1922).
[2] Точная теория волн установившегося вида на поверхности тяжелой жидкости, Изд-во АН СССР, 1951.
[3] О волнах установившегося вида, Собр. соч., т, 1. Изд-во АН СССР, 1961.
NEMYZKI, W. W. (Немыцкий, В. В.)
[1] Метод неподвижных точек в анализе, УМН, вып. 1 (1936).
NEMYZKI, W., M. SLUDSKAJA und A. TSCHERKASSOW (Немыцкий, В., М. Слудская и А. Черкасов)
[1] Курс матем. анализа, т. 2, Гостехиздат, Москва 1957.

NEWTON, I.
[1] Математические работы. Метод флюксий и бесконечных рядов с приложением к геометрии кривых, ОНТИ, 1937.

NIKOLSKI, S. M. (Никольский, С. М.)
[1] Линейные уравнения в линейных нормированных пространствах, Изв. АН, сер. матем. 7 (1943).

PETROWSKI, I. G. (Петровский, И. Г.)
[1] Лекции по теории интегральных уравнений, Наука, Москва 1965.
[2] О некоторых проблемах теории уравнений с частными производными, УМН 1, № 3—4 (1946).

PLISS, W. A. (Плисс, В. А.)
[1] Нелокальные проблемы теории колебаний, Наука, Москва 1964.

PLOTNIKOWA, G. W. (Плотникова, Г. В.)
[1] Об устойчивости периодических решений неавтономных квазилинейных систем с двумя степенями свободы, ПММ 29, вып. 6 (1965).

POINCARÉ, H.
[1] Les méthodes nouvelles de la mécanique céleste, 1, Gauthier-Villars, Paris 1892.

POLUBARINOWA-KOTSCHINA, P. Ja. (Полубаринова-Кочина, П. Я.)
[1] К вопросу об устойчивости пластинки, ПММ 3, вып. 1 (1936).

PROSKURJAKOW, A. P. (Проскуряков, А. П.)
[1] К построению периодических решений автономных систем с одной степенью свободы, ПММ 21, вып. 4 (1957).
[2] Построение периодических рещений с одной степенью свободы в случае произвольных вещественных корней уравнения основных амплитуд, ПММ 22, вып. 4 (1958).
[3] Периодические решения квазилинейных автономных систем с одной степенью свободы в виде рядов по целым и дробным степеням параметра, ПММ 25, вып. 3 (1961).
[4] Устойчивость нериодических решений квазилинейных автономных систем с двумя степенями свободы, ПММ 29, вып. 5 (1965).

PUISEUX, V.
[1] Recherches sur les fonctions algébriques, J. de math. pures et appl. 15 (1850).

RELLICH, F.
[1] Störungstheorie der Spektralzerlegung, Proc. Internat. Congress of Math., Cambridge, Mass. 1 (1950).

RIESZ, M.
[1] Sur les fonctions conjuguées, Math. Z. 27 (1927).

RIESZ, F., und B. SZ.-NAGY
[1] Vorlesungen über Funktionalanalysis, VEB Deutscher Verlag der Wissenschaften, Berlin 1965.

SCHAPIRO, S. JA. (Шапиро, З. Я.)
[1] Об общих краевых зафачах для уравнений эллиптического типа, Изв. АН, сер. матем. 17 (1953).

SCHAUDER J.
[1] Über lineare elliptische Differentialgleichungen zweiter Ordnung, Math. Z. 38 (1934).

SCHECHTER, M.
[1] General boundary value problems for elliptic partial differential equations, Comm. Pure and Appl. Math. 12 (1959).
[2] Remarks on elliptic boundary value problems, Comm. Pure and Appl. Math. 12 (1959).

SCHILOW, G. E. (Шилов, Г. Е.)
[1] Математический анализ (специальный курс), Физматгиз, Москва 1961.

SCHMIDT, E.
[1] Zur Theorie der linearen und nichtlinearen Integralgleichungen. Teil 3. Über die Auflösung der nichtlinearen Integralgleichungen und die Verzweigung ihrer Lösungen, Math. Ann. 65 (1908).

SCHTERENGAS, W. W. (Штеренгас, В. Н.)
[1] Особые решения одного класса нелинейных интегральных уравнений, Уч. зап. Моск. обл. пед. ин-та 188, вып. 11 (1967).

SEKERSH-SENKOWITSCH, JA. I. (Секерж-Зенькович, Я. И.)
[1] К теории установившихся волн конечной амплитуды, вызванных давлением ,периодически распределенным по поверхности потока тяжелой жидкости бесконечной глубины, ДАН 180, № 2 (1968) (см. также ДАН 180, № 3 (1968)).
[2] Об одном виде установившихся волн конечной амплитуды, ПММ 32, вып. 6 (1968).

SHIMIZU, T.
[1] Analytic operations and analytic operational equations, Math. Japan 1 (1948).

SMIRNOW, W. I.
[1] Lehrgang der höheren Mathematik. Teil V, VEB Deutscher Verlag der Wissenschaften, Berlin 1962 (Übersetzung aus dem Russischen).

SOBOLEW, S. L. (Соболев, С. Л.)
[1] Об одной теореме фукционального анализа, Матем. сб. 4 (46) (1938).
[2] Einige Anwendungen der Funktionalanalysis auf Gleichungen der mathematischen Physik, Akademie-Verlag, Berlin 1964 (Übersetzung aus dem Russischen).

SRETINSKI, L. N. (Сретинский, Л. Н.)
[1] Волны конечной амплитуды, возникаюшие от периодически распределенного давления, Изв. АН СССР, ОТН, № 4 (1953).

STAPAN, A. E. (Стапан, А. Э.)
[1] Разветвление решений нелинейных интегральных уравнений, Уч. зап. Рижского пед. ин-та 4 (1957).

TER-KRIKOROW, A. M. (Тер-Крикоров, А. М.)
[1] К теории волн установившегося типа в неоднородной жидкости, ПММ 29, вып. 3 (1965).

TER-KRIKOROW, A. M., und W. A. TRENOGIN (Тер-Крикоров, А. М,. и В. А. Треногин)
[1] Существование и асимптотика решений типа «уединенной волны» для одного класса нелинейных эллиптических уравнений, Матем. сб. 62, вып. 3 (1963).
[2] Решения типа длинных волн для квазилинейных эллиптических уравнений в неограниченной полосе, Диф. уравнения 3, № 3 (1967).

TICHONOW, A. N. (Тихонов, А. Н.)
[1] О зависимости решений дифференциальных уравнений от малого параметра, Матем. сб. 22 (61) (1948).

TORSHEWSKI, A. P. (Торжевский, А. П.)
[1] Периодические решения уравнения плоских колебаний спутника на эллиптической орбите, Космические иссл. 2, вып. 5 (1964).

TRENOGIN, W. A. (Треногин, В. А.)
[1] Разветвление решений нелинейных уравнений в банаховом пространстве, УМН 13, вып. 4 (1958).
[2] О разветвлении решений нелинейных уравнений в аналитическом случае, Тр. физ.-техн, ин-та, вып. 3 (1959).
[3] Уравнение разветвления и диаграмма Ньютона, ДАН 131, № 5 (1960).
[4] Возмущение линейного уравнения малым нелинейным слагаемым, ДАН 140, № 2 (1961).

[5] Возмущение собственных значений и собственных элементов линейных операторов, ДАН **167**, № 3 (1966).
[6] Разветвление решений нелинейных сингулярных интегральных уравнений с ядром типа Коши, Материалы 6 межвузовской физ.-матем. науч. конф. Дальнего Востока, Хабаровск 1967.
[7] Линейные уравнения в пространстве Банаха с малым параметром, Материалы в межвузовской физ.-матем. науч. конф. Дальнело Востока, Хабаровск 1967.
[8] Асимптотика и существование решений задали Коши для дифференциального уравнения первого порядка с малым параметром в банаховом пространстве, ДАН **152**, 1 (1963).
[9] Существование и асимптотика решений типа «уединенной волны» для дифференциальных уравнений в банаховом пространстве, ДАН **156**, 5 (1964).

TSCHEBOTAREW, N. G. (Чеботарев, Н. Г.)
[1] Многоугольник Ньютона и его роль в современном развитии математики, Сб. статей к трехсотлетию со дня рожления И. Ньютона, 1943 (см. также Собр. соч Н. Г. Чеботарева, т. 3).
[2] Теория алгебраических функции, Гостехиздат, Москва 1948.

DE LA VALLÉE-POUSSIN, CH.
[1] Cours d'analyse infinitésimale. T. 1, Uystpruyst [usw,], Louvain 1923.

VAN DER WAERDEN, B. L.
[1] Algebra. Teil 1, Springer-Verlag, Berlin [usw.] 1955.
[2] Algebra. Teil 2, Springer-Verlag, Berlin [usw.] 1959.

WAINBERG, M. M. (Вайнберг, М. М.)
[1] Вариационные методы исследования нелинейных операторов, Гостехиздат, Москва 1956.
[2] Интегро-дифференицальные уравнения, «Итоги науки. Матем. анализ. Теория вероятностей. Регулирование, 1962», ВИНИТИ АНСССР, М., 1964.
[3] Точки бифуркации аналитических операторов. Уч. зап. Моск. обл. пед. ин-та **188**, вып. 11 (1967).

WAINBERG, M. M., und P. G. AISENGENDLER (Вайнберг, М. М., и П. Г. Айзенгендлер)
[1] Методы исследования в теории разветвления решений. «Итоги науки. Матем. анализ, 1965», ВИНИТИ АН СССР, М., 1966.

WAINBERG, M. M., und W. A. TRENOGIN (Вайнберг, М. М., и В. А. Треногин)
[1] Методы Ляпунова и Шмидта в теории нелинейных уравнений и их дальнейшее развитие, УМН **17**, вып. 2 (1962).
[2] К теории неявных функций, УМН **17**, вып. 5 (1962).
[3] К теории ветвления решений нелинейных уравнений, УМН **18**, вып. 5 (1963).
[4] К теории систем неявных функций, Уч. зап. Моск. обл. пед. ин-та **87**, вып. 8 (1964).

WAINBERG, M. M., und JA. L. ENGELSON (Вайнберг, М. М., и Я. Л. Энгельсон)
[1] О неявных аналитических операторах в локально выпуклых пространствах, Уч. зап. Латв. ун-та **47**, Тр. выч. центра **1** (1963).

WISCHIK, M. I. (Вишик, М. И.)
[1] О сильно эллиптических системах дифференциальных уравнений, Матем. сб. **29** (1951).
[2] Об обших краевых задачах для эллиптических дифференциальных уравнений, Тр. Моск. матем. о-ва **1** (1952).

WISCHIK, M. I., und L. A. LJUSTERNIK (Вишик. М. И., и Л. А. Люстерник)
[1] Решение некоторых задач о возмущениях в случае матриц и самосопряженных и несамосопряженных дифференциальных уравнений, УМН **15**, вып. 3 (1960).
WOLMIR, A. S.
[1] Biegsame Platten und Schalen, Verlag für Bauwesen, Berlin 1962 (Übersetzung aus dem Russischen).
WOLPERT, A. I. (Вольперт, А. И.)
[1] Об индексе и нормальной разрешимости граничных задач для эллиптических систем иа плоскости, Тр. Моск. матем. о-ва **10** (1961).
WOROWITSCH, I. I. (Ворович, И. И.)
[1] О поведении круглой плиты после потери устойчивости, Уч. зап. Ростовск. ун-та **32**, № 4 (1955).
ZARISKI, O., und P. SAMUEL
[1] Commutative algebra. Vol. 1, D. van Nostrand Comp., Princeton [usw.] 1958.
[2] Commutative algebra. Vol. 2, D. van Nostrand Comp., Princeton [usw.] 1960.

SACHVERZEICHNIS

Bei Fragen zur Produktsicherheit wenden Sie sich bitte an:
If you have any questions regarding product safety,
please contact:

Walter de Gruyter GmbH
Genthiner Straße 13
10785 Berlin
productsafety@degruyterbrill.com